普通高等教育“十四五”化学系列教材

有机化学
学习指导与习题解析

YOUJI HUAXUE
XUEXI ZHIDAO YU XITI JIEXI

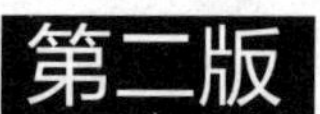

姜　辉
马朝红
董宪武　主编

吴　华　主审

化学工业出版社
·北京·

内容简介

《有机化学学习指导与习题解析》是依据新时期应用型本科生的培养目标，坚持“能力本位”思想，提高学生发现问题、分析问题和解决问题的能力需要而编写的学习指导书。

本书是马朝红、姜辉、董宪武主编的《有机化学》教材配套的学习指导书。本书内容包含三个部分：第一部分，有机化学学习指导；第二部分，各章“知识点提要”“例题及解析”“习题及参考答案”；第三部分，选取了近年来农学类硕士研究生入学联考有机化学真题及参考答案、期末综合测试题及参考答案，供教学和学生复习时参考。

本书可作为高等院校农、林、牧、渔、生物、食品等专业及其他相关专业的教学辅导用书及考研参考资料，也可供相关读者学习参考。

图书在版编目（CIP）数据

有机化学学习指导与习题解析/姜辉，马朝红，董宪武主编．—2版．—北京：化学工业出版社，2024.8

ISBN 978-7-122-45670-0

Ⅰ．①有… Ⅱ．①姜… ②马… ③董… Ⅲ．①有机化学-高等学校-教材 Ⅳ．①O62

中国国家版本馆CIP数据核字（2024）第098711号

责任编辑：蔡洪伟　旷英资　　装帧设计：王晓宇

责任校对：王鹏飞

出版发行：化学工业出版社（北京市东城区青年湖南街13号　邮政编码100011）

印　　刷：三河市航远印刷有限公司

装　　订：三河市宇新装订厂

787mm×1092mm　1/16　印张19　字数484千字　2024年8月北京第2版第1次印刷

购书咨询：010-64518888　　售后服务：010-64518899

网　　址：http://www.cip.com.cn

凡购买本书，如有缺损质量问题，本社销售中心负责调换。

定　　价：49.00元

编 审 成 员

主　　编　姜　辉　马朝红　董宪武

副 主 编　刘　强　尤莉艳

编写人员　（按姓氏笔画顺序排列）

马朝红　丰　利　王凤云　尤莉艳　刘　强

李　雪　金　鑫　姜　辉　董宪武

主　　审　吴　华

前言

本书是依据新时期应用型本科生的培养目标，即培养“有充足基础知识，有较强应用能力，有较高综合素质”的应用型人才，以提高学生发现问题、分析问题和解决问题的能力为目的，同时配套马朝红、姜辉、董宪武主编的《有机化学》教材编写而成。

本教材经众多院校的教学实践表明，习题的内容可满足教学需要。本次再版基本上保持第一版的原有框架，对部分内容进行了更新。修订的基本原则是注重其科学性、系统性、先进性。

本书修改稿完成后，由吉林农业科技学院马朝红、姜辉、董宪武通读并统稿，南京农业大学吴华主审。本书具体修订工作的人员如下：姜辉（第一部分的六、七，第二部分的绪论、第一章、第二章、第十一章，第三部分）；马朝红（第五～第七章，第一部分的五）；董宪武（第一部分的一、四，第二部分的第八～十章）；刘强（第二部分的第三章）；尤莉艳（第一部分的二、三，第二部分的第四章、第十二章、第十三章）。

本书编写和出版得到了化学工业出版社、编写学校的领导和教研室同志的大力支持与热情帮助，在此表示最衷心的感谢。

本书编写过程中参阅了一些兄弟院校的教材及网络上相关内容，对此我们表示深深的谢意！

限于编者水平，书中不妥之处在所难免，恳请读者批评指正！

编者

2024 年 3 月

第一版前言

本书是依据新世纪对应用型本科生的培养目标，即培养“有充足基础知识，有较强应用能力，有较高综合素质”的应用型人才，以提高学生发现问题、分析问题和解决问题的能力为目的，同时配合董宪武、马朝红主编的普通高等教育“十三五”规划教材《有机化学》的内容编写的。

本书注重培养学生的科学思维等能力，通过系统地学习，使学生对有机化学的基础理论、基础知识得到加深理解和巩固。本书内容包含三个部分：第一部分，有机化学学习指导，以专题形式总结《有机化学》教材的主要内容，供平时学习、期末复习和考研复习时参考。第二部分，对应教材各章设有“知识点提要”“例题及解析”“习题及参考答案”。例题类型包括命名、写结构式、完成反应方程式、合成、选择填空、化合物性质比较、分离提纯、鉴别、推断结构等。通过典型例题的示范解析，使学生对各种类型有机化学习题的解题思路、解题方法和解题步骤更加清晰。通过各种习题的练习，帮助学生深入理解所学的有机化学基础理论和基础知识，培养学生发现问题、分析问题和解决问题的能力。每章附有习题参考答案，有利于学生做题后核对。第三部分，选取了近年来农学类硕士研究生入学联考有机化学真题及参考答案和期末综合测试题及参考答案，供教学和学生复习时参考。

本书由吉林农业科技学院董宪武、马朝红主编，姜辉、尤莉艳、刘强任副主编。参加编写的有：姜辉（绪论、第一、第二章，第一部分的六、七）；刘强（第三章）；马朝红（第五～第七章，第一部分的五）；董宪武（第八～十章，第一部分的一、二、四），尤莉艳（第四、第十二、第十三章、第一部分的二、三）；丰利、王凤云（第十一章）；金鑫、李雪（第三部分）。初稿完成后，由董宪武、马朝红通读、修改、统稿，并由南京农业大学有多年教材编写经验的吴华教授主审后定稿。

本书编写和出版得到了化学工业出版社、编写学校的领导和教研室同志的有力支持与热情帮助，在此表示最衷心的感谢。对责任编辑对本书稿的润色和编辑工作表示最深深的谢意。限于编者水平，书中难免有不妥之处，恳请同行和读者批评指正，我们当虚心听取意见，一定在再版时改正。我们确信本书将通过教学实践不断得到完善。

编者

2018 年 2 月

第一部分　有机化学学习指导 / 001

第二部分　各章知识点提要、例题与习题 / 071

Part 01 第一部分　有机化学学习指导

该部分以七个专题的方式系统地总结了《有机化学》教材的知识体系，供教师备课和学生复习时参考。

一、有机化合物同分异构现象

同分异构现象是有机物数目繁多的主要原因。同分异构现象可分为构造异构和立体异构两大类，每大类又分有若干类，见表 1-1。

表 1-1　同分异构现象的分类

分类		同分异构产生的原因	举例
构造异构	碳链异构	分子中碳原子连接方式（碳骨架）不同	$CH_3CH_2CH_2CH_3$　$CH_3\overset{\overset{CH_3}{\vert}}{C}HCH_3$
	官能团位置异构	取代基或官能团在碳链或环上位置不同	$CH_3CH_2CH_2OH$　$CH_3\overset{\overset{OH}{\vert}}{C}HCH_3$
	官能团异构	官能团不同	CH_3CH_2OH　CH_3OCH_3
	官能团互变异构	不同官能团迅速互变达到动态平衡	$CH_3\overset{\overset{O}{\parallel}}{C}CH_2\overset{\overset{O}{\parallel}}{C}OC_2H_5 \rightleftharpoons CH_3\overset{\overset{OH}{\vert}}{C}=CH\overset{\overset{O}{\parallel}}{C}OC_2H_5$

续表

分类			同分异构产生的原因	举例
立体异构	构型异构	顺反异构	双键或环的存在，使分子中原子或基团在空间的排列方式不同	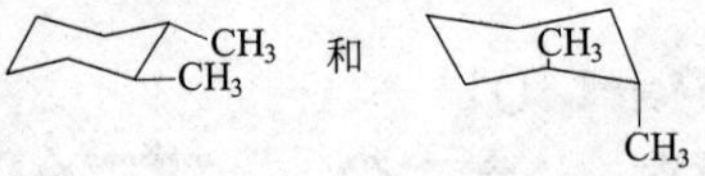 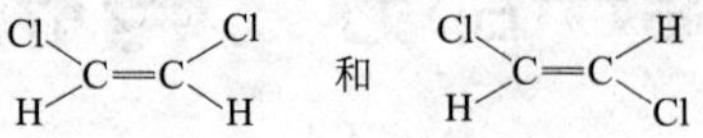 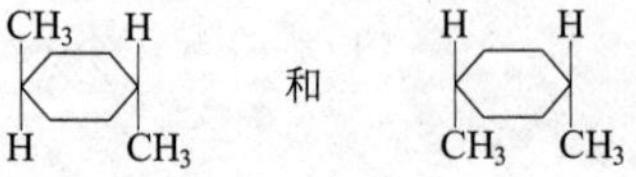 （椅式环己烷结构）和（椅式环己烷结构）；Cl(H)C=C(Cl)H 和 Cl(H)C=C(H)Cl；（环己烷结构）和（环己烷结构）
		旋光异构	实物和镜像不能重合的分子或整个分子不对称(手性)	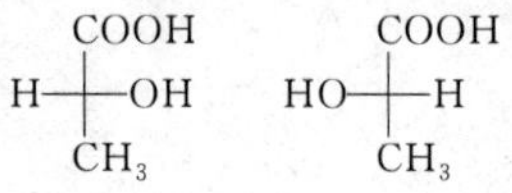 （Fischer投影式：COOH，H—C—OH，CH_3）和（COOH，HO—C—H，CH_3）
	构象异构		分子中 C—C σ 键的旋转，使分子中原子或基团在空间的排列方式不同	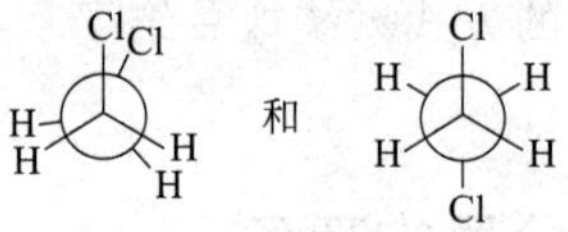 （Newman投影式）和（Newman投影式）

二、有机化合物的命名

结构简单的有机物用普通命名法和衍生物命名法；结构复杂的有机物用系统命名法；某些有机物又可采用俗名命名。

1. 常见取代基的命名

（1）烃基　从烃分子中去掉一个或几个氢原子后剩余的基团叫作烃基。常见的烃基有烷基、烯基、炔基、环烃基和芳基。

① 常见的烷基

$—CH_3$	$—CH_2CH_3$	$—CH_2CH_2CH_3$	$—CH(CH_3)_2$	$—CH_2CH_2CH_2CH_3$
甲基	乙基	丙基	异丙基	正丁基
$—CH_2CH(CH_3)_2$	$CH_3CH_2CH(CH_3)—$	$—C(CH_3)_3$	$—CH_2CH_2CH(CH_3)_2$	$—CH_2C(CH_3)_3$
异丁基	仲丁基	叔丁基	异戊基	新戊基

② 常见的烯基

$—CH=CH_2$	$CH_3CH=CH—$	$CH_2=CHCH_2—$
乙烯基	1-丙烯基(丙烯基)	2-丙烯基(烯丙基)

③ 常见的炔基

$CH≡C—$	$CH≡C—CH_2—$	$CH_3—C≡C—$
乙炔基	2-丙炔基	1-丙炔基

④ 常见的环烃基

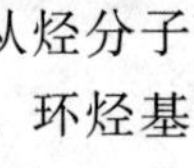

CH_3

环己基 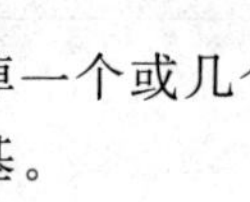　2-甲基环丁基 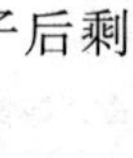　3-环戊烯基 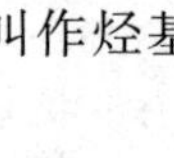　2,4-环戊二烯基

⑤ 常见的芳基

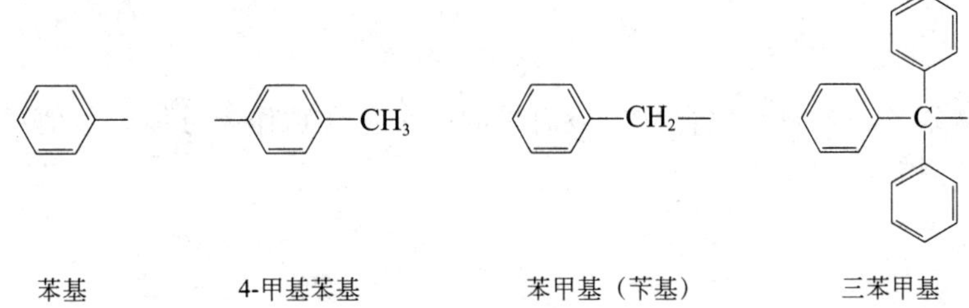

（2）烷氧基　将醇分子中羟基的氢原子去掉后剩余的基团叫作烷氧基。

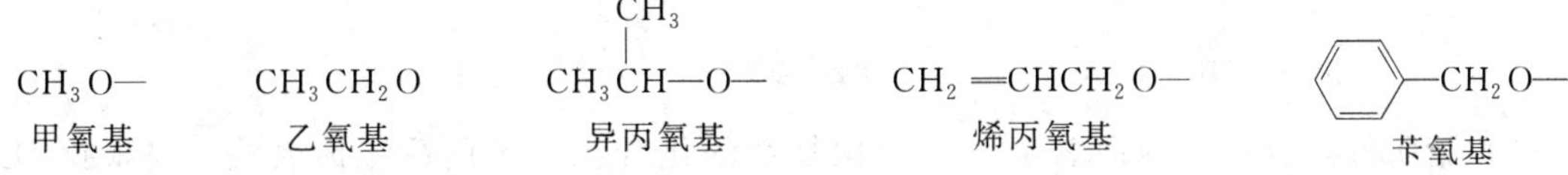

2. 有机化合物的命名法

（1）普通命名法　烃的普通命名法是按烃分子中含碳原子的个数命名为某烃。碳原子数在十以内的，用天干顺序甲、乙、丙、丁、戊、己、庚、辛、壬、癸表示，碳原子数在十以上的，用汉字十一、十二等表示。例如：

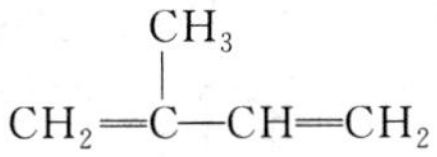

$$\begin{array}{c} \quad CH_3 \\ \quad | \\ CH_2=C-CH=CH_2 \end{array}$$

异戊二烯

卤代烃和醇的普通命名法是按烷基的名称来命名。例如：

$CH_3CH_2CH_2CH_2Cl$　正丁基氯

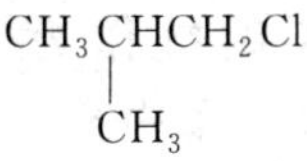

CH_3CHCH_2Cl（2位上连 CH_3）　异丁基氯

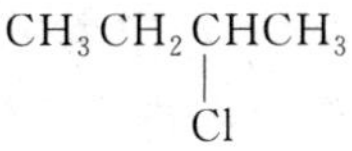

$CH_3CH_2CHCH_3$（3位上连 Cl）　仲丁基氯

$$\begin{array}{c} CH_3 \\ | \\ CH_3-C-Cl \\ | \\ CH_3 \end{array}$$

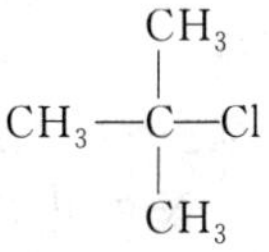

叔丁基氯

$CH_3CH_2CH_2CH_2OH$　正丁醇

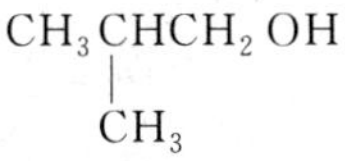

CH_3CHCH_2OH（2位上连 CH_3）　异丁醇

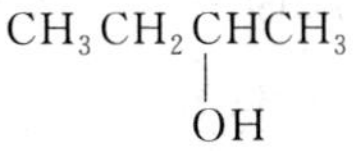

$CH_3CH_2CHCH_3$（3位上连 OH）　仲丁醇

$$\begin{array}{c} CH_3 \\ | \\ CH_3-C-OH \\ | \\ CH_3 \end{array}$$

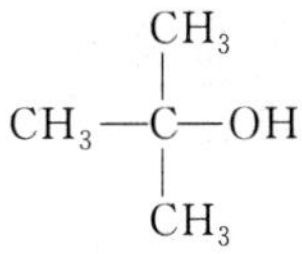

叔丁醇

醚的普通命名法是按氧原子所连的两个烃基来命名。例如：

$CH_3-O-CH(CH_3)_2$　甲基异丙基醚

$CH_3CH_2-O-CH=CH_2$　乙基乙烯基醚

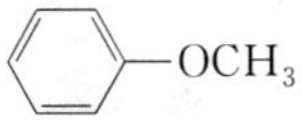

$C_6H_5-OCH_3$　苯甲醚

醛的普通命名可从相应的醇的名称衍生出来。例如：

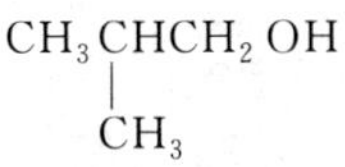

CH_3CHCH_2OH（2位上连 CH_3）　异丁醇

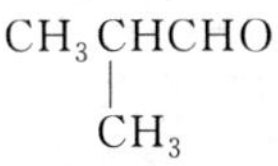

CH_3CHCHO（2位上连 CH_3）　异丁醛

$(CH_3)_3CCH_2OH$　新戊醇

$(CH_3)_3CCHO$　新戊醛

酮的普通命名是按照羰基所连的两个烃基的名称来命名，较小烃基写在前面。例如：

$CH_3CCH_2CH{=}CH_2$ (C=O) 甲基烯丙基酮　　$CH_3CH_2{-}C(=O){-}C_6H_{11}$ 乙基环己基酮　　$C_6H_5{-}C(=O){-}C_6H_5$ 二苯酮

(2) 衍生物命名法　规定化合物中最简单的一个化合物作为母体，其他部分均看成这一母体的衍生物。例如：

$CH_3{-}C{\equiv}C{-}CH_2CH_3$ 甲基乙基乙炔　　$CH_3CH_2{-}CHOH{-}CH_3$ 甲基乙基甲醇　　$(C_6H_5)_3C{-}OH$ 三苯基甲醇

(3) 脂肪族化合物系统命名法　对结构复杂的化合物命名用系统命名法，是根据IUPAC命名原则和我国文字特点制定的，也就是CCS80命名法。系统命名法原则可归纳如下：

① 选母体　有机物分子中所含的官能团和取代基在命名时作为母体还是作为取代基，以优先的官能团作为母体官能团来决定化合物的类别名称，其他基团作为取代基。

—COOH　$—SO_3H$　—COOR　—COCl　$—CONH_2$　—C≡N　—CHO　—OH　—SH　$—NH_2$
—C≡C—　—CH═CH—　—OR　—OAr　—R　$—NO_2$　—X

例如：

$CH_3CH(OH)CH_2COOH$ 3-羟基丁酸　　$CH_3CH{=}CHCH_2OH$ 2-丁烯-1-醇　　$CH_3{-}CH(Cl)CH(CH_3)CH_3$ 2-甲基-3-氯丁烷

② 选主链　选择包含官能团在内的最长碳链作为主链；烷烃或仅含有$—NO_2$、—NO、—X的化合物，选最长碳链为主链。如果分子中含有等长的几条最长碳链，要选择取代基数目最多，位号最小的作为主链。下面例子应以标有虚线的碳链定为主链：

$CH_3CH_2CH(CH_2CH_3)CH_3$　　$CH_3{-}CH(CH_3){-}CH(CH_3){-}CH(CH(CH_3)CH_2CH_3){-}CH_2CH_2OH$

$CH_3CH_2CH_2CH(CH_2NH_2)CH_2COOH$　　$CH_2{=}CH{-}CH(CHO)CH_2CH_2CH_3$

③ 编序号，定位次　把主链碳原子从靠近母体官能团（取代基）的一端依次用阿拉伯数字编号，编号时要遵循“最低系列”原则，即碳链以不同方向编号，依次逐项比较各方向编号的不同位次，最先遇到位次最小者为“最低系列”。例如：

$\overset{1}{C}H_3{-}\overset{2}{C}H(CH_3){-}(CH_2)_4{-}\overset{7}{C}H(CH_3){-}\overset{8}{C}H(CH_3){-}\overset{9}{C}H_2{-}\overset{10}{C}H_3$　2,7,8-三甲基癸烷

$\overset{5}{C}H_3{-}\overset{5}{C}H(OH){-}\overset{4}{C}H_2{-}\overset{3}{C}H(OH){-}\overset{2}{C}H(OH){-}\overset{1}{C}H_3$　2,3,5-己三醇

主链中连有含碳原子的官能团，如—COOH，$-\overset{\overset{O}{\|}}{C}-$，—CHO，—C≡N 等，官能团中的碳原子应计在主链碳原子数内。若该碳原子作为碳链的第一号原子编号时，命名时不需标出。例如：

$$\overset{5}{CH_3}-\underset{\underset{Br}{|}}{\overset{4}{CH}}-\underset{\underset{CH_2CH_3}{|}}{\overset{3}{CH}}-\overset{2}{CH_2}-\overset{1}{COOH}$$

3-乙基-4-溴戊酸

④ 写出全名　写名称时，在某烃或母体名称前写上取代基的名称及位次，阿拉伯数字与汉字之间用半字线隔开。如果主链上有几个相同的取代基或官能团时，要合并写出，用二、三等数字表示其数目，位次仍用阿拉伯数字表示，阿拉伯数字之间要用“,”号隔开。例如：

$$\overset{6}{CH_3}-\underset{\underset{Br}{|}}{\overset{5}{CH}}-\underset{\underset{CH_3}{|}}{\overset{4}{CH}}-\underset{\underset{CH_3}{|}}{\overset{3}{CH}}-\underset{\underset{CH_3}{|}}{\overset{2}{CH}}-\overset{1}{CH_3}$$

2,3,4-三甲基-5-溴己烷

若主链上连有几个支链，或同时存在两个以上取代基时，命名时则需按“次序规则”，“较优”基团后列出。例如：

$$\overset{6}{CH_3}-\overset{5}{CH_2}-\underset{\underset{CH_3}{|}}{\overset{4}{CH}}-\overset{3}{CH_2}-\underset{\underset{CH_2CH_3}{|}}{\overset{2}{CH}}-\overset{1}{CH_2OH}$$

4-甲基-2-乙基-1-己醇

$$\overset{5}{CH_3}-\underset{\underset{CH_3}{|}}{\overset{4}{CH}}-\underset{\underset{OH}{|}}{\overset{3}{CH}}-\underset{\underset{CH_2CH_3}{|}}{\overset{2}{CH}}-\overset{1}{COOH}$$

4-甲基-2-乙基-3-羟基戊酸

（4）环状化合物系统命名法

① 当脂环或芳环上连有简单烷基、硝基、亚硝基、卤素等取代基时，以环为母体；连有复杂烷基或—CH═CH—、—C≡C—、$-NH_2$、—OH、—CHO、$-SO_3H$、—COOH 等官能团时，以环为取代基，烷烃或官能团为母体。环上编号或主链编号都以“最低系列”为原则，命名时各种基团的排列次序同前。例如：

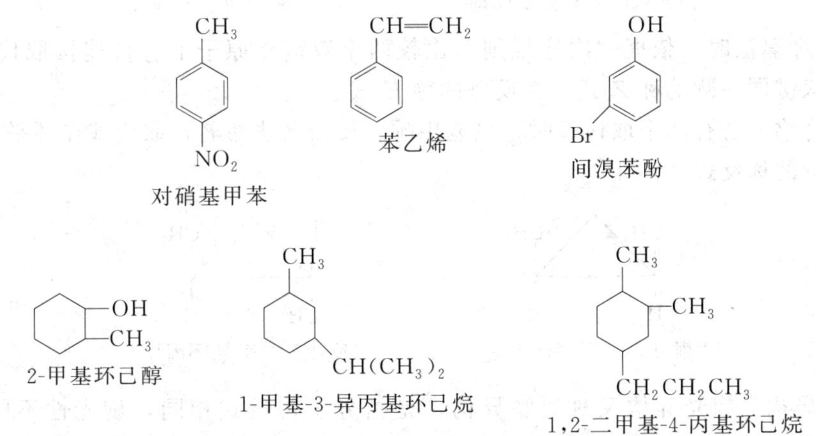

② 若环上有几个不同的官能团，按优先次序选择主要官能团为母体，其余当作取代基。

例如；

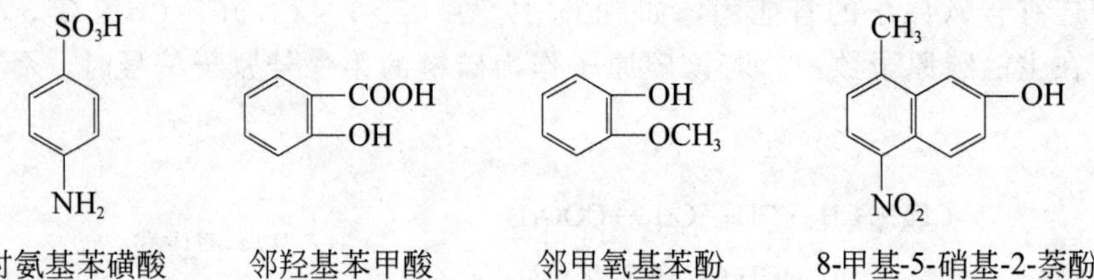

对氨基苯磺酸　　邻羟基苯甲酸　　邻甲氧基苯酚　　8-甲基-5-硝基-2-萘酚

③ 杂环化合物的命名一般采用译音法命名，编号有一定的原则。例如；

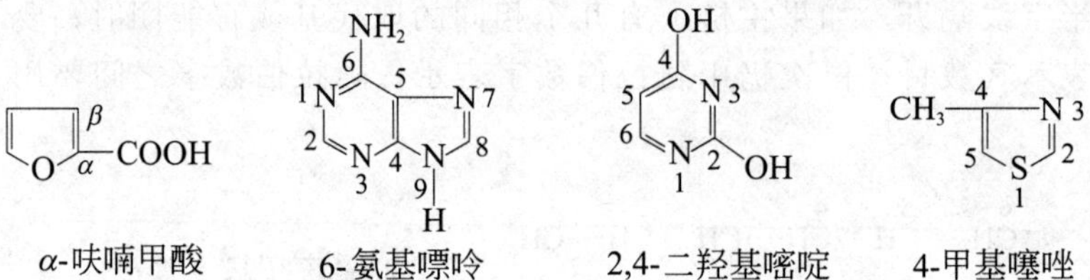

α-呋喃甲酸　　6-氨基嘌呤　　2,4-二羟基嘧啶　　4-甲基噻唑

（5）立体异构体的命名

① 顺反异构　若两个双键碳原子各连有两个不同的原子或基团时，在空间就有两种不同的构型，若两个双键碳原子连有相同原子或基团时，既可采用顺、反命名法也可采用 Z/E 命名法命名。例如：

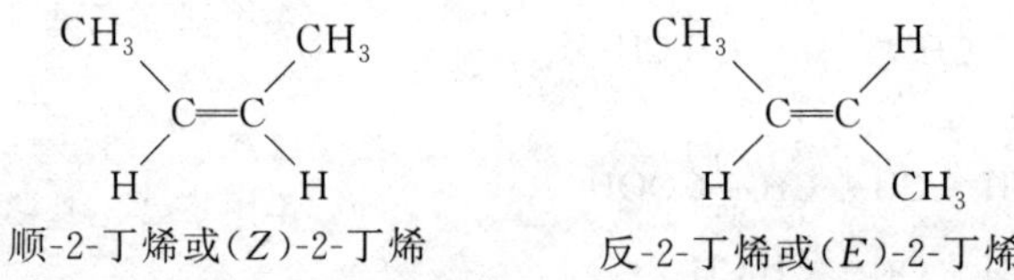

顺-2-丁烯或(*Z*)-2-丁烯　　反-2-丁烯或(*E*)-2-丁烯

若两个双键碳原子连有四个不同的原子或基团时，不能用顺、反命名法命名，只能采用 Z/E 命名法命名。例如：

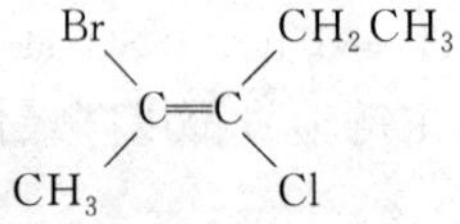

(*E*)-3-氯-2-溴-2-戊烯 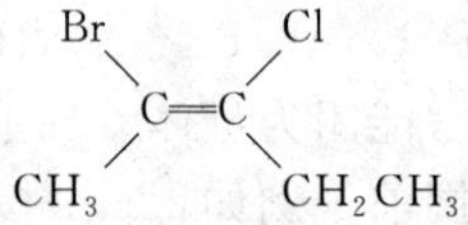　　(*Z*)-3-氯-2-溴-2-戊烯

用 Z/E 命名法时，依据“次序规则”比较两个双键碳原子上各自连接取代基的大小，较优基团在双键同一侧的称 Z 式；在反侧的称 E 式。

单环化合物上若有两个取代基时，只能用顺、反命名法命名，取代基在环平面同侧的称顺式；在异侧的称反式。例如：

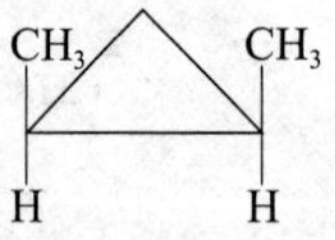

顺-1,2-二甲基环丙烷 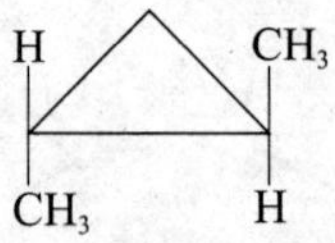　　反-1,2-二甲基环丙烷

② 旋光异构　旋光异构又称对映异构，是指分子构造式相同，旋光性不同的异构现象。构型的标记可采用 D/L 法或 R/S 法，在天然产物中常用 D/L 法标记旋光活性物质的构型。

a. D/L 构型标记法　规定了右旋甘油醛的构型为 D-构型，即—OH 在费歇尔投影式右侧；左旋甘油醛的构型为 L-构型，即—OH 在费歇尔投影式左侧：

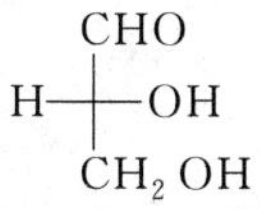
D-(＋)-甘油醛

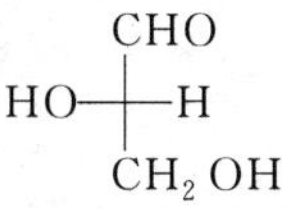
L-(－)-甘油醛

其他旋光物质的构型通过化学转变方法与甘油醛相联系。例如：

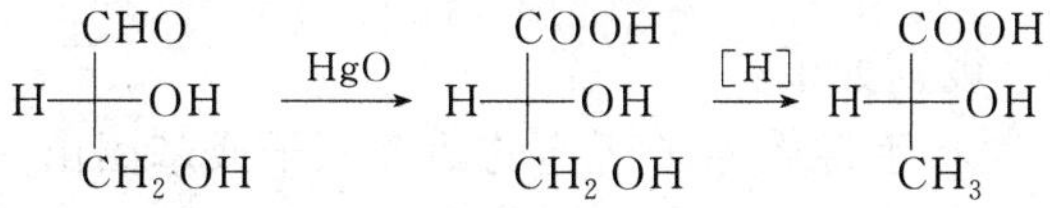
D-(＋)-甘油醛　D-(－)-甘油酸　D-(－)-乳酸

与手性碳原子相连的共价键未断键，都是 D-构型，但旋光方向不同。旋光方向是用旋光仪测得的，与构型没有必然联系。

单糖的构型通过与甘油醛对比来确定。单糖分子中虽然可能有多个手性碳原子，但决定其构型的仅是距羰基最远的手性碳原子。其构型若与 D-甘油醛相同，称为 D-糖；若与 L-甘油醛相同，则称为 L-糖。

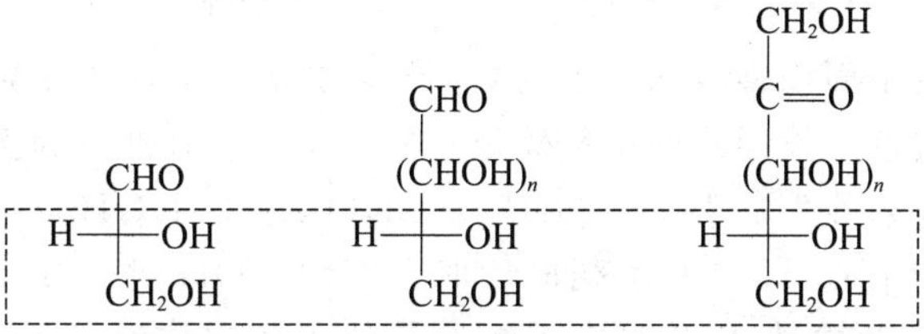
D-甘油醛　D-某醛糖　D-某酮糖

部分单糖、糖苷命名举例：

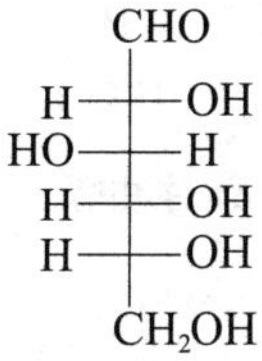
D-(+)-葡萄糖

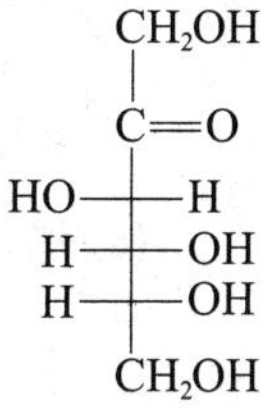
D-(−)-果糖

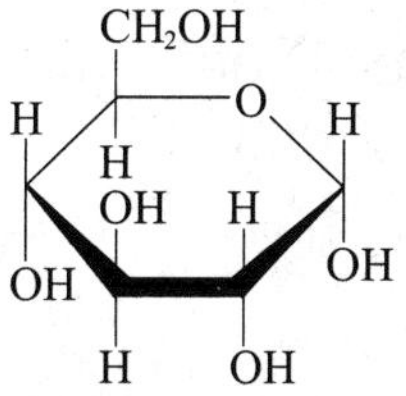
α-D-(+)-吡喃葡萄糖(哈武斯式)

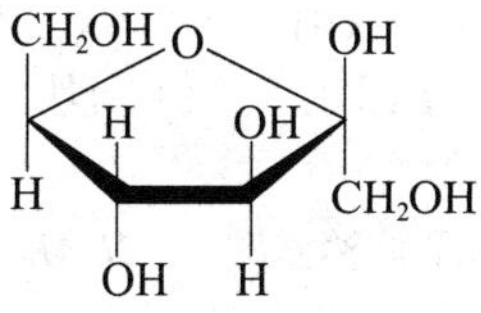
β-D-(−)-呋喃果糖

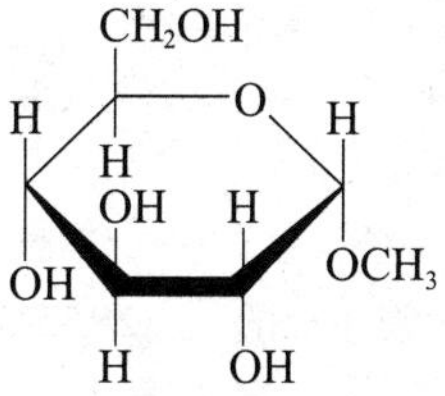
甲基-α-D-吡喃葡萄糖苷

常见的天然氨基酸都是 L-构型的：

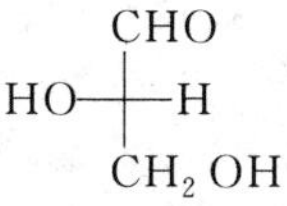
L-甘油醛

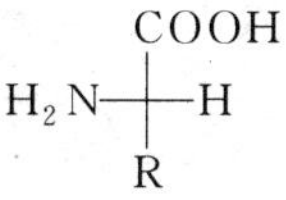
L-氨基酸

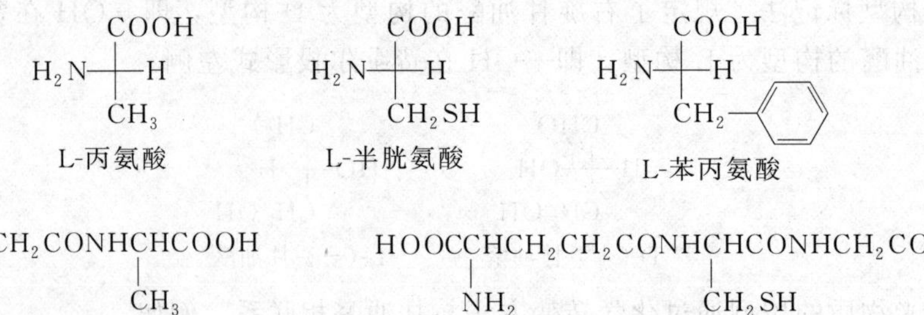

L-丙氨酸　　L-半胱氨酸　　L-苯丙氨酸

甘氨酰丙氨酸　　γ-谷氨酰-半胱氨酰-甘氨酸

b. R/S 构型标记法　规则如下：

（a）根据“次序原则”将手性碳原子所连的四个原子或基团由大到小排序。

（b）将最小基团放在离观察者最远的位置上。

（c）其他三个原子或基团由大到小如是顺时针方向排列，为 R-构型；若是反时针方向排列，则为 S-构型。

CHO / H—C—OH / CH_2OH　　CHO / HO—C—H / CH_2OH

（R）-甘油醛　　（S）-甘油醛

费歇尔投影式是用平面构型表示分子的立体排列方式，有时不易判断其构型。下面介绍一种简单方法来确定费歇尔投影式中手性碳原子的构型。以甘油醛为例，手性碳原子所连四个原子或基团按“次序规则”排列，—OH>—CHO>—CH_2OH>—H，若氢原子位于竖向位置（不管在上或在下），即氢原子朝向后时，当由—OH→—CHO→—CH_2OH 为顺时针方向排列为 R-构型；反之为 S-构型。若氢原子位于横向位置（不管在左或在右），即氢原子朝前时，当—OH→—CHO→—CH_2OH 为逆时针方向排列为 R-构型；反之为 S-构型。

H / HOH_2C—C—OH / CHO　　CHO / HOH_2C—C—OH / H　　CHO / H—C—OH / CH_2OH　　CHO / HO—C—H / CH_2OH

(R)-甘油醛　　(S)-甘油醛　　(R)-甘油醛　　(S)-甘油醛

旋光异构体命名举例：

COOH / H—C—Br / H—C—OH / COOH　　CH_2OH / H—C—Br / Cl—C—H / CH_3　　COOH / H—C—OH / H—C—OH / COOH　　CH_3(H)C=C(H)—C(H)(CH_3)—CH_2CH_3

2R,3R-2-羟基-3-溴丁二酸　　2S,3S-3-氯-2-溴-1-丁醇　　内消旋酒石酸　　2E,4R-4-甲基-2-己烯

（6）俗名　根据化合物的来源、性质等加以命名，称为俗名。例如：

$CHCl_3$	CHI_3	CH_3OH	HCOOH	CH_3COOH
氯仿	碘仿	木醇	蚁酸	醋酸

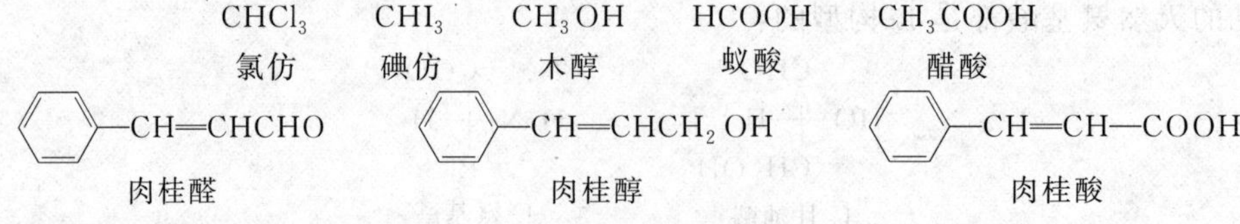

肉桂醛　　肉桂醇　　肉桂酸

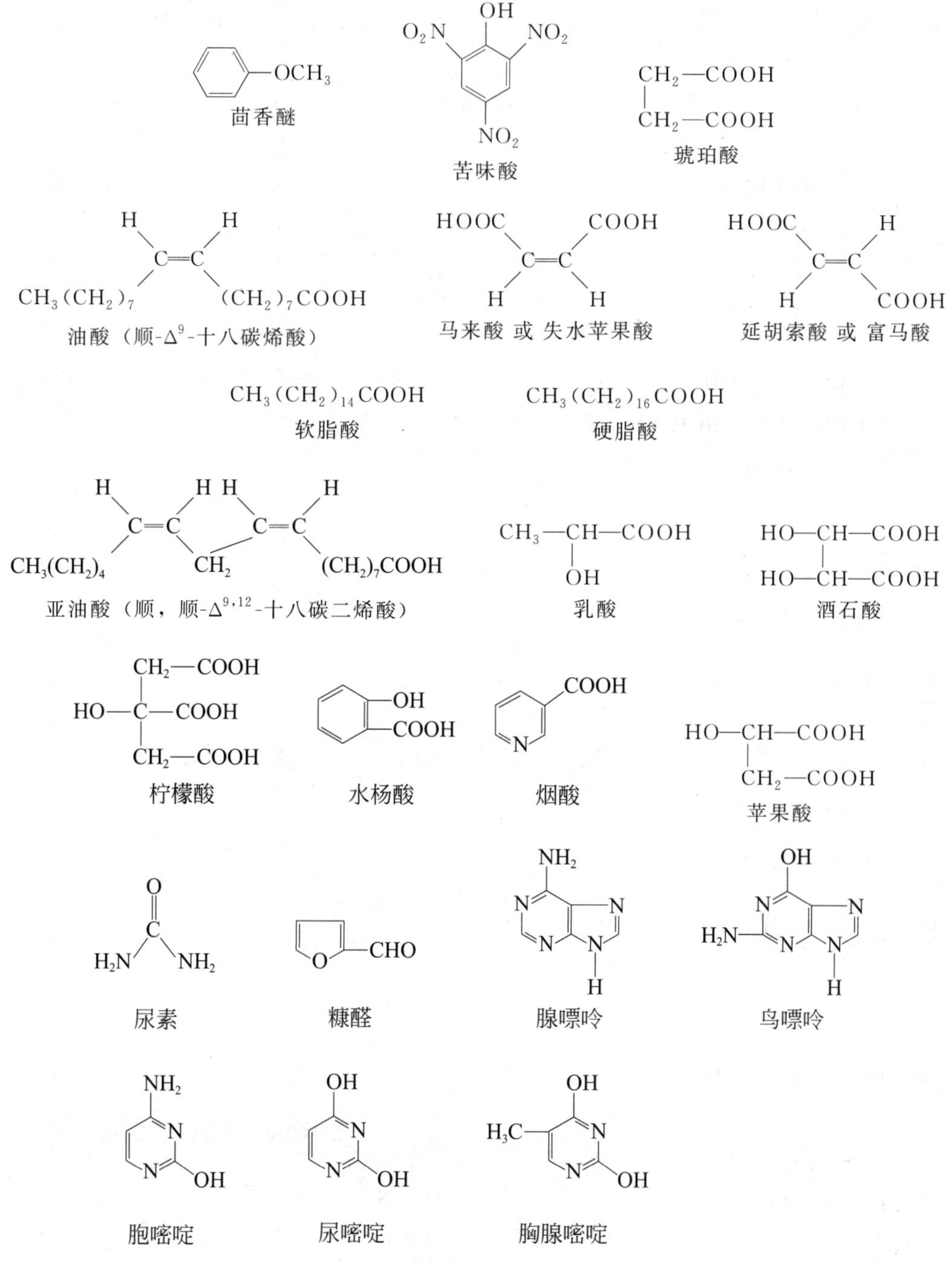

例题及解析

【例题】 用系统命名法命名下列化合物。

(1) $CH_3CH_2\underset{\displaystyle CH_3}{\underset{|}{CH}}—\underset{\displaystyle CH_2CH_3}{\underset{|}{CH}}CH_2C(CH_3)_3$

(2) $CH_3CH(CH_2CH=CH_2)_2$

(3) $CH\equiv CCH_2CH=\underset{\displaystyle CH_3}{\underset{|}{C}}CH_2CH_3$

(4) $(H_3C)(H)C=C(C\equiv CCH_3)(CH_3)$（$H_3C$ 与 $C\equiv CCH_3$ 位于双键同侧，H 与 CH_3 位于同侧）

(5)

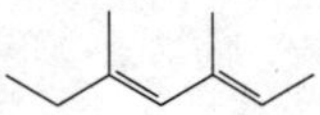

(6) $(CH_3)_2CH(CH_2)_4CH(CH_3)CH_2C(CH_3)_3$

(7)

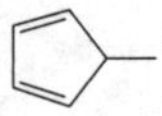

(8)

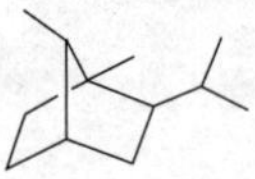

(9) 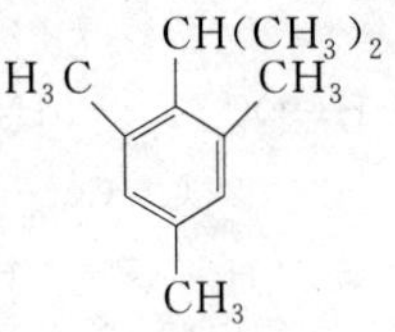 H_3C, $CH(CH_3)_2$, CH_3, CH_3

(10) 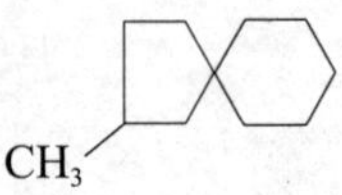 CH_3

(11) 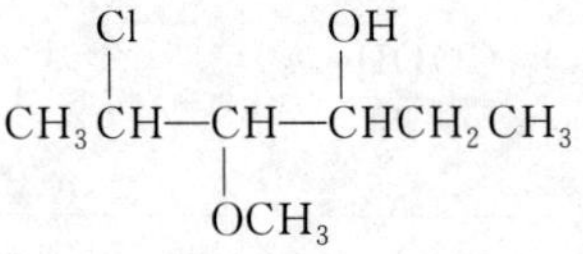 $CH_3CH(Cl)—CH(OCH_3)—CH(OH)CH_2CH_3$

(12) 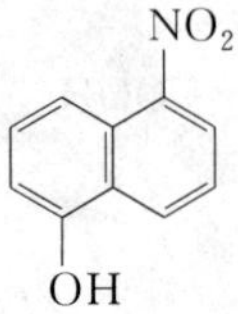 NO_2, OH

(13) 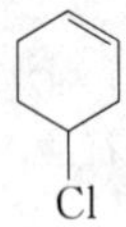 Cl

(14) 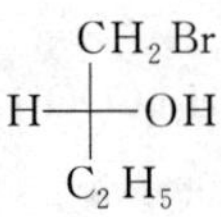 CH_2Br, H—, —OH, C_2H_5

(15) 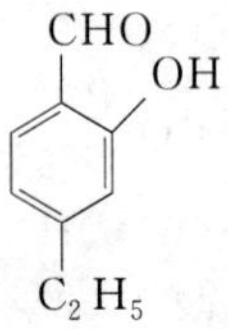 CHO, OH, C_2H_5

(16) 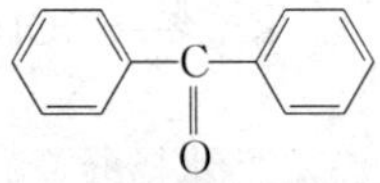 C=O

(17) 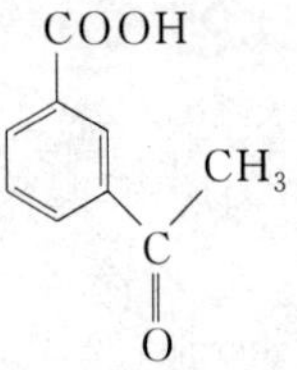 COOH, CH_3, C=O

(18) 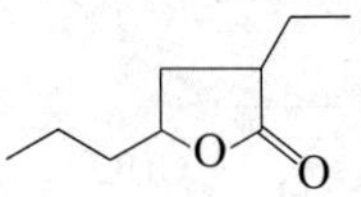 O, O

(19) 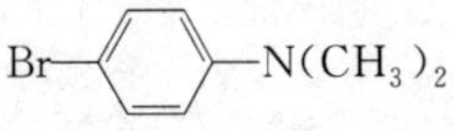 Br—⟨⟩—$N(CH_3)_2$

(20) $[(CH_3)_2\overset{+}{N}(C_2H_5)_2]I^-$

(21) 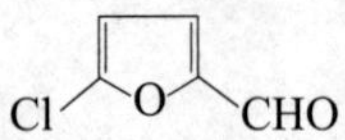 Cl, O, CHO

(22) 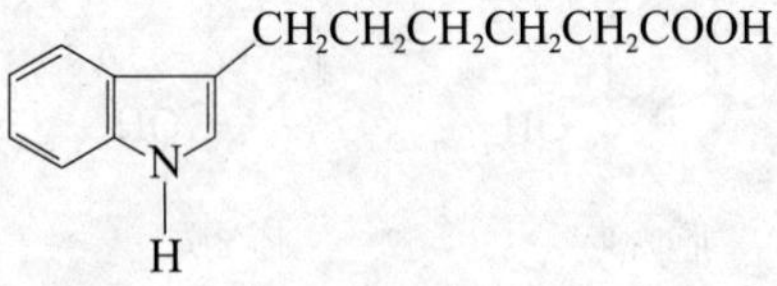 $CH_2CH_2CH_2CH_2CH_2COOH$, N, H

【解】 （1）此化合物有两种主链选择方法，应该选择取代基最多、最长的碳链为主链，根据最低系列原则命名，并且编号应该从碳链的右侧开始编号。

（2）此化合物为二烯烃，选择包含两个双键的最长碳链为主链，分子是对称结构的，所以编号没有选择性，从一端开始编号即可。

（3）烯炔类化合物的命名，要选择含有碳碳双键和碳碳三键最长的链为主链，使双键和三键的位次尽可能低一些，命名时要先烯后炔。

（4）此化合物也是一个烯炔类，用构型式写的，必须考虑构型的标记。首先确定碳链的构造式的名称，双键应最低编号，之后再进行构型式的标记。

$$\begin{array}{c}H_3C \qquad C{\equiv}CCH_3 \\ \uparrow \quad C{=}C \quad \uparrow \\ H \qquad CH_3\end{array}$$

碳链应从左边开始编号，并且 2 号碳原子的构型为 Z 式。

（5）该化合物是用键线式表示的二烯烃，主链选择从右侧开始编号，保证了取代基的位次低，然后分析两个双键的构型，从低到高依次标记构型（$2E,4E$）。

（6）虽然主链从两端编号，最先遇到的取代基都在第 2 号碳原子上，但是左端只有一个取代基，而右端有两个取代基，所以，应当从右边开始编号。

（7）单环不饱和二烯烃，命名时应以环为母体，编号时应该使官能团的位次最小，然后使取代基的位次最小。

（8）此题化合物为桥环化合物，按照系统命名法，从一个桥头碳原子开始编号，先经过最长桥链，然后经过另外一个桥头碳原子，最后经过短桥链。另外，取代基的位次尽量要小。

（9）此题是含有侧链的芳香化合物，侧链并不复杂，所以应当把苯环作为母体，使取代基的位次尽量要小。

（10）该化合物为螺环烃，与桥环化合物不同的是，螺环从与螺原子相邻的小环开始编号，然后经过螺原子，再经过大环，并且按照由少到多的顺序标明环上碳原子的个数。如果环上有取代基，取代基的位次也要最小。

（11）此化合物主链为醇，官能团为羟基，$—OCH_3$、—Cl 作为取代基。

（12）此化合物的母体是萘酚，使酚羟基的位次最小，硝基作为取代基，硝基的位次也要求最小。

（13）卤代烯烃命名时，以烯烃为母体，卤原子作为取代基。

（14）基团优先次序为$—OH>—CH_2Br>—C_2H_5>—H$。

（15）母体为芳香醛，从醛基开始编号，则酚羟基与 2 号碳相连，乙基与 4 号碳相连。

（16）特殊的酮，可以看做是甲醛的衍生物。

（17）该化合物为芳香族羰基酸，羧基是主官能团，乙酰基是取代基。

（18）化合物是内酯，内酯是由分子内的羟基和羧基脱水生成的，命名时要标明羟基的位次，并且用"内酯"代替"某酸"。提示：如果无法判断该羟基酸的结构，就无法正确命名，例如，酯化反应前羟基酸为 2-乙基-4-羟基庚酸。

（19）苯胺作为母体，溴作为取代基。

（20）季铵盐和季铵碱命名时，阴离子一定要写在前面，一般用"某化某""氢氧化"和铵之间按照小基团在前，大基团在后的顺序命名。

（21）以氯原子和呋喃环作为取代基，醛作为母体。

（22）前一个位次"6-"表示吲哚取代在己酸的 6 位，后一个标明吲哚环形成取代的位置在 3 位。

综上，化合物命名为：

（1）2,2,5-三甲基-4-乙基庚烷　　（2）4-甲基-1,6-庚二烯
（3）5-甲基-4-庚烯-1-炔　　（4）（Z）-3-甲基-2-己烯-4-炔
（5）（$2E,4E$）-3,5-二甲基-2,4-庚二烯　　（6）2,2,4,9-四甲基癸烷
（7）5-甲基-1,3-环戊二烯　　（8）1,7-二甲基-2-异丙基二环［2.2.1］庚烷
（9）2,4,6-三甲基异丙苯　　（10）2-甲基螺［4.5］壬烷
（11）4-甲氧基-5-氯-3-己醇　　（12）5-硝基-1-萘酚
（13）4-氯环己烯　　（14）（R）-1-溴-2-丁醇
（15）4-乙基-2-羟基苯甲醛　　（16）二苯甲酮
（17）3-乙酰基苯甲酸　　（18）2-乙基-4-庚酸内酯
（19）N,N-二甲基-4-溴苯胺　　（20）碘化二甲基二乙基铵
（21）5-氯-2-呋喃甲醛　　（22）6-(3-吲哚)己酸

习 题

命名下列化合物。

(1) 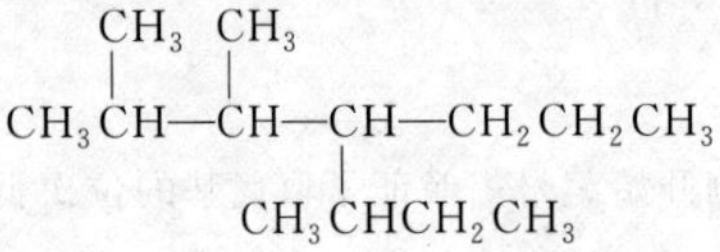

(2) 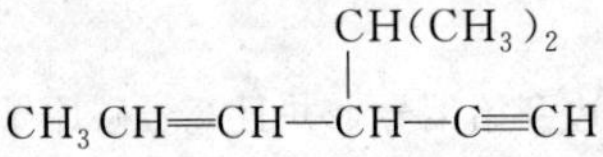

(3) 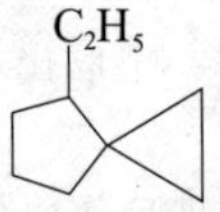

(4) 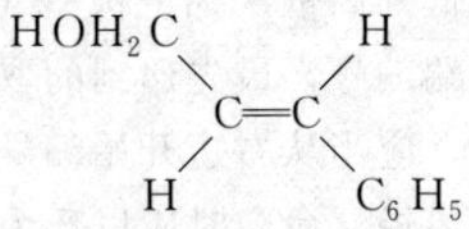

(5) 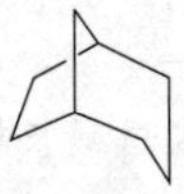

(6) $CH_3CH{=}CHCH_2OH$

(7) 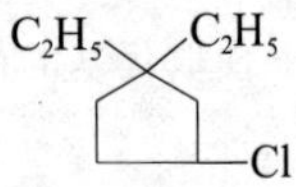

(8) 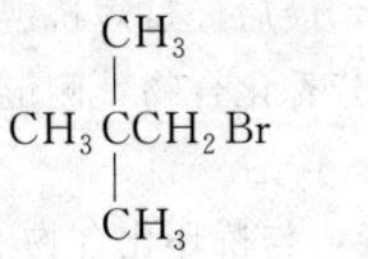

(9) 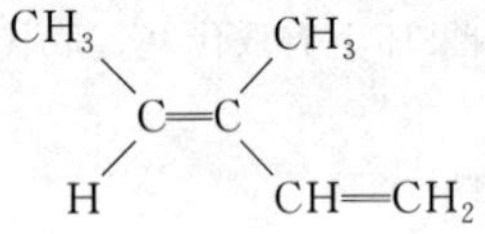

(10) 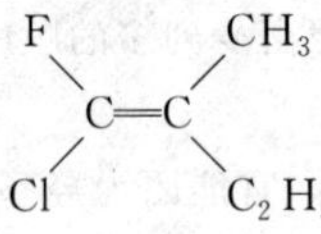

(11) 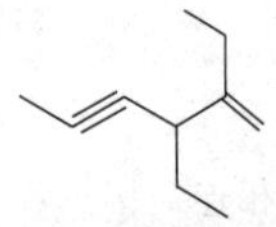

(12) 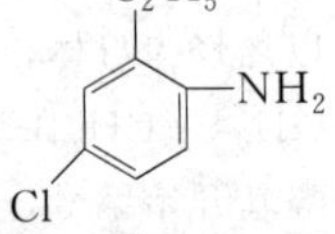

(13) 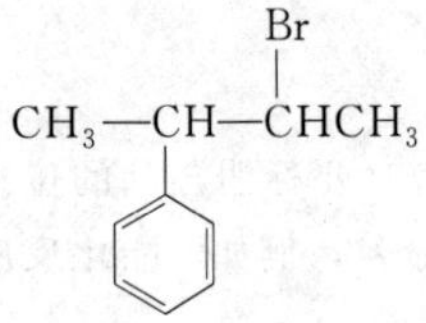

(14) $HOOCCH(OH)CH_2COOH$

(15) 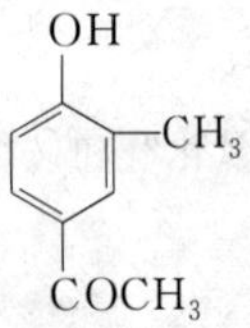

(16) 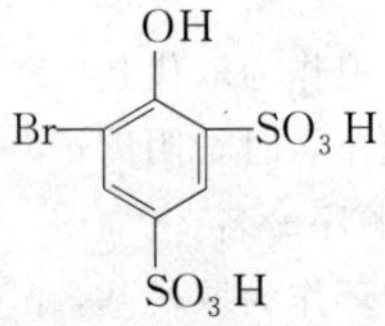

(17) 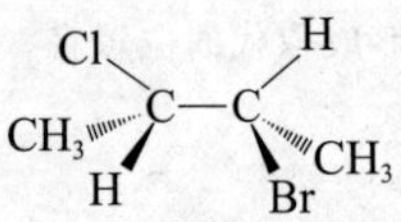

(18) 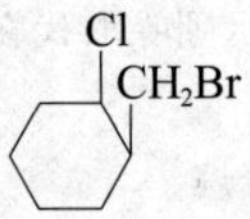

(19) 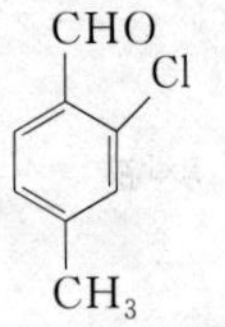

(20) 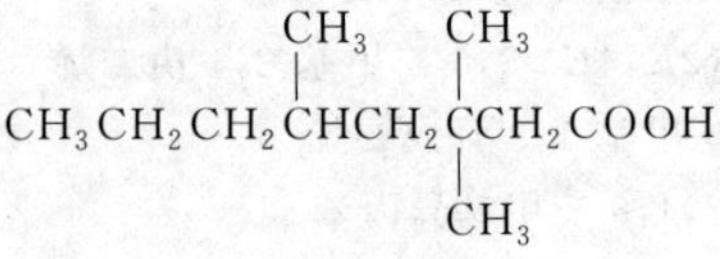

(21) 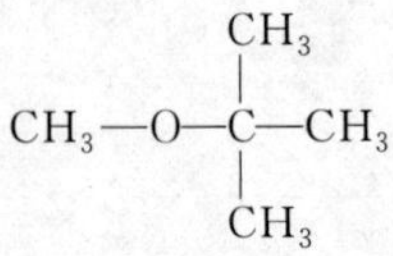

(22) 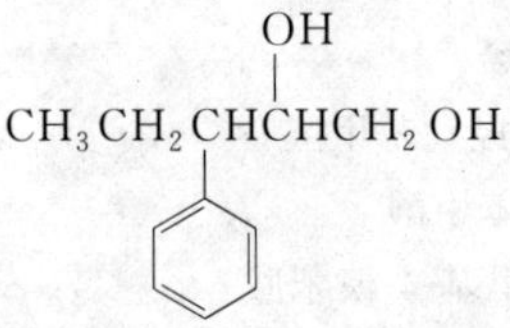

(23) 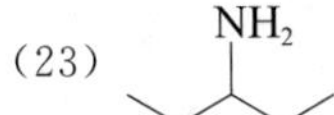

(24) —$NHCH_2CH_3$

(25) $HOCH_2CH_2SH$

(26) $HOOCCOCH_2COOH$

(27) O NH

(28) O COOH

(29) CH_3 ═CHCONHCH$_3$

(30) CH_3— —CCl (O)

习题参考答案

(1) 2,3,5-三甲基-4-丙基庚烷　(2) 3-异丙基-4-己烯-1-炔

(3) 4-乙基螺［2.4］庚烷　(4) (*E*)-3-苯基-2-丙烯-1-醇

(5) 二环［3.2.1］辛烷　(6) 2-丁烯醇

(7) 1,1-二乙基-3-氯环戊烷　(8) 2,2-二甲基-1-溴丙烷

(9) (*E*)-3-甲基-1,3-戊二烯　(10) (*Z*)-2-甲基-1-氟-1-氯-1-丁烯

(11) 2,3-二乙基-1-己烯-4-炔　(12) 2-乙基-4-氯苯胺

(13) 2-苯基-3-溴丁烷　(14) 2-羟基丁二酸

(15) 3-甲基-4 羟基苯乙酮　(16) 4-羟基-5-溴-1,3-苯二磺酸

(17) (2*S*,3*S*)-2-氯-3-溴丁烷　(18) 顺-1-溴甲基-2-氯环己烷

(19) 4-甲基-2-氯苯甲醛　(20) 3,3,5-三甲基辛酸

(21) 甲基叔丁基醚　(22) 3-苯基-1,2-戊二醇

(23) 3-氨基戊烷　(24) *N*-乙基苯胺

(25) 2-羟基乙硫醇　(26) 草酰乙酸

(27) δ-戊内酰胺　(28) 2-呋喃甲酸

(29) *N*-甲基丙烯酰胺　(30) 对甲基苯甲酰氯

三、有机化合物的物理性质

有机化合物的物理性质包括有机化合物的物态、熔点、沸点、相对密度、溶解度、折射率、比旋光度等。有机化合物的物理性质与分子的结构、分子间作用力有关。

有机物分子间作用力包括范德华力和氢键。非极性分子间的范德华力只有色散力，它与分子质量呈正相关，即分子质量大的化合物色散力大。极性分子和非极性分子之间存在色散力和诱导力。极性分子间存在色散力、取向力、诱导力。多数有机分子间的范德华力主要是由色散力来决定的。氢键是由半径较小且电负性极大的原子上的氢原子与电负性大且含有孤对电子的原子之间形成的作用，有分子间氢键和分子内氢键之分。分子间氢键比范德华力强。分子间氢键加强分子间作用力，分子内氢键则降低分子间作用力。能形成分子间氢键的化合物，其分子间作用力包括色散力、取向力、诱导力和氢键，分子间作用力大。

1. 沸点

物质的沸点是在一定压力下液体沸腾时的温度。沸腾的本质是大量分子同时摆脱周围其他分子对其本身的吸引力并冲出液面的过程或现象。分子间的作用力越大，分子摆脱其周围其他分子的吸引力所需的动能就要越大，而分子较大的动能是依靠较高的环境温度来提供的。分子间引力大小受分子的偶极矩、极化度、氢键等因素的影响。因此，分子间的作用力越大，物质沸腾所需的温度即沸点就越高。不同物质的沸点高低可通过分析各自分子间作用

力的大小来定性判断。

物质的沸点与其结构有如下规律：

① 在同系物中，沸点随着分子量的增大而升高，直链异构体都较其支链异构体的沸点高，支链愈多沸点愈低。

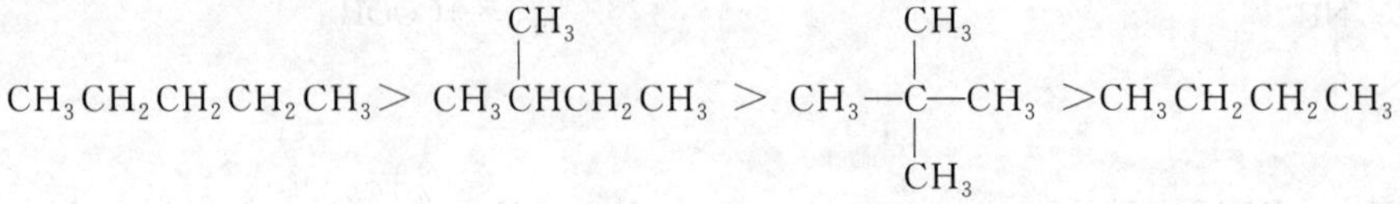

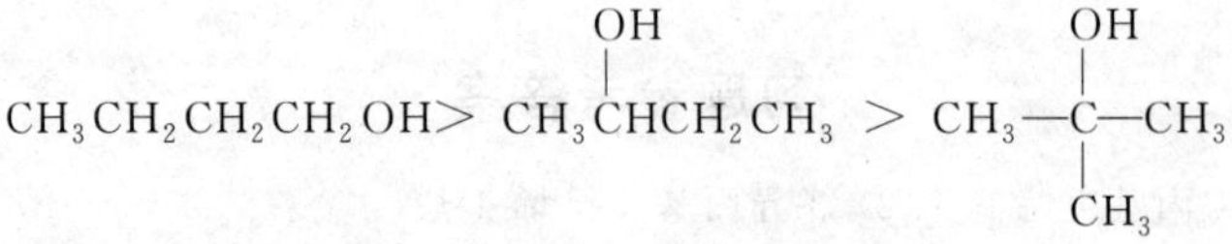

$$CH_3CH_2CH_2CH_2CH_3 > CH_3\underset{}{\overset{CH_3}{\overset{|}{C}}}HCH_2CH_3 > CH_3—\underset{CH_3}{\underset{|}{\overset{CH_3}{\overset{|}{C}}}}—CH_3 > CH_3CH_2CH_2CH_3$$

$$CH_3CH_2CH_2CH_2OH > CH_3\overset{OH}{\overset{|}{C}}HCH_2CH_3 > CH_3—\underset{CH_3}{\underset{|}{\overset{OH}{\overset{|}{C}}}}—CH_3$$

② 对于分子量相同或相近且不存在分子间氢键的化合物，含极性基团的化合物（如醇、卤代物、硝基化合物等）偶极矩增大，比母体烃类化合物沸点高，即分子极性越大，其沸点越高。

$$CH_3CH_2CH_2CH_2NO_2 > CH_3CH_2CH_2CH_2Cl > CH_3CH_2CH_2CH_3$$

③ 对于分子量相同或相近的化合物，能形成分子间氢键的化合物比不能形成分子间氢键的化合物沸点高。

$CH_3CH_2OH > CH_3OCH_3$　　$CH_3CH_2OH > CH_3CH_2CH_3$　　$CH_3CH_2NH_2 > (CH_3)_3N$

对于分子量相同或相近的化合物，分子间的氢键越强，则其沸点显著增高。

$$CH_3CH_2OH > CH_3CH_2NH_2$$

分子间能形成氢键的数目越多，其沸点越高

$$CH_3CONH_2 > CH_3COOH > CH_3CH_2OH$$

$$CH_3CH_2OH > CH_3CH_2NH_2 > (CH_3)_2NH$$

同类分子中，分子间能形成的氢键基团数越多，其沸点越高。

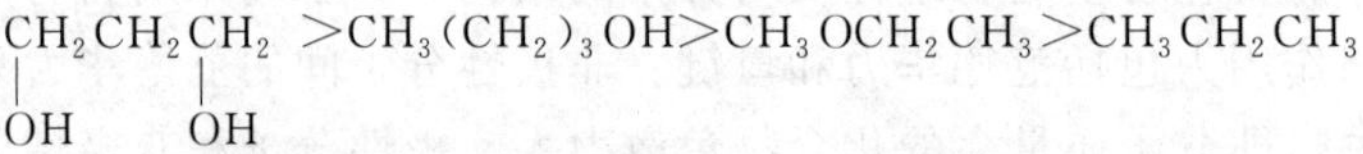

$$\underset{OH}{\underset{|}{C}}H_2CH_2\underset{OH}{\underset{|}{C}}H_2 > CH_3(CH_2)_3OH > CH_3OCH_2CH_3 > CH_3CH_2CH_3$$

分子内氢键比分子间氢键的沸点低。

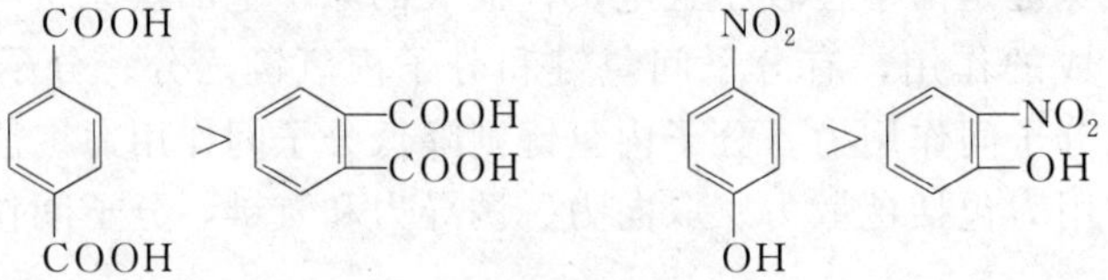

对苯二甲酸（1,4-二COOH苯） > 邻苯二甲酸（1,2-二COOH苯）　　对硝基苯酚（NO_2、OH 对位） > 邻硝基苯酚（NO_2、OH 邻位）

④ 在顺反异构体中，一般顺式异构体的沸点高于反式。

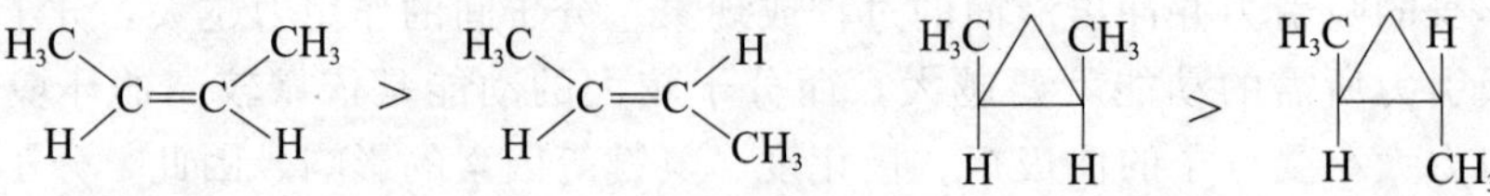

顺-2-丁烯（H_3C、CH_3 同侧，H、H 同侧） > 反-2-丁烯（H_3C 与 H、H 与 CH_3）　　顺-1,2-二甲基环丙烷（H_3C、CH_3 同侧；H、H） > 反-1,2-二甲基环丙烷（H_3C、H；H、CH_3）

在比较不同化合物的沸点高低时，需要综合考虑多种因素对沸点高低的影响，例如分子量、分子极性、氢键和分子支化程度等。另外，对于非极性（如烃类）或弱极性化合物（如卤代烃、醚）的沸点比较，一般只需考虑分子量和分子支化程度两个因素即可。

2. 熔点

纯净的固体物质熔化时的温度就是熔点。熔点与结构的关系较沸点与结构的关系复杂，熔点的高低不仅与分子间作用力大小有关，还与分子晶格堆积紧密程度有关。

熔点的高低决定于晶格引力的大小，晶格引力愈大，熔点愈高，而晶格引力的大小，主要受分子间作用力的性质、分子的结构和形状以及晶格的类型所支配。熔点的大小可以从以下几方面进行比较。

① 以离子为晶格单位的无机盐类、有机盐类或能形成内盐的氨基酸等都有很高的熔点，所以，离子化合物的熔点高于非离子化合物。原因是晶格引力的大小顺序为：

离子间的电性吸引力＞偶极分子间的吸引力与分子间的缔合＞非极性分子间的色散力

② 分子量较大的化合物具有较高的熔点，例如：

$$CH_3CH_2CH_2CH_2CH_3 > CH_3CH_2CH_2CH_3 > CH_3CH_2CH_3 > CH_3CH_3$$

在分子中引入极性基团时，偶极矩即增大，熔点、沸点都增高，所以极性化合物比分子量相近的非极性化合物的熔点高。分子中引入能形成氢键的羟基、羧基、氨基等官能团，物质的熔点比原来的母体烃高，且引入的基团数目越多，熔点越高。反之，如果将羟基或氨基中氢原子用烃基取代，则化合物的熔点下降。

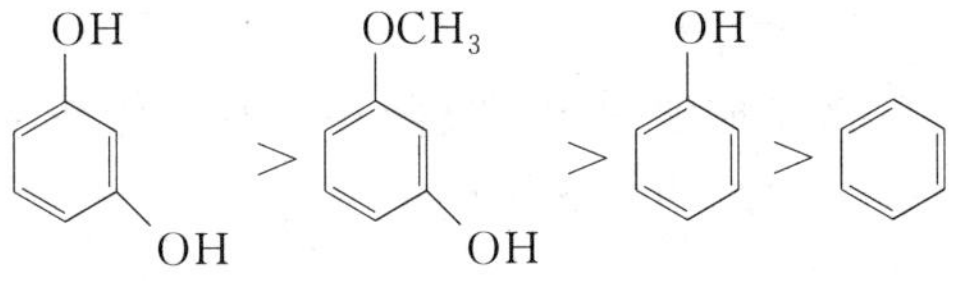

（结构式：间苯二酚（OH, OH）＞ 3-甲氧基苯酚（OCH_3, OH）＞ 苯酚（OH）＞ 苯）

能形成分子内氢键的比形成分子间氢键的熔点低。如

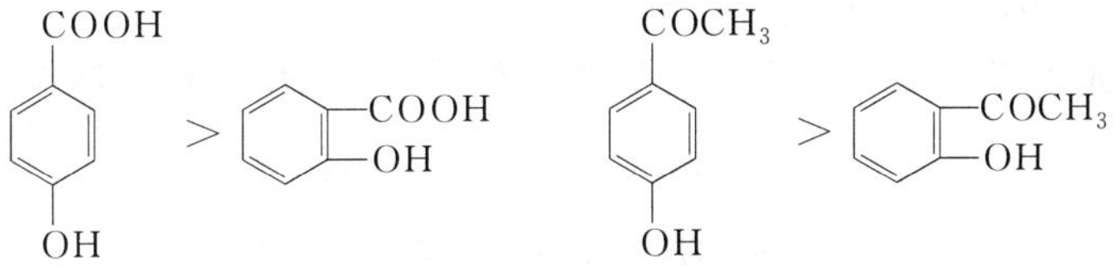

（结构式：对羟基苯甲酸（COOH, OH）＞ 邻羟基苯甲酸（COOH, OH）；对羟基苯乙酮（$COCH_3$, OH）＞ 邻羟基苯乙酮（$COCH_3$, OH））

③ 分子结构对称性较高的化合物具有较高的熔点；分子支化度较高且分子对称性较差的化合物具有较低的熔点，其中分子对称性的影响强于分子支化度的影响。

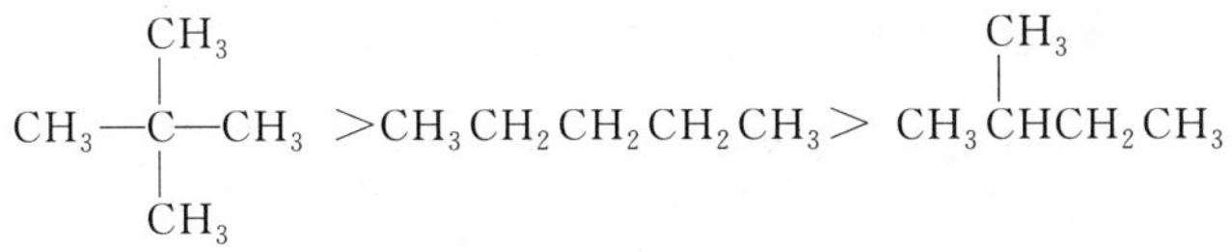

$$CH_3-C(CH_3)_2-CH_3 > CH_3CH_2CH_2CH_2CH_3 > CH_3CH(CH_3)CH_2CH_3$$

新戊烷（－17℃）＞正戊烷（－129.7℃）＞异戊烷（－159.9℃）

对于具有顺反异构的烯烃而言，反式烯烃要比顺式烯烃的熔点高一些。

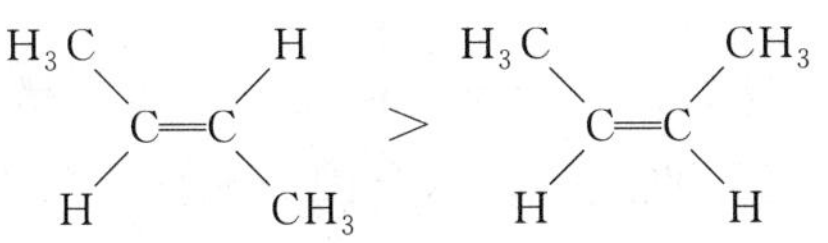

（结构式：$H_3C(H)C=C(H)CH_3$（反式，H_3C 与 CH_3 异侧）＞ $H_3C(H)C=C(H)CH_3$（顺式，H_3C 与 CH_3 同侧））

④ 对于直链同系列化合物来说，偶数碳原子的化合物比相邻两个奇数碳原子的化合物的熔点高。

3. 溶解度

有机化合物的溶解度与分子的结构及所含的官能团有密切的关系。化合物的溶解性通常遵循“相似相溶”规则，即化合物的极性与溶剂的极性越相近，前者在后者中的溶解度就越大。极性化合物易溶于极性溶剂，非极性化合物易溶于非极性溶剂。所以，大多数有机物难溶于水，易溶于有机溶剂。

溶剂有极性溶剂（如水、甲醇、乙醇、丙酮、DMSO、DMF 等）和非极性或弱极性溶剂（如石油醚、乙醚、氯仿、四氯化碳、苯、乙酸乙酯等）。有机物极性越大，其在极性溶剂中的溶解性也就越好。有机物的极性大小取决于其分子中的疏水基即烃基和亲水基（盐基、羧基、磺酸基、羟基、氨基、醛酮的羰基、醚基等）所占的相对比例。亲水基一般是离子型基团（如磺酸基、铵盐等）或能与水形成氢键的基团（如羟基、羧基、氨基等）。分子中亲水基所占分子质量的比例越大，分子的极性和亲水性就越强，亲油性就越弱；反之，分子中疏水部分所占分子质量的比例越大，分子的亲油性就越强，亲水性就越弱。

① 一般离子型的有机化合物易溶于水，如有机酸盐或胺的盐类。

② 能与水形成氢键的极性化合物易溶于水，如单官能团的醇、醛、酮、胺等化合物，其中直链烃基不多于 4 个碳原子，支链烃基不超过 5 个碳原子的一般都溶于水。例如，甲醇、乙醇、丙醇可以与水互溶，而从丁醇开始，随着碳原子数的增加，其在水中的溶解度明显下降。

能形成分子内氢键的化合物在水中的溶解度将小于其母体在水中的溶解度，如：邻羟基苯甲醛及邻硝基苯酚在水中的溶解度均小于苯酚。

溶解度：（邻硝基苯酚：苯环上 NO_2、OH）< （苯酚：苯环上 OH）

此外，能发生水解反应的化合物，如酸酐、酰卤等，水解产物也溶于水中。

$$CH_3\overset{O}{\overset{\|}{C}}O\overset{O}{\overset{\|}{C}}CH_3 + H_2O \longrightarrow 2CH_3COOH$$

③ 一般碱性有机物可溶于酸，如有机胺可溶于盐酸。一般酸性的有机物可溶于碱，如羧酸、酚、磺酸等可溶于 NaOH 溶液中。一般含氧有机化合物，可与浓硫酸作用形成锌盐，可溶于过量的浓硫酸中。例如：

$$CH_3COOH + NaOH \longrightarrow CH_3COONa + H_2O$$

$$CH_3OCH_3 + H_2SO_4 \longrightarrow [CH_3\overset{H}{\overset{|}{\underset{+}{O}}}CH_3]HSO_4^-$$

④ 环醚的环效应对其溶解性有很大影响。例如，乙醚仅微溶于水，但当其形成环醚-四氢呋喃时，后者却能与水以任意比例互溶。这是因为成环之后大大降低了烃基对氧原子与水结合的空间位阻效应。

例题及解析

【例题 1】 将下列化合物按照沸点由高到低的顺序排列：

A. 己烷　B. 辛烷　C. 3-甲基庚烷　D. 正戊烷　E. 2,3-二甲基戊烷　F. 2-甲基己烷　G. 四甲基丁烷

【解】 烷烃为非极性分子，其同系物沸点主要取决于其分子的大小，分子量越大，沸点越高；如果分子量相近或相同时，其沸点取决于支链的多少，支链越多，沸点越低。

沸点排列顺序如下：B＞C＞G＞F＞E＞A＞D

【例题 2】 试根据上述规律，分析下列具有相同或相近分子量的各类物质的沸点高低顺序。

卤代烃、羧酸、醛（酮）、烯烃、醚、炔烃、烷烃、醇

【解】 从官能团的极性来分析，

羧酸＞醇＞醛（酮）＞卤代烃＞醚＞炔烃＞烯烃＞烷烃

【例题 3】 2-硝基苯酚的沸点比 4-硝基苯酚的沸点低是因为（　　）。

A. 2-硝基苯酚的分子量小　　B. 2-硝基苯酚的色散力小

C. 2-硝基苯酚能形成分子间氢键　　D. 2-硝基苯酚能形成分子内氢键

【解】 D。2-硝基苯酚形成了分子内氢键而无法形成分子间氢键（注：氢键有饱和性），4-硝基苯酚不能形成分子内氢键但却可以形成分子间氢键，故后者的沸点高于前者。

【例题 4】 丁醇和乙醚是同分异构体，丁醇的沸点是 117.3℃，乙醚的沸点是 34.5℃，相差很大；而室温下两种化合物的水溶性都是 8%，几乎相同，其原因是（　　）。

A. 二者有相同的取向力　　B. 二者都能形成分子间氢键

C. 乙醚不能与水形成氢键　　D. 二者都能与水形成氢键

【解】 D。丁醇分子间有氢键作用而乙醚没有，故丁醇的沸点高于乙醚。但二者都能与水形成氢键，故二者有相似的水溶性。

【例题 5】 下列化合物在水中溶解度最大的是（　　）。

A. $CH_3CH_2CH_2COOH$　　B. $CH_3CH_2CH_2OH$

C. $C_2H_5OC_2H_5$　　D. $CH_3CH_2CH_2CHO$

【解】 化合物在水中的溶解度可以从极性的角度考虑：有机物的极性大小取决于其分子中的疏水基即烃基和亲水基（盐基、羧基、磺酸基、羟基、氨基、醛酮的羰基、醚基等）所占的相对比例。亲水基一般是离子型基团（如磺酸基、铵盐等）或能与水形成氢键的基团（如羟基、羧基、氨基等）。所以选 A。

【例题 6】 下列化合物中，易溶于盐酸的是（　　）。

A. Cl　　B. OH　　C. NH_2　　D. CH_3

【解】 此题考查有机化合物在酸性溶液中的溶解度，所以要选择具有碱性作用的有机物，苯胺具有碱性，能与盐酸反应生成盐，所以选择 C。

【例题 7】 下列化合物中，易溶于 NaOH 水溶液的是（　　）。

A. OH　　B. OH　　C. OCH_3　　D. NH_2

【解】 此题考查有机化合物在碱性溶液中的溶解度，所以要选择具有酸性作用的有机物，苯酚能与氢氧化钠反应生成苯酚钠，所以选择 B。

习　题

1. 下列烷烃中，沸点最高的是（　　），沸点最低的是（　　）。

A. 新戊烷　　B. 异戊烷　　C. 正己烷　　D. 正辛烷

2. 将下列化合物按照沸点由高至低顺序排列的是（　　）。

A. 3,3-二甲基戊烷　　B. 正庚烷　　C. 2-甲基庚烷　　D. 正戊烷　　E. 2-甲基己烷

3. 下列物质进行一氯取代反应后，能够生成四种沸点不同的氯代烃的是（　　）。

A. $(CH_3)_2CHCH_2CH_2CH_3$　　B. $(CH_3CH_2)_2CHCH_3$

C. $(CH_3)_2CHCH(CH_3)_2$　　D. $(CH_3)_3CCH_2CH_3$

4. 将下列化合物按照沸点由高至低的顺序排列是（　　）。

A. 正戊烷　　B. 新戊烷　　C. 异戊烷　　D. 丁烷

5. 下列化合物中熔点最高的是（　　）。

A. [环己烷结构]　　B. [正己烷键线式]　　C. [2-甲基戊烷键线式]

6. 下列化合物沸点由高到低的顺序是（　　）。

A. CH_3CH_2OH　　B. CH_3COOH　　C. $CH_3CH_2OCH_2CH_3$　　D. $CH_3CH_2CH_2CH_3$

7. 下列化合物沸点由高到低的顺序是（　　）。

A. $CH_3CH_2CH_2CH_2Cl$　　B. $CH_3CH_2CHClCH_3$　　C. $CH_3-C(CH_3)(Cl)-CH_3$　　D. $CH_3CH_2CH_2CH_3$

8. 下列化合物沸点最高的是（　　）。

A. [苯]　　B. [氯苯]　　C. [邻氯苯酚]　　D. [对氯苯酚]

9. 下列化合物沸点最高的是（　　）。

A. $CH_3CH_2CH=CH_2$　　B. [顺-2-丁烯：H_3C、CH_3 同侧，H、H 同侧]　　C. [反-2-丁烯：H_3C、H / H、CH_3]

D. $CH_3CH(CH_3)=CH_2$

10. 下列化合物沸点最低的是（　　）。

A. 戊醛　　B. 2-戊酮　　C. 3-戊酮　　D. 3-甲基-2-丁酮

11. 下列化合物沸点由高到低的顺序是（　　）。

A. [对苯二酚]　　B. [甲苯]　　C. [苯酚]　　D. [苯甲醚]

12. 下列物质沸点最高的是（　　）。

A. 正丁醇　　B. 异丁醇　　C. 仲丁醇　　D. 叔丁醇

13. 下列物质熔点最高的是（　　）。

A. $CH_3C(=O)NH_2$　　B. CH_3COOH　　C. $\overset{+}{N}H_3CH_2COO^-$　　D. $CH_3C(=O)Cl$

14. 下列物质熔点最高的是（　　）。

A. $CH_3CH_2CH_2COOH$　　B. $CH_3CH_2CH_2CH_3$

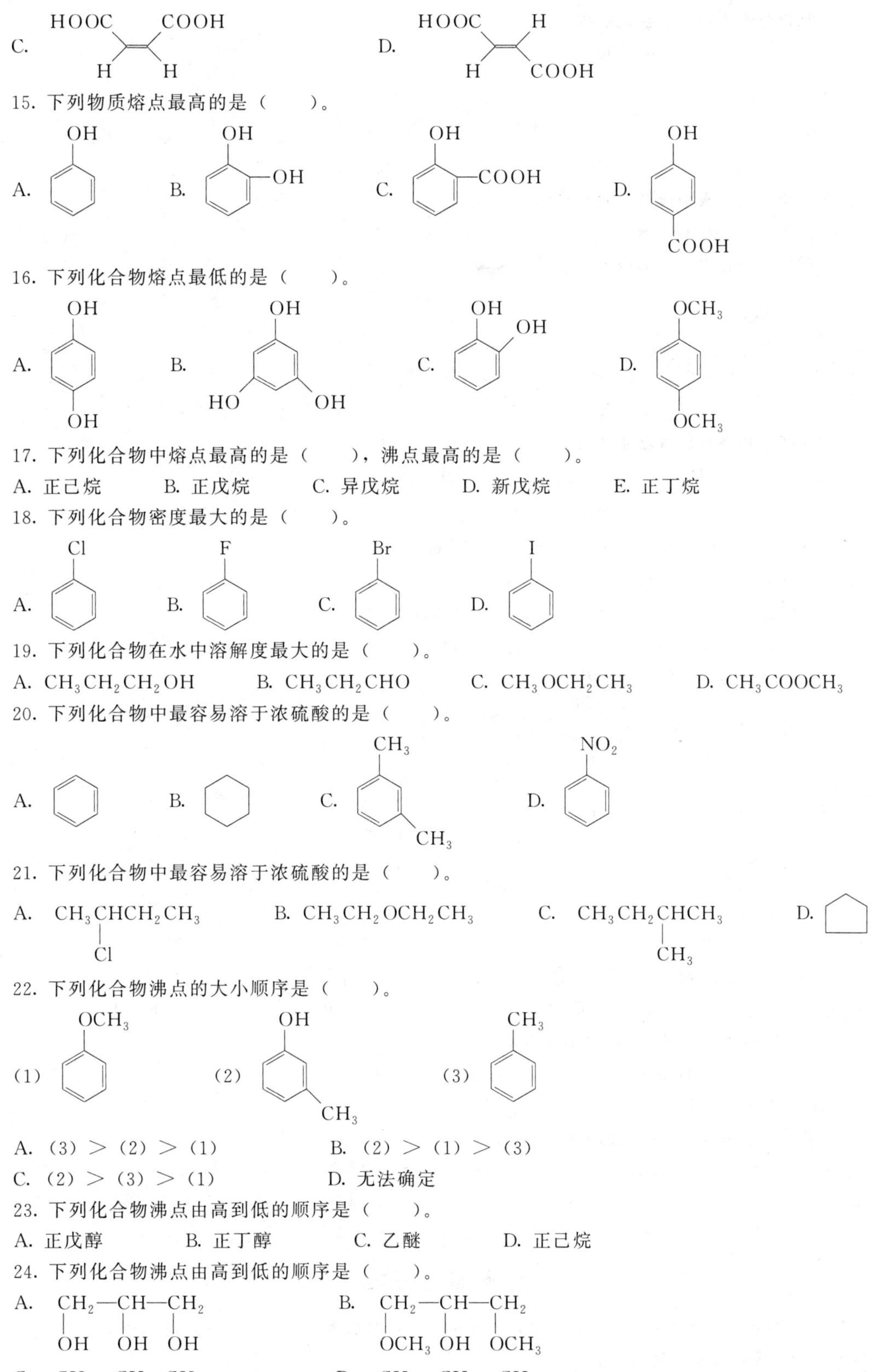

C. HOOC(H)C=C(H)COOH　　D. HOOC(H)C=C(H)COOH

15. 下列物质熔点最高的是（　　）。

A. 苯酚（OH）　B. 邻苯二酚（OH, OH）　C. 邻羟基苯甲酸（OH, COOH）　D. 对羟基苯甲酸（OH, COOH）

16. 下列化合物熔点最低的是（　　）。

A. 对苯二酚（OH, OH）　B. 间苯三酚（OH, HO, OH）　C. 邻苯二酚（OH, OH）　D. 对二甲氧基苯（OCH_3, OCH_3）

17. 下列化合物中熔点最高的是（　　），沸点最高的是（　　）。

A. 正己烷　B. 正戊烷　C. 异戊烷　D. 新戊烷　E. 正丁烷

18. 下列化合物密度最大的是（　　）。

A. 氯苯（Cl）　B. 氟苯（F）　C. 溴苯（Br）　D. 碘苯（I）

19. 下列化合物在水中溶解度最大的是（　　）。

A. $CH_3CH_2CH_2OH$　B. CH_3CH_2CHO　C. $CH_3OCH_2CH_3$　D. CH_3COOCH_3

20. 下列化合物中最容易溶于浓硫酸的是（　　）。

A. 苯　B. 环己烷　C. 间二甲苯（CH_3, CH_3）　D. 硝基苯（NO_2）

21. 下列化合物中最容易溶于浓硫酸的是（　　）。

A. $CH_3CH(Cl)CH_2CH_3$　B. $CH_3CH_2OCH_2CH_3$　C. $CH_3CH_2CH(CH_3)CH_3$　D. 环戊烷

22. 下列化合物沸点的大小顺序是（　　）。

(1) 苯甲醚（OCH_3）　(2) 间甲酚（OH, CH_3）　(3) 甲苯（CH_3）

A. (3) > (2) > (1)　B. (2) > (1) > (3)

C. (2) > (3) > (1)　D. 无法确定

23. 下列化合物沸点由高到低的顺序是（　　）。

A. 正戊醇　B. 正丁醇　C. 乙醚　D. 正己烷

24. 下列化合物沸点由高到低的顺序是（　　）。

A. $CH_2(OH)—CH(OH)—CH_2(OH)$　B. $CH_2(OCH_3)—CH(OH)—CH_2(OCH_3)$

C. $CH_2(OCH_3)—CH(OH)—CH_2(OH)$　D. $CH_2(OCH_3)—CH(OCH_3)—CH_2(OCH_3)$

25. 下列化合物沸点由高到低的顺序是（　　）。

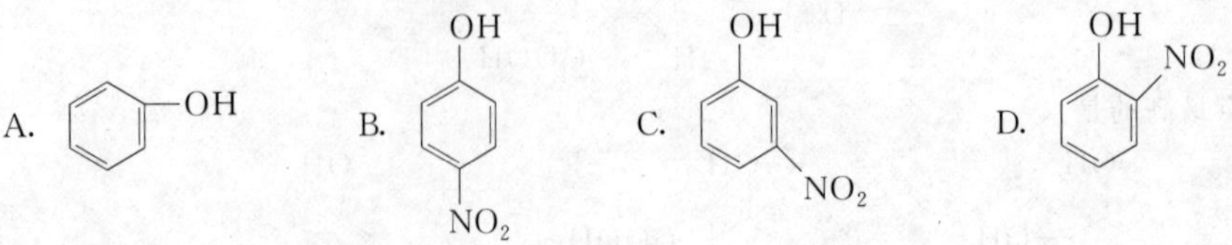

26. 下列化合物在水中溶解度的大小顺序为（　　）。

A. 正丁醇　　B. 叔丁醇　　C. 乙醚　　D. 正戊烷

27. 下列化合物在水中溶解度的大小顺序为（　　）。

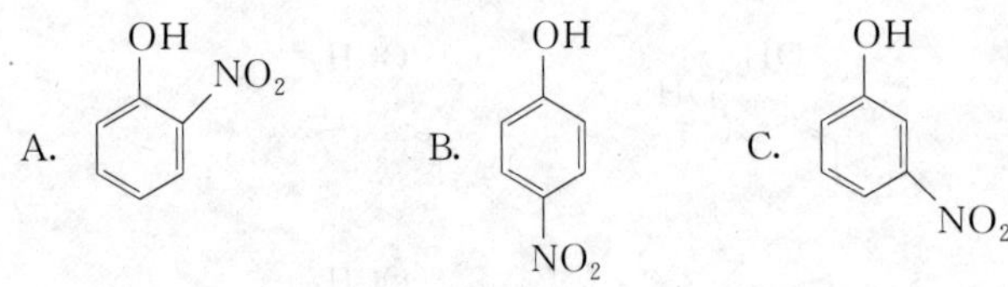

28. 下面两个化合物熔点高的是（　　）。

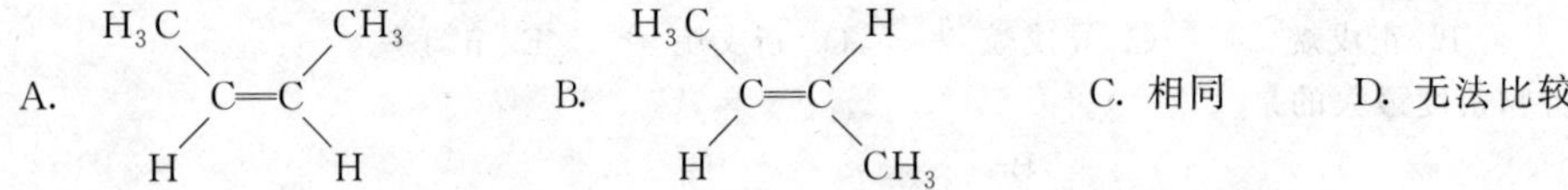

29. 关于 2-丁烯两个异构体，下列说法正确的是（　　）。

A. 顺-2-丁烯沸点高　　B. 反-2-丁烯沸点高

C. 两者一样高　　D. 无法区别其沸点

30. 与 1,1,2-三氯乙烯的偶极矩相似的化合物是（　　）。

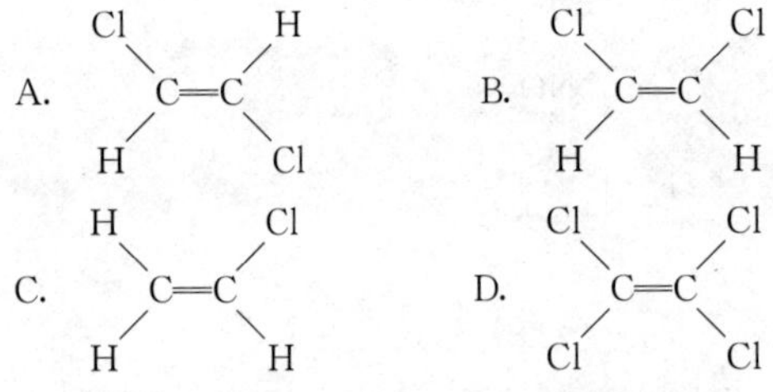

31. 外消旋体的熔点比其左旋化合物的熔点（　　）。

A. 高　　B. 相等　　C. 低　　D. 都有可能

32. 碳数相同的化合物乙醇（Ⅰ），乙硫醇（Ⅱ），二甲醚（Ⅲ）的沸点次序是（　　）。

A. Ⅱ＞Ⅰ＞Ⅲ　　B. Ⅰ＞Ⅱ＞Ⅲ　　C. Ⅰ＞Ⅲ＞Ⅱ　　D. Ⅱ＞Ⅲ＞Ⅰ

33. 根据化合物的结构特点，沸点比较正确的是（　　）。

A. C_2H_5OH 高于 C_2H_5SH　　B. C_2H_5OH 低于 C_2H_5SH

C. C_2H_5OH 同于 C_2H_5SH　　D. 互变异构

34. 下列化合物的沸点从高到低的顺序正确的是（　　）。

（1）正丙基氯　（2）乙醚　（3）正丁醇　（4）仲丁醇　（5）异丁醇

A.（1）＞（2）＞（3）＞（4）＞（5）　　B.（3）＞（4）＞（5）＞（1）＞（2）

C.（2）＞（3）＞（1）＞（4）＞（5）　　D.（2）＞（4）＞（5）＞（1）＞（3）

习题参考答案

1. 同系物沸点主要取决于其分子的大小，分子量越大，沸点越高；支链越多，沸点越低。所以，沸点最高的是（D），沸点最低的是（A）。

2. 同系物其沸点主要取决于其分子的大小，分子量越大，沸点越高；支链越多，沸点越低。

沸点顺序为：C＞B＞E＞A＞D。

3. B。此题实质上是关于一氯代产物种类的问题。题目中四种化合物在一氯代后，产物的可能性 A. 5 种，B. 4 种，C. 2 种，D. 3 种。

4. 同系物其沸点主要取决于其分子的大小，分子量越大，沸点越高；支链越多，沸点越低。A、B、C 三种是五碳化合物，D. 丁烷为含四碳原子的化合物，分子量小一些，所以沸点最低。

沸点顺序为：正戊烷>异戊烷>新戊烷>丁烷。

5. A。此题中碳链都是 6 碳原子，分子结构对称性较高的化合物具有较高的熔点；分子支化度较高且分子对称性较差的化合物具有较低的熔点。

6. 分子中引入能形成氢键的羟基、羧基、氨基等官能团，该化合物的沸点更高一些，氢键越强，沸点越高。沸点顺序为：B>A>C>D。

7. A>B>C>D。

8. 在烃类分子中引入极性基团时，偶极矩增大，熔点、沸点都增高。在芳香烃中，取代基在对位的沸点要高于邻位和间位。沸点最高的是 D。

9. 在烯烃的顺反异构中，顺式的沸点高于反式的沸点。沸点最高的为 B。

10. 结构相似、分子量相同的化合物中，具有直链的沸点高于含有支链的沸点，所以沸点最低的是 D。

11. 在烃类分子中引入极性基团时，偶极矩增大，熔点、沸点都增高，引入极性基团数目越多沸点越高，并且普遍高于母体的沸点。沸点顺序为 A>C>D>B。

12. 在同系物中，沸点随着分子量的增加而增加，并且直链异构体都较其支链异构体的沸点高，支链愈多沸点愈低。所以，选择 A。

13. 离子为晶格单位的无机盐类、有机盐类或能形成内盐的氨基酸等都有很高的熔点。离子型化合物的熔点高于非离子型化合物的熔点。所以，此题中熔点最高的是 C。

14. 熔点与沸点不同，分子结构对称性较高的化合物具有较高的熔点。对于具有顺反异构的烯烃而言，反式烯烃要比顺式烯烃的熔点高一些，所以，此题熔点最高的为 D。

15. 在烃类分子中引入极性基团时，偶极矩增大，熔点、沸点都增高，引入极性基团数目越多沸点越高，极性越强沸点越高。在取代芳烃中，对位的熔点高于邻位和间位。所以熔点最高的为 D。

16. 熔点与沸点不同，分子结构对称性较高的化合物具有较高的熔点。在烃类分子中引入极性基团时，基团的极性也影响熔点。所以，熔点最低的为 D。

17. 同系物中，沸点随着分子量的增加而增大，所以沸点最高的是 A；熔点与沸点不同，分子结构对称性较高的化合物具有较高的熔点，新戊烷具有较好的对称性，所以熔点最高的是 D。

18. 相同烃基的氯代烷随着卤原子量的增加其密度加大，所以，此题中密度最大的为 D。

19. A。丙醇能以任意比例与水互溶。

20. C。C 最易和浓硫酸发生反应。

21. 醚能和冷的浓强酸反应生成𨦡盐，所以选择 B。

22. B。在烃类分子中引入极性基团时，偶极矩增大，熔点、沸点都增高。

23. A>B>D>C。分子量相近的有机物，醇中的羟基能形成氢键，醚不能形成氢键，所以沸点与分子量相近的烷烃相当。

24. A>C>B>D。在烃类分子中引入极性基团时，偶极矩增大，熔点、沸点都增高，引入极性基团数目越多沸点越高，并且普遍高于母体的沸点。

25. B>D>C>A。A. 181℃，B. 279℃，C. 194℃，D. 214℃。

26. B>A>C>D。A. 7.9g/100gH_2O，B. 任意比互溶，C. 微溶，D. 难溶。

27. B>C>A。A. 2g/L　B. 16g/100mL　C. 13.5g/100mL。

28. B。反-2-丁烯分子之间靠得更紧密，熔点高；反-2-丁烯分子极性小，沸点低。所以，熔点高的是反-2-丁烯。

29. A。反-2-丁烯分子极性小，沸点低。

30. C。1-氯乙烯的偶极矩与 1,1,2-三氯乙烯的偶极矩相近。

31. D。无法确定外消旋体的熔点与其左旋化合物的熔点的大小关系。

32. B。碳原子数相同的有机物，醇中的羟基能形成氢键，醚不能形成氢键。

33. 选择 A。

34. B。碳原子数相近的有机物的沸点，醇＞卤代烃＞醚，直链的沸点高于支链的沸点。

四、有机化合物电子效应及应用

1. 电子效应

电子的运动引起有机分子反应性能变化的效应。可分为分子内与分子间电子效应，包括诱导效应和共轭效应。

（1）诱导效应　有机物分子中由电负性不同的原子（或基团）产生的极性，能沿着共价键分子链传递，使整个分子中成键电子云按这些原子（或基团）电负性所决定的方向发生偏移，形成键的极性通过分子链依次诱导传递的效应，称作诱导效应，用 I 表示。

诱导效应方向和强弱以氢原子作为标准，电负性比氢大的原子（或基团）具有吸电子诱导效应，使之与相连的原子的电子云密度降低，用 $-I$ 表示；电负性比氢小的原子或基团，具有斥电子诱导效应，使与之相连的原子的电子云密度增高，用 $+I$ 表示。诱导效应能沿共价键传递，但随着距离的增加而减弱，一般到第四个原子时就可以忽略不计了。一些常见原子或基团的诱导效应相对强弱的比较：

吸电子诱导效应（$-I$）：

$$-NO_2 > -COOH > -\overset{O}{\overset{\|}{C}}- > -F > -Cl > -Br > -I > -OCH_3 > -OH > -C_6H_5 > H$$

斥电子诱导效应（$+I$）：

$$(CH_3)_3C- > (CH_3)_2CH- > CH_3CH_2- > CH_3- > H$$

（2）共轭体系与共轭效应　通过单键相连的两个（或两个以上）π 键，由于相邻原子的 p 轨道侧面重叠，电子云相互交盖形成 π 电子离域体系，称为 π-π 共轭体系。与 π 键相邻的 p 轨道也能与 π 键形成共轭，称为 p-π 共轭体系。共轭使分子体系电子云密度平均化，导致键长平均化，能量降低而趋于稳定。

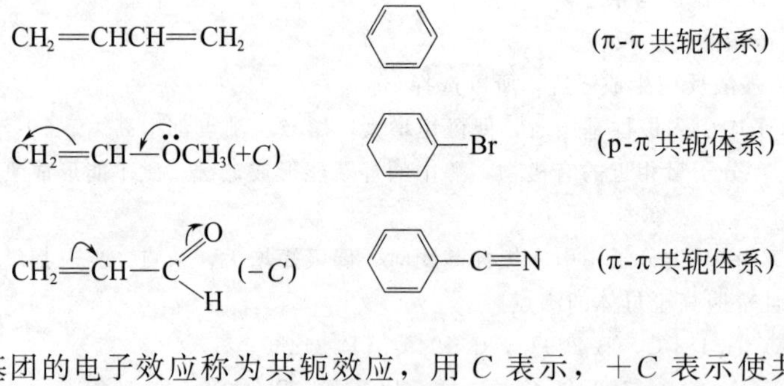

$CH_2{=}CHCH{=}CH_2$　　苯　　(π-π 共轭体系)

$CH_2{=}CH-\ddot{O}CH_3$ $(+C)$　　溴苯（C_6H_5-Br）　　(p-π 共轭体系)

$CH_2{=}CH-CHO$ $(-C)$　　苯甲腈（$C_6H_5-C{\equiv}N$）　　(π-π 共轭体系)

共轭体系中基团的电子效应称为共轭效应，用 C 表示，$+C$ 表示使共轭体系电子密度增大的效应，又称供电子共轭，$-C$ 表示使共轭体系电子云密度减小的效应，又称吸电子共轭。

当受到分子内或分子间诱导效应影响时，这种影响沿共轭链传递，不随共轭链的增长而减弱，共轭链上各原子的电子云密度出现疏密交替的现象。

（3）超共轭效应　超共轭效应指发生在 C—Hσ 键与相邻的 π 键、p 轨道之间形成的 C—Hσ 键电子云的斥电子作用。超共轭效应有 σ-π、σ-p 等类型。

① σ-π 超共轭效应　重键与 C—Hσ 键之间存在的共轭效应叫作 σ-π 超共轭效应。如 $CH_3—CH═CH_2$，$C_6H_5—CH_2$ 超共轭效应产生的电子云移动方向总是由 σ 键指向不饱和键。

② σ-p 超共轭效应　当烷基与碳正离子或自由基相连时，C—Hσ 键电子云可以分散到空的 p 轨道或有单个电子的 p 轨道上，使正电荷或单电子得到分散，体系趋于稳定，叫作 σ-p 超共轭效应。在 $CH_3—\overset{+}{C}H—CH_3$，$CH_3—\dot{C}H—CH_3$ 等结构中存在 σ-p 超共轭效应。参加 σ-p 超共轭的 C—Hσ 键数目越多，则正电荷分散程度越高，碳正离子越稳定，对自由基亦然。

烷基的超共轭效应与斥电子诱导效应常常是一致的，就电子效应的影响而言，这两种不同的效应并不需要进一步区分。超共轭效应对化合物性质的影响比 π-π 共轭或 p-π 共轭弱。

2. 电子效应的应用

(1) 电子效应对中间体（C^+、C^-、$C^\cdot$）稳定性的影响

① 碳正离子　碳正离子的正电荷被分散的程度越高，碳正离子越稳定。当碳正离子与烷基相连时，由于烷基的 $+I$ 效应和 σ-p 超共轭效应，使正电荷得到分散。与碳正离子相连的烷基个数越多越稳定。碳正离子与芳环、C═C 键相连时，形成的 p-π 共轭体系能使正电荷分散到整个共轭体系中，碳正离子更加稳定。碳正离子稳定性次序为：

$$CH_2{=}CH\overset{+}{C}H_2 \approx C_6H_5\overset{+}{C}H_2 > (CH_3)_3\overset{+}{C} > (CH_3)_2\overset{+}{C}H > CH_3\overset{+}{C}H_2 > \overset{+}{C}H_3$$

p-π 共轭效应　　+I 诱导效应、σ-p 超共轭

② 碳负离子　碳负离子的稳定性取决于其负电荷被分散的程度，负电荷被分散的程度越高，碳负离子越稳定。常见碳负离子的稳定性次序为：

$$CH_2{=}CH\overset{-}{C}H_2 \approx C_6H_5\overset{-}{C}H_2 > CH_3\overset{-}{C}H_2 > (CH_3)_2\overset{-}{C}H > (CH_3)_3\overset{-}{C}$$

p-π 共轭效应　　+I 诱导效应

③ 自由基　自由基的稳定性主要取决于单电子的离域程度，p-π 共轭和 σ-p 超共轭效应能有效增加自由基电子的离域。常见碳自由基稳定性次序为：

$$CH_2{=}CH\dot{C}H_2 \approx C_6H_5\dot{C}H_2 > (CH_3)_3\dot{C} > (CH_3)_2\dot{C}H > CH_3\dot{C}H_2 > \dot{C}H_3$$

$$(C_6H_5)_3—\dot{C} > (C_6H_5)_2—\dot{C}H > C_6H_5—\dot{C}H_2 > \dot{C}H_3$$

综上所述，使中间体电荷能够有效分散的电子效应可以让中间体的稳定性增加；反之，如果中间体的电荷被集中的程度增加，这种电子效应会使得中间体稳定性下降。

中间体的稳定性影响生成中间体的反应速率，稳定性大的中间体生成反应速率大。通常由于生成中间体的反应速率决定整个反应的速率，因此生成的中间体越稳定，整个反应的反应速率越大。

(2) 电子效应对有机化合物酸碱性强弱的影响

① 对含—OH 化合物（醇、酚、羧酸等）酸性的影响　含羟基化合物酸性强弱取决于 O—H 键的极性大小。当羟基受吸电子基作用时，O—H 键的极性增大，质子解离能力增强，酸性增强。当受斥电子基作用时，O—H 键的极性减弱，酸性减弱。

醇、水、酚、羧酸的酸性强弱次序：

$$RCOOH > C_6H_5OH > H_2O > ROH$$

脂肪酸的碳链上的取代基的$-I$效应使羧酸酸性增强，其吸电子能力越大，数目越多，距离羧基越近，脂肪酸的酸性越强；而$+I$效应使酸性减弱。

芳香酸的芳环上连有吸电子原子（或基团）时，由于诱导效应和共轭效应的共同作用，会使芳香酸的酸性增强，反之，使酸性减弱。但由于一些取代基对芳环有两种相反的诱导效应和共轭效应，要考虑哪一类是主要的影响因素，否则容易产生错误判断。

对位取代的苯甲酸，致钝基团使酸性增强，致活基团使酸性减弱。间位连接取代基时，主要考虑诱导效应，$-I$效应使酸性增强。邻位连有基团时，由于电子效应和空间效应以及氢键等因素的共同作用，使得邻位取代的芳香酸的酸性比不取代的芳香酸要强。常见羧酸酸性比较如下。

受诱导效应影响：

基团种类影响　$FCH_2COOH > ClCH_2COOH > BrCH_2COOH > ICH_2COOH$

基团数目影响　$Cl_3CCOOH > Cl_2CHCOOH > ClCH_2COOH > CH_3COOH$

基团位置影响

$$CH_3CH_2CHClCOOH > CH_3CHClCH_2COOH > CH_2ClCH_2CH_2COOH > CH_3CH_2CH_2COOH$$

基团种类影响

$HCOOH > CH_3COOH > CH_3CH_2COOH > (CH_3)_2CHCOOH > (CH_3)_3CCOOH$

受诱导效应和共轭效应共同影响：

$$p\text{-}NO_2C_6H_4COOH > p\text{-}ClC_6H_4COOH > C_6H_5COOH > p\text{-}CH_3C_6H_4COOH > p\text{-}CH_3OC_6H_4COOH$$

NO_2：$-I$，$-C$；Cl：$-I$，$+C$，$-I$强于$+C$；CH_3：$+I$，$+C$；OCH_3：$-I$，$+C$，$-I$弱于$+C$

酚的酸性比醇强，比碳酸弱。酚的芳环上有取代基时，对酚的酸性影响很大。当芳环上连有斥电子基时酸性减弱；连有吸电子基时酸性增强。

酸性强弱次序：

$$2,4,6\text{-}(NO_2)_3C_6H_2OH > 2,4\text{-}(NO_2)_2C_6H_3OH > p\text{-}NO_2C_6H_4OH > C_6H_5OH > p\text{-}CH_3C_6H_4OH > p\text{-}CH_3OC_6H_4OH$$

② 对胺类化合物碱性强弱的影响　胺分子中的N原子能接受H^+而显碱性。不同的胺碱性强弱不同，脂肪胺强于氨，芳香胺弱于氨。

胺的碱性强弱，取决于氮原子上电子云密度的大小。当氮原子与烷基相连时，烷基的$+I$效应导致氮原子上电子云密度增高，接受H^+能力增强，所以脂肪胺的碱性强于氨。氮原子与芳环相连时二者形成类p-π共轭，氮原子上的p电子向芳环转移，氮原子上电子云密度降低，接受 H^+ 的能力减弱，所以芳香胺的碱性比氨弱。

碱性强弱次序：

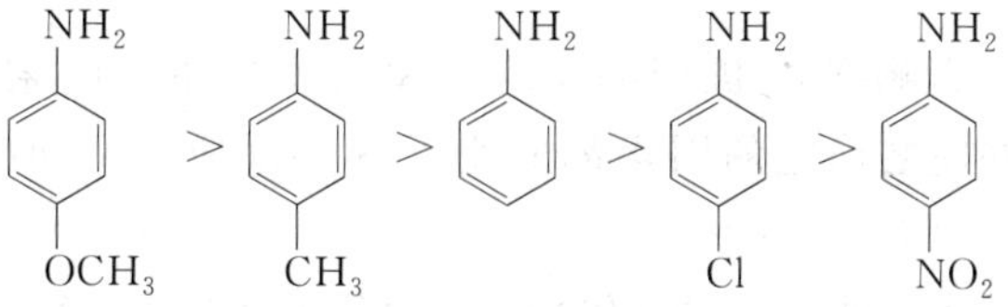

对甲氧基苯胺 > 对甲基苯胺 > 苯胺 > 对氯苯胺 > 对硝基苯胺

（结构式：各苯环上连 NH_2，对位依次为 OCH_3、CH_3、H、Cl、NO_2）

酰胺（$RCONH_2$）分子中，氮原子上的未共用电子对与羰基形成 p-π 共轭，氮原子上的电子云密度降低，减弱了氮原子接受质子的能力，碱性降低，呈近中性。在二酰亚胺分子中，由于两个羰基对氮原子的吸电子作用，氮原子上的电子云密度明显降低，N—H 键极性增强，易解离质子，具有弱酸性，可与强碱成盐。季铵碱是离子化合物，分子中存在氢氧根负离子，分子在水中可以完全电离，其碱性强度与无机强碱如 NaOH、KOH 等相当。

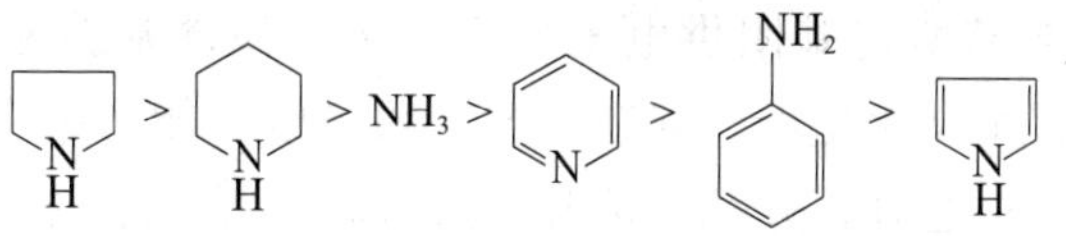

四氢吡咯 > 六氢吡啶 > NH_3 > 吡啶 > 苯胺（NH_2） > 吡咯

（3）对有机反应活性的影响

① 加成反应　在烯烃的亲电加成反应中，C ═C 双键上连有斥电子基时，双键间的电子云密度升高，反应活性增大；而连有吸电子基时，反应活性减小。常见烯烃亲电加成反应的活性顺序为：

$$(CH_3)_2C{=}C(CH_3)_2 > (CH_3)_2C{=}CHCH_3 > (CH_3)_2C{=}CH_2 > CH_3CH{=}CH_2$$

$$ClCH_2CH{=}CH_2 > Cl_2CHCH{=}CH_2 > Cl_3CCH{=}CH_2$$

② 取代反应　芳环上的亲电取代反应速率的大小主要与芳环上电子云密度的大小有关。当环上连有斥电子基时，环上电子云密度增大，容易与亲电试剂形成 σ 配合物，反应速率加快；反之，当芳环上连有吸电子基时，使环上电子云密度降低，不容易与亲电试剂形成 σ 配合物，反应速率减慢。依此将芳环上的取代基分为两类：致活基与致钝基。

致活基：使取代苯的取代反应比苯更活泼的取代基是致活基。致活基对芳环具有斥电子效应，包括 $+I$ 和 $+C$ 效应，使芳环上电子云密度升高。一些含饱和杂原子的取代基如—OH，—OR，—NH_2，—NHR，—NR_2，—NHCOR 等，一方面与芳环碳原子相连的杂原子的电负性大，另一方面杂原子有带孤对电子的 p 轨道，存在 p-π 共轭结构，兼具 $-I$ 效应和 $+C$ 效应，而往往由于 $+C$ 效应大于 $-I$ 效应，它们属于致活基。

致钝基：使取代苯的取代反应比苯更难进行的取代基是致钝基。致钝基对芳环具有吸电子效应，包括 $-I$ 和 $-C$ 效应，其中的卤原子电负性大，使取代基具有 $-C$ 效应，它们属于致钝基。

常见致活基和致活程度依次为：

$$—O^- > —NR_2 > —OH > —NH\overset{O}{\overset{\|}{C}}R > —CH_3 > —CH(CH_3)_2 > —C(CH_3)_3 > —Ar > —X$$

常见致钝基和致钝程度依次为：

$$-\overset{+}{N}R_3 > -NO_2 > -CN > -SO_3H > -\overset{O}{\overset{\|}{C}}-H > -\overset{O}{\overset{\|}{C}}-R > -COOH > -\overset{O}{\overset{\|}{C}}-OR > -\overset{O}{\overset{\|}{C}}-NH_2$$

在亲核取代反应中，影响 S_N1 机理的反应速率大小的主要因素是碳正离子的稳定性，凡是利于碳正离子生成并使之稳定的因素都加速了 S_N1 反应。不同卤代烃按 S_N1 历程反应速率大小顺序：

烯丙式卤代烃、苄基式卤代烃、3°卤代烃>2°卤代烃>1°卤代烃

③ 消除反应　当醇或卤代烃的 α-C 上连有苯基或乙烯基时，二者均发生 E1 消除反应。取代基既能稳定中间体碳正离子（p-π 共轭效应），又能稳定产物的双键（π-π 共轭效应），从而使消除反应活性增大。当醇或卤代烃的 β-C 上连有苯基或乙烯基时，取代基主要通过 π-π 共轭效应稳定了产物，加速了反应。当卤代烃的 β-C 上连有吸电子基时，增加了 β-H 的酸性，易受碱进攻，也加速了 E2 消除反应。

④ 亲核加成反应　羰基所连基团供电子能力越大，使羰基碳原子的电正性越低，羰基化合物发生亲核反应的活性也就越小；羰基所连基团吸电子能力越大，羰基化合物的活性也越大。当羰基直接与芳基相连时，芳基与羰基形成共轭，斥电子的共轭效应使羰基碳正电荷得到分散，正电荷降低，反应活性降低。所以，羰基化合物反应活性顺序为：

$$HCHO > RCHO > RhCHO > CH_3\overset{O}{\overset{\|}{C}}R > R\overset{O}{\overset{\|}{C}}R' > R-\overset{O}{\overset{\|}{C}}-Ph > Ph\overset{O}{\overset{\|}{C}}Ph$$

例题及解析

【例题 1】 指出下列化合物中存在的共轭效应类型。

（1）$\ddot{C}l-CH=CH_2$　（2）$C_6H_5-\overset{O}{\overset{\|}{C}}CH_3$　（3）$CH_3O-C_6H_5$

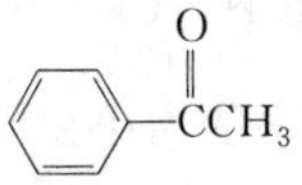

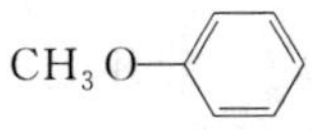

（4）$C_6H_5-NO_2$　（5）$H_2C=CH\overset{+}{C}H_2$　（6）$H_2C=CH\dot{C}H_2$

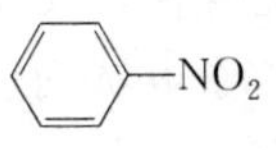

（7）$CH_3\overset{O}{\overset{\|}{C}}-O^-$　（8）$H_2C=CH-CH=CH_2$

【解】　（1）氯原子与 C=C 双键有 p-π 共轭效应，氯原子提供一对 p 电子参与共轭，氯原子对 C=C 双键产生 $+C$ 效应（同时还有 $-I$ 效应）。

（2）羰基与苯环有 π-π 共轭效应，羰基氧原子的强电负性使羰基对苯产生 $-C$ 和 $-I$ 效应。

（3）甲氧基氧原子与苯环有 p-π 共轭效应，氧原子提供一对 p 电子参与共轭，甲氧基对苯环产生 $+C$ 效应（同时还有 $-I$ 效应）。

（4）硝基与苯环之间有 π-π 共轭效应，硝基的氮原子和两个氧原子的强电负性使硝基对苯环产生很强的 $-C$ 效应（同时还有 $-I$ 效应）。

（5）碳正离子与 C=C 双键之间有 p-π 共轭效应，带正电荷的碳正离子具有强的吸电子作用，使碳正离子对碳-碳双键产生很强的 $-C$ 效应（同时还有 $-I$ 效应）。

（6）碳自由基与 C=C 双键之间有 p-π 共轭效应，自由基属缺电子结构，有吸电子作用，使碳自由基对碳-碳双键产生 $-C$ 效应。

（7）氧负离子与 C ═O 双键之间有 p-π 共轭效应，氧负离子带负电荷，属富电子结构，对羰基产生 $+C$ 效应，甲基对羰基碳氧双键有 σ-π 超共轭。

（8）两个双键之间有 π-π 共轭效应。

【例题 2】 写出下列各组碳正离子中比较稳定的一个。

（1）$F_3C—\overset{+}{C}H—CH_3$ 和 $F_3C—CH_2—\overset{+}{C}H_2$（　　　　）

（2）$CH_3—CH_2—\overset{+}{C}H_2$ 和 $CH_3—\overset{+}{C}H—CH_3$（　　　　）

（3）$C_6H_5—\overset{+}{C}H—CH_2—CH_3$ 和 $C_6H_5—CH_2—\overset{+}{C}H—CH_3$（　　　　）

【解】（1）$F_3C—CH_2—\overset{+}{C}H_2$。三氟甲基对碳正离子有 $-I$ 效应，连接在碳正离子上使其正电荷密度升高而不稳定；隔开一个饱和碳原子则 $-I$ 效应减弱，碳正离子稳定性相对较高。

（2）$CH_3—\overset{+}{C}H—CH_3$。烷基对碳正离子有 $+I$ 效应，连接在碳正离子上使其正电荷密度降低，稳定性升高，碳正离子上连接的烷基越多，使碳正离子稳定的 $+I$ 效应越大。

（3）$C_6H_5—\overset{+}{C}H—CH_2—CH_3$。苄基碳正离子由于 p-π 共轭使正电荷分散，比 2°碳正离子更稳定。

五、有机反应主要类型及典型的反应机理

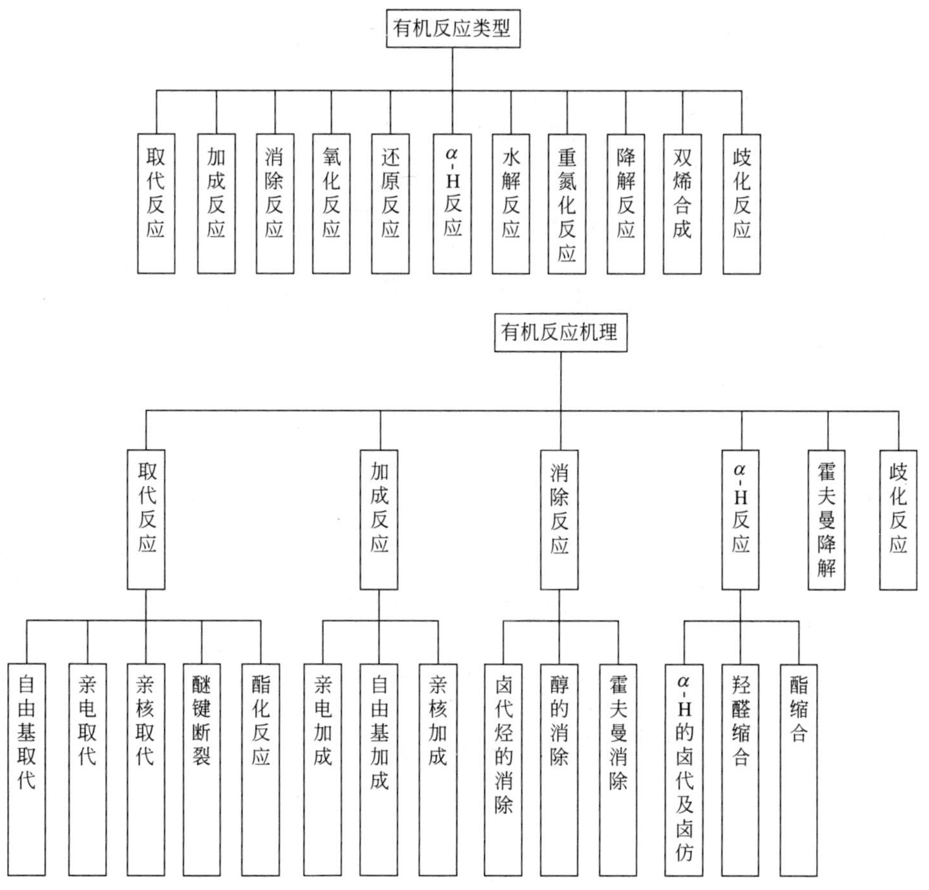

(一)有机反应主要类型

取代反应

- 自由基取代
  - $CH_4 + Cl_2 \xrightarrow{h\nu} CH_3Cl + CH_2Cl_2 + CHCl_3 + CCl_4$
  - $CH_3-CH=CH_2 + Cl_2 \xrightarrow{500\sim600℃} ClCH_2-CH=CH_2 + HCl$
  - $C_6H_5-CH_2CH_3 \xrightarrow[\text{光照或加热}]{Cl_2} C_6H_5-CHClCH_3$
  - $CH_3-CH=CH_2 + \underset{CH_2-C(=O)}{\overset{CH_2-C(=O)}{|}}\!\!>NBr \xrightarrow[CCl_4]{\text{光}} BrCH_2-CH=CH_2 + \underset{CH_2-C(=O)}{\overset{CH_2-C(=O)}{|}}\!\!>NH$
- 亲电取代
  - $C_6H_6 + Br_2 \xrightarrow{Fe\text{或}FeBr_3} C_6H_5-Br + HBr$
  - $C_6H_6 + CH_2=CH_2 \xrightarrow{H^+} C_6H_5-CH_2CH_3$
  - $C_6H_6 + CH_3-\overset{O}{\overset{\|}{C}}-Cl \xrightarrow{\text{无水}AlCl_3} C_6H_5-\overset{O}{\overset{\|}{C}}-CH_3 + HCl$
  - $C_6H_6 + HNO_3 \xrightarrow[\triangle]{H_2SO_4} C_6H_5-NO_2 + H_2O$
  - $C_6H_6 + H_2SO_4(\text{发烟}) \rightleftharpoons C_6H_5-SO_3H + H_2O$
  - $C_6H_6 + CH_3CH_2-Cl \xrightarrow{\text{无水}AlCl_3} C_6H_5-CH_2CH_3 + HCl$
- 亲核取代
  - $o\text{-}Cl-C_6H_4-NO_2 \xrightarrow[160℃]{NaOH} o\text{-}HO-C_6H_4-NO_2$
  - $(\text{环丁基})-CH_2Br + NaCN \longrightarrow (\text{环丁基})-CH_2CN + NaBr$
  - $CH_3CH_2Cl + H_2O \xrightarrow{NaOH} CH_3CH_2OH + HCl$
  - $C_6H_5-CH_2OH + HBr \longrightarrow C_6H_5-CH_2Br + H_2O$

加成反应
- 催化加氢 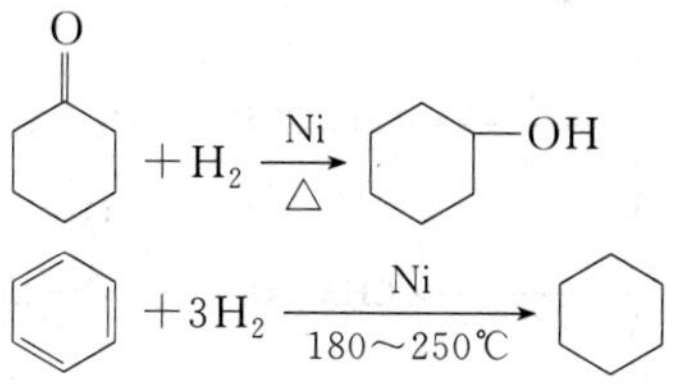
  - 环己酮 $+H_2 \xrightarrow[\triangle]{Ni}$ 环己醇（环己基—OH）
  - 苯 $+3H_2 \xrightarrow[180\sim250℃]{Ni}$ 环己烷
  - $C_6H_5-C\equiv C-C_6H_5 \xrightarrow{\text{Lindlar 催化剂}}$ $(C_6H_5)HC=CH(C_6H_5)$（两个 C_6H_5 在同侧，两个 H 在同侧）
- 亲电加成
  - $CH_2=CH_2+Br_2 \longrightarrow CH_2Br-CH_2Br$
  - $CH_3CH_2CH=CH_2+HBr \xrightarrow{醋酸} CH_3CHBrCH_2CH_3$
- 亲核加成
  - $CH\equiv CH+HCN \xrightarrow[70℃]{CuCl_2\ (aq)} CH_2=CH-CN$
  - $R(H(CH_3))C=O+HCN \rightleftharpoons R-C(OH)(CN)-H(CH_3)$
- 自由基加成 $CH_3-CH=CH_2+HBr \xrightarrow{过氧化物} CH_3CH_2CH_2Br$

消除反应
- 卤代烃消除
  - E1：$(CH_3)_3C-Br \xrightarrow[\triangle]{KOH/C_2H_5OH} CH_2=C(CH_3)_2$
  - E2：$CH_3-CH_2-CH_2-Br \xrightarrow[\triangle]{KOH/C_2H_5OH} CH_3-CH=CH_2$
- 醇的消除
  - $CH_3CH_2CH_2CH(OH)CH_3 \xrightarrow[87℃]{62\%H_2SO_4} CH_3CH_2CH=CHCH_3+H_2O$
  - $(CH_3)_3C-CH(OH)CH_3 \xrightarrow{H^+} (CH_3)_2C=C(CH_3)_2$（重排）
- 霍夫曼消除 $(CH_3)_3\overset{+}{N}CH_2CH_3OH^- \xrightarrow{\triangle} CH_2=CH_2+(CH_3)_3N+H_2O$

氧化反应

烯烃氧化

$$2CH_2{=}CH_2 + O_2 \xrightarrow[200\sim300^\circ C]{Ag} 2\,\underset{\text{O}}{CH_2{-}CH_2}\ \text{(环氧乙烷)}$$

$CH_3{-}CH{=}CH_2$：

$$\xrightarrow[\text{稀}OH^-\text{冷}]{KMnO_4} CH_3{-}CH(OH){-}CH_2OH\ \text{(顺式)}$$

$$\xrightarrow[H^+]{KMnO_4} CH_3COOH + CO_2 + H_2O$$

$$\xrightarrow[\text{②}Zn/H_2O]{\text{①}O_3} CH_3CHO + H{-}\overset{O}{\overset{\|}{C}}{-}H$$

炔烃氧化

$$RC{\equiv}CR' \xrightarrow[H^+]{KMnO_4} RCOOH + R'COOH$$

芳烃氧化

$$(CH_3)_3C{-}C_6H_4{-}CH_3 \xrightarrow[H^+]{KMnO_4} (CH_3)_3C{-}C_6H_4{-}COOH$$

$$C_6H_6 \xrightarrow{V_2O_5} \text{顺丁烯二酸酐}$$

$$C_{10}H_8\ \text{(萘)} \xrightarrow{V_2O_5} \text{邻苯二甲酸酐}$$

醇的氧化

$$R_2CHOH \xrightarrow[H^+]{K_2Cr_2O_7} R_2C{=}O$$

$$RCH_2{-}OH \xrightarrow[H^+]{K_2Cr_2O_7} RCHO \xrightarrow{[O]} RCOOH$$

$$CH_3{-}C(CH_3)(OH){-}C(CH_3)(OH){-}CH_3 \xrightarrow[\text{或}Pb(AcO)_4]{HIO_4} CH_3{-}\overset{O}{\overset{\|}{C}}{-}CH_3 + CH_3{-}\overset{O}{\overset{\|}{C}}{-}CH_3$$

醛的氧化

$$RCHO \xrightarrow{Ag(NH_3)_2^+} RCOO^- + Ag\downarrow$$

$$R{-}CH{=}CH{-}CHO \xrightarrow{Ag(NH_3)_2^+} R{-}CH{=}CH{-}COOH$$

$$RCHO \xrightarrow{\text{斐林试剂}} RCOO^- + Cu_2O\downarrow$$

$$R{-}CH{=}CH{-}CHO \xrightarrow{KMnO_4/H^+} R{-}COOH + HOOC{-}COOH$$

醛酸氧化

$$HCOOH \xrightarrow[H^+]{KMnO_4} CO_2\uparrow + H_2O$$

杂环的氧化

$$\text{4-苯基吡啶} \xrightarrow[\triangle]{KMnO_4} \text{吡啶-4-COOH}$$

糖的氧化

$$\begin{array}{c}CHO\\ H{-}C{-}OH\\ HO{-}C{-}H\\ H{-}C{-}OH\\ H{-}C{-}OH\\ CH_2OH\end{array} \xrightarrow{Br_2/H_2O} \begin{array}{c}COOH\\ H{-}C{-}OH\\ HO{-}C{-}H\\ H{-}C{-}OH\\ H{-}C{-}OH\\ CH_2OH\end{array}$$

还原反应

烯烃还原 $R—CH=CH_2 + H_2 \xrightarrow{Ni} R—CH_2—CH_3$

炔烃还原

$CH_3—C≡C—CH_3 \xrightarrow{\text{Lindlar 催化剂}}$ 顺-2-丁烯（CH_3、CH_3 同侧，H、H 同侧）

$CH_3—C≡C—CH_3 \xrightarrow{Na/NH_3}$ 反-2-丁烯（H、CH_3 异侧）

$CH_2=CH—C≡CH \xrightarrow{\text{Lindlar 催化剂}} CH_2=CH—CH=CH_2$

醛、酮还原

$CH_3CH=CH—CHO \xrightarrow{NaBH_4} CH_3CH=CHCH_2OH$

$>C=O \xrightarrow[\text{浓HCl}]{Zn\text{-}Hg} >CH_2$

$>C=O + NH_2NH_2(\text{无水}) \longrightarrow >C=NNH_2 \xrightarrow[\text{加热加压}]{KOH} >CH_2 + N_2\uparrow$

$R—\overset{O}{\overset{\|}{C}}—H + H_2 \xrightarrow{Ni} R—CH_2OH$

羧酸还原 $CH_3—CH=CH—CH_2—COOH \xrightarrow{LiAlH_4} CH_3—CH=CH—CH_2—CH_2OH$

酯还原 $R—\overset{O}{\overset{\|}{C}}—OR' \xrightarrow[\triangle]{Na + C_2H_5OH} RCH_2OH + R'OH$

硝基化合物还原 $C_6H_5—NO_2 \xrightarrow{Fe/HCl} C_6H_5—NH_2$

杂环化合物还原 喹啉 $+ 2H_2 \xrightarrow{Pt}$ 1,2,3,4-四氢喹啉（N—H）

糖还原

D-葡萄糖（CHO；H—OH；HO—H；H—OH；H—OH；CH_2OH）$\xrightarrow{[H]}$ （CH_2OH；H—OH；HO—H；H—OH；H—OH；CH_2OH）

D-甘露糖（CHO；HO—H；HO—H；H—OH；H—OH；CH_2OH）$\xrightarrow{[H]}$ （CH_2OH；HO—H；HO—H；H—OH；H—OH；CH_2OH）

D-果糖（CH_2OH；C=O；HO—H；H—OH；H—OH；CH_2OH）$\xrightarrow{[H]}$ 上述两种产物

α-H反应

醛、酮卤代及卤仿反应

$$\text{环己酮} + Br_2 \longrightarrow \text{2-溴环己酮} + HBr$$

$$(R)H-\overset{O}{\overset{\|}{C}}-CH_3 \xrightarrow{NaOI\text{或}I_2+NaOH} (R)H-\overset{O}{\overset{\|}{C}}-ONa + CHI_3\downarrow$$

$$(R)H-\overset{OH}{\overset{|}{CH}}-CH_3 \xrightarrow{NaOI} (R)H-\overset{O}{\overset{\|}{C}}-CH_3 \longrightarrow (R)H-\overset{O}{\overset{\|}{C}}-ONa + CHI_3\downarrow$$

羟醛缩合 $CH_3-\overset{O}{\overset{\|}{C}}-H + HCH_2-\overset{O}{\overset{\|}{C}}-H \xrightleftharpoons{\text{稀}OH^-} CH_3-\overset{OH}{\overset{|}{CH}}-CH_2-CHO$

羧酸α-H卤代 $CH_3COOH \xrightarrow[P]{Cl_2} ClCH_2COOH \xrightarrow[P]{Cl_2} Cl_2CHCOOH \xrightarrow[P]{Cl_2} Cl_3CCOOH$

酯缩合反应 $2CH_3\overset{O}{\overset{\|}{C}}-OC_2H_5 \xrightarrow{C_2H_5ONa} CH_3-\overset{O}{\overset{\|}{C}}-CH_2-\overset{O}{\overset{\|}{C}}-OC_2H_5 + C_2H_5OH$

"三乙"的取代 $CH_2(COCH_3)(COOC_2H_5) \xrightarrow[C_2H_5ONa]{C_2H_5-Br} (C_2H_5)_2C(COCH_3)(COOC_2H_5)$

丙二酸二乙酯的取代反应 $CH_2(COOC_2H_5)_2 \xrightarrow[C_2H_5ONa]{CH_3-Br} (CH_3)_2C(COOC_2H_5)_2$

水解反应

卤代烃 $RCH_2-X + H_2O \xrightarrow{OH^-} RCH_2-OH + HX$

缩醛 $RCH(OR')(OR'') + H_2O \xrightarrow{H^+} RCHO + R'-OH + R''-OH$

腈 $R-CN + H_2O \xrightarrow{H^+} RCOOH$

羧酸衍生物

$$R-\overset{O}{\overset{\|}{C}}-Z(X\text{、}O\overset{O}{\overset{\|}{C}}-R'\text{、}OR'\text{、}NH_2\text{、}NHR) \xrightarrow{H_2O} RCOOH + HZ$$

$$CH_3\overset{O}{\overset{\|}{C}}-OC_2H_5 \xrightarrow{H^+} CH_3-\overset{O}{\overset{\|}{C}}-OH + C_2H_5OH$$

油脂

$$\begin{matrix} CH_2-O-\overset{O}{\overset{\|}{C}}-R' \\ CH-O-\overset{O}{\overset{\|}{C}}-R'' \\ CH_2-O-\overset{O}{\overset{\|}{C}}-R''' \end{matrix} + H_2O \xrightarrow[\text{或酶}]{H^+\text{或}OH^-} \begin{matrix} CH_2-OH \\ CH-OH \\ CH_2-OH \end{matrix} + \begin{matrix} R'-COOH \\ R''-COOH \\ R'''-COOH \end{matrix}$$

糖苷 糖苷(吡喃环，CH_2OH，OH，OH，OR，OH) $+ H_2O \xrightarrow[\text{或酶}]{H^+}$ 吡喃糖(CH_2OH，OH，OH，OH，OH) $+ R-OH$

核苷及核苷酸 $HO-\overset{O}{\overset{\|}{P}}(OH)-O-CH_2$-(核糖，OH OH)-胞嘧啶($NH_2$) $\xrightarrow[H^+]{H_2O} H_3PO_4 +$ 核糖(CH_2OH，OH，OH OH) $+$ 胞嘧啶(NH_2，N，N-H，=O)

肽、蛋白质 $\underset{SH\ \ NH_2}{CH_2CHC}\overset{O}{\overset{\|}{}}-NHCH_2\overset{O}{\overset{\|}{C}}OH \xrightarrow[H^+]{H_2O} \underset{SH\ \ NH_2}{CH_2CH}-\overset{O}{\overset{\|}{C}}-OH + NH_2CH_2-\overset{O}{\overset{\|}{C}}-OH$

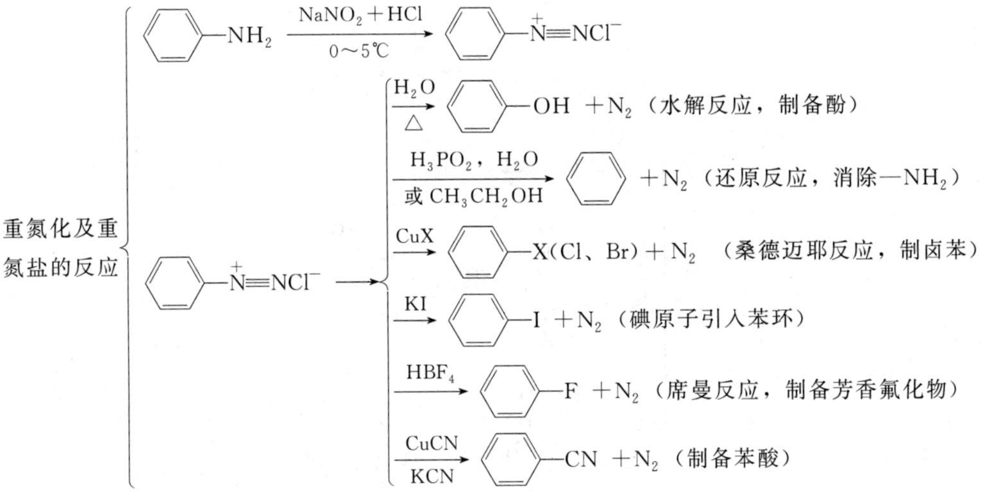

重氮化及重氮盐的反应

$$\text{C}_6\text{H}_5\text{—NH}_2 \xrightarrow[0\sim5^\circ\text{C}]{\text{NaNO}_2+\text{HCl}} \text{C}_6\text{H}_5\text{—}\overset{+}{\text{N}}\equiv\text{NCl}^-$$

$\text{C}_6\text{H}_5\text{—}\overset{+}{\text{N}}\equiv\text{NCl}^- \longrightarrow$

- $\xrightarrow[\triangle]{H_2O}$ $C_6H_5\text{—OH} + N_2$（水解反应，制备酚）
- $\xrightarrow[\text{或 }CH_3CH_2OH]{H_3PO_2,\ H_2O}$ $C_6H_6 + N_2$（还原反应，消除—NH_2）
- $\xrightarrow{CuX}$ $C_6H_5\text{—X(Cl、Br)} + N_2$（桑德迈耶反应，制卤苯）
- $\xrightarrow{KI}$ $C_6H_5\text{—I} + N_2$（碘原子引入苯环）
- $\xrightarrow{HBF_4}$ $C_6H_5\text{—F} + N_2$（席曼反应，制备芳香氟化物）
- $\xrightarrow[KCN]{CuCN}$ $C_6H_5\text{—CN} + N_2$（制备苯酸）

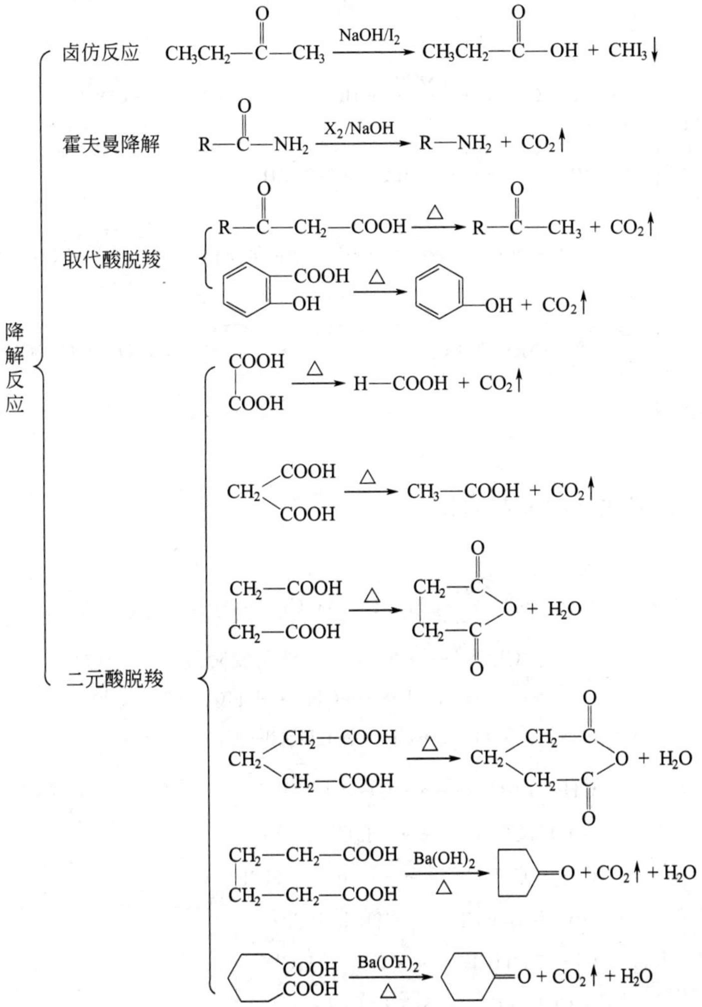

降解反应

- 卤仿反应 $CH_3CH_2\text{—}\overset{O}{\overset{\|}{C}}\text{—}CH_3 \xrightarrow{NaOH/I_2} CH_3CH_2\text{—}\overset{O}{\overset{\|}{C}}\text{—OH} + CHI_3\downarrow$
- 霍夫曼降解 $R\text{—}\overset{O}{\overset{\|}{C}}\text{—}NH_2 \xrightarrow{X_2/NaOH} R\text{—}NH_2 + CO_2\uparrow$
- 取代酸脱羧
  - $R\text{—}\overset{O}{\overset{\|}{C}}\text{—}CH_2\text{—COOH} \xrightarrow{\triangle} R\text{—}\overset{O}{\overset{\|}{C}}\text{—}CH_3 + CO_2\uparrow$
  - 邻羟基苯甲酸（C_6H_4(COOH)(OH)）$\xrightarrow{\triangle} C_6H_5\text{—OH} + CO_2\uparrow$
- 二元酸脱羧
  - $\text{HOOC—COOH} \xrightarrow{\triangle} H\text{—COOH} + CO_2\uparrow$
  - $CH_2(COOH)_2 \xrightarrow{\triangle} CH_3\text{—COOH} + CO_2\uparrow$
  - $CH_2\text{—COOH}$ / $CH_2\text{—COOH}$ $\xrightarrow{\triangle}$ 丁二酸酐（$CH_2\text{—}\overset{O}{\overset{\|}{C}}$ / $CH_2\text{—}\overset{O}{\overset{\|}{C}}$ 经 O 成环）$+ H_2O$
  - $CH_2(CH_2\text{—COOH})_2 \xrightarrow{\triangle}$ 戊二酸酐（CH_2 连两个 $CH_2\text{—}\overset{O}{\overset{\|}{C}}$ 经 O 成环）$+ H_2O$
  - $CH_2\text{—}CH_2\text{—COOH}$ / $CH_2\text{—}CH_2\text{—COOH}$ $\xrightarrow[\triangle]{Ba(OH)_2}$ 环戊酮 $+ CO_2\uparrow + H_2O$
  - 环己烷-1,2-二甲酸（COOH, COOH）$\xrightarrow[\triangle]{Ba(OH)_2}$ 环己酮 $+ CO_2\uparrow + H_2O$

双烯合成

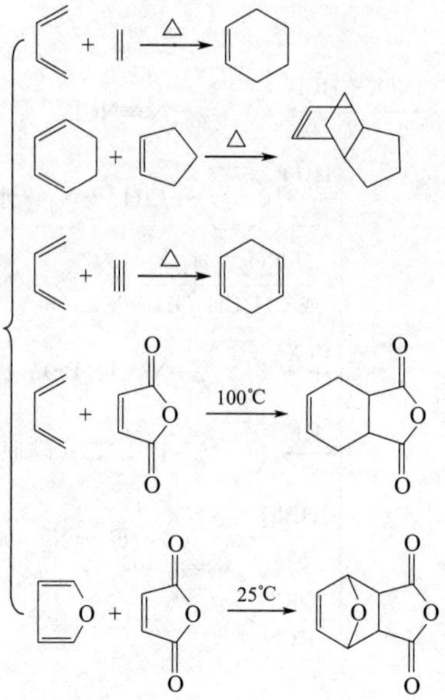

$\xrightarrow{\triangle}$

$\xrightarrow{\triangle}$

$\xrightarrow{\triangle}$

$\xrightarrow{100℃}$

$\xrightarrow{25℃}$

歧化反应

2 —CHO $\xrightarrow{\text{浓 NaOH}}$ —CH_2OH + —COOH

$2H—\overset{\overset{O}{\|}}{C}—COOH \xrightarrow{\text{浓 NaOH}} HOCH_2COOH + HOOC—COOH$

$2HCHO \xrightarrow{\text{浓 NaOH}} CH_3OH + HCOOH$

2 —CHO $\xrightarrow[\triangle]{\text{浓 NaOH}}$ —COOH + —CH_2OH

—CHO + HCHO $\xrightarrow[\triangle]{\text{浓 NaOH}}$ —CH_2OH + HCOOH

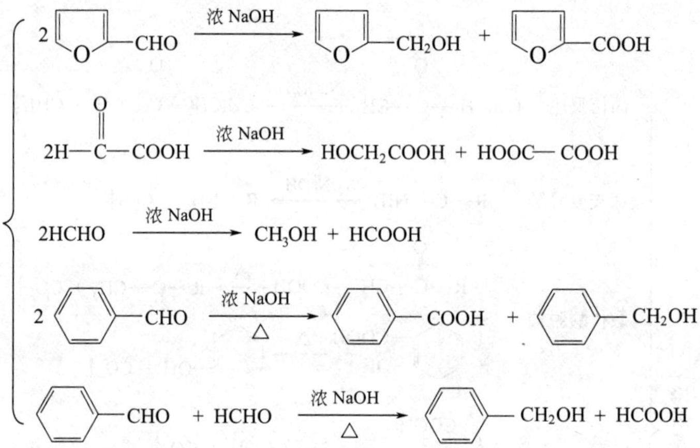

（二）有机反应机理

1. 取代反应

（1）烷烃自由基取代（游离基取代）

① 反应历程

$$CH_4 + Cl_2 \xrightarrow{h\nu} CH_3Cl + CH_2Cl_2 + CHCl_3 + CCl_4$$

$$Cl:Cl \xrightarrow{\text{光}} 2Cl\cdot \quad \text{链引发阶段}$$

$$CH_4 + Cl\cdot \longrightarrow CH_3\cdot + HCl$$

$$CH_3\cdot + Cl_2 \longrightarrow CH_3Cl + Cl\cdot$$

$$\left.\begin{array}{l} CH_3Cl + Cl\cdot \longrightarrow \cdot CH_2Cl + HCl \\ \cdot CH_2Cl + Cl_2 \longrightarrow CH_2Cl_2 + Cl\cdot \\ Cl\cdot + CH_2Cl_2 \longrightarrow \cdot CHCl_2 + HCl \\ \cdot CHCl_2 + Cl_2 \longrightarrow CHCl_3 + Cl\cdot \\ Cl\cdot + CHCl_3 \longrightarrow \cdot CCl_3 + HCl \\ \cdot CCl_3 + Cl_2 \longrightarrow CCl_4 + Cl\cdot \end{array}\right\} \text{链传递阶段}$$

$$\left.\begin{array}{l}Cl\cdot + Cl\cdot \longrightarrow Cl_2 \\ CH_3\cdot + CH_3\cdot \longrightarrow CH_3CH_3 \\ CH_3\cdot + Cl\cdot \longrightarrow CH_3Cl\end{array}\right\}\text{链终止阶段}$$

自由基反应发生的条件：光照、高温、自由基引发剂（如过氧化苯甲酰、H_2O_2、Na_2O_2）。

② 烷烃自由基取代的选择性

$$CH_2{=}CH{-}\dot{C}H_2 \approx C_6H_5{-}\dot{C}H_2 > 3^\circ R^\cdot > 2^\circ R^\cdot > 1^\circ R^\cdot > \cdot CH_3$$

烷基自由基的稳定性顺序是：

$$3^\circ > 2^\circ > 1^\circ > \cdot CH_3\text{，即三级}>\text{二级}>\text{一级}>\cdot CH_3$$

例如：$CH_3CH(CH_3)CH_3 + Br_2 \xrightarrow{\text{光}} CH_3CH(CH_3)CH_2Br + CH_3CBr(CH_3)CH_3$（主产物）

$$C_6H_5CH_3 \xrightarrow[\text{光照或加热}]{Cl_2} C_6H_5CH_2Cl \xrightarrow[\text{光照或加热}]{Cl_2} C_6H_5CHCl_2 \xrightarrow[\text{光照或加热}]{Cl_2} C_6H_5CCl_3$$

$$\text{环己烯} + Cl_2 \xrightarrow{\text{高温}} \text{3-氯环己烯}$$

$$\text{3-甲基环己烯} + Cl_2 \xrightarrow{\text{高温}} \text{3-氯-3-甲基环己烯}$$

（2）芳香烃亲电取代　亲电试剂（正离子）进攻芳环发生的取代反应叫亲电取代反应。

亲电试剂：X^+、$^+NO_2$、SO_3、R^+、$R{-}\overset{O}{\overset{\|}{C}}{}^+$ ……属路易斯酸。

① 机理

$$C_6H_6 + E^+ \rightleftharpoons [C_6H_6E]^+ \rightleftharpoons C_6H_5{-}E$$

路易斯酸的催化活性强于质子酸，一般如下：

$$AlBr_3 > AlCl_3 > FeCl_3 > BF_3 > TiCl_3 > ZnCl_2 > SnCl_2 > HgCl_2 > CuCl_2$$

a. $Br_2 + FeBr_3 \longrightarrow Br^+ + FeBr_4^-$

b. $HONO_2 + 2H_2SO_4 \rightleftharpoons NO_2^+ + 2HSO_4^- + H_3O^+$

c. $H_2SO_4 + H_2SO_4 \rightleftharpoons H_3O^+ + HSO_4^- + SO_3$

d. $RCl + AlCl_3 \longrightarrow R^+ + AlCl_4^-$（存在异构可能）

e. $R-\overset{O}{\overset{\|}{C}}-Cl + AlCl_3 \longrightarrow R-\overset{O}{\overset{\|}{C^+}} + AlCl_4^-$

② 定位基（苯环上原有的取代基）对亲电取代反应的影响

a. 对活性的影响——活化效应和钝化效应

致活基：斥电子基，使取代苯比苯更易取代。

致钝基：吸电子基，使取代苯比苯更难取代。

第一类	邻、对位定位基（除 X 外都是致活的）	$-O^-$、$-NR_2$、$-NHR$、$-NH_2$、$-OH$、$-OR$、$-NHCOCH_3$、$-OCOCH_3$、$-R$、$-C_6H_5$、$-CH_2COOH$、$-F$、$-Cl$、$-Br$、$-I$ 等
第二类	间位定位基（致钝的）	H_3N^+-、 R_3N^+-、$-NO_2$、$-CF_3$、$-CN$、$-SO_3H$、$-CHO$、$-COR$、$-COOH$、$-COOR$、$-CONH_2$ 等

b. 定位基对取代位置的影响——定位效应

（a）若已有取代基的定位作用一致，新的取代基进入的位置由已有取代基共同决定。

（b）若已有取代基的定位作用不一致时：若已有取代基都是第一类或都是第二类，则新的取代基的位置由已有取代基中定位强的决定；若已有取代基既有第一类，又有第二类，则新的取代基的位置由第一类决定。

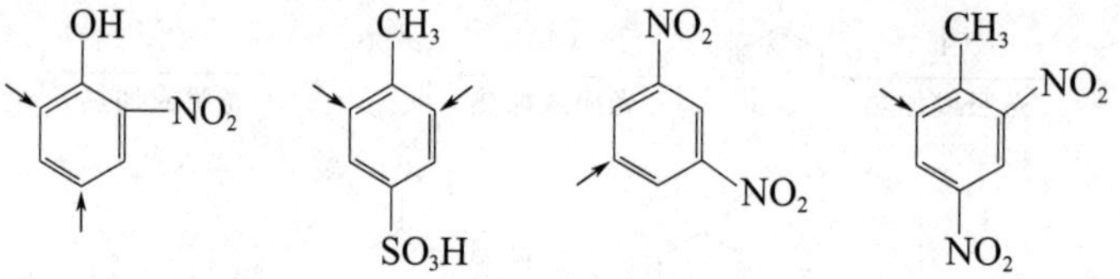

OH NO2 CH3 SO3H NO2 NO2 CH3 NO2 NO2

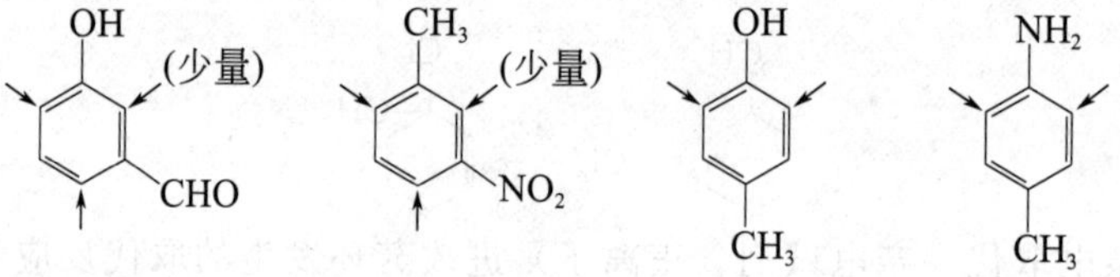

OH (少量) CHO CH3 (少量) NO2 OH CH3 NH2 CH3

③ 萘分子的取代规律

a. 第一类定位基在 α 位，二取代主要进入同环另一 α 位。

b. 第一类定位基在 β 位，二取代主要进入同环相邻 α 位。

c. 第二类定位基无论在 α，β 位，二取代进入异环 α 位，即发生异环取代。

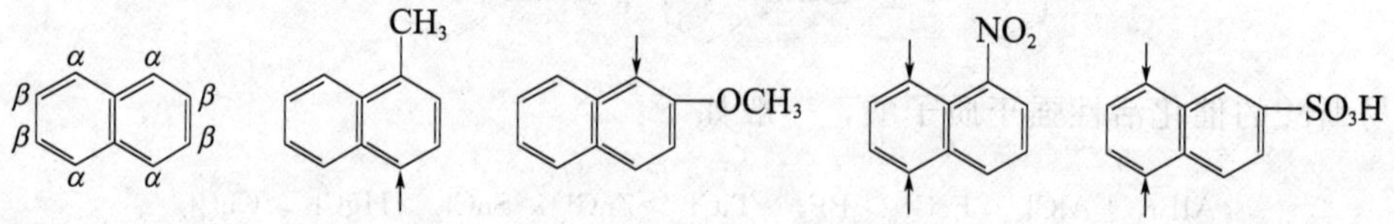

α α β β β β α α CH3 OCH3 NO2 SO3H

④ 芳杂环的定位规律

a. 呋喃、噻吩、吡咯环中碳原子的电子云密度大于苯，亲电取代活性高于苯，取代反应首先发生在杂原子邻位上，杂原子相当于致活的第一类定位基。

b. 吡啶环上碳原子的电子云密度小于苯，亲电取代活性低于苯，取代反应首先发生在杂原子间位上，N 原子相当于第二类定位基的硝基。

c. 喹啉上的吡啶环相当于苯环是钝化环，取代反应发生在苯环上。

例如:

$$\text{呋喃} + Br_2 \xrightarrow[\text{室温}]{\text{1,4-二氧六环}} \text{2-溴呋喃} + HBr$$

$$\text{吡啶} + HNO_3(\text{浓}) \xrightarrow[300^\circ C]{\text{浓}H_2SO_4} \text{3-硝基吡啶} + H_2O$$

$$\text{喹啉} \xrightarrow{\text{浓}HNO_3 + H_2SO_4} \text{5-硝基喹啉} + \text{8-硝基喹啉}$$

（3）亲核取代反应　负离子（HO^-、RO^-、CN^-、$RC\equiv C^-$、$HC\equiv C^-$、NO_3^- 等）或具有未共用电子对的分子（H_2O、NH_3、NH_2R、NHR_2、NR_3 等）具有较强的亲核性，被称为亲核试剂。

由亲核试剂进攻正电性高的碳原子而发生的取代反应叫作亲核取代反应，简称 S_N 反应。卤代烷的亲核取代反应可用下列通式表示：

$$Nu^- + R-\overset{\delta^+}{C}H_2-\overset{\delta^-}{X} \longrightarrow R-CH_2-Nu + X^-$$

① 卤代烃单分子亲核取代反应历程　叔丁基溴在氢氧化钠水溶液中的水解反应是按 S_N1 历程进行的，反应速率仅与叔丁基溴的浓度成正比，与亲核试剂 OH^- 的浓度无关，在动力学上属于一级反应。

$$(CH_3)_3C-Br + OH^- \longrightarrow (CH_3)_3C-OH + Br^-$$

$$v=k\ [(CH_3)_3CBr]$$

S_N1 反应分两步完成，第一步是 C—Br 键异裂生成碳正离子和溴负离子，这是一步慢反应：

$$(CH_3)_3C-Br \xrightarrow{\text{慢}} \left[(CH_3)_3\overset{\delta^+}{C}\cdots\overset{\delta^-}{Br}\right] \longrightarrow (CH_3)_3C^+ + Br^-$$

过渡态Ⅰ　　碳正离子

第二步是碳正离子和 OH^- 结合生成醇。

$$(CH_3)_3C^+ + OH^- \xrightarrow{\text{快}} \left[(CH_3)_3\overset{\delta^+}{C}\cdots\overset{\delta^-}{OH}\right] \longrightarrow (CH_3)_3C-OH$$

过渡态Ⅱ

如果中心碳原子是手性碳原子，并且反应物卤代烷为旋光异构体的某一构型，那么产物将为外消旋体。

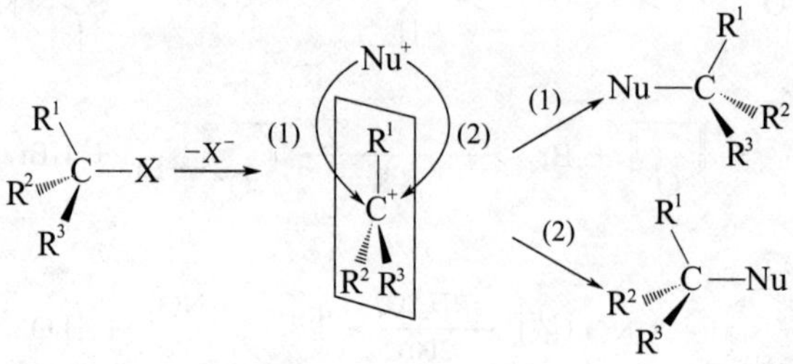

外消旋化是 S_N1 反应的重要特征，但不是 S_N1 反应的标志，因为其他一些反应也会发生外消旋化。

② 卤代烃双分子亲核取代反应历程 溴甲烷在氢氧化钠水溶液中的水解反应是按 S_N2 历程进行的，反应速率既与溴甲烷的浓度成正比，也与亲核试剂 OH^- 的浓度成正比，在动力学上属于二级反应。S_N2 是通过形成过渡态一步完成的。

$$CH_3-Br+OH^- \longrightarrow CH_3-OH+Br^-$$

$$v=k\,[CH_3Br]\,[OH^-]$$

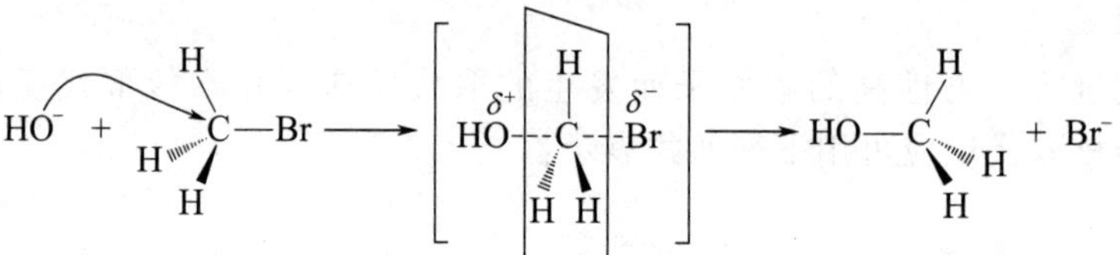

亲核试剂 OH^- 从溴原子背后且沿 C—Br 键键轴的方向进攻 α-C。甲基上的三个氢原子也向溴原子一方逐渐偏转，偏转到三个氢原子与碳原子在一个平面上，形成“过渡态”。在决定速率的步骤中，共价键的变化发生在两种分子中，因此称为 S_N2 反应。整个过程就好像一把雨伞被大风吹得向外翻转一样，这种构型的翻转叫作 Walden 转化。瓦尔登转化是 S_N2 反应的重要特征和标志。

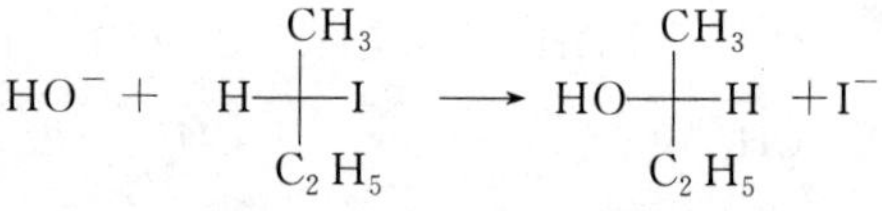

(S)-2-碘丁烷 (R)-2-丁醇

③ 影响卤代烷亲核取代反应的因素

a. 卤代烷烃基结构的影响 S_N1 历程反应的活性次序为：

$$R_3C-X>R_2CH-X>RCH_2-X>CH_3-X$$

S_N2 历程反应的活性次序为：

$$CH_3-X>RCH_2-X>R_2CH-X>R_3C-X$$

b. 卤原子对亲核取代反应速率的影响 反应活性次序为：

$$R-I>R-Br>R-Cl。$$

c. 亲核试剂的影响

$$C_2H_5O^->HO^->C_6H_5O^->CH_3COO^-$$

$$R_3C^->R_2N^->RO^->F^-$$

$$I^->Br^->Cl^->F^-$$

$$HS^->HO^-$$

$$NH_2CH_2CH_3 > NH(CH_2CH_3)_2 > N(CH_2CH_3)_3$$

$$CH_3CH_2O^- > (CH_3)_2CHO^- > (CH_3)_3CO^-$$

d. 溶剂的影响　对于 S_N1 反应，极性溶剂对碳正离子具有稳定作用，有利于中间体碳正离子的生成。对于 S_N2 反应，极性大的溶剂会使亲核试剂溶剂化，不利于过渡态的形成。

④ 芳香亲核取代

a. 卤代芳烃的亲核取代　当卤苯分子的卤原子的邻、对位上有硝基等吸电子基团时，卤原子的活泼性增加。吸电子基的吸电子能力越强、数目越多，活性越强。例如：

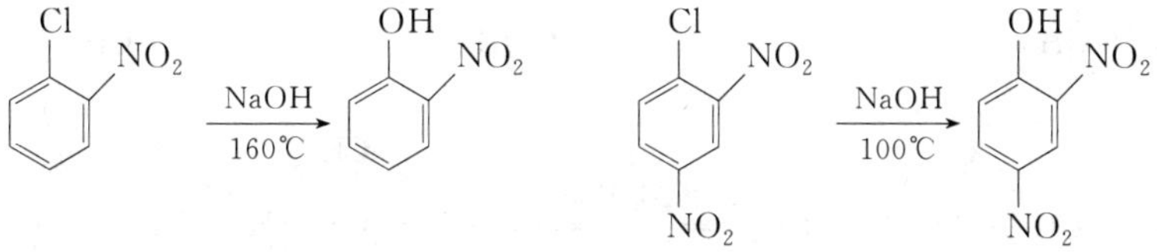

(邻硝基氯苯) —NaOH, 160℃→ (邻硝基苯酚)　　(2,4-二硝基氯苯) —NaOH, 100℃→ (2,4-二硝基苯酚)

第一步是亲核试剂进攻芳环上与卤原子相连的碳原子，形成一个环状碳负离子中间体。第二步是碳负离子失去卤素原子而得到取代产物。

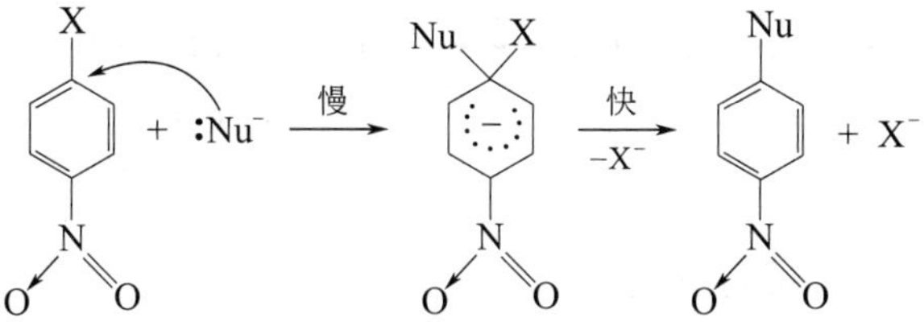

(对硝基卤苯) + :Nu⁻ —慢→ (环状碳负离子中间体，C 上连 Nu、X) —快, −X⁻→ (对硝基取代产物 Nu) + X⁻

b. 吡啶的亲核取代

$$\text{吡啶} + NaNH_2 \xrightarrow{\triangle} \text{2-氨基吡啶}(—NH_2) + NaOH$$

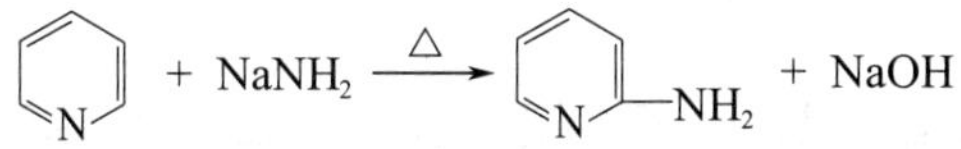

⑤ 醇与 HX 的亲核取代反应　醇与氢卤酸反应是分子中的碳氧键断裂，羟基被卤素取代生成卤代烃和水。

$$R—OH + HX \longrightarrow R—X + H_2O$$

不同的氢卤酸与相同的醇反应活性次序为：HI＞HBr＞HCl。

不同的醇与相同的氢卤酸反应活性次序为：苄醇、烯丙型醇＞叔醇＞仲醇＞伯醇。

a. 叔醇和仲醇一般按 S_N1 历程进行反应：

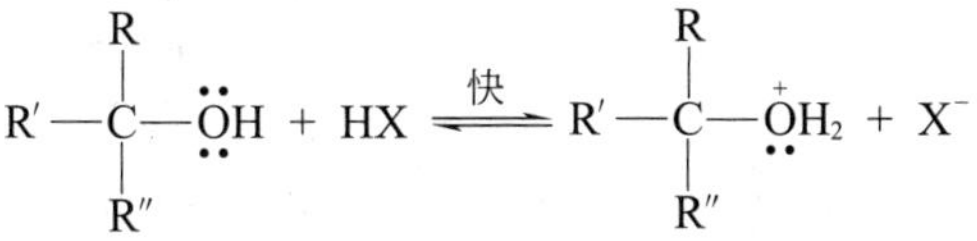

$$RR'R''C—\ddot{O}H + HX \xrightleftharpoons{\text{快}} RR'R''C—\overset{+}{O}H_2 + X^-$$

质子化的醇

$$RR'R''C—\overset{+}{O}H_2 \xrightleftharpoons{\text{慢}} RR'R''C^+ + H_2O$$

$$RR'R''C^+ + X^- \xrightarrow{\text{快}} RR'R''C—X$$

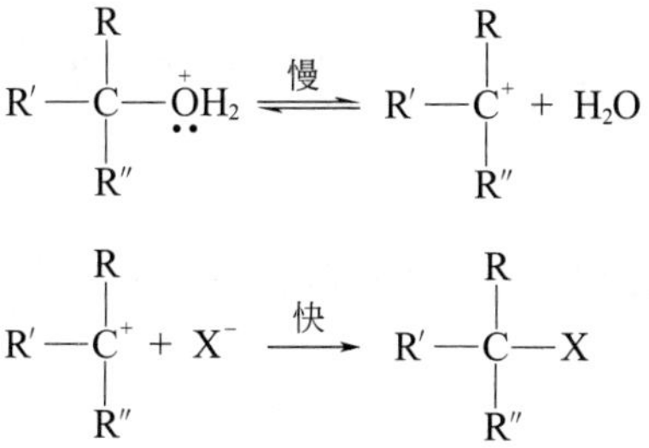

特定结构的醇与 HX 按 S_N1 历程进行反应，烷基会发生重排，从而得到与原来醇中烷基不同的卤代烃。例如：

$$CH_3-C(CH_3)_2-CH(OH)-CH_3 \xrightarrow{HCl} CH_3-C(CH_3)(Cl)-CH(CH_3)-CH_3$$

$$CH_3-C(CH_3)_2-CH(OH)-CH_3 + H^+ \rightleftharpoons CH_3-C(CH_3)_2-CH(\overset{+}{O}H_2)-CH_3 \xrightarrow{-H_2O} \underset{\text{I}}{CH_3-C(CH_3)_2-\overset{+}{C}H-CH_3}$$

$$\underset{\text{I}}{CH_3-C(CH_3)_2-\overset{+}{C}H-CH_3} \xrightleftharpoons{\text{甲基迁移重排}} \underset{\text{II}}{CH_3-\overset{+}{C}(CH_3)-CH(CH_3)-CH_3}$$

$$\underset{\text{II}}{CH_3-\overset{+}{C}(CH_3)-CH(CH_3)-CH_3} \xrightarrow{Cl^-} CH_3-C(CH_3)(Cl)-CH(CH_3)-CH_3$$

b. 伯醇一般按 S_N2 历程进行反应：

$$RCH_2-OH + HX \xrightleftharpoons{\text{快}} RCH_2-\overset{+}{O}H_2 + X^-$$

$$X^- + \underset{R}{CH_2}-\overset{+}{O}H_2 \xrightarrow{\text{慢}} \underset{\text{过渡态}}{[\overset{\delta^-}{X}\cdots\underset{R}{CH_2}\cdots\overset{\delta^+}{O}H_2]} \xrightarrow{\text{快}} X-CH_2-R + H_2O$$

（4）醚键断裂

$$R-O-R' + HI \xrightarrow{\triangle} RI + R'OH \xrightarrow{HI} R'I + H_2O$$

S_N2:

$$R-\ddot{O}-R' + H^+ \xrightarrow{\text{快}} \left[R-\underset{H}{\ddot{O}}-R'\right]^+$$

$$\left[R-\underset{H}{\ddot{O}}-R'\right]^+ + X^- \longrightarrow \left[X\cdots\overset{\delta^-}{R}\cdots\underset{H}{\overset{\delta^+}{O}}-R'\right] \longrightarrow R-X + R'OH$$

当 R 为叔丁基、苄基或烯丙基时，由于容易生成碳正离子，反应按 S_N1 历程进行，生成相应的卤代物。

S_N1：

$$R-\ddot{O}-R' + H^+ \xrightleftharpoons{快} \left[R-\overset{\cdot\cdot}{\underset{H}{\overset{|}{O}}}-R'\right]^+$$

$$\left[R-\overset{\cdot\cdot}{\underset{H}{\overset{|}{O}}}-R'\right]^+ \xrightarrow{慢} R^+ + HOR'$$

例如：

$$CH_3\underset{CH_3}{\underset{|}{C}}HCH_2OCH_3 \xrightarrow[\triangle]{HI} CH_3I + CH_3\underset{CH_3}{\underset{|}{C}}HCH_2OH$$

$$CH_3-\overset{CH_3}{\underset{CH_3}{\overset{|}{\underset{|}{C}}}}-O-CH_2CH_3 \xrightarrow[\triangle]{HI} CH_3-\overset{CH_3}{\underset{CH_3}{\overset{|}{\underset{|}{C}}}}-I + CH_3CH_2OH$$

$$C_6H_5-CH_2OCH_2CH_2CH_3 \xrightarrow{HI} C_6H_5CH_2I + CH_3CH_2CH_2OH$$

$$C_6H_5-O-CH_3 \xrightarrow[\triangle]{HBr} CH_3Br + C_6H_5-OH$$

（5）酯化反应

$$R-\overset{O}{\overset{\|}{C}}-OH + HO-R' \xrightleftharpoons{H^+} R-\overset{O}{\overset{\|}{C}}-OR' + H_2O$$

酸催化下的酯化反应的机理属于加成-消除历程：

$$R-\overset{O}{\overset{\|}{C}}-OH \xrightleftharpoons{H^+} R-\overset{\overset{+}{O}H}{\overset{\|}{C}}-OH\left(R-\overset{OH}{\overset{|}{\underset{+}{C}}}-OH\right) \xrightleftharpoons{R'OH} R-\overset{OH}{\underset{H\overset{+}{O}R'}{\overset{|}{\underset{|}{C}}}}-OH$$

$$\rightleftharpoons R-\overset{OH}{\underset{OR'}{\overset{|}{\underset{|}{C}}}}-\overset{+}{O}H_2 \xrightleftharpoons{-H_2O} R-\overset{\overset{+}{O}H}{\overset{\|}{C}}-OR' \xrightleftharpoons{-H^+} R-\overset{O}{\overset{\|}{C}}-OR'$$

不同结构的羧酸和醇进行酯化反应的活性顺序为：

$$RCH_2COOH > R_2CHCOOH > R_3CCOOH$$

RCH_2OH（伯醇）$>R_2CHOH$（仲醇）$>R_3COH$（叔醇）

2. 加成反应

（1）亲电加成反应

① 与卤素加成

$$CH_2=CH_2 + Br_2 \xrightarrow[H_2O]{NaCl} BrCH_2CH_2Br + BrCH_2CH_2Cl + BrCH_2CH_2OH$$

第一步，被极化的溴分子中带微量正电荷的溴原子（$Br^{\delta+}$）首先向乙烯中的 π 键进攻，形成环状溴鎓离子中间体。

$$CH_2=CH_2 + \overset{\delta^+}{Br}-\overset{\delta^-}{Br} \longrightarrow CH_2\overset{\overset{Br}{\oplus}}{-}CH_2 + Br^-$$

第二步，溴负离子进攻溴鎓离子，若溶液中有 Cl^-、H_2O 也可进攻溴鎓离子。

$$\underset{\oplus}{\overset{Br}{CH_2-CH_2}} + \begin{cases} \xrightarrow{Br^-} BrCH_2-CH_2Br \\ \xrightarrow{Cl^-} BrCH_2-CH_2Cl \\ \xrightarrow{H_2O} BrCH_2-CH_2\overset{+}{O}H_2 \xrightarrow{-H^+} BrCH_2-CH_2OH \end{cases}$$

② 与 HX 加成　卤化氢反应活性顺序为：HI＞HBr＞HCl。

首先由亲电试剂 H^+ 进攻烯烃 π 键，生成碳正离子中间体，然后 X^- 进攻碳正离子生成卤代烷。

$$>C=C< + H^+ \longrightarrow >\underset{}{\overset{H}{C}}-\overset{+}{C}<$$

$$>\overset{H}{C}-\overset{+}{C}< + X^- \longrightarrow >\overset{H}{C}-\overset{X}{C}<$$

$$CH_3-CH=CH_2 + HX \begin{cases} \longrightarrow CH_3-CH_2-CH_2X \quad \text{1-卤代丙烷} \\ \longrightarrow CH_3-\underset{X}{CH}-CH_3 \quad \text{2-卤代丙烷} \end{cases}$$

不对称不饱和烃加入极性试剂小分子时，负电性的部分加到含 H 少的碳上（马尔科夫尼科夫规则）。

例如：

$$CH_3CH_2CH=CH_2 + HBr \xrightarrow{\text{醋酸}} CH_3\underset{Br}{CH}CH_2CH_3 \quad 80\%$$

$$CH_3\overset{CH_3}{C}=CH_2 + HCl \longrightarrow CH_3\underset{Cl}{\overset{CH_3}{C}}CH_3 \quad 100\%$$

$$\text{1-甲基环戊烯} + HBr \longrightarrow \text{1-溴-1-甲基环戊烷（主要产物）}$$

$$CH_3-CH=CH_2+H_2O \xrightarrow[200℃，2MPa]{H_3PO_4/硅藻土} CH_3\underset{\underset{OH}{|}}{C}HCH_3$$

$$CH_2=CH_2+H_2SO_4 \xrightarrow{0\sim15℃} CH_3-CH_2OSO_2OH \xrightarrow[\triangle]{H_2O} CH_3CH_2OH+H_2SO_4$$

(2) 自由基加成反应

$$CH_3-CH=CH_2+HBr \xrightarrow{过氧化物} CH_3CH_2CH_2Br$$

机理如下：

$$R-O-O-R \xrightarrow{光} 2RO\cdot$$

$$RO\cdot+HBr \longrightarrow ROH+Br\cdot$$

$$R-CH=CH_2+Br\cdot \longrightarrow R-\dot{C}H-CH_2Br$$

$$R-CH=CH_2+Br\cdot \not\longrightarrow R-CHBr-\dot{C}H_2\ (不稳定)$$

$$R-\dot{C}H-CH_2Br+HBr \longrightarrow RCH_2CH_2Br+Br\cdot$$

(3) 亲核加成反应　亲核试剂：HCN、$NaHSO_3$、HOR、RMgX、氨的衍生物和含有活泼氢原子的化合物等。

亲核试剂带负电部分加到带部分正电荷的羰基碳原子上，然后是亲电试剂带正电部分加到羰基氧原子上。

$$\underset{R'}{\overset{R(H)}{>}}\overset{\delta^+}{C}=\overset{\delta^-}{O} + :Nu-H \longrightarrow R(H)R'C(OH)(Nu)\ (两种构型)$$

① 羰基与 HCN 的加成反应

$$HCN + OH^- \underset{}{\overset{快}{\rightleftharpoons}} CN^- + H_2O$$

$$R-\overset{\overset{O}{\|}}{C}-H(CH_3) + CN^- \overset{慢}{\rightleftharpoons} \left[R-\overset{\overset{O^-}{|}}{\underset{\underset{CN}{|}}{C}}-H(CH_3)\right]$$

氧负离子中间体

$$R-\overset{\overset{O^-}{|}}{\underset{\underset{CN}{|}}{C}}-H(CH_3) + HCN \overset{快}{\rightleftharpoons} R-\overset{\overset{OH}{|}}{\underset{\underset{CN}{|}}{C}}-H(CH_3) + CN^-$$

② 羰基与醇的加成反应　醛与醇生成半缩醛、缩醛的反应是按下列历程进行的：

$$\begin{matrix}R\\H\end{matrix}\!\!>C{=}O \underset{}{\overset{H^+}{\rightleftharpoons}} \left[\begin{matrix}R\\H\end{matrix}\!\!>C{=}O^+H \longleftrightarrow \begin{matrix}R\\H\end{matrix}\!\!>\overset{+}{C}{-}OH\right] \underset{}{\overset{R'\ddot{O}H}{\rightleftharpoons}} \left[\begin{matrix}R\\H\end{matrix}\!\!>C<\begin{matrix}OH\\ \overset{+}{:O}R'\\|\\H\end{matrix}\right] \overset{-H^+}{\rightleftharpoons}$$

I　　Ⅱ

$$\left[\begin{matrix}R\\H\end{matrix}\!\!>C<\begin{matrix}OH\\OR'\end{matrix}\right] \overset{H^+}{\rightleftharpoons} \left[\begin{matrix}R\\H\end{matrix}\!\!>C<\begin{matrix}\overset{+}{O}H_2\\OR'\end{matrix}\right] \overset{-H_2O}{\rightleftharpoons} \left[\begin{matrix}R\\H\end{matrix}\!\!>\overset{+}{C}{-}OR'\right] \overset{R'\ddot{O}H}{\rightleftharpoons} \left[\begin{matrix}R\\H\end{matrix}\!\!>C<\begin{matrix}OR'\\ \overset{+}{:O}R'\\|\\H\end{matrix}\right] \overset{-H^+}{\rightleftharpoons} \begin{matrix}R\\H\end{matrix}\!\!>C<\begin{matrix}OR'\\OR'\end{matrix}$$

半缩醛　　Ⅲ　　Ⅳ　　Ⅴ　　缩醛

③ 羰基与氨的衍生物的加成消除反应　醛、酮与羰基试剂在酸催化下的反应历程如下：

$$>C{=}O \overset{H^+}{\rightleftharpoons} >C{=}\overset{+}{O}{-}H \overset{H_2\ddot{N}-Y}{\rightleftharpoons} \left[-\underset{OH}{\overset{|}{C}}-\overset{+}{N}H_2-Y\right] \overset{-H^+}{\rightleftharpoons}$$

$$-\underset{OH}{\overset{|}{C}}-NH-Y \xrightarrow{-H_2O} >C{=}N-Y$$

3. 消除反应

（1）卤代烃的消除反应

$$R-\overset{\beta}{C}H-\overset{\alpha}{C}H_2 + NaOH \xrightarrow[\triangle]{C_2H_5OH} R-CH{=}CH_2 + NaX + H_2O$$
$$\quad\ \ \ \underset{H}{|}\quad\ \ \underset{X}{|}$$

$$\underset{Br}{CH_3\underset{|}{C}HCH_2CH_3} \xrightarrow[\triangle]{KOH\text{-}C_2H_5OH} \underset{81\%}{CH_3CH{=}CHCH_3} + \underset{19\%}{CH_2{=}CHCH_2CH_3}$$

$$CH_3CH_2-\underset{Br}{\overset{CH_3}{\underset{|}{\overset{|}{C}}}}-CH_3 \xrightarrow[\triangle]{KOH\text{-}C_2H_5OH} \underset{71\%}{CH_3CH{=}\overset{CH_3}{\overset{|}{C}}-CH_3} + \underset{29\%}{CH_3CH_2-\overset{CH_3}{\overset{|}{C}}{=}CH_2}$$

$$CH_2{=}CHCH_2\overset{Br}{\overset{|}{C}}HCH(CH_3)_2 \xrightarrow[\triangle]{KOH\text{-}C_2H_5OH} CH_2{=}CHCH{=}CHCH(CH_3)_2 + HBr$$

① 卤代烃单分子消除反应历程（E1）　第一步都是卤代烷离解生成碳正离子，第二步是碳正离子脱去β-H 原子生成消除产物。

$$(CH_3)_3CBr \xrightarrow{慢} (CH_3)_3C^+ + Br^-$$

$$CH_3-\underset{CH_2-H}{\overset{CH_3}{\underset{|}{\overset{|}{C^+}}}} + OH^- \xrightarrow{快} CH_2{=}C<\begin{matrix}CH_3\\CH_3\end{matrix} + H_2O$$

$$\upsilon=k[(CH_3)_3CBr]$$

$$(CH_3)_3CBr + C_2H_5OH \xrightarrow{25℃} \underset{81\%}{(CH_3)_3C-OC_2H_5} + \underset{19\%}{(CH_3)_2C{=}CH_2}$$

E1 反应的活性顺序：

$$R_3C—X > R_2CH—X > RCH_2—X$$

② 卤代烃双分子消除反应历程（E2） E2 历程中，旧键的断裂和新键的形成同时进行，整个反应经过一个过渡态。

$$CH_3—CH(H)(H)—CH_2—Br + OH^- \longrightarrow \left[CH_3—\overset{H}{C}\cdots CH_2\cdots Br \atop \quad H\cdots OH \right] \longrightarrow CH_3—CH{=}CH_2 + Br^- + H_2O$$

$$\upsilon = k[CH_3CH_2CH_2Br][OH^-]$$

$$(CH_3)_2CHCH_2Br \xrightarrow{RO^-} \underset{60\%}{(CH_3)_2C{=}CH_2} + \underset{40\%}{ROCH_2CH(CH_3)_2}$$

E2 反应的活性顺序：

$$R_3C—X > R_2CH—X > RCH_2—X$$

③ 取代反应和消除反应的竞争 由于亲核试剂（如 OH^-、RO^-、CN^- 等）本身也是碱，卤代烷发生亲核取代反应的同时也可能发生消除反应，而且每种反应都可能有四种反应历程，即 S_N1、S_N2、E1、E2。

a. 卤代烷结构的影响 卤代烷分子中 α-C 上所连的烃基越多，越不利于 S_N2 而有利于 E2。

有利于 S_N2 增加 →

$$R_3C—X \quad R_2CH—X \quad RCH_2—X \quad CH_3—X$$

← 有利于 E2 增加

b. 亲核试剂的影响 试剂的体积大，则不易于接近位于中间的 α-C，而容易与其周围的 β-H 接近，有利于 E2 反应；试剂的亲核性强（如 CN^-）有利于 S_N2 反应；试剂的碱性强而亲核性弱（如叔丁醇钾），浓度大，与质子的结合能力强，有利于 E2 反应。

c. 溶剂极性的影响 溶剂的极性强有利于取代反应，不利于消除反应。

d. 温度的影响 提高温度对 S_N 反应和 E 反应都有利，但消除反应的活化能较高，所以升高温度有利于消除反应。

（2）醇的消除反应

$$CH_3CH_2OH \xrightarrow[\text{或 } Al_2O_3\text{，}360℃]{\text{浓 } H_2SO_4\text{，}160\sim180℃} CH_2{=}CH_2 + H_2O$$

$$CH_3CH_2CH_2\underset{OH}{CH}CH_3 \xrightarrow[87℃]{62\%H_2SO_4} \underset{80\%}{CH_3CH_2CH{=}CHCH_3} + \underset{20\%}{CH_3CH_2CH_2CH{=}CH_2} + H_2O$$

$$CH_3CH_2-\underset{OH}{\overset{CH_3}{C}}-CH_3 \xrightarrow[81℃]{46\%H_2SO_4} \underset{84\%}{CH_3CH=\overset{CH_3}{C}-CH_3} + \underset{16\%}{CH_3CH_2\overset{CH_3}{C}=CH_2} + H_2O$$

$$C_6H_5-CH_2-\underset{OH}{CH}-\overset{CH_3}{CH}CH_3 \xrightarrow[\triangle]{浓\ H_2SO_4} C_6H_5-CH=CH-\overset{CH_3}{CH}-CH_3 + H_2O$$

$$CH_3-\overset{CH_3}{CH}-\underset{OH}{CH}-CH_2\overset{O}{\overset{\|}{C}}H \xrightarrow[\triangle]{浓\ H_2SO_4} CH_3\overset{CH_3}{CH}-CH=CH-\overset{O}{\overset{\|}{C}}H + H_2O$$

醇的消除反应一般按 E1 历程进行：

$$R-CH_2-CH_2-OH+H^+ \longrightarrow R-CH_2-CH_2-OH_2^+$$

$$R-CH_2-CH_2-OH_2^+ \underset{+H_2O}{\overset{-H_2O}{\rightleftharpoons}} R-CH_2-\overset{+}{C}H_2 \xrightarrow{-H^+} R-CH=CH_2$$

不同结构醇的反应活性大小顺序为：叔醇＞仲醇＞伯醇。

由于中间体是碳正离子，所以某些醇会发生重排，主要得到重排的烯烃。例如：

$$CH_3\underset{CH_3}{\overset{CH_3}{C}}-\underset{OH}{CH}CH_3 \xrightarrow{85\%H_3PO_4} \underset{\text{Ⅰ } 80\%}{CH_3\overset{CH_3}{C}=\overset{CH_3}{C}CH_3} + \underset{\text{Ⅱ } 20\%}{CH_2=\overset{CH_3}{C}-\overset{CH_3}{CH}CH_3} + \underset{\text{Ⅲ } 0.4\%}{CH_3-\underset{CH_3}{\overset{CH_3}{C}}-CH=CH_2}$$

$$CH_3-\underset{CH_3}{\overset{CH_3}{C}}-\underset{OH}{\overset{H}{C}}-CH_3 \xrightarrow[-H_2O]{H^+} CH_3-\underset{CH_3}{\overset{CH_3}{C}}-\overset{+}{C}H-CH_3 \xrightarrow[\text{瓦-梅重排}]{\text{重排}} CH_3-\underset{+}{\overset{CH_3}{C}}-\overset{CH_3}{CH}-CH_3 \xrightarrow{-H^+} \underset{\text{札依采夫烯烃}}{CH_3-\overset{CH_3}{C}=\overset{CH_3}{C}-CH_3}$$

若发生消去反应的是邻二叔醇，则会发生频哪醇重排。

$$\underset{\text{(频哪醇)}}{R-\underset{OH}{\overset{R}{C}}-\underset{OH}{\overset{R}{C}}-R} \xrightarrow[-H_2O]{H_2SO_4} R-\underset{R}{\overset{R}{C}}-\overset{O}{\overset{\|}{C}}-R + H_2O$$

$$CH_3-\underset{OH}{\overset{CH_3}{C}}-\underset{OH}{\overset{CH_3}{C}}-CH_3 \underset{}{\overset{+H^+}{\rightleftharpoons}} CH_3-\underset{^+OH_2}{\overset{CH_3}{C}}-\underset{OH}{\overset{CH_3}{C}}-CH_3 \overset{-H_2O}{\rightleftharpoons} CH_3-\underset{\oplus}{\overset{CH_3}{C}}-\underset{OH}{\overset{CH_3}{C}}-CH_3 \xrightarrow[\text{重排}]{-CH_3\text{迁移}}$$

$$CH_3-\underset{CH_3}{\overset{CH_3}{C}}-\overset{\oplus}{\underset{OH}{C}}-CH_3 \xrightarrow{-H^+} \underset{\text{(更稳定)}}{} CH_3-\underset{CH_3}{\overset{CH_3}{C}}-\overset{O}{\overset{\|}{C}}-CH_3 \left(\underset{\text{6个e结构}}{CH_3-\underset{\oplus}{\overset{CH_3}{C}}-\underset{OH}{\overset{CH_3}{C}}-CH_3} \text{ 与 } CH_3-\underset{CH_3}{\overset{CH_3}{C}}-\underset{\overset{\|}{OH^+}}{\overset{\text{8个e稳定结构}}{C}}-CH_3 \right)$$

$$CH_3-\underset{OH}{\overset{CH_3}{C}}-\underset{OH}{\overset{CH_3}{C}}-CH_3 \xrightarrow[\triangle]{Al_2O_3} CH_2=\overset{CH_3}{C}-\overset{CH_3}{C}=CH_2 \text{（无重排现象）}$$

（3）霍夫曼消除

$$(CH_3)_4\overset{+}{N}OH^- \xrightarrow{\triangle} (CH_3)_3N + CH_3-OH$$

$$(CH_3)_3\overset{+}{N}CH_2CH_3OH^- \xrightarrow{\triangle} CH_2=CH_2 + (CH_3)_3N + H_2O$$

$$C_6H_{11}-\overset{+}{N}(CH_3)_3OH^- \xrightarrow{\triangle} \text{环己烯} + (CH_3)_3N + H_2O$$

$$CH_3CH_2CH_2CH_2CH(CH_3)\overset{+}{N}(CH_3)_3OH^- \xrightarrow{\triangle} \underset{96\%\text{（霍夫曼烯烃）}}{CH_3CH_2CH_2CH_2CH=CH_2} + \underset{4\%\text{（札依采夫烯烃）}}{CH_3CH_2CH_2CH=CHCH_3} + (CH_3)_3N + H_2O$$

霍夫曼消除反应是通过 E2 机理进行的。

$$C_6H_5-CH_2CH_2-\overset{+}{N}(CH_3)_2-CH_2CH_3OH^- \xrightarrow{150℃} C_6H_5-CH=CH_2 + CH_3CH_2N(CH_3)_2$$

4. α-H 的反应

（1）醛、酮卤代及卤仿反应

① 酸催化下的一卤代反应　α-H 原子在酸性条件下容易被卤素取代，生成 α-卤代醛或 α-卤代酮。例如：

$$R-CH_2-CHO + Cl_2 \xrightarrow{H^+} R-CHCl-CHO + HCl$$

$$R-\overset{O}{\overset{\|}{C}}-CH_3 + Cl_2 \xrightarrow{H^+} R-\overset{O}{\overset{\|}{C}}-CH_2Cl + HCl$$

$$\text{环己酮} + Br_2 \xrightarrow{H^+} \text{2-溴环己酮} + HBr$$

反应机理是通过烯醇式进行的。

$$(R)H-\overset{O}{\overset{\|}{C}}-CH_3 \rightleftharpoons (R)H-\overset{\ddot{O}-H}{\overset{|}{C}}=CH_2 \xrightarrow{\overset{\delta^+}{Br}-\overset{\delta^-}{Br}} (R)H-\overset{O}{\overset{\|}{C}}-CH_2Br + HBr$$

② 碱催化下的卤仿反应

$$C_6H_5-\overset{O}{\overset{\|}{C}}-CH_3 + I_2 \xrightarrow{OH^-} C_6H_5-\overset{O}{\overset{\|}{C}}-O^- + CHI_3\downarrow$$

$$CH_3-\overset{OH}{\underset{|}{C}}H-R(H)+X_2 \xrightarrow{OH^-} \underset{X}{CH_2}-\overset{O}{\overset{\|}{C}}-R(H) \xrightarrow[OH^-]{X_2} CHX_3\downarrow + (H)R-\overset{O}{\overset{\|}{C}}-O^-$$

卤仿反应的历程如下：

$$(R)H-\overset{O}{\overset{\|}{C}}-CH_3 + OH^- \rightleftharpoons (R)H-\overset{O}{\overset{\|}{C}}-CH_2^- + H_2O$$

$$(R)H-\overset{O}{\overset{\|}{C}}-CH_2^- + X-X \longrightarrow (R)H-\overset{O}{\overset{\|}{C}}-CH_2X + X^-$$

$$(R)H-\overset{O}{\overset{\|}{C}}-CH_2X + X_2 \xrightarrow{OH^-} (R)H-\overset{O}{\overset{\|}{C}}-CX_3$$

$$(R)H-\overset{O}{\overset{\|}{C}}-CX_3 \overset{OH^-}{\rightleftharpoons} \left[CX_3-\overset{O^-}{\underset{OH}{C}}-CX_3\right] \longrightarrow (R)H-\overset{O}{\overset{\|}{C}}-OH + CX_3^- \longrightarrow (R)H-\overset{O}{\overset{\|}{C}}-O^- + CHX_3$$

氧负离子中间体

（2）羟醛缩合反应

$$CH_3\overset{O}{\overset{\|}{C}}-H + \underset{H}{CH_2}-\overset{O}{\overset{\|}{C}}-H \xrightarrow{稀OH^-} CH_3-\overset{OH}{CH}-CH_2-\overset{O}{\overset{\|}{C}}-H \xrightarrow[-H_2O]{\triangle} CH_3CH=CH-\overset{O}{\overset{\|}{C}}-H$$

羟醛缩合反应历程如下：

$$R-CH_2-\overset{O}{\overset{\|}{C}}-H + OH^- \rightleftharpoons R-\bar{C}H-\overset{O}{\overset{\|}{C}}-H + H_2O$$

$$R-CH_2-\overset{O}{\overset{\|}{C}}-H + R-\bar{C}H-\overset{O}{\overset{\|}{C}}-H \rightleftharpoons R-CH_2-\overset{O^-}{CH}-\underset{R}{CH}-\overset{O}{\overset{\|}{C}}-H$$

$$R-CH_2-\overset{O^-}{CH}-\underset{R}{CH}-\overset{O}{\overset{\|}{C}}-H + HOH \rightleftharpoons R-CH_2-\overset{OH}{CH}-\underset{R}{CH}-\overset{O}{\overset{\|}{C}}-H + OH^-$$

$$R-CH_2-\overset{OH}{CH}-\underset{R}{CH}-\overset{O}{\overset{\|}{C}}-H \xrightarrow{\triangle} R-CH_2-CH=\underset{R}{C}-\overset{O}{\overset{\|}{C}}-H + H_2O$$

（3）酯缩合反应

$$CH_3-\overset{O}{\overset{\|}{C}}-OC_2H_5 + CH_3\overset{O}{\overset{\|}{C}}-OC_2H_5 \xrightarrow{C_2H_5ONa} CH_3-\overset{O}{\overset{\|}{C}}-CH_2-\overset{O}{\overset{\|}{C}}-OC_2H_5 + C_2H_5OH$$

$$CH_3-\overset{O}{\overset{\|}{C}}-OC_2H_5 \xrightleftharpoons{C_2H_5ONa} {}^{-}CH_2-\overset{O}{\overset{\|}{C}}-OC_2H_5 + C_2H_5OH$$

$$CH_3-\overset{O}{\overset{\|}{C}}-OC_2H_5 + {}^{-}CH_2-\overset{O}{\overset{\|}{C}}-OC_2H_5 \rightleftharpoons CH_3-\underset{OC_2H_5}{\underset{|}{\overset{O^-}{\overset{|}{C}}}}-CH_2-\overset{O}{\overset{\|}{C}}-OC_2H_5$$

$$\rightleftharpoons CH_3-\overset{O}{\overset{\|}{C}}-CH_2-\overset{O}{\overset{\|}{C}}-OC_2H_5 + C_2H_5O^-$$

5. **霍夫曼降解反应**

$$RCONH_2 + Br_2 + 4NaOH \longrightarrow RNH_2 + Na_2CO_3 + 2H_2O + 2NaBr$$

$$R-\overset{O}{\overset{\|}{C}}-NH_2 \xrightarrow{Br_2} R-\overset{O}{\overset{\|}{C}}-N\begin{matrix}Br\\H\end{matrix} \xrightarrow{OH^-} R-\overset{O}{\overset{\|}{C}}-\ddot{N}: \xrightarrow{重排}$$

$$O=C=N-R \xrightarrow{H_2O} R-NH_2 + CO_2\uparrow$$

6. **歧化反应**

不含 α-H 的醛，如 HCHO、R_3C—CHO、Ar—CHO 等，与浓碱共热发生自身的氧化-还原反应，一分子醛被氧化成羧酸，另一分子醛被还原为醇，这个反应叫作歧化反应，也叫作康尼扎罗（Cannizzaro）反应。例如：

$$2HCHO \xrightarrow[\triangle]{浓\ NaOH} CH_3OH + HCOONa$$

$$2\ C_6H_5-CHO \xrightarrow[\triangle]{浓\ NaOH} C_6H_5-COONa + C_6H_5-CH_2OH$$

$$C_6H_5-CHO + HCHO \xrightarrow{浓\ NaOH} C_6H_5-CH_2OH + HCOO^-$$

歧化反应历程如下：

$$Ar-\overset{O}{\overset{\|}{C}}-H + OH^- \longrightarrow \underset{\text{I}}{Ar-\underset{OH}{\underset{|}{\overset{O^-}{\overset{|}{C}}}}-H}$$

$$\underset{\text{I}}{Ar-\underset{OH}{\underset{|}{\overset{O^-}{\overset{|}{C}}}}-H} + Ar-\overset{O}{\overset{\|}{C}}-H \longrightarrow Ar-\overset{O}{\overset{\|}{C}}-OH + Ar-\underset{H}{\underset{|}{\overset{O^-}{\overset{|}{C}}}}-H$$

$$Ar-\overset{O}{\overset{\|}{C}}-OH + Ar-\underset{H}{\underset{|}{\overset{O^-}{\overset{|}{C}}}}-H \longrightarrow Ar-\overset{O}{\overset{\|}{C}}-O^- + Ar-\underset{H}{\underset{|}{\overset{OH}{\overset{|}{C}}}}-H$$

反应首先由 OH^- 对羰基进行亲核加成，生成Ⅰ，Ⅰ中原来羰基上的氢以负离子形式对另一分子醛进行亲核加成而得到醇与酸，故歧化反应的结果是易被 OH^- 进攻分子生成酸，另一分子生成醇。

六、有机化合物的鉴别

1. 鉴别有机化合物的基本思路

在有机化学中所说的鉴别方法特指化学法。化学鉴别法主要是指基于化学反应的特征或特殊现象而进行的鉴别方法。

常用于鉴别有机化合物的化学反应一般具有以下特征或现象：

① 反应步骤简单，最好为一步反应；

② 反应速率快且出现明显现象，如气体、气味、浑浊、沉淀或颜色有明显变化等；

③ 反应具有较强的专属性，即一种反应试剂只能选择性地对某一种、一类或具有某一特殊结构的化合物发生反应，而与其他化合物不反应；

④ 在相同条件下，不同化合物发生某种特征反应的速率有明显的视觉差异。

2. 有机化合物的分类鉴别方法（见表 1-2）

表 1-2 各类有机化合物的鉴别方法

类别	所用试剂	实验现象	反应方程式	结论
烷烃	酸、碱、氧化剂、还原剂	不反应		烷烃不易与酸、碱、氧化剂、还原剂反应
	Br_2/CCl_4		$R—H+Br_2 \xrightarrow[(h\nu)]{\triangle} R—Br+HBr$	将蘸有浓氨水的玻璃棒放到试管口时有白雾生成可用此方法鉴别烷烃
环烷烃	$KMnO_4/H^+$	不反应		环烷烃不使 $KMnO_4$ 褪色；室温下只有环丙烷使溴褪色
	Br_2/CCl_4	三、四元环使溴红棕色褪色，五元环以上不使溴褪色	$\triangle+Br_2/CCl_4 \longrightarrow BrCH_2CH_2CH_2Br$	
烯烃	$KMnO_4$	$KMnO_4$ 的紫色褪色	$>C=C< +KMnO_4 \xrightarrow{稀、冷} >C(OH)—C(OH)< +MnO_2$	可鉴别烯烃
	Br_2/CCl_4	Br_2 的红棕色褪色	$>C=C< +Br_2 \longrightarrow >C(Br)—C(Br)<$	
炔烃	$KMnO_4$	紫色褪色	$RC\equiv C—R'+KMnO_4 \xrightarrow{H^+} RCOOH+R'COOH+Mn^{2+}$	可鉴别炔烃
	Br_2/CCl_4	红棕色褪色	$RC\equiv C—R'+Br_2 \longrightarrow R—CBr_2—CBr_2—R'$	
	$[Ag(NH_3)_2]^+$	白色沉淀	$RC\equiv C—H+[Ag(NH_3)_2]^+ \longrightarrow R—C\equiv CAg\downarrow$	可鉴别—C≡C—H 类型炔烃
	$[Cu(NH_3)_2]^+$	砖红色沉淀	$RC\equiv C—H+[Cu(NH_3)_2]^+ \longrightarrow R—C\equiv C—Cu\downarrow$	

续表

类别	所用试剂	实验现象	反应方程式	结论
芳烃	浓 H_2SO_4	加热溶解	$C_6H_6 + H_2SO_4 \longrightarrow C_6H_5-SO_3H$	可鉴别芳烃(小环烷烃也可反应)
	$HCHO/H_2SO_4$	红色→苯、甲苯、二甲苯、异丙苯等 橙色→三乙苯 蓝绿色→联苯 绿色→稠环芳烃	$2C_6H_6 + HCHO \longrightarrow C_6H_5-CH_2-C_6H_5 \xrightarrow[H_2SO_4]{[O]} C_6H_5-CH=C_6H_4=O$	芳烃、酚等衍生物反应呈现不同的颜色或沉淀
卤代烃	$AgNO_3$/乙醇	产生 AgX 沉淀 烯丙基型卤代烃、苄基型卤代烃、叔卤代烃→室温下沉淀;仲卤代烃→数分钟后沉淀;伯卤代烃→加热沉淀;乙烯型卤代烃、苯型卤代烃加热也不反应	$R-X+AgNO_3 \xrightarrow{乙醇} R-ONO_2+AgX\downarrow$	可鉴别不同类型卤代烃
醇	金属 Na	放出气体	$RCH_2OH+Na \longrightarrow RCH_2ONa+H_2\uparrow$	可鉴别醇
	$K_2Cr_2O_7/H_2SO_4$	橙色→绿色	$RCH_2OH \xrightarrow[H^+]{K_2Cr_2O_7} RCHO+Cr^{3+}$ $R_2CHOH \xrightarrow[H^+]{K_2Cr_2O_7} R_2C=O+Cr^{3+}$	可鉴别伯醇或仲醇(叔醇不反应)
	浓 HCl/无水 $ZnCl_2$(卢卡斯试剂)	伯醇→室温不反应 仲醇→几分钟后浑浊 叔醇→立即浑浊	$R_2CHOH+HCl \xrightarrow{ZnCl_2} R_2CHCl$ $R_3COH+HCl \xrightarrow{ZnCl_2} R_3C-Cl$	可鉴别六个碳及以下醇
	I_2/OH^-(碘仿反应)	黄色沉淀	$R(H)-CH(OH)CH_3 + I_2 \xrightarrow{OH^-} CHI_3\downarrow + R(H)COO^-$	可鉴别乙醇或甲基仲醇
酚	$FeCl_3$ 溶液	显色	生成有色配合物	可鉴别酚或烯醇结构化合物
	Br_2/H_2O	白色沉淀	$C_6H_5OH + Br_2 \xrightarrow{H_2O}$ 2,4,6-三溴苯酚 ($C_6H_2Br_3OH$)	可鉴别苯酚(烯醇式结构化合物也反应)
醚	浓酸	溶解	$R-O-R'+HCl \longrightarrow R-\overset{H}{\underset{+}{O}}-R'$	可鉴别醚

续表

类别	所用试剂	实验现象	反应方程式	结论
醛、酮	羰基试剂	结晶形沉淀	$>C{=}O + H_2NNH{-}C_6H_3(NO_2)_2 \longrightarrow >C{=}NNH{-}C_6H_3(NO_2)_2$（2,4-二硝基苯肼，$O_2N$、$NO_2$）	可鉴别醛或酮及各种羰基
	饱和 $NaHSO_3$	白色结晶形沉淀	$>C{=}O + NaHSO_3 \longrightarrow >C(OH)SO_3Na\downarrow$	可鉴别醛、甲基脂肪酮或8碳以下环酮
	I_2/OH^- （碘仿反应）	黄色沉淀	$CH_3{-}\underset{\underset{O}{\Vert}}{C}{-}R(H) + I_2 \xrightarrow{OH^-} CHI_3\downarrow + R(H){-}COO^-$	可鉴别乙醛或甲基酮
	$[Ag(NH_3)_2]^+$ （托伦试剂）	银镜	$R(Ar){-}CHO + [Ag(NH_3)_2]^+ \longrightarrow Ag\downarrow + RCOO^-(Ar)$	可鉴别醛
	Cu^{2+}/OH^- （斐林试剂）	砖红色沉淀	$R{-}CHO + Cu^{2+} \xrightarrow{OH^-} Cu_2O\downarrow + RCOO^-$ $ArCHO + Cu^{2+} \xrightarrow{OH^-}$ 不反应	可鉴别脂肪醛
	品红试剂 （席夫试剂）	紫色		可鉴别醛（酮无此反应）
羧酸	$NaHCO_3$ 或 Na_2CO_3	放出 CO_2 气体	$RCOOH + NaHCO_3 \longrightarrow RCOONa + CO_2\uparrow$	可鉴别羧酸
	$[Ag(NH_3)_2]^+$	银镜	$HCOOH + [Ag(NH_3)_2]^+ \longrightarrow CO_3^{2-} + Ag\downarrow$	可鉴别甲酸
	$KMnO_4/H^+$	紫色褪色	$HCOOH + KMnO_4 \xrightarrow{H^+} CO_2\uparrow + Mn^{2+}$ （HCOOH—HCOOH）	可鉴别甲酸、草酸、α-羟基酸
酰氯	H_2O $AgNO_3$	放出 HCl 白色沉淀	$R{-}\overset{\overset{O}{\Vert}}{C}{-}Cl + H_2O \longrightarrow R{-}COOH + HCl$ $HCl + AgNO_3 \longrightarrow AgCl\downarrow$	可鉴别酰氯
酰胺	NaOH，△	放出 $NH_3\uparrow$	$RCONH_2 + NaOH \xrightarrow{\triangle} RCOONa + NH_3\uparrow + H_2O$	可鉴别酰胺
尿素	固体加热 稀 $CuSO_4/NaOH$	放出 $NH_3\uparrow$ 溶液变为蓝紫色	$H_2N\overset{\overset{O}{\Vert}}{C}NH_2 + H_2N\overset{\overset{O}{\Vert}}{C}NH_2 \xrightarrow[\text{熔点以上}]{\triangle} H_2N{-}\overset{\overset{O}{\Vert}}{C}{-}NH{-}\overset{\overset{O}{\Vert}}{C}{-}NH_2 + NH_3\uparrow$ 二缩脲与 Cu^{2+}/OH^- 显色	可鉴别含两个以上酰胺键的化合物

续表

类别	所用试剂	实验现象	反应方程式	结论
胺	$C_6H_5SO_2Cl$/NaOH（兴斯堡反应）	伯胺→溶解 仲胺→白色沉淀 叔胺→仍为油状物	$R—NH_2 + C_6H_5SO_2Cl \xrightarrow{OH^-} C_6H_5SO_2N^-R$ $R_2NH + C_6H_5SO_2Cl \xrightarrow{OH^-} C_6H_5SO_2NR_2\downarrow$ 叔胺不反应	可鉴别伯胺、仲胺、叔胺
	$NaNO_2$/HCl	伯胺→放出 $N_2\uparrow$ 仲胺→黄色油状物 脂肪叔胺→溶解 芳香叔胺→绿色固体	$RNH_2(Ar) + NaNO_2 \xrightarrow{HCl} N_2\uparrow$ $R_2NH(Ar) + NaNO_2 \xrightarrow{HCl} R_2N(Ar)—NO$ $R_3N + NaNO_2 \xrightarrow{HCl} R_3N\cdot HNO_2$ $C_6H_5—NR_2 + NaNO_2 \xrightarrow{HCl} ON—C_6H_4—NR_2$	
糖	α-萘酚/酒精 浓 H_2SO_4 （莫立许反应）	紫色环		可鉴别糖类
	$C_6H_5NHNH_2$ $[Ag(NH_3)_2]^+$ Cu^{2+}/OH^-	黄色沉淀 银镜 砖红色沉淀	糖(CHO…CH_2OH) + $C_6H_5NHNH_2$ → $CH{=}NNHC_6H_5$, $={}NNHC_6H_5$…CH_2OH ↓ 糖(CHO…CH_2OH) $\xrightarrow[\text{或}Cu^{2+}/OH^-]{[Ag(NH_3)_2]^+}$ COO^-…CH_2OH + $Ag\downarrow$ / $Cu_2O\downarrow$	可鉴别单糖或还原糖
	Br_2-H_2O	红棕色褪色	糖(CHO…CH_2OH) + Br_2 $\xrightarrow{H_2O}$ COOH…CH_2OH	可鉴别醛糖（酮糖不反应）
	I_2	蓝色		可鉴别淀粉
α-氨基酸、蛋白质	水合茚三酮	蓝紫色		可鉴别α-氨基酸、肽、蛋白质
	稀 $CuSO_4$/NaOH	蓝紫色		可鉴别肽（三肽以上）或蛋白质

例题及解析

【例题 1】 用简单化学方法鉴别下列化合物。

苯酚、苯甲醛、丙醛、苯乙酮、苄醇、1-苯基乙醇

【解】 (1) 文字叙述法 将上述六种化合物分别加入 $FeCl_3$ 溶液，显紫色的为苯酚。分取剩余的五种化合物加入 2,4-二硝基苯肼，生成黄色沉淀的是苯甲醛、丙醛、苯乙酮（第一组）；不生成黄色沉淀的是苄醇、1-苯基乙醇（第二组）。

分取第一组三种样品，加入托伦试剂，水浴加热，无银镜生成的为苯乙酮，有银镜生成的为苯甲醛、丙醛。再取后两种化合物，分别加入斐林试剂，水浴加热，有砖红色 Cu_2O 沉淀生成的为丙醛，无砖红色沉淀生成的是苯甲醛。

分取第二组两种样品，加入碘液和氢氧化钠溶液，水浴温热，有黄色 CHI_3 沉淀生成的是 1-苯基乙醇，不生成黄色沉淀的是苄醇。

显然，这种表示方法比较烦琐。

(2) 列表法 见表 1-3。

表 1-3 六种化合物的鉴别

化合物 \ 现象 \ 试剂	$FeCl_3$ 溶液	2,4-二硝基苯肼	托伦试剂	斐林试剂	$I_2/NaOH$
苯酚	(+)紫	(−)	(−)	(−)	(−)
苯甲醛	(−)	(+)黄色↓	(+)产生银镜	(−)	(−)
丙醛	(−)	(+)黄色↓	(+)产生银镜	(+)Cu_2O↓	(−)
苯乙酮	(−)	(+)黄色↓	(−)	(−)	(+)CHI_3↓
苄醇	(−)	(−)	(−)	(−)	(−)
1-苯基乙醇	(−)	(−)	(−)	(−)	(+)CHI_3↓

注：(+) 表示与此试剂反应，(−) 为不反应。

列表法对鉴别较为复杂时的表示有些杂乱。较为准确，且清楚的表示方法为图示法。

(3) 图示法

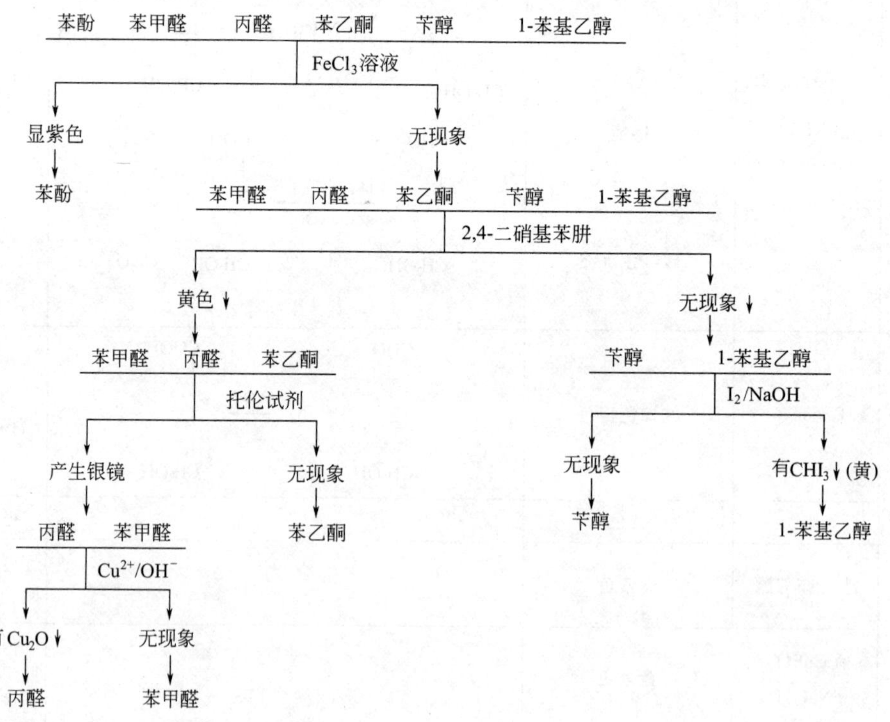

显然，这三种方法中最简明的方法是图示法。后面例题与习题均用图示法来表示。

【例题 2】 用简单化学方法鉴别下列化合物。

苯甲醛、丙醛、2-戊酮、3-戊酮、正丙醇、异丙醇、苯酚

分析：上面一组化合物中有醛、酮、醇、酚四类，醛和酮都是羰基化合物，因此，首先用鉴别羰基化合物的试剂将醛酮与醇酚区别，然后用托伦试剂区别醛与酮，用斐林试剂区别芳香醛与脂肪醛，用碘仿反应鉴别甲基酮；用三氯化铁的颜色反应区别酚与醇，用碘仿反应鉴别可氧化成甲基酮的醇。

【解】 鉴别方法可按下列步骤进行。

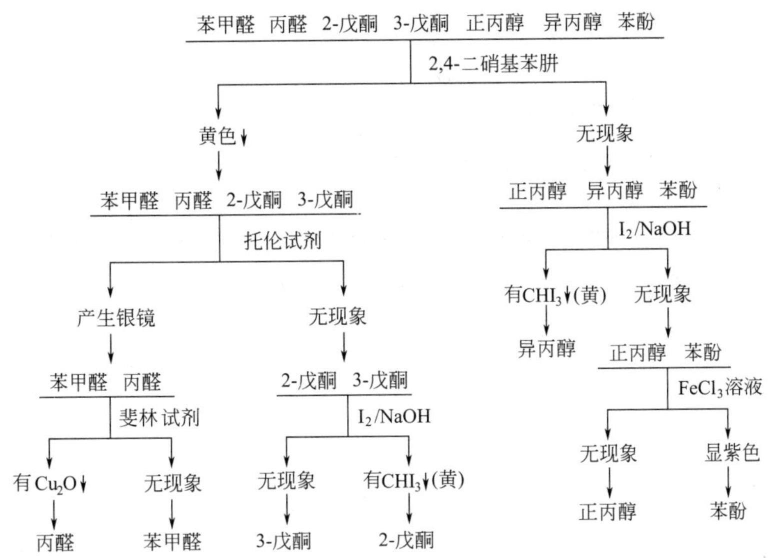

【例题 3】 用简单化学方法鉴别下列化合物。

甲酸、乙酸、乙二酸

【解】 甲酸和乙二酸都具有还原性，可利用这一性质将它们与乙酸区别开来，甲酸有醛的结构，能被弱氧化剂氧化，可用托伦试剂鉴别。

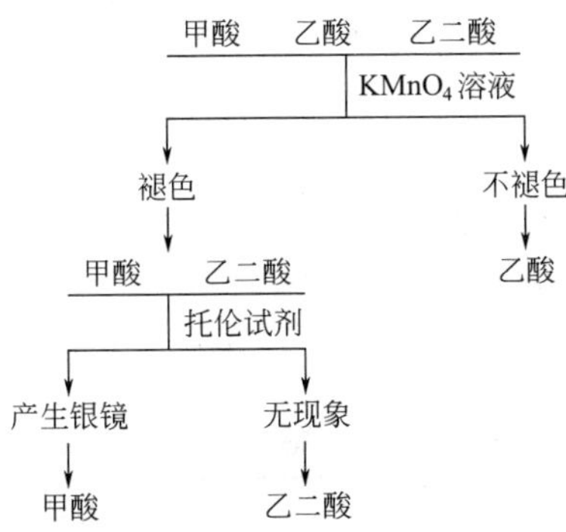

【例题 4】 用简单化学方法鉴别下列化合物：

乙酰乙酸乙酯、丙二酸二乙酯、2,4-戊二酮

【解】 2,4-二硝基苯肼是鉴别醛、酮的羰基结构的特征方法，先用苯肼鉴别可以鉴别检出丙二酸二乙酯，这里不能用 $FeCl_3$ 检验，因为丙二酸二乙酯也可能显示紫色，乙酰乙酸乙酯分子中能与卤素反应的活性高的氢原子不在甲基上，是在亚甲基上，因此没有碘仿反应的现象。

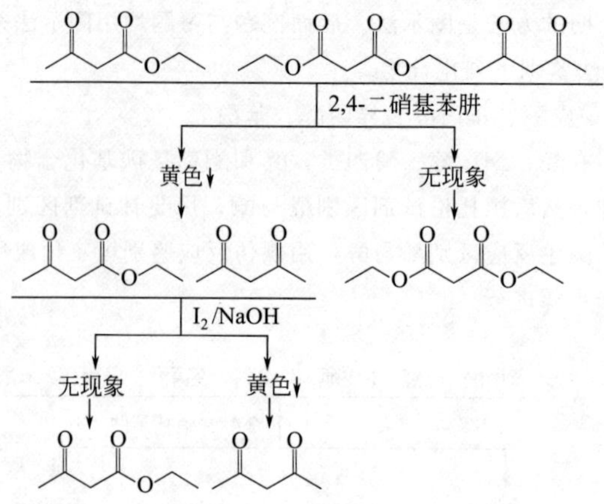

【例题 5】 用简单化学方法鉴别下列化合物。

1-氯丁烷、2-丁醇、叔丁醇

【解】 三个化合物分别为卤代烃、仲醇和叔醇，不同的醇首选卢卡斯试剂进行鉴别，但由于卤代烃不溶于卢卡斯试剂，产生干扰。因此先鉴别卤代烃，再区别不同的醇。

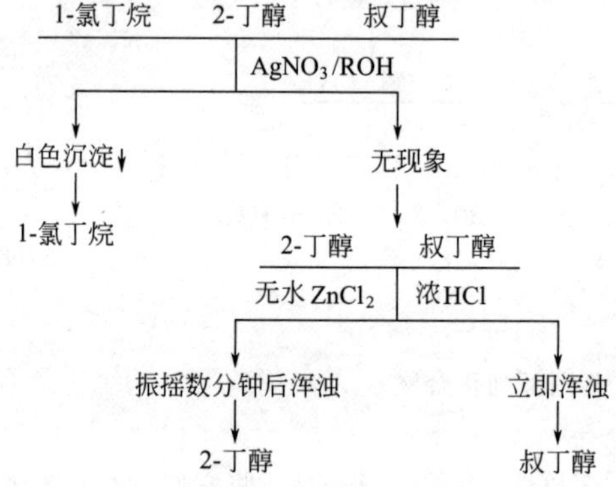

【例题 6】 用简单化学方法鉴别下列化合物。

环丙烷、丙烯、丙炔

【解】 三种物质分属不同类型，都能使溴水褪色，因此不能采用溴的四氯化碳溶液进行鉴别，可根据环丙烷对酸性高锰酸钾水溶液的稳定性来作为鉴别的突破口。

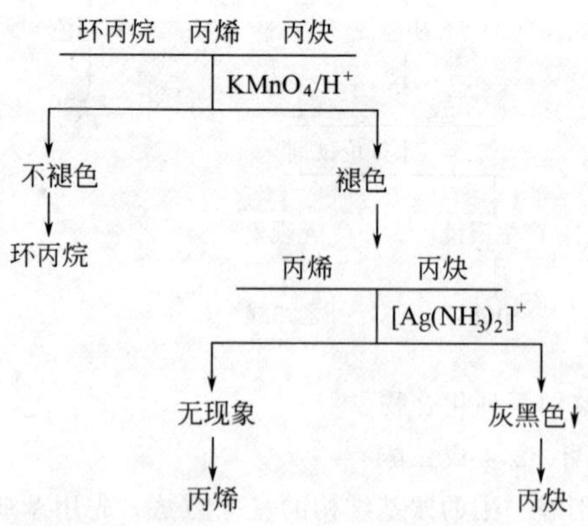

【例题 7】 用简单化学方法鉴别下列化合物。

3-乙基环己烯、乙苯、乙基环己烷

【解】 三个化合物分属不同种类，需利用各类化合物的典型性质进行鉴别：烯烃与溴加成反应，含有α-氢的烃基苯可被酸性高锰酸钾氧化。

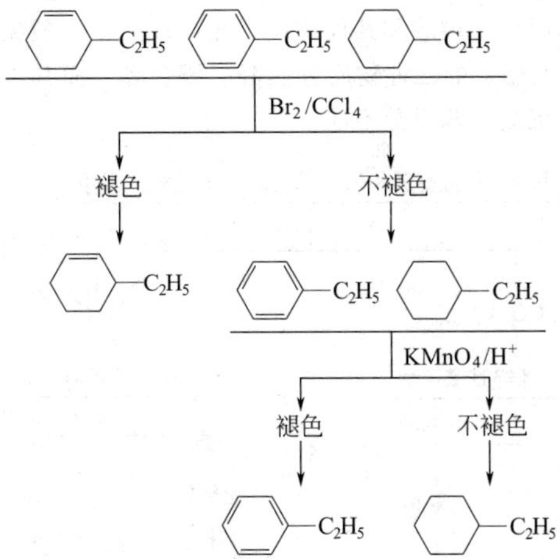

【例题 8】 用简单化学方法鉴别下列化合物。

正戊烷、1-戊烯、1-戊炔、1,3-戊二烯

【解】 本题四个化合物分属三类，其中有两个烯烃，但一个是单烯烃，一个是二烯烃，两者在性质上还是有差别的。其他物质分属不同类型，1-戊炔可与银氨溶液反应生成炔银沉淀，烯烃和烷烃可用溴的四氯化碳溶液进行鉴别。具体方法如下：

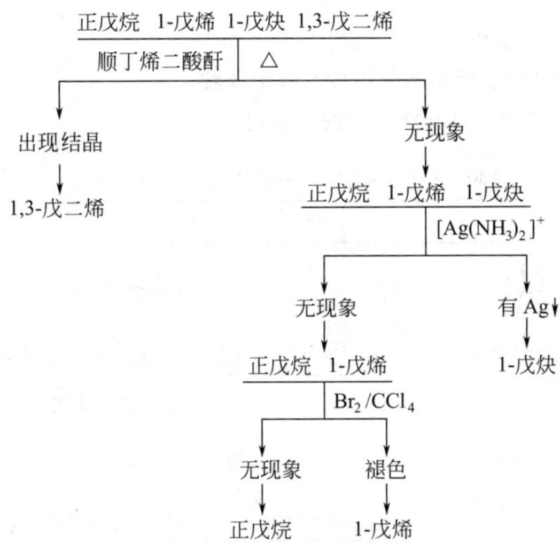

【例题 9】 用简单化学方法鉴别下列化合物。

对氯乙苯、α-氯代乙苯、β-氯代乙苯、氯苯

【解】 四种化合物其中对氯乙苯和氯苯都是卤代苯，但对氯乙苯还有一个烷基侧链，两者可利用酸性高锰酸钾来鉴别。α-氯代乙苯和β-氯代乙苯分别为2-卤代烷烃、1-卤代烷烃。可用卤代烃的鉴别方法来鉴别。

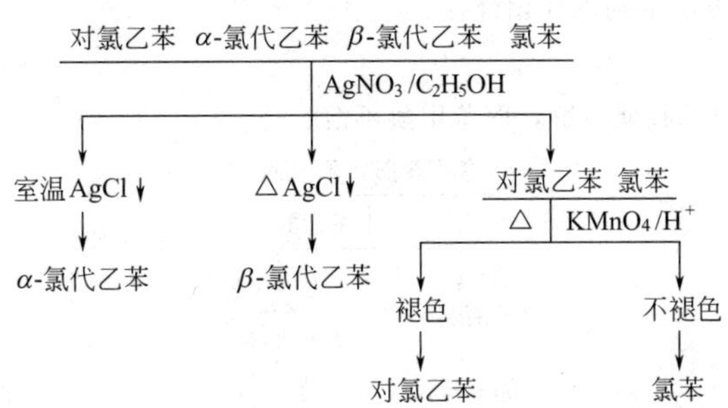

【例题 10】 用简单化学方法鉴别下列化合物。

苯甲酸、邻羟基苯甲酸、苯乙醛、苯乙酮、苯甲醇

【解】 五种物质可先分成两部分，羧酸和其他物质，然后羧酸中再根据邻羟基苯甲酸中含有酚羟基可与 $FeCl_3$ 溶液显色，即可区分。而剩余的三种物质分属醛、酮、醇，而其中苯乙酮可发生碘仿反应，而苯乙醛可与银氨溶液发生反应产生沉淀，苯甲醇不能。

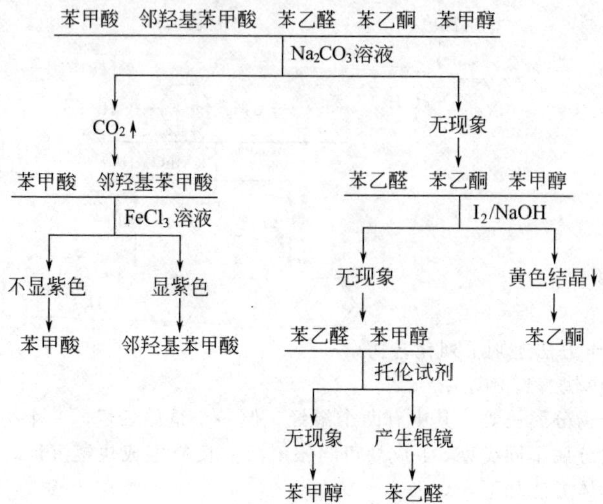

【例题 11】 用简单化学方法鉴别下列化合物。

2,5-二甲基苯酚、苯甲酸苯酯、间甲基苯甲酸、邻甲苯胺

【解】 四种物质分属不同类型，可分别一一进行鉴别。

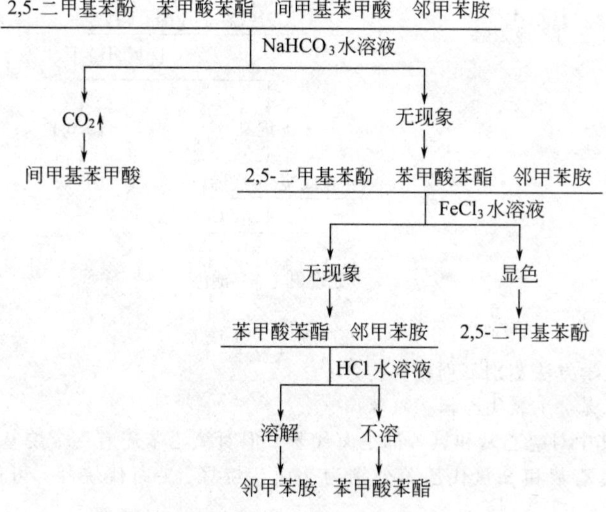

【例题 12】 用简单化学方法鉴别下列化合物。

邻甲苯胺、苯甲醚

【解】 加入稀盐酸，邻甲苯胺能溶解，而苯甲醚不溶。

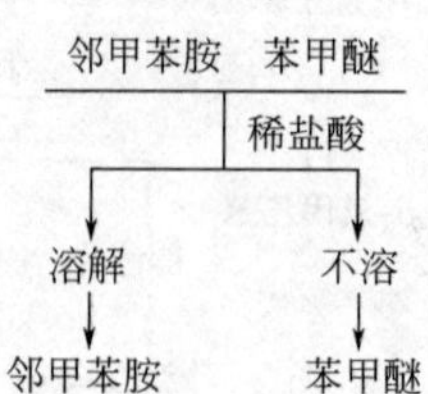

【例题 13】 用简单化学方法鉴别下列化合物。

苯胺、苯酚、环己醇、环己基胺、环己酮

【解】 五种不同种类的物质，只需分别对五个物质进行鉴别即可。根据物质的性质先利用溴水将其分为两组，苯酚和苯胺可使溴水褪色，第二组三种物质不可以。第一组两物质可用 $FeCl_3$ 溶液鉴别，苯酚显色而苯胺则不能。而第二组物质利用 2,4-二硝基苯肼可将环己酮鉴别出来，再用亚硝酸，环己基胺可放出氮气。

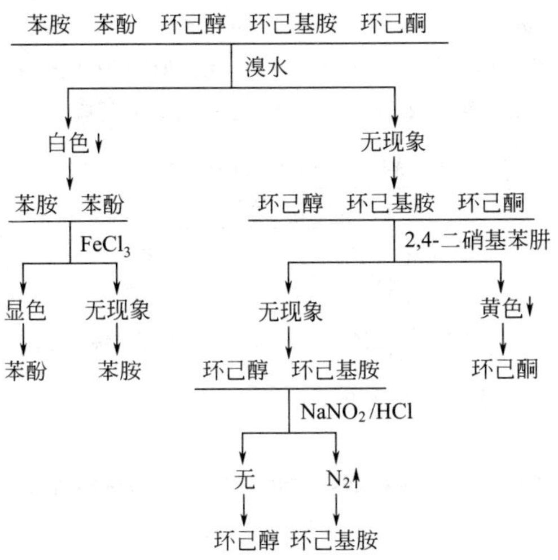

【例题 14】 用简单化学方法鉴别下列化合物。

葡萄糖、果糖、蔗糖、淀粉、葡萄糖酸

【解】 单糖与多糖虽同属糖类但鉴别方法各不相同，可先将其进行区分。而葡萄糖酸含有羧基可利用羧酸的鉴别方法进行鉴别。具体方法如下：

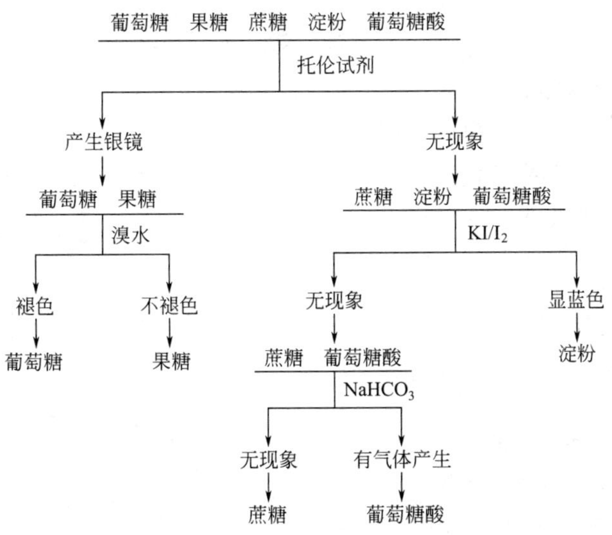

【例题 15】 用简单化学方法鉴别下列化合物。

1,1-环己烷二甲酸、1,2-环己烷二甲酸

【解】 两物质均为取代酸，但取代位置不同，两物质鉴别只需加热即可。加热时 1,1-环己烷二甲酸在两个羧基的相互影响下，受热可发生脱羧反应。因此加热 1,1-环己烷二甲酸可分解放出二氧化碳气体，而 1,2-环己烷二甲酸不能。

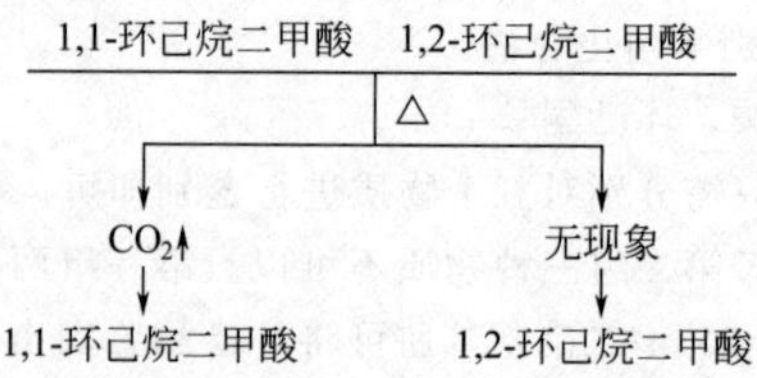

【例题 16】 用简单化学方法鉴别下列化合物。

1,3-环己二烯、1,4-环己二烯

【解】 两种物质均为二烯烃，利用一般的方法无法鉴别，但两种物质双键位置不同，因此只能利用这一特点进行鉴别。1,3-环己二烯属共轭二烯烃，可发生 Diels-Alder 反应，利用这点可进行鉴别。

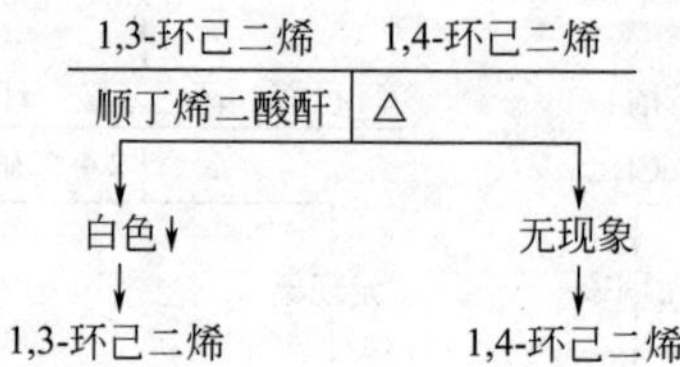

【例题 17】 用简单化学方法鉴别下列化合物。

α-甲基吡啶、吡啶

【解】 本题利用吡啶取代基可被酸性高锰酸钾氧化的特点鉴别这两种化合物。

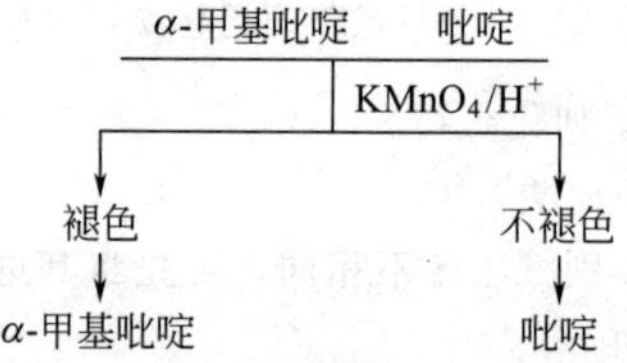

习 题

1. 鉴别 1-丁烯与甲基环丙烷。
2. 鉴别 4-戊炔-2-酮与 3-戊炔-2-酮。
3. 鉴别 2-苯基乙醇与 1-苯基乙醇。
4. 鉴别烯丙基氯与丙烯基氯。
5. 鉴别对甲苯酚与苯甲醇。
6. 鉴别苯与间二甲苯。
7. 鉴别苯甲醛、苯乙醛、2-戊酮、环戊酮。
8. 鉴别戊醛、2-戊酮、3-戊酮。
9. 鉴别苯酚、环己胺、环己醇。
10. 鉴别苯甲酸、水杨酸、苯酚。
11. 鉴别苯胺、环己胺、*N*-甲基苯胺。
12. 鉴别 1,4-环己二酮、1,3-环己二酮、对苯醌。
13. 鉴别苯甲醛、环己基甲醛、苯乙酮。
14. 鉴别 2-甲基-2-丙醇、2-丁醇、2-甲基-1-丙醇
15. 鉴别 4-甲基苯酚、苯甲醚、苯甲醇。
16. 鉴别丙氨酸、果糖、淀粉。
17. 鉴别草酸、丁二酸、丁烯二酸。
18. 鉴别葡萄糖、*α*-甲基葡萄糖苷、果糖。

习题参考答案

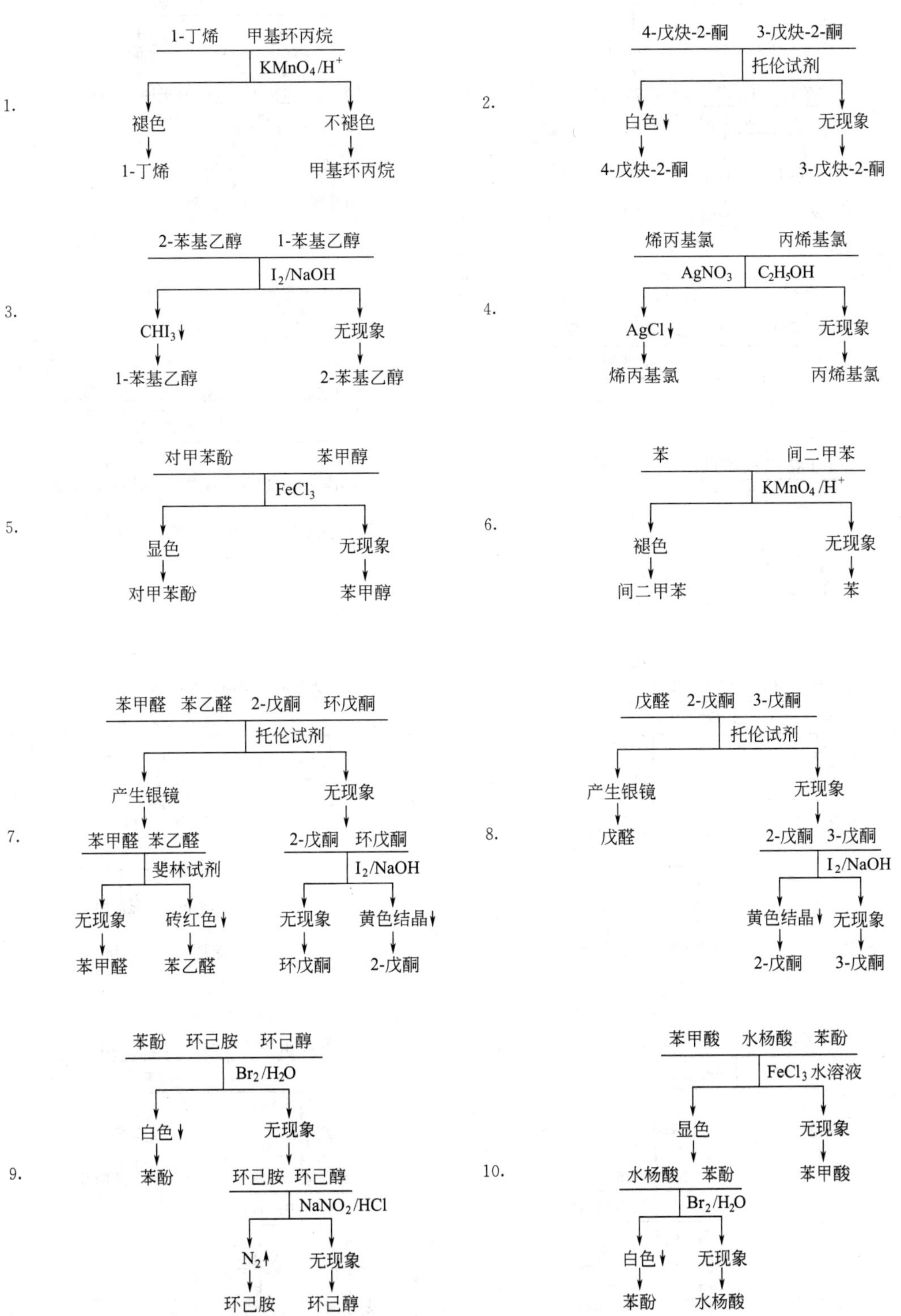

1.
1-丁烯 甲基环丙烷
$KMnO_4/H^+$
褪色
1-丁烯
不褪色
甲基环丙烷
2.
4-戊炔-2-酮 3-戊炔-2-酮
托伦试剂
白色↓
4-戊炔-2-酮
无现象
3-戊炔-2-酮
3.
2-苯基乙醇 1-苯基乙醇
$I_2/NaOH$
CHI_3↓
1-苯基乙醇
无现象
2-苯基乙醇
4.
烯丙基氯 丙烯基氯
$AgNO_3$ C_2H_5OH
AgCl↓
烯丙基氯
无现象
丙烯基氯
5.
对甲苯酚 苯甲醇
$FeCl_3$
显色
对甲苯酚
无现象
苯甲醇
6.
苯 间二甲苯
$KMnO_4/H^+$
褪色
间二甲苯
无现象
苯
7.
苯甲醛 苯乙醛 2-戊酮 环戊酮
托伦试剂
产生银镜
苯甲醛 苯乙醛
斐林试剂
无现象
苯甲醛
砖红色↓
苯乙醛
无现象
2-戊酮 环戊酮
$I_2/NaOH$
无现象
环戊酮
黄色结晶↓
2-戊酮
8.
戊醛 2-戊酮 3-戊酮
托伦试剂
产生银镜
戊醛
无现象
2-戊酮 3-戊酮
$I_2/NaOH$
黄色结晶↓
2-戊酮
无现象
3-戊酮
9.
苯酚 环己胺 环己醇
Br_2/H_2O
白色↓
苯酚
无现象
环己胺 环己醇
$NaNO_2/HCl$
N_2↑
环己胺
无现象
环己醇
10.
苯甲酸 水杨酸 苯酚
$FeCl_3$水溶液
显色
水杨酸 苯酚
Br_2/H_2O
白色↓
苯酚
无现象
水杨酸
无现象
苯甲酸

11.

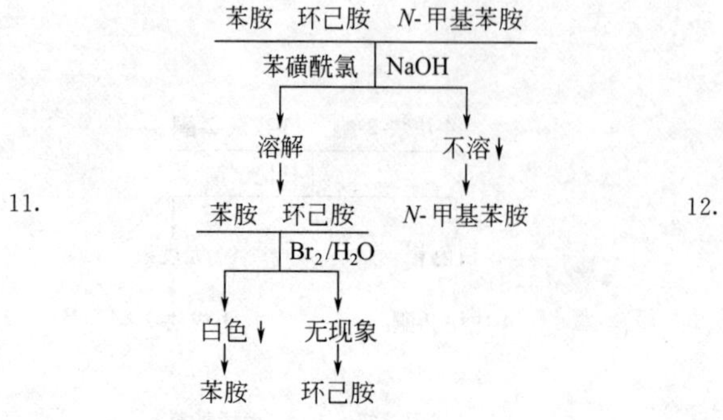

12.

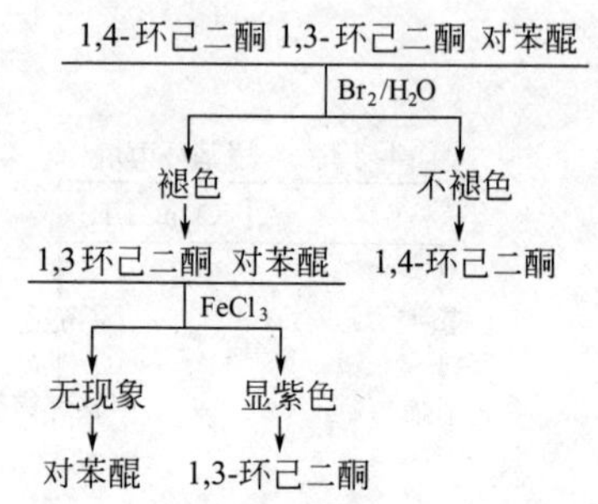

13.

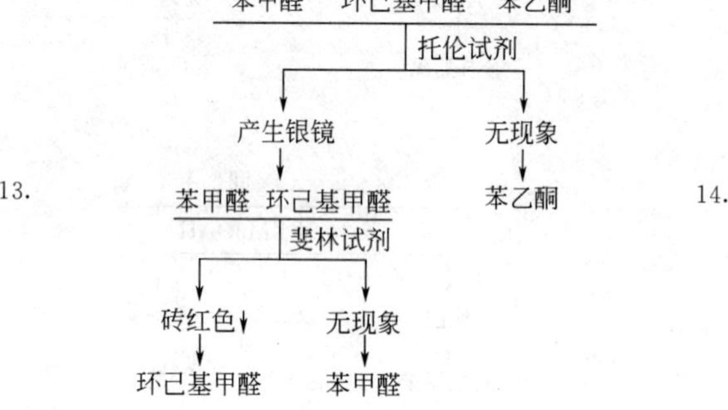

14.

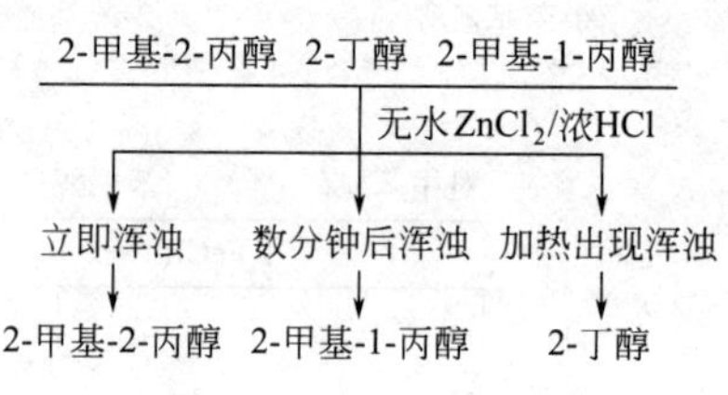

15.

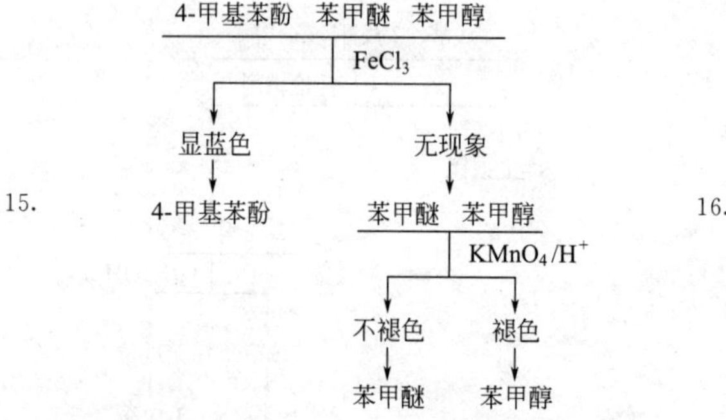

16.

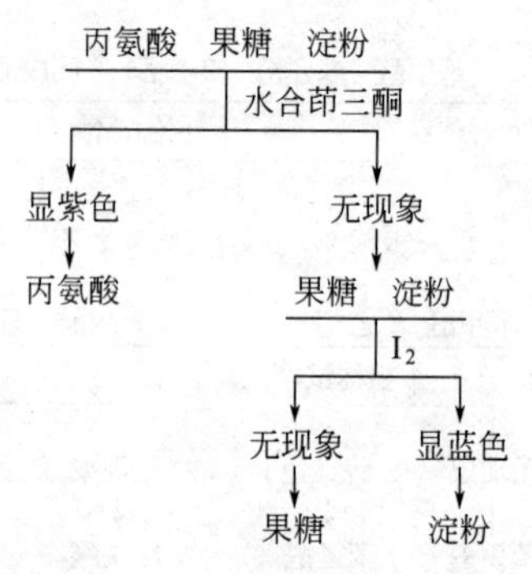

17.

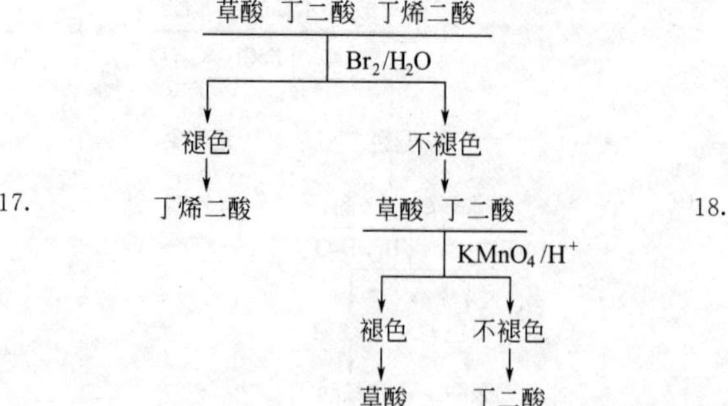

18.

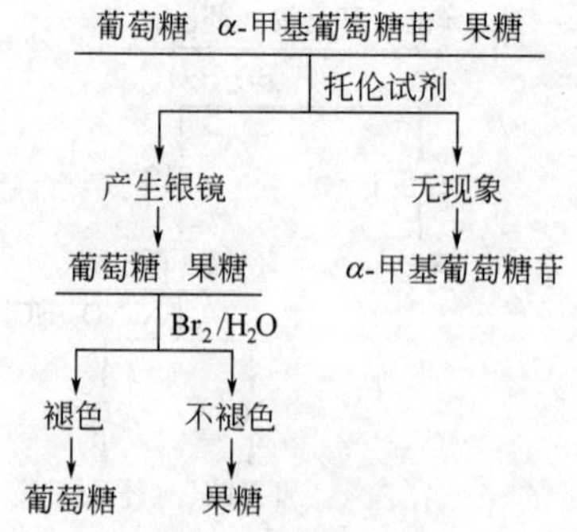

七、有机化合物的结构推测

（一）结构推测题的基本思路

结构推测题考查的是学生对化学知识的综合应用能力，所涉及的化学知识主要包括物理性质、化学性质（合成反应和鉴别反应）、分子组成与结构、立体化学、有机化合物的波谱知识等。

要做好结构推测题必须关注两点：首先要全面分析题目所提供的结构信息，并充分利用每一个所获得的结构信息；其次是要准确找到解题的突破口，由此顺着题目所描述的化学反应向前或向后进行逐一推断，直至获得所需要的化合物完整结构。突破口多为具有明确结构的反应产物或结构片段。

解题思路如下。

① 根据化合物的分子组成计算分子的不饱和度，并由不饱和度进一步推测化合物中可能存在的官能团和化合物的类型。当分子的不饱和度为 1 时，分子中可能存在一个双键或一个环状结构；不饱和度为 2 时，分子中可能存在两个双键，或一个三键，或一条双键与一个环结构；如果不饱和度$\geqslant$4，分子可能存在苯环；如果不饱和度不等于 0 且分子中含有氧原子，分子中可能含有羟基或醚键。总之，充分利用分子式中蕴含的信息可大大缩小推断化合物的类型范围。

常见化合物（不包括盐类）的不饱和度可依据下式计算：

$$\Omega=1+N_{\mathrm{C}}+\frac{1}{2}\left(N_{\mathrm{N}}-N_{\mathrm{H}}-N_{x}\right)$$

② 根据相关化学反应及现象、分子组成的变化推测官能团和分子链结构，这是最重要、最常见的推断过程。如果反应前后，分子的碳数没有变化，表明该反应为官能团转化反应或环开裂反应。如果反应前后分子碳数发生变化表明发生了碳链断裂反应。多数情况下，题目还会给出其中一个产物的明确结构或分子式，这个产物常常是解题的突破口所在。当分子断链后形成两个碳数相同的小分子或只有一个反应产物时，表明断裂的化学键可能位于原来分子的正中间或对称中心位置。

（二）结构推测题的常见题型

1. 根据烯烃的氧化产物推断结构

烯烃经酸性高锰酸钾氧化，双键断裂得到酮或羧酸；经臭氧氧化-还原水解，双键断裂得到酮或醛。这两个反应是推断烯烃分子链结构的重要方法，可以由断链产物判断出原烯烃的骨架。在推测结构时，常把卤代烃、醇、羧酸、醛、酮及胺等化合物通过反应转化为烯烃，再根据烯烃氧化产物推断碳链的骨架结构。

【例题 1】 化合物 A（$C_6H_{15}N$）能与亚硝酸作用放出氮气得到化合物 B。B 与卢卡斯试剂反应需数分钟才能产生浑浊，B 能与浓硫酸共热得到化合物 C（C_6H_{12}）。C 经臭氧氧化还原水解得到化合物 D 和 E。D 能发生银镜反应，不能发生碘仿反应，而 E 能发生碘仿反应，不能发生银镜反应。试推断 A、B、C、D、E 可能的结构式，并写出各步转化的反应式。

【解】 根据分子式可以计算出化合物 A 的不饱和度为 0，根据 A 能与亚硝酸作用放出氮气，说明 A 是

伯胺。A 与亚硝酸反应生成 B，B 能与卢卡斯试剂反应需数分钟才能浑浊，判断 B 为仲醇。据 C 的碳数和不饱和度可判断 C 可能是烯烃或环烷烃。由于 C 能被臭氧氧化，可判断 C 为烯烃。C 经臭氧氧化还原水解得到化合物 D 和 E，说明 D 和 E 应为醛或酮，再根据 D 和 E 的定性反应可知，D 为醛，E 为甲基酮。结合 C 是 6 碳分子，可判断出 D 为丙醛，E 为丙酮。由此可推断出 C 的结构式为 $CH_3—\underset{\underset{CH_3}{|}}{C}=CHCH_2CH_3$ 。再根据前面的推断可得出 A、B 的结构分别为：

$$\text{A. } CH_3—\overset{\overset{CH_3}{|}}{CH}—\underset{\underset{NH_2}{|}}{CH}CH_2CH_3 \qquad \text{B. } CH_3—\overset{\overset{CH_3}{|}}{CH}—\underset{\underset{OH}{|}}{CH}CH_2CH_3$$

反应方程式为：

(1)
$$\underset{(A)}{CH_3—\overset{\overset{CH_3}{|}}{CH}—\underset{\underset{NH_2}{|}}{CH}CH_2CH_3} + HNO_2 \longrightarrow \underset{(B)}{CH_3—\overset{\overset{CH_3}{|}}{CH}—\underset{\underset{OH}{|}}{CH}CH_2CH_3}$$

(2)
$$CH_3—\overset{\overset{CH_3}{|}}{CH}—\underset{\underset{OH}{|}}{CH}CH_2CH_3 + HCl（浓）\xrightarrow[20℃]{无水\ ZnCl_2} CH_3—\overset{\overset{CH_3}{|}}{CH}—\underset{\underset{Cl}{|}}{CH}CH_2CH_3$$

(3)
$$\underset{(B)}{CH_3—\overset{\overset{CH_3}{|}}{CH}—\underset{\underset{OH}{|}}{CH}CH_2CH_3} \xrightarrow[\triangle]{浓\ H_2SO_4} \underset{(C)}{CH_3—\overset{\overset{CH_3}{|}}{C}=CCH_2CH_3}$$

(4)
$$\underset{(C)}{CH_3—\overset{\overset{CH_3}{|}}{C}=CCH_2CH_3} \xrightarrow[(2)\ Zn/H_2O]{(1)\ O_3} \underset{(D)}{CH_3CH_2CHO} + \underset{(E)}{CH_3—\overset{\overset{O}{\|}}{C}—CH_3}$$

(5)
$$\underset{(D)}{CH_3CH_2CHO} \xrightarrow{[Ag(NH_3)_2]^+} CH_3CH_2COO^- + Ag\downarrow$$

(6)
$$\underset{(E)}{CH_3—\overset{\overset{O}{\|}}{C}—CH_3} \xrightarrow{I_2/NaOH} CH_3—\overset{\overset{O}{\|}}{C}—O^- + CHI_3\downarrow$$

2. 根据芳香烃的侧链氧化产物判断结构

烷基苯含有 α-氢的侧链能被氧化为羧基，可根据氧化产物确定苯环上取代基的数目和位置。

【例题 2】 某烃 A 的分子式为 C_9H_8，能与硝酸银的氨溶液反应生成白色沉淀。A 与 2mol 氢加成生成 B，B 被酸性高锰酸钾氧化生成 C（$C_8H_6O_4$）。在铁粉存在下 C 与 1mol 氯气反应得到的一氯代主要产物只有一种。试推测 A、B、C 的结构式。

【解】 根据题意，某烃 A 的分子式为 C_9H_8，不饱和度为 6，含有苯环和其他不饱和键；能与硝酸银的氨溶液反应生成白色沉淀，说明分子中含有碳碳三键；B 被酸性高锰酸钾氧化生成 C（$C_8H_6O_4$），说明分子中苯环上有两个取代基，在铁粉存在下 C 与 1mol 氯气反应得到的一氯代主要产物只有一种，由此推测出 A 分子的结构。

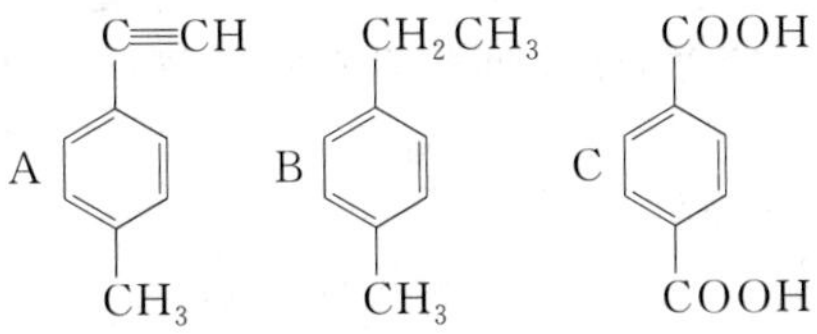

A: C≡CH / CH$_3$　B: CH$_2$CH$_3$ / CH$_3$　C: COOH / COOH

3. 根据化合物的旋光性特征，推测化合物的手性结构

【例题 3】 化合物 A（$C_5H_{12}O$）具有旋光性，A 在高锰酸钾溶液中加热氧化为 B（$C_5H_{10}O$），B 没有旋光性。B 与丙基溴化镁反应后水解得到化合物 C（$C_8H_{18}O$），C 能被拆分为一对对映异构体。试推测化合物 A、B、C 的可能结构。

【解】 根据题意，“能被拆分”是指 B 通过反应可生成含 1 个手性碳原子的化合物 C，且为一对对映体混合物，如果两种等量，则构成外消旋体混合物，没旋光性。由此分析：化合物 A 的不饱和度为 0 且含有一个氧，说明 A 可能是饱和醚或饱和醇。A 有旋光性，且能被高锰酸钾氧化，说明 A 是醇不是醚。根据 A 和 B 都只含有一个 O，说明 B 是酮而不是醛，否则 A 氧化后生成羧酸，B 应该含有两个 O。说明 A 是仲醇。B 没有旋光性，说明在 A 中的羟基是连接在手性碳上的。综合以上信息，可初步推断 A 可能是下面两个化合物中的一个。

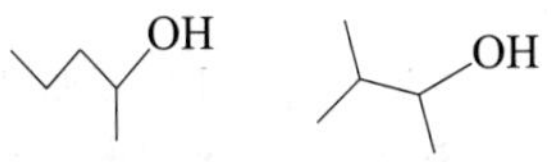

OH　OH

C 能被拆分为一对对映体，说明分子中含有手性碳。而 B 没有旋光性，C 中的手性碳只能通过与丙基溴化镁反应后形成的，由于格氏试剂与酮的反应向羰基引入了一个正丙基，同时又能形成手性碳，可知原来羰基两侧的烃基一定没有正丙基。分析上述两个结构，显然只有 3-甲基-2-丁醇可被氧化成符合要求的产物。

由此推出 A、B、C 三种化合物的结构分别为：

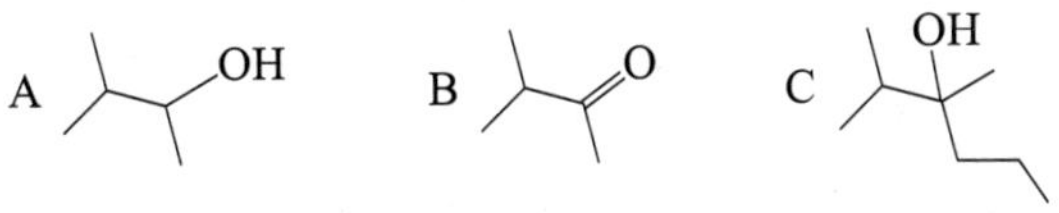

A OH　B O　C OH

4. 利用糖的化学性质推断单糖的链结构

【例题 4】 D 型单糖 A（$C_5H_{10}O_4$）可与本尼地试剂反应生成砖红色沉淀，但不能与过量的苯肼反应生成糖脎。A 被硝酸氧化得一具有光学活性的二元酸 B，被溴水氧化后的产物 C 也具有光学活性。将 A 递降为丁醛糖 D 后（递降为从醛基的一端去掉一个碳原子，变成低一级的醛糖），用硝酸氧化得到内消旋的酒石酸。试写出 A、B、C、D 的结构式。

【解】 本题的突破口为内消旋的酒石酸，这是一个结构明确的反应产物，利用逆推法，由此可初步推出前面化合物的结构。

由于只有醛糖才可以被硝酸氧化成糖二酸，故根据内消旋酒石酸的结构并结合 A 为 D 的单糖，可推出

D的结构：

$$\begin{array}{c} COOH \\ H-\!\!\!+\!\!\!-OH \\ H-\!\!\!+\!\!\!-OH \\ COOH \\ \text{内消旋酒石酸} \end{array} \Longrightarrow \begin{array}{c} CHO \\ H-\!\!\!+\!\!\!-OH \\ H-\!\!\!+\!\!\!-OH \\ CH_2OH \\ D \end{array}$$

根据A的分子式可计算出A的不饱和度为1，由于可被溴水氧化，又能与本尼地试剂反应，说明A为戊醛糖，由A不能与过量的苯肼反应生成糖脎，可推测A的2号碳原子上没有羟基。由此可推测出A、B、C的结构式分别为：

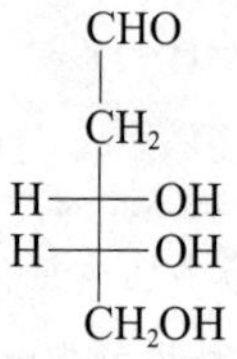

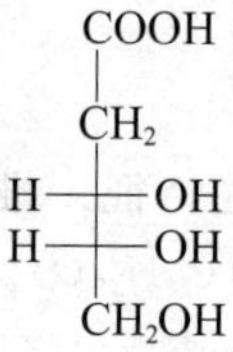

$$\begin{array}{c} CHO \\ | \\ CH_2 \\ H-\!\!\!+\!\!\!-OH \\ H-\!\!\!+\!\!\!-OH \\ CH_2OH \\ A \end{array} \qquad \begin{array}{c} COOH \\ | \\ CH_2 \\ H-\!\!\!+\!\!\!-OH \\ H-\!\!\!+\!\!\!-OH \\ COOH \\ B \end{array} \qquad \begin{array}{c} COOH \\ | \\ CH_2 \\ H-\!\!\!+\!\!\!-OH \\ H-\!\!\!+\!\!\!-OH \\ CH_2OH \\ C \end{array}$$

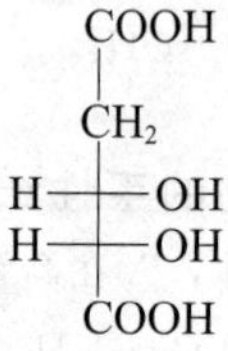

5. 分别给出几个同分异构体的反应和现象，推断出各个异构体的可能结构

【例题5】 化合物A、B、C的分子式都是$C_3H_6O_2$，A可以与碳酸钠作用放出CO_2，B和C不能。B和C在酸性条件下都可以水解，而C在碱性条件下稳定。B的水解产物之一能使碳酸钠分解放出CO_2，不能还原高锰酸钾。C的水解产物之一可以和苯肼作用生成腙。试推出A、B、C的可能结构，并写出相关的反应式。

【解】 根据A的分子式得出A的不饱和度为1，又根据A可以与碳酸钠作用放出CO_2，说明A是羧酸，由此可推测A的结构式为：CH_3CH_2COOH。

根据B的水解产物之一能使碳酸钠分解放出CO_2，不能还原高锰酸钾，说明该产物为羧酸，但不是甲酸。因此可推测出B是酯，又因为B含3个碳原子，可推测出B的结构式为：CH_3COOCH_3。

根据C在碱性条件下稳定，在酸性条件下可以水解，且水解产物之一可以和苯肼作用生成腙，说明C为缩醛或缩酮。又因C有三个碳原子，所以C只能为缩醛。因其有1个不饱和度，所以C为环状缩醛，因此C的结构式为：

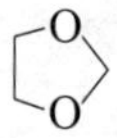

（1,3-二氧戊环结构式）

相关反应方程式如下：

（1）$CH_3CH_2COOH + Na_2CO_3 \longrightarrow CH_3CH_2COONa + CO_2\uparrow$

（2）$CH_3COOCH_3 \xrightarrow{H^+} CH_3COOH + CH_3OH$

（3）（1,3-二氧戊环）$\xrightarrow{H^+} HCHO + HOCH_2CH_2OH$

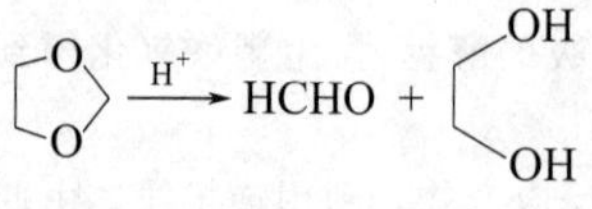

（4）$CH_3COOH + Na_2CO_3 \longrightarrow CH_3COONa + CO_2\uparrow$

（5）$HCHO + NH_2—NH—C_6H_5 \longrightarrow CH_2=N—NH—C_6H_5$

6. 根据官能团的转换反应来推测结构

【例题 6】 有两个手性碳原子的化合物 A（$C_4H_{11}NO$），在室温下与 $NaNO_2$ 和 HCl 反应生成 B（$C_4H_{10}O_2$），并放出 N_2。B 与浓硫酸共热生成 C（C_4H_6）。C 与 O_3 反应，在 Zn 存在下水解，生成乙二醛和甲醛。写出 A、B、C 的结构式。

【解】 本题提到了乙二醛和甲醛这两个结构明确的产物，由此入手推出各物质的结构。

由 C 与 O_3 反应，在 Zn 存在下水解，生成乙二醛和甲醛，及 C 的分子式可知，C 为烯烃，且结构为：$CH_2=CH-CH=CH_2$。

比较 C 和 B 的分子式，再考虑到 B 生成 C 的条件，可知 C 是 B 脱了两分子水的产物，说明 B 含两个羟基，由此可推出 B 的结构式可能为：

$HOCH_2CH_2CH_2CH_2OH$ 或 $HOCH_2CH_2CH(OH)CH_3$ 或 $CH_3CH(OH)CH(OH)CH_3$

根据 A 和 B 的反应条件及现象，同时考虑到 A 中含有一个氮原子，可判断出由 A 到 B 发生了脂肪族伯胺的重氮化反应，即 A 中含有一个伯氨基。又因为 A 有两个手性碳原子，上面推测中 B 的结构应为 $CH_3CH(OH)CH(OH)CH_3$，由此可知 A 的结构式应为 $CH_3CH(NH_2)CH(OH)CH_3$。

习　题

1. 分子式为 C_5H_{10} 的化合物 A，加氢得到分子式为 C_5H_{12} 的化合物。A 在酸性溶液中与高锰酸钾作用得到含有 4 个碳原子的羧酸。A 经臭氧化并还原水解，得到两种不同的醛。推测 A 的可能结构。

2. 分子式为 C_6H_{10} 的 A 及 B，均能使溴的四氯化碳溶液褪色，并且经催化氢化得到相同的产物正己烷。A 可与氯化亚铜的氨溶液作用产生红棕色沉淀，而 B 不发生这种反应。B 经臭氧化后再还原水解，得到 CH_3CHO 及乙二醛。推断 A 及 B 的结构。

3. 分子式为 C_9H_{12} 的芳烃 A，以高锰酸钾氧化后得二元羧酸。将 A 进行硝化，只得到两种一硝基产物。推断 A 的结构。

4. 分子式为 $C_6H_4Br_2$ 的 A，以混酸硝化，只得一种一硝基产物，推断 A 的结构。

5. 分子式为 C_3H_7Br 的 A，与 KOH-乙醇溶液共热得 B，分子式为 C_3H_6，如使 B 与 HBr 作用，则得到 A 的异构体 C，推断 A、B、C 的结构。

6. 分子式为 C_3H_7Br 的 A，与 KOH-乙醇溶液共热得 B，B 用酸性高锰酸钾氧化得 CO_2、水和一种酸 C。如使 B 与 HBr 作用，则得到 A 的异构体 D，推断 A、B、C、D 的结构。

7. 化合物 A 分子式为 C_4H_8，它能使溴水褪色，但不能使稀的酸性高锰酸钾溶液褪色，1mol A 与 HBr 作用生成 B，B 也可以从 A 的同分异构体与 HBr 作用得到，化合物 C 分子式也为 C_4H_8，它能使溴水褪色，也能使稀的酸性高锰酸钾溶液褪色，试推测 A、B、C 的结构。

8. 分子式为 $C_5H_{12}O$ 的 A，能与金属钠作用放出氢气，A 与浓硫酸共热生成 B。用冷的高锰酸钾水溶液处理 B 得到产物 C。C 与高碘酸作用得到 CH_3COCH_3 及 CH_3CHO。B 与 HBr 作用得到 D（$C_5H_{11}Br$），将 D 与稀碱共热又得到 A。推测 A、B、C、D 的结构。

9. 分子式为 $C_5H_{12}O$ 的 A，氧化后得 B（$C_5H_{10}O$），B 能与 2,4-二硝基苯肼反应，并在与碘的碱溶液共热时生成黄色沉淀。A 与浓硫酸共热得 C（C_5H_{10}），C 经高锰酸钾氧化得丙酮及乙酸。推断 A、B、C 的结构。

10. 某烃 C_6H_{10}（A）能使溴水褪色，并能吸收 1mol H_2。A 用冷、稀高锰酸钾溶液氧化时得 $C_6H_{12}O_2$（B），B 用浓硫酸加热脱水生成一分子烃 C_6H_8（C），C 经臭氧分解还原水解后，得到两个产物 $OHCCH_2CHO$ 和 $OHCCOCH_3$，试推测化合物 A、B、C 的结构。

11. 分子式为 $C_6H_{15}N$ 的 A，能溶于稀盐酸。A 与亚硝酸在室温下作用放出氮气，并得到几种有机物，其中一种 B 能进行碘仿反应。B 和浓硫酸共热得到 C（C_6H_{12}），C 能使高锰酸钾褪色，且反应后的产物是乙酸和 2-甲基丙酸。推测 A、B、C 的结构。

12. 某化合物 A，分子式 $C_8H_{11}N$，有旋光性，能溶于稀 HCl，与 HNO_2 作用时放出 N_2，试写出 A 的结构式。

13. 分子式为 C_7H_8O 的芳香族化合物 A，与金属钠无反应；在浓氢碘酸作用下得到 B 及 C。B 能溶于氢氧化钠，并与三氯化铁作用产生紫色。C 与硝酸银乙醇溶液作用产生黄色沉淀，推测 A、B、C 的结构。

14. 具有旋光性的化合物 A，能与 Br_2-CCl_4 反应，生成一种具有旋光性的三溴代产物 B；A 在热碱溶液中生成一种化合物 C；C 能使溴的四氯化碳溶液褪色，经测定无旋光性，C 与 CH_2 ═CHCN 反应可生成

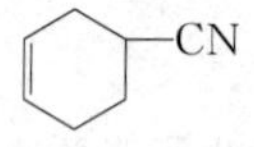

CN 。试写出 A、B、C 的结构式。

15. 有一化合物 A，分子式为 $C_6H_{12}O$，能与羟胺作用，但不起银镜反应，在铂的催化下加氢，得到一种醇（B），B 经脱水、臭氧氧化、水解等反应后，得到两种液体 C 和 D，C 能发生银镜反应，但不起碘仿反应；D 能发生碘仿反应，但不发生银镜反应。试写出 A～D 的结构式和主要反应式。

16. 去氧核糖核酸（DNA）水解后得 D-单糖，分子式为 $C_5H_{10}O_4$（A）。A 能还原托伦试剂，并有变旋现象，但不能生成脎，A 被溴水氧化后得到一具有光活性的一元酸（B）；被硝酸氧化则得一具有光活性的二元酸（C）。试写出 A、B、C 的投影式。

17. 化合物 A、B、C 的分子式均为 $C_3H_6O_2$，A 与碳酸氢钠作用放出二氧化碳，B 与 C 都不能。但在氢氧化钠溶液中加热后水解，在 B 的水解液蒸馏出来的液体有碘仿反应，试推测 A、B、C 的结构。

18. 有机化合物 C_6H_{10}，加氢生成 2-甲基戊烷，它可与 $Ag(NH_3)_2OH$ 反应生成白色沉淀，试推测此化合物的结构。

19. 由化合物（A）$C_6H_{13}Br$ 所制得的格氏试剂与丙酮作用可制得 2,4-二甲基-3-乙基-2-戊醇。A 能发生消去反应生成两种互为异构体的产物 B 和 C。B 经臭氧氧化还原水解得到碳原子数相同的醛（D）和酮（E），试写出 A～E 的结构式。

20. 化合物 A 的分子式为 C_6H_{10}，加氢后可生成甲基环戊烷，A 经臭氧化分解仅生成一种产物 B，测得 B 有光学活性，试推出 A 的结构式。

21. 一烃的分子式为 C_9H_{12}，不起典型的加成反应，易发生硝化、磺化等取代反应；能被热酸介质 $KMnO_4$ 氧化，得对苯二甲酸，若用硝酸在温和条件下氧化则得对甲基甲酸，写出该烃的可能结构式。

22. 某化合物（A）分子式为 $C_5H_{10}O$，A 与卢卡斯试剂在室温立即生成 C_5H_9Cl（B），B 能与 $AgNO_3$ 乙醇溶液立即生成沉淀。A 可以拆分为一对光活性对映体，但 A 经催化加氢后生成 C，C 则不能拆分为光活性异构体，试用方程式表示推测 A、B、C 结构的过程。

23. 组成为 $C_{10}H_{10}$ 的化合物，它具有下列性质：(1) 用氯化铜的氨溶液不生成沉淀。(2) 氧化生成间苯二甲酸。(3) 在 $HgSO_4$、H_2SO_4 存在下，加热生成 $C_{10}H_{12}O$。试确定其结构式。

24. 化合物（A）实验式为 CH，分子量为 208。强氧化得苯甲酸，臭氧化分解产物仅得 $C_6H_5CH_2CHO$。试推出 A 的结构式。

25. 某醇 $C_5H_{11}OH$，氧化后得一种酮。该醇脱水后得一种烃，此烃氧化后生成另一种酮和一种羧酸。试推断该醇的结构式。

26. 有两个烯烃，A 经臭氧氧化及水解后生成 CH_3CH_2CHO 和 CH_2O；B 经同样处理后，则得 $CH_3CH_2COCH_3$ 和 $(CH_3)_2CO$。试写出 A 和 B 的结构式。

27. 烃（A）与 Br_2 反应生成二溴衍生物（B），用 NaOH 的醇溶液处理 B 得 C，将 C 氢化，生成环戊烷（D），写出 A、B、C、D 的合理结构式。

习题参考答案

1. $CH_3CH_2CH_2CH{=}CH_2$ 或 $(CH_3)_2CHCH{=}CH_2$

2. A 为 $CH_3CH_2CH_2CH_2C{\equiv}CH$；B 为 $CH_3CH{=}CH{-}CH{=}CHCH_3$

3. 对乙基甲苯

4. 对二溴苯

5. A. $CH_3CH_2CH_2Br$　B. $CH_3CH{=}CH_2$　C. $CH_3CHBrCH_3$

6. A. $CH_3CH_2CH_2Br$　B. $CH_3CH{=}CH_2$
C. CH_3COOH　D. $CH_3CHBrCH_3$

7. A. 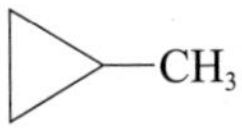 —CH_3　B. 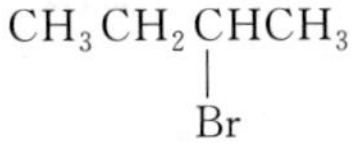 $CH_3CH_2CH(Br)CH_3$
C. $CH_3CH{=}CHCH_3$ 或 $CH_2{=}CH_2CH_2CH_3$ 或 $CH_3{-}C(CH_3){=}CH_2$

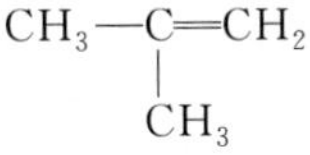

8. A. 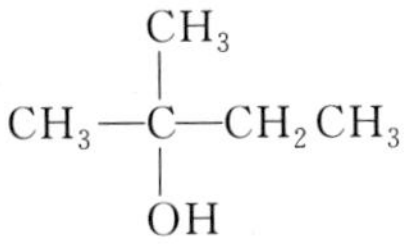 $CH_3{-}C(CH_3)(OH){-}CH_2CH_3$　B. $CH_3{-}C(CH_3){=}CHCH_3$　C. $CH_3{-}C(CH_3)(OH){-}CH(OH){-}CH_3$
D. 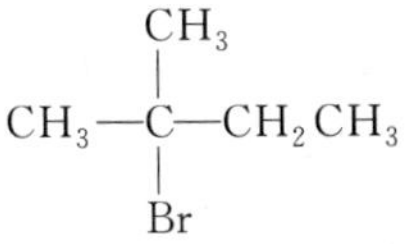 $CH_3{-}C(CH_3)(Br){-}CH_2CH_3$

9. A. 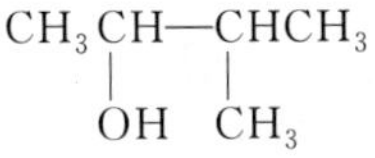 $CH_3CH(OH){-}CH(CH_3)CH_3$　B. 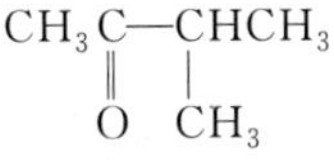 $CH_3C(=O){-}CH(CH_3)CH_3$　C. 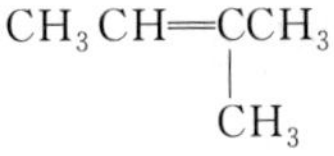 $CH_3CH{=}C(CH_3)CH_3$

10. A. 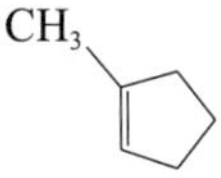 CH_3　B. 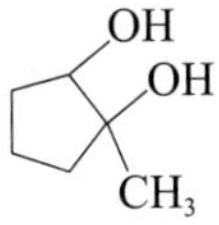 OH　OH　CH_3　C. 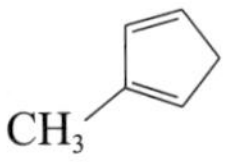 CH_3

11. A. 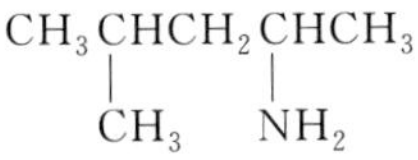 $CH_3CH(CH_3)CH_2CH(NH_2)CH_3$　B. 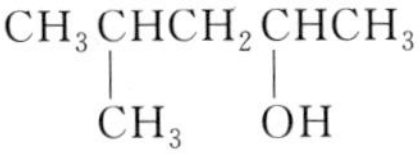 $CH_3CH(CH_3)CH_2CH(OH)CH_3$　C. 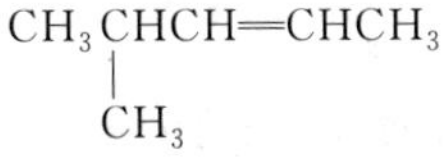 $CH_3CH(CH_3)CH{=}CHCH_3$

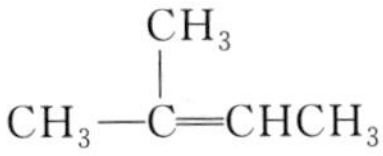

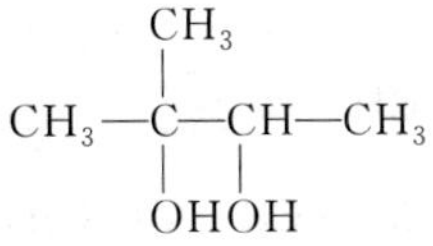

12. 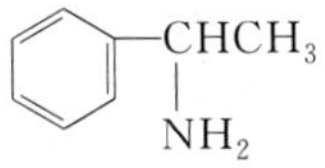 —$CH(NH_2)CH_3$

13. A. 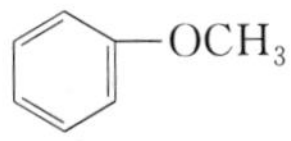 —OCH_3　B. 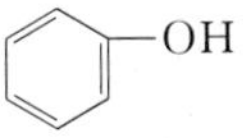 —OH　C. CH_3I

14. A. 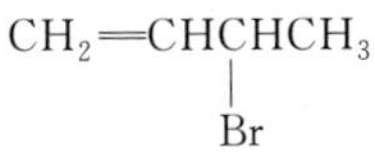 $CH_2{=}CHCH(Br)CH_3$　B. 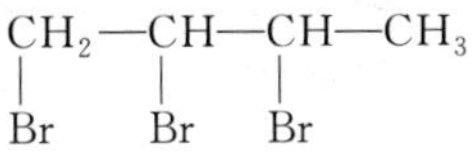 $CH_2(Br){-}CH(Br){-}CH(Br){-}CH_3$　C. $CH_2{=}CHCH{=}CH_2$

15. 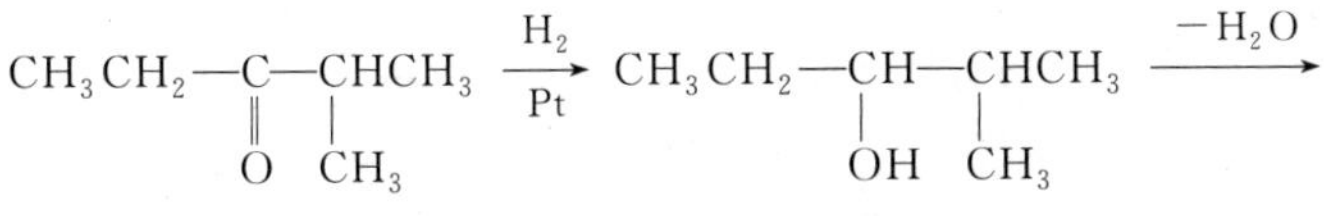 $\underset{A}{CH_3CH_2{-}C(=O){-}CH(CH_3)CH_3} \xrightarrow[Pt]{H_2} \underset{B}{CH_3CH_2{-}CH(OH){-}CH(CH_3)CH_3} \xrightarrow{-H_2O}$

$CH_3CH_2CH{=}C(CH_3)_2 \xrightarrow[Zn/H_2O]{O_3} \underset{C}{CH_3CH_2CHO} + \underset{D}{O{=}C(CH_3)_2}$

16.

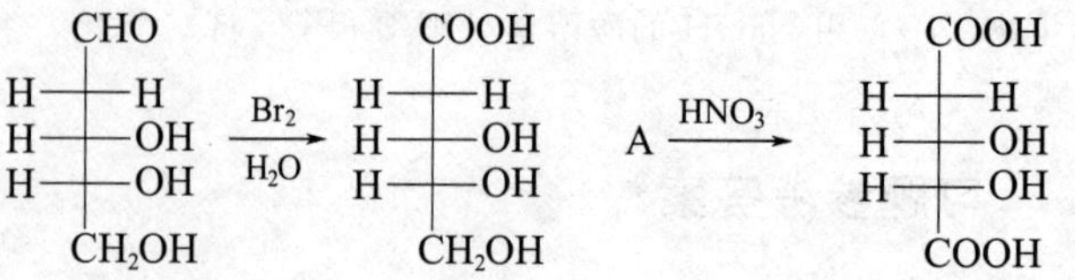

$$\begin{array}{c} CHO \\ H-C-H \\ H-C-OH \\ H-C-OH \\ CH_2OH \end{array} \xrightarrow[H_2O]{Br_2} \begin{array}{c} COOH \\ H-C-H \\ H-C-OH \\ H-C-OH \\ CH_2OH \end{array} \qquad A \xrightarrow{HNO_3} \begin{array}{c} COOH \\ H-C-H \\ H-C-OH \\ H-C-OH \\ COOH \end{array}$$

A　　　有光活性 B　　　有光活性 C

17. A. CH_3CH_2COOH　B. $HCOOCH_2CH_3$　C. CH_3COOCH_3

18. 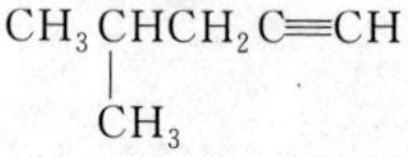 $CH_3CH(CH_3)CH_2C{\equiv}CH$

19. A. 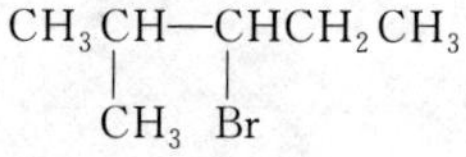 $CH_3CH(CH_3)—CH(Br)CH_2CH_3$　B. 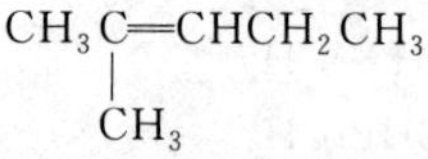 $CH_3C(CH_3){=}CHCH_2CH_3$　C. $(CH_3)_2CHCH{=}CHCH_3$

D. CH_3CH_2CHO　E. CH_3COCH_3

20. 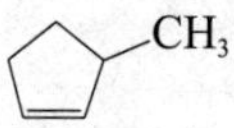 3-甲基环戊烯（环戊烯环上连 CH_3）

21. 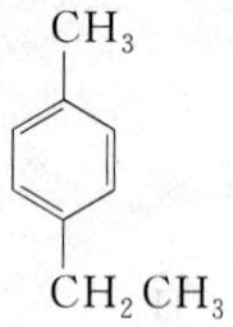 对位 CH_3 / CH_2CH_3 取代苯

22. 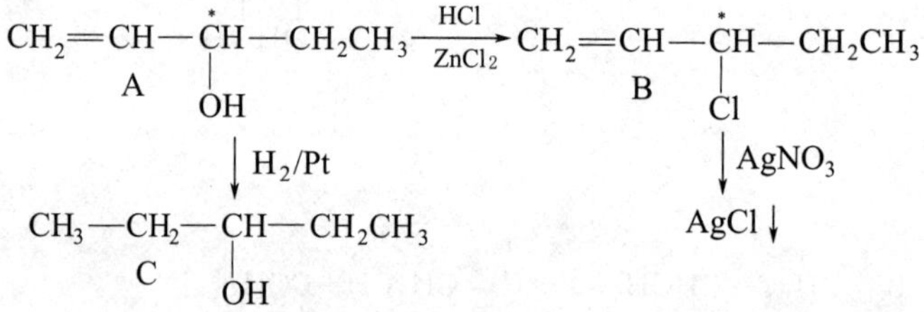 $CH_2{=}CH—\overset{*}{C}H(OH)—CH_2CH_3$ (A) $\xrightarrow[ZnCl_2]{HCl}$ $CH_2{=}CH—\overset{*}{C}H(Cl)—CH_2CH_3$ (B) $\xrightarrow{AgNO_3}$ $AgCl\downarrow$

A $\xrightarrow{H_2/Pt}$ $CH_3—CH_2—CH(OH)—CH_2CH_3$ (C)

23. 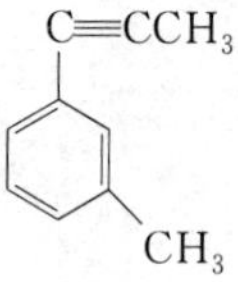 间位 $C{\equiv}CCH_3$ / CH_3 取代苯

24. 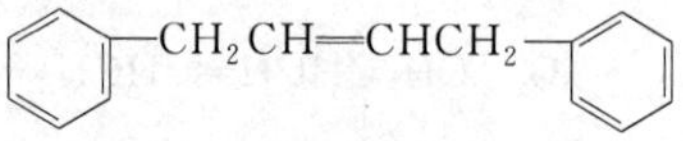 $C_6H_5CH_2CH{=}CHCH_2C_6H_5$

25. 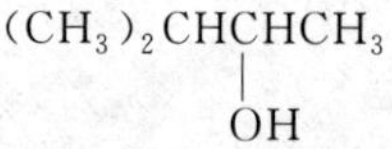 $(CH_3)_2CHCH(OH)CH_3$

26. A. $CH_3CH_2CH{=}CH_2$　B. 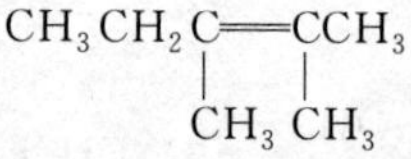 $CH_3CH_2C(CH_3){=}C(CH_3)CH_3$

27. A. 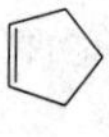 环戊烯　B. 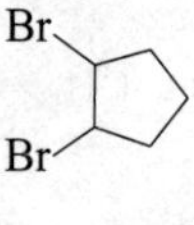 1,2-二溴环戊烷（Br, Br）　C.  环戊二烯　D. 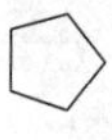 环戊烷

Part 02

第二部分　各章知识点提要、例题与习题

知识点提要

一、基本概念

1. 有机化合物

有机化合物是指碳氢化合物及其衍生物，其组成元素主要有：C、H、O、N、S、P、X（卤素）等。有机化合物具有以下特点：多数有机物易燃烧，易受热分解，许多有机物在常温下是气体，常温下为固体的则熔点较低，极性较弱，不易溶于水，参与化学反应时反应速率较慢，且常伴有副反应。

2. 有机化合物的结构

有机化合物是由组成分子的若干原子按照一定的顺序和结合方式连接形成的不同的化合物。原子间的连接顺序和方式称为结构。常用的结构表示方法有以下几种：

（1）分子式　是表示物质分子组成的式子。

（2）构造式　是表示分子中各原子的结合次序和结合方式的式子。构造式有路易斯式、透视式、最简式、键线式 4 种。

（3）结构式　是表示分子结构的化学式，既可以表示出分子中各个原子相互结合的顺序和成键方式，还可以体现分子的几何形状。

3. 有机酸碱概念

（1）布朗斯特酸碱定义　凡是能给出质子（H^+）的物质都是酸，能接受质子的物质都是碱。

（2）路易斯酸碱定义　能接受一对电子形成共价键的物质为酸，提供一对电子形成共价键的物质是碱。路易斯酸碱概念的范围比较广，缺电子的分子、质子和正离子都属于路易斯酸；具有孤对电子的化合物、负离子或 π 电子对等都属于路易斯碱。

4. 原子轨道和分子轨道

原子轨道是描述原子中核外电子的运动状态，用波函数 φ 表示，既有大小又有方向。电子云密度是指电子在核外某一区域出现的概率密度，用 $|\varphi|^2$ 描述。分子轨道则是描述分子中电子运动的状态。原子轨道可以线性组合成分子轨道。

5. 杂化轨道

同一原子中参与成键的几个能量相近的原子轨道可以重新组合，重新分配能量和空间方向，组成数目相等、成键能力更强的新的原子轨道，称为杂化轨道。碳原子的杂化形式有：sp^3、sp^2、sp 杂化，其电负性大小为 $sp>sp^2>sp^3$，轨道长度排列为 $sp<sp^2<sp^3$。

6. 共价键及其属性

原子间通过共用电子对相互结合而形成的化学键叫共价键。两个原子各提供一个电子沿各自所在成键轨道的轴向区域相互配对（轨道重叠），并为两个原子同时共有的为 σ 键，p 轨道肩并肩重叠形成 π 键。共价键的基本属性有键长、键角、键能、键的极性，其中，键能和键长反映强度，键角反映分子（或离子、自由基）结构的空间构型，键的极性可反映分子发生相应化学反应的活性。

7. 共价键的均裂和异裂

均裂是指在有机反应中共价键均等地分裂成两个碎片的过程，发生键均裂的反应为均裂反应，属自由基反应；异裂是指在有机反应中键非均等地分裂成两个带相反电荷碎片的过程，发生异裂过程的反应为异裂反应，属离子型反应。

二、有机化合物的分类

1. 按碳架分类

（1）开链化合物

（2）环状化合物

2. 按官能团分类

烷烃、烯烃、炔烃、卤代烃、醇、酚、醚、醛、酮、羧酸、羧酸衍生物、胺、硝基化合物、酰胺、腈、硫醇、硫酚、磺酸等。

例题及解析

【例题 1】 指出下列化合物中带“*”号碳原子的杂化类型。

（1） $CH_3—\overset{*}{C}H(CH_3)—CH_3$　　（2） $CH_3—\overset{*}{C}≡C—CH_3$

（3） $CH_3—CH_2—\overset{*}{C}H=CH_2$　　（4） $CH_2=\overset{*}{C}=CH_2$

（5） $CH_3—\overset{*}{C}H(OH)—CH_3$

【解】 （1）sp^3　（2）sp　（3）sp^2　（4）sp　（5）sp^3

【例题 2】 下列化合物各属于哪一类化合物？

（1） $C_6H_5—CH_2OH$（苯环—CH₂OH）　　（2） 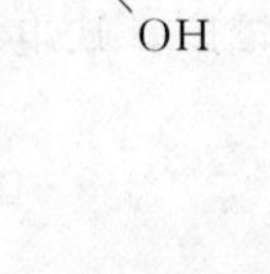 邻位带 $—CH_3$ 与 $—OH$ 的苯环

(3) 环戊烷结构式　　　(4) 苯环—CHO

(5) 苯环—OCH_3　　　(6) $CH_3—NH_2$

【解】 (1) 醇　(2) 酚　(3) 环烷烃　(4) 醛　(5) 醚　(6) 胺

【例题 3】 下列化合物哪些易溶于水？哪些难溶于水？

(1) CH_3OH　　(2) CH_3COOH　　(3) CCl_4

(4) 苯　　(5) $CH_2(OH)—CH(OH)—CH_2(OH)$　　(6) $CH_3(CH_2)_{16}CH_3$

【解】 易溶于水：(1)，(2)，(5)

难溶于水：(3)，(4)，(6)

【例题 4】 一种醇经元素定量分析，得知 $w(C)=70.4\%$，$w(H)=13.9\%$，试计算并写出实验式。

【解】 碳和氢的含量加起来只有 84.3%，说明该化合物含氧，即 O=15.7%。

$$n_C=\frac{70.4}{12}=5.87\approx6 \qquad n_H=\frac{13.9}{1}\approx14 \qquad n_O=\frac{15.7}{16}\approx1$$

所以该化合物的实验式为 $C_6H_{14}O$。

【例题 5】 某碳氢化合物元素定量分析的数据为：$w(C)=92.1\%$，$w(H)=7.9\%$；经测定分子量为 78。试写出该化合物的分子式。

【解】 $n_C=\frac{0.92\times78}{12}=5.87\approx6$　　$n_H=\frac{0.079\times78}{1}=6.16\approx6$

所以该化合物的分子式为 C_6H_6。

【例题 6】 下列化合物是否有偶极矩？如果有，请指出方向。

(1) I_2　(2) CH_2Cl_2　(3) HBr　(4) $CHCl_3$　(5) CH_3OH　(6) CH_3OCH_3

【解】 有偶极矩的化合物有：(2)，(3)，(4)，(5)，(6)。偶极矩方向如下：

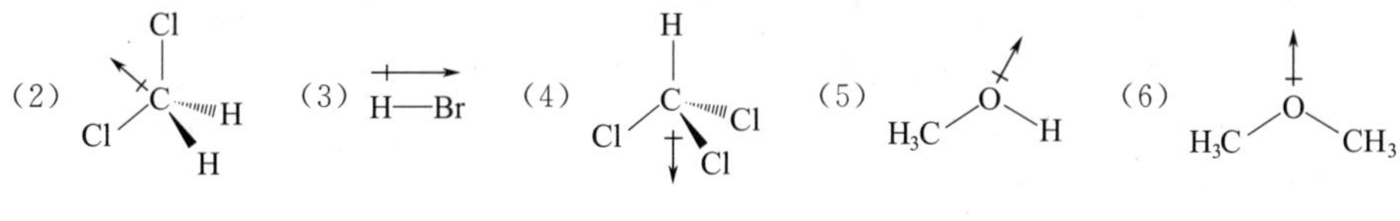

习　题

1. 写出符合下列条件且分子式为 C_3H_6O 的化合物的结构式。

(1) 含有醛基　(2) 含有酮基　(3) 含有环和羟基　(4) 醚　(5) 环醚

(6) 含有双键和羟基（双键和羟基不在同一碳上）

2. 指出下列化合物中带“*”号碳原子的杂化轨道类型。

$CH_3\overset{*}{C}H_2CH_3$　　$H\overset{*}{C}\equiv C—\overset{*}{C}H_3$　　$H_2\overset{*}{C}=CH_2$　　苯环*

3. 下列化合物哪些是极性分子？哪些是非极性分子？

(1) CH_4　(2) CH_2Cl_2　(3) $CHCl_3$　(4) CCl_4　(5) H_2　(6) CH_3CH_3

(7) CH_3CHO　(8) HBr　(9) H_2O　(10) CH_3CH_2OH　(11) CH_3OCH_3

(12) CH_3COCH_3

4. 根据碳链和官能团不同，指出下列化合物的类别。

(1) CH_3CH_2Cl　(2) CH_3OCH_3　(3) CH_3CH_2OH　(4) CH_3CHO　(5) $CH_3CH=CH_2$

(6) $CH_3CH_2NH_2$　(7) CH_3CH_2SH　(8) $CH_3COOCH_2CH_3$　(9) CH_3CH_2COOH

(10) 苯环—CHO　(11) 苯环—OH　(12) 苯环—NH_2

5. σ 键和 π 键是怎样构成的？它们各有哪些特点？

6. 指出下列分子或离子哪些是路易斯酸？哪些是路易斯碱？

(1) Br^+　(2) ROH　(3) CN^-　(4) H_2O　(5) OH^-　(6) CH_3^+

(7) CH_3O^-　(8) CH_3NH_2　(9) H^+　(10) Ag^+　(11) $SnCl_2$　(12) Cu^{2+}

7. 比较下列各化合物酸性强弱：

(1) H_2O　(2) CH_3CH_2OH　(3) CH_3COCH_3　(4) CH_4　(5) C_6H_5OH

(6) H_2CO_3　(7) CH_3COOH　(8) NH_3　(9) $HC\equiv CH$　(10) HCl

8. 某化合物 3.26mg，燃烧分析得 4.74mg CO_2 和 1.92mg H_2O。已知分子量为 60，求该化合物的实验式和分子式。

9. 某化合物含碳 49.3%、氢 9.6%、氮 19.2%，测得分子量为 146，计算此化合物的分子式。

习题参考答案

1. (1) $CH_3CH_2\overset{O}{\overset{\|}{C}}H$　(2) $CH_3\overset{O}{\overset{\|}{C}}CH_3$　(3) 环丙基-OH（环丙醇）

(4) $H_2C=CHOCH_3$　(5) 氧杂环丁烷 或 甲基环氧乙烷

(6) $H_2C=CHCH_2OH$

2. $CH_3\overset{*}{C}H_2CH_3$ sp^3　$H\overset{*}{C}\equiv C—\overset{*}{C}H_3$ sp　sp^3　$H_2\overset{*}{C}=CH_2$ sp^2　苯环* sp^2

3. (1) 非极性分子 (2) 极性分子 (3) 极性分子 (4) 非极性分子 (5) 非极性分子 (6) 非极性分子 (7) 极性分子 (8) 极性分子 (9) 极性分子 (10) 极性分子 (11) 极性分子 (12) 极性分子

4. (1) 卤代烃 (2) 醚 (3) 醇 (4) 醛 (5) 烯烃 (6) 胺 (7) 硫醇 (8) 酯 (9) 羧酸 (10) 芳香醛 (11) 酚 (12) 苯胺

5. σ键是由成键的原子轨道沿着其对称轴的方向以“头碰头”的方式相互重叠而形成的键。其特点是重叠程度大，较稳定。有对称轴，可沿键轴自由旋转，可以单独存在。

π键是由成键的两个 p 轨道以“肩并肩”方式重叠的键。其特点是重叠程度小，稳定性差。无对称轴，不能自由旋转，不能单独存在。

6. (1) 路易斯酸 (2) 路易斯碱 (3) 路易斯碱 (4) 路易斯碱 (5) 路易斯碱 (6) 路易斯酸 (7) 路易斯碱 (8) 路易斯碱 (9) 路易斯酸 (10) 路易斯酸 (11) 路易斯酸 (12) 路易斯酸

7. (10) > (7) > (6) > (5) > (1) > (2) > (3) > (9) > (8) > (4)

8. 根据题意可知，该化合物与其所含 C、H 元素的比为：

$$n_{化合物} : n_C : n_H = \frac{3.26}{60} : \frac{4.74}{44} : \frac{1.92\times 2}{18} = 1:2:4$$

再根据其燃烧产物只有 CO_2 和 H_2O 可判断出该化合物除了含 C、H 之外只能含 O，根据其分子量和 C、H 比可知，该化合物分子式中 O 的个数为：

$$\frac{60-12\times 2-1\times 4}{32}=2$$

由此可以判断出此化合物的分子式为 $C_2H_4O_2$，实验式为 CH_2O。

9. 根据题意可知，化合物中氧的百分含量为：100%−49.3%−9.6%−19.2%=21.9%

$$n_C : n_H : n_N : n_O = \frac{49.3}{12} : \frac{9.6}{1} : \frac{19.2}{14} : \frac{21.9}{16} = 3:7:1:1$$

所以该化合物的实验室为 C_3H_7NO，分子量为 73，再根据该化合物的分子量 146，即可算出 $n=\frac{146}{73}=2$，所以化合物的分子式为 $C_6H_{14}N_2O_2$。

饱和烃

Chapter 01

知识点提要

一、基本概念

1. 烃、烷烃、环烷烃

由 C、H 两种元素组成的化合物称为烃。分子中所有碳原子彼此都以单键（C—C）相连，碳的其余价键都与氢原子相连的烃称为烷烃。在烷烃中，当碳原子数与氢原子数的比例达到了最高值时，称饱和烃。烷烃中的碳原子有链状和环状两种连接方式，因此，习惯上将前者称为烷烃（通式为 C_nH_{2n+2}），后者称为环烷烃（通式为 C_nH_{2n}）。烷烃性质类似，被称为同系物，系差为 CH_2。

2. 碳链异构、构象和构象异构

由于碳碳单键的旋转，形成分子中原子或原子团在空间的不同排列方式称为构象，有单键的旋转而产生的异构体称为构象异构体。当碳原子数 $n \geqslant 4$ 时，同一分子式的烷烃中碳原子相互连接的次序和方式可存在差异，称为碳链异构或碳干异构。

二、饱和烃的命名

1. 烷烃的命名

（1）普通命名法　直链烷烃的名称用“碳原子数＋烷”来表示。1～10 个碳原子的直链烷烃用天干（甲、乙、丙、丁、戊、己、庚、辛、壬、癸）表示。碳原子数超过 10 时，用数字表示。烷烃的英文名称是 alkane，词尾用 ane。烷烃异构体用词头“正、异、新”来区分，“正”表示直链烷烃，“异”和“新”分别表示碳链一端连有 $CH_3—CH(CH_3)—$ 和 $CH_3—C(CH_3)_2—CH_2—$，此外再无其他取代基的烷烃。

① 碳原子的分级　烷烃分子中各个碳原子均为饱和碳原子，按照与它直接相连的其他碳原子的个数不同，可分为伯、仲、叔、季碳原子。与一个碳相连，是一级碳原子，用 1°表示（或称伯碳），1°C 上的氢称为一级氢，用 1°H 表示；与两个碳相连，是二级碳原子，用 2°表示（或称仲碳），2°C 上的氢称为二级氢，用 2°H 表示；与三个碳相连，是三级碳原子，用 3°表示（或称叔碳），3°C 上的氢称为三级氢，用 3°H 表示；与四个碳相连，是四级碳原子，用 4°表示（或称季碳）。

② 烷基的名称　烷烃去掉一个氢原子后剩下的部分称为烷基。英文名称为 alkyl，即将

烷烃的词尾-ane改为-yl。烷基可以用普通命名法命名，也可以用系统命名法命名。

烷基的系统命名法适用于各种情况，它的命名方法是：将失去氢原子的碳定位为1，从它出发，选一个最长的链为烷基的主链，从1位碳开始，依次编号，不在烷基主链上的基团均作为主链的取代基处理。写名称时，将主链上的取代基的编号和名称写在主链名称前面。

③ 取代基顺序规则　有机化合物中的各种基团可以按一定的规则来排列先后次序，这个规则称为顺序规则，其主要内容如下：

a. 将单原子取代基按原子序数大小排列，原子序数大的顺序在前，原子序数小的顺序在后，有机化合物中常见的元素顺序如下：I>Br>Cl>S>P>F>O>N>C>D>H，在同位素中质量高的顺序在前。

b. 如果两个多原子基团的第一个原子相同，则比较与它相连的其他原子，比较时，按原子序数排列，先比较最大的，仍相同，再顺序比较居中的、最小的。

c. 含有双键或三键的基团，可认为连有两个或三个相同的原子。

④ 名称的基本格式　有机化合物系统命名的基本格式如下所示：

构型		取代基		母体
R-S；*D-L*；*Z-E*；顺反	+	取代基位置号＋个数＋名称（有多个取代基时，中文按顺序规则确定次序，小的在前；英文按英文字母顺序排列）	+	官能团位置号＋名称（没有官能团时不涉及位置号）

（2）系统命名法　命名时，首先要确定主链。命名烷烃时，确定主链的原则是：首先考虑链的长短，长的优先。若有两条或多条等长的最长链时，则根据侧链的数目来确定主链，多的优先。主链确定后，要根据最低系列原则对主链进行编号。最后，根据有机化合物名称的基本格式写出全名。

2. 单环烷烃的命名

只有一个环的环烷烃称为单环烷烃。环上没有取代基的环烷烃命名时只需在相应的烷烃前加环。

环上有取代基的单环烷烃命名分两种情况。环上的取代基比较复杂时，应将链作为母体，将环作为取代基，按链烷烃的命名原则和命名方法来命名。而当环上的取代基比较简单时，通常将环作为母体来命名。当环上有两个或多个取代基时，要对母体环进行编号，编号仍遵守最低系列原则。

但由于环没有端基，有时会出现有几种编号方式都符合最低系列原则的情况。也即应用最低系列原则无法确定哪一种编号优先。在这种情况下，中文命名时，应让顺序规则中较小的基团位次尽可能小。

3. 桥环烷烃的命名

桥环烷烃是指共用两个或两个以上碳原子的多环烷烃，共用的碳原子称为桥头碳，两个桥头碳之间可以是碳链，也可以是一个键，称为桥。将桥环烃变为链形化合物时，要断裂碳链，根据断碳链的次数确定环数。如需断两次的桥环烃称为二环，断三次的称三环等，然后将桥头碳之间的碳原子数（不包括桥头碳）按由多到少顺序列在方括弧内，数字之间在右下角用圆点隔开，最后写上包括桥头碳在内的桥环烃碳原子总数的烷烃的名称。如桥环烃上有取代基，则列在整个名称的前面，桥环烃的编号是从第一个桥头碳开始，从最长的桥编到第二个桥头碳，再沿次长的桥回到第一个桥头碳，再按桥渐短的次序将其余的桥编号，如编号可以选择，则使取代基的位号尽可能最小。

对于一些结构复杂的桥环烃化合物，常用俗名，如金刚烷和立方烷。

4. 螺环烷烃的命名

螺环烷烃是指单环之间共用一个碳原子的多环烷烃，共用的碳原子称为螺原子。螺环的编号是从螺原子上的小环开始顺序编号，由第一个环顺序编到第二个环，命名时先写词头螺，再在方括弧内按编号顺序写出除螺原子外的环碳原子数，数字之间用圆点隔开，最后写出包括螺原子在内的碳原子数的烷烃名称，如有取代基，在编号时应使取代基位号最小，取代基位号及名称列在整个名称的最前面。

三、饱和烃结构与构象

1. 烷烃的结构

分子中只存在 σ 单键，碳原子为 sp^3 杂化，形成 σ 键的两个碳原子可围绕 C—C σ 键旋转。由于 σ 键电子云沿键轴近似于圆柱形对称分布，所以当成键原子绕键轴旋转时，不会改变成键轨道的重叠程度。

2. 环烷烃的结构

按成键环碳原子数的多少可分为小环（C_3～C_4）、普通环（C_5～C_6）、中环（C_7～C_{12}）、大环（>C_{12}）。小环烷烃分子中角张力、扭转张力、非键作用力等共同作用使其张力较大，较链烷烃活泼。环丙烷为平面型，成键碳原子之间形成“弯曲”σ 键，环张力较大，分子内能多，化学性质活泼，易发生开环反应。

3. 烷烃和环己烷的构象

烷烃和环烷烃的构象异构是由绕单键键轴旋转导致分子中的原子在空间的距离发生改变，从而产生的一种异构。由于绕单键键轴的旋转可以是任意角度的，一个分子可以有无数个构象异构。

由于绕单键键轴的旋转不会影响键的强度，不同的构象异构之间的能量差主要来自分子中原子间距离不同产生的范德华斥力，而这种斥力造成的能量差并不大，例如乙烷的交叉式构象与重叠式构象的能垒仅 $12.1kJ \cdot mol^{-1}$，而一般分子在室温下的热运动能量（约 $84kJ \cdot mol^{-1}$）足以克服这个能垒。可以说，每个分子都是处于各种构象式的不断交换中。从统计学概率上讲，多数分子处于能量较低的交叉式构象状态。

四、化学性质

烷烃一般比较稳定，常温下与强酸、强碱、强氧化剂、强还原剂等都不起反应或反应速率很慢。但在比较剧烈的或特殊的条件下能起反应。

环烷烃的反应与烷烃相似，但三元环和四元环具有一些特殊的性质，它们容易开环。

链状烷烃的化学性质

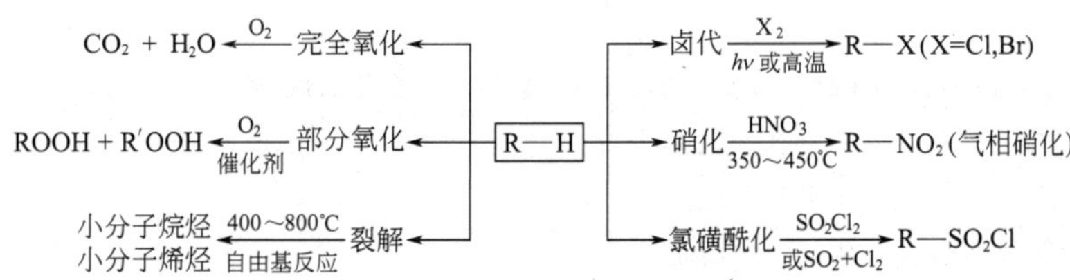

环烷烃的化学性质

$$\triangle \xrightarrow[\text{Ni},80^\circ\text{C}]{H_2} CH_3CH_2CH_3$$

$$\triangle \xrightarrow[25^\circ\text{C}]{Br_2} Br—CH_2CH_2CH_2—Br$$

$$\triangle \xrightarrow{HBr} CH_3CH_2CH_2—Br$$

$$\text{R-环丙烷} \xrightarrow{HBr} R\underset{}{\overset{Br}{C}}HCH_2CH_3$$

$$\text{R-环丙烷} \xrightarrow[H_2O_2]{HBr} RCH_2CH_2CH_2—Br$$

$$\square \xrightarrow[200^\circ\text{C}]{H_2/Ni} CH_3CH_2CH_2CH_3$$

$$\square \xrightarrow[h\nu\text{或高温}]{Br_2} \underset{Br}{CH_2}CH_2CH_2\underset{Br}{CH_2}$$

$$\text{环戊烷} \xrightarrow[300^\circ\text{C}]{H_2/Ni} CH_3(CH_2)_3CH_3$$

$$\text{环戊烷} \xrightarrow[300^\circ\text{C}]{Br_2} \text{环戊基—Br}$$

$$\text{环己烷} \xrightarrow[h\nu]{Cl_2} \text{氯代环己烷（环己基—Cl）}$$

$$\text{环己烷} \xrightarrow[140\sim180^\circ\text{C}]{\text{环烷酸钴}} \text{环己醇（—OH）} + \text{环己酮（=O）}$$

$$\text{环己烷} \xrightarrow[90\sim120^\circ\text{C}]{O_2,60\%HNO_3} HOOC—(CH_2)_4—COOH$$

例题及解析

【例题 1】 下列系统命名中哪些应予以改正？

(1) $CH_3CH_2\underset{\underset{\underset{CH_3}{|}}{CH_3CH}}{\underset{|}{CH}}——\underset{\underset{\underset{CH_3}{|}}{CHCH_3}}{\underset{|}{C}}HCH_2CH_3$　　3,4-二异丙基己烷

(2) $CH_3\overset{\overset{CH_2CH_3}{|}}{C}HCH_2\underset{\underset{CH_2CH_2CH_3}{|}}{C}HCH_2CH_3$　　6-甲基-4-乙基辛烷

(3) $CH_3\underset{\underset{\underset{CH_3}{|}}{CH_2}}{\underset{|}{C}}HCH_2CH_3$　　2-乙基丁烷

【解】 (1) 错，没有找到主链，应为：2,5-二甲基-3,4-二乙基已烷。

(2) 错，编号错误，应为：3-甲基-5-乙基辛烷。

(3) 错，主链错误，应为：3-甲基戊烷。

【例题 2】 用系统命名法命名下列各物质。

(1) 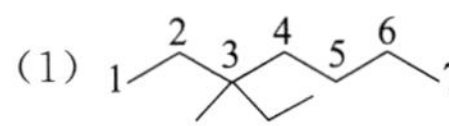　　(2)

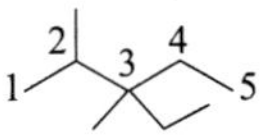

(3) 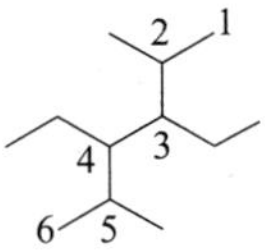　　(4)

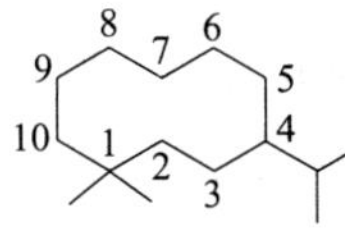

(5) 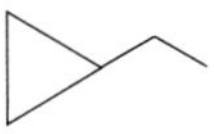　　(6)

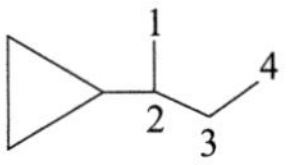

(7) 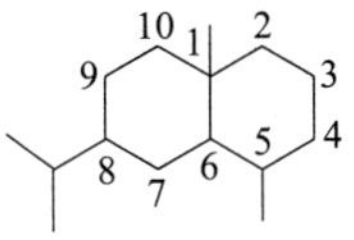　　(8)

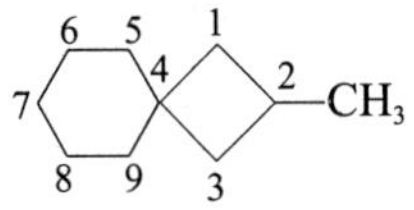

(9) 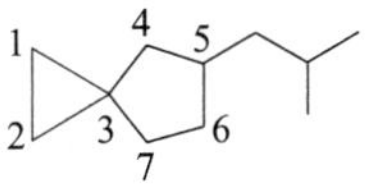　　(10) $(CH_3)_3CCH_2$—

(11) 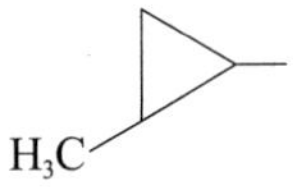　　(12) $CH_3CH_2CH_2CH_2CHCH_3$

【解】 解题时，看好每个分子结构，找准主链和取代基，依据命名规则进行编号命名。

(1) 3-甲基-3-乙基庚烷　　(2) 2,3-二甲基-3-乙基戊烷

(3) 2,5-二甲基-3,4-二乙基己烷　　(4) 1,1-二甲基-4-异丙基环癸烷

(5) 乙基环丙烷　　(6) 2-环丙基丁烷

(7) 1,5-二甲基-8-异丙基双环［4.4.0］癸烷　　(8) 2-甲基螺［3.5］壬烷

(9) 5-异丁基螺［2.4］庚烷　　(10) 新戊基

(11) 2-甲基环丙基　　(12) 2-己基或(1-甲基)戊基

【例题 3】 写出相当于下列名称的各化合物的结构式，如其名称与系统命名原则不符，予以改正。

(1) 2,3-二甲基-2-乙基丁烷　　(2) 1,5,5-三甲基-3-乙基己烷

(3) 2-叔丁基-4,5-二甲基己烷　　(4) 甲基乙基异丙基甲烷

(5) 丁基环丙烷　　(6) 1-丁基-3-甲基环己烷

【解】 (1) 2,3,3-三甲基戊烷　　(2) 2,2-二甲基-4-乙基庚烷

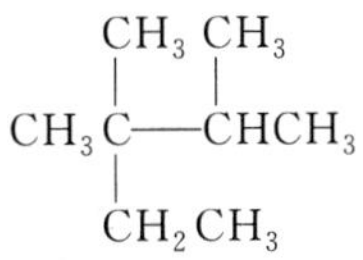

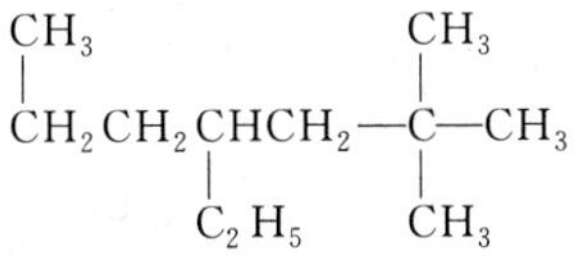

(1)
```
     CH3 CH3
      |   |
 CH3C——CHCH3
      |
     CH2CH3
```

(2)
```
CH3                       CH3
|                          |
CH2CH2CHCH2—C—CH3
           |               |
          C2H5            CH3
```

(3) 2,2,3,5,6-五甲基庚烷　　(4) 2,3-二甲基戊烷

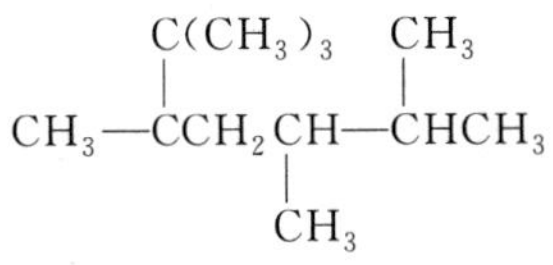

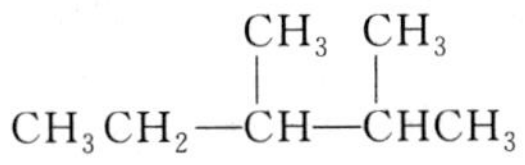

(3)
```
        C(CH3)3       CH3
         |             |
CH3—CCH2CH—CHCH3
                |
               CH3
```

(4)
```
              CH3  CH3
               |    |
CH3CH2—CH—CHCH3
```

(5) 1-环丙基丁烷　　(6) 1-甲基-3-丁基环己烷

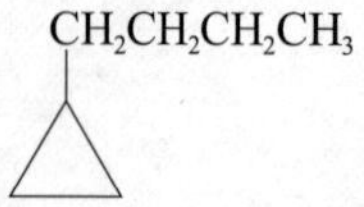

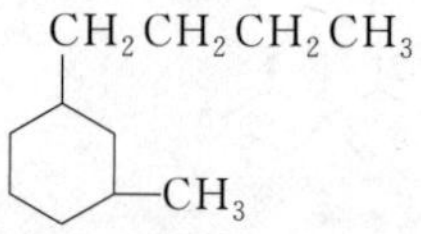

$CH_2CH_2CH_2CH_3$ (环丙基)　　$CH_2CH_2CH_2CH_3$, CH_3 (环己基)

【例题 4】 以 C2 与 C3 的 σ 键为旋转轴，试分别画出 2,3-二甲基丁烷和 2,2,3,3-四甲基丁烷的典型构象式，并指出哪一个为其最稳定的构象式。

【解】 2,3-二甲基丁烷的典型构象式共有四种：

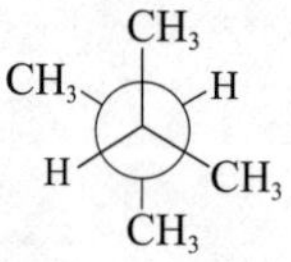

(Ⅰ)(最稳定构象) 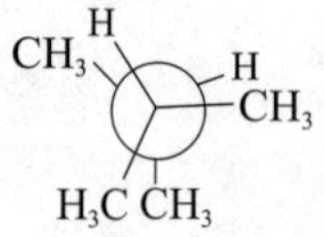　(Ⅱ) 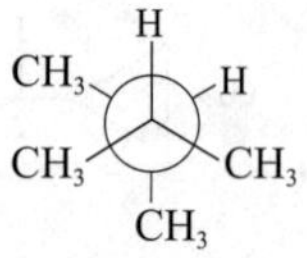　(Ⅲ)

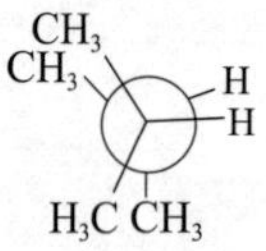

(Ⅳ)(最不稳定构象) 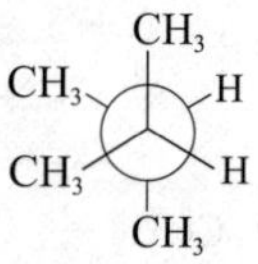　(Ⅲ) 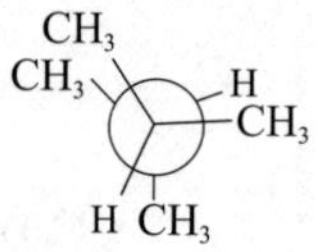　(Ⅱ)

2,2,3,3-四甲基丁烷的典型构象式共有两种：

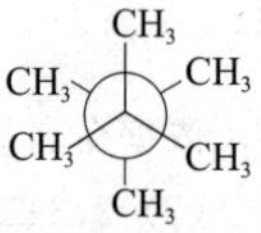

(Ⅰ)(最稳定构象) 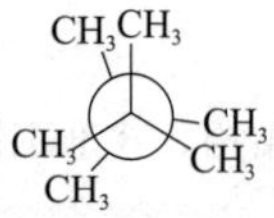　(Ⅱ)(最不稳定构象)

【例题 5】 试指出下列化合物中，哪些所代表的是相同的化合物而只是构象表示式的不同，哪些是不同的化合物。

(1) 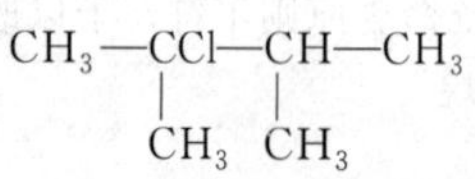 $CH_3—CCl(CH_3)—CH(CH_3)—CH_3$　(2)

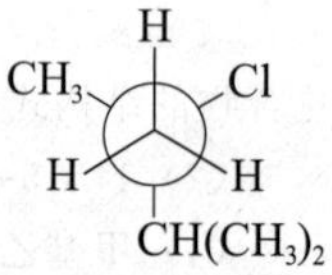

(3) 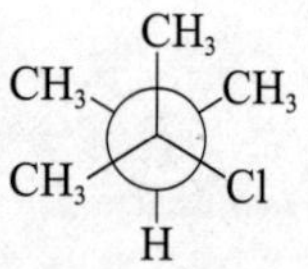　(4)

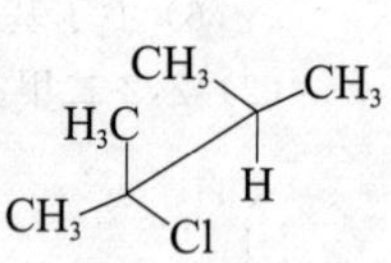

(5) 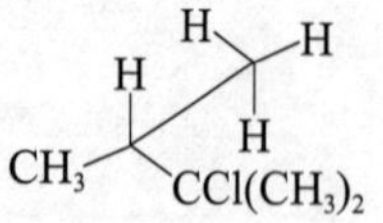　(6)

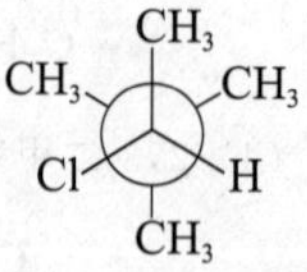

【解】 (1)、(2)、(3)、(4)、(5) 是同一化合物：2,3-二甲基-2-氯丁烷；(6) 是另一种化合物：2,2-二甲基-3-氯丁烷。

【例题 6】 不参阅物理常数表，试推测下列化合物沸点高低的一般顺序。

(1) A. 正庚烷　B. 正己烷　C. 2-甲基戊烷　D. 2,2-二甲基丁烷　E. 正癸烷

(2) A. 丙烷　B. 环丙烷　C. 正丁烷　D. 环丁烷　E. 环戊烷　F. 环己烷　G. 正己烷　H. 正戊烷

(3) A. 甲基环戊烷　B. 甲基环己烷　C. 环己烷　D. 环庚烷

【解】　(1) 沸点由高到低的顺序是：E>A>B>C>D

(2) 沸点由高到低的顺序是：F>G>E>H>D>C>B>A

(3) 沸点由高到低的顺序是：D>B>C>A

【例题 7】　已知烷烃的分子式为 C_5H_{12}，根据氯化反应产物的不同，试推测各烷烃的结构，并写出其结构式。

(1) 一元氯代产物只能有一种　　(2) 一元氯代产物可以有三种

(3) 一元氯代产物可以有四种　　(4) 二元氯代产物只可能有两种

【解】　(1)
$$\begin{array}{c} CH_3 \\ | \\ CH_3—C—CH_3 \\ | \\ CH_3 \end{array}$$
(2) $CH_3CH_2CH_2CH_2CH_3$

(3)
$$\begin{array}{l} CH_3CHCH_2CH_3 \\ \quad\ \ | \\ \quad\ CH_3 \end{array}$$
(4)
$$\begin{array}{c} CH_3 \\ | \\ CH_3—C—CH_3 \\ | \\ CH_3 \end{array}$$

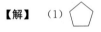

【例题 8】　已知环烷烃的分子式为 C_5H_{10}，根据氯化反应产物的不同，试推测各环烷烃的结构式。

(1) 一元氯代产物只有一种　　(2) 一元氯代产物可以有三种

【解】　(1) ⬠　(2)

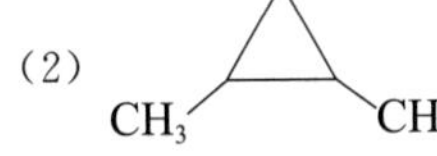

【例题 9】　等物质的量的乙烷和新戊烷的混合物与少量的氯反应，得到的乙基氯和新戊基氯的物质的量比是 1∶2.3。试比较乙烷和新戊烷中伯氢的相当活性。

【解】　设乙烷中伯氢的活性为 1，新戊烷中伯氢的活性为 x，则有：

$$\frac{1}{6}=\frac{2.3}{12x} \qquad x=1.15$$

所以新戊烷中伯氢的活性是乙烷中伯氢活性的 1.15 倍。

【例题 10】　在光照下，2,2,4-三甲基戊烷分别与氯和溴进行一取代反应，其最多的一取代物分别是哪一种？通过这一结果说明什么问题？

【解】　2,2,4-三甲基戊烷的结构式为：
$$\begin{array}{l} \qquad\ CH_3\ \ CH_3 \\ \qquad\quad | \qquad\ | \\ CH_3CCH_2CHCH_3 \\ \qquad\quad | \\ \qquad\ CH_3 \end{array}$$

氯代时最多的一氯代物为
$$\begin{array}{l} \qquad\quad CH_3\ \ CH_3 \\ \qquad\qquad | \qquad\ | \\ ClCH_2CCH_2CHCH_3 \\ \qquad\qquad | \\ \qquad\quad CH_3 \end{array}$$
；溴代时最多的一溴代物为
$$\begin{array}{l} \qquad\ CH_3\ \ CH_3 \\ \qquad\quad | \qquad\ | \\ CH_3CCH_2CCH_3 \\ \qquad\quad | \qquad\ | \\ \qquad\ CH_3\ \ \ Br \end{array}$$

这一结果说明自由基溴代的选择性高于氯代。即溴代时，产物主要取决于氢原子的活性；而氯代时，既与氢原子的活性有关，也与各种氢原子的个数有关。

【例题 11】　将下列的自由基按稳定性大小排列成序。

(1) $\dot{C}H_3$　(2)
$$\begin{array}{l} CH_3CHCH_2\dot{C}H_2 \\ \qquad | \\ \quad\ CH_3 \end{array}$$
(3)
$$\begin{array}{l} CH_3\dot{C}CH_2CH_3 \\ \qquad | \\ \quad\ CH_3 \end{array}$$
(4)
$$\begin{array}{l} CH_3CH\dot{C}HCH_3 \\ \qquad | \\ \quad\ CH_3 \end{array}$$

【解】　自由基的稳定性顺序为：(3) > (4) > (2) > (1)

习　题

1. 用系统命名法命名下列化合物。

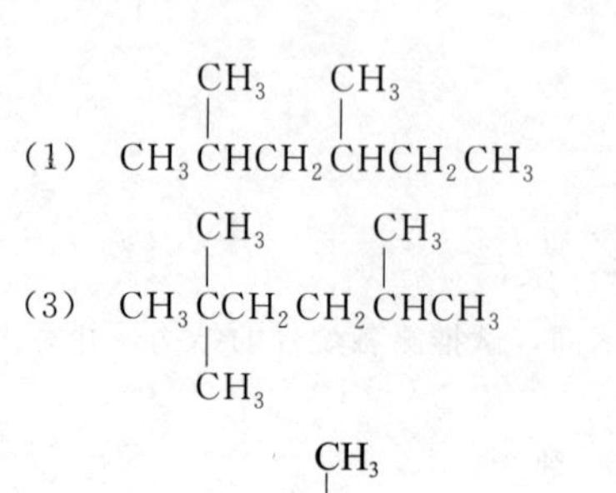

(2) 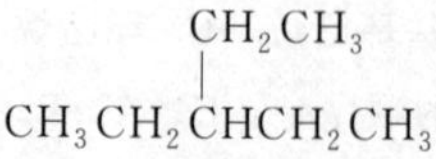 CH_2CH_3
$CH_3CH_2CHCH_2CH_3$

(4) 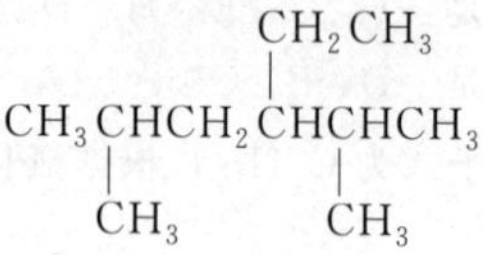 CH_2CH_3
$CH_3CHCH_2CHCHCH_3$
CH_3 CH_3

(5) 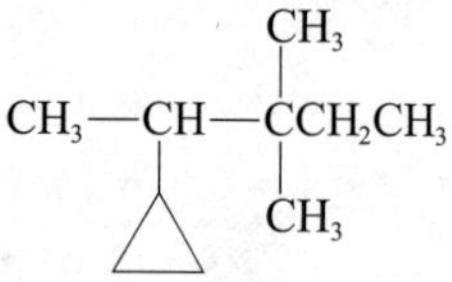 CH_3
$CH_3—CH—CCH_2CH_3$
CH_3

(6) 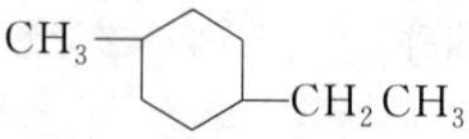 CH_3 CH_2CH_3

(7) 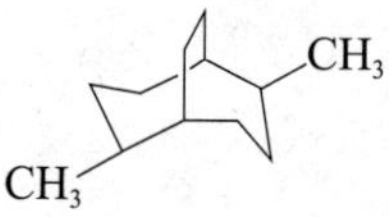 CH_3 CH_3

(8) 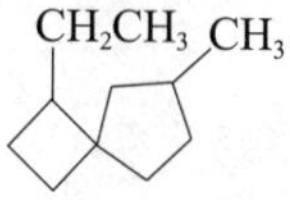 CH_2CH_3 CH_3

(9) 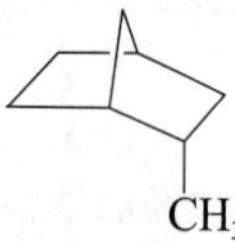 CH_3

(10) 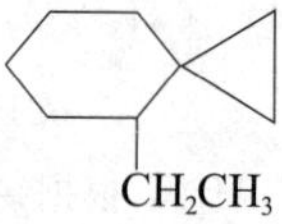 CH_2CH_3

(11) 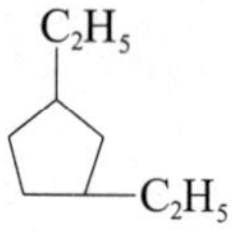 C_2H_5 C_2H_5

(12)

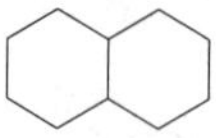

(13) $CH_3CH_2CH(CH_3)CH(C_2H_5)CH(CH_2CH_2CH_3)_2$

(14) 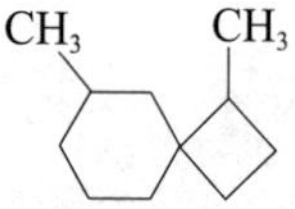 CH_3 CH_3

(15)

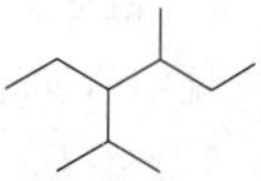

(16)

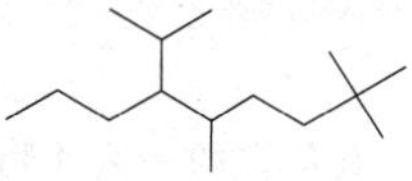

(17) 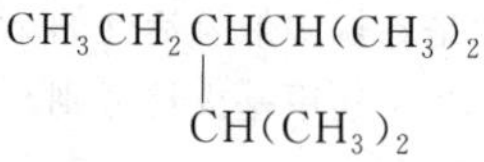 $CH_3CH_2CHCH(CH_3)_2$
$CH(CH_3)_2$

(18) 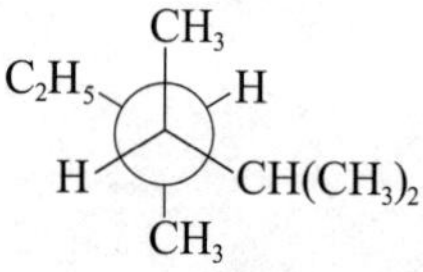 CH_3 C_2H_5 H H $CH(CH_3)_2$ CH_3

2. 写出分子式为 C_7H_{16} 烷烃的各种异构体，并用系统命名法命名。

3. 写出下列烷烃的可能结构式，并用系统命名法命名。

(1) 由一个乙基和一个异丙基组成；

(2) 由一个异丙基和一个叔丁基组成；

(3) 含有四个甲基且分子量为 86 的烷烃；

(4) 分子量为 100，且同时含有伯、叔、季碳原子的烷烃。

4. 将下列各组化合物沸点按从高到低排列：

(1) 3,3-二甲基戊烷、2-甲基庚烷、正庚烷、正戊烷、2-甲基己烷

(2) 辛烷、己烷、2,2,3,3-四甲基丁烷、3-甲基庚烷、2,3-二甲基戊烷、2-甲基己烷

5. 将下列自由基稳定性由大到小排列：

(1) $CH_3—\dot{C}H_2$　(2) 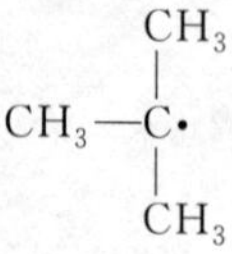 $CH_3—\underset{CH_3}{\overset{CH_3}{C}}\cdot$　(3) $CH_3—\dot{C}H—CH_3$　(4) $\dot{C}H_3$

6. 选择正确答案

(1) ① CH_3CH_3 ② $CH_3CH_2CH_3$ ③ $H_3C—\underset{H}{\overset{CH_3}{\overset{|}{C}}}—CH_3$ ④ $CH_3CH_2CH_2CH_3$

沸点由高到低顺序是（　　）。

A. ④>③>②>①　　B. ③>④>②>①

C. ①>②>③>④　　D. ①>②>④>③

(2) 分子式为 C_5H_{12} 的所有烷烃同分异构体有（　　）种。

A. 2　　B. 3　　C. 4　　D. 5

(3) 烷烃分子中的 C 原子种类可分成（　　）。

A. 1 种　　B. 2 种　　C. 3 种　　D. 4 种

(4) 烷烃分子中的 H 原子种类可分成（　　）。

A. 1 种　　B. 2 种　　C. 3 种　　D. 4 种

(5) 甲烷在空气中爆炸极限为 5%～15%（甲烷在空气中占的体积分数），爆炸最剧烈时空气中含甲烷的体积分数是（　　）。

A. 8.6%　　B. 9.5%　　C. 10.5%　　D. 5%

(6) 某烃与 Cl_2 反应只能生成一种一氯代物，该烃的分子式是（　　）。

A. C_3H_8　　B. C_4H_{10}　　C. C_5H_{12}　　D. C_6H_{14}

(7) 将下列烷烃的沸点由高至低排列顺序是（　　）。

① 正辛烷　② 正庚烷　③ 2-甲基庚烷　④ 2,3-二甲基戊烷

A. ④>③>②>①　　B. ③>④>②>①

C. ①>③>②>④　　D. ①>②>④>③

(8) 已知二氯丙烷的同分异构体有四种，从而可推知六氯丙烷的同分异构体有（　　）种。

A. 3　　B. 4　　C. 5　　D. 6

(9) 下列烷烃中属于同分异构体的是（　　）。

① $CH_3CH_2CH_2CH_2CH_3$　　② $(CH_3)_2CHCH_2CH_3$

③ $(CH_3)_2CHCH_2CH_2CH_3$　　④ $(CH_3CH_2)_2CHCH_3$

A. ①②　　B. ①③　　C. ②③　　D. ②④

(10) 下列烷烃中属于同系物的是（　　）。

① $CH_3CH_2CH_2CH_2CH_3$　　② $(CH_3)_3CCH_2CH_3$

③ $(CH_3)_2CHCH_2CH_2CH_3$　　④ $(CH_3CH_2)_2CHCH_3$

A. ②④　　B. ①③　　C. ②③　　D. ③④

(11) 将下列自由基稳定性由大到小排列：

① $CH_3\underset{CH_3}{\underset{|}{C}}HCH_2\dot{C}H_2$　② $CH_3\underset{CH_3}{\underset{|}{\dot{C}}}CH_2CH_3$　③ $CH_3\underset{CH_3}{\underset{|}{C}}H\dot{C}HCH_3$　④ $CH_3\cdot$

A. ④>③>②>①　　B. ①>②>③>④

C. ①>③>②>④　　D. ②>③>①>④

7. 画出 1,2-二溴乙烷的各种极限构象。

8. 画出丁烷以 C1—C2 为轴旋转时的极限构象，指出哪种为优势构象。

9. 写出在室温时将下列化合物进行一氯代反应预计得到的全部产物的构造式。

(1) 戊烷　　(2) 2-甲基丁烷　　(3) 2,2-二甲基丁烷

10. 完成下列反应方程式。

(1) △ + Cl_2 ⟶　　(2) ⬠ + Cl_2 $\xrightarrow{光照}$

(3) △ + HCl ⟶　　(4) □ + HCl $\xrightarrow{\triangle}$

(5) △ + H_2 $\xrightarrow[80℃]{Ni}$　　(6) □ + H_2 $\xrightarrow[200℃]{Ni}$

(7) ⬡ $+Br_2$ $\xrightarrow{紫外光}$

习题参考答案

1. (1) 2,4-二甲基己烷　　(2) 3-乙基戊烷
   (3) 2,2,5-三甲基己烷　　(4) 2,5-二甲基-3-乙基己烷
   (5) 3,3-二甲基-2-环丙基戊烷　　(6) 1-甲基-4-乙基环己烷
   (7) 2,6-二甲基二环［3.3.2］癸烷　　(8) 6-甲基-1-乙基螺［3.4］辛烷
   (9) 2-甲基二环［2.2.1］庚烷　　(10) 4-乙基螺［2.5］辛烷
   (11) 1,3-二乙基环戊烷　　(12) 二环［4.4.0］癸烷
   (13) 3-甲基-4-乙基-5-丙基辛烷　　(14) 1,6-二甲基螺［3.5］壬烷
   (15) 2,4-二甲基-3-乙基己烷　　(16) 2,2,5-三甲基-6-异丙基壬烷
   (17) 2,4-二甲基-3-乙基戊烷　　(18) 2,3,4-三甲基己烷

2. $CH_3CH_2CH_2CH_2CH_2CH_2CH_3$ 正庚烷

$CH_3CH_2CH_2CH_2CH(CH_3)CH_3$ 2-甲基己烷

$CH_3CH_2CH(CH_3)CH_2CH_2CH_3$ 3-甲基己烷

$CH_3CH(CH_3)CH(CH_3)CH_2CH_3$ 2,3-二甲基戊烷

$CH_3C(CH_3)_2CH_2CH_2CH_3$ 2,2-二甲基戊烷

$CH_3CH(CH_3)CH_2CH(CH_3)CH_3$ 2,4-二甲基戊烷

$CH_3CH_2C(CH_3)_2CH_2CH_3$ 3,3-二甲基戊烷

$CH_3CH_2CH(CH_2CH_3)CH_2CH_3$ 3-乙基戊烷

3. (1) $CH_3CH_2CH(CH_3)CH_3$ 2-甲基丁烷

(2) $CH_3CH(CH_3)—C(CH_3)_2CH_3$ 2,2,3-三甲基丁烷

(3) $CH_3CH(CH_3)CH(CH_3)CH_3$ 2,3-二甲基丁烷　或　$CH_3C(CH_3)_2CH_2CH_3$ 2,2-二甲基丁烷

(4)
$$\begin{array}{c} \quad\quad\quad CH_3 \\ \quad\quad\quad | \\ CH_3CH—CCH_3 \\ \quad | \quad\quad | \\ \quad CH_3 \; CH_3 \end{array}$$

2,2,3-三甲基丁烷

4.（1）2-甲基庚烷＞正庚烷＞2-甲基己烷＞3,3-二甲基戊烷＞正戊烷

（2）辛烷＞3-甲基庚烷＞2,2,3,3-四甲基丁烷＞2-甲基己烷＞2,3-二甲基戊烷＞己烷

5.（2）＞（3）＞（1）＞（4）

6.（1）A （2）B （3）D （4）C

（5）B

解析：甲烷在空气中爆炸极限为5%～15%时，点燃都会发生爆炸，其中CH_4和O_2恰好完全反应时爆炸是最强烈的。

设甲烷在空气中占的体积分数为X%时，爆炸最强烈

$$CH_4 + 2O_2 \xrightarrow{\text{燃烧}} CO_2 + 2H_2O$$

1体积　　2体积

X%　　（1－X%）×21%

X%＝9.5%

或：2体积O_2相当于空气体积为2体积/21%＝9.5体积，故甲烷在空气中占的体积分数为：[1/(1+9.5)]×100%＝9.5%

（6）C （7）C （8）B （9）A （10）B （11）D

7.
Br / H H / H H / Br　　H Br / H H / H / Br　　Br / Br H / H H / H　　Br Br / H / H H / H

8.
H / H H / H H / C_2H_5　　H H / C_2H_5 / H H / H

9.（1）$CH_3CH_2CH_2CH_2CH_3 + Cl_2 \longrightarrow$ $CH_2(Cl)CH_2CH_2CH_2CH_3$ ＋ $CH_3CH(Cl)CH_2CH_2CH_3$ ＋ $CH_3CH_2CH(Cl)CH_2CH_3$

（2）$CH_3CH(CH_3)CH_2CH_3 + Cl_2 \longrightarrow$ $CH_2(Cl)CH(CH_3)CH_2CH_3$ ＋ $CH_3C(Cl)(CH_3)CH_2CH_3$ ＋ $CH_3CH(CH_3)CH(Cl)CH_3$ ＋ $CH_3CH(CH_3)CH_2CH_2Cl$

（3）$CH_3C(CH_3)_2CH_2CH_3 + Cl_2 \longrightarrow$ $CH_3C(CH_3)_2CH_2CH_2Cl$ ＋ $CH_3C(CH_3)_2—CH(Cl)CH_3$ ＋ $Cl—CH_2C(CH_3)_2CH_2CH_3$

10.（1）△ + $Cl_2 \longrightarrow$ Cl～～Cl

(2) 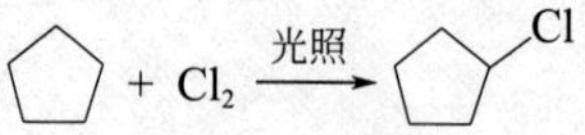 环戊烷 + Cl_2 $\xrightarrow{光照}$ 氯代环戊烷(Cl)

(3) 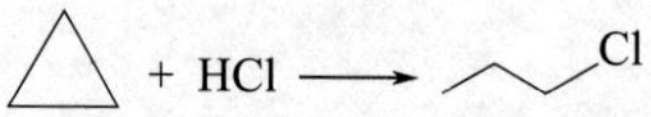 环丙烷 + HCl ⟶ 1-氯丙烷(Cl)

(4) 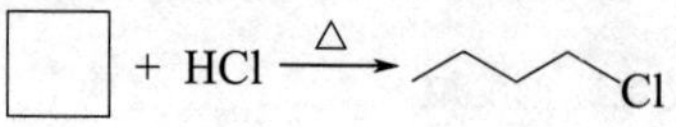 环丁烷 + HCl $\xrightarrow{\triangle}$ 1-氯丁烷(Cl)

(5) 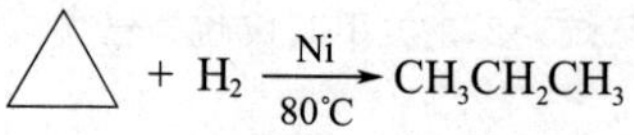 环丙烷 + H_2 $\xrightarrow[80℃]{Ni}$ $CH_3CH_2CH_3$

(6) 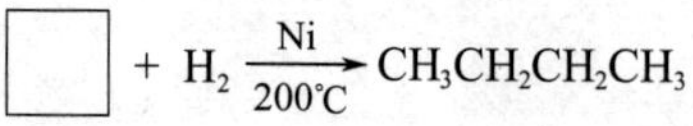 环丁烷 + H_2 $\xrightarrow[200℃]{Ni}$ $CH_3CH_2CH_2CH_3$

(7) 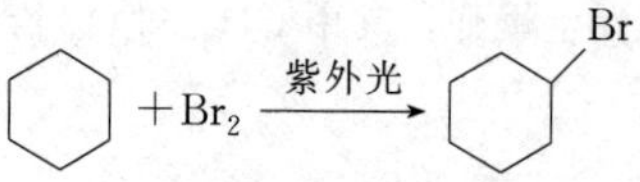 环己烷 $+Br_2$ $\xrightarrow{紫外光}$ 溴代环己烷(Br)

不饱和烃

Chapter 02

知识点提要

一、命名

1. 单烯烃和单炔烃的命名

① 先找出含双键的最长碳链作为主链，并按主链中所含碳原子数把该化合物命名为某烯。

② 从主链靠近双键的一端开始，依次将主链的碳原子编号，使双键的碳原子编号较小。

③ 把双键碳原子的最小编号写在烯的名称的前面。取代基所在碳原子的编号写在取代基之前，取代基也写在某烯之前。

④ 若分子中两个双键碳原子均与不同的基团相连，这时会产生两个顺反异构体，可以采用 *Z*-*E* 构型来标示这两个立体异构体。即按顺序规则，两个双键碳原子上的两个顺序在前的原子（或基团）同在双键一侧的为 *Z* 构型，在两侧的为 *E* 构型。

⑤ 按名称格式写出全名。

单炔烃的系统命名方法与单烯烃相同，但不存在确定 *Z*-*E* 构型的问题。

2. 多烯烃或多炔烃的系统命名

① 取含双键最多的最长碳链作为主链，称为某几烯，这是该化合物的母体名称。主链碳原子的编号，从离双键较近的一端开始，双键的位置由小到大排列，写在母体名称前，并用一短线相连。

② 取代基的位置由与它连接的主链上的碳原子的位次确定，写在取代基的名称前，用一短线与取代基的名称相连。

③ 写名称时，取代基在前，母体在后，如果是顺、反异构体，则要在整个名称前标明双键的 *Z*-*E* 构型。

多炔烃的系统命名方法与多烯烃相同。

3. 烯炔的系统命名

若分子中同时含有双键与三键，可用烯炔作词尾，给双键、三键以尽可能低的编号，如果位号有选择时，使双键位号比三键小，书写时先烯后炔。

二、不饱和烃的结构和性质分析

1. 烯烃的结构

乙烯是最简单的烯烃，分子式为 C_2H_4，结构式为 $CH_2{=}CH_2$。

乙烯分子中含有一个双键，分子的所有原子在同一平面上，每个碳原子只和三个原子相连。

乙烯碳原子成键时，碳原子发生 sp^2 杂化，即有一个 s 轨道和两个 p 轨道进行杂化，组成三个等同的 sp^2 杂化轨道，三条杂化轨道的对称轴在同一平面内，彼此成 120°角。在乙烯分子中，两个碳原子除各以一个 sp^2 杂化轨道形成一条 C—Cσ 键外，各又以两个杂化轨道和氢原子的 s 轨道重叠，形成四条 C—Hσ 键，共形成 5 条 σ 键且都在同一平面内。

每个碳还剩余一个未参与杂化的 p 轨道。这两个 p 轨道的对称轴垂直于五个 σ 键所在的平面，且平行侧面重叠（“肩并肩”重叠），形成了一条新键，称为 π 键。

由于 π 键的形成，以双键相连的两个碳原子之间，不能再以 C—Cσ 键为轴“自由旋转”，否则 π 键将被破坏。

π 电子云分布在成键原子的上下两方，原子核对 π 电子的束缚较弱，易受外界影响发生极化变形，所以 π 键的强度比 σ 键低得多，容易断裂发生加成、氧化、聚合等反应。受碳碳双键的影响，与双键碳相邻的碳原子（α-C）上的氢（α-H）亦表现出一定的活泼性。

2. 乙炔的结构和性质分析

乙炔是最简单的炔烃，分子式为 C_2H_2，结构式为 CH≡CH，分子中包含一个三键。

杂化轨道理论认为，乙炔分子中的碳原子以 sp 杂化方式参与成键，两个 sp 杂化轨道向碳原子核的左右两边伸展，它们的对称轴在一条直线上，互成 180°。乙炔的两个碳原子各以一个 sp 杂化轨道相互重叠，形成一个 C—Cσ 键，每个碳原子又各以一个 sp 杂化轨道分别与一个氢原子的 1s 轨道重叠形成两个 C—Hσ 键。此外，每个碳原子还有两个互相垂直的未杂化的 p 轨道，它们与另一个碳的两个 p 轨道两两互相侧面“肩并肩”重叠形成两个互相垂直的 π 键。两个 π 键电子云围绕两个碳原子核形成一个圆柱状电子云。

乙炔分子中所有原子都在一条直线上，碳碳三键的键长为 0.12nm，比碳碳双键的键长短，这说明乙炔分子中两个碳原子较之乙烯更为靠近了，同时原子核对于电子的吸引力也增加了。

炔烃的化学性质和烯烃相似，也有加成、氧化和聚合等反应，这些反应都发生在三键上。

炔烃也有其自己独特的性质。

三、化学性质

烯烃的化学性质

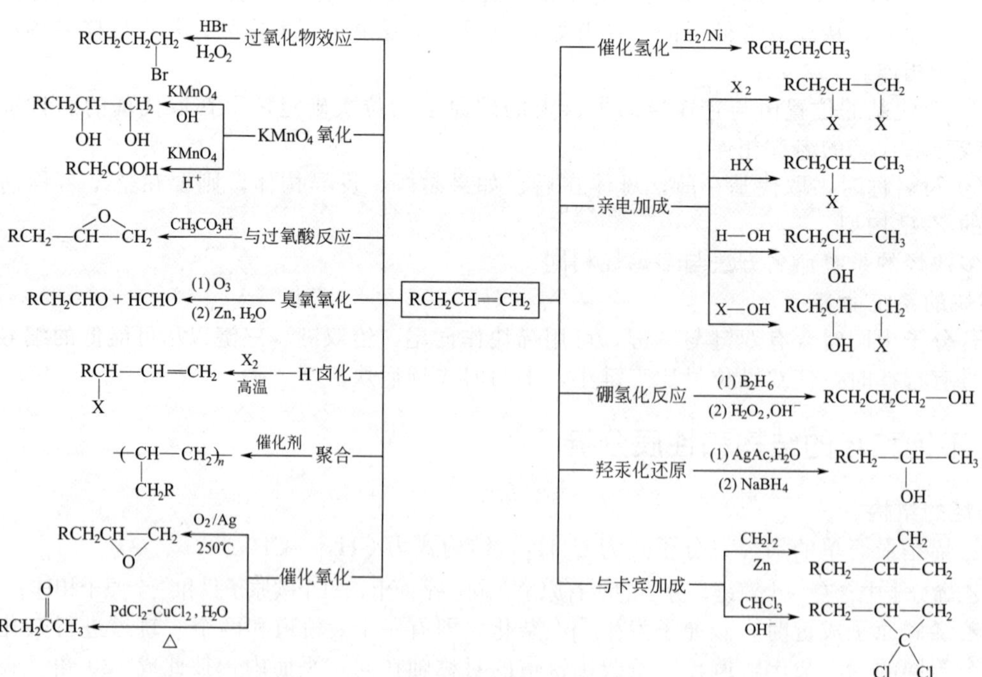

炔烃的化学性质

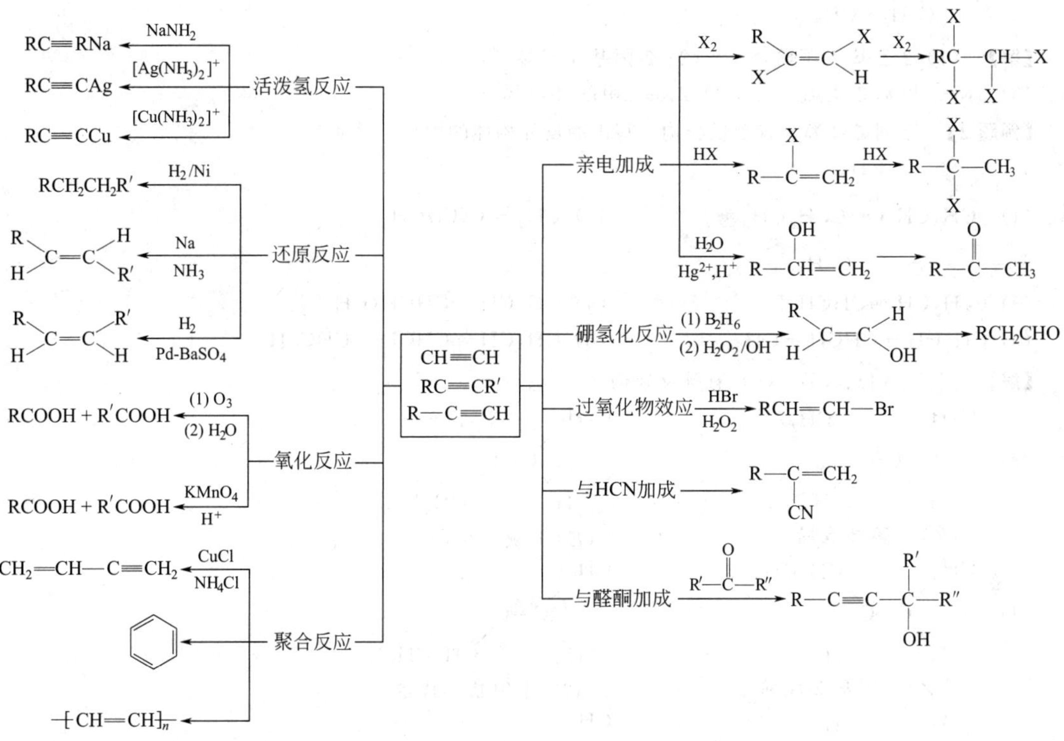

共轭二烯烃的化学性质

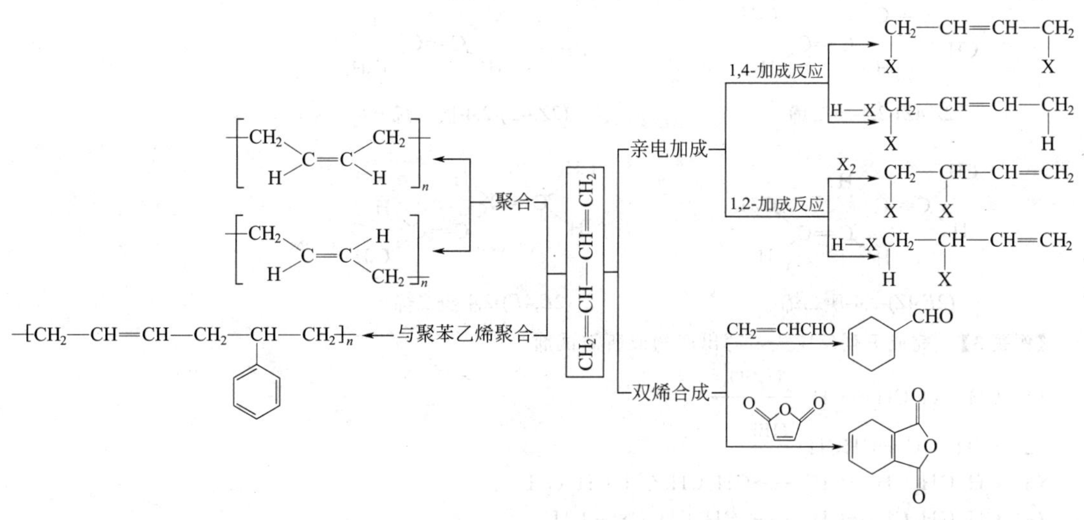

例题及解析

【例题 1】 用系统命名法命名下列化合物。

(1) $(CH_3CH_2)_2C{=}CH_2$　　(2) 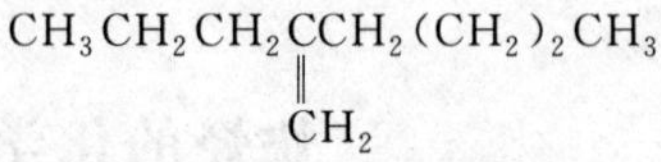 $CH_3CH_2CH_2C(=CH_2)CH_2(CH_2)_2CH_3$

(3) $CH_3C(C_2H_5){=}CHCH(CH_3)CH_2CH_3$ 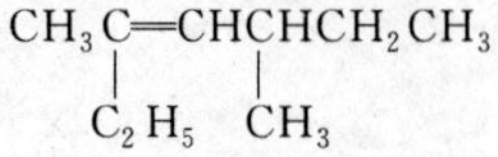　　(4) $(CH_3)_2CHCH_2CH{=}C(CH_3)_2$

【解】 (1) 2-乙基-1-丁烯　(2) 2-丙基-1-己烯

(3) 3,5-二甲基-3-庚烯　(4) 2,5-二甲基-2-己烯

【例题 2】 下列烯烃哪个有顺反异构？写出顺反异构体的构型，并命名。

(1) 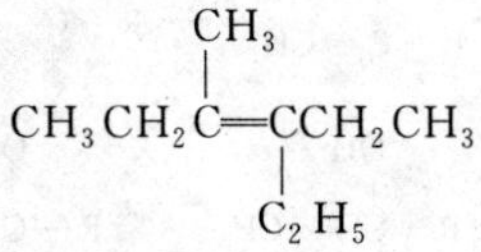 $CH_3CH_2C(CH_3){=}C(C_2H_5)CH_2CH_3$　　(2) $CH_2{=}C(Cl)CH_3$

(3) $C_2H_5CH{=}CHCH_2I$　　(4) $CH_3CH{=}CHCH(CH_3)_2$

(5) $CH_3CH{=}CHCH{=}CH_2$　　(6) $CH_3CH{=}CHCH{=}CHC_2H_5$

【解】 (3)、(4)、(5)、(6) 有顺反异构

(3) 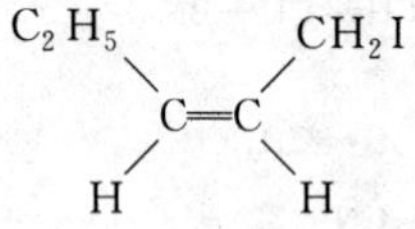 C_2H_5、H 与 CH_2I、H 分处 C=C 两端（C_2H_5 与 CH_2I 同侧）　　C_2H_5 与 CH_2I 异侧

(Z)-1-碘-2-戊烯 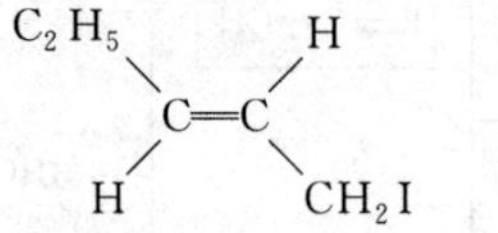　　(E)-1-碘-2-戊烯

(4) 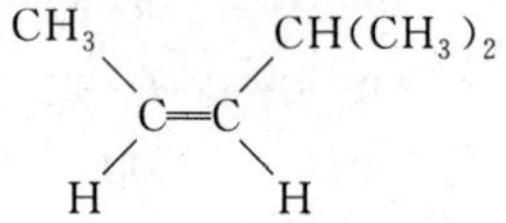 CH_3 与 $CH(CH_3)_2$ 同侧　　CH_3 与 $CH(CH_3)_2$ 异侧

(Z)-4-甲基-2-戊烯 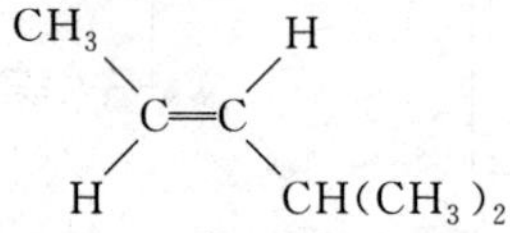　　(E)-4-甲基-2-戊烯

(5) 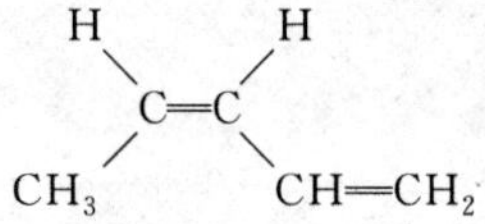 CH_3 与 $CH{=}CH_2$ 同侧　　CH_3 与 $CH{=}CH_2$ 异侧

(Z)-1,3-戊二烯 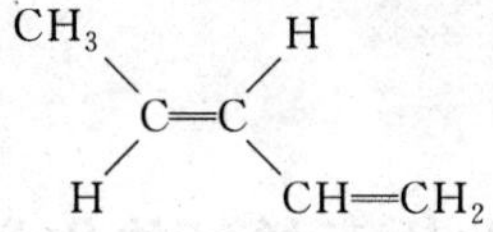　　(E)-1,3-戊二烯

(6)

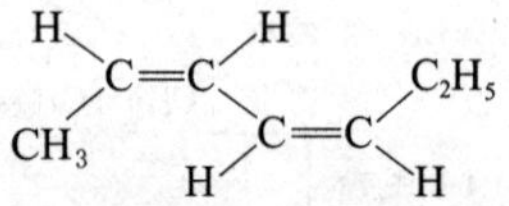

(2Z,4Z)-2,4-庚二烯　　(2Z,4E)-2,4-庚二烯

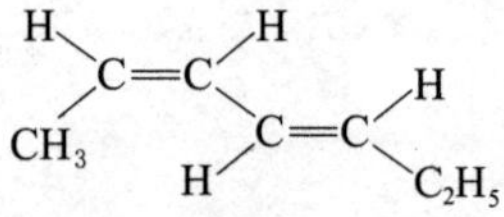

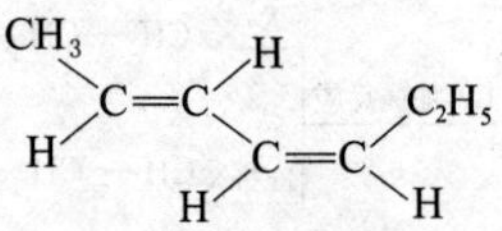

(2E,4Z)-2,4-庚二烯　　(2E,4E)-2,4-庚二烯

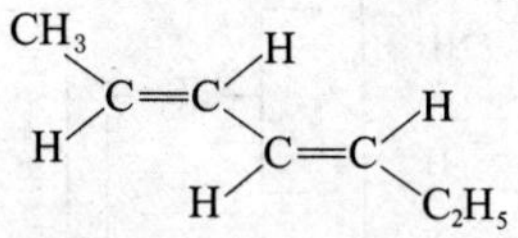

【例题 3】 完成下列反应式，写出产物或所需试剂。

(1) $CH_3CH_2CH{=}CH_2 \xrightarrow{H_2SO_4}$

(2) $(CH_3)_2C{=}CHCH_3 \xrightarrow{HBr}$

(3) $CH_3CH_2CH{=}CH_2 \longrightarrow CH_3CH_2CH_2CH_2OH$

(4) 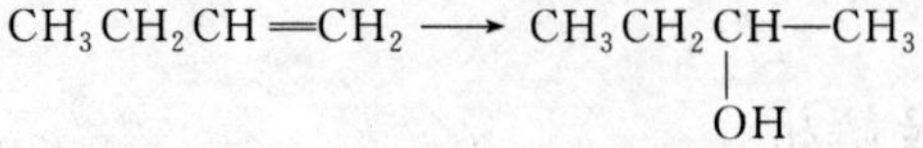 $CH_3CH_2CH{=}CH_2 \longrightarrow CH_3CH_2CH(OH){-}CH_3$

(5) $(CH_3)_2C{=}CHCH_2CH_3 \xrightarrow[Zn,\ H_2O]{O_3}$

(6) $CH_2=CHCH_2OH \longrightarrow ClCH_2\underset{\displaystyle OH}{\underset{|}{C}H}-CH_2OH$

【解】 (1) $CH_3CH_2CH=CH_2 \xrightarrow{H_2SO_4} CH_3CH_2\underset{\displaystyle OSO_2OH}{\underset{|}{C}H}-CH_3$

(2) $(CH_3)_2C=CHCH_3 \xrightarrow{HBr} (CH_3)_2\underset{\displaystyle Br}{\underset{|}{C}}-CH_2CH_3$

(3) $CH_3CH_2CH=CH_2 \xrightarrow[(2)\ H_2O_2,\ OH^-]{(1)\ BH_3} CH_3CH_2CH_2CH_2OH$

(4) $CH_3CH_2CH=CH_2 \xrightarrow{H_2O/H^+} CH_3CH_2\underset{\displaystyle OH}{\underset{|}{C}H}-CH_3$

(5) $(CH_3)_2C=CHCH_2CH_3 \xrightarrow[Zn,\ H_2O]{O_3} CH_3COCH_3+CH_3CH_2CHO$

(6) $CH_2=CHCH_2OH \xrightarrow{Cl_2/H_2O} ClCH_2\underset{\displaystyle OH}{\underset{|}{C}H}-CH_2OH$

【例题 4】 两瓶没有标签的无色液体，一瓶是正己烷，另一瓶是1-己烯，用什么简单方法可以给它们贴上正确的标签？

【解】 1-己烯和正己烷可用溴的四氯化碳溶液或酸性高锰酸钾溶液进行鉴别，烯烃与之发生反应，现象均为褪色

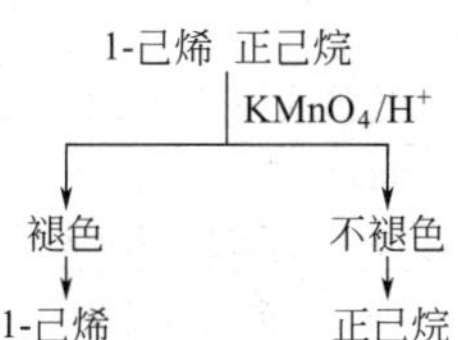

【例题 5】 有两种互为同分异构体的丁烯，它们与溴化氢加成得到同一种溴代丁烷，写出这两个丁烯的结构式。

【解】 $CH_3CH=CHCH_3$　　$CH_2=CHCH_2CH_3$

【例题 6】 将下列碳正离子按稳定性由大至小排列：

【解】 稳定性：

$$CH_3-\underset{CH_3}{\overset{CH_3}{C}}-CH_2-\overset{+}{C}H_2 \qquad CH_3-\underset{+}{\overset{CH_3}{C}}-\underset{CH_3}{CH}-CH_3 \qquad CH_3-\underset{CH_3}{\overset{CH_3}{C}}-\overset{+}{C}H-CH_3$$

$$CH_3-\underset{+}{\overset{CH_3}{C}}-\underset{CH_3}{CH}-CH_3 > CH_3-\underset{CH_3}{\overset{CH_3}{C}}-\overset{+}{C}H-CH_3 > CH_3-\underset{CH_3}{\overset{CH_3}{C}}-CH_2-\overset{+}{C}H_2$$

【例题 7】 分子式为 C_5H_{10} 的化合物 A，与 1 分子氢作用得到 C_5H_{12} 的化合物。A 在酸性溶液中与高锰酸钾作用得到一个含有 4 个碳原子的羧酸。A 经臭氧氧化并还原水解，得到两种不同的醛。推测 A 的可能结构。

【解】 (键线式结构) 或 (键线式结构)

【例题 8】 以适当炔烃为原料合成下列化合物：

(1) $CH_2=CH_2$　　(2) CH_3CH_3　　(3) CH_3CHO

(4) $CH_2=CHCl$　　(5) $CH_3CBr_2CH_3$　　(6) $CH_3CBr=CHBr$

(7) CH_3COCH_3　　(8) $CH_3CBr=CH_2$　　(9) $(CH_3)_2CHBr$

【解】 (1) $CH\equiv CH + H_2 \xrightarrow{\text{Lindlar}} CH_2=CH_2$

(2) $CH\equiv CH \xrightarrow{Ni/H_2} CH_3CH_3$

(3) $CH\equiv CH + H_2O \xrightarrow[HgSO_4]{H_2SO_4} CH_3CHO$

(4) $CH\equiv CH + HCl \xrightarrow{HgCl_2} CH_2=CHCl$

(5) $CH_3C\equiv CH \xrightarrow{HBr} CH_3C(Br)=CH_2 \xrightarrow{HBr} CH_3-CBr_2-CH_3$

(6) $CH_3C\equiv CH + Br_2 \longrightarrow CH_3C(Br)=CHBr$

(7) $CH_3C\equiv CH + H_2O \xrightarrow[HgSO_4]{H_2SO_4} CH_3COCH_3$

(8) $CH_3C\equiv CH + HBr \longrightarrow CH_3C(Br)=CH_2$

(9) $CH_3C\equiv CH + H_2 \xrightarrow{\text{Lindlar}} CH_3CH=CH_2 \xrightarrow{HBr} (CH_3)_2CHBr$

【例题 9】 用简单并有明显现象的化学方法鉴别下列各组化合物：

(1) 正庚烷　1,4-庚二烯　1-庚炔

(2) 1-己炔　2-己炔　2-甲基戊烷

【解】 (1) 根据题意，本题鉴别的三种物质分属于烷烃、二烯烃和炔烃。可根据不同物质的特征反应来鉴别。具体鉴别方法如下：

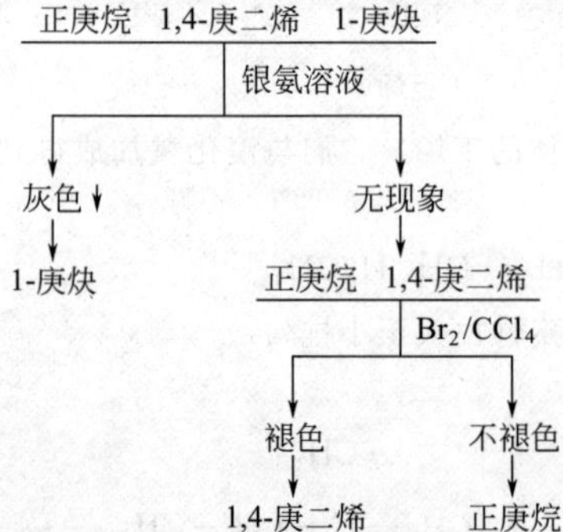

(2) 本题鉴别可利用 1-己炔是端基炔，能与银氨溶液生成灰白色沉淀这一特点，先将其与其他两物质进行分离，然后再利用不饱和键能使溴水褪色但烷烃不能，来进行区分。具体方案如下：

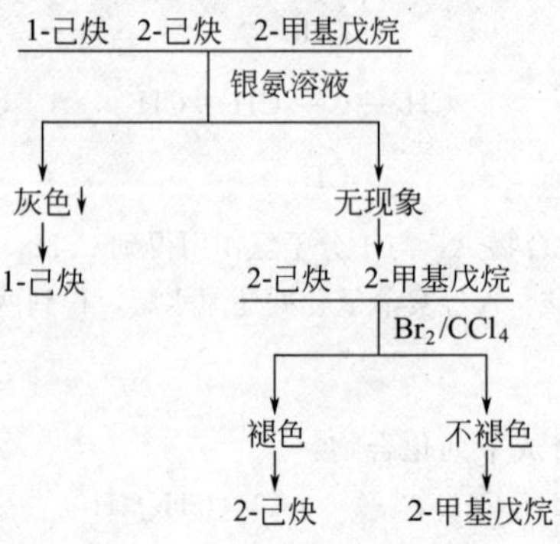

【例题 10】 分子式为 C_6H_{10} 的化合物 A，经催化氢化得 2-甲基戊烷。A 与硝酸银的氨溶液能生成灰白色沉淀。A 在汞盐催化下与水作用得到 $CH_3CH(CH_3)CH_2C(=O)CH_3$。推测 A 的结构式。

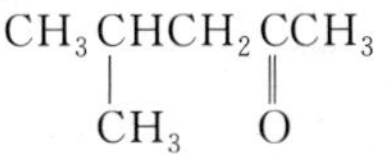

【解】 $CH_3CH(CH_3)CH_2C{\equiv}CH$

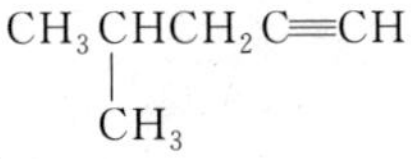

【例题 11】 分子式为 C_6H_{10} 的 A 及 B，均能使溴的四氯化碳溶液褪色，并且经催化氢化得到相同的产物正己烷。A 可与氯化亚铜的氨溶液作用产生红棕色沉淀，而 B 不发生这种反应。B 经臭氧化后再还原水解，得到 CH_3CHO 及 HCOCOH（乙二醛）。推断 A 及 B 的结构。

【解】 分子式为 C_6H_{10}，均能使溴的四氯化碳溶液褪色，说明 A 和 B 含有两个不饱和度，可能含一个三键、两个双键或环加双键；经催化氢化得到相同的产物正己烷，说明 A 和 B 均为直链烃；A 可与氯化亚铜的氨溶液作用产生红棕色沉淀，说明 A 是端基炔而 B 经臭氧化后再还原水解，得到 CH_3CHO 及 HCOCOH（乙二醛）。据此两点再根据之前的推断即可得到 A 和 B 的结构。

A. $CH_3CH_2CH_2CH_2C{\equiv}CH$　　　B. $CH_3CH{=}CHCH{=}CHCH_3$

习　题

1. 写出分子式为 C_5H_{10} 的所有同分异构体的结构以及可能出现的顺反异构体的结构式，并用系统命名法命名。

2. 命名下列化合物。

(1) 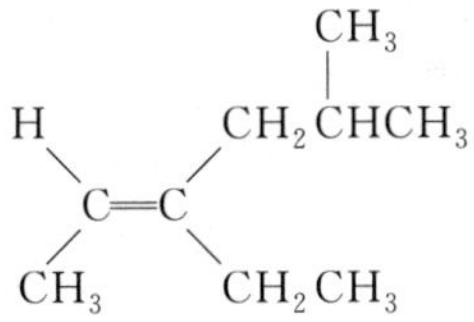 $(H)(CH_3)C{=}C(CH_2CH(CH_3)CH_3)(CH_2CH_3)$（H 与 CH_2CHCH_3 同侧，CH_3 与 CH_2CH_3 同侧）

(2) 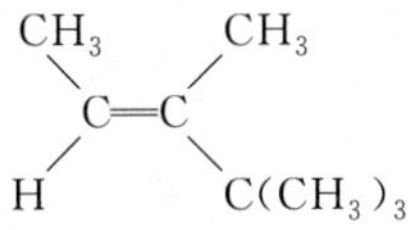 $(CH_3)(H)C{=}C(CH_3)(C(CH_3)_3)$（两个 CH_3 同侧）

(3) 环己烯环上连 $-CH_3$

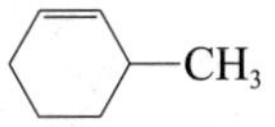

(4)  CH_3-环己烯$-CH_3$

(5) $(CH_3)_2CHC{\equiv}CH$

(6) $CH_3CH_2C{\equiv}CAg$

(7) 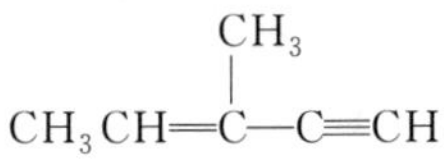 $CH_3CH{=}C(CH_3)-C{\equiv}CH$

(8) $CH_2{=}C{=}CH-CH_3$

(9) 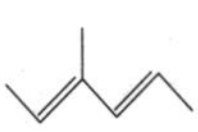 键线式（甲基取代的共轭二烯）

(10) 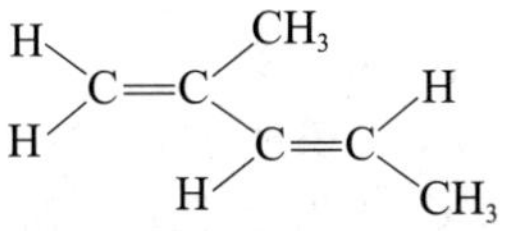 $H_2C{=}C(CH_3)-CH{=}CH-CH_3$（$C{=}C$ 上 H 与 H 同侧）

3. 写出下列化合物的结构式。

(1) 3,4-二甲基-1-戊烯　(2) 2-甲基-3-乙基-2-己烯　(3) (*Z*)-2-戊烯

(4) 顺-3,4-二甲基-2-戊烯　(5) 3-甲基-3-戊烯-1-炔　(6) 顺-3-正丙基-4-己烯-1-炔

4. 写出异丁烯与下列试剂的反应产物。

(1) H_2/Ni　(2) Br_2　(3) HBr　(4) HBr，过氧化物　(5) H_2SO_4　(6) H_2O，H^+

(7) Br_2/H_2O　(8) 冷、稀的 $KMnO_4/OH^-$　(9) 热的酸性 $KMnO_4$　(10) O_3，然后 $Zn\text{-}H_2O$

(11) B_2H_6 (THF)

5. 下列化合物与 HBr 发生亲电加成反应生成的活性中间体是什么？排出各活性中间体的稳定次序。

(1) $CH_2{=}CH_2$　(2) $CH_2{=}CHCH_3$　(3) $CH_2{=}C(CH_3)_2$

6. 完成下列反应式。

(1) 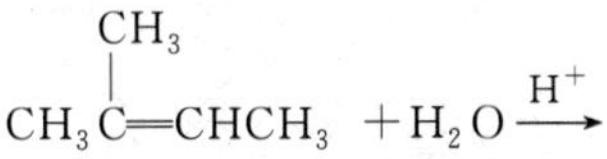 $CH_3C(CH_3){=}CHCH_3 + H_2O \xrightarrow{H^+}$

(2) $CH_2 = CHCH_3 + Br_2 \longrightarrow$

(3) $CH_2 = CHCH_2CH_3 + HCl \longrightarrow$

(4) 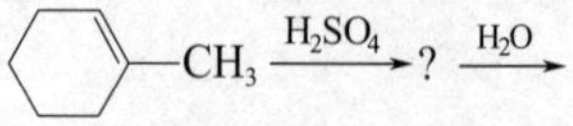 (环己烯环)$—CH_3 \xrightarrow{H_2SO_4}$? $\xrightarrow{H_2O}$

(5) 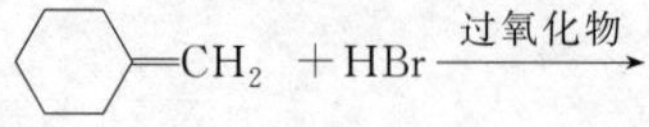 (环己烷环)$=CH_2 + HBr \xrightarrow{过氧化物}$

(6) $(CH_3)_2C = CHCH_3 \xrightarrow{稀冷\ KMnO_4/OH^-}$

(7) 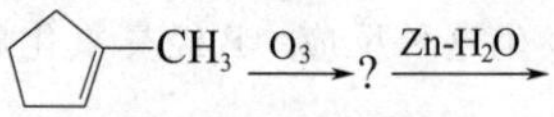 (环戊烯环)$—CH_3 \xrightarrow{O_3}$? $\xrightarrow{Zn\text{-}H_2O}$

(8) $CH_3CH = CH_2 \xrightarrow{NBS}$

(9) $CH_3C \equiv CCH_3 + H_2 \xrightarrow{Lindlar\ 催化剂}$

(10) $CH_3CH_2C \equiv CH + H_2O \xrightarrow[H_2SO_4]{HgSO_4}$

(11) 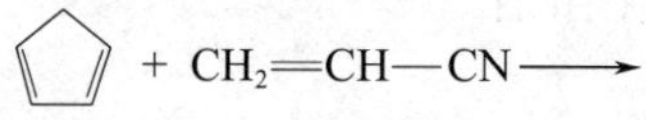 (环戊二烯环) $+ CH_2 = CH—CN \longrightarrow$

(12) $CH_3CH = CH—C(CH_3) = CH_2 \xrightarrow{O_3}$? $\xrightarrow{Zn\text{-}H_2O}$

(13) $CH_2 = CH—C(CH_3) = CH_2 + CH_2 = CH—CHO \longrightarrow$

(14) 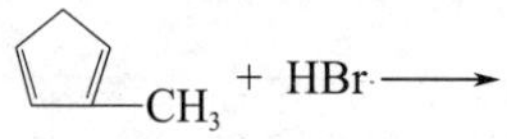 (环戊二烯环)$—CH_3 + HBr \longrightarrow$

(15) 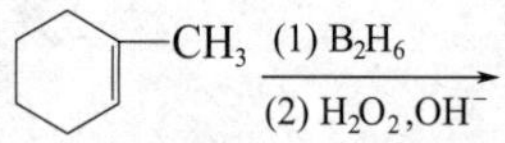 (环己烯环)$—CH_3 \xrightarrow[(2)\ H_2O_2, OH^-]{(1)\ B_2H_6}$

7. 用化学方法鉴别下列化合物。

(1) 丙烷、丙烯、丙炔、环丙烷

(2) 环戊烯、环己烷、甲基环丙烷

(3) 1,3-丁二烯、1-己炔、2,3-二甲基丁烷

8. 由丙烯合成下述化合物。

(1) 2-溴丙烷　　(2) 1-溴丙烷　　(3) 2-丙醇　　(4) 3-氯丙烯

(5) 1-氯-3-溴丙烷　　(6) 1-丙醇

9. 有四种化合物 A、B、C、D，分子式均为 C_5H_8，它们都能使溴的四氯化碳溶液褪色。A 能与硝酸银的氨溶液作用生成沉淀，B、C、D 则不能。当用热的酸性 $KMnO_4$ 溶液氧化时，A 得到 CO_2 和 $CH_3CH_2CH_2COOH$；B 得到乙酸和丙酸；C 得到戊二酸；D 得到丙二酸和 CO_2。指出 A、B、C、D 的结构式。

10. 某化合物 A，分子式为 C_5H_{10}，能吸收 1 分子 H_2，与酸性 $KMnO_4$ 作用生成一分子 C_4 的酸，但经臭氧化还原水解后得到两个不同的醛，试推测 A 可能的结构式，该烯烃有无顺反异构？

11. 某化合物 A 分子式为 C_7H_{14}，经酸性高锰酸钾氧化后生成两个化合物 B 和 C。A 经臭氧氧化和还原水解后生成与 B、C 相同的化合物，试写出 A 的结构式。

12. 分子式为 $C_{10}H_{18}$ 的单萜 A，催化氢化后得分子式为 $C_{10}H_{22}$ 的化合物 B；用酸性高锰酸钾氧化 A 得到 $CH_3COCH_2CH_2COOH$、CH_3COOH 和 CH_3COCH_3，推测 A 的结构式。

习题参考答案

1. 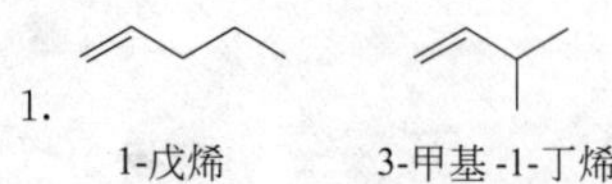

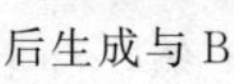

1-戊烯 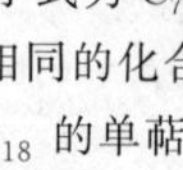　　3-甲基-1-丁烯

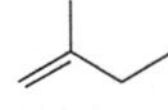

2-甲基-1-丁烯

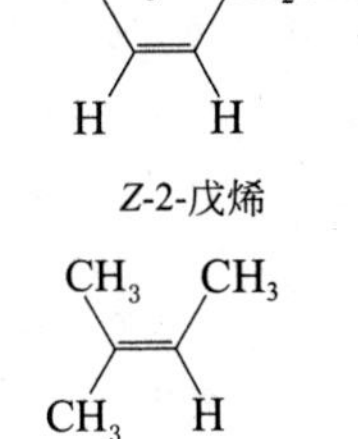

Z-2-戊烯

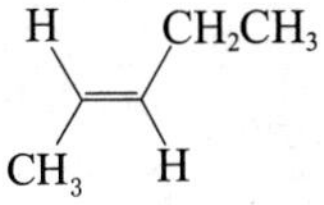

H　CH_2CH_3

CH_3　H

E-2-戊烯

CH_3　CH_3

CH_3　H

2-甲基-2-丁烯

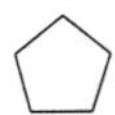

环戊烷

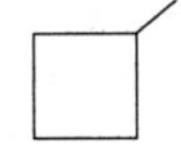

甲基环丁烷

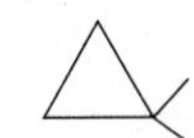

1,1-二甲基环丙烷

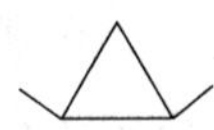

顺1,2-二甲基环丙烷

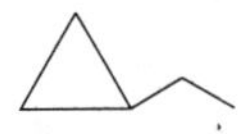

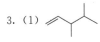

1-乙基环丙烷

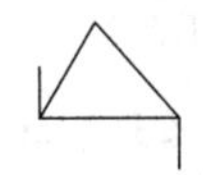

反-1,2-二甲基环丙烷

2. (1) (*E*)-5-甲基-3-乙基-2-己烯
   (2) (*E*)-3,4,4-三甲基-2-戊烯
   (3) 3-甲基环己烯
   (4) 1,4-二甲基环己烯
   (5) 3-甲基-1-丁炔
   (6) 丁炔银
   (7) 3-甲基-3-戊烯-1-炔
   (8) 1,2-丁二烯
   (9) (2*E*,4*E*)-3-甲基-2,4-己二烯
   (10) (3*E*)-2-甲基-1,3-戊二烯

3. (1) 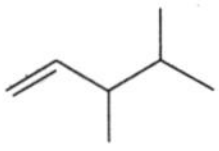　　(2)

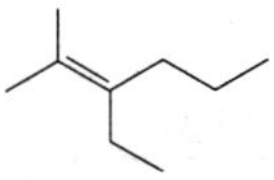

(3) 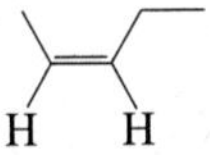 H　H　　(4) 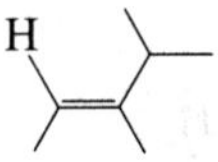 H

(5) 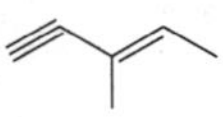　　(6) 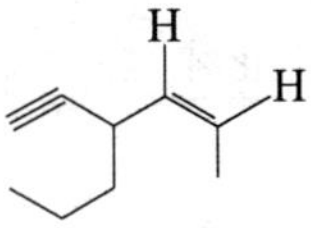 H　H

4. (1) 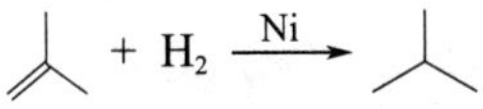 + H_2 $\xrightarrow{Ni}$

(2) + Br_2 $\longrightarrow$ Br　Br

(3) 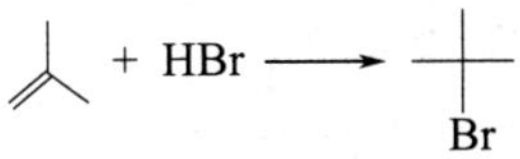 + HBr $\longrightarrow$ Br

(4) 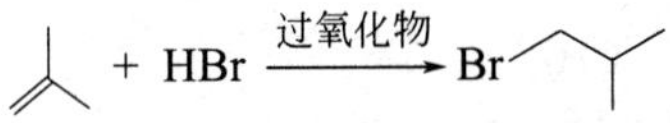 + HBr $\xrightarrow{过氧化物}$ Br

(5) 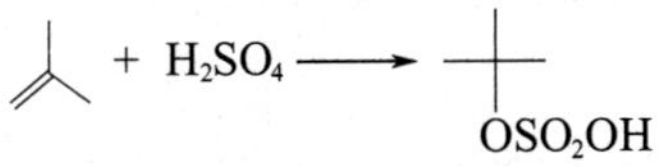 + H_2SO_4 $\longrightarrow$ OSO_2OH

(6) 2-methylpropene + $H_2O \xrightarrow{H^+}$ $(CH_3)_3C-OH$

(7) 2-methylpropene $\xrightarrow[H_2O]{Br_2}$ $HOCH_2C(CH_3)_2Br$ + $BrCH_2C(CH_3)_2Br$

(8) 2-methylpropene $\xrightarrow[\text{冷, 稀}OH^-]{KMnO_4}$ $HOCH_2C(CH_3)_2OH$

(9) 2-methylpropene $\xrightarrow[H^+]{KMnO_4}$ $CH_3COCH_3 + CO_2$

(10) 2-methylpropene $\xrightarrow[(2)\ Zn-H_2O]{(1)\ O_3}$ HCHO + CH_3COCH_3

(11) 2-methylpropene + $B_2H_6 \xrightarrow{THF}$ $H_2B-CH_2CH(CH_3)_2$

5. (1) $CH_3\overset{+}{C}H_2$　　(2) $CH_3\overset{+}{C}HCH_3$　　(3) $CH_3\overset{+}{C}(CH_3)_2$

活性中间体稳定性次序：(3) ＞ (2) ＞ (1)

6. (1) $CH_3C(CH_3)=CHCH_3 + H_2O \xrightarrow{H^+} CH_3-C(CH_3)(OH)-CH_2CH_3$

(2) $CH_2=CHCH_3 + Br_2 \longrightarrow CH_2BrCHBrCH_3$

(3) $CH_2=CHCH_2CH_3 + HCl \longrightarrow CH_3-CH(Cl)CH_2CH_3$

(4) 1-methylcyclohexene $\xrightarrow{H_2SO_4}$ 1-methylcyclohexyl-OSO_2OH $\xrightarrow{H_2O}$ 1-methylcyclohexanol (C with CH_3 and OH)

(5) methylenecyclohexane ($=CH_2$) $+ HBr \xrightarrow{\text{过氧化物}}$ cyclohexyl-CH_2Br

(6) $(CH_3)_2C=CHCH_3 \xrightarrow{\text{稀，冷}\ KMnO_4/OH^-} (CH_3)_2C(OH)-CH(OH)CH_3$

(7) 1-methylcyclopentene $\xrightarrow{O_3}$ ozonide (CH_3) $\xrightarrow{Zn-H_2O}$ $CH_3-CO-(CH_2)_3CHO$

(8) $CH_3CH=CH_2 \xrightarrow{NBS} CH_2BrCH=CH_2$

(9) $CH_3C\equiv CCH_3 + H_2 \xrightarrow{\text{Lindlar 催化剂}}$ $(CH_3)HC=CH(CH_3)$ (cis: both CH_3 on the same side, both H on the same side)

(10) $CH_3CH_2C\equiv CH + H_2O \xrightarrow[H_2SO_4]{HgSO_4} CH_3CH_2-CO-CH_3$

(11) cyclopentadiene $+ CH_2=CH-CN \longrightarrow$ bicyclo[2.2.1]heptene-CN

(12) $CH_3CH=CH-C(CH_3)=CH_2 \xrightarrow{O_3}$ $H_3CHC(-O-O-)(O)CH-C(H_3C)(-O-O-)(O)CH_2$ (bis-ozonide)

$\xrightarrow{Zn-H_2O} CH_3CHO + OHC-CO-CH_3 + HCHO$

(13) 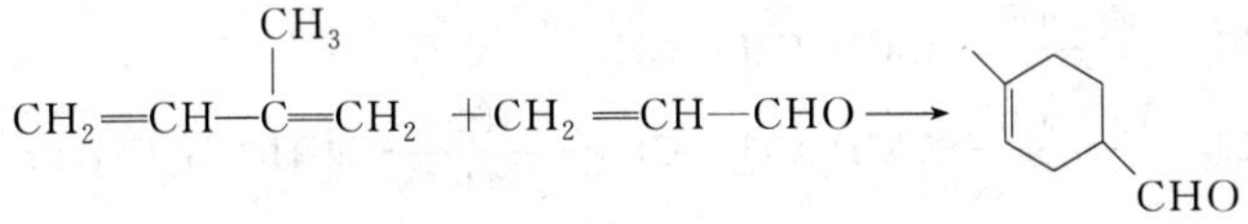 $CH_2=CH-C(CH_3)=CH_2 + CH_2=CH-CHO \longrightarrow$ (4-甲基-3-环己烯甲醛，环上带 CHO)

(14) 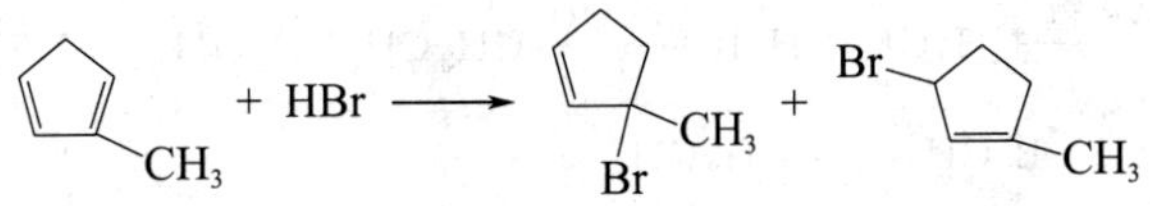 1-甲基环戊二烯 $+ HBr \longrightarrow$ 3-溴-3-甲基环戊烯（Br、CH_3） + 4-溴-1-甲基环戊烯（Br、CH_3）

(15) 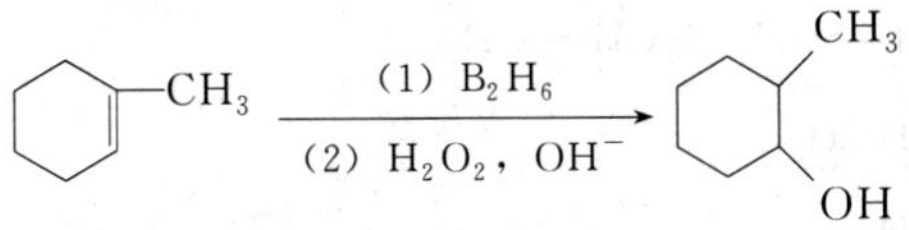 1-甲基环己烯（CH_3） $\xrightarrow[(2)\ H_2O_2,\ OH^-]{(1)\ B_2H_6}$ 2-甲基环己醇（CH_3、OH）

7.（1）

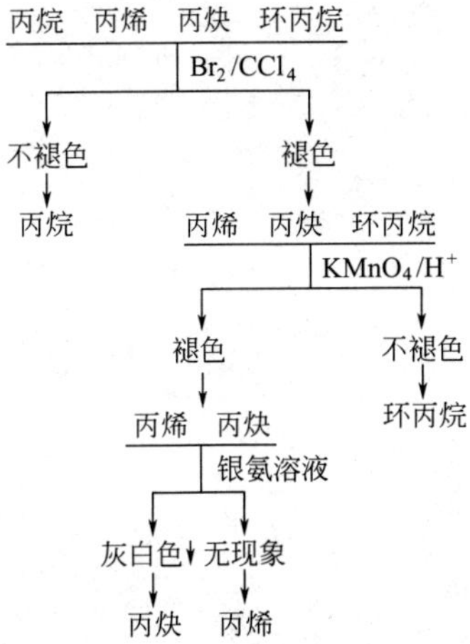

丙烷　丙烯　丙炔　环丙烷
→ Br_2/CCl_4
- 不褪色 → 丙烷
- 褪色 → 丙烯　丙炔　环丙烷
  → $KMnO_4/H^+$
  - 褪色 → 丙烯　丙炔
    → 银氨溶液
    - 灰白色↓ → 丙炔
    - 无现象 → 丙烯
  - 不褪色 → 环丙烷

（2）

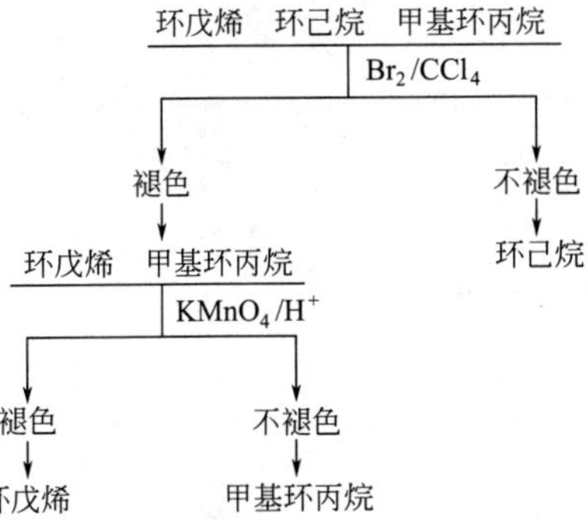

环戊烯　环己烷　甲基环丙烷
→ Br_2/CCl_4
- 褪色 → 环戊烯　甲基环丙烷
  → $KMnO_4/H^+$
  - 褪色 → 环戊烯
  - 不褪色 → 甲基环丙烷
- 不褪色 → 环己烷

（3）

1,3-丁二烯　1-己炔　2,3-二甲基丁烷
→ Br_2/CCl_4
- 褪色 → 1,3-丁二烯　1-己炔
  → 银氨溶液
  - 无现象 → 1,3-丁二烯
  - 灰白色↓ → 1-己炔
- 不褪色 → 2,3-二甲基丁烷

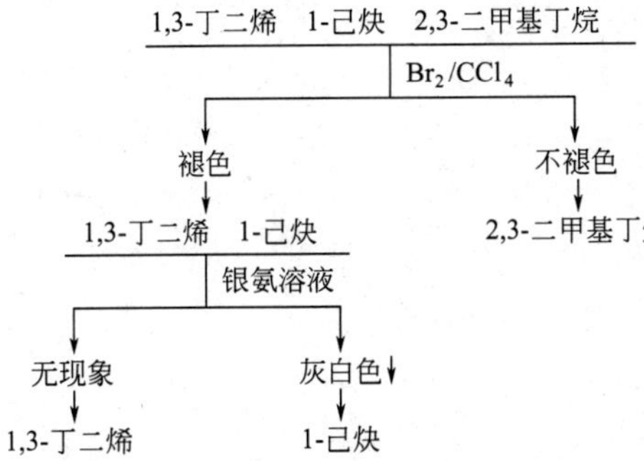

8.（1）$CH_3CH=CH_2 + HBr \longrightarrow CH_3CHBrCH_3$

（2）$CH_3CH=CH_2 + HBr \xrightarrow{\text{过氧化物}} CH_3CH_2CH_2Br$

（3）$CH_3CH=CH_2 + H_2O \xrightarrow{H^+} CH_3CH(OH)CH_3$

(4) $CH_3CH=CH_2 + Cl_2 \xrightarrow{500\sim600℃} ClCH_2CH=CH_2$

(5) $CH_3CH=CH_2 + Cl_2 \xrightarrow{500\sim600℃} ClCH_2CH=CH_2 \xrightarrow[\text{过氧化物}]{HBr} ClCH_2CH_2CH_2Br$

(6) $CH_3CH=CH_2 + HBr \xrightarrow{\text{过氧化物}} CH_3CH_2CH_2Br \xrightarrow[H_2O]{NaOH} CH_3CH_2CH_2OH$

9. A. $CH\equiv CCH_2CH_2CH_3$　　B. $CH_3C\equiv CCH_2CH_3$

C. (环戊烯)　　D. $CH_2=CHCH_2CH=CH_2$

10. $CH_3=CHCH_2CH_2CH_3$ 或 $CH_2=CHCH(CH_3)CH_3$

无顺反异构

11. $CH_3C(CH_3)=C(CH_3)CH_2CH_3$

12. $CH_3CH=C(CH_3)CH_2CH_2CH=C(CH_3)CH_3$

芳香烃

Chapter 03

知识点提要

一、苯分子的结构

苯分子中的六个碳原子和六个氢原子都在同一平面上，C—C 键长均相等（0.1396nm），六个碳原子组成一个正六边形，所有键角均为 120°。苯环上的碳原子都是以 sp^2 杂化轨道互相沿对称轴的方向重叠形成 C—Cσ 键，组成一个正六边形，每个碳原子上还有一个未参加杂化的 p 轨道相互重叠形成一个闭合共轭大 π 键。这种高度共轭的体系，导致苯环十分稳定。

二、单环芳烃的命名

苯的一烃基取代物只有一种。命名时以苯为母体，烃基作为取代基，称为某烃基苯。

二烃基苯有三种异构体，命名时，两个烃基的相对位置既可用数字表示，也可用“邻”“间”“对”表示。

三个烃基相同的三烃基苯有三种同分异构体，命名时，三个烃基的相对位置除可用数字表示外，还可用“连、均、偏”表示。

当苯环上有其他取代基时，按照顺序：—R、—OR、$—NH_2$、—OH、—COR、—CHO、—CN、$—SO_3H$、—COOH，排在前面的作取代基，排在后面的与苯环一起作为母体。

三、单环芳烃的化学性质

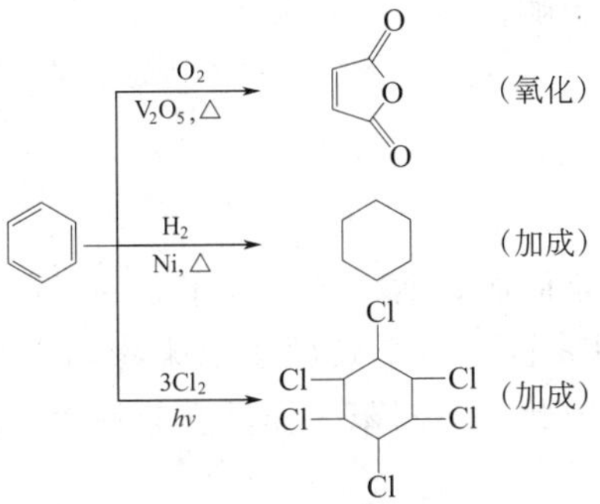

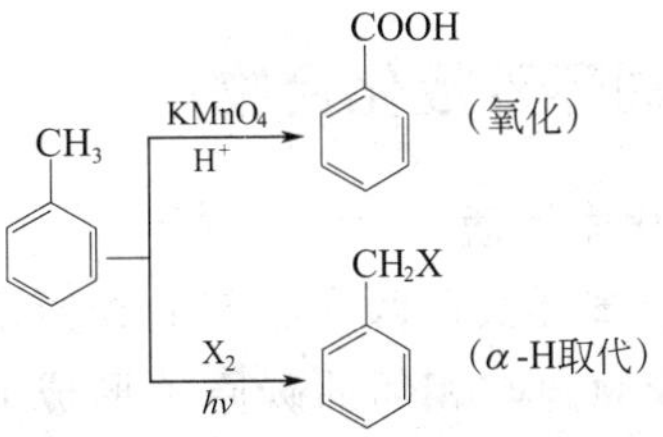

苯 $\xrightarrow[V_2O_5,\triangle]{O_2}$ 顺丁烯二酸酐（氧化）

苯 $\xrightarrow[Ni,\triangle]{H_2}$ 环己烷（加成）

苯 $\xrightarrow[h\nu]{3Cl_2}$ 六氯环己烷（加成）

甲苯 $\xrightarrow[H^+]{KMnO_4}$ 苯甲酸（COOH）（氧化）

甲苯 $\xrightarrow[h\nu]{X_2}$ $C_6H_5CH_2X$（α-H取代）

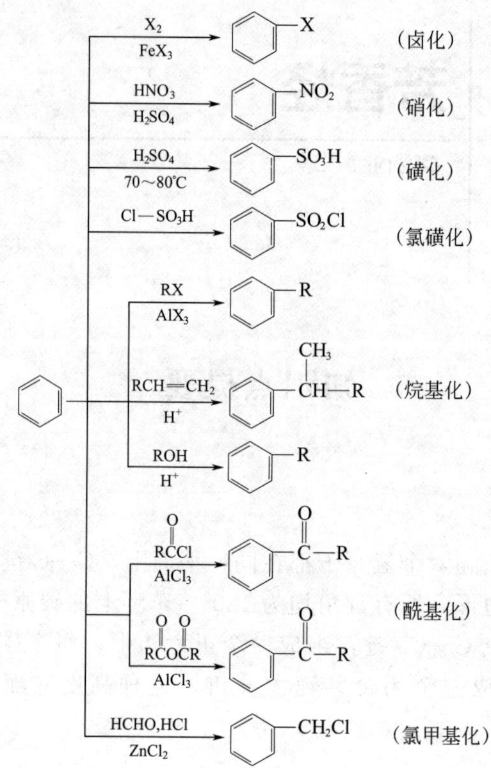

四、取代基定位效应

苯环上新导入的取代基的位置主要与原有取代基的性质有关，把原有的取代基称为定位基。根据定位基对苯环亲电取代反应定位位置和反应难易的影响，将其分为三类。

第一类：邻对位定位基。使苯环活化，并使新导入基团主要进入它的邻位和对位。例如烃基、羟基、烃氧基、氨基等。

第二类：间位定位基。使苯环钝化，并使新导入基团主要进入它的间位。例如硝基、磺酸基、醛基、羧基等强吸电子基团。

第三类：邻对位定位基。使苯环钝化，使新导入基团主要进入它的邻对位。主要是卤原子。

二元（或多元）取代苯再引入新的取代基时，活化能力强（或钝化能力弱）的基团的影响大于活化能力弱（或钝化能力强）的基团的影响。

五、重要的稠环芳烃化合物

1. 萘的结构及化学性质

萘是由两个苯环共用两个相邻的碳原子结合而成，两个苯环处于同一平面上。每个碳原子均以 sp^2 杂化轨道与相邻的碳原子形成 C—Cσ 键，每个碳原子的未参与杂化的 p 轨道互相平行，侧面重叠形成一个闭合共轭大 π 键，因此，萘同苯一样具有芳香性，但萘的芳香性比苯差。

萘似苯能起亲电取代反应，但更易发生氧化、加成等反应，进行反应时，α 位易于

β 位。

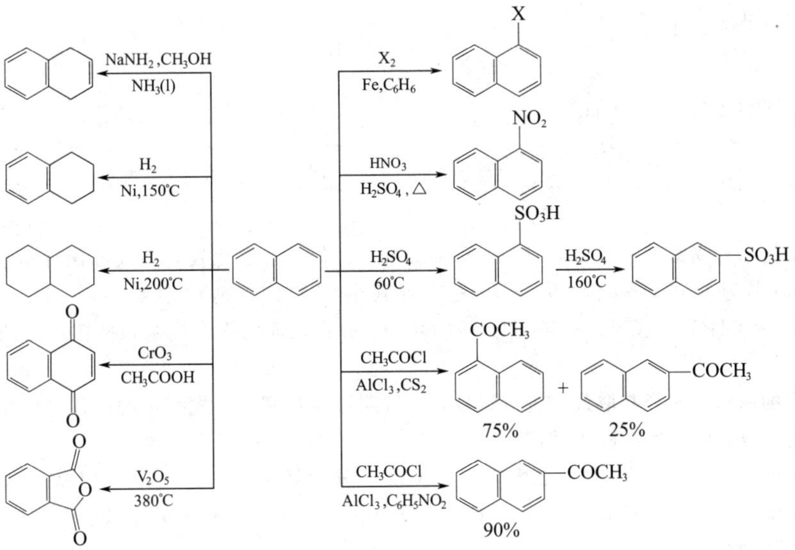

NaNH$_2$, CH$_3$OH / NH$_3$(l)　H$_2$ / Ni, 150℃　H$_2$ / Ni, 200℃　CrO$_3$ / CH$_3$COOH　V$_2$O$_5$ / 380℃

X$_2$ / Fe, C$_6$H$_6$　HNO$_3$ / H$_2$SO$_4$, △　H$_2$SO$_4$ / 60℃　H$_2$SO$_4$ / 160℃　SO$_3$H　CH$_3$COCl / AlCl$_3$, CS$_2$　COCH$_3$　75%　25%　CH$_3$COCl / AlCl$_3$, C$_6$H$_5$NO$_2$　COCH$_3$　90%

2. 其他稠环芳烃

蒽和菲的分子式都是 $C_{14}H_{10}$，互为同分异构体。它们都是由三个苯环结合而成的，并且三个苯环都处在同一平面上。不同的是，蒽的三个苯环的中心在一条直线上，而菲的三个苯环的中心不在一条直线上。

煤、烟草、木材等不完全燃烧也会产生较多的稠环芳烃。其中某些稠环芳烃具有致癌作用，如苯并芘类稠环芳烃，特别是 3,4-苯并芘有强烈的致癌作用。

六、休克尔规则与芳香性

如果在单环分子中，组成环的碳原子均有未参与杂化的 p 轨道，成环原子都处在同一平面上，而且离域的 π 电子数是 $4n+2$（$n=0,1,2,3\cdots$）时，该化合物具有芳香性，此即休克尔规则。由于 π 电子的离域作用，会赋予环式体系额外的稳定性，这种额外的稳定性称为芳香性。

具有芳香性的化合物有如下性质：

① 虽有不饱和键，但是不易进行加成反应和氧化反应，而是易于亲电取代。

② 结构上具有很高的碳氢比，键长平均化，符合休克尔规则。

③ 具有 π 电子的环电流和抗磁性。

例题及解析

【例题 1】 命名下列化合物。

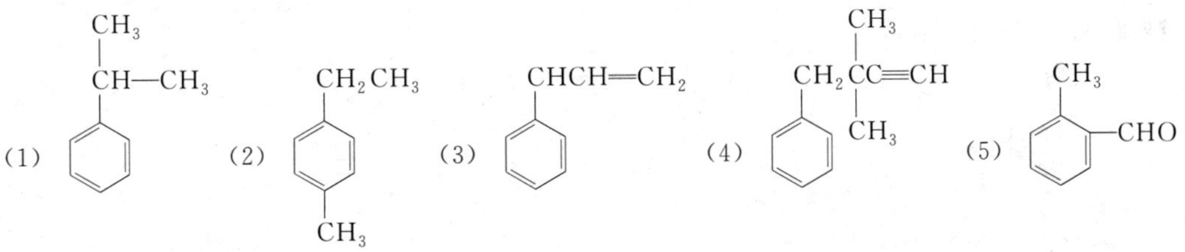

(1) CH$_3$ / CH—CH$_3$　(2) CH$_2$CH$_3$ / CH$_3$　(3) CHCH═CH$_2$　(4) CH$_3$ / CH$_2$CC≡CH / CH$_3$　(5) CH$_3$ / CHO

(6)  (7) 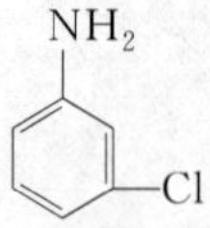 (8)

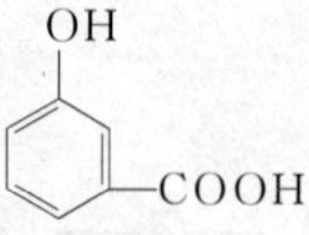

(9) 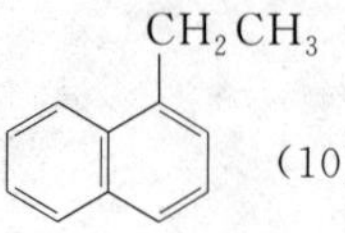 (10)

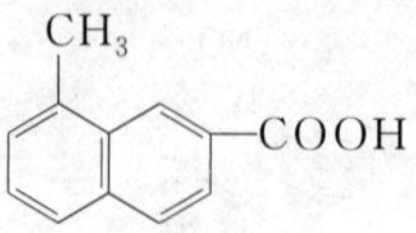

【解】 对于简单含支链芳烃，命名时一般称某烃基苯。如果支链比较复杂或者含有不饱和键，也可将苯作为取代基（苯基）进行命名。若苯环上连有其他官能团，则按照顺序：—R、—OR、—NH_2、—OH、—COR、—CHO、—CN、—SO_3H、—COOH，排在前面的作取代基，排在后面的与苯环一起作为母体。

苯环碳编号的原则：多烃基取代苯进行编号时，按照顺序规则，以先列出的取代基位次小为原则；对于官能团化合物，以官能团所在碳为“1”位。

（1）异丙基苯　（2）1-甲基-4-乙基苯　（3）3-苯丙烯　（4）3,3-二甲基-4-苯基-1-丁炔　（5）2-甲基苯甲醛　（6）2-硝基甲苯　（7）3-氯苯胺　（8）3-羟基苯甲酸　（9）1-乙基萘　（10）8-甲基-2-萘甲酸

【例题 2】 写出下列化合物的结构式。

（1）丙基苯　（2）1,2-二甲基-4-乙基苯　（3）2-甲基-3-苯基丙烯　（4）1-苯基-2-丁炔　（5）3-丙基苯酚　（6）4-氯乙苯　（7）3-硝基苯酚　（8）2-氨基苯甲醛　（9）2-甲基萘　（10）4-甲基-1-萘酚

【解】 可先写出主体骨架结构，然后顺序补充取代基。

(1) 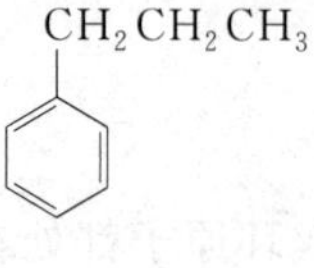 (2) 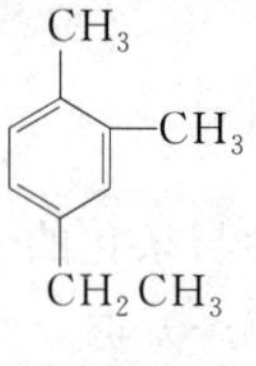 (3)

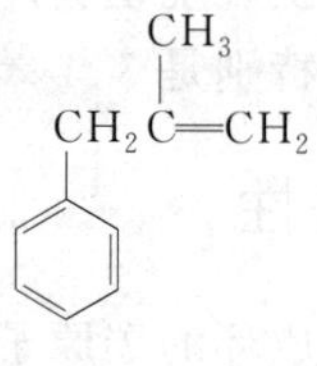

(4) 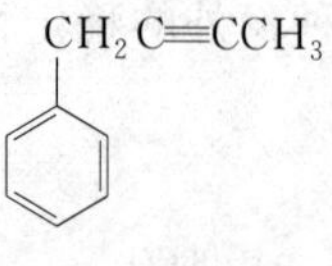 (5) 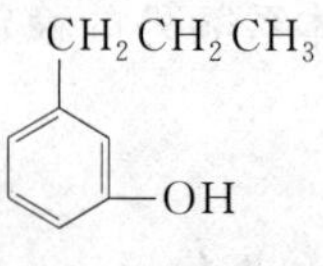 (6)

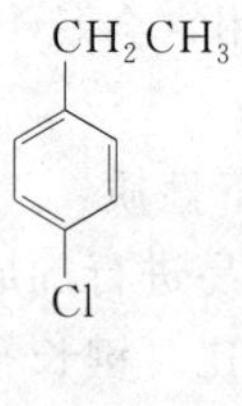

(7) 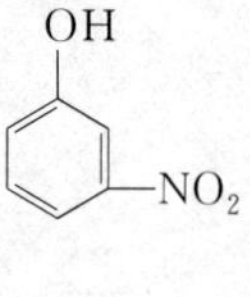 (8) 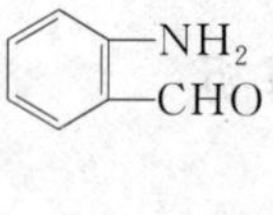 (9) 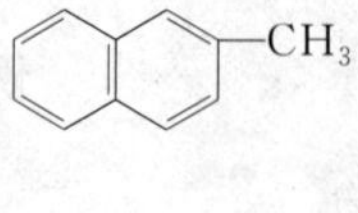 (10)

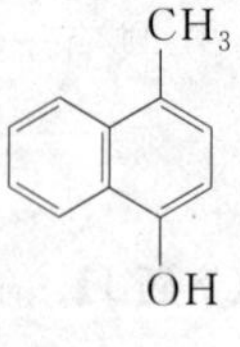

【例题 3】 完成下列反应。

(1) 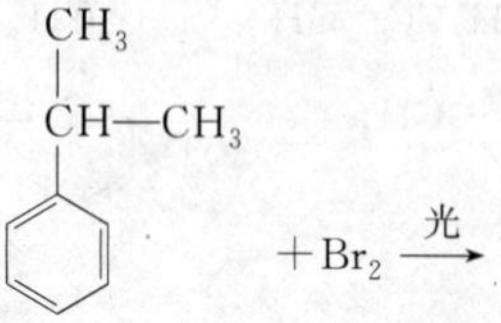 $+Br_2 \xrightarrow{光}$

(2) 环己基$-CH_2Cl$ + 苯 $\xrightarrow{AlCl_3}$

(3) 邻苯二甲酸酐 + 苯 $\xrightarrow{AlCl_3}$

(4) 硝基苯(NO_2) $+Br_2$ $\xrightarrow{Fe}$

(5) 四氢萘 $\xrightarrow{KMnO_4/H^+}$

(6) 苯$-CH{=}CH_2$ $\xrightarrow{Br_2/CCl_4}$

【解】 (1) 题为光照条件下，芳烃侧链的卤代反应，α-氢活性最大，易被取代；(2) ～ (4) 题为芳烃的亲电取代反应，按照取代基写出产物即可，注意：当苯环上已有定位基时，要合理选择新引入基团的位置；(5) 题为芳烃侧链的氧化反应，若α-碳上有氢存在，则该碳链被氧化成羧基；(6) 题为双键加成反应，因为没有铁催化剂存在，因此溴不能与苯发生亲电取代反应。

(1) $C_6H_5-CH(CH_3)-CH_3 + Br_2 \xrightarrow{光} C_6H_5-CBr(CH_3)-CH_3 + HBr$

(2) 环己基$-CH_2Cl$ + 苯 $\xrightarrow{AlCl_3}$ 环己基$-CH_2-C_6H_5$ $+HCl$

(3) 邻苯二甲酸酐 + 苯 $\xrightarrow{AlCl_3}$ 邻苯甲酰基苯甲酸（$C_6H_5-CO-C_6H_4-COOH$）

(4) 硝基苯(NO_2) $+Br_2$ $\xrightarrow{Fe}$ 间溴硝基苯(NO_2, $-Br$) $+HBr$

(5) 四氢萘 $\xrightarrow{KMnO_4/H^+}$ 邻苯二甲酸（$C_6H_4(-COOH)(-COOH)$）

(6) $C_6H_5-CH{=}CH_2 \xrightarrow{Br_2/CCl_4} C_6H_5-CHBr-CH_2Br$

【例题 4】 下列各化合物进行硝化反应时，硝基进入的位置用箭头表示出来。

（1）（苯乙烯，$CH=CH_2$） （2）（苯甲醛，CHO） （3）Br—C₆H₄—OH

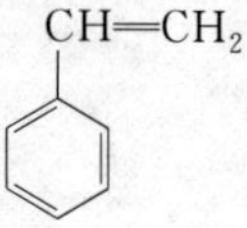

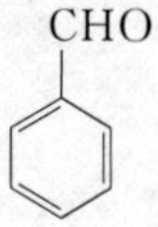

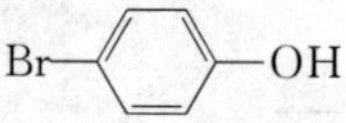

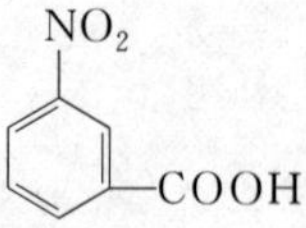

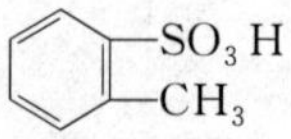

（4）（间硝基苯甲酸，NO_2，COOH） （5）（SO_3H，CH_3） （6）CH_3O—C₆H₄—CN

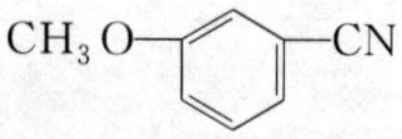

【解】 按照三类定位基的定位位置进行标注，若存在两种定位基且定位位置不一致，则由活化能力强（或钝化能力弱）的基团决定。

（1）$CH=CH_2$ （2）CHO （3）Br—OH

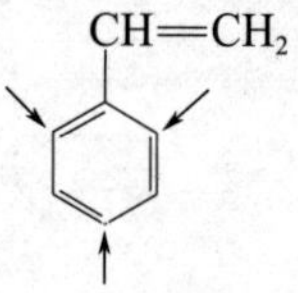

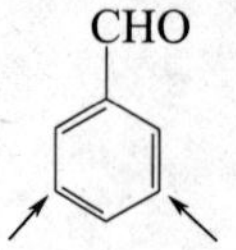

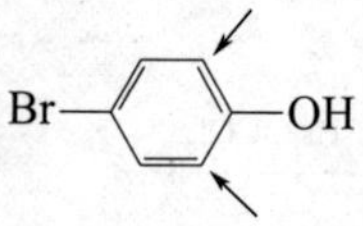

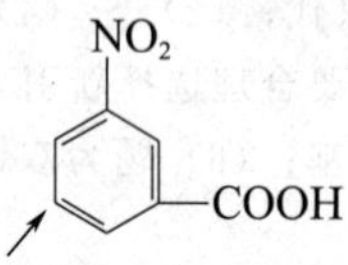

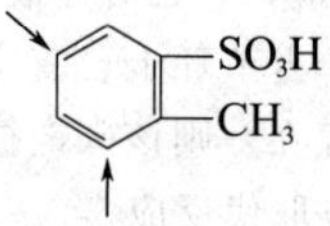

（4）NO_2，COOH （5）SO_3H，CH_3 （6）CH_3O，CN

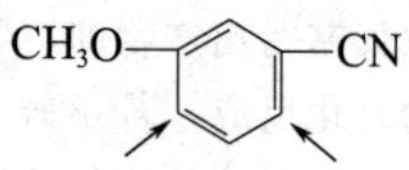

【例题 5】 比较下列化合物进行卤代反应的活性顺序。

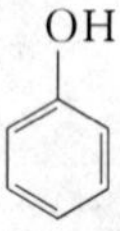

（1）a. NO_2 b. 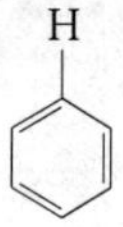 H c. 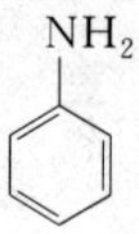 NH_2 d. 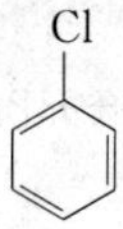 Cl e. 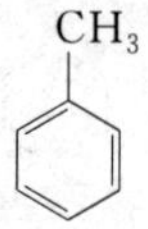 CH_3

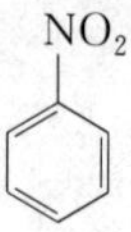

（2）a. OH b. 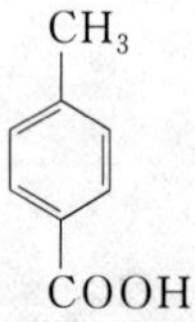 CH_3，COOH c. 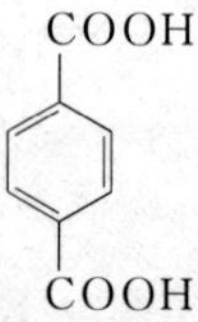 COOH，COOH d. 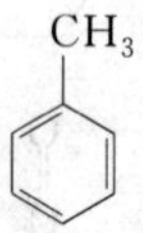 CH_3 e COOH

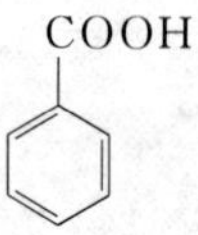

【解】 按照活化能力：第一类定位基＞苯＞第三类定位基＞第二类定位基的顺序比较取代活性，如果定位基数量增加，则活化（或钝化）作用增强。

（1）c＞e＞b＞d＞a （2）a＞d＞b＞e＞c

【例题 6】 用指定原料合成下列化合物（有机小分子化合物和无机试剂任选）。

（1）以甲苯为主要原料合成（COOH，NO_2）

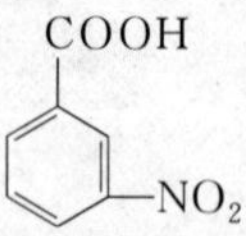

（2）以苯为主要原料合成 Br—C₆H₄—CH_2Cl

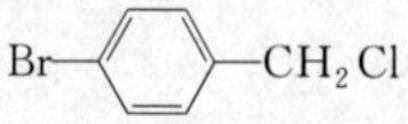

（3）以苯为主要原料合成 CH_2CH_3，Br，NO_2

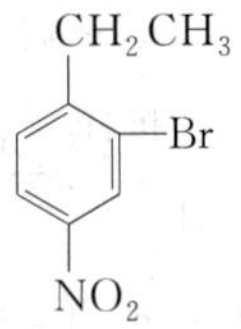

（4）以甲苯为主要原料合成 COOH，Cl，Cl

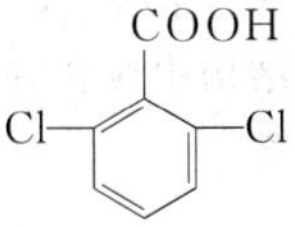

【解】 （1）甲基氧化可得羧基，硝化反应可以引入硝基，但应注意两个反应的顺序。由于羧基是间位定位基，而甲基是邻对位定位基，因此要得到间位产物，应先氧化，后硝化。

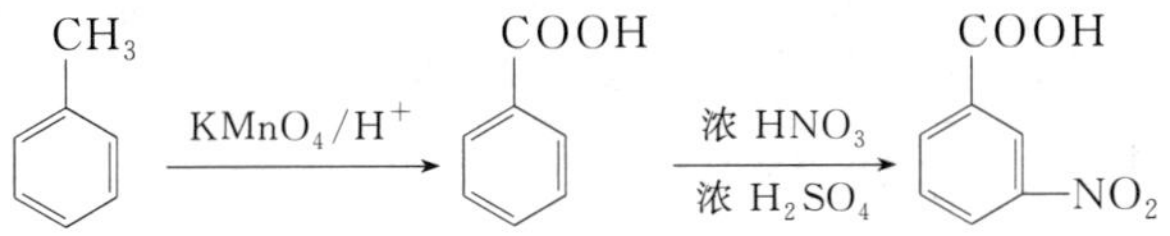

CH_3 $\xrightarrow{KMnO_4/H^+}$ COOH $\xrightarrow[\text{浓 } H_2SO_4]{\text{浓 } HNO_3}$ COOH，NO_2

（2）本题主要考查傅-克烷基化反应、苯环卤代反应及侧链卤代反应的应用。

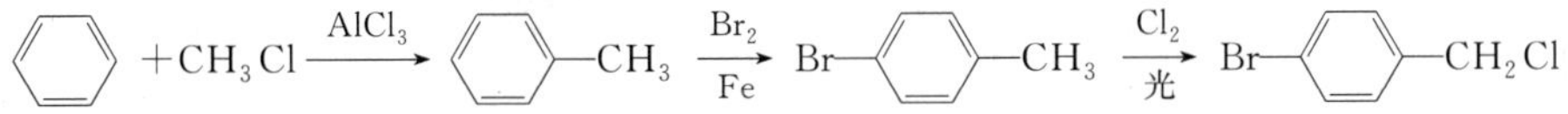

$+CH_3Cl \xrightarrow{AlCl_3} -CH_3 \xrightarrow[Fe]{Br_2} Br-\ -CH_3 \xrightarrow[\text{光}]{Cl_2} Br-\ -CH_2Cl$

（3）本题要求熟练掌握苯的各种亲电取代反应，注意：后两个步骤最好是先硝化后溴代，因为有乙基的位阻作用，若先溴代，则会得到较多乙基对位含溴的中间产物，降低主产物产率。

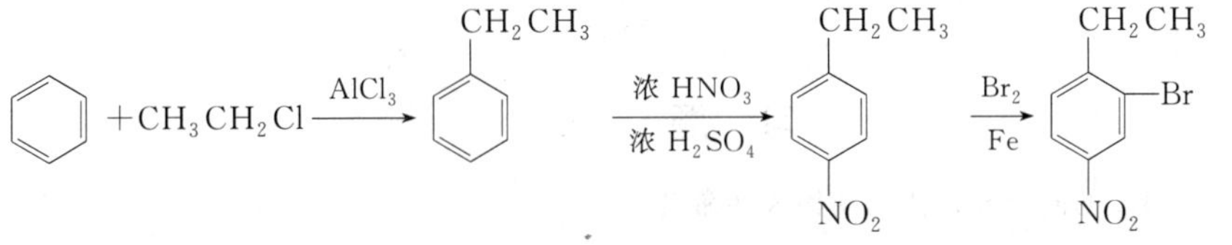

$+CH_3CH_2Cl \xrightarrow{AlCl_3}$ CH_2CH_3 $\xrightarrow[\text{浓 } H_2SO_4]{\text{浓 } HNO_3}$ CH_2CH_3，NO_2 $\xrightarrow[Fe]{Br_2}$ CH_2CH_3，Br，NO_2

（4）由于目标产物羧基对位未被氯取代，因此氯代反应前需用磺酸基占位，氯代完成后，再利用磺化反应的可逆性将其去除。另外注意应先完成氯代，然后再将甲基氧化，这样能保证氯进入正确的位置。

CH_3 $\xrightarrow{\text{浓 } H_2SO_4}$ CH_3，SO_3H $\xrightarrow[Fe]{Cl_2}$ CH_3，Cl，Cl，SO_3H $\xrightarrow{KMnO_4/H^+}$

COOH，Cl，Cl，SO_3H $\xrightarrow{H_2O}$ COOH，Cl，Cl

【例题 7】 用反应历程解释：

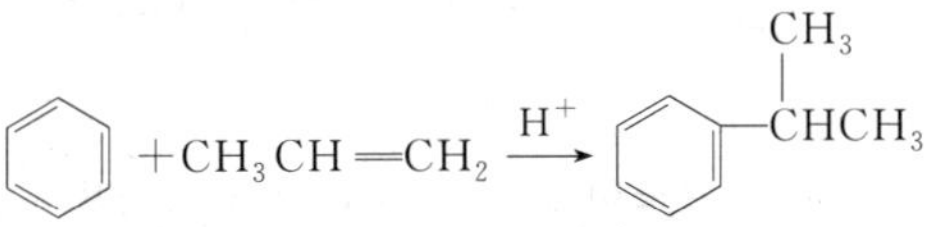

$$+CH_3CH{=}CH_2 \xrightarrow{H^+} -\underset{}{CHCH_3}(CH_3)$$

【解】 本题综合了烯烃的亲电加成反应和芳烃的亲电取代反应两种反应类型，关键步骤在于亲电基团的产生过程（即烯烃与氢离子的加成反应）。

$$CH_3CH{=}CH_2+H^+\longrightarrow CH_3\overset{+}{C}HCH_3$$

$$\text{C}_6\text{H}_6 + CH_3\overset{+}{C}HCH_3 \longrightarrow [\text{C}_6\text{H}_6\cdots\overset{+}{C}H(CH_3)_2] \longrightarrow [\text{C}_6\text{H}_6^+(H)CH(CH_3)_2] \xrightarrow{-H^+} \text{C}_6\text{H}_5CH(CH_3)_2$$

【例题 8】 某芳烃分子式为 C_8H_{10}，用 $K_2Cr_2O_7$ 硫酸溶液氧化后得到一种二元酸，将原来的芳烃进行硝化，所得的一元硝基化合物主要有两种，推断该芳烃化合物的结构式，并写出各步反应方程式。

【解】 根据芳烃分子式及氧化后得到二元酸可知，芳烃结构中应含有两个甲基；根据一元硝化产物有两种及甲基的邻对位定位特点，可推测两个甲基处于相邻位置。

芳烃结构式为：邻二甲苯（$C_6H_4(CH_3)_2$，两个 CH_3 处于邻位）

反应过程：

（1）$C_6H_4(CH_3)_2 \xrightarrow{K_2Cr_2O_7/H^+} C_6H_4(COOH)_2$（邻苯二甲酸）

（2）$C_6H_4(CH_3)_2 \xrightarrow[\text{浓 } H_2SO_4]{\text{浓 } HNO_3}$ O_2N-$C_6H_3(CH_3)_2$（3-硝基邻二甲苯）$+$ $C_6H_3(CH_3)_2NO_2$（4-硝基邻二甲苯）

习　题

1. 写出单环芳烃 C_9H_{12} 的同分异构体的结构式并命名。

2. 命名下列化合物。

（1）苯环上连有 CH_3、CH_2CH_3、CH_3（1-CH_3，2-CH_2CH_3，4-CH_3）　（2）C_6H_5—$C(CH_3)_2$—CH_2—$CH(CH_3)$—CH_3　（3）CH_3—$CH(C_6H_5)$—$C(CH_3)$=CH_2

（4）C_6H_5—CH_2—$C \equiv CH$　（5）CH_3—萘—CH_3　（6）萘环上连有 —CH_3、—CH_2CH_3

（7）$C_6H_4(CHO)Br$（邻位）　（8）$C_6H_4(CH_3)OH$（间位）　（9）Cl—C_6H_4—COOH（对位）

3. 写出下列化合物的结构式。

（1）2-甲基-3-苯基-1-丁烯　（2）三苯甲烷　（3）2,3-二硝基-4-氯苯甲酸

（4）对氯苯磺酸　（5）环己基苯　（6）对溴苯胺

（7）邻硝基苯甲酸　（8）2-甲基-6-氯萘　（9）3-甲基-8-硝基-2-萘磺酸

4. 比较下列各组化合物进行亲电取代反应时的难易程度。

（1）苯　甲苯　硝基苯

(2) 对苯二甲酸（$HOOC-C_6H_4-COOH$）　对甲基苯甲酸（$HOOC-C_6H_4-CH_3$）　苯甲酸（C_6H_5COOH）　甲苯（$C_6H_5CH_3$）

(3) 硝基苯（$C_6H_5NO_2$）　$C_6H_5CH_2NO_2$　乙苯（$C_6H_5CH_2CH_3$）

5. 将下列化合物进行硝化反应，试用箭头标出硝基进入的主要位置。

C_6H_5COOH　C_6H_5OH　$C_6H_5NHCH_2CH_3$　$C_6H_5SO_3H$　$C_6H_5OCH_3$

对氯苯酚（OH 与 Cl 处于对位）　间硝基甲苯（CH_3 与 NO_2 处于间位）　邻氯硝基苯（NO_2 与 Cl 处于邻位）　邻氯苯胺（NH_2 与 Cl 处于邻位）

6. 完成下列反应式。

(1) $C_6H_6 + CH_3CH_2CH_2CH_2Cl \xrightarrow{\text{无水 }AlCl_3}$

(2) $C_6H_6 + (CH_3CO)_2O \xrightarrow{\text{无水}AlCl_3}$

(3) 1-叔丁基-3-甲基-5-乙基苯（苯环上 $C(CH_3)_3$、CH_3、CH_2CH_3 互处间位）$\xrightarrow[\triangle]{KMnO_4/H^+}$

(4) $C_6H_5CH_3 + 3H_2 \xrightarrow[\text{加热，加压}]{Ni}$

(5) $C_6H_5-CH_2-CH=CH_2 \xrightarrow[CCl_4]{Br_2} ? \xrightarrow[Fe]{Br_2} ?$

(6) $C_6H_5CH_2CH_3 \xrightarrow{?}$ 对硝基乙苯（CH_2CH_3 与 NO_2 处于对位）$\xrightarrow{?}$ 2-氯-4-硝基乙苯（Cl 在 CH_2CH_3 的邻位）$\xrightarrow[\triangle]{KMnO_4/H^+}$

(7) $C_6H_6 + O_2 \xrightarrow[450℃]{V_2O_5} ? \xrightarrow{1,3\text{-丁二烯}} ?$

(8) $C_6H_6 + CH_3CH_2Cl \xrightarrow{\text{无水 }AlCl_3} ? \xrightarrow[\text{浓 }H_2SO_4]{\text{浓 }HNO_3}$

7. 用指定原料合成下列化合物（有机小分子化合物和无机试剂任选）。

(1) 以苯为主要原料合成 间溴硝基苯（Br 与 NO_2 处于间位）

(2) 以苯为主要原料合成 （苯环上 1-CH_2CH_3，2-Cl，4-NO_2）

(3) 以甲苯为主要原料合成 $CH_3-C_6H_4-CH_2-C_6H_4-NO_2$（均为对位）

(4) 以甲苯为主要原料合成

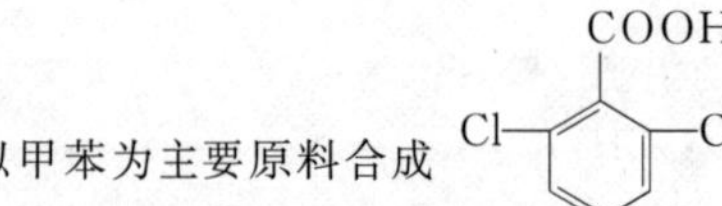

8. 判断下列化合物哪些具有芳香性。

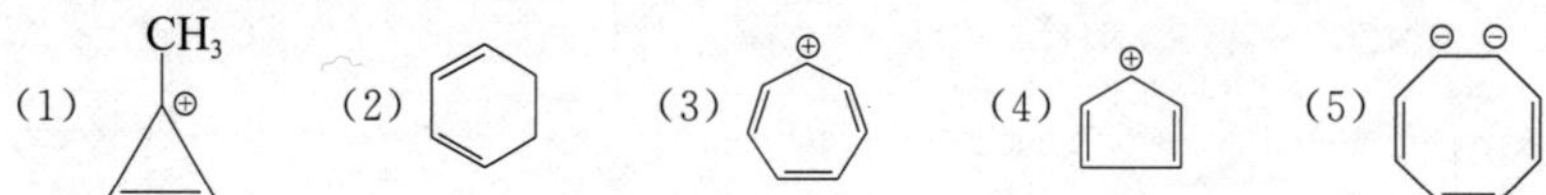

9. 某芳烃的分子式为 C_9H_{12}，用 $KMnO_4$ 的硫酸溶液氧化后得一种二元酸，将芳烃进行硝化所得的一元硝基化合物主要有两种，问芳烃的可能结构式，并写出各步反应式。

10. 三种芳烃分子式均为 C_9H_{12}，氧化时 A 得到一元酸，B 得到二元酸，C 得到三元酸；进行硝化反应时，A 主要得到两种一硝基化合物，B 只得到两种一硝基化合物，而 C 只得到一种一硝基化合物。试推测 A、B、C 的结构式。

习题参考答案

1.

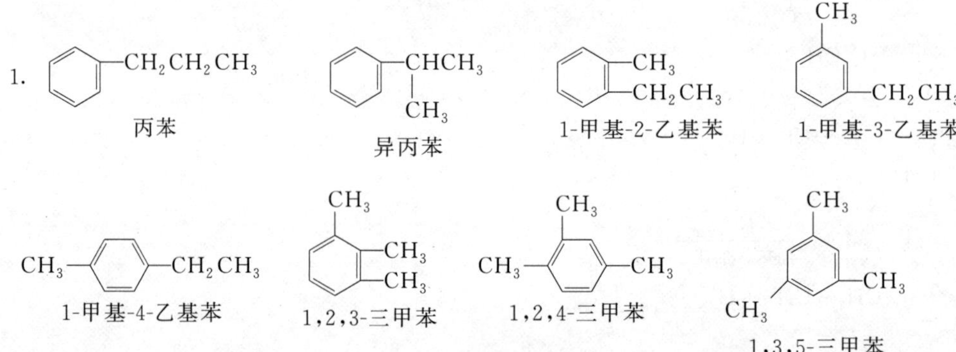

2. (1) 1,4-二甲基-2-乙基苯 (2) 2,4-二甲基-2-苯基戊烷 (3) 2-甲基-3-苯基-1-丁烯 (4) 3-苯基丙炔 (5) 1,7-二甲基萘 (6) 2-甲基-3-乙基萘 (7) 2-溴苯甲醛 (8) 3-甲基苯酚 (9) 4-氯苯甲酸

3. (1) $CH_3-CH(C_6H_5)-C(CH_3)=CH_2$ (2) $(C_6H_5)_3CH$ (3) 苯环上 COOH，NO_2，NO_2，Cl (4) $Cl-C_6H_4-SO_3H$ (5) 环己基苯 (6) $Br-C_6H_4-NH_2$

(7) 邻硝基苯甲酸（结构式：苯环上 —COOH，邻位 —NO_2）　(8) Cl—萘—CH_3　(9) 萘环：NO_2，—SO_3H，—CH_3

4.（1）甲苯＞苯＞硝基苯

（2）甲苯 ＞ 对甲基苯甲酸 ＞ 苯甲酸 ＞ 对苯二甲酸
（结构式：CH_3 取代苯；COOH 与 CH_3 对位取代苯；COOH 取代苯；COOH 与 COOH 对位取代苯）

（3）CH_2CH_3 取代苯 ＞ CH_2NO_2 取代苯 ＞ NO_2 取代苯

5.

COOH　OH　$NHCH_2CH_3$　SO_3H　OCH_3

OH（对位 Cl）　CH_3（间位 —NO_2）　NO_2（邻位 —Cl）　NH_2（邻位 —Cl）

6.（1）苯 $+ CH_3CH_2CH_2CH_2Cl \xrightarrow{\text{无水 } AlCl_3}$ 苯—$\underset{|}{\overset{CH_3}{}}CHCH_2CH_3$ $+ HCl$

（2）苯 + $(CH_3-\overset{O}{\overset{\|}{C}})_2O$ $\xrightarrow{\text{无水}AlCl_3}$ 苯—$\overset{O}{\overset{\|}{C}}CH_3$ + CH_3COOH

（3）CH_3—苯（$C(CH_3)_3$）—CH_2CH_3 $\xrightarrow[\triangle]{KMnO_4/H^+}$ HOOC—苯（$C(CH_3)_3$）—COOH

（4）甲苯 $+3H_2 \xrightarrow[\text{加热，加压}]{Ni}$ 甲基环己烷

（5）苯—CH_2—CH═CH_2 $\xrightarrow[CCl_4]{Br_2}$ 苯—CH_2—$\underset{Br}{CH}$—$\underset{Br}{CH_2}$ $\xrightarrow[Fe]{Br_2}$ Br—苯（对位）—CH_2—$\underset{Br}{CH}$—$\underset{Br}{CH_2}$

(6) 乙苯 $\xrightarrow[H_2SO_4]{HNO_3}$ 对硝基乙苯 $\xrightarrow[Fe]{Cl_2}$ 2-氯-4-硝基乙苯 $\xrightarrow[\triangle]{KMnO_4/H^+}$ 2-氯-4-硝基苯甲酸

(7) 苯 + O_2 $\xrightarrow[450℃]{V_2O_5}$ 顺丁烯二酸酐 $\xrightarrow{1,3\text{-丁二烯}}$ 四氢邻苯二甲酸酐

(8) 苯 $+CH_3CH_2Cl \xrightarrow{无水\ AlCl_3}$ 乙苯 $\xrightarrow[浓\ H_2SO_4]{浓\ HNO_3}$ 邻硝基乙苯 + 对硝基乙苯

7.（1）苯 $\xrightarrow[H_2SO_4]{HNO_3}$ 硝基苯 $\xrightarrow[Fe]{Br_2}$ 间溴硝基苯

（2）苯 $+CH_3CH_2Cl \xrightarrow{AlCl_3}$ 乙苯 $\xrightarrow[H_2SO_4]{HNO_3}$ 对硝基乙苯 $\xrightarrow[Fe]{Cl_2}$ 2-氯-4-硝基乙苯

（3）$CH_3-C_6H_5 \xrightarrow[光照]{Cl_2} ClCH_2-C_6H_5 \xrightarrow[H_2SO_4]{HNO_3} ClCH_2-C_6H_4-NO_2$

$ClCH_2-C_6H_4-NO_2 + CH_3-C_6H_5 \xrightarrow{AlCl_3} CH_3-C_6H_4-CH_2-C_6H_4-NO_2$

（4）甲苯 $\xrightarrow{H_2SO_4}$ 对甲苯磺酸 $\xrightarrow[Fe]{Cl_2}$ 3,5-二氯-4-甲基苯磺酸 $\xrightarrow{KMnO_4}$

2,6-二氯-4-磺基苯甲酸 $\xrightarrow{H_2O/H^+}$ 2,6-二氯苯甲酸

8.（1）有芳香性；（2）无芳香性；（3）有芳香性；（4）无芳香性；（5）有芳香性

9. 结构式：$CH_3-C_6H_4-CH_2CH_3$

反应方程式：$CH_3-C_6H_4-CH_2CH_3 \xrightarrow{KMnO_4} HOOC-C_6H_4-COOH$

$$CH_3-C_6H_4-CH_2CH_3 \xrightarrow[H_2SO_4]{HNO_3} CH_3-C_6H_3(NO_2)-CH_2CH_3 + CH_3-C_6H_3(NO_2)-CH_2CH_3$$

10. A. $C_6H_5-CH_2CH_2CH_3$ 或 $C_6H_5-CH(CH_3)CH_3$

B. $CH_3-C_6H_4-CH_2CH_3$ C. 1,3,5-$C_6H_3(CH_3)_3$

旋光异构

Chapter 04

知识点提要

一、基本概念

1. 物质的旋光性

物质的旋光性是指能使偏振光的振动方向发生偏转的性质，具有旋光性的物质叫作旋光性物质或者光活性物质。

旋光性物质使偏振光振动平面旋转的角度叫作旋光度，通常用“α”表示。

能使偏振光振动平面向右（或顺时针方向）旋转的物质叫右旋体，用“+”或“d”表示；使偏振光振动平面向左（或逆时针方向）旋转的物质叫左旋体，用“−”或“l”表示。

2. 手性分子与非手性分子

分子的实物与其镜像不能完全重叠的特殊性质叫作分子的手征性，简称手性。具有手性的分子，就具有光活性，称为手性分子。凡是可以同自身镜像重叠的分子，称为非手性分子。常根据分子的对称性来判断其是否具有手性。如果分子中既无对称面，又无对称中心，这样的分子就是手性分子，具有旋光性。

3. 手性碳原子

手性碳原子是指与四个不同原子或者基团相连的碳原子。

如何判断分子是否具有旋光性或是否是手性分子？

① 含一个手性碳原子的分子有旋光性，一定是手性分子。

② 没有手性碳原子，但分子具有不对称性（无对称中心、对称面和交替对称轴）的有旋光性，例如取代的丙二烯、取代的联苯等。

③ 含有手性碳原子的分子不一定是手性分子。例如有些含有多个手性碳的分子可能由于分子存在对称性（对称中心和对称面）而成为内消旋体，因此，没有旋光性。

4. 对映异构

互为实物和镜像关系的异构体叫作对映异构体，简称对映体。一对对映体中，它们的比旋光度大小相等，方向相反；一个是左旋体，另一个是右旋体。但不能从构型上确定哪一个是左旋体或右旋体，只能用旋光仪测得。

非对映异构体：彼此不呈实物与镜像关系的旋光异构体。

外消旋体：等量的左旋体和右旋体的混合物可组成一个外消旋体。外消旋体无旋光性，即外消旋体的旋光度为 0。

内消旋体：分子内存在两个旋光度相等、旋光方向相反的手性碳，结果使分子内旋光度相互抵消，整个分子不显旋光性，称为内消旋体，这种现象叫作内消旋现象。内消旋体无旋光性，即内消旋体的旋光度为 0。

5. 含手性碳原子的链状化合物的旋光异构

① 含一个手性碳的化合物共两个旋光异构体：左旋体和右旋体，二者互为对映异构体，二者等量混合后得到外消旋体，消旋体的比旋光度为零。

② 含两个不相同手性碳原子：分子式、构造式相同的含两个不相同手性碳原子的链状化合物有 4 种旋光异构体，共两对对映体，两对对映体之间彼此两两互为非对映体。

③ 含两个相同手性碳原子：分子式构造式相同的含两个相同手性碳原子的链状化合物有 3 种旋光异构体，其中一对对映体，一个内消旋体。内消旋体的两个手性碳原子构型相反，分子内都有对称面，为非手性分子，用“*meso*”表示，一对对映体与内消旋体之间彼此两两互为非对映体。

④ 随着手性碳原子数目的增加，异构体数目按 2^n（n 为手性碳数目）增加，若分子中含有相同的手性碳，异构体数目会减少。

二、对映体构型的表示方法

对映体的构型一般用透视式和费歇尔投影式表示：

透视式　　　　费歇尔投影式

1. 透视式（点线楔式）

透视式的表示是将手性碳原子所连接的四个不同基团用三种线连接，即分别为实线、点线和楔形线，实线表示处于平面的键，虚线表示伸向纸面后方的键，楔形线表示伸向纸面前方的键。

透视式与分子实际结构的空间构型非常接近，易于观察。

2. 费歇尔投影式

费歇尔投影式的投影方法：以十字的交叉点表示手性碳原子，碳链在竖键上，其他两个基团在横键上。竖键上的两个基团伸向纸面后方，横键上的两个基团伸向纸面前方。

看费歇尔投影式时必须注意“横前竖后”的关系。

判断两个费歇尔投影式是否表示同一构型的方法如下。

① 若将其中一个费歇尔投影式在纸平面上旋转 180°后，其构型不变。

② 若将其中一个费歇尔投影式在纸平面上旋转 90°（顺时针或逆时针旋转均可）后，构型改变成其对映体。

③ 若将其中一个费歇尔投影式的手性碳原子上的任意两个原子或基团交换偶数次后，其构型不变。

④ 若将其中一个费歇尔投影式的手性碳原子上的任意两个原子或基团交换奇数次后，构型改变成其对映体。

三、对映体构型的标记方法

含一个手性碳原子的化合物存在两种构型，可以采用 D、L 和 *R*、*S* 两种方法进行标记。

1. D、L 标记法

在费歇尔投影式中，手性碳原子上的羟基在碳链右侧的表示右旋甘油醛，称为 D-构型，羟基在碳链左侧的表示左旋甘油醛，称为 L-构型。D、L 标记法主要用于如单糖和氨基酸等类有机物。

2. *R*、*S* 标记法

R、*S* 标记法是根据手性碳原子上的四个原子或基团在空间的真实排列来标记的，因此用这种方法标记的构型是真实构型，叫作绝对构型。*R*、*S* 标记法的规则：

① 将直接与手性碳原子相连的四个原子或基团按“次序规则”排列（a＞b＞c＞d），较优的原子或基团排在前面。

② 观察构型时，将排在最后的原子或基团（d）放在离眼睛最远的位置，其余三个原子或基团放在离眼睛最近的平面上。

③ 剩下的三个基团按从大到小的顺序排列，如为顺时针方向，确定为 *R*-构型，若为逆时针方向，确定为 *S*-构型。

四、不含手性碳原子化合物的旋光异构

1. 丙二烯型化合物的旋光异构

如果两端的双键碳原子上各连有不同的原子或基团时，那么整个分子中既无对称面又无对称中心，分子具有手性和旋光性。

2. 联苯型化合物的旋光异构

若每一苯环上各连有不同的基团时，则整个分子中既无对称面又无对称中心，分子具有手性和旋光性。

3. 螺环化合物

具有特殊或特定结构的螺环化合物，虽不具有手性碳原子，但由于分子不具有对称面和对称中心，也有对映体存在。

例题及解析

【例题 1】 4.2g 的某未知物溶解于 250mL 四氯化碳中，用 25cm 长的样品管在钠光灯下测得这种溶液的旋光度 $\alpha=-2.5°$。试计算这种化合物的比旋光度。

【解】 比旋光度是指在一定波长、温度和溶剂条件下，单位浓度（$g\cdot mL^{-1}$）、单位盛液管长度（dm）时测得的旋光度。引申——比旋光度的应用：

（1）定性分析　测定旋光性化合物的旋光度，计算出比旋光度，与《物理化学手册》提供的数据或文献值对照，可为鉴定有机化合物提供一定的依据。

（2）定量分析　对已知化合物，可测定溶液的旋光度，利用比旋光度计算公式，求出其浓度。比旋光度用于定性分析或定量分析时，测定温度、波长和溶剂必须与手册或文献值的测定条件相一致。

$$[\alpha]_D^{20}=\frac{\alpha}{\rho_B l}=\frac{-2.5°}{(4.2\div 250)\times 2.5}=-59.5°$$

【例题 2】 回答下列问题。

（1）分子的构造和构型有什么区别？

（2）含有手性碳原子的化合物是否都有旋光性？

（3）有旋光性的化合物必须有手性碳原子吗？

（4）内消旋体和外消旋体有什么本质区别？

（5）表示手性碳原子的方法有（+）、（−）；D，L；*R*，*S*。它们有什么区别？

【解】 (1) 分子的构造是指具有一定分子式的化合物中各原子的连接顺序或方式相同。分子的构型是在具有一定构造的分子中原子在空间的排列情况。

例如，$CH_3CH_2CH_2CH_2Br$、$CH_3CH_2\underset{\underset{Br}{|}}{C}HCH_3$ 是两个构造异构体。

又如，2-溴丁烷中C2上四个基团连接顺序相同，空间的排列方式不同，则有2-溴丁烷的两个构型异构体，如下所示：

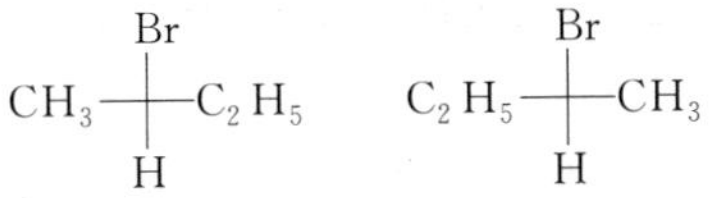

Br
CH_3—┼—C_2H_5
H

Br
C_2H_5—┼—CH_3
H

(2) 不一定。在有两个相同手性碳原子的分子中，如

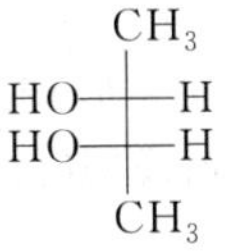

CH_3
HO—┼—H
HO—┼—H
CH_3

，就没有旋光性。

(3) 不一定。例如在丙二烯型、联苯型、螺环型等类型的分子中，没有手性碳，但是分子却具有旋光性。

(4) 内消旋体是纯净物，而外消旋体是混合物。

(5) (+)，(−) 表示手性分子使偏振光旋转的方向。向右旋为 (+)，向左旋为 (−)。

D、L标记法是人为规定的，以甘油醛为例，在费歇尔投影式中，手性碳原子上的羟基在碳链右侧的表示右旋甘油醛，称为D-构型，羟基在碳链左侧的表示左旋甘油醛，称为L-构型。D、L标记法主要用于如单糖和氨基酸等类有机物。D、L标记法不能表示旋光方向，但是能表示分子的绝对构型。

R、*S*标记法表示了与手性碳原子相连的四个不同的基团或原子的空间排列顺序。按照立体化学基团优先顺序，将排在最后的原子或基团放在离眼睛最远的位置，其余三个原子或基团放在离眼睛近的平面上，由大到小，顺时针为*R*-构型，逆时针为*S*-构型。

【例题3】 下列化合物有无对称面或对称中心？

(1) 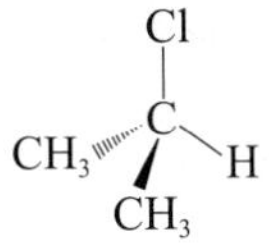 Cl、CH_3、H、CH_3 连于C（楔形式）

(2) 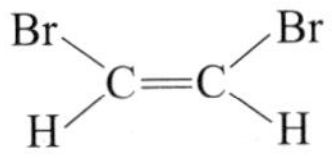 Br(H)C=C(Br)H

(3) 环上取代：CH_3、COOH、H、H、H、HOOC、CH_3

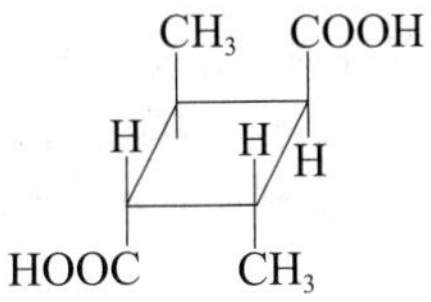

【解】 (1) 有对称面 (2) 有对称面 (3) 有对称中心。

【例题4】 判断下列化合物有无旋光活性？并说明原因。

(1) 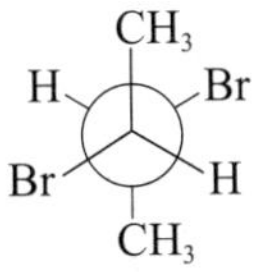 纽曼投影式：CH_3、H、Br；Br、H、CH_3

(2) 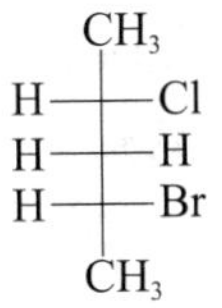 费歇尔投影式：CH_3；H—┼—Cl；H—┼—H；H—┼—Br；CH_3

(3) C_2H_5、OH、H；H、HO、CH_3

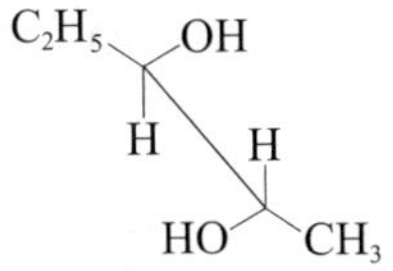

(4) 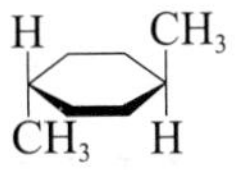 环己烷椅式：H、CH_3；CH_3、H

【解】 (1) 和 (4) 分子内部有对称因素，所以分子无手性，对应的化合物无旋光性。

(2) 和 (3) 分子内部没有对称因素，所以分子有手性，对应的化合物就有旋光性。

因此，此题中，(1) 无光活性 (2) 有光活性 (3) 有光活性 (4) 无光活性。

【例题5】 命名下列化合物。

(1) 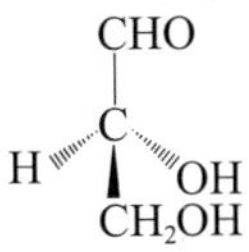 CHO、H、OH、CH_2OH 连于C（楔形式）

(2) 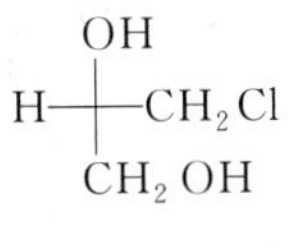
OH
H—┼—CH_2Cl
CH_2OH

(3) 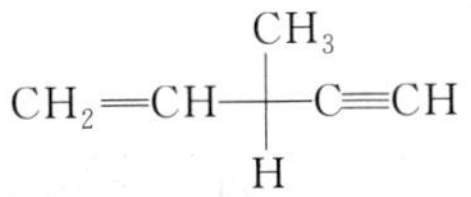
CH_3
CH_2═CH—┼—C≡CH
H

(4) 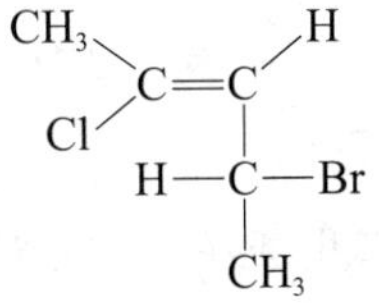 CH_3(Cl)C═C(H)—$\underset{\underset{CH_3}{|}}{C}$H—Br

(5)　　　　　　　　(6)

【解】 (1) 基团优先次序为：$-OH > -CHO > CH_2OH > -H$，将—H远离观察者，其余三个基团由大到小的排列方式为逆时针，故为 S 构型。该化合物应命名为 (S)-2,3-二羟基丙醛。

(2) 基团优先次序为：$-OH > -CH_2Cl > CH_2OH > -H$，前三个基团的排列方式为逆时针，故命名为 ($S$)-3-氯-1,2-丙二醇。

(3) 基团优先次序为：$-C \equiv CH > -CH = CH_2 > -CH_3 > -H$，排列方式为顺时针，故为 R 构型，命名为 (R)-3-甲基-1-戊烯-4-炔。

(4) 基团优先次序为：$-Br > -CH = C(Cl)-CH_3 > -CH_3 > -H$，排列方式为顺时针，故 C^* 为 R-构型；该化合物双键为 Z-构型，命名时应同时标明几何异构体的构型，所以应命名为：($2Z,4R$)-2-氯-4-溴-2-戊烯。

(5) ($2R,3R$)-2,3,4-三羟基丁醛（逐一比较每个手性碳上基团的优先次序）。

(6) (R)-2-环丙烷-2-环戊基丁烷（逐一比较手性碳上基团的优先次序）。

【例题 6】 下列 (A)、(B)、(C)、(D) 四种化合物在哪种情况是有旋光性的？

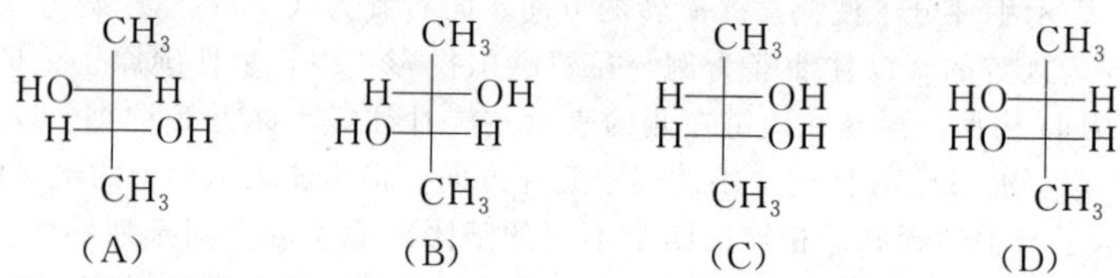

【解】 根据对映体、内消旋体、外消旋体等定义得出：

(1) (A) 单独存在，有旋光性

(2) (B) 单独存在，有旋光性

(3) (C) 和 (D) 为同一物质，单独存在，无旋光性

(4) (A) 和 (B) 的等量混合物，无旋光性

(5) (A) 和 (C) 的等量混合物，有旋光性

(6) (A) 和 (B) 的不等量混合物，有旋光性

【例题 7】 用 R、S 标记法命名酒石酸的三种异构体。

【解】 首先，根据 R、S 标记法判断每个手性碳的构型，然后按照系统命名法命名

(A)　　(B)　　(C)

(A) ($2R,3S$)-2,3-二羟基丁二酸

(B) ($2R,3R$)-2,3-二羟基丁二酸

(C) ($2S,3S$)-2,3-二羟基丁二酸

【例题 8】 1,3-二甲基环戊烷有无顺反异构体和对映异构体？若有，请写出。

【解】 写出1,3-二甲基环戊烷的结构式，经过分析，1,3-二甲基环戊烷有对映异构体，如下：

(A)　　(B)　　(C)

顺-1,3-二甲基环戊烷　　反-1,3-二甲基环戊烷

所以，根据结构式可以看出，顺-1,3-二甲基环戊烷无对映异构体，反-1,3-二甲基环戊烷有对映异

构体。

(A) 为内消旋体（有对称面），(B) 与 (C) 互为对映体，等量混合组成外消旋体，(A) 与 (B)，(A) 与 (C) 互为非对映体。

【例题 9】 分子式为 C_6H_{12} 的开链烃 A，有旋光性。经催化氢化生成无旋光性的 B，分子式为 C_6H_{14}。写出 A 和 B 的结构。

【解】 由于开链烃 A 分子式为 C_6H_{12} 不饱和度为 1，可能是烯烃，根据 A 有旋光性，经催化氢化生成无旋光性的 B，说明 B 有对称性，因此可以推断 A 和 B 的结构如下：

A. $CH_2{=}CH\overset{*}{C}H(CH_3)CH_2CH_3$　　B. $CH_3CH_2CH(CH_3)CH_2CH_3$

习　题

1. 判断下列说法是否正确？为什么？

(1) 具有实物与镜像关系的一对化合物叫对映体。

(2) 手性分子都有旋光性。

(3) 含手性碳原子的分子都有旋光性。

(4) 一个手性化合物的左旋体与右旋体混合组成一个外消旋体。

(5) 含两个手性碳原子的化合物有四个立体异构体。

(6) 没有对称因素是分子具有手性的根本原因。

(7) 含有一个手性碳原子的化合物都具有旋光性。

(8) 有旋光性物质的分子中必有手性碳原子存在。

(9) 在立体化学中，*S* 表示 D-构型，*R* 表示 L-构型。

(10) 非对映体具有完全相同的物理性质。

(11) 顺式异构体都是 *Z* 型的，反式异构体都是 *E* 型的。

(12) 分子无对称面就必然有手性。

(13) 具有手性的分子一定有旋光性。

(14) 有对称中心的分子必无手性。

(15) 对映异构体具有完全相同的化学性质。

2. 下列各化合物有无旋光性？为什么？

(1) $CH_3CH{=}CHCH_3$　(2) $CH_3CH(OH)CH_2CH_3$　(3) 1,2-环己二醇（结构式）　(4) （键线式结构）

(5) Fischer 投影式：上 CHO；H—C—OH；H—C—Cl；下 CH_3　(6) 联苯结构（Cl、I 取代）　(7) 2-甲基四氢呋喃（结构式，CH_3）　(8) 联苯结构（HOOC、HOOC、NO_2 取代）

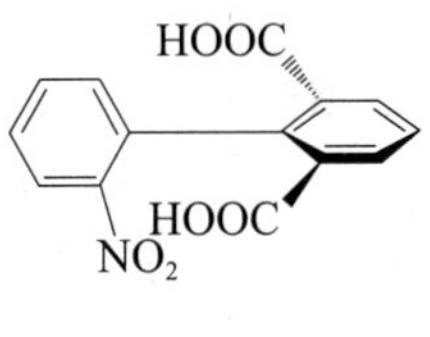

3. 指出下列分子的构型（*R* 或 *S*）。

(1) 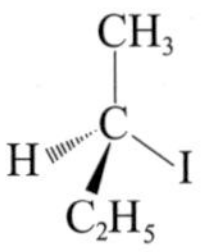 楔形式：CH_3、H、I、C_2H_5　(2) 楔形式：CH_3、I、H、C_2H_5　(3) Fischer 投影式：上 CHO，左 HO，右 H，下 CH_2OH

(4) Fischer 投影式：上 Br，左 CH_3，右 D，下 H　(5) Fischer 投影式：上 H，左 CH_3，右 COOH，下 NH_2　(6) Fischer 投影式：上 H，左 C_2H_5，右 CH_3，下 NH_2

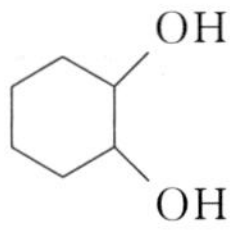

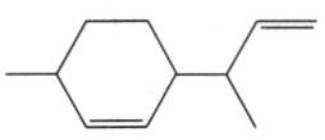

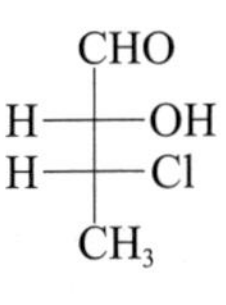

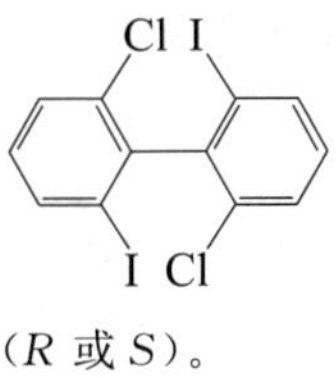

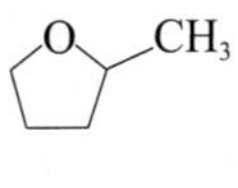

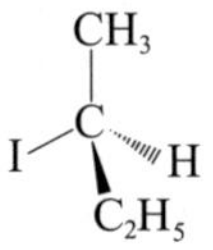

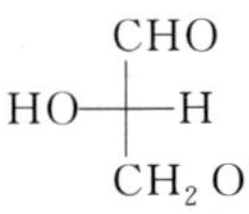

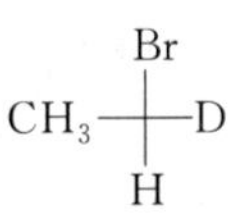

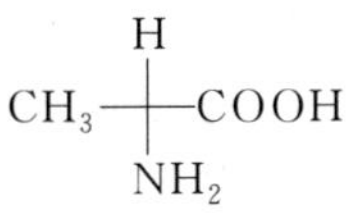

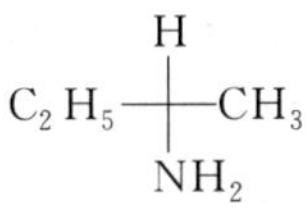

4. 命名下列化合物。

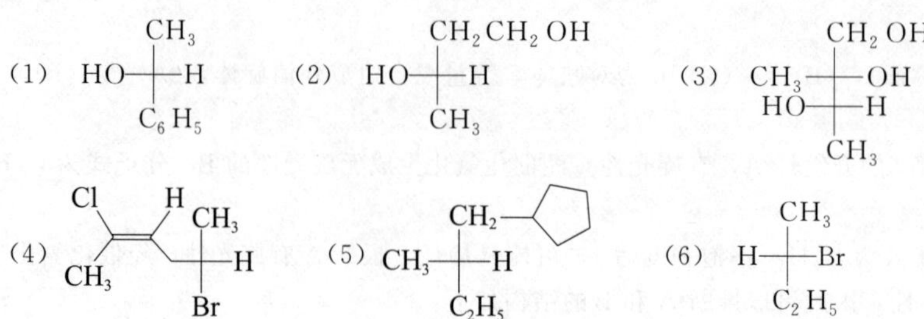

5. 写出下列各化合物的费歇尔投影式。

(1) *S*-2-氯丁烷　　(2) *R*-2-氯-1-丙醇

(3) *S*-2-氨基-3-羟基丙酸　　(4) (2*R*,3*S*)-2,3,4-三羟基丁酸

(5) (2*R*,3*R*)-2,3-二溴丁二酸　　(6) 3*S*-2-甲基-3-苯基丁烷

6. 写出下列各化合物的费歇尔投影式及所有可能的立体异构体，指出哪些是对映体？哪些是非对映体？哪个是内消旋体？

(1) (*S*)-2-甲基-3-戊醇　　(2) (*R*)-3-苯基-3-氯丙烯

(3) (2*S*,3*R*)-2,3-二氯戊烷　　(4) (2*R*,3*R*)-2,3-二氯丁烷

7. 指出下列各组化合物是对映体、非对映体，还是同一物质。

(1) COOH, C, CH_3, C_2H_5, CH_2OH　　COOH, C, C_2H_5, CH_2OH, CH_3

(2) COOH, CH_3—H, C_2H_5　　H, CH_3—COOH, C_2H_5

(3) CH_3, H—OH, C_2H_5　　OH, CH_3, H, H, CH_3, H

(4) CH_3, CH_3, COOH, H, C_2H_5, H　　C_2H_5, H, CH_3, CH_3, H, COOH

(5) COOH, C, CH_3, C_2H_5, Br　　CH_3, CH_3, Br, H, H, COOH

(6) CH_3, H, C, OH, HO, C, H, CH_3　　CH_3, H, OH, H, OH, CH_3

8. 下列化合物各有多少个旋光异构体？指出有几对对映体，可组成几个外消旋体？

(1) CH_3—CHCl—CH_2—CHBr—CH_2—CH_3

(2) CH_3—CHCl—CHBr—CHCl—CH_2—CH_3

9. 将5.654g蔗糖溶解在20mL水中，在20℃时用10cm长的盛液管测得其旋光度为+18.8°。

(1) 计算蔗糖的比旋光度。

(2) 用5cm长的盛液管测定同样的溶液，预计其旋光度会是多少？

(3) 把10mL此溶液稀释到20mL，再用10cm长的盛液管测定，预计其旋光度又会是多少？

10. 用丙烷进行氯代反应，生成四种二氯丙烷A、B、C和D，其中D具有旋光性。当进一步氯代生成三氯丙烷时，A得到一种产物，B得到二种产物，C和D各得到三种产物。写出A、B、C和D的结构式。

11. 某化合物A的分子式为C_6H_{10}，加氢后可生成甲基环戊烷。A经臭氧氧化分解后仅生成一种产物B，B有旋光性。试推导出A、B的结构式。

12. 化合物A的分子式为C_6H_{12}，能使溴水褪色，且无旋光性。A在酸性条件下加1mol H_2O可得到一个有旋光性的醇B，B的分子式为$C_6H_{14}O$；若A在碱性条件下被$KMnO_4$氧化（顺式加成机理），得到一个内消旋的二元醇C，其分子式为$C_6H_{14}O_2$。试推导出A、B、C的结构式。

13. 化合物A的分子式为C_6H_{10}，具有光学活性，分子中无三键，催化加氢后可以得到不具有光学活性的物质B（C_6H_{14}）。试推导A的结构式。

14. 某化合物（A）的分子式为 C_6H_{10}，具有旋光性。可与碱性的硝酸银的氨溶液反应生成灰白色沉淀。若以 Pt 为催化剂氢化催化，则 A 转化为 C_6H_{14}（B），B 无旋光性。试推测 A 和 B 的结构式。

习题参考答案

1.（1）对 （2）对 （3）错 （4）错 （5）错 （6）对 （7）对 （8）错 （9）错 （10）错 （11）错 （12）对 （13）对 （14）对 （15）对

2.（1）无 （2）有 （3）无 （4）有 （5）有 （6）有 （7）有 （8）无

3.（1）(*R*)- （2）(*S*)- （3）(*S*)- （4）(*S*)- （5）(*S*)- （6）(*R*)-

4.（1）(*R*)-1-苯基乙醇

（2）(*S*)-1,3-丁二醇

（3）(2*S*,3*S*)-2-甲基-1,2,3-丁三醇

（4）(2*E*,5*S*)-2-氯-5-溴-2-己烯

（5）(*S*)-2-甲基-1-环戊基丁烷

（6）(*S*)-2-溴丁烷

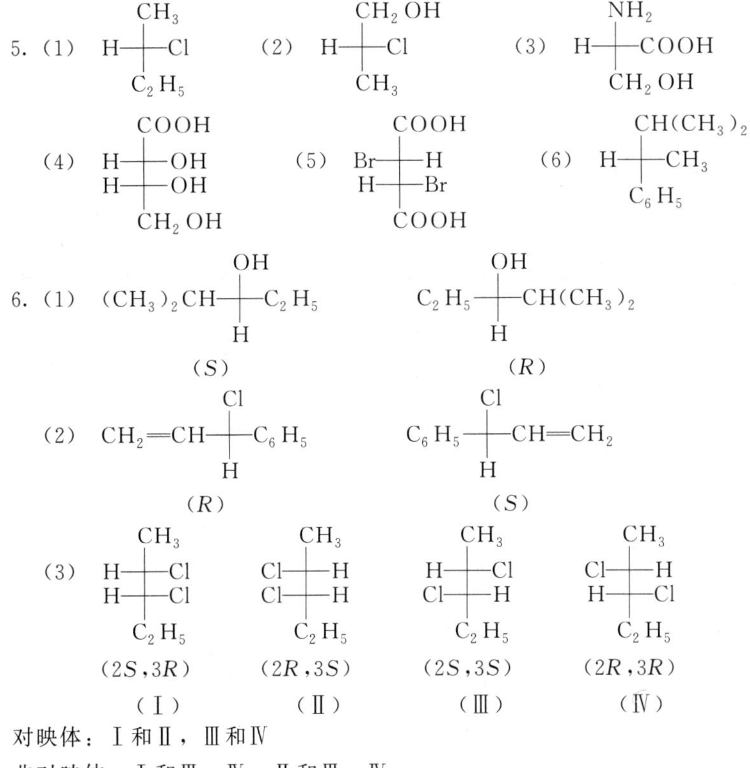

对映体：Ⅰ和Ⅱ，Ⅲ和Ⅳ

非对映体：Ⅰ和Ⅲ、Ⅳ，Ⅱ和Ⅲ、Ⅳ

内消旋体：无

（4）

	Ⅰ	Ⅱ	Ⅲ	Ⅳ
顶端	CH_3	CH_3	CH_3	CH_3
C2	H—+—Cl	Cl—+—H	H—+—Cl	Cl—+—H
C3	H—+—Cl	Cl—+—H	Cl—+—H	H—+—Cl
底端	CH_3	CH_3	CH_3	CH_3
构型	(2*S*,3*R*)	(2*R*,3*S*)	(2*S*,3*S*)	(2*R*,3*R*)

对映体：Ⅲ和Ⅳ

非对映体：Ⅰ和Ⅲ、Ⅳ，Ⅱ和Ⅲ、Ⅳ

内消旋体：Ⅰ，Ⅱ

7.（1）同一物质　（2）对映体　（3）对映体　（4）对映体　（5）对映体　（6）非对映体

8.（1）2 个手性碳原子，4 个旋光异构体，2 对对映体，可组成 2 个外消旋体。

（2）3 个手性碳原子，8 个旋光异构体，4 对对映体，可组成 4 个外消旋体。

9.（1）$[\alpha]_D^{20}=\frac{\alpha}{cL}=\frac{+18.8^\circ}{\frac{5.654}{20}\times 1}=+66.5^\circ$（水）

（2）$+66.5^\circ=\frac{\alpha}{\frac{5.654}{20}\times 0.5}$，$\alpha=+9.4^\circ$（盛液管长度减半，旋光度减半）

（3）$+66.5^\circ=\frac{\alpha}{\frac{5.654}{20\times 2}\times 1}$，$\alpha=+9.4^\circ$（溶液浓度减半，旋光度减半）

10. 分析得：A 只有一种三氯代物，故其结构一定很对称。C 中 2 号碳原子为不对称碳原子。所以，A、B、C、D 的结构式为：

A. 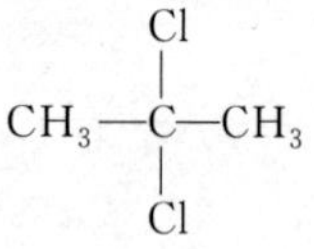 $CH_3-CCl_2-CH_3$（中心碳上连两个 Cl）　B. 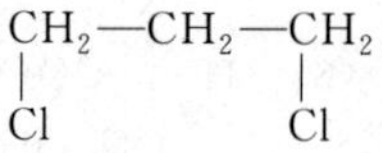 $CH_2Cl-CH_2-CH_2Cl$

C. 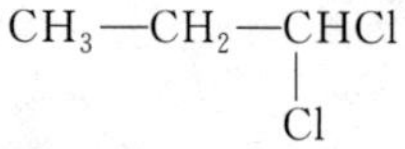 $CH_3-CH_2-CHCl_2$　D. 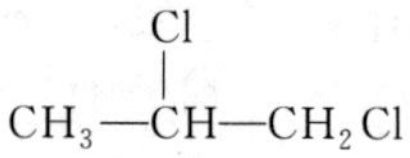 $CH_3-CHCl-CH_2Cl$

11. 通过甲基环戊烷确定 A 的骨架，然后尝试添加双键，只有双键在如图所示的位置时，臭氧氧化还原水解产物才有旋光性。

A、B 的结构式分别是：

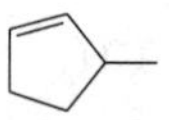

(A) 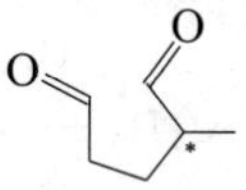　(B)

12. 根据 A 的分子式组成，有 1 个不饱和度，由所给信息可知，A 是烯烃，A 与冷稀高锰酸钾反应生成二元醇是向双键碳原子上引入 2 个羟基，且这个二元醇内消旋说明其分子内对称。所以，A 是 6 个碳的直链化合物，且双键在中间，由此得到 A、B、C 分别为：

A. $CH_3CH_2CH=CHCH_2CH_3$　B. 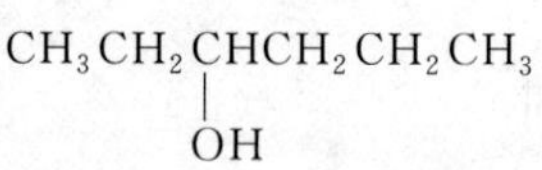 $CH_3CH_2CH(OH)CH_2CH_2CH_3$　C. 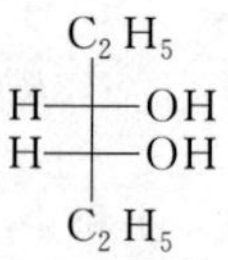 （费歇尔投影式：上 C_2H_5；H—C—OH；H—C—OH；下 C_2H_5）

13. A. 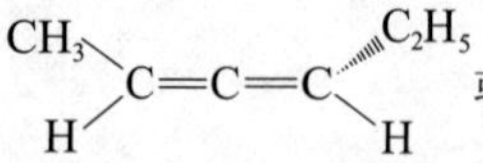 $CH_3(H)C=C=C(H)C_2H_5$ 或 $C_2H_5(H)C=C=C(H)CH_3$

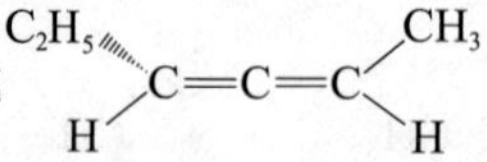

14. 通过 A 可以与硝酸银的氨溶液反应生成白色沉淀反应说明 A 中具有碳碳三键，并且为端炔；A 具有旋光性，说明 A 中可能具有手性碳原子，并且连接的四个基团或原子均不相同，A 的主链可能有三种情况分别为：①6 碳主链，但是 A 无旋光性，不符合题意；②5 碳主链（含一个甲基作为取代基），结构待定；③4 碳主链（含两个甲基作为取代基），但是 A 无旋光性，不符合题意。根据催化氢化后 A 转化为 B，B 的化学式为 C_6H_{14}，为饱和烃，B 无旋光性，那么经过分析 5 碳主链（含一个甲基作为取代基）的结构可以具有对称性。所以 A、B 结构如下：

A. $CH\equiv C-\overset{H}{\underset{CH_3}{+}}-CH_2CH_3$ 或 $CH_3CH_2-\overset{H}{\underset{CH_3}{+}}-C\equiv CH$

B. $CH_3CH_2\underset{\underset{CH_3}{|}}{C}HCH_2CH_3$

卤代烃

Chapter 05

知识点提要

一、卤代烃的概念和分类

卤代烃是指烃分子中的氢原子被卤原子取代后的化合物，简称卤烃。卤代烃可用 R—X 表示，X 代表卤原子（F、Cl、Br、I），是卤代烃的官能团。卤代烃分类见表 2-1。

表 2-1　卤代烃的分类

分类原则	类别
分子中卤原子的种类不同	氟代烃、氯代烃、溴代烃、碘代烃
分子中卤原子的数目的多少	一卤代烃、二卤代烃、多卤代烃
分子中烃基的不同	饱和卤代烃、不饱和卤代烃、芳香族卤代烃
与卤原子相连的碳原子的类型不同	伯卤代烷（一级卤代烷）、仲卤代烷（二级卤代烷）、叔卤代烷（三级卤代烷）
卤原子与双键的相对位置不同	乙烯基型（卤原子和不饱和碳原子直接相连）、隔离型（卤原子和不饱和碳原子之间相隔一个饱和碳原子）、烯丙基型（卤原子和不饱和碳原子之间相隔两个或两个以上饱和碳原子）
卤原子与芳环的相对位置不同	芳基型、苄基型、隔离型卤代芳烃

二、卤代烃的命名

结构比较简单的卤代烷可用普通命名法命名，即根据卤原子连接的烷基，称为“某基卤”，或在烃基名称之前加上卤素的名称，称为“卤（代）某烷”。

复杂的卤代烷可用系统命名法命名，其原则和烷烃的命名相似，即选择连有卤原子的最长碳链作为主链，根据主链碳原子数称为“某烷”，从距支链（烃基或卤原子）最近的一端给主链碳原子依次编号，把支链的位次和名称写在母体名称前，并按次序规则将较优基团排列在后。

三、卤代烃的结构

1. 卤代烷烃的结构与性质分析

C—X 键是极性共价键，在极性试剂作用下，C—X 键易发生异裂。当亲核试剂（带未共用电子对或负电荷的试剂）进攻 α-C 时，卤素带着一对电子离去，亲核试剂提供一对电子与带部分正电荷的 α-C 结合形成新的共价键，从而发生取代反应。亲核受卤原子吸电子诱导效应的影响，卤代烷 β 位上 C—H 键的极性增大，即 β-H 的酸性增强，在强碱性试剂作用下，易脱去 β-H 和卤原子，发生消除反应。

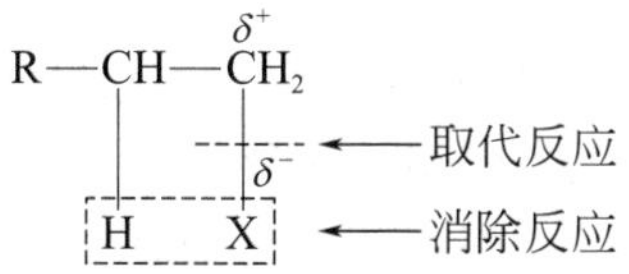

$$R-CH-\overset{\delta^+}{C}H_2 \quad \begin{array}{l} \text{H}\ \ \overset{\delta^-}{X} \end{array}$$

取代反应

消除反应

2. 卤代烯烃和卤代芳烃的结构与性质分析

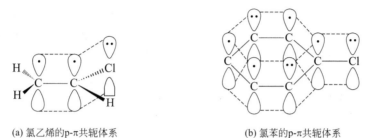

（1）乙烯基型和芳基型卤代烃　卤原子上的 p 电子对与双键或苯环上的 π 电子云相互作用形成 p-π 共轭体系，卤原子产生 $+C$ 效应（见图 2-1）。

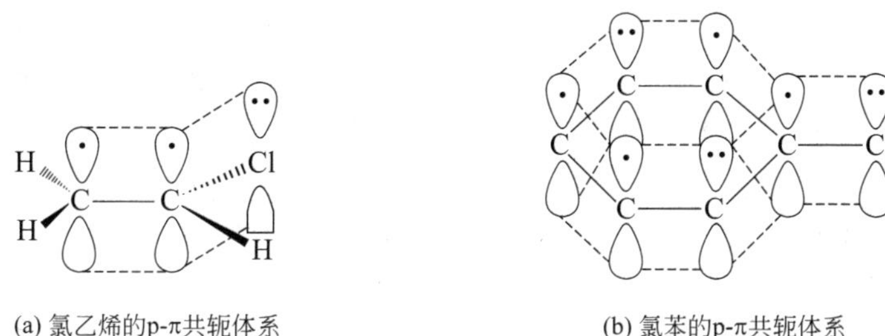

图 2-1　乙烯基型和芳基型卤代烃的 p-π 共轭体系

$+C$ 效应与 $-I$ 效应方向相反，使卤原子的电子云向碳方向偏移，C—Cl 键难以断裂，卤原子的活性比相应的卤代烷弱，在通常情况下不与 NaOH、C_2H_5ONa、NaCN 等亲核试剂发生取代反应，也不与硝酸银的醇溶液共热生成卤化银沉淀。

在乙烯基型卤代烃分子中，由于卤原子的诱导效应较强，C═C 双键上的电子云密度有所下降，所以在进行亲电加成反应时速率较乙烯慢。

当芳基型卤代烃卤原子的邻、对位上有强吸电子基团时，使苯环上和 C—X 键的电子云密度降低，卤原子的活泼性将增强。

（2）烯丙基型和苄基型卤代烃　当 C—X 键异裂后，卤原子离去，形成烯丙基正离子或苄基正离子。碳正离子上的空 p 轨道可以与相邻的 π 轨道形成 p-π 共轭体系。无论是按 S_N1 还是按 S_N2 历程进行取代反应，由于共轭效应使 S_N1 的碳正离子中间体或 S_N2 的过渡态势能降低而稳定，反应易于进行（见图 2-2）。室温下即可与硝酸银的醇溶液发生反应，生成卤化银沉淀。

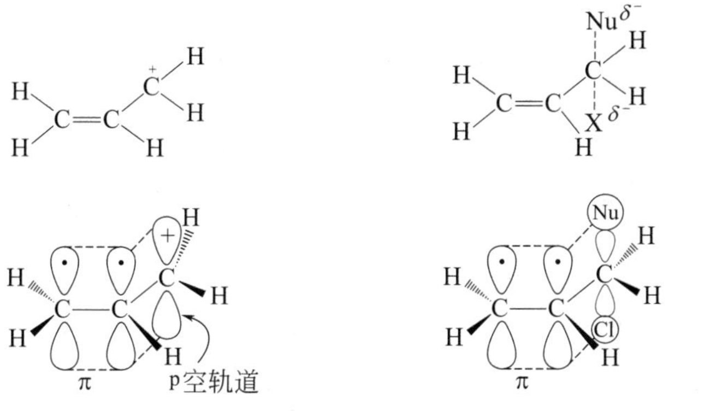

(a) 烯丙基碳正离子的p-π共轭体系　　(b) 烯丙基型卤代烃的S_N2反应过渡态

图 2-2　烯丙基型卤代烃的碳正离子和 S_N2 反应过渡态

（3）隔离型卤代烯烃和卤代芳烃　加热条件下可与硝酸银的醇溶液作用产生卤化银

沉淀。

将三类卤代烯烃和卤代芳烃的亲核取代反应活性次序归纳如下：

烯丙基型卤代烃＞隔离型卤代烯烃＞乙烯基型卤代烃

苄基型卤代烃＞隔离型卤代芳烃＞芳基型卤代烃

四、卤代烷烃的物理性质

① 常温常压下，除氯甲烷、氯乙烷和溴甲烷等是气体外，其他卤代烷是液体，C_{15} 以上的卤代烷为固体。纯净的卤代烷都是无色的，但碘代烷因易受光、热的作用而分解产生游离的碘，故久放后呈棕红色。许多卤代烃都有毒性，特别是含偶数碳原子的氟代烃剧毒。

② 卤代烃难溶于水，易溶于有机溶剂。某些卤代烷如 $CHCl_3$、CCl_4 等本身就是良好的溶剂。

③ 烷基相同而卤原子不同时，其沸点随卤素的原子序数增加而升高。在卤代烷的同分异构体中，直链异构体的沸点最高，支链越多，沸点越低。

五、卤代烃的化学性质

1. 卤代烷烃的化学性质

① 由于C—X键易发生异裂，带部分正电荷的 α-C 键易被负离子或具有未共用电子对的分子进攻发生亲核取代反应。

② 卤代烷在 KOH 或 NaOH 等强碱的醇溶液中加热，发生消除反应。反应的主要产物是脱去含氢较少的 β-C 原子上的氢，生成双键碳原子上连有最多烃基的烯烃，即札依采夫烯烃。若消除产物有可能生成共轭烯烃时，则消除方向总是向有利于生成共轭烯烃。

③ 卤代烷与钠、镁等金属反应。

2. 卤代烯烃和卤代芳烃的化学性质

① 乙烯型卤代烯烃的亲电加成反应，产物的选择性符合马尔科夫尼科夫规则。

② 卤代芳烃芳环上的亲核取代反应。卤代芳烃的卤原子很难被—OH、—OR、—NH_2 和—CN 等亲核试剂取代，而当卤苯分子的卤原子的邻、对位上有硝基等吸电子基团时，卤原子的活泼性增加。吸电子基的吸电子能力越强、数目越多，活性越强。

卤代烷烃的化学性质

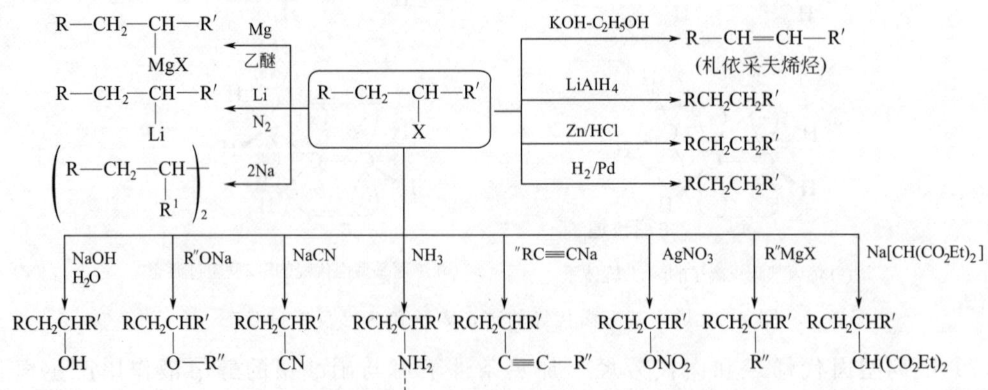

格氏试剂（R-MgX）的化学性质

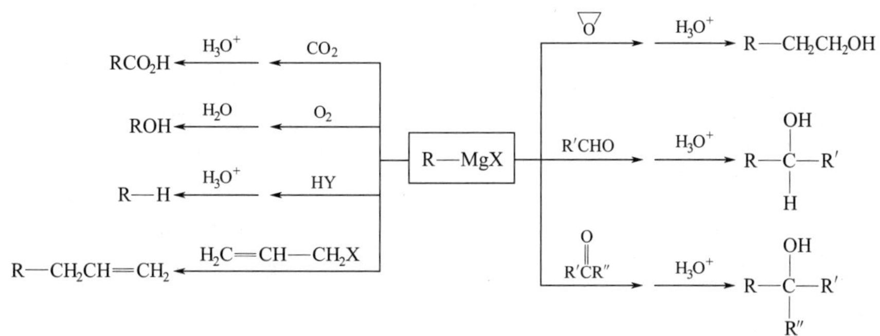

氯苯的化学性质

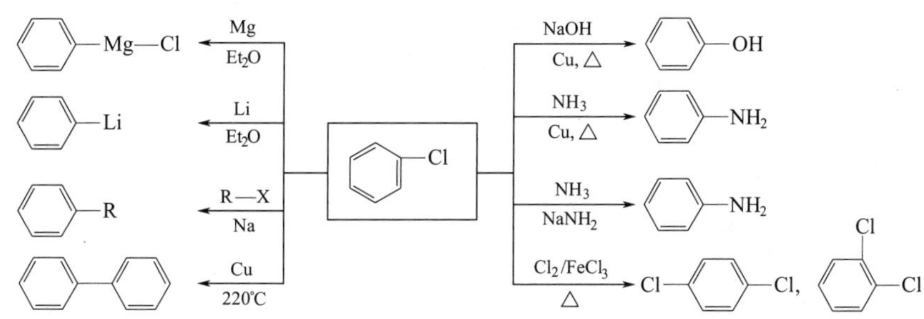

苄基氯的化学性质

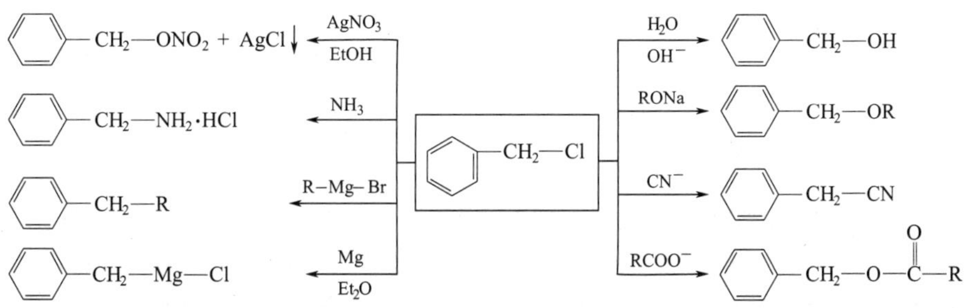

例题及解析

【例题 1】 命名下列化合物。

(1) $CH_3-\underset{\substack{|\\Cl}}{CH}-CH_2-\underset{\substack{|\\CH_3}}{CH}-CH_2-CH_3$

(2) $CH_3-\overset{\substack{Br\\|}}{\underset{\substack{|\\CH_3}}{C}}-CH_2Br$

(3) $\underset{H}{\overset{C_2H_5}{}}\!\!\!\;\;C=C\;\;\underset{CH_3}{\overset{Cl}{}}$

(4) $CH_2=CH-\overset{\substack{CH_3\\|}}{\underset{\substack{|\\Br}}{C}}-CH_3$

(5) 1-溴-2-甲基-4-乙基环己烷结构式（Br、CH_3、C_2H_5 取代的环己烷）　　(6) 环己烯-Br

(7) $C_6H_5-CH_2CH_2CH_2Cl$　　(8) 1-叔丁基-3-氯-5-溴苯结构式（$H_3C-C(CH_3)-CH_3$、Cl、Br）

(9) 萘-I　　(10) $C_6H_5-CH_2-Cl$

【解】 解答卤代烃命名题时，把卤原子作为取代基，遵循系统命名规则进行编号命名。

(1) 4-甲基-2-氯己烷　　(2) 2-甲基-1,2-二溴丙烷

(3) (*Z*)-2-氯-2-戊烯　　(4) 3-甲基-3-溴-1-丁烯

(5) 2-甲基-4-乙基-1-溴环己烷　　(6) 4-溴环己烯

(7) 1-苯基-3-氯丙烷　　(8) 3-氯-5-溴叔丁基苯

(9) 2-碘代萘　　(10) 苄基氯

【例题 2】 完成下列反应方程式。

(1) $C_6H_5CHClC_6H_5 + CH_3ONa \xrightarrow{ROH}$

(2) 环丁基$-CH_2Br + CN^- \longrightarrow$

(3) 环己烯基$-Cl \xrightarrow[C_2H_5OH,\triangle]{KOH}$

(4) $Cl-C_6H_4-CHClCH_3 + H_2O \xrightarrow{NaHCO_3}$

(5) $Br-C_6H_4-Cl + Mg \xrightarrow{(C_2H_5)_2O}$

(6) 环己烯 $+ NBS \xrightarrow{CCl_4}$

(7) $CH_3C\equiv CH + CH_3MgI \longrightarrow$

(8) $(CH_3)_2HC-C_6H_4-NO_2 + Br_2 \xrightarrow{Fe} A \xrightarrow[h\nu]{Cl_2} B$

【解】 (1)、(2)、(4) 亲核取代；(3) 消除反应；(5) 卤代烃与镁反应生成格氏试剂的活性为 C—Br 键大于 C—Cl 键；(6) 烯烃的 α-H 取代反应；(7) 格氏试剂与含活泼 H 的化合物反应；(8) 芳环发生亲电取代反应时，邻、对位定位基的定位能力强于间位定位基，然后再发生的侧链自由基取代。

(1) $C_6H_5CHClC_6H_5 + CH_3ONa \xrightarrow{ROH} C_6H_5CH(OCH_3)C_6H_5$

(2) 环丁基$-CH_2Br + CN^- \longrightarrow$ 环丁基$-CH_2CN$

(3) 环己烯基$-Cl \xrightarrow[C_2H_5OH,\triangle]{KOH}$ 1,3-环己二烯

(4) $Cl-C_6H_4-CHClCH_3 + H_2O \xrightarrow{NaHCO_3} Cl-C_6H_4-CH(OH)CH_3$

(5) $Br-C_6H_4-Cl + Mg \xrightarrow{(C_2H_5)_2O} BrMg-C_6H_4-Cl$

(6) 环己烯 + NBS $\xrightarrow{CCl_4}$ 3-溴环己烯（环己烯环上—Br）

(7) $CH_3C\equiv CH + CH_3MgI \longrightarrow CH_3C\equiv CMgI + CH_4$

(8) $(CH_3)_2CH-C_6H_4-NO_2 + Br_2 \xrightarrow{Fe} (CH_3)_2CH-C_6H_3(Br)-NO_2$（Br 位于异丙基邻位）

$\xrightarrow[h\nu]{Cl_2} (CH_3)_2C(Cl)-C_6H_3(Br)-NO_2$

【例题 3】 怎样合成乙基叔丁基醚？

【解】 制备混合醚用卤代烷与醇钠的醇溶液作用，卤原子被烷氧基取代生成醚。

一般选用伯卤代烷为原料，因为在碱性条件下，仲、叔卤代烷容易发生消除反应而生成烯烃。所以制备乙基叔丁基醚，不能使用叔丁基卤。

$$(CH_3)_3C-ONa + C_2H_5Cl \longrightarrow C_2H_5-O-C(CH_3)_3 + NaCl$$

$$(CH_3)_3C-Cl + C_2H_5ONa \longrightarrow CH_2=C(CH_3)-CH_3 + C_2H_5OH + NaCl$$

【例题 4】 为什么可用硝酸银的醇溶液来定性鉴定卤代烷？

$$R-X + AgNO_3 \xrightarrow{ROH} R-ONO_2 + AgX\downarrow$$

【解】 伯卤代烷在 Ag^+ 存在下，由于 Ag^+ 能促使 C—X 键的解离，形成碳正离子，故而反应按 S_N1 历程进行。

$$RX + Ag^+ \rightleftharpoons \overset{\delta+}{R}\cdots X\cdots \overset{\delta+}{Ag} \rightleftharpoons R^+ + AgX\downarrow$$

伯卤代烷与硝酸银的乙醇溶液在室温时反应很慢，加热后才有 AgX 沉淀生成，而叔卤代烷与硝酸银的乙醇溶液在室温下很快反应产生沉淀。

【例题 5】 举例分析乙烯基卤代烯烃的亲电加成反应产物。

【解】 氯乙烯发生亲电加成反应，产物的选择性符合马尔科夫尼科夫规则。

$$CH_2=CH-Cl + HCl \longrightarrow CH_3-CH(Cl)-Cl$$

这是因为，反应按照亲电加成机理，生成中间体Ⅰ和Ⅱ，中间体Ⅰ由于卤素的吸电子诱导效应而使得碳正离子的稳定性降低，而中间体Ⅱ则由于 p-π 共轭效应使得碳正离子稳定，所以反应主要按途径 2（即马尔科夫尼科夫规律方向）生成产物。

$$CH_2=CH-Cl + H^+ \xrightarrow{①} \overset{+}{C}H_2-CH_2-Cl\ (\text{I})$$

$$CH_2=CH-Cl + H^+ \xrightarrow{②} CH_3-\overset{+}{C}H-\ddot{Cl}\ (\text{II}) \xrightarrow{Cl^-} CH_3-CH(Cl)-Cl$$

【例题 6】 为什么一卤代烷的沸点随碳原子数的增加而升高，并且比相应母体烃的沸点高？

【解】 除了因为分子量增加的因素而使沸点升高外，还因为 C—X 键的极性增加了分子间的范德华引力，所以沸点更高。

【例题 7】 为什么不能用以下化合物制备格氏试剂？

(1) $HO—CH_2CH_2—I$

(2) HO—⟨环己基⟩—I

(3) $HC \equiv CCH_2CH_2—I$

(4) $CH_3CH=CHCH_2I$

【解】 格氏试剂能与有活泼 H 的物质（HY）发生反应，且格氏试剂能与活性强的卤代烃发生偶合。如：

$$R—MgX + HY \longrightarrow RH + MgXY$$

$$RCH=CHCH_2MgI + RCH=CHCH_2I \longrightarrow RCH=CHCH_2CH_2CH=CHR$$

(1)(2)(3) 都有活泼 H；(4) 是活性强的卤代烃。

【例题 8】 完成下列转变。

(1) $\underset{\displaystyle Cl}{\underset{|}{CH_2}}CH_2CH_3 \longrightarrow CH_3—\underset{\displaystyle OH}{\underset{|}{CH}}—CH_3$

(2) $CH_2=CH_2 \longrightarrow CH_3—\underset{\displaystyle Br}{\underset{|}{CH}}—Br$

(3) $CH_3—\underset{\displaystyle I}{\underset{|}{CH}}—CH_3 \longrightarrow \underset{\displaystyle Cl}{\underset{|}{CH_2}}\underset{\displaystyle Cl}{\underset{|}{CH}}\underset{\displaystyle Cl}{\underset{|}{CH_2}}$

【解】 (1) $\underset{\displaystyle Cl}{\underset{|}{CH_2}}CH_2CH_3 \xrightarrow[C_2H_5OH，\triangle]{KOH} CH_2=CHCH_3 \xrightarrow[H_2O]{H_3O^+} CH_3—\underset{\displaystyle OH}{\underset{|}{CH}}—CH_3$

(2) $CH_2=CH_2 \xrightarrow{Br_2} \underset{\displaystyle Br}{\underset{|}{CH_2}}—\underset{\displaystyle Br}{\underset{|}{CH_2}} \xrightarrow[C_2H_5OH，\triangle]{KOH} CH_2=CHBr \xrightarrow{HBr} CH_3—\underset{\displaystyle Br}{\underset{|}{CH}}—Br$

或：

$$CH_2=CH_2 \xrightarrow{Br_2} \underset{\displaystyle Br}{\underset{|}{CH_2}}—\underset{\displaystyle Br}{\underset{|}{CH_2}} \xrightarrow[C_2H_5OH，\triangle]{KOH} CH \equiv CH \xrightarrow{HBr} CH_2=\underset{\displaystyle Br}{\underset{|}{CH}} \xrightarrow{HBr} CH_3—\underset{\displaystyle Br}{\underset{|}{CH}}—Br$$

(3) $CH_3—\underset{\displaystyle I}{\underset{|}{CH}}—CH_3 \xrightarrow[C_2H_5OH，\triangle]{KOH} CH_2=CHCH_3 \xrightarrow[高温]{Cl_2} CH_2=CHCH_2Cl \xrightarrow[CCl_4]{Cl_2} \underset{\displaystyle Cl}{\underset{|}{CH_2}}\underset{\displaystyle Cl}{\underset{|}{CH}}\underset{\displaystyle Cl}{\underset{|}{CH_2}}$

【例题 9】 某烃 C_3H_6（A）在低温时与氯作用生成 $C_3H_6Cl_2$（B），在高温时则生成 C_3H_5Cl(C)。使 C 与乙基碘化镁反应得 C_5H_{10}（D），后者与 NBS 作用生成 C_5H_9Br（E）。使 E 与氢氧化钾的乙醇溶液共热，主要生成 C_5H_8（F），后者又可与顺丁烯二酸酐反应得 G。写出 A～G 的结构及各步的反应式。

【解】 烯烃（A）在低温时发生加成反应生成 B，高温时发生 α-H 自由基取代反应生成 C。卤代烃（C）与格氏试剂发生偶联反应生成 D。D 发生 α-H 自由基取代反应生成 E。E 发生消除反应生成共轭二烯（F），F 可与亲双烯体发生狄尔斯-阿尔德反应。

$$\underset{A}{CH_3—CH=CH_2} \xrightarrow{Cl_2} \underset{B}{CH_3—CHCl—CH_2Cl}$$

$$\underset{A}{CH_3—CH=CH_2} \xrightarrow[550℃]{Cl_2} \underset{C}{ClCH_2—CH=CH_2}$$

$$\underset{C}{ClCH_2—CH=CH_2} \xrightarrow{C_2H_5MgI} \underset{D}{CH_3—CH_2—CH_2—CH=CH_2}$$

$$D \xrightarrow{NBS} CH_3-CH_2-CHBr-CH=CH_2$$

E

$$E \xrightarrow{KOH/EtOH} CH_3-CH=CH-CH=CH_2$$

F

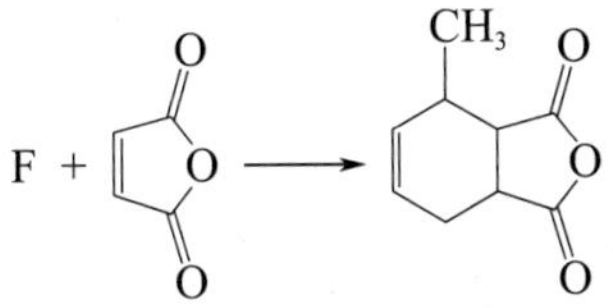

F + 顺丁烯二酸酐 ⟶ G

【例题 10】 某烃 C_4H_8（A）在较低温度下与氯作用生成 $C_4H_8Cl_2$（B），在较高温度下作用则生成 C_4H_7Cl（C），C 与 NaOH 水溶液作用生成 C_4H_7OH(D)；C 与 NaOH 醇溶液作用生成 C_4H_6（E）；E 能与顺丁烯二酸酐反应，生成 $C_8H_8O_3$（F）。试推测 A～F 的结构式。

【解】 A. $CH_2=CHCH_2CH_3$　B. $CH_2Cl-CHClCH_2CH_3$　C. $CH_2=CHCHClCH_3$

D. $CH_2=CHCH(OH)CH_3$　E. $CH_2=CH-CH=CH_2$　F.

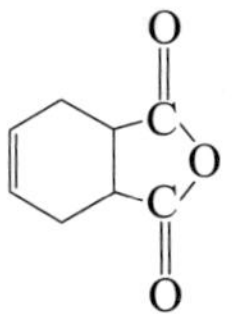

习　题

1. 写出分子式为 $C_5H_{11}Cl$ 的所有同分异构体，命名并指出其中的伯、仲、叔卤代烷。

2. 写出乙苯的各种一氯取代物的结构式，用系统命名法命名，并说明它们在化学活性上相当于哪一类卤代芳烃。

3. 命名下列化合物。

（1） $CH_3CH(CH_2CH_3)CHBrCH_3$　　（2） $CH_3CH_2CH(CH_2Cl)CH_2CH_3$

（3） 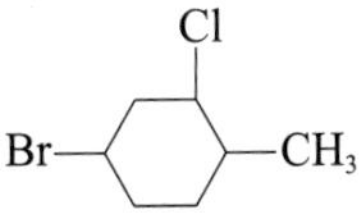 1-Br, 3-Cl, 4-CH_3 取代环己烷（Br—◯—CH_3，Cl）　　（4） $CH_2=C(CH_3)CHBrCH_2CH_3$

（5） 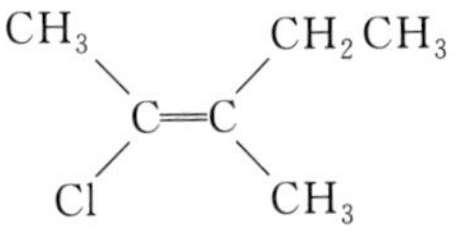 $(CH_3)(Cl)C=C(CH_2CH_3)(CH_3)$　　（6） 环己基—$CH=CHCBr=CH_2$

（7） Br—C_6H_4—CH_2Cl　　（8） C_6H_5—$C(CH_3)=C(CH_3)Br$ 即 $C_6H_5CH(CH_3)$… 如图：C_6H_5—$\overset{CH_3}{C}$=CHBr

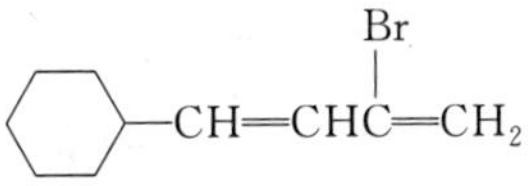

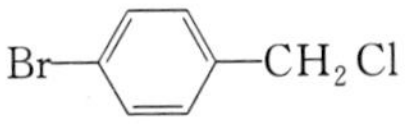

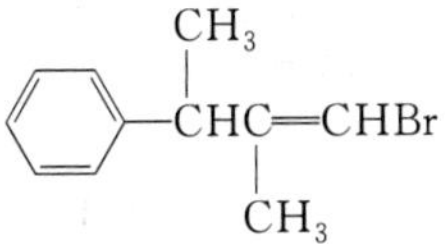

4. 完成下列反应式。

（1） $CH_3CH=CH_2+HBr \xrightarrow{过氧化物} ? \xrightarrow{(CH_3)_2CHONa} ?$

（2） 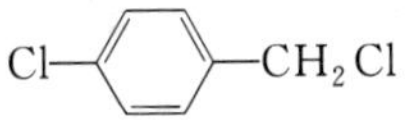 Cl—C_6H_4—CH_2Cl $+NaCN \xrightarrow{C_2H_5OH} ? \xrightarrow[H^+]{H_2O} ?$

（3） $CH_3CH_2CH=CH_2+HBr \longrightarrow ? \xrightarrow{NaCN} ? \xrightarrow[H^+]{H_2O} ?$

(4) $C_6H_5CH_3$ $\xrightarrow{?}$ 对氯甲苯（p-$ClC_6H_4CH_3$） $\xrightarrow{?}$ p-$ClC_6H_4CH_2Cl$ $\xrightarrow{?}$ p-$ClC_6H_4CH_2OH$

(5) 环戊二烯 + Br_2 $\longrightarrow$? $\xrightarrow[H_2O]{NaOH}$?

(6) CH_3CH_2I+ $CH_3CH_2C\equiv CNa$ $\longrightarrow$?

(7) $CH_3CHBrCH_2CH_3$ +KOH $\xrightarrow{ROH}$? $\xrightarrow{Br_2}$? $\xrightarrow[ROH]{KOH}$? $\xrightarrow{CH_2=CH-CN}$?

(8) 1-甲基-2-溴环己烷 $\xrightarrow[C_2H_5OH,\triangle]{KOH}$? $\xrightarrow[H^+]{KMnO_4}$?

(9) $C_6H_5CH_2Br$ +Mg $\xrightarrow{无水乙醚}$? $\xrightarrow[②H_2O]{①CO_2}$?

(10) 3,4-二氯硝基苯 +$NaOCH_3$ $\xrightarrow{CH_3OH}$?

5. 用化学方程式表示1-溴丁烷与下列试剂反应的主要产物。

(1) $NaOH/H_2O$　(2) NaOH/醇　(3) NaCN/醇　(4) $AgNO_3$/醇　(5) $CH_3CH_2NH_2$

(6) CH_3CH_2OK　(7) 丙炔钠　(8) Mg/无水乙醚　(9) 苯/无水 $AlCl_3$

6. 判断下列各组化合物发生指定反应的活性次序。

(1) 1-溴丁烷、1-氯丁烷、1-碘丁烷进行 S_N1 反应

(2) 2-甲基-2-溴丁烷、2-甲基-3-溴丁烷、2-甲基-1-溴丁烷进行 S_N1 反应

(3) $Cl-C_6H_4-NO_2$，$Cl-C_6H_4-CH_2Cl$，$C_6H_5-CH_2Cl$ 进行 S_N1 反应

(4) 1-氯环己烷、1-溴环己烷、1-碘环己烷进行 S_N2 反应

(5) 1-溴丁烷、2-甲基-2-溴丙烷、2-溴丁烷进行 S_N2 反应

(6) 1-溴丙烷、1-氯丙烷、1-碘丙烷在同等条件下发生脱卤化氢的反应

(7) 2-甲基-1-溴丁烷、2-甲基-2-溴丁烷、2-甲基-3-溴丁烷在同等条件下发生脱卤化氢的反应

7. 用化学方法鉴别下列各组化合物。

(1) 3-溴丙烯、2-溴丙烯、2-溴-2-甲基丙烷

(2) 4-甲基-1-溴环己烯（三种环己烯异构体：CH_3—环己烯—Br）

(3) 氯化苄、对氯甲苯、1-苯基-2-氯乙烷

(4) 氯苯、环己基氯、3-氯环己烯

8. 完成下列转化。

(1) $CH_3-CH_2-CH_2-Cl \longrightarrow CH_3-CH(NH_2)-CH_3$

(2) 氯代环己烷 $\longrightarrow$ 1,2,3-三溴环己烷

(3) $CH_3CH{=}CH_2 \longrightarrow CH_3CH_2CH_2{-}O{-}CH(CH_3)_2$

(4) $CH_3CH{=}CH_2 \longrightarrow \underset{\displaystyle OH}{CH_2}{-}\underset{\displaystyle Cl}{CH}{-}\underset{\displaystyle Cl}{CH_2}$

(5) $CH_2{=}CH_2 \longrightarrow HOOCCH_2CH_2COOH$

(6) $C_6H_6 \longrightarrow C_6H_5{-}CH_2COOH$

(7) $CH_3CH_2CH_2CH_2Br \longrightarrow CH_3CH{=}CHCH_3$

9. 某烃 A 的分子式为 C_5H_{10}，不与高锰酸钾作用，在紫外光照射下与溴作用只得到一种一溴取代物 B（C_5H_9Br）。将化合物 B 与 KOH 的醇溶液作用得到 C（C_5H_8），化合物 C 经臭氧化并在 Zn 粉存在下水解得到戊二醛（$OCHCH_2CH_2CH_2CHO$）。写出化合物 A 的结构式及各步反应方程式。

10. 三个芳香族化合物 A、B、C 的分子式均为 $C_6H_4NO_2Br$，当 A、B 与 KOH 共热时，形成羟基化合物 $C_6H_4NO_2OH$，C 在相同的条件下不发生反应，试推测化合物 A、B、C 的结构式。

11. 某化合物 A 与溴作用生成含有三个卤原子的化合物 B。A 能使碱性高锰酸钾水溶液褪色，并生成含有一个溴原子的邻位二元醇。A 很容易与氢氧化钾水溶液作用生成化合物 C 和 D，C 和 D 氢化后分别生成互为异构体的饱和一元醇 E 和 F，E 分子内脱水后可生成两种异构化合物，而 F 分子内脱水后只生成一种化合物，这些脱水产物都能被还原成正丁烷。试推测化合物 A、B、C、D、E 和 F 的结构式。

习题参考答案

1. $CH_3CH_2CH_2CH_2CH_2Cl$
1-氯戊烷（伯卤代烷）

$CH_3CH_2CH_2\overset{\displaystyle Cl}{C}HCH_3$
2-氯戊烷（仲卤代烷）

$CH_3CH_2\overset{\displaystyle Cl}{C}HCH_2CH_3$
3-氯戊烷（仲卤代烷）

$CH_3\overset{\displaystyle CH_3}{C}HCH_2CH_2Cl$
3-甲基-1-氯丁烷（伯卤代烷）

$CH_3\overset{\displaystyle CH_3}{C}H\underset{\displaystyle Cl}{C}HCH_3$
2-甲基-3-氯丁烷（仲卤代烷）

$CH_3\overset{\displaystyle CH_3}{\underset{\displaystyle Cl}{C}}CH_2CH_3$
2-甲基-2-氯丁烷（叔卤代烷）

$CH_3CH_2\overset{\displaystyle CH_3}{C}HCH_2Cl$
2-甲基-1-氯丁烷（伯卤代烷）

$CH_3{-}\overset{\displaystyle CH_3}{\underset{\displaystyle CH_3}{C}}{-}CH_2Cl$
2，2-二甲基-1-氯丙烷（伯卤代烷）

2. $C_6H_5{-}CH_2CH_2Cl$
1-苯基-2-氯乙烷（隔离型卤代芳烃）

$C_6H_5{-}\underset{\displaystyle Cl}{C}HCH_3$
1-苯基-1-氯乙烷（苄基型卤代烃）

$o\text{-}ClC_6H_4{-}CH_2CH_3$
邻氯乙苯（芳基型卤代烃）

$m\text{-}ClC_6H_4{-}CH_2CH_3$
间氯乙苯（芳基型卤代烃）

$\ce{CH2CH3}$ (对位 Cl 取代苯环)

对氯乙苯（芳基型卤代烃）

3. (1) 3-甲基-2-溴戊烷　　(2) 2-乙基-1-氯丁烷

(3) 1-甲基-2-氯-4-溴环己烷　　(4) 2-甲基-3-溴-1-戊烯

(5) 反-3-甲基-2-氯-2-戊烯　　(6) 1-环己基-3-溴-1，3-丁二烯

(7) 对溴苄基氯　　(8) 2-甲基-3-苯基-1-溴-1-丁烯

4. (1) $CH_3CH_2CH_2Br$，$CH_3CH_2CH_2OCH(CH_3)_2$

(2) $Cl-C_6H_4-CH_2CN$ ，$Cl-C_6H_4-CH_2COOH$

(3) $CH_3-CH_2-CH(Br)-CH_3$ ，$CH_3-CH_2-CH(CN)-CH_3$ ，$CH_3-CH_2-CH(COOH)-CH_3$

(4) $\xrightarrow[Fe]{Cl_2}$，$\xrightarrow[光]{Cl_2}$，$\xrightarrow[H_2O]{NaOH}$

(5) 3,4-二溴环戊烯 + 3,5-二溴环戊烯，3,4-二羟基环戊烯 + 3,5-二羟基环戊烯（Br—环戊烯—Br，HO—环戊烯—OH）

(6) $CH_3CH_2C\equiv CCH_2CH_3$

(7) $CH_3CH=CHCH_3$，$CH_3-CH(Br)-CH(Br)-CH_3$ ，$CH_2=CH-CH=CH_2$，4-氰基环己烯（环己烯—CN）

(8) 1-甲基环己烯（CH_3），$CH_3\overset{O}{\overset{\|}{C}}CH_2CH_2CH_2CH_2COOH$

(9) $C_6H_5-CH_2MgBr$ ，$C_6H_5-CH_2COOH$

(10) $CH_3O-C_6H_3(Cl)-NO_2$（Cl 位于 CH_3O 邻位，NO_2 位于 CH_3O 对位）

5. (1) $CH_3CH_2CH_2CH_2OH$　　(2) $CH_3CH_2CH=CH_2$

(3) $CH_3CH_2CH_2CH_2CN$　　(4) $CH_3CH_2CH_2CH_2ONO_2$

(5) $CH_3CH_2CH_2CH_2NHCH_2CH_3$　　(6) $CH_3CH_2CH_2CH_2OC_2H_5$

(7) $CH_3CH_2CH_2CH_2C\equiv CCH_3$　　(8) $CH_3CH_2CH_2CH_2MgBr$

(9) $C_6H_5-CH(CH_3)CH_2CH_3$

6. (1) 1-碘丁烷>1-溴丁烷>1-氯丁烷

(2) 2-甲基-2-溴丁烷>2-甲基-3-溴丁烷>2-甲基-1-溴丁烷

(3) $Cl-C_6H_4-CH_2Cl$ > $C_6H_5-CH_2Cl$ > $Cl-C_6H_4-NO_2$

(4) 1-碘环己烷>1-溴环己烷>1-氯环己烷

(5) 1-溴丁烷>2-溴丁烷>2-甲基-2-溴丙烷

(6) 1-碘丙烷>1-溴丙烷>1-氯丙烷

（7）2-甲基-2-溴丁烷＞2-甲基-3-溴丁烷＞2-甲基-1-溴丁烷

7.

（1）$CH_2{=}CH{-}CH_2Br$，$CH_2{=}C(Br){-}CH_3$，$(CH_3)_3CBr$ $\xrightarrow[C_2H_5OH]{AgNO_3}$

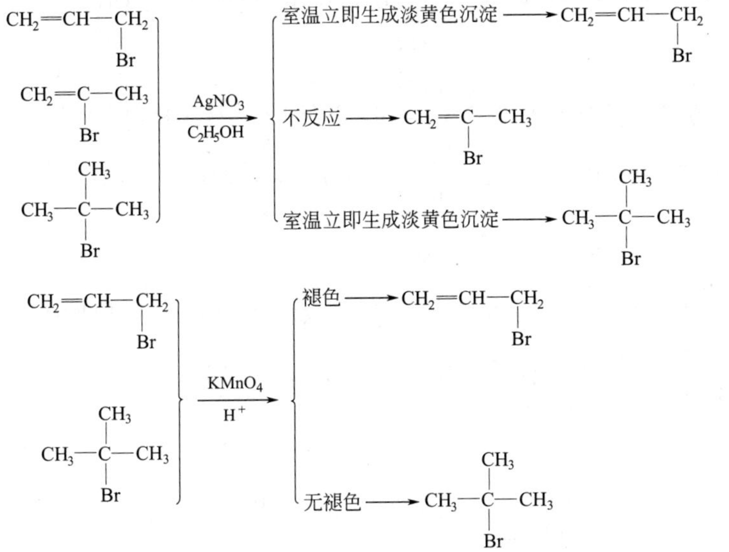

- 室温立即生成淡黄色沉淀 ⟶ $CH_2{=}CH{-}CH_2Br$
- 不反应 ⟶ $CH_2{=}C(Br){-}CH_3$
- 室温立即生成淡黄色沉淀 ⟶ $(CH_3)_3CBr$

$CH_2{=}CH{-}CH_2Br$，$(CH_3)_3CBr$ $\xrightarrow[H^+]{KMnO_4}$

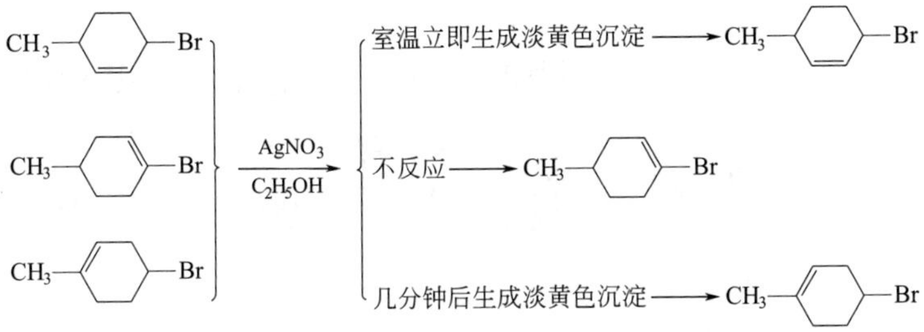

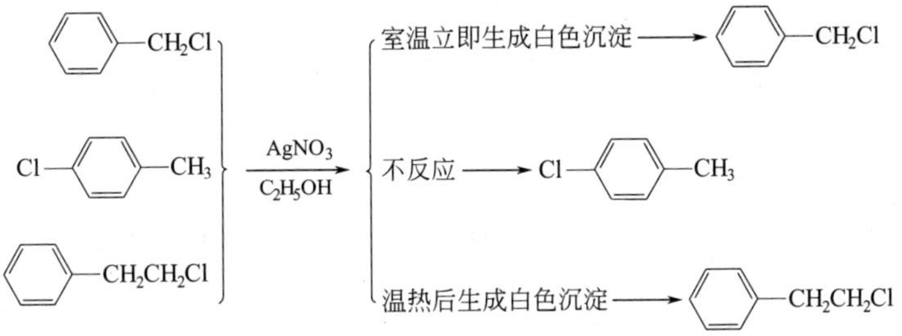

- 褪色 ⟶ $CH_2{=}CH{-}CH_2Br$
- 无褪色 ⟶ $(CH_3)_3CBr$

（2）CH_3— —Br，CH_3— —Br，CH_3— —Br $\xrightarrow[C_2H_5OH]{AgNO_3}$

- 室温立即生成淡黄色沉淀 ⟶ CH_3— —Br
- 不反应 ⟶ CH_3— —Br
- 几分钟后生成淡黄色沉淀 ⟶ CH_3— —Br

（3）—CH_2Cl，Cl— —CH_3，—CH_2CH_2Cl $\xrightarrow[C_2H_5OH]{AgNO_3}$

- 室温立即生成白色沉淀 ⟶ —CH_2Cl
- 不反应 ⟶ Cl— —CH_3
- 温热后生成白色沉淀 ⟶ —CH_2CH_2Cl

（4）—Cl，—Cl，—Cl $\xrightarrow[C_2H_5OH]{AgNO_3}$

- 不反应 ⟶ —Cl
- 几分钟后生成白色沉淀 ⟶ —Cl
- 室温立即生成白色沉淀 ⟶ —Cl

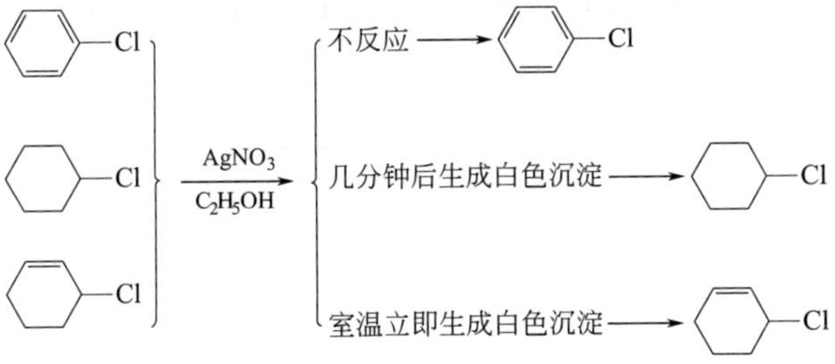

8.（1）$CH_3CH_2CH_2Cl \xrightarrow[C_2H_5OH,\triangle]{KOH} CH_3CH{=}CH_2 \xrightarrow{HBr} CH_3CHBrCH_3 \xrightarrow{NH_3} CH_3{-}CH(NH_2){-}CH_3$

（2）—Cl $\xrightarrow[C_2H_5OH,\triangle]{KOH}$ ⟶ $\xrightarrow{NBS}$ —Br $\xrightarrow{Br_2}$ Br, Br, Br

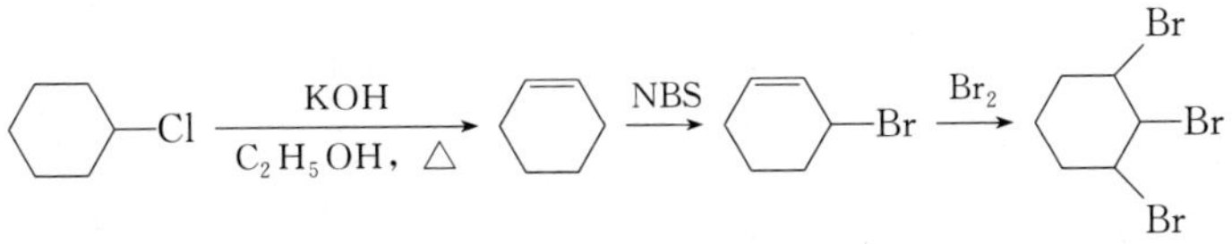

(3) $CH_3CH=CH_2 \xrightarrow{HBr} CH_3\underset{}{\overset{Br}{C}}HCH_3 \xrightarrow[KOH]{H_2O} CH_3\overset{OH}{C}HCH_3 \xrightarrow{Na} CH_3\overset{ONa}{C}HCH_3$

$CH_3CH=CH_2 \xrightarrow[H_2O_2]{HBr} CH_3CH_2CH_2Br \xrightarrow[ROH]{CH_3\overset{ONa}{C}HCH_3} CH_3CH_2CH_2-O-CH(CH_3)_2$

(4) $CH_3CH=CH_2 \xrightarrow{NBS} BrCH_2CH=CH_2 \xrightarrow[KOH]{H_2O} HOCH_2CH=CH_2 \xrightarrow{Cl_2} \underset{OH}{CH_2}-\underset{Cl}{CH}-\underset{Cl}{CH_2}$

(5) $CH_2=CH_2 \xrightarrow{Br_2} \overset{Br}{CH_2}-\overset{Br}{CH_2} \xrightarrow[ROH]{NaCN} \overset{CN}{CH_2}-\overset{CN}{CH_2} \xrightarrow[H^+]{H_2O} HOOCCH_2CH_2COOH$

(6) $C_6H_6 \xrightarrow[\text{无水 }AlCl_3]{CH_3Cl} C_6H_5-CH_3 \xrightarrow[\text{光}]{Cl_2} C_6H_5-CH_2Cl \xrightarrow[ROH]{NaCN}$

$C_6H_5-CH_2CN \xrightarrow[H^+]{H_2O} C_6H_5-CH_2COOH$

(7) $CH_3CH_2CH_2CH_2Br \xrightarrow[C_2H_5OH,\triangle]{KOH} CH_3CH_2CH=CH_2 \xrightarrow{HBr}$

$CH_3\overset{Br}{C}HCH_2CH_3 \xrightarrow[C_2H_5OH,\triangle]{KOH} CH_3CH=CHCH_3$

9. 环戊烷(A) $\xrightarrow[\text{光}]{Br_2}$ 溴代环戊烷(B) $\xrightarrow[C_2H_5OH,\triangle]{KOH}$ 环戊烯(C) $\xrightarrow[\text{② }Zn\text{-}H_2O]{\text{① }O_3}$ $H-\overset{O}{\overset{\|}{C}}-CH_2CH_2CH_2-\overset{O}{\overset{\|}{C}}-H$

10. A. 邻溴硝基苯（Br 与 NO_2 邻位） B. 对溴硝基苯（Br 与 NO_2 对位） C. 间溴硝基苯（Br 与 NO_2 间位）

11. A. $CH_2=CH\overset{Br}{C}HCH_3$ B. $\overset{Br}{C}H_2\overset{Br}{C}H\overset{Br}{C}HCH_3$ C. $CH_2=CH\overset{OH}{C}HCH_3$

D. $\overset{OH}{C}H_2CH=CHCH_3$ E. $CH_3CH_2\overset{OH}{C}HCH_3$ F. $\overset{OH}{C}H_2CH_2CH_2CH_3$

醇、酚、醚

Chapter 06

知识点提要

一、醇

1. 醇的分类

① 醇可分为脂肪醇、脂环醇、芳香醇（羟基连在芳烃侧链上的醇）等。

② 可分为饱和醇和不饱和醇。

③ 可分为一元醇、二元醇和多元醇。饱和一元醇的通式为 $C_nH_{2n+2}O$。在二元醇中，两个羟基连在相邻碳原子上的称为邻二醇，两个羟基连在同一碳原子上的称为胞二醇（不稳定）。

④ 可分为伯醇（一级醇）、仲醇（二级醇）和叔醇（三级醇）。

2. 醇的命名

结构复杂的醇采用系统命名法命名。首先选择含有羟基的最长碳链为主链，从距羟基最近的一端给主链编号，称为“某醇”，取代基的位次、数目、名称以及羟基的位次分别注于母体名称前。

命名不饱和醇时，应选择包含羟基和不饱和键的最长碳链作主链，从距羟基最近的一端给主链编号，并使不饱和键的位次尽可能小，表示主链碳原子数的汉字应写在“烯”或“炔”的前面，羟基的位次注于“醇”字前。

3. 醇的结构与性质分析

除羟基与双键碳原子直接相连的不饱和醇中的羟基中的氧原子为不等性 sp^2 杂化外，其他醇羟基中的氧原子的杂化状态为不等性 sp^3 杂化，其中两个 sp^3 杂化轨道被两对未共用电子对占据，余下的两个 sp^3 杂化轨道分别与碳原子和氢原子形成 C—O 和 C—H 两个 σ 键。由于氧原子上含有未共用电子对，所以醇是一个路易斯碱。在质子酸或路易斯酸存在下，醇可以接受质子生成质子化的醇（𨦡离子）。

在 O—H 键中，氧氢键为强极性键，氢原子具有一定的酸性，它可以被活泼金属取代，生成醇的金属化物，也可以被酰基取代生成羧酸（或无机酸）酯等。

强极性的 O—C 键断裂能发生亲核取代反应，例如醇羟基可被 HX 或 PX_3 等分子中的卤原子取代，生成卤代烃。

由于羟基吸电子诱导效应的影响，增强了 α-H 原子和 β-H 原子的活性，易于发生 α-H

的氧化和 β-H 的消除反应。

醇的主要化学性质分析如下：

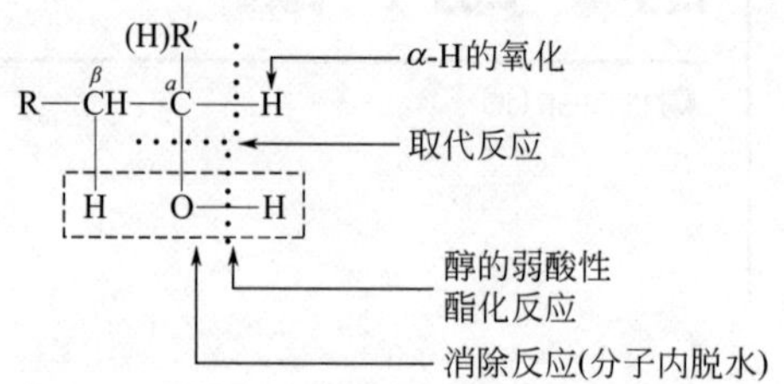

4. 醇的物理性质

（1）状态　在室温下，十二个碳原子以下的饱和一元醇是无色液体，具有特殊的气味和辛辣的味道，十二个碳原子以上醇是白色无味的蜡状固体。

（2）沸点　醇分子间可以形成氢键，所以醇的沸点不但高于分子量相近的烃，也高于分子量相近的卤代烃。

（3）溶解性　C_1～C_3 的一元醇，由于羟基在分子中所占的比例较大，可与水任意混溶。C_4～C_9 的一元醇，由于疏水基团所占比例越来越大，故水溶性愈来愈小，而在有机溶剂中的溶解度加大。C_{10} 以上的一元醇则难溶于水。

5. 醇的化学性质

（1）酸碱性

① 醇与 Na、K、Mg、Al 等活泼金属反应放出氢气，表现出一定的酸性。

② 醇可以作为质子的接受体，通过氧原子上的未共用电子与酸中的质子结合形成质子化的醇，表现出醇的碱性。

（2）羟基被卤素取代

① 醇与氢卤酸反应是卤代烃水解的逆反应，分子中的碳氧键断裂，羟基被卤素取代生成卤代烃和水。

② 醇与三卤化磷、五卤化磷或亚硫酰氯（氯化亚砜）反应生成相应的卤代烃。

（3）脱水反应

① 醇在酸性催化剂作用下，在较低温度下加热易分子间脱水生成醚，在较高温度下加热，发生分子内的脱水反应生成烯烃。

② 醇的分子内脱水属于消除反应，产物遵循札依采夫规律，生成札依采夫烯烃。

由于中间体是碳正离子，所以某些醇会发生重排，主要得到重排的烯烃。

（4）酯化反应　醇与羧酸或无机含氧酸生成酯的反应，称为酯化反应。

（5）氧化反应

① 在酸性条件下，伯醇或仲醇可被高锰酸钾或重铬酸钾氧化，生成醛或酮。生成的醛很容易被进一步氧化成羧酸。叔醇因无 α-H，一般不易被氧化。

② MnO_2 或 CrO_3/吡啶（Py）等弱氧化剂，将伯醇或仲醇氧化为相应的醛或酮。

③ 伯醇或仲醇的蒸气在高温下通过活性铜（或银、镍等）催化剂，以脱氢的方式伯醇生成醛，仲醇则生成酮。叔醇因无 α-H，则不能发生脱氢反应，只能发生分子内脱水反应，生成烯烃。

醇的化学性质

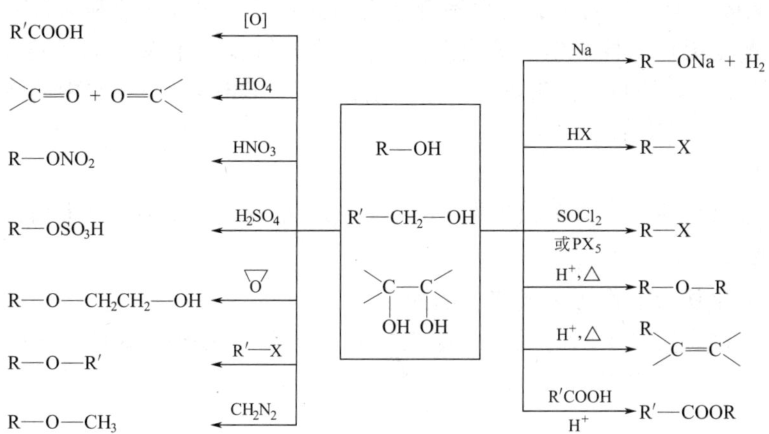

二、酚

1. 酚的分类

① 酚类可分为苯酚、萘酚、蒽酚等。

② 酚类又可分为一元酚、二元酚和多元酚等。

2. 酚的命名

根据羟基所连芳环的名称叫作“某酚”，芳环上的$—NH_2$、—OR、—R、—X、$—NO_2$等作为取代基，若芳环上连有—COOH、$—SO_3H$、—COOR、—COX、$—CONH_2$、—CN、—CHO、—COR等基团时，则酚羟基作为取代基。

3. 酚的结构与性质分析

① 酚羟基直接与苯环相连，氧原子采取不等性sp^2杂化，形成了三个sp^2杂化轨道：其中一个杂化轨道被一对未共用电子占据，其余两个杂化轨道分别同一个氢原子和苯环上的一个碳原子结合生成O—H和O—C两个σ键。氧原子未杂化的p轨道含有一对未共用的p电子垂直于三个sp^2杂化轨道所在的平面，且与芳环的π轨道形成p-π共轭体系，使氧氢键的电子云更加偏向氧原子，酸性明显增强。

② 苯酚电离后生成的苯氧负离子，由于氧上所带的电荷分散到共轭体系中，使其能量降低，稳定性增大。

③ 苯酚中p-π共轭体系也增加了碳氧键的强度，使碳氧键的极性减弱而不易断裂，不能发生亲核取代反应或消除反应。

④ 由于酚羟基的给电子效应，使芳环上的亲电取代反应更容易进行。

⑤ 酚的羟基和芳香烃基相互影响的结果还可以共同发生氧化反应，生成醌类化合物。

酚的主要化学性质可归纳如下：

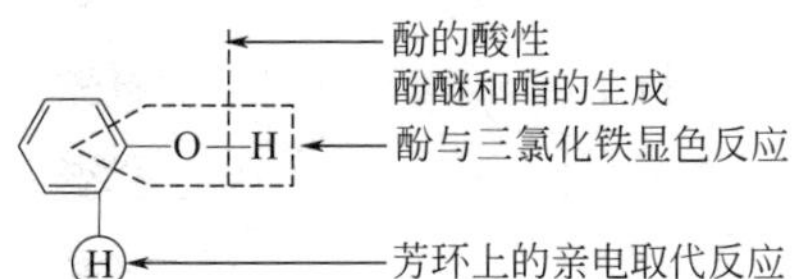

4. 酚的物理性质

① 常温下，除了少数烷基酚为液体外，大多数酚为固体。

② 由于分子间可以形成氢键，因此酚的沸点都很高。邻位上有氟、羟基或硝基的酚，分子内可形成氢键，但分子间不能发生缔合，它们的沸点要比其间位和对位异构体低得多。

③ 纯净的酚是无色固体，但因容易被空气中的氧氧化而带有不同程度的黄色或红色。酚在常温下微溶于水，加热则溶解度增加。随着羟基数目增多，酚在水中的溶解度增大。酚能溶于乙醇、乙醚、苯等有机溶剂。

5. 酚的化学性质

① 酚类化合物呈酸性，大多数酚的 pK_a 都在 10 左右，酸性强于水和醇（pK_a 14～19），能与强碱溶液作用生成盐。

② 酚与三氯化铁溶液作用生成有色的配合物。

③ 酚不能直接进行分子间的脱水反应生成醚。通常是先把酚转变成酚盐，然后酚盐与烷基化试剂（卤代烃或硫酸酯）作用反应来制备醚。若芳香环上卤原子的邻位或对位连有一个或多个强吸电子基团时，反应比较容易进行。

④ 酚与羧酸直接酯化很困难，通常酚与活性更高的酰卤或酸酐反应来制备酯。

⑤ 酚羟基使羟基的邻、对位活化，更容易发生芳环上的亲电取代反应。

⑥ 苯酚被氧化剂氧化生成黄色的对苯醌，多元酚更容易被氧化，三元酚是很强的还原剂。

酚的化学性质

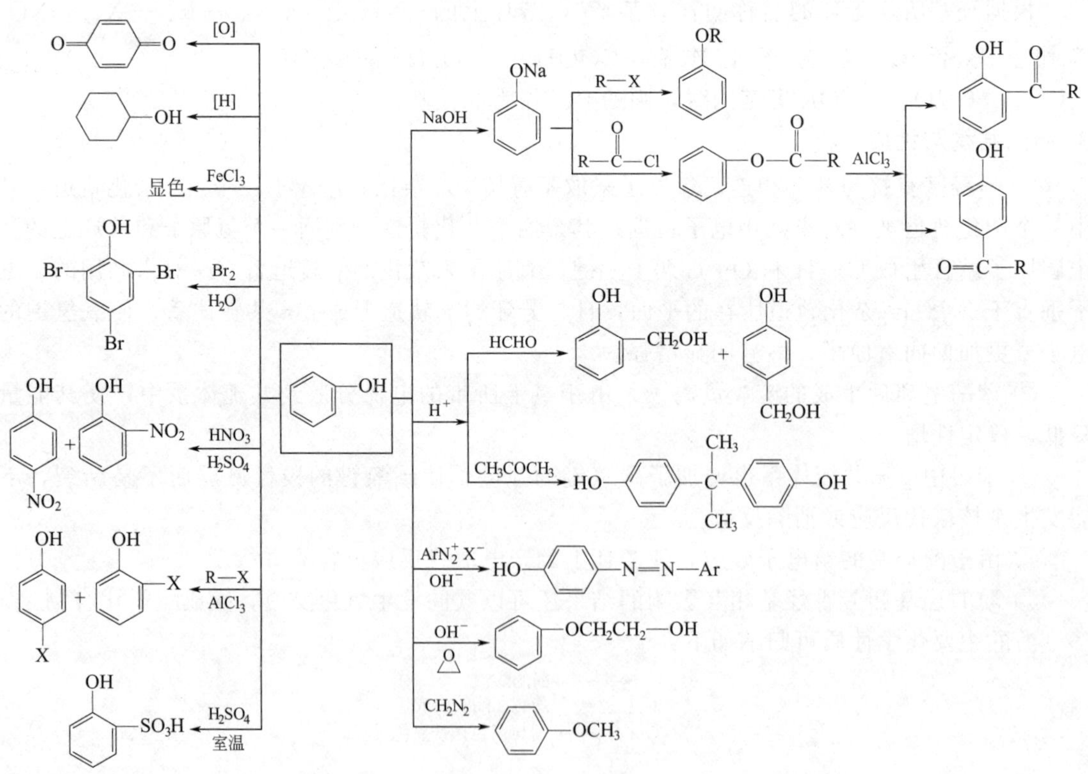

三、醚

1. 醚的分类和命名

与氧相连的两个烃基相同的醚叫作简单醚，不相同的叫作混合醚。醚键是环状结构的一部分时，称为环醚。

醚可分为饱和醚、不饱和醚和芳香醚。

结构简单的醚一般采用普通命名法命名，即在烃基的名称后面加上“醚”字。两个烃基相同时，烃基的“基”字可省略，两个烃基不相同时，脂肪醚将小的烃基放在前面，芳香醚则把芳基放在前面。

结构复杂的醚可以看作烃的含氧衍生物，采用系统命名法命名。选择较长的烃基为母体，有不饱和烃基时，选择不饱和度较大的烃基为母体，将烃氧基（RO—）看作取代基，称为“某”烃氧基“某”烃。

环醚一般称“环氧某烷”或按杂环化合物的命名方法命名。

2. 醚的结构与性质分析

醚分子中的氧原子采用不等性 sp^3 杂化，其中两个 sp^3 杂化轨道分别同两个烃基碳原子结合，生成了两个 O—Cσ 键，余下两个 sp^3 杂化轨道被两对未共用电子对所占据，是一个路易斯碱，再加上两个烷基的 $+I$ 效应更增大了醚键氧上的电子云密度，所以醚能与强酸作用，接受质子生成稳定的𨦡盐。O—C 键是一个强极性键，由于氧原子强的 $-I$ 效应，致使醚分子中的 α 位碳原子带部分正电荷，因此在亲核试剂 HX 的作用下，醚能发生 O—C 键断裂，烃氧基为卤原子取代，生成卤代烃和醇（或酚）。氧原子的 $-I$ 效应也使 α 位氢原子活性增加，故它们能被空气中的氧（或氧化剂）氧化，生成过氧化物。

3. 醚的物理性质

① 常温下，大多数醚常温下为易挥发、易燃烧、有香味的液体。

② 醚分子间不能形成氢键，因此醚的沸点比相应的醇低得多，与分子量相近的烷烃相当。

③ 醚分子中两个碳氧键之间形成一定角度，醚的偶极矩不为零，故醚为弱极性分子，而且醚中氧原子上的两对未共用电子对易于与水形成氢键，所以醚在水中的溶解度比烃类化合物大，与相应的醇相当。

4. 醚的化学性质

① 醚能同冷的浓强酸反应生成𨦡盐。

② 浓氢碘酸或浓氢溴酸等强酸能使醚键断裂，生成卤代烃和醇或酚。若使用过量的氢卤酸，则生成的醇将进一步与氢卤酸反应生成卤代烃。

③ 许多 α 位碳原子上连有氢的烷基醚在和空气长时间接触下，会缓慢地被氧化生成过氧化物。

环氧乙烷的化学性质

环氧乙烷（H_2C—CH_2，O 桥连）：

- $\xrightarrow{H—OH}$ $HO—CH_2CH_2—OH$
- $\xrightarrow{H—X}$ $HO—CH_2CH_2—X$
- $\xrightarrow{H—OR}$ $HO—CH_2CH_2—OR$
- $\xrightarrow{H—NH_2}$ $HO—CH_2CH_2—NH_2$
- $\xrightarrow[②\ H_3O^+]{①\ RMgX}$ $HO—CH_2CH_2—R$

四、含硫化合物

1. 含硫化合物的分类和命名

硫能形成与氧原子相对应的化合物：硫醇、硫酚、硫醚。

硫醇和硫酚的官能团—SH 叫作巯基，硫醚的官能团—S—叫作硫醚键，二硫化合物的官能团—S—S—叫作二硫键。

硫醇、硫酚、硫醚的命名与相应的醇、酚、醚相同，只需在相应的名称前加上“硫”字。对于结构较复杂的化合物，则将巯基作为取代基。

2. 含硫化合物的结构与性质分析

由于硫的原子半径比氧大，而电负性比氧小，价电子受核的束缚力小，使得形成共价双键的倾向较氧弱，而且 3d 轨道形成的 π 键也不稳定，相应的含硫化合物不如含氧化合物稳定。

由于硫原子对其最外层的电子吸引力小，因此它很容易给出电子，甚至在弱氧化剂的作用下它就能给出电子而被氧化，特别是在电负性大的氧原子的直接进攻下，它能同氧结合成硫的高价氧化物。

S—H 键和 S—C 键的可极化性比较大，导致硫醇和硫酚的酸性要比相应的醇和酚的酸性要强。

硫醇、硫酚分子间不能形成氢键，也难与水分子形成氢键。硫醇、硫酚的熔点、沸点和在水中的溶解度一般都要比醇、酚低得多。

3. 含硫化合物的物理性质

硫醇是具有特殊臭味的化合物，低级硫醇有毒。硫醚为无色，有臭味的液体，沸点与分子量相近的硫醇相近，比相应的醚高，不溶于水。

硫醇、硫酚、硫醚都易溶于乙醇、乙醚等有机溶剂。

4. 含硫化合物的化学性质

① 硫醇、硫酚具有酸性，硫醇则可以与氢氧化钠作用，但不能溶于碳酸氢钠溶液。

② 硫醇、硫酚还能与砷、汞、铅、铜等重金属离子形成难溶于水的化合物。

③ 硫醇、硫酚能被弱氧化剂如 H_2O_2、NaIO、I_2 氧化，甚至空气中的氧就能将它们氧化为二硫化物。硫醇、硫酚在强氧化剂如高锰酸钾、硝酸等的作用下，可被氧化为磺酸。

例题及解析

【例题 1】 命名下列化合物。

（1）$CH_3CH(OH)CH_2CH_2C(CH_3)_2CH_3$

（2）$(ClCH_2)(CH_3)C{=}C(H)(CH_2CH(OH)CH_3)$

（3）HO—(环戊烯环)—C_2H_5

（4）$C_2H_5OCH_2CH_2OC_2H_5$

（5）$BrCH_2$—CH—CH_2（CH 与 CH_2 间以 O 成环氧）

（6）C_6H_5—CH_2CH_2OH

(7) $CH_2{=}CHOCH{=}CH_2$

(8) 2-甲基-4-乙基苯酚结构式（苯环上 OH，邻位 CH_3，对位 C_2H_5）

(9) $CH_3CH_2CH(OCH_3)CH_3$

(10) 环己基—O—环己基

(11) $H-C(CH_2OH)(C_2H_5)-CH_3$（费歇尔投影式：上 CH_2OH，左 H，右 CH_3，下 C_2H_5）

(12) $CH_3CH_2CH_2SH$

(13) 苯环上 —SH，间位 CH_3

【解】 选择含有羟基的最长碳链为主链，从距羟基最近的一端给主链编号，称为“某醇”，取代基的位次、数目、名称以及羟基的位次分别注于母体名称前［(1)、(6)、(11)］；选择包含羟基和不饱和键的最长碳链作主链，从距羟基最近的一端给主链编号，并使不饱和键的位次尽可能小，表示主链碳原子数的汉字应写在“烯”的前面，羟基的位次注于“醇”字前［(2)、(3)］；两个烃基相同时，在烃基的名称后面加上“醚”字［(4)、(7)、(10)］；环醚一般称“环氧某烷”［(5)］；结构复杂的醚采用系统命名法命名，将烃氧基（RO—）看作取代基［(9)］；羟基所连芳环的名称叫作“某酚”［(8)］；硫醇、硫酚命名是在相应的醇、酚的名称前加上“硫”字［(12)、(13)］。

(1) 5,5-二甲基-2-己醇　　(2) (*E*)-5-甲基-6-氯-4-己烯-2-醇

(3) 3-乙基-2-环戊烯-1-醇　　(4) 乙二醇二乙醚

(5) 3-溴-1,2-环氧丙烷　　(6) 2-苯基乙醇

(7) 二乙烯基醚　　(8) 2-甲基-4-乙基苯酚

(9) 2-甲氧基丁烷或甲基仲丁基醚　　(10) 二环己基醚

(11) (*R*)-2-甲基-1-丁醇　　(12) 1-丙硫醇

(13) 3-甲基苯硫酚

【例题 2】 完成下列反应。

(1) 环己基—OH $\xrightarrow{Na}$ A $\xrightarrow{(CH_3)_3CBr}$ B

(2) $C_2H_5CH(CH_3)CH_2OH \xrightarrow{PCl_3} A \xrightarrow{NaCN} B$

(3) 环戊基—OH $\xrightarrow[100℃]{H_2SO_4}$ A $\xrightarrow{H_2,\ Pt}$ B

(4) $CH_3CH_2CH_2OH \xrightarrow{CrO_3，吡啶}$

(5) $CH_3CH(OH)-CH(CH_3)-CH_3 \xrightarrow[\triangle]{46\%H_2SO_4}$

(6) $C_6H_5-CH_2-CH(OH)-CH(CH_3)C_2H_5 \xrightarrow[\triangle]{浓\ H_2SO_4}$

(7) 环己基—CH_2Br $\xrightarrow[无水乙醚]{Mg}$ A $\xrightarrow[②H_3O^+]{①环氧乙烷}$ B

(8) C_6H_5-ONa + Cl—C_6H_4—NO_2（对位）$\longrightarrow$

【解】 (1) A. 环己基—ONa　　B. 环己基—$OC(CH_3)_3$（醇与钠反应生成醇钠，醇钠与卤代烃生成混合醚）

(2) A. $C_2H_5CH(CH_3)CH_2Cl$

B. $C_2H_5CH(CH_3)CH_2CN$（醇与无机卤化物反应生成卤代烃，卤代烃发生亲核取代反应生成腈）

(3) A.  环戊烯 B. 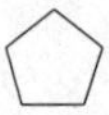 环戊烷（醇发生消去反应生成烯，烯烃再催化加氢）

(4) CH_3CH_2CHO（醇的氧化反应）

(5) 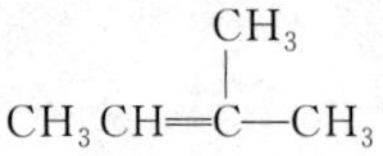 $CH_3CH{=}C(CH_3){-}CH_3$ $+H_2O$（醇发生消去反应，主要生成札依采夫烯烃）

(6) 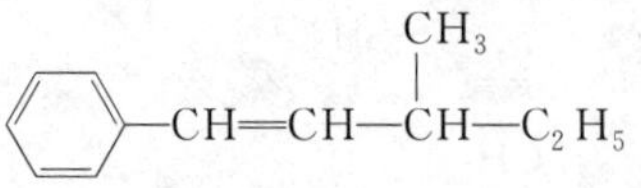 $C_6H_5{-}CH{=}CH{-}CH(CH_3){-}C_2H_5$ （醇发生消去反应，主要生成共轭产物）

(7) A. 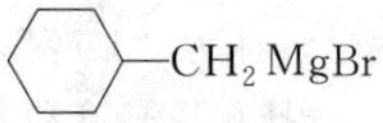 $C_6H_{11}{-}CH_2MgBr$ B. 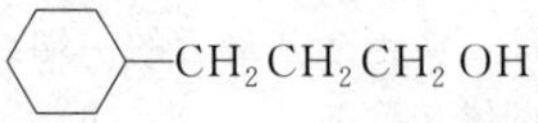 $C_6H_{11}{-}CH_2CH_2CH_2OH$ （格氏试剂与环氧乙烷反应）

(8) 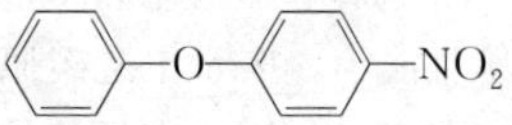 $C_6H_5{-}O{-}C_6H_4{-}NO_2$ （卤素的邻、对位有强吸电子基时，可发生亲核取代）

【例题 3】 按要求排列下列各组化合物。

(1) 比较下列化合物与 HI 反应的活性大小：

A. $CH_3CH_2CH_2CH_2OH$ B.  $CH_3CH(OH)CH_2CH_3$

C. $CH_3CH{=}CHCH_2OH$ D. 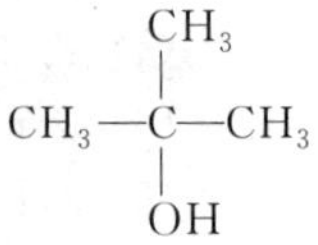 $CH_3{-}C(CH_3)(OH){-}CH_3$

(2) 比较下列各化合物酸性大小：

A. 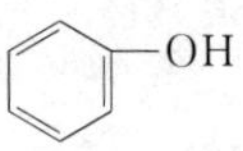 苯酚（C_6H_5OH） B. 间氯苯酚 C. 间硝基苯酚 D. 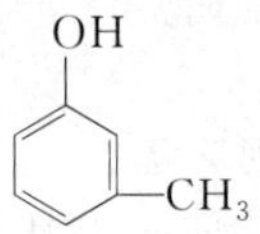 间甲基苯酚

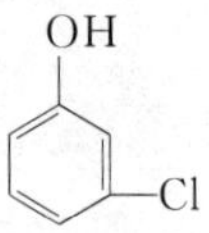

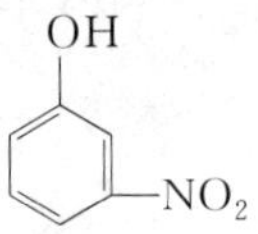

(3) 判断下列化合物的碱性强弱：

A. $CH_3CH_2CH_2CH_2ONa$ B.  $CH_3CH(ONa)CH_2CH_3$

C. $CH_3CF_2CH_2CH_2ONa$ D. 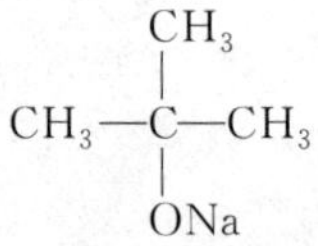 $CH_3{-}C(CH_3)(ONa){-}CH_3$

(4) 比较下列化合物的沸点：

A. 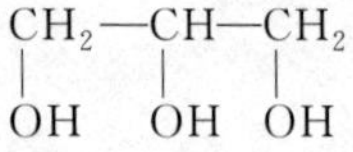 $CH_2(OH){-}CH(OH){-}CH_2(OH)$ B. 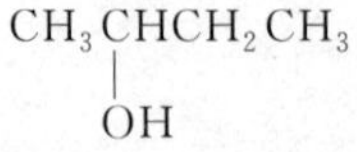 $CH_3CH(OH)CH_2CH_3$

C. $CH_3CH_2OCH_2CH_3$ D. 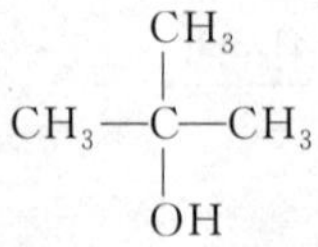 $CH_3{-}C(CH_3)(OH){-}CH_3$

【解】 (1) C>D>B>A

不同的醇与相同的氢卤酸反应，其活性次序为：苄醇、烯丙型醇>叔醇>仲醇>伯醇。

(2) C>B>A>D

芳环上取代基的性质对酚的酸性影响很大。当芳环上连有吸电子基时，使酚羟基的氧氢键极性增强，给出质子的能力增强，酸性增强；当芳环上连有供电子基时，使酚羟基的氧氢键极性减弱，给出质子的能力减弱，因而酸性减弱。

(3) D>B>A>C

根据共轭酸碱理论，醇的酸性越弱，它的共轭碱 RO^- 的碱性就越强。

醇钠的碱性次序为：

$$R_3CONa > R_2CHONa > RCH_2ONa > CH_3ONa$$

(4) A>B>D>C

由于醇分子间可以形成氢键，所以醇的沸点高于分子量相近的醚。随着分子量的增加，醇的沸点有规律地升高，碳原子数相同的醇，支链越多沸点越低。由于二元醇和多元醇分子中有较多的羟基可以形成氢键，所以它们的沸点更高。

【例题 4】 用化学方法鉴别下列各组化合物。

(1) A. 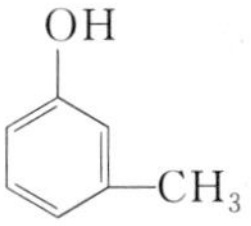 OH, CH_3　　B. 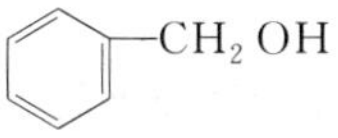 CH_2OH　　C. 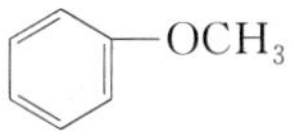 OCH_3

(2) A. 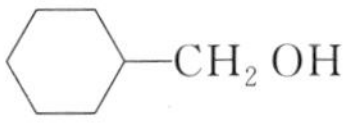 CH_2OH　　B. 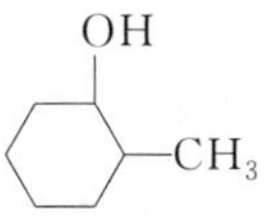 OH, CH_3　　C. 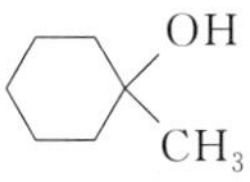 OH, CH_3

【解】 (1) OH, CH_3；CH_2OH；OCH_3 —Na→ 产生气泡 { → OH, CH_3；→ CH_2OH } —$FeCl_3$→ 显色 → OH, CH_3；无现象 → CH_2OH

无现象 → OCH_3

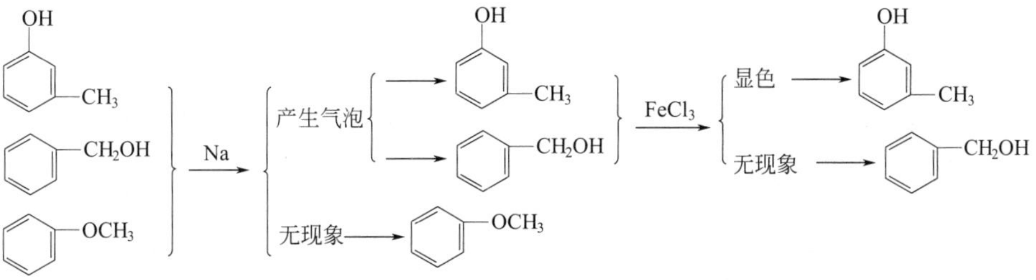

(2) CH_2OH；OH, CH_3；OH, CH_3 —酸性$KMnO_4$→ 立即褪色 → CH_2OH

稍后褪色 → OH, CH_3

不褪色 → OH, CH_3

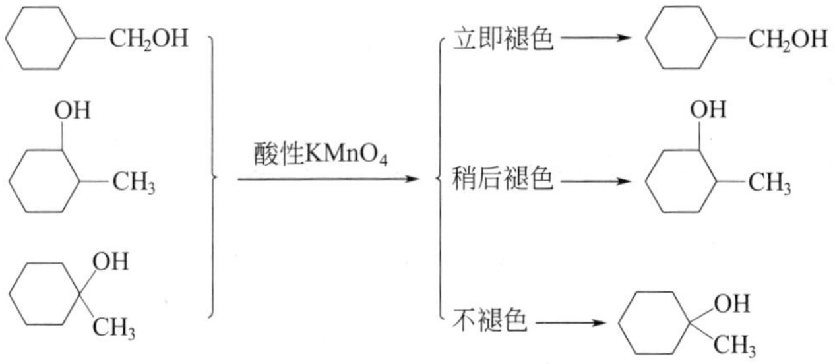

【例题 5】 解释下列问题。

(1) 金属钠可用于去除苯中所含的痕量 H_2O，但不宜用于去除乙醇中所含的水。

(2) 怎样解释醇的相对酸性强度是：$CH_3OH > 1° > 2° > 3°$。

(3) 如何说明醚和 HI 作用，既可按 S_N2 又可按 S_N1 机理发生断裂，对这个反应，为什么 HI 比 HBr 好？

(4) 怎样鉴别六个碳原子以下的一元醇？

(5) 为什么不能用无水 $CaCl_2$ 来除去甲醇、乙醇等醇中的水分？

(6) 根据下列反应，解释醚键的断裂方式。

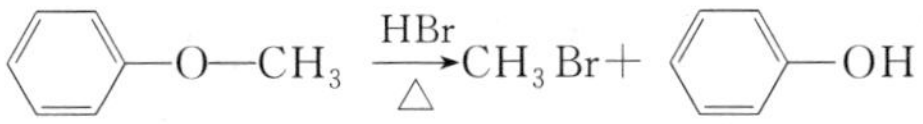

$$C_6H_5—O—CH_3 \xrightarrow[\triangle]{HBr} CH_3Br + C_6H_5—OH$$

(7) 用化学反应方程式解释酸性：苯硫酚>碳酸>苯酚。

【解】 (1) 乙醇的酸性足可与 Na 发生反应。苯与 Na 不反应。

$$2C_2H_5OH + 2Na \longrightarrow 2C_2H_5ONa + H_2\uparrow$$

(2) 由于烷基（R）是斥电子基，烷基越多，醇的共轭碱 RO^- 上的电荷越多，稳定性越差，所以 ROH 的酸性越小。另外，因 R 的增多，不利于共轭碱的溶剂化，因而稳定性减小。

（3）HI 酸性比 HBr 强，与醚生成的鎓盐浓度大，同时 I^- 比 Br^- 亲和力强，因此醚键断裂，HI 比 HBr 好。

（4）由于六个碳原子以下的一元醇可溶于卢卡斯试剂（浓盐酸与无水氯化锌配成的溶液），生成的卤代烃不溶于水而出现浑浊或分层现象，根据出现浑浊或分层现象的快慢便可鉴别出该醇的结构。苄醇、烯丙型醇或叔醇立即出现浑浊，仲醇要数分钟后才出现浑浊，而伯醇须加热才出现浑浊。

（5）一些低级醇如甲醇、乙醇等，能和某些无机盐（$MgCl_2$、$CaCl_2$、$CuSO_4$ 等）形成结晶状的化合物，称为结晶醇，如 $MgCl_2 \cdot 6CH_3OH$、$CaCl_2 \cdot 4CH_3OH$、$CaCl_2 \cdot 4C_2H_5OH$ 等。结晶醇溶于水而不溶于有机溶剂，常利用这一性质分离提纯醇和除去某些有机化合物中混杂的少量低级醇。

（6）在苯甲醚中，由于氧原子与苯环形成 p-π 共轭体系，使苯环和氧原子之间的电子云密度增加，碳氧键极性减小，不易断裂，而另一端是脂肪烃基，则生成酚和卤代烷，如果两个烃基都是芳香基，则不易发生醚键的断裂。

（7）苯酚的酸性比碳酸弱，所以苯酚能溶于碳酸钠溶液而不能溶于碳酸氢钠溶液，但苯硫酚的酸性比碳酸强，可溶于碳酸氢钠溶液生成苯硫酚钠。

$$C_6H_5ONa + CO_2 \xrightarrow{H_2O} C_6H_5OH + NaHCO_3$$

$$C_6H_5SH + NaHCO_3 \longrightarrow C_6H_5SNa + CO_2\uparrow + H_2O$$

【例题 6】 完成下列转变。

（1）$CH_2=CH_2 \longrightarrow CH_3(CH_2)_3OH$

（2）环己烷 ⟶ 环氧环己烷

（3）苯 ⟶ 间硝基苯酚（3-硝基苯酚）

（4）环戊基-CH_2Br ⟶ 环戊基-CH_2CH-CH_2（环氧，O 桥连）

（5）环己基-OH ⟶ 环己基-COOH

【解】（1）$CH_2=CH_2 \xrightarrow[H^+]{H_2O} CH_3CH_2OH \xrightarrow{SOCl_2} CH_3CH_2Cl \xrightarrow[\text{无水乙醚}]{Mg} CH_3CH_2MgCl$

$$CH_2=CH_2 \xrightarrow[Ag,250℃]{O_2} \text{环氧乙烷} \xrightarrow{CH_3CH_2MgCl} \xrightarrow{H_3O^+} CH_3(CH_2)_3OH$$

（2）环己烷 $\xrightarrow[\text{光}]{Cl_2}$ 环己基-Cl $\xrightarrow[\text{醇}]{KOH}$ 环己烯 $\xrightarrow[Ag,250℃]{O_2}$ 环氧环己烷

（3）苯 $\xrightarrow[\text{浓 }H_2SO_4]{\text{浓 }HNO_3}$ 硝基苯 $\xrightarrow{\text{浓 }H_2SO_4}$ 间硝基苯磺酸（SO_3H、NO_2）

$\xrightarrow[300℃]{NaOH}$ 间硝基苯酚钠（ONa、NO_2）$\xrightarrow{H^+}$ 间硝基苯酚（OH、NO_2）

（4）环戊基-CH_2Br $\xrightarrow[\text{醚}]{Mg}$ 环戊基-CH_2MgBr $\xrightarrow[\text{② }H_3O^+]{\text{① 环氧乙烷}}$ 环戊基-$CH_2CH_2CH_2OH$ $\xrightarrow[\triangle]{H^+}$

环戊基-$CH_2CH=CH_2$ $\xrightarrow{CH_3CO_3H}$ 环戊基-CH_2CH-CH_2（环氧，O 桥连）

（5）环己基-OH $\xrightarrow{PBr_3}$ 环己基-Br $\xrightarrow[\text{乙醚}]{Mg}$ 环己基-MgBr $\xrightarrow[\text{②}H_3O^+]{\text{①}CO_2}$ 环己基-COOH

【例题 7】 化合物 A（$C_4H_{10}O$）能立即与卢卡斯试剂发生反应，并可与 CH_3MgI 作用生成 CH_4，推测 A 的结构。

【解】 叔醇与卢卡斯试剂反应的活性要强于仲醇、伯醇。能与 CH_3MgI 作用生成 CH_4 则有活泼 H，不能是醚。

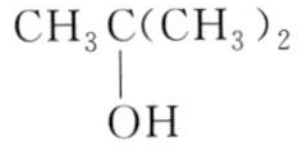

$$CH_3\underset{\displaystyle OH}{\underset{|}{C}}(CH_3)_2$$

【例题 8】 化合物 A（$C_6H_{10}O$），能与 $SOCl_2$ 作用，也能被 $KMnO_4$ 氧化，A 在 CCl_4 中能吸收 Br_2，将 A 催化加氢得 B，B 氧化得 C（$C_6H_{10}O$），A 脱水后完全催化加氢得环己烷，试推测 A、B、C 结构。

【解】 A 在 CCl_4 中能吸收 Br_2 则含有双键，能与 $SOCl_2$ 作用则有羟基，且 A 脱水后完全催化加氢得环己烷，说明 A 中有个六元环；A 中的双键催化加氢后生成 B，B 中的羟基能被氧化成羰基。

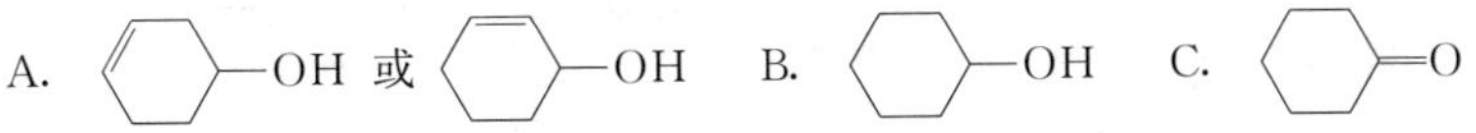

A. 环己-3-烯-1-醇（—OH）或 环己-2-烯-1-醇（—OH）　B. 环己醇（—OH）　C. 环己酮（=O）

【例题 9】 某化合物只含 C、H、O 三种元素，分子中有一个季碳原子。A 在 325℃下通过铜催化剂脱氢生成酮。A 用硫酸在 170℃下处理时生成 B，B 用酸性高锰酸钾氧化只生成丙酮。试推导 A、B 的结构式。

【解】 A. $(CH_3)_3C\underset{\displaystyle OH}{\underset{|}{C}}HCH_3$　　B. $(CH_3)_2C{=}C(CH_3)_2$

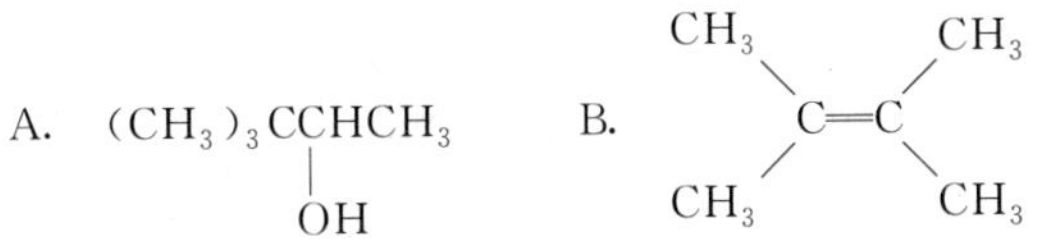

由于 A 有一个季碳原子，且 A 在消除反应中的中间体是碳正离子，所以某些醇会发生重排，主要得到重排的烯烃。

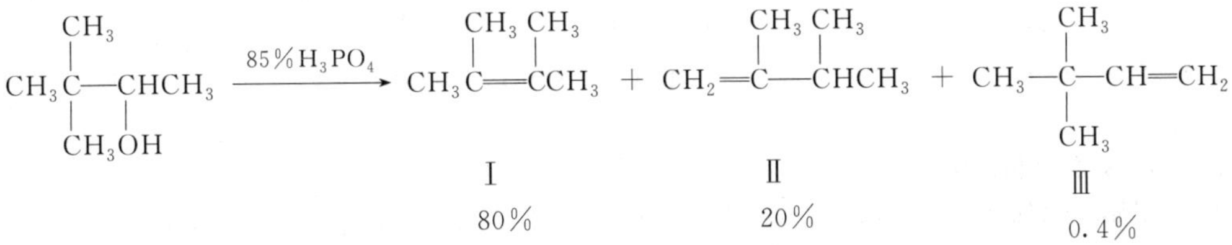

$$CH_3\overset{\displaystyle CH_3}{\overset{|}{\underset{\displaystyle CH_3}{\underset{|}{C}}}}\!-\!\underset{\displaystyle OH}{\underset{|}{C}}HCH_3 \xrightarrow{85\%H_3PO_4} \underset{\text{I}\ \ 80\%}{CH_3\overset{\displaystyle CH_3}{\overset{|}{C}}{=}\overset{\displaystyle CH_3}{\overset{|}{C}}CH_3} + \underset{\text{II}\ \ 20\%}{CH_2{=}\overset{\displaystyle CH_3}{\overset{|}{C}}\!-\!\overset{\displaystyle CH_3}{\overset{|}{C}}HCH_3} + \underset{\text{III}\ \ 0.4\%}{CH_3\!-\!\overset{\displaystyle CH_3}{\overset{|}{\underset{\displaystyle CH_3}{\underset{|}{C}}}}\!-\!CH{=}CH_2}$$

上式中的Ⅰ和Ⅱ是分子发生重排后的产物。重排的原因是，由质子化的醇解离生成的二级碳正离子易于重排为更稳定的三级碳正离子。

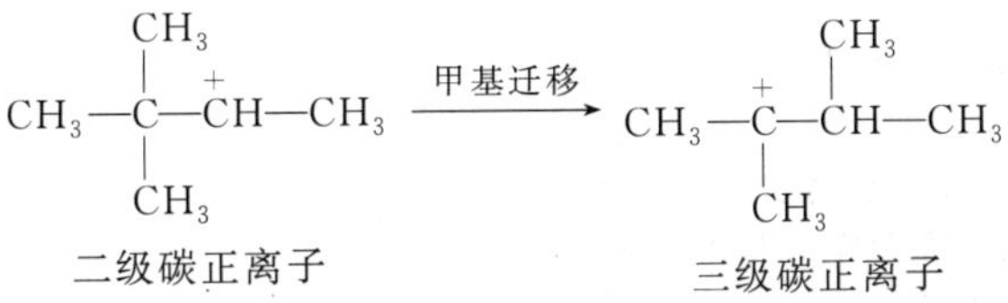

$$\underset{\text{二级碳正离子}}{CH_3\!-\!\overset{\displaystyle CH_3}{\overset{|}{\underset{\displaystyle CH_3}{\underset{|}{C}}}}\!-\!\overset{+}{C}H\!-\!CH_3} \xrightarrow{\text{甲基迁移}} \underset{\text{三级碳正离子}}{CH_3\!-\!\overset{+}{\underset{\displaystyle CH_3}{\underset{|}{C}}}\!-\!\overset{\displaystyle CH_3}{\overset{|}{C}}H\!-\!CH_3}$$

生成的三级碳正离子可以从 C_2 或者 C_4 上消去 H^+ 分别得到Ⅰ和Ⅱ。而未重排的二级碳正离子只能从 C_1 上消去 H^+ 得到Ⅲ。

【例题 10】 化合物 A（$C_6H_{14}O$）可溶于 H_2SO_4，与 Na 反应放出氢气，与 H_2SO_4 共热生成 B（C_6H_{12}），B 可使溴水褪色，B 经酸性高锰酸钾氧化只生成一种物质 C（C_3H_6O），试推导 A、B、C 的结构式。

【解】 A 与 Na 反应放出氢气，则 A 为醇，可发生消去反应生成烯烃 B，B 经酸性高锰酸钾氧化只生成一种物质 C，则可推出：

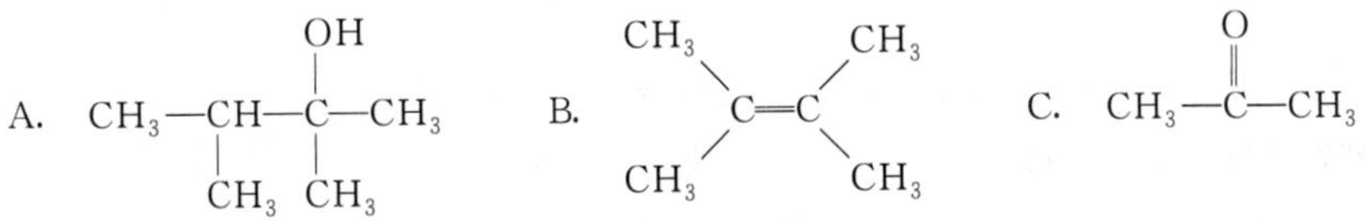

A. $CH_3\!-\!\underset{\displaystyle CH_3}{\underset{|}{C}}H\!-\!\overset{\displaystyle OH}{\overset{|}{\underset{\displaystyle CH_3}{\underset{|}{C}}}}\!-\!CH_3$　　B. $(CH_3)_2C{=}C(CH_3)_2$　　C. $CH_3\!-\!\overset{\displaystyle O}{\overset{\|}{C}}\!-\!CH_3$

【例题 11】 化合物 A（$C_9H_{12}O$）不溶于水、稀酸和碳酸氢钠溶液，但可溶于氢氧化钠，与三氯化铁溶液显色，在常温下不与溴水反应。A 与苯甲酰氯作用生成 B 并放出 HCl，试推导 A、B 的结构式。

【解】 A 与三氯化铁溶液显色含酚羟基，且在常温下不与溴水反应，则说明酚羟基的邻、对位没有空位。A与B的作用可看成与酯化反应相似的取代反应，实际也是酰卤的醇解。

A.　　　　B.

习　题

1. 命名下列化合物，对醇类化合物标出伯、仲、叔醇。

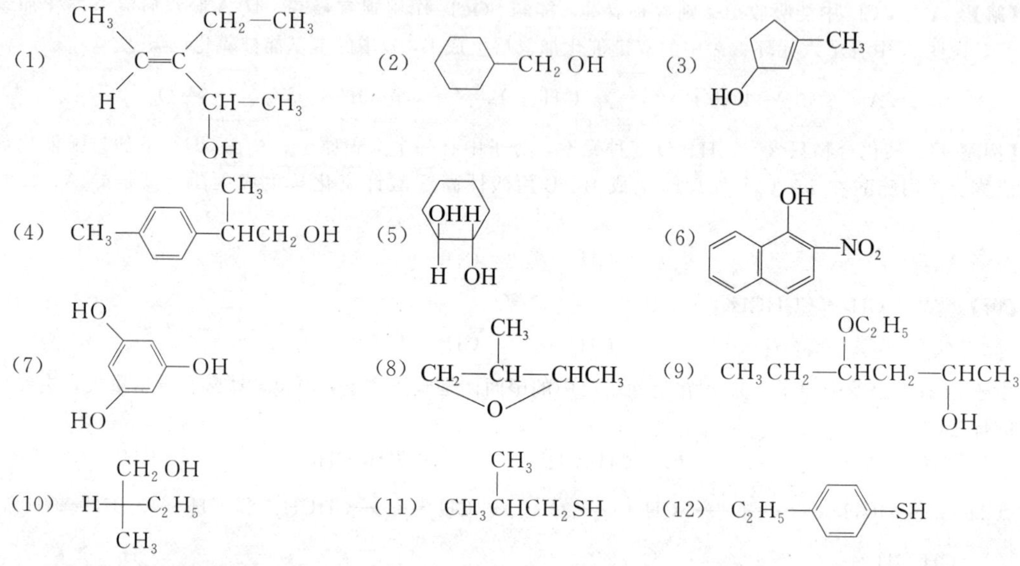

2. 写出下列化合物的结构式。

（1）4-甲基-1-己烯-3-醇　（2）反-1,2-环戊二醇　（3）3-环己烯醇　（4）间乙基苯酚
（5）6-甲基-2-萘酚　（6）对羟基苯甲醛　（7）1,2-环氧丁烷　（8）对硝基苯甲醚
（9）邻甲氧基苯甲醇　（10）2,3-二巯基-1-丙醇

3. 按要求排列下列各组化合物。

（1）按沸点由高到低的次序排列

①甘油、1,2-丙二醇、1-丙醇

②1-辛醇、1-庚醇、2-甲基-1-己醇、2,3-二甲基-1-戊醇

（2）按与金属钠反应的活性次序由大到小排列

水、丙醇、异丙醇、叔丁醇

（3）按酸性由强到弱排序

①苯酚、邻甲苯酚、邻硝基苯酚、2,4-二硝基苯酚

②苯酚、水、乙醇、碳酸、乙硫醇、硫酚

（4）按与卢卡斯试剂反应的活性由大到小的顺序排列

乙醇、叔丁醇、仲丁醇、苯甲醇

4. 下列化合物能否形成氢键？如能形成，请说明是分子内氢键还是分子间氢键。

（1）甲醇　（2）乙醚　（3）甘油　（4）顺-1,2 环己二醇
（5）间苯二酚　（6）邻硝基苯酚　（7）苯甲醚　（8）间氯苯酚

5. 写出下列各反应的主要产物。

（1）$CH_3CH_2\overset{CH_3}{\underset{OH}{C}}—CH_3 + HBr \longrightarrow ? \xrightarrow{NaOH/乙醇} ?$

(2) $C_6H_5-CH_2CH_2-OH + SOCl_2 \longrightarrow ?$

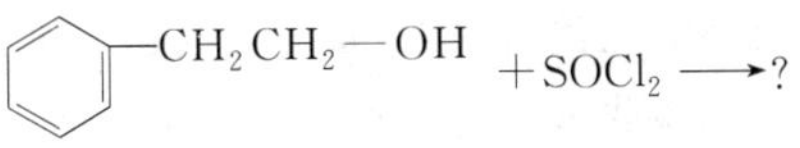

(3) 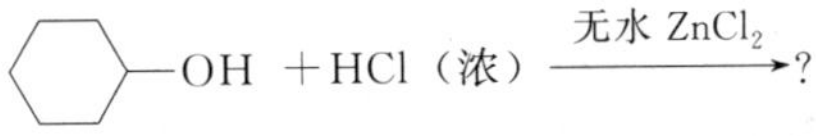 环己基$-OH + HCl$（浓）$\xrightarrow{\text{无水 } ZnCl_2} ?$

(4) $C_6H_5-CH(OH)-CH_2CH_3 \xrightarrow[170℃]{\text{浓 } H_2SO_4} ?$

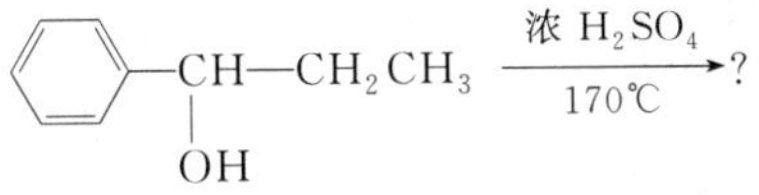

(5) $CH_3CH(OH)CH_3 \xrightarrow[140℃]{\text{浓 } H_2SO_4} ?$

(6) 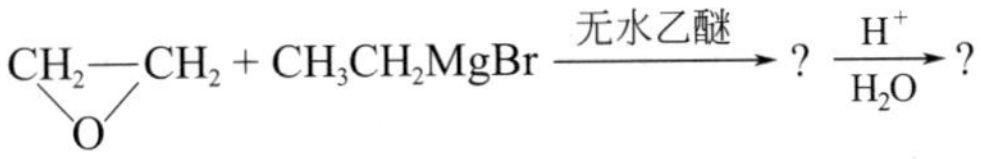 $\underset{\diagdown O \diagup}{CH_2—CH_2} + CH_3CH_2MgBr \xrightarrow{\text{无水乙醚}} ? \xrightarrow[H_2O]{H^+} ?$

(7) 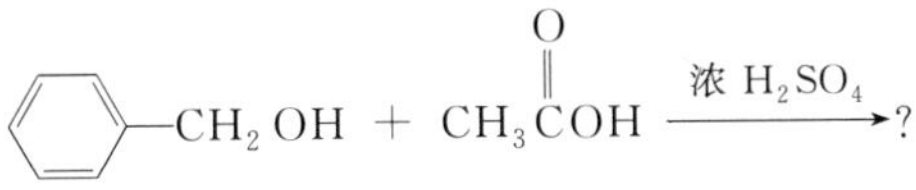 $C_6H_5-CH_2OH + CH_3\overset{O}{\overset{\|}{C}}OH \xrightarrow{\text{浓 } H_2SO_4} ?$

(8) 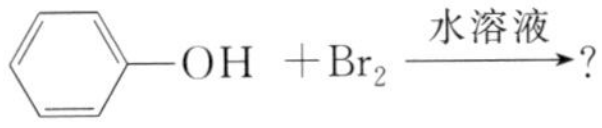 $C_6H_5-OH + Br_2 \xrightarrow{\text{水溶液}} ?$

(9) 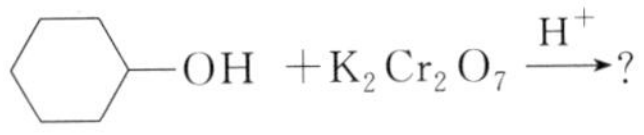 环己基$-OH + K_2Cr_2O_7 \xrightarrow{H^+} ?$

(10) 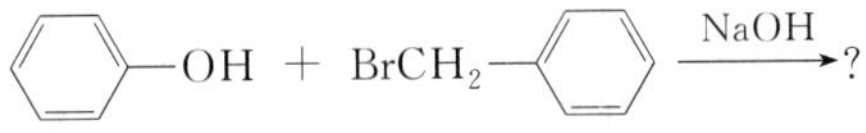 $C_6H_5-OH + BrCH_2-C_6H_5 \xrightarrow{NaOH} ?$

(11) 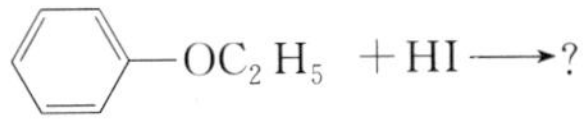 $C_6H_5-OC_2H_5 + HI \longrightarrow ?$

(12) 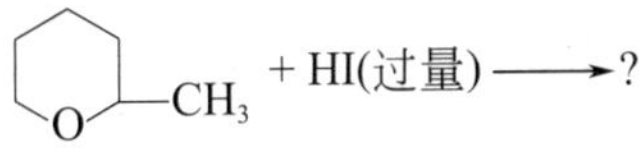 2-甲基四氢吡喃（$\underset{O}{\bigcirc}-CH_3$）$+ HI$(过量)$\longrightarrow ?$

6. 用化学方法鉴别下列各组化合物。

(1) 正丁醇、2-丁醇、2-甲基-2-丁醇

(2) 甲苯、环己醇、苯酚、苯

(3) 苄醇、对甲基苯酚、甲苯

(4) 2-丁醇、甘油、苯酚

7. 完成下列转化。

(1) $CH_3CH_2CH=CH_2 \longrightarrow CH_3CH_2CH_2CH_2OH$

(2) $CH_3\underset{}{\overset{CH_3}{\overset{|}{C}}}HBr \longrightarrow CH_3\overset{CH_3}{\overset{|}{C}}HCH_2CH_2OH$

(3) $CH_2=CH_2 \longrightarrow CH_3CH_2CH_2COOH$

(4) $CH_3CH_2CH_2OH \longrightarrow CH_3CH_2CH_2COOH$

(5) $CH_2=CH_2 \longrightarrow HOCH_2CH_2OCH_2CH_2OCH_2CH_2OH$

(6) $CH_3CH_2CH_2OH \longrightarrow CH_3CH_2CH_2OCH_2CH_2CH_3$

(7) 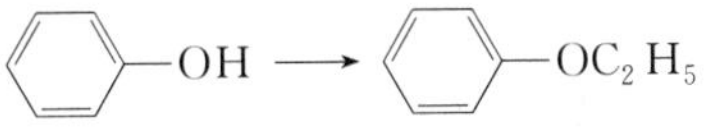 $C_6H_5-OH \longrightarrow C_6H_5-OC_2H_5$

8. 化合物 A 的分子式为 $C_5H_{11}Br$，A 与 NaOH 水溶液共热后生成 $C_5H_{12}O$（B）。B 具有旋光性，能和金属钠反应放出氢气，和浓 H_2SO_4 共热生成 C_5H_{10}（C）。C 经臭氧氧化并在还原剂存在下水解，生成丙酮和乙醛，试推导 A、B、C 的结构，并写出各步反应式。

9. 有分子式为 $C_5H_{12}O$ 的两种醇 A 和 B，A 与 B 氧化后都得到酸性产物。两种醇脱水后再催化氢化，可得到同一种烷烃。A 脱水后氧化得到一个酮和 CO_2。B 脱水后再氧化得到一个酸和 CO_2，试推导 A 与 B 的结构式，并写出各步反应式。

10. 化合物A的分子式为C_7H_8O，A不溶于NaOH水溶液，但能与浓HI反应生成化合物B和C，B能与$FeCl_3$水溶液发生颜色反应，C与$AgNO_3$的乙醇溶液作用生成沉淀。试推导A、B、C的结构，并写出各步反应式。

习题参考答案

1. (1) (E)-3-乙基-3-戊烯-2-醇（仲醇）
   (2) 环己基甲醇（伯醇）
   (3) 3-甲基-2-环戊烯-1-醇（仲醇）
   (4) 2-(对甲基苯基)-1-丙醇（伯醇）
   (5) 反-1,2-环己二醇（仲醇）
   (6) 2-硝基-1-萘酚
   (7) 均苯三酚
   (8) 2-甲基-1,3-环氧丁烷
   (9) 4-乙氧基-2-己醇（仲醇）
   (10) (S)-2-甲基-1-丁醇（伯醇）
   (11) 2-甲基-1-丙硫醇
   (12) 对乙基苯硫酚

2. (1) $CH_2{=}CH{-}CH(OH){-}CH(CH_3){-}CH_2{-}CH_3$　(2) OH（环戊烷-1,3-二醇结构式）　(3) OH（2-环己烯-1-醇结构式）

(4) OH，C_2H_5（间乙基苯酚结构式）　(5) CH_3，OH（6-甲基-2-萘酚结构式）　(6) HO—C₆H₄—CHO（对羟基苯甲醛）

(7) $CH_2{-}CH{-}CH_2CH_3$（CH_2与CH之间以O相连成环氧）　(8) CH_3O—C₆H₄—NO_2（对位）　(9) CH_2OH，CH_3O（邻甲氧基苯甲醇结构式）

(10) $CH_2(OH){-}CH(SH){-}CH_2(SH)$

3. (1) ① 甘油>1,2-丙二醇>1-丙醇
② 1-辛醇>1-庚醇>2-甲基-1-己醇>2,3-二甲基-1-戊醇
(2) 水>丙醇>异丙醇>叔丁醇
(3) ①2,4-二硝基苯酚>邻硝基苯酚>苯酚>邻甲苯酚
② 硫酚>碳酸>乙硫醇>苯酚>水>乙醇
(4) 苯甲醇>叔丁醇>仲丁醇>乙醇

4. 能：(1)、(3)、(4)、(5)、(6)、(8)
不能：(2)、(7)
分子内：(3)、(4)、(6)
分子间：(1)、(3)、(4)、(5)、(8)

5. (1) $CH_3CH_2C(CH_3)(Br){-}CH_3$ ，$CH_3CH{=}C(CH_3)CH_3$　(2) C₆H₅—CH_2CH_2Cl

(3) 环己基—Cl　(4) C₆H₅—$CH{=}CHCH_3$　(5) $CH_3CH(CH_3)OCH(CH_3)CH_3$

(6) $CH_3CH_2CH_2CH_2OMgBr$，$CH_3CH_2CH_2CH_2OH$

(7) $CH_3\overset{O}{\overset{\|}{C}}OCH_2-C_6H_5$　　(8) 2,4,6-三溴苯酚（$C_6H_2Br_3OH$）　　(9) 环己酮

(10) $C_6H_5-O-CH_2-C_6H_5$　　(11) C_6H_5-OH $+C_2H_5I$

(12) $\underset{I}{\underset{|}{C}}H_2CH_2CH_2CH_2\underset{I}{\underset{|}{C}}HCH_3$

6. (1) $CH_3CH_2CH_2CH_2OH$，$CH_3CH_2CH(OH)CH_3$，$CH_3C(CH_3)(OH)CH_2CH_3$ $\xrightarrow{卢卡斯试剂}$
- 室温下不反应 → $CH_3CH_2CH_2CH_2OH$
- 数分钟后出现浑浊 → $CH_3CH_2CH(OH)CH_3$
- 立即出现浑浊 → $CH_3C(CH_3)(OH)CH_2CH_3$

(2) 甲苯、环己醇、苯酚、苯 $\xrightarrow{FeCl_3}$
- 紫色 → 苯酚
- 无现象 → 甲苯、环己醇、苯 $\xrightarrow{Na}$
  - 产生气泡 → 环己醇
  - 无现象 → 甲苯、苯 $\xrightarrow[H^+]{KMnO_4}$
    - 褪色 → 甲苯
    - 不褪色 → 苯

(3) 甲苯（$C_6H_5-CH_3$）、苯甲醇（$C_6H_5-CH_2OH$）、对甲苯酚（$CH_3-C_6H_4-OH$） $\xrightarrow{FeCl_3}$
- 蓝色 → $CH_3-C_6H_4-OH$
- 无现象 → $C_6H_5-CH_3$、$C_6H_5-CH_2OH$ $\xrightarrow{Na}$
  - 无现象 → $C_6H_5-CH_3$
  - 产生气泡 → $C_6H_5-CH_2OH$

(4) $CH_3CH(OH)CH_2CH_3$，$CH_2(OH)CH(OH)CH_2(OH)$，苯酚 $\xrightarrow{FeCl_3}$
- 紫色 → 苯酚
- 无现象 → $CH_3CH(OH)CH_2CH_3$、$CH_2(OH)CH(OH)CH_2(OH)$ $\xrightarrow[OH^-]{Cu(OH)_2}$
  - 无现象 → $CH_3CH(OH)CH_2CH_3$
  - 绛蓝色溶液 → $CH_2(OH)CH(OH)CH_2(OH)$

7. (1) $CH_3CH_2CH=CH_2 \xrightarrow[H_2O_2]{HBr} CH_3CH_2CH_2CH_2Br \xrightarrow[H_2O]{NaOH} CH_3CH_2CH_2CH_2OH$

(2) $CH_3CH(CH_3)Br \xrightarrow[无水乙醚]{Mg} CH_3-CH(CH_3)-MgBr \xrightarrow[(2)\ H_3^+O]{(1)\ 环氧乙烷} CH_3CH(CH_3)CH_2CH_2OH$

(3) $CH_2{=}CH_2 \xrightarrow[Ag,250℃]{O_2}$ 环氧乙烷

$CH_2{=}CH_2 \xrightarrow{HBr} CH_3CH_2Br \xrightarrow[\text{无水乙醚}]{Mg} CH_3CH_2MgBr \xrightarrow[(2)\ H_3^+O]{(1)\ \text{环氧乙烷}}$

$CH_3CH_2CH_2CH_2OH \xrightarrow[H^+]{KMnO_4} CH_3CH_2CH_2COOH$

(4) $CH_3CH_2CH_2OH \xrightarrow{HI} CH_3CH_2CH_2I \xrightarrow[ROH]{KCN} CH_3CH_2CH_2CN \xrightarrow[H^+]{H_2O} CH_3CH_2CH_2COOH$

(5) $CH_2{=}CH_2 \xrightarrow{Br_2} CH_2Br{-}CH_2Br \xrightarrow[H_2O]{NaOH}$

$CH_2OH{-}CH_2OH \xrightarrow{2\ \text{环氧乙烷}} HOCH_2CH_2OCH_2CH_2OCH_2CH_2OH$

(6) $CH_3CH_2CH_2OH \xrightarrow[140℃]{\text{浓}\ H_2SO_4} CH_3CH_2CH_2OCH_2CH_2CH_3$

(7) $C_6H_5{-}OH \xrightarrow{NaOH} C_6H_5{-}ONa \xrightarrow{C_2H_5I} C_6H_5{-}OC_2H_5$

8. A. $CH_3CH(CH_3)CH(Br)CH_3$　B. $CH_3CH(CH_3)CH(OH)CH_3$　C. $CH_3C(CH_3){=}CHCH_3$

$CH_3CH(CH_3)CH(Br)CH_3 \xrightarrow[H_2O]{NaOH} CH_3CH(CH_3)CH(OH)CH_3$

$CH_3CH(CH_3)CH(OH)CH_3 \xrightarrow{Na} CH_3CH(CH_3)CH(ONa)CH_3 + H_2\uparrow$

$CH_3CH(CH_3)CH(OH)CH_3 \xrightarrow[170℃]{\text{浓}\ H_2SO_4} CH_3C(CH_3){=}CHCH_3$

$CH_3C(CH_3){=}CHCH_3 \xrightarrow[(2)\ Zn/H_2O]{(1)\ O_3} CH_3{-}\overset{O}{\overset{\|}{C}}{-}CH_3 + CH_3CHO$

9. A. $CH_3CH_2CH(CH_3)CH_2OH$　B. $CH_3CH(CH_3)CH_2CH_2OH$

$CH_3CH_2CH(CH_3)CH_2OH \xrightarrow[H^+]{KMnO_4} CH_3CH_2CH(CH_3)COOH$

$CH_3CH(CH_3)CH_2CH_2OH \xrightarrow[H^+]{KMnO_4} CH_3CH(CH_3)CH_2COOH$

$CH_3CH_2CH(CH_3)CH_2OH \xrightarrow[170℃]{\text{浓}\ H_2SO_4} CH_3CH_2C(CH_3){=}CH_2 \xrightarrow[Pt,\ \triangle]{H_2} CH_3CH_2CH(CH_3)CH_3$

$$CH_3\underset{\underset{CH_3}{|}}{C}HCH_2CH_2OH \xrightarrow[170℃]{浓\ H_2SO_4} CH_3\underset{\underset{CH_3}{|}}{C}HCH{=}CH_2 \xrightarrow[Pt，\triangle]{H_2} CH_3CH_2\underset{\underset{CH_3}{|}}{C}HCH_3$$

$$CH_3CH_2\underset{\underset{CH_3}{|}}{C}{=}CH_2 \xrightarrow[H^+]{KMnO_4} CH_3CH_2{-}\overset{\overset{O}{\|}}{C}{-}CH_3 + CO_2\uparrow$$

$$CH_3\underset{\underset{CH_3}{|}}{C}HCH{=}CH_2 \xrightarrow[H^+]{KMnO_4} CH_3\underset{\underset{CH_3}{|}}{C}HCOOH + CO_2\uparrow$$

10. A. $C_6H_5{-}OCH_3$　　B. $C_6H_5{-}OH$　　C. CH_3I

$$C_6H_5{-}OCH_3 + HI \longrightarrow C_6H_5{-}OH + CH_3I$$

$$3\ C_6H_5{-}OH + FeCl_3 \longrightarrow (C_6H_5{-}O)_3Fe + 3HCl$$

$$CH_3I + AgNO_3 \longrightarrow CH_3ONO_2 + AgI\downarrow$$

醛、酮、醌

Chapter 07

知识点提要

一、醛、酮

1. 醛、酮的分类

① 脂肪族醛、酮和芳香族醛、酮。

② 饱和醛、酮与不饱和醛、酮。

③ 一元醛、酮，二元醛、酮和多元醛、酮等。

2. 醛、酮的命名

复杂的醛、酮通常采用系统命名法。选择含有羰基的最长碳链为主链（母体），不饱和醛、酮要选择同时含有不饱和键和羰基的最长碳链为主链，从距羰基最近的一端编号，根据主链的碳原子数称为“某醛”或“某酮”。除要注明取代基和不饱和键的位次和名称外，还需注明羰基的位次。醛、酮中取代基或不饱和键的位次和名称放在母体名称前。

羰基在环内的脂环酮，称为“环某酮”。羰基碳原子在环外的，则将环作为取代基。

芳香醛、酮命名时，把芳香烃基作为取代基，某些醛常用俗名。

3. 醛、酮的结构与性质分析

羰基中，碳原子和氧原子以双键结合。羰基碳原子采取 sp^2 杂化态，三个 sp^2 杂化轨道分别与氧原子和另外两个原子形成三个 σ 键，这些成键原子在同一平面上，键角接近 120°。羰基碳原子未参与杂化的 p 轨道与氧原子的一个 p 轨道从侧面重叠形成了一个 π 键。由于羰基氧原子的电负性大于碳原子，碳原子上的电子云密度较低，带部分正电荷。

碳氧双键进行加成时，富电子试剂总是首先进攻显正电性的羰基碳原子，以形成较稳定的氧负离子中间体。碳氧双键的电子云分布状态不仅决定了羰基上的加成是由亲核试剂向电子云密度较低的羰基碳进攻而引起的亲核加成反应，而且决定了亲核试剂加成的部位。与醛、酮加成的亲核试剂通常是含碳、氮、硫、氧的一些试剂。醛、酮的加成反应大多是可逆的（除与最强的亲核试剂如 $LiAlH_4$、RMgX），而烯烃的亲电加成反应一般是不可逆的。

在含有 α-H 的醛、酮中，由于羰基同 α-H 产生的超共轭效应和羰基 $-I$ 效应的双重作用下，使醛、酮 α 位 C—H 键的极性增加，氢原子变得很活泼，在一定条件下，能被卤原子取代或形成碳负离子而引起一些反应。

醛、酮处于氧化-还原反应的中间价态，它们既可被氧化，又可被还原。

综上所述，醛、酮的化学反应分析如下：

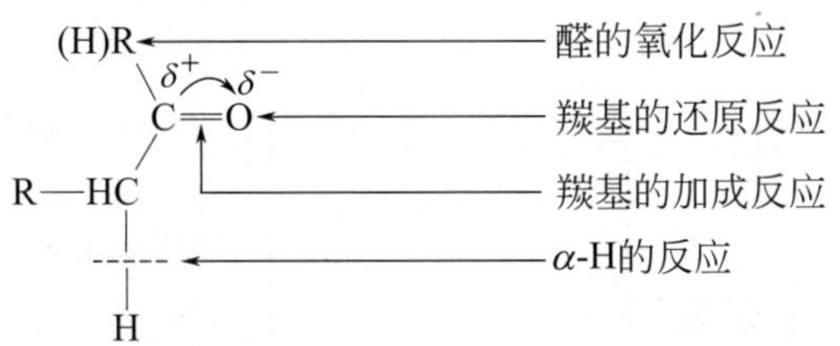

4. 醛、酮的物理性质

① 常温下，甲醛是气体，十二个碳原子以下的脂肪醛、酮为液体，高级脂肪醛、酮和芳香酮多为固体。

② 低级醛具有强烈的刺激气味，低级酮有清爽气味，中级醛具有果香味，中级酮和芳香醛具有愉快的气味。含有 8～13 个碳原子的醛可用于配制香料。

③ 沸点比分子量相近的烷烃和醚高，又比分子量相近的醇低。

④ 四个碳原子以下的低级醛、酮易溶于水，其他醛、酮在水中的溶解度随分子量的增加而减小。高级醛、酮微溶或不溶于水，易溶于苯、醚、四氯化碳等有机溶剂。

5. 醛、酮的化学性质

（1）亲核加成反应　和 HCN、$NaHSO_3$、H_2O、HOR、格氏试剂、炔钠等发生亲核加成反应。

（2）和氨的衍生物发生加成消除反应

（3）α-H 的反应

① 酮式和烯醇式处于动态平衡。

② α-卤代及碘仿反应。

③ 羟醛缩合反应。

（4）氧化反应

① 甲醛可被托伦试剂、斐林试剂氧化成酸。苯甲醛可被托伦试剂氧化成酸。

② 脂肪醛可被托伦试剂、斐林试剂、本尼地（Benedict）试剂氧化成酸。

③ 酮可被强氧化剂氧化。

（5）还原反应

① 羰基用催化氢化、氢化铝锂（$LiAlH_4$）、硼氢化钠（$NaBH_4$）、异丙醇铝 $\{Al[OCH(CH_3)_2]_3\}$ 等还原为羟基。

② 用锌汞齐与浓盐酸可将羰基直接还原为亚甲基，称为克莱门森还原法。

③ 用伍尔夫-凯惜纳（Wolff-Kishner，N. M.）-黄鸣龙还原法也可将羰基还原为亚甲基。

（6）康尼扎罗反应不含 α-H 的醛与浓碱共热，可发生歧化反应，生成羧酸和醇，称为做康尼扎罗反应。

醛的化学性质

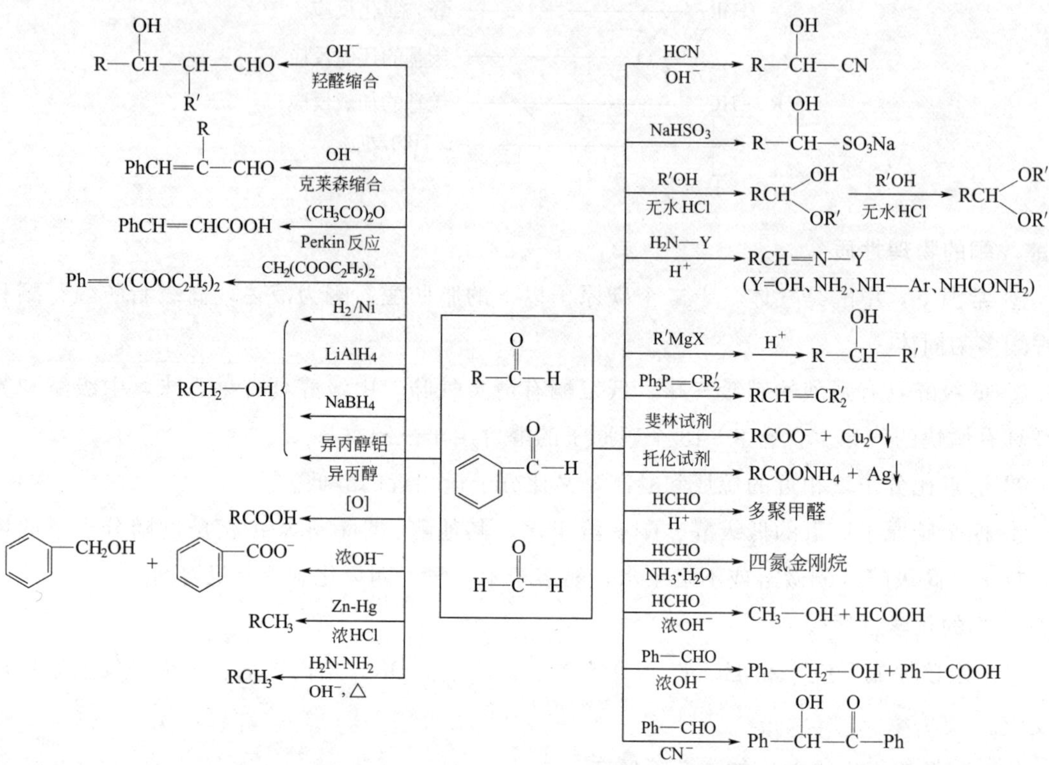

酮的化学性质

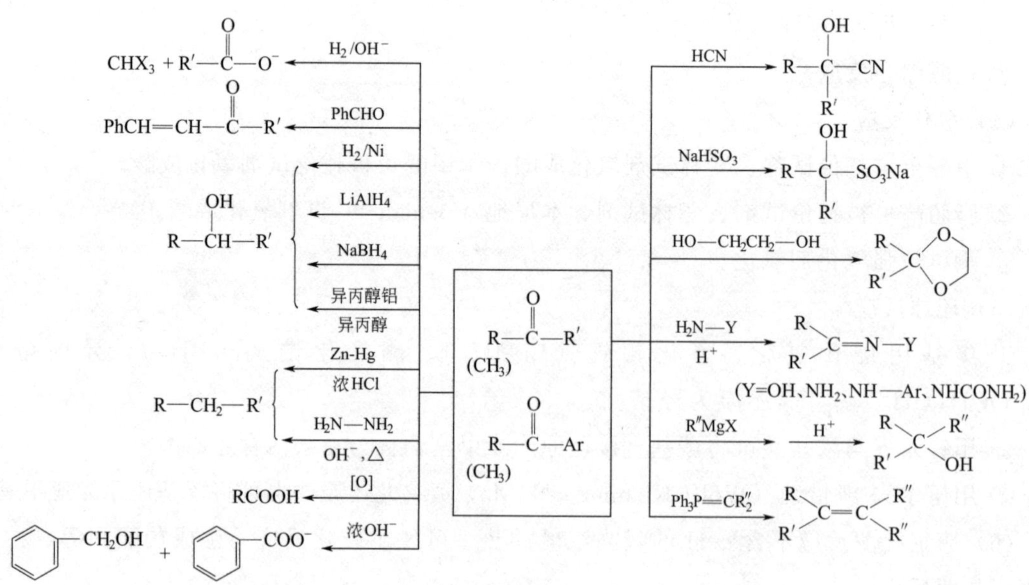

二、醌

1. 醌的命名

醌一般由芳香烃衍生物转变而来，命名时在“醌”字前加上芳基的名称，并标出羰基的位置。

2. 醌的结构与性质分析

醌中存在碳碳双键和碳氧双键的 π-π 共轭体系，但羰基氧的强吸电子作用使大 π 键的电子云强烈地偏向氧原子一方，影响了共轭体系中电子云密度的平均化，没有芳香性。醌可以看作是环状 α,β-不饱和二酮，具有羰基化合物所特有的化学反应，同时它具有碳碳双键所特有的化学反应。

3. 醌的物理性质

① 醌为结晶固体，都具有颜色，对位醌多呈黄色，邻位醌常为红色或橙色。

② 对位醌具有刺激性气味，可随水蒸气汽化，邻位醌没有气味，不随水蒸气汽化。

4. 醌的化学性质

（1）加成反应

① 羰基能与羰基试剂发生亲核加成反应。

② 碳碳双键能和卤素、卤化氢等试剂发生亲电加成。

③ 醌可以和氢卤酸、氢氰酸、亚硫酸氢钠等许多试剂发生 1,4-加成反应。

（2）对苯醌容易被还原为对苯二酚（或称氢醌）。

（3）醌与 1,3-丁二烯可发生狄尔斯-阿尔德反应。

醌的化学性质

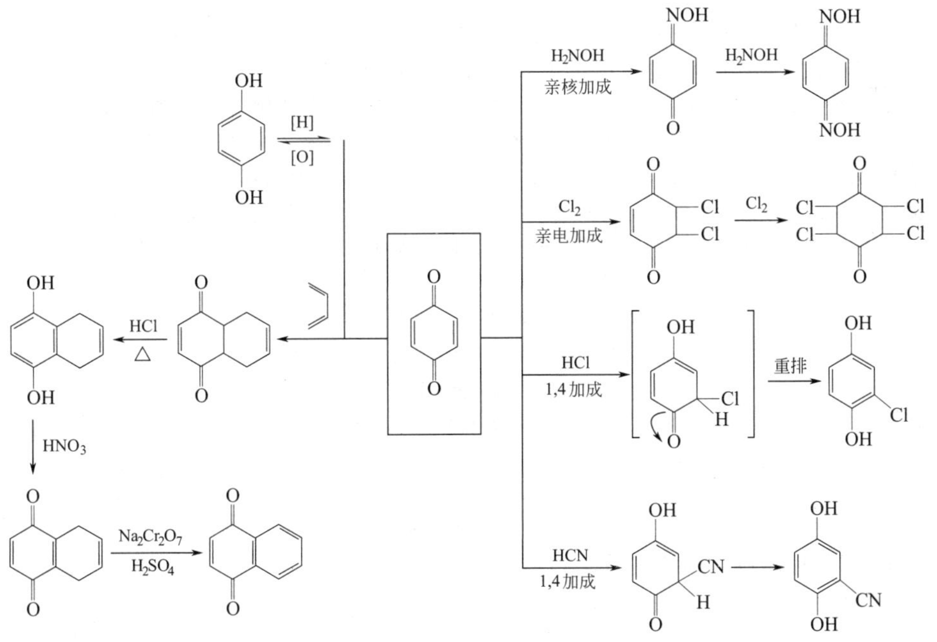

OH OH [H] [O]
H_2NOH 亲核加成 NOH O H_2NOH NOH NOH
Cl_2 亲电加成 O Cl Cl O Cl_2 Cl Cl Cl Cl O O
HCl 1,4 加成 OH Cl H O 重排 OH Cl OH
HCN 1,4 加成 OH CN H O OH CN OH
OH OH HCl △ O O
HNO_3
O O $Na_2Cr_2O_7$ H_2SO_4 O O

例题及解析

【例题 1】 命名下列化合物。

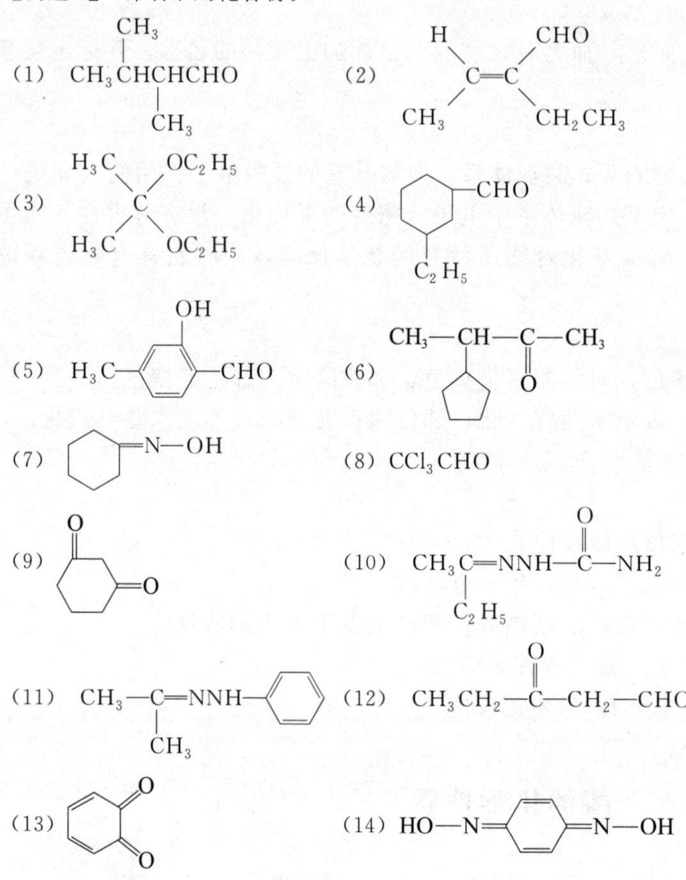

【解】 选择含有羰基的最长碳链为主链，不饱和醛、酮要选择同时含有不饱和键和羰基的最长碳链为主链，从距羰基最近的一端编号，根据主链的碳原子数称为“某醛”或“某酮”。除要注明取代基和不饱和键的位次和名称外，还需注明羰基的位次。醛、酮中取代基或不饱和键的位次和名称放在母体名称前［(1)、(2)］；一个碳上含两个碳氧单键，可命名为某醛（酮）缩某醇［(3)］；羰基碳原子在环外的，则将环作为取代基［(4)、(6)］；芳香醛、酮命名时，把芳香烃基作为取代基［(5)］；醛、酮衍生物命名是在相应的醛、酮上加上对应衍生物名称［(7)、(10)、(11)、(14)］；某些醛常用习惯命名［(8)］；羰基在环内的脂环酮，称为“环某酮”［(9)］；含两个以上羰基时，选含官能团在内的最长碳链为主链，从距羰基最近的一端编号［(12)］；醌［(13)］。

(1) 2,3-二甲基丁醛　　(2) (*E*)-2-乙基-2-丁烯醛

(3) 丙酮缩二乙醇　　(4) 3-乙基环己基甲醛

(5) 4-甲基-2-羟基苯甲醛　　(6) 3-环戊基-2-丁酮

(7) 环己酮肟　　(8) 三氯乙醛

(9) 1,3-环己二酮　　(10) 丁酮缩氨脲

(11) 丙酮苯腙　　(12) 3-羰基戊醛

(13) 邻苯醌　　(14) 对苯醌双肟

【例题 2】 写出下列反应的主要产物。

(1) CHO（苯环）$+NaHSO_3 \longrightarrow$

(2) C_6H_5CHO + $CH_3CHO \xrightarrow{稀\ OH^-}$ (　　) $\xrightarrow{\triangle}$ (　　)

(3) C_6H_5—CH_2—(1,3-二氧戊环-2-基，4-位 CH_2OH) $\xrightarrow[\triangle]{H_3O^+}$

(4) $CH_3CH_2COCH_2CH_3$ + $H_2NNHCONH_2 \xrightarrow{HOAc}$

(5) 环戊酮 $\xrightarrow[(2)\ H_3O^+]{(1)\ CH_3MgBr}$

(6) $CH_2 = CHCH_2CH_2COCH_3 + HCl \longrightarrow$

(7) $CH_2 = CHCHO + HBr \longrightarrow$

(8) C_6H_5CHO + $CH_3\overset{O}{\overset{\|}{C}}CH_2CH_3 \xrightarrow{稀\ OH^-}\xrightarrow{\triangle}$

(9) 环己烯-1-基—CHO $\xrightarrow{[Ag(NH_3)_2]^+}$

(10) 环己基甲基酮 $\xrightarrow[(2)\ H_3^+O]{(1)\ Cl_2/NaOH}$

【解】 (1)、(4)、(5) 分别为醛酮与含硫、含氮、含碳亲核试剂的加成反应；(2)、(8) 均为羟醛缩合反应，该反应是由一分子醛的 α-碳作为亲核试剂进攻另一分子醛的羰基引起的，加成产物受热易脱水为 α，β-不饱和醛；(3) 为缩醛在酸性条件下水解为原来的醛醇；(6) 为双键发生的亲电加成反应，遵守马氏规则；(7) 为不饱和醛与亲电试剂的 1,2-加成反应；(9) 醛被弱氧化剂氧化生成酸；(10) 甲基酮发生卤仿反应。

(1) C_6H_5—$\underset{}{\overset{OH}{\overset{|}{C}H}}$—$SO_3Na$

(2) C_6H_5—$\underset{\underset{OH}{|}}{C}HCH_2CHO$ ；C_6H_5—$CH = CHCHO$

(3) C_6H_5—CH_2CHO + $\underset{OH}{\underset{|}{CH_2}}$—$\underset{OH}{\underset{|}{CH}}$—$\underset{OH}{\underset{|}{CH_2}}$

(4) $(CH_3CH_2)_2C = NNH\overset{O}{\overset{\|}{C}}NH_2$

(5) 1-甲基环戊醇（环上同一碳连 OH 与 CH_3）

(6) $CH_3\underset{\underset{Cl}{|}}{C}HCH_2CH_2COCH_3$

(7) $BrCH_2CH_2CHO$

(8) C_6H_5—$CH = \underset{\underset{CH_3}{|}}{C}$—$\underset{\underset{O}{\|}}{C}$—$CH_3$

(9) 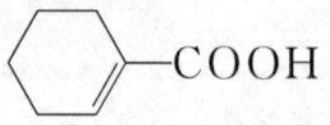 1-环己烯甲酸（环己烯-COOH）

(10) 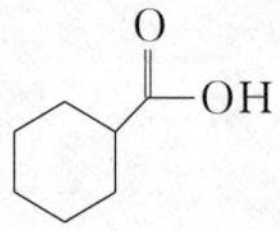 环己烷甲酸（环己基-C(=O)OH） ＋$CHCl_3$

【例题 3】 用化学方程式表示环戊酮在下列条件下的反应。

(1) HCN　(2) 饱和 $NaHSO_3$　(3) 乙二醇/干 HCl　(4) Zn-Hg/HCl

(5) 甲基溴化镁/乙醚，然后酸性条件下水解　(6) 氨基脲

(7) Br_2/NaOH　(8) 异丙醇铝　(9) $NaBH_4$

【解】 (1) 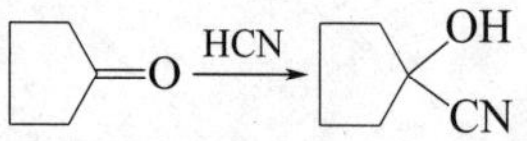 环戊酮 $\xrightarrow{HCN}$ 1-羟基环戊烷甲腈（环上同一碳连 OH、CN）

(2) 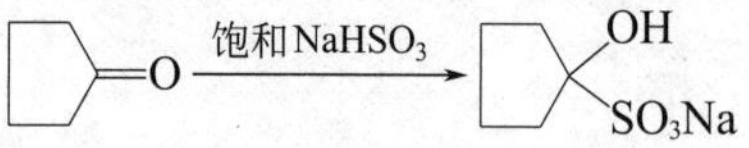 环戊酮 $\xrightarrow{饱和 NaHSO_3}$ 环戊烷（同一碳连 OH、SO_3Na）

(3) 环戊酮 $\xrightarrow[干 HCl]{\underset{OH\ \ OH}{CH_2CH_2}}$ 环戊酮乙二醇缩酮（螺环，含两个 O）

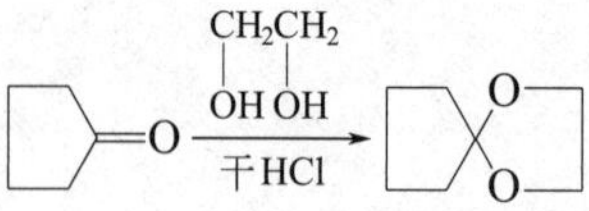

(4) 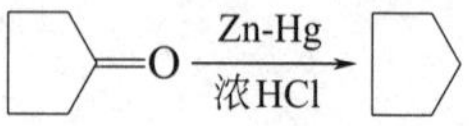 环戊酮 $\xrightarrow[浓HCl]{Zn-Hg}$ 环戊烷

(5) 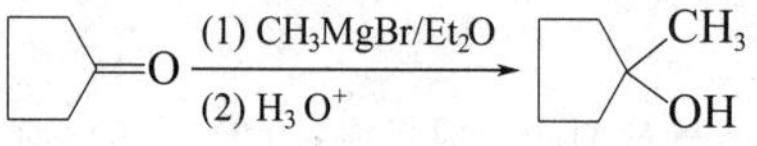 环戊酮 $\xrightarrow[(2)\ H_3O^+]{(1)\ CH_3MgBr/Et_2O}$ 1-甲基环戊醇（同一碳连 CH_3、OH）

(6) 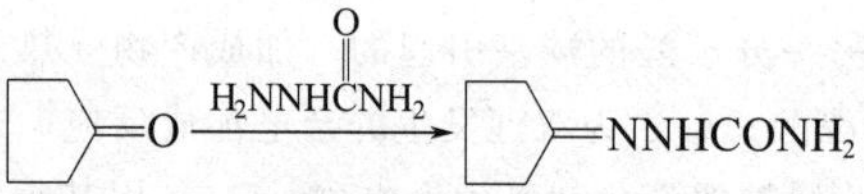 环戊酮 $\xrightarrow{H_2NNHCONH_2}$ 环戊亚基$=NNHCONH_2$

(7) 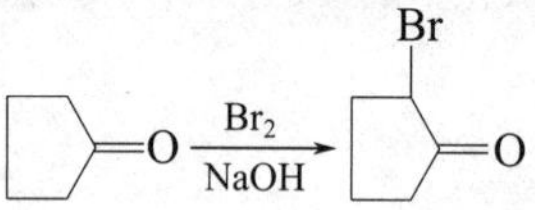 环戊酮 $\xrightarrow[NaOH]{Br_2}$ 2-溴环戊酮

(8) 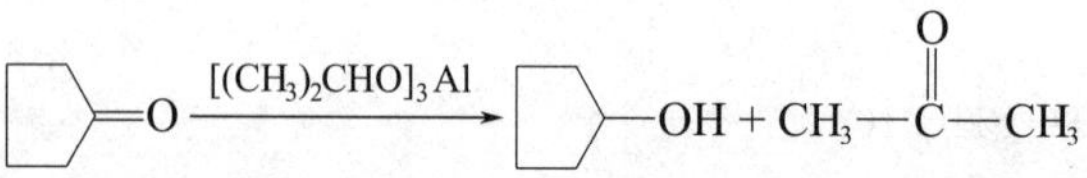 环戊酮 $\xrightarrow{[(CH_3)_2CHO]_3Al}$ 环戊基—OH + $CH_3—\overset{O}{\overset{\|}{C}}—CH_3$

(9) 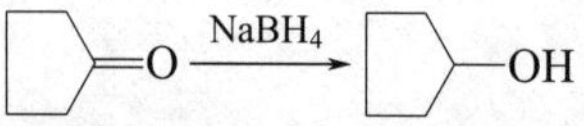 环戊酮 $\xrightarrow{NaBH_4}$ 环戊基—OH

【例题 4】 写出乙醛在下列条件下的主要产物。

(1) 稀碱中加热　　(2) 斐林试剂

(3) 苯肼　　(4) H_2NNH_2/乙二醇，加热

(5) HS—CH_2CH_2—SH/HCl

【解】 (1) $CH_3CH=CHCHO$　　(2) $CH_3COOH+Cu_2O$

(3) 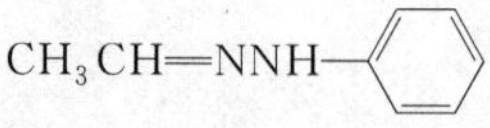 $CH_3CH=NNH—C_6H_5$　　(4) $CH_3CH_2CH_3$

(5) 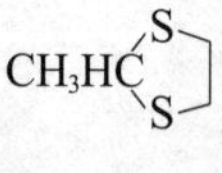 CH_3HC（与 S—CH_2CH_2—S 成五元环）

【例题 5】 解释下列问题。

(1) 举例分析不同结构的醛、酮发生亲核加成反应的难易。

(2) 丙酮与氢氰酸的加成反应进行中，如果在反应体系中加入一滴氢氧化钠溶液，则反应可以加速，如果在反应体系中加入大量的酸，则反应很慢。

(3) 举例分析甲醛与另一种无 α-H 的醛进行交叉歧化反应时，甲醛总是被氧化为甲酸，另一种醛被还原为醇。

(4) 为了使产物单一，甲同学将乙醛慢慢加入苯甲醛的碱性溶液中，乙同学将苯甲醛慢慢加入乙醛的碱性溶液中，哪种操作是正确的，为什么？

(5) 醛、酮分子中的 α-H 比烷表现出特别的活性。

【解】 (1) 醛、酮发生亲核加成反应由易到难的顺序如下：

$$\mathrm{H_2C{=}O} > \mathrm{CH_3{-}\overset{O}{\overset{\|}{C}}{-}H} > \mathrm{R{-}\overset{O}{\overset{\|}{C}}{-}H} > \mathrm{C_6H_5{-}\overset{O}{\overset{\|}{C}}{-}H} > \mathrm{CH_3\overset{O}{\overset{\|}{C}}CH_3} >$$

$$\text{环己酮} > \mathrm{CH_3{-}\overset{O}{\overset{\|}{C}}{-}R} > \mathrm{R{-}\overset{O}{\overset{\|}{C}}{-}R'} > \mathrm{C_6H_5{-}\overset{O}{\overset{\|}{C}}{-}CH_3} > \mathrm{C_6H_5{-}\overset{O}{\overset{\|}{C}}{-}C_6H_5}$$

这种活性受电子效应和空间效应两种因素的影响。从电子效应考虑，羰基碳原子上的电子云密度降低(即正电性增加)，有利于亲核试剂的进攻，所以羰基碳原子上连接的给电子基团（如烃基）越少，反应越快。从空间效应考虑，羰基碳原子上的空间位阻越小，越有利于亲核试剂的进攻，所以羰基碳原子上连接的基团越少、体积越小，反应越快。所以电子效应和空间效应对醛、酮的反应活性影响是一致的。

(2) 反应的定速步骤是 CN^- 进攻羰基碳原子。而氢氰酸是弱酸，在水溶液中存在如下电离平衡：

$$\mathrm{HCN \rightleftharpoons H^+ + CN^-}$$

加碱有利于氢氰酸解离，提高 CN^- 的浓度；加酸使平衡向生成氢氰酸的方向移动，降低 CN^- 的浓度。

$$\mathrm{HCN + OH^- \underset{}{\overset{快}{\rightleftharpoons}} CN^- + H_2O}$$

(3) $$\mathrm{C_6H_5{-}CHO + HCHO \xrightarrow{浓\ NaOH} C_6H_5{-}CH_2OH + HCOO^-}$$

歧化反应历程如下：

$$\mathrm{H{-}\overset{O}{\overset{\|}{C}}{-}H + OH^- \longrightarrow H{-}\overset{O^-}{\overset{|}{\underset{OH}{\underset{|}{C}}}}{-}H}$$

$$\mathrm{H{-}\overset{O^-}{\overset{|}{\underset{OH}{\underset{|}{C}}}}{-}H + Ph{-}\overset{O}{\overset{\|}{C}}{-}H \longrightarrow H{-}\overset{O}{\overset{\|}{C}}{-}OH + Ph{-}\overset{O^-}{\overset{|}{\underset{H}{\underset{|}{C}}}}{-}H}$$

$$\mathrm{H{-}\overset{O}{\overset{\|}{C}}{-}OH + Ph{-}\overset{O^-}{\overset{|}{\underset{H}{\underset{|}{C}}}}{-}H \longrightarrow H{-}\overset{O}{\overset{\|}{C}}{-}O^- + Ph{-}\overset{OH}{\overset{|}{\underset{H}{\underset{|}{C}}}}{-}H}$$

反应首先由 OH^- 对羰基进行亲核加成，HCHO 易被亲核试剂进攻，生成氧负离子，再把原来醛基上的氢以负离子形式对另一分子醛进行亲核加成而得到醇与酸。

(4) 甲同学的操作正确。这样避免乙醛发生自身羟醛缩合。

(5) 醛、酮分子中，与羰基直接相连的碳原子上的氢原子称为 α-H。由于羰基的 π 电子云与 α-碳氢键之间的 σ 电子云相互交叠产生 σ-π 超共轭效应，削弱了 α-碳氢键，使得 α-H 具有变为质子的趋势而显得活泼，表现在它的酸性有所增强。例如乙烷中 α-H 的 $pK_a=40$，而乙醛中 α-H 的 $pK_a=17$，丙酮中 α-H 的 $pK_a=20$。

【例题 6】 判断下列化合物中哪些能发生碘仿反应？

(1) 乙醇 (2) 正丁醇 (3) 乙醛 (4) 丙醛 (5) 苯乙酮 (6) 3-戊酮

【解】 乙醛、乙醇、甲基酮及具有α-甲基结构的仲醇能进行碘仿反应，故（1）（3）（5）能发生碘仿反应。

【例题 7】 指出下列化合物中，哪些能发生羟醛缩合反应？哪些能发生歧化反应？

（1）HCHO （2）CH_3CHO （3）C_6H_5—CHO （4）C_6H_5—CH_2CHO

【解】 （2）和（4）分子中有α-氢原子，在稀碱性条件下能发生羟醛缩合反应。（1）和（3）分子中无α-氢原子，在浓碱性条件下能发生歧化反应。

【例题 8】 鉴别下列各组化合物。

（1）甲醛、乙醛、丙醛、苯甲醛

（2）2-己醇、2-己酮、3-己酮、己醛

【解】（1）HCHO、CH_3CHO、CH_3CH_2CHO、C_6H_5CHO $\xrightarrow{\text{斐林试剂}}$

- 产生铜镜 → HCHO
- 砖红色↓ → CH_3CHO、CH_3CH_2CHO $\xrightarrow[NaOH]{I_2}$
  - 黄色↓ → CH_3CHO
  - 无现象 → CH_3CH_2CHO
- 无现象 → C_6H_5CHO

（2）

$CH_3CH(OH)CH_2CH_2CH_2CH_3$、$CH_3COCH_2CH_2CH_2CH_3$、$CH_3CH_2COCH_2CH_2CH_3$、$CH_3CH_2CH_2CH_2CH_2CHO$ $\xrightarrow[NaOH]{I_2}$

- 黄色↓ → $CH_3CH(OH)CH_2CH_2CH_2CH_3$、$CH_3COCH_2CH_2CH_2CH_3$ $\xrightarrow{Na}$
  - 产生气泡 → $CH_3CH(OH)CH_2CH_2CH_2CH_3$
  - 无现象 → $CH_3COCH_2CH_2CH_2CH_3$
- 无现象 → $CH_3CH_2COCH_2CH_2CH_3$、$CH_3CH_2CH_2CH_2CH_2CHO$ $\xrightarrow{\text{托伦试剂}}$
  - 无现象 → $CH_3CH_2COCH_2CH_2CH_3$
  - 产生银镜 → $CH_3CH_2CH_2CH_2CH_2CHO$

【例题 9】 完成下列转化。

（1）$CH_3-\overset{O}{\overset{\|}{C}}-CH_3 \longrightarrow CH_3CH(CH_3)-C(CH_3)(OH)-CH_3$

（2）$C_6H_6 \longrightarrow CH_3CH_2-\underset{O}{\underset{\|}{C}}-C_6H_4-NO_2$（对位）

（3）3-羟基环己基甲醛（含 OH 与 —CHO 的环己烷） $\longrightarrow$ 3-氧代环己基甲醛（含 C=O 与 —CHO 的环己烷）

（4）环己酮（环己烷=O） $\longrightarrow$ 1-乙氧基-1-甲基环己烷（OCH_2CH_3，CH_3）

【解】（1）$CH_3-\overset{O}{\overset{\|}{C}}-CH_3 \xrightarrow[Ni]{H_2} CH_3-\overset{OH}{\overset{|}{C}H}-CH_3 \xrightarrow{HBr} CH_3-\overset{Br}{\overset{|}{C}H}-CH_3 \xrightarrow[\text{无水乙醚}]{Mg}$

$CH_3-\overset{MgBr}{\overset{|}{\underset{H}{\underset{|}{C}}}}-CH_3 \xrightarrow{CH_3-\overset{O}{\overset{\|}{C}}-CH_3} CH_3CH(CH_3)-C(CH_3)(OMgBr)-CH_3 \xrightarrow{H_3^+O} CH_3CH(CH_3)-C(CH_3)(OH)-CH_3$

（2）$C_6H_6 + CH_3CH_2\overset{O}{\overset{\|}{C}}Cl \xrightarrow{AlCl_3} C_6H_5-\overset{O}{\overset{\|}{C}}-CH_2CH_3$

C_6H_5—C(=O)—CH_2CH_3 $\xrightarrow[\text{浓 HCl}]{\text{Zn-Hg}}$ C_6H_5—$CH_2CH_2CH_3$ $\xrightarrow[\text{浓 }H_2SO_4]{\text{浓 }HNO_3}$

$CH_3CH_2CH_2$—C_6H_4—NO_2 $\xrightarrow[\text{光}]{Cl_2}$ $CH_3CH_2CCl_2$—C_6H_4—NO_2 $\xrightarrow[OH^-]{H_2O}$

CH_3CH_2—C(OH)(OH)—C_6H_4—NO_2 $\xrightarrow[-H_2O]{\triangle}$ CH_3CH_2C(=O)—C_6H_4—NO_2

（3）3-羟基环己基—CHO $\xrightarrow[\text{干HCl}]{CH_2(OH)CH_2(OH)}$ 3-羟基环己基—CH（—O—CH_2CH_2—O—） $\xrightarrow{MnO_2}$ 3-氧代环己基—CH（—O—CH_2CH_2—O—） $\xrightarrow{H_3^+O}$ 3-氧代环己基—CHO

（4）环己酮 $\xrightarrow[\text{(2) }H_3O^+]{\text{(1) }CH_3MgBr/Et_2O}$ 1-甲基环己醇（OH，CH_3） $\xrightarrow{Na}$ 1-甲基环己醇钠（ONa，CH_3） $\xrightarrow{CH_3CH_2Br}$

1-甲基-1-乙氧基环己烷（OCH_2CH_3，CH_3）

【例题 10】 写出丙醛和甲醇生成缩醛的反应机理。

【解】 $C_2H_5(H)C{=}O \overset{H^+}{\rightleftharpoons} [C_2H_5(H)C{=}O^+H \longleftrightarrow C_2H_5(H)C^+{-}OH] \overset{CH_3OH}{\rightleftharpoons} [C_2H_5(H)C(OH)(\ddot{O}^+(H)CH_3)]$

$\overset{-H^+}{\rightleftharpoons} [C_2H_5(H)C(OH)(OCH_3)] \overset{H^+}{\rightleftharpoons} [C_2H_5(H)C(\overset{+}{O}H_2)(OCH_3)] \overset{-H_2O}{\rightleftharpoons} [C_2H_5(H)C^+{-}OCH_3] \overset{CH_3\ddot{O}H}{\rightleftharpoons}$

$[C_2H_5(H)C(OCH_3)(\ddot{O}^+(H)CH_3)] \overset{-H^+}{\rightleftharpoons} C_2H_5(H)C(OCH_3)(OCH_3)$

【例题 11】 分子式为 C_8H_8O 的两种化合物 A、B，均不与溴水发生反应，A 无银镜反应也不与 $NaHSO_3$ 反应，但可发生碘仿反应；B 既可以发生银镜反应也可与 $NaHSO_3$ 反应，但无碘仿反应，试写出 A、B 的结构式。

【解】 该分子有五个不饱和度，可推测该分子含有苯环（4 个不饱和度），A 有碘仿反应，且还有 1 个不饱和度可推测苯环上有乙酰基；B 有银镜反应且可与 $NaHSO_3$ 反应，可推测 B 为醛类。故：

A. C_6H_5—C(=O)—CH_3　　B. C_6H_5—CH_2—C(=O)—H

【例题 12】 某化合物 A，分子式为 $C_7H_{12}O$，能与苯肼反应，也能起碘仿反应；A 经催化加 H_2 得 B，B 分子式为 $C_7H_{14}O$；B 与浓 H_2SO_4 共热得化合物 C，C 分子式为 C_7H_{12}；C 无顺反异构，C 经冷的中性 $KMnO_4$ 氧化得化合物 D，D 分子式为 $C_7H_{14}O_2$。D 与 I_2/KOH 反应得化合物 E 和 CHI_3，E 分子式为 $C_6H_{10}O_3$。写出 A～E 的结构式和有关反应式。

【解】 根据分子式推断 A 有 2 个不饱和度，能与苯肼反应且能起碘仿反应则是甲基类化合物，另一个不饱和度为环烷基；B 是羰基加氢气生成醇，C 是醇发生消去反应生成的烯类化合物；D 是烯氧化生成的邻二醇，且含—CH(OH)CH_3 结构；E 是碘仿反应生成的含羧基化合物。A～E 的结构式如下：

A. 环戊基—$\overset{O}{\overset{\|}{C}}CH_3$　　B. 环戊基—$\overset{OH}{|}{CHCH_3}$　　C. 环戊亚基=$CHCH_3$

D. 1-羟基环戊基—$\overset{OH}{|}{CHCH_3}$（环上 C 带 OH）　　E. 1-羟基环戊基—$\overset{O}{\overset{\|}{C}}OH$（环上 C 带 OH）

有关反应式：

（1）环戊基—$\overset{O}{\overset{\|}{C}}CH_3$ + $H_2N—NH—C_6H_5$ ⟶ 环戊基—$\overset{CH_3}{|}{C}$=N—NH—C_6H_5

（2）环戊基—$\overset{O}{\overset{\|}{C}}CH_3$ $\xrightarrow{I_2/NaOH}$ 环戊基—$\overset{O}{\overset{\|}{C}}$—OH + CHI_3↓

（3）环戊基—$\overset{O}{\overset{\|}{C}}CH_3$ $\xrightarrow{Ni/H_2}$ 环戊基—$\overset{OH}{|}{CH}$—CH_3

（4）环戊基—$\overset{OH}{|}{CH}$—CH_3 $\xrightarrow[\triangle]{H_2SO_4}$ 环戊亚基=CH—CH_3

（5）环戊亚基=CH—CH_3 $\xrightarrow[\text{冷、中性}]{KMnO_4}$ 环戊基(C—OH)—$\underset{OH}{|}{CH}$—CH_3

（6）环戊基(C—OH)—$\underset{OH}{|}{CH}$—CH_3 $\xrightarrow{I_2/KOH}$ 环戊基(C—OH)—$\overset{O}{\overset{\|}{C}}$—OH + CHI_3↓

习　题

1. 命名下列化合物。

（1）$(CH_3)_3CCH_2CH(CH_3)CHO$（键线式）

（2）H_3C(H)C=C(CH_3)—$\overset{O}{\overset{\|}{C}}$—$CH_3$

（3）CH_3CH_2—C(—O—CH_2CH_2—O—)—CH_2CH_3

（4）CH_3—C_6H_4—$\overset{CH_3}{|}{CH}$—$\overset{O}{\overset{\|}{C}}$—$CH_3$

（5）C_6H_5—$\overset{O}{\overset{\|}{C}}$—$C_6H_5$

（6）$CH_3\overset{CH_3}{|}{CH}CH_2CH$=CH—CHO

（7）CH_3—$\overset{O}{\overset{\|}{C}}$—$CH_2$—$\overset{O}{\overset{\|}{C}}$—$\underset{CH_3}{|}{CHCH_3}$

（8）环己烷（邻位取代：—CHO，—CH_3）

（9）CH_3—$\overset{O}{\overset{\|}{C}}$—$CH_2\overset{CH_3}{|}{CHCHO}$

（10）CH_3—C_6H_3(CH_3)—CHO（苯环：CHO 邻位 CH_3，对位 CH_3）

(11) 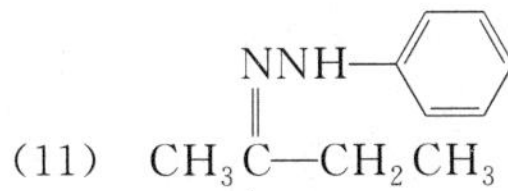

(12) O=⟨cyclohexane⟩=O, CH_3

(13) O=⟨ ⟩=O

(14) O

2. 写出下列化合物的结构简式。

(1) 肉桂醛　(2) 3-甲氧基苯甲醛　(3) 3-甲基环戊酮

(4) 1,4-环己二酮　(5) 乙二醛　(6) 对溴苯乙酮

(7) 水合茚三酮　(8) 水合三氯乙醛　(9) 苯甲醛肟

(10) 丙酮缩氨脲　(11) 丁酮 2,4-二硝基苯腙

(12) (*R*)-3-甲基-4-戊烯-2-酮

3. 写出下列反应的主要产物。

(1) 3-甲基环己酮（CH_3）$\xrightarrow{HCN}$? $\xrightarrow[H^+]{H_2O}$?

(2) $CH_3-\overset{O}{\overset{\|}{C}}-H + CH_3CH_2MgCl \xrightarrow{乙醚}$? $\xrightarrow[H^+]{H_2O}$?

(3) $CH_3CHO + \underset{CH_2-CH_2}{\overset{OH\quad OH}{|\qquad |}} \xrightarrow{干\ HCl}$?

(4) $CH_3-\overset{O}{\overset{\|}{C}}-CH_3 + NH_2NH_2 \longrightarrow$?

(5) $C_6H_5-CH_2-\overset{O}{\overset{\|}{C}}-CH_3 \xrightarrow[NaOH]{I_2}$?

(6) $2CH_3CH_2CHO \xrightarrow{稀\ NaOH}$? $\xrightarrow{\triangle}$?

(7) 间甲基苯甲醛（$-CHO$，CH_3）$+ CH_3CH_2CHO \xrightarrow{稀\ NaOH}$? $\xrightarrow{\triangle}$?

(8) $CH_2=CHCH_2CHO \xrightarrow{[Ag(NH_3)_2]^+}$?

(9) $C_6H_5-CH=CHCHO \xrightarrow{NaBH_4}$?

(10) $C_6H_5-CH=CHCHO \xrightarrow[Ni]{H_2}$?

(11) $CH_3-C_6H_4-\overset{O}{\overset{\|}{C}}-CH_2CH_3 \xrightarrow[HCl]{Zn\text{-}Hg}$?

(12) $(CH_3)_3CCHO + HCHO \xrightarrow{浓\ NaOH}$?

4. 用简单的化学方法鉴别下列各组化合物。

(1) 甲醛、乙醛、丙醛、丙酮

(2) 乙醛、乙醇、乙醚

(3) 丙醛、丙酮、丙醇、异丙醇

(4) 戊醛、2-戊酮、3-戊酮、2-戊醇

（5）苯甲醇、苯甲醛、苯酚、苯乙酮

5. 将下面两组化合物按沸点高低顺序排列。

（1）正丁醛、正戊烷、正丁醇、2-甲基丙醛、乙醚

（2）苯甲醇、苯甲醛、乙苯、苯甲醚

6. 比较下列化合物中羰基对氢氰酸加成反应的活性大小。

（1）二苯甲酮、乙醛、一氯乙醛、三氯乙醛、苯乙酮、苯甲醛

（2）乙醛、三氯乙醛、丙酮、甲醛、丁酮

（3）苯甲醛、对甲基苯甲醛、对硝基苯甲醛、对甲氧基苯甲醛

7. 下列化合物哪些能发生碘仿反应？哪些能与 $NaHSO_3$ 加成？哪些能被斐林试剂氧化？哪些能同羟胺作用生成肟？

（1）乙醛	（2）丙醛	（3）2-甲基丁醛	（4）丙酮
（5）仲丁醇	（6）叔丁醇	（7）异丙醇	（8）2-甲基环戊酮
（9）3-戊酮	（10）正丁醇	（11）丁酮	（12）苯甲醇
（13）2,4-戊二酮	（14）苯甲醛	（15）苯乙酮	

8. 完成下列转化。

（1）$CH_2{=}CH_2 \longrightarrow CH_3CH_2CH_2CH_2OH$

（2）$HC{\equiv}CH \longrightarrow CH_3CH_2\underset{OH}{\underset{|}{C}H}CH_3$

（3）$CH_3CH{=}CHCHO \longrightarrow CH_3\underset{OH}{\underset{|}{C}H}\underset{OH}{\underset{|}{C}H}CHO$

（4）$CH_3CH_2CHO \longrightarrow CH_3CH_2\underset{OH}{\underset{|}{C}H}CH_3$

（5）$C_6H_6 \longrightarrow C_6H_5\overset{OH}{\overset{|}{\underset{CH_3}{\underset{|}{C}}}}{-}CH_3$

（6）$CH_3CHO \longrightarrow CH_3CH_2CH_2CHO$

（7）$C_6H_6 \longrightarrow C_6H_5{-}CH_2CH_2CH_2CH_3$

9. 某化合物 A 的分子式为 $C_5H_{12}O$，氧化后得分子式为 $C_5H_{10}O$ 的化合物 B。B 能和 2,4-二硝基苯肼反应得黄色结晶，并能发生碘仿反应。A 和浓硫酸共热后，再经酸性高锰酸钾氧化得到丙酮和乙酸。试推导出 A、B 的结构式，并写出各步化学反应式。

10. 某化合物 A 的分子式为 $C_8H_{14}O$，A 既可使溴水褪色，也可以与苯肼反应生成黄色沉淀，A 经酸性高锰酸钾氧化后得到一分子丙酮及另一化合物 B。B 具有酸性，和次碘酸钠反应生成碘仿和一分子丁二酸二钠。写出 A、B 的结构式和有关的化学反应式。

11. 某化合物分子式为 $C_6H_{12}O$，能与羟胺作用生成肟，但不发生银镜反应，在铂的催化下加氢得到一种醇。此醇经过脱水、臭氧化还原水解等反应后得到两种液体，其中之一能发生银镜反应但不发生碘仿反应，另一种能发生碘仿反应但不能使斐林试剂还原。试写出该化合物的结构式和有关化学反应式。

12. 某化合物 A 分子式为 $C_{10}H_{12}O_2$，不溶于氢氧化钠溶液，能与羟氨作用生成白色沉淀，但不与托伦试剂反应。A 经 $LiAlH_4$ 还原得到 B，分子式为 $C_{10}H_{14}O_2$。A 与 B 都能发生碘仿反应。A 与浓 HI 酸共热生成 C，C 的分子式为 $C_9H_{10}O_2$。C 能溶于氢氧化钠，经克莱门森还原生成化合物 D，D 的分子式为 $C_9H_{12}O$。A 经高锰酸钾氧化生成对甲氧基苯甲酸。试写出 A、B、C、D 的结构式和有关化学反应式。

习题参考答案

1. （1）2,4,4-三甲基戊醛　　（2）(*E*)-3-甲基-3-戊烯-2-酮

（3）3-戊酮缩乙二醇　　（4）3-(对甲苯基)丁酮

（5）二苯甲酮　　（6）5-甲基-2-己烯醛

(7) 5-甲基-2,4-己二酮　　(8) 2-甲基环己基甲醛

(9) 2-甲基-4-羰基戊醛　　(10) 2,4-二甲基苯甲醛

(11) 丁酮苯腙　　(12) 2-甲基-1,4-环己二酮

(13) 2,6-萘醌　　(14) 2-环己烯酮

2.(1) 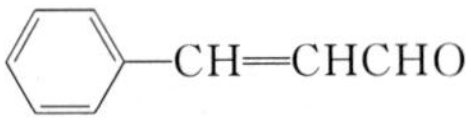 $C_6H_5-CH{=}CHCHO$　　(2) CHO, OCH_3（间位）　　(3) CH_3, =O

(4) O= ⬡ =O　　(5) CHO—CHO　　(6) $CH_3-\overset{O}{\overset{\|}{C}}-C_6H_4-Br$

(7) O, OH, OH, O　　(8) $Cl-C(Cl)(Cl)-C(OH)(OH)-H$　　(9) $C_6H_5-CH{=}N-OH$

(10) $(CH_3)_2C{=}N-NH-\overset{O}{\overset{\|}{C}}-NH_2$　　(11) $CH_3\overset{NNH-C_6H_3(NO_2)_2}{\overset{\|}{C}}-CH_2CH_3$

(12) $CH_3-\overset{O}{\overset{\|}{C}}-CH(CH_3)-CH{=}CH_2$

3.(1) OH, CN, CH_3 ，OH, COOH, CH_3

(2) $CH_3-C(OMgCl)(H)-CH_2CH_3$ ，$CH_3-C(OH)(H)-CH_2CH_3$

(3) CH_3HC (O, O)

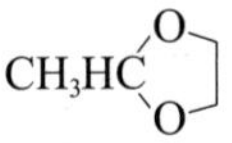

(4) 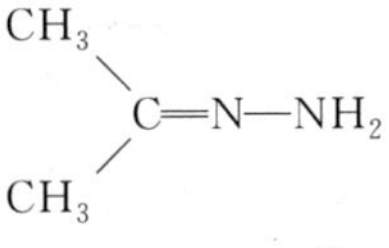 $(CH_3)_2C{=}N-NH_2$

(5) 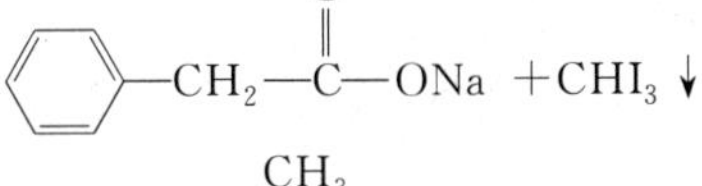 $C_6H_5-CH_2-\overset{O}{\overset{\|}{C}}-ONa$ $+CHI_3\downarrow$

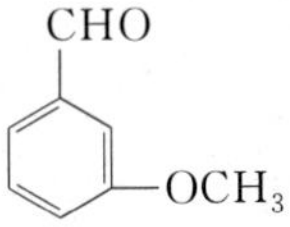

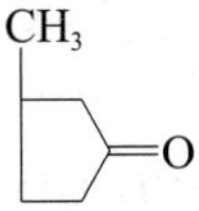

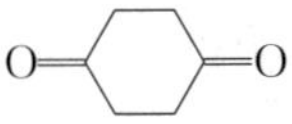

(6) 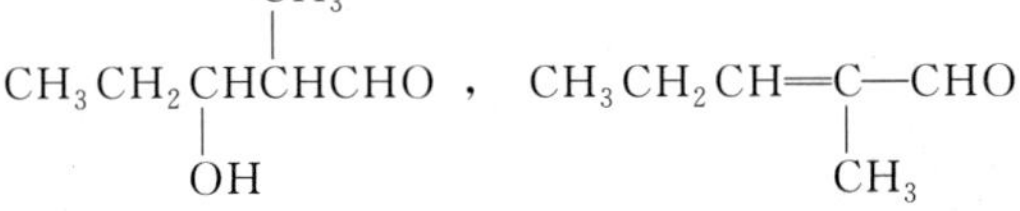 $CH_3CH_2CH(OH)CH(CH_3)CHO$ ，$CH_3CH_2CH{=}C(CH_3)-CHO$

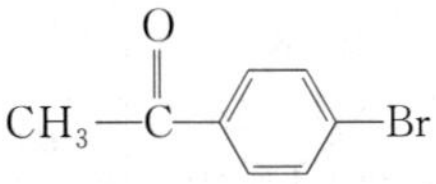

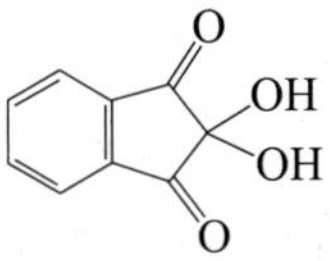

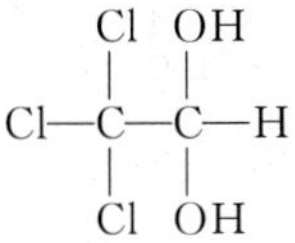

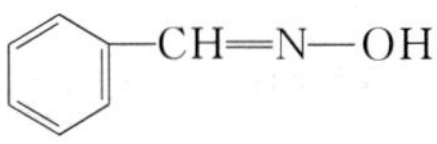

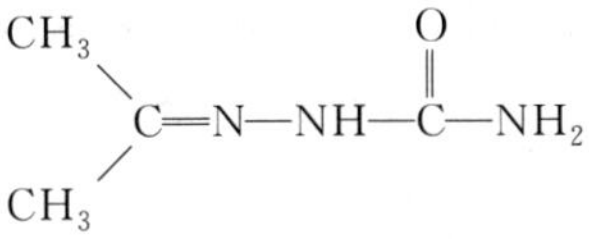

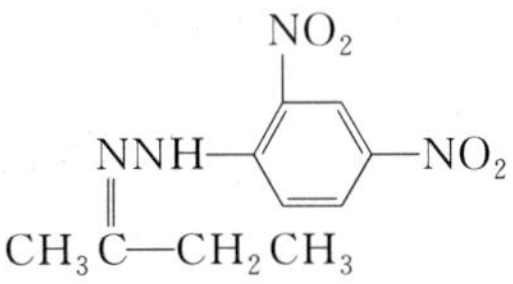

(7) 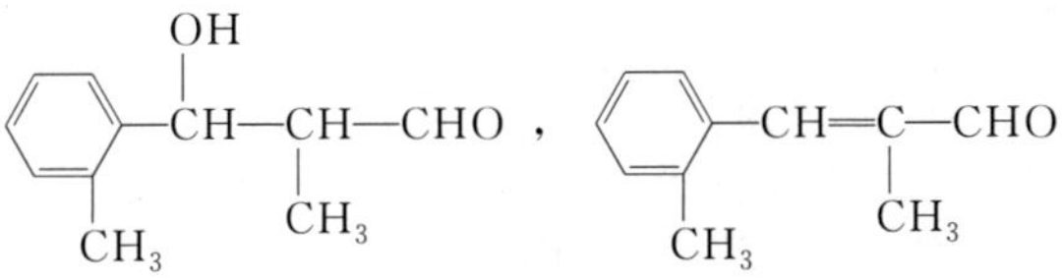 $CH_3C_6H_4-CH(OH)-CH(CH_3)-CHO$ ，$CH_3C_6H_4-CH{=}C(CH_3)-CHO$

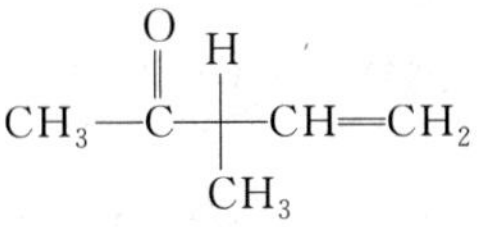

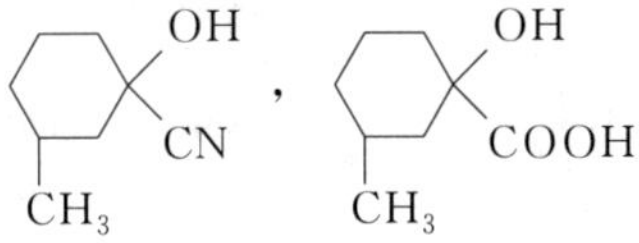

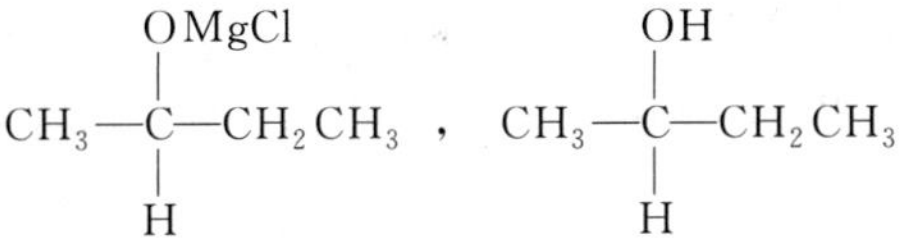

(8) $CH_2=CHCH_2COONH_4+Ag\downarrow+NH_3+H_2O$

(9) $C_6H_5-CH=CHCH_2OH$

(10) $C_6H_5-CH_2CH_2CH_2OH$

(11) $H_3C-C_6H_4-CH_2CH_2CH_3$

(12) $(CH_3)_3CCH_2OH+HCOONa$

4\. (1) $HCHO$、CH_3CHO、CH_3CH_2CHO、CH_3COCH_3 $\xrightarrow{\text{斐林试剂}}$
- 产生铜镜 → $HCHO$
- 砖红色↓（CH_3CHO、CH_3CH_2CHO）$\xrightarrow[NaOH]{I_2}$
  - 黄色↓ → CH_3CHO
  - 无现象 → CH_3CH_2CHO
- 无现象 → CH_3COCH_3

(2) CH_3CHO、CH_3CH_2OH、$CH_3CH_2OCH_2CH_3$ $\xrightarrow{\text{托伦试剂}}$
- 产生银镜 → CH_3CHO
- 无现象（CH_3CH_2OH、$CH_3CH_2OCH_2CH_3$）$\xrightarrow[NaOH]{I_2}$
  - 黄色↓ → CH_3CH_2OH
  - 无现象 → $CH_3CH_2OCH_2CH_3$

(3) CH_3CH_2CHO、$CH_3CH_2CH_2OH$、CH_3COCH_3、$CH_3CH(OH)CH_3$ $\xrightarrow[NaOH]{I_2}$
- 无现象（CH_3CH_2CHO、$CH_3CH_2CH_2OH$）$\xrightarrow{\text{托伦试剂}}$
  - 产生银镜 → CH_3CH_2CHO
  - 无现象 → $CH_3CH_2CH_2OH$
- 黄色↓（CH_3COCH_3、$CH_3CH(OH)CH_3$）$\xrightarrow{NaHSO_3}$
  - 白色↓ → CH_3COCH_3
  - 无现象 → $CH_3CH(OH)CH_3$

(4) $CH_3(CH_2)_3CHO$、$CH_3CH_2COCH_2CH_3$、$CH_3COCH_2CH_2CH_3$、$CH_3CH(OH)CH_2CH_2CH_3$ $\xrightarrow[NaOH]{I_2}$
- 无现象（$CH_3(CH_2)_3CHO$、$CH_3CH_2COCH_2CH_3$）$\xrightarrow{\text{托伦试剂}}$
  - 产生银镜 → $CH_3(CH_2)_3CHO$
  - 无现象 → $CH_3CH_2COCH_2CH_3$
- 黄色↓（$CH_3COCH_2CH_2CH_3$、$CH_3CH(OH)CH_2CH_2CH_3$）$\xrightarrow{NaHSO_3}$
  - 白色↓ → $CH_3COCH_2CH_2CH_3$
  - 无现象 → $CH_3CH(OH)CH_2CH_2CH_3$

(5) $C_6H_5CH_2OH$、C_6H_5CHO、$C_6H_5COCH_3$、C_6H_5OH $\xrightarrow{FeCl_3\text{溶液}}$
- 无现象（$C_6H_5CH_2OH$、C_6H_5CHO、$C_6H_5COCH_3$）$\xrightarrow[NaOH]{I_2}$
  - 无现象（$C_6H_5CH_2OH$、C_6H_5CHO）$\xrightarrow{\text{托伦试剂}}$
    - 无现象 → $C_6H_5CH_2OH$
    - 产生银镜 → C_6H_5CHO
  - 黄色↓ → $C_6H_5COCH_3$
- 显紫色 → C_6H_5OH

5\. (1) 正丁醇＞正丁醛＞2-甲基丙醛＞正戊烷＞乙醚

(2) 苯甲醇＞苯甲醛＞苯甲醚＞乙苯

6\. (1) 三氯乙醛＞一氯乙醛＞乙醛＞苯甲醛＞苯乙酮＞二苯甲酮

（2）甲醛>三氯乙醛>乙醛>丙酮>丁酮

（3）对硝基苯甲醛>苯甲醛>对甲基苯甲醛>对甲氧基苯甲醛

7. 能发生碘仿反应的有：(1)、(4)、(5)、(7)、(11)、(13)、(15)

能与 $NaHSO_3$ 加成的有：(1)、(2)、(3)、(4)、(8)、(11)、(13)、(14)

能被斐林试剂氧化的有：(1)、(2)、(3)

能同羟胺作用生成肟的有：(1)、(2)、(3)、(4)、(8)、(9)、(11)、(13)、(14)、(15)

8. (1)

$$CH_2{=}CH_2 \xrightarrow[Ag,250℃]{O_2} \text{环氧乙烷}$$

$$CH_2{=}CH_2 \xrightarrow{HBr} CH_3CH_2Br \xrightarrow[\text{无水乙醚}]{Mg} CH_3CH_2MgBr \xrightarrow[(2)\ H_3O^+]{(1)\ \text{环氧乙烷}} CH_3CH_2CH_2CH_2OH$$

(2) $$HC{\equiv}CH + H_2O \xrightarrow[100℃]{H_2SO_4,\ Hg^{2+}} CH_3CHO$$

$$HC{\equiv}CH \xrightarrow[\text{Lindlar 催化剂}]{H_2} CH_2{=}CH_2 \xrightarrow{HBr} CH_3CH_2Br \xrightarrow[\text{无水乙醚}]{Mg}$$

$$CH_3CH_2MgBr \xrightarrow{CH_3CHO} CH_3CH(OMgBr)CH_2CH_3 \xrightarrow{H_3O^+} CH_3CH_2CH(OH)CH_3$$

(3) $$CH_3CH{=}CHCHO \xrightarrow[\text{干 } HCl]{CH_3OH} CH_3CH{=}CHCH(OCH_3)_2 \xrightarrow[OH^-]{KMnO_4}$$

$$CH_3CH(OH)CH(OH)CH(OCH_3)_2 \xrightarrow{H_3O^+} CH_3CH(OH)CH(OH)CHO$$

(4) $$CH_3CH_2CHO \xrightarrow[\text{无水乙醚}]{CH_3MgBr} CH_3CH(OMgBr)CH_2CH_3 \xrightarrow{H_3O^+} CH_3CH_2CH(OH)CH_3$$

(5) $$C_6H_6 + Br_2 \xrightarrow{Fe} C_6H_5{-}Br \xrightarrow[\text{无水乙醚}]{Mg} C_6H_5{-}MgBr$$

$$\xrightarrow{CH_3COCH_3} C_6H_5{-}C(OMgBr)(CH_3){-}CH_3 \xrightarrow{H_3O^+} C_6H_5{-}C(OH)(CH_3){-}CH_3$$

或 $$C_6H_6 \xrightarrow[AlCl_3]{CH_3COCl} C_6H_5{-}COCH_3 \xrightarrow[\text{无水乙醚}]{CH_3MgBr} C_6H_5{-}C(OMgBr)(CH_3){-}CH_3 \xrightarrow[H^+]{H_2O} C_6H_5{-}C(OH)(CH_3){-}CH_3$$

(6) $$2CH_3CHO \xrightarrow{\text{稀 } OH^-} CH_3CH(OH)CH_2CHO \xrightarrow{\text{浓 } H_2SO_4} CH_3CH{=}CHCHO$$

$$\xrightarrow[Ni]{H_2} CH_3CH_2CH_2CH_2OH \xrightarrow[\triangle]{Cu} CH_3CH_2CH_2CHO$$

(7) $$C_6H_6 + CH_3CH_2CH_2COCl \xrightarrow{AlCl_3} C_6H_5{-}CO{-}CH_2CH_2CH_3$$

$$\mathrm{C_6H_5-\overset{\overset{O}{\|}}{C}-CH_2CH_2CH_3 \xrightarrow[\text{浓 HCl}]{Zn\text{-}Hg} C_6H_5-CH_2CH_2CH_2CH_3}$$

或 $$\mathrm{C_6H_5-\overset{\overset{O}{\|}}{C}-CH_2CH_2CH_3 \xrightarrow[(HOCH_2CH_2)_2O,\ \triangle]{H_2NNH_2,\ NaOH} C_6H_5-CH_2CH_2CH_2CH_3}$$

9. A. $\mathrm{CH_3\underset{OH}{CH}-\underset{CH_3}{CH}CH_3}$　　B. $\mathrm{CH_3\overset{\overset{O}{\|}}{C}-\underset{CH_3}{CH}CH_3}$

$$\mathrm{CH_3\underset{OH}{CH}-\underset{CH_3}{CH}CH_3 \xrightarrow{MnO_2} CH_3\overset{\overset{O}{\|}}{C}-\underset{CH_3}{CH}CH_3}$$

$$\mathrm{CH_3\overset{\overset{O}{\|}}{C}-\underset{CH_3}{CH}CH_3 + H_2N-NH-C_6H_3(NO_2)_2 \longrightarrow CH_3\underset{CH_3}{CH}-\underset{CH_3}{C}{=}N-NH-C_6H_3(NO_2)_2}$$

(2,4-二硝基苯基：NO_2 位于 NH 邻位和对位)

$$\mathrm{CH_3\overset{\overset{O}{\|}}{C}-\underset{CH_3}{CH}CH_3 \xrightarrow[NaOH]{I_2} CHI_3\downarrow + CH_3-\underset{CH_3}{CH}COO^-}$$

$$\mathrm{CH_3\underset{OH}{CH}-\underset{CH_3}{CH}CH_3 \xrightarrow[\triangle]{\text{浓 }H_2SO_4} CH_3CH{=}\underset{CH_3}{C}CH_3 \xrightarrow[H^+]{KMnO_4} CH_3COOH + CH_3\overset{\overset{O}{\|}}{C}CH_3}$$

10. A. $\mathrm{(CH_3)_2C{=}\overset{CH_3}{C}CH_2CH_2CHO}$　或　$\mathrm{CH_3-\underset{CH_3}{C}{=}CHCH_2CH_2-\overset{\overset{O}{\|}}{C}-CH_3}$

B. $\mathrm{CH_3-\overset{\overset{O}{\|}}{C}-CH_2CH_2COOH}$

$$\mathrm{(CH_3)_2C{=}\overset{CH_3}{C}CH_2CH_2CHO \xrightarrow{Br_2} CH_3-\overset{CH_3}{\underset{Br}{C}}-\overset{CH_3}{\underset{Br}{C}}CH_2CH_2CHO}$$

$$\mathrm{CH_3-\underset{CH_3}{C}{=}CHCH_2CH_2-\overset{\overset{O}{\|}}{C}-CH_3 \xrightarrow{Br_2} CH_3-\overset{Br}{\underset{CH_3}{C}}-\overset{Br}{C}HCH_2CH_2-\overset{\overset{O}{\|}}{C}-CH_3}$$

$$\mathrm{(CH_3)_2C{=}\overset{CH_3}{C}CH_2CH_2CHO + H_2N-NH-C_6H_3(NO_2)_2 \longrightarrow}$$

$$\mathrm{(CH_3)_2C{=}\overset{CH_3}{C}CH_2CH_2CH{=}N-NH-C_6H_3(NO_2)_2}$$

$$CH_3-\underset{\underset{CH_3}{|}}{C}=CHCH_2CH_2-\overset{\overset{O}{\|}}{C}-CH_3 + H_2N-NH-\underset{}{C_6H_3}(NO_2)_2\ (2,4\text{-二硝基}) \longrightarrow$$

$$CH_3-\underset{\underset{CH_3}{|}}{C}=CHCH_2CH_2-\underset{\underset{CH_3}{|}}{C}=N-NH-C_6H_3(NO_2)_2\ (2,4\text{-二硝基})$$

$$(CH_3)_2C=\overset{\overset{CH_3}{|}}{C}CH_2CH_2CHO \xrightarrow[H^+]{KMnO_4} CH_3\overset{\overset{O}{\|}}{C}CH_3 + CH_3-\overset{\overset{O}{\|}}{C}-CH_2CH_2COOH$$

$$CH_3-\underset{\underset{CH_3}{|}}{C}=CHCH_2CH_2-\overset{\overset{O}{\|}}{C}-CH_3 \xrightarrow[H^+]{KMnO_4} CH_3\overset{\overset{O}{\|}}{C}CH_3 + CH_3-\overset{\overset{O}{\|}}{C}-CH_2CH_2COOH$$

$$CH_3-\overset{\overset{O}{\|}}{C}-CH_2CH_2COOH \xrightarrow{NaOI} CHI_3\downarrow + NaOOCCH_2CH_2COONa$$

11. $CH_3CH_2\overset{\overset{O}{\|}}{C}\underset{\underset{CH_3}{|}}{CH}CH_3$

$$CH_3CH_2\overset{\overset{O}{\|}}{C}\underset{\underset{CH_3}{|}}{CH}CH_3 + NH_2-OH \longrightarrow CH_3CH_2\overset{\overset{N-OH}{\|}}{C}\underset{\underset{CH_3}{|}}{CH}CH_3$$

$$CH_3CH_2\overset{\overset{O}{\|}}{C}\underset{\underset{CH_3}{|}}{CH}CH_3 \xrightarrow[Pt]{H_2} CH_3CH_2\overset{\overset{OH}{|}}{CH}\underset{\underset{CH_3}{|}}{CH}CH_3 \xrightarrow[\triangle]{\text{浓 }H_2SO_4} CH_3CH_2CH=\underset{\underset{CH_3}{|}}{C}CH_3$$

$$CH_3CH_2CH=\underset{\underset{CH_3}{|}}{C}CH_3 \xrightarrow[(2)\ Zn/H_2O]{(1)\ O_3} CH_3CH_2CHO + CH_3\overset{\overset{O}{\|}}{C}CH_3$$

$$CH_3CH_2CHO \xrightarrow{[Ag(NH_3)_2]^+} CH_3CH_2COONH_4 + Ag\downarrow + NH_3 + H_2O$$

$$CH_3\overset{\overset{O}{\|}}{C}CH_3 \xrightarrow[NaOH]{I_2} CHI_3\downarrow + CH_3COONa$$

12. A. $p\text{-}CH_3O-C_6H_4-CH_2\overset{\overset{O}{\|}}{C}CH_3$　B. $p\text{-}CH_3O-C_6H_4-CH_2\overset{\overset{OH}{|}}{CH}CH_3$　C. $p\text{-}HO-C_6H_4-CH_2\overset{\overset{O}{\|}}{C}CH_3$　D. $p\text{-}HO-C_6H_4-CH_2CH_2CH_3$

$$p\text{-}CH_3OC_6H_4CH_2COCH_3 + NH_2{-}OH \longrightarrow p\text{-}CH_3OC_6H_4CH_2C(CH_3){=}NOH$$

$$p\text{-}CH_3OC_6H_4CH_2COCH_3 \xrightarrow{LiAlH_4} p\text{-}CH_3OC_6H_4CH_2CH(OH)CH_3$$

$$p\text{-}CH_3OC_6H_4CH_2COCH_3 \xrightarrow[NaOH]{I_2} CHI_3\downarrow + p\text{-}CH_3OC_6H_4CH_2COONa$$

$$p\text{-}CH_3OC_6H_4CH_2CH(OH)CH_3 \xrightarrow[NaOH]{I_2} CHI_3\downarrow + p\text{-}CH_3OC_6H_4CH_2COONa$$

$$p\text{-}CH_3OC_6H_4CH_2COCH_3 + HI \longrightarrow p\text{-}HOC_6H_4CH_2COCH_3 + CH_3I$$

$$p\text{-}HOC_6H_4CH_2COCH_3 + NaOH \longrightarrow p\text{-}NaOC_6H_4CH_2COCH_3 + H_2O$$

$$p\text{-}HOC_6H_4CH_2COCH_3 \xrightarrow[\text{浓 }HCl]{Zn\text{-}Hg} p\text{-}HOC_6H_4CH_2CH_2CH_3$$

$$p\text{-}CH_3OC_6H_4CH_2COCH_3 \xrightarrow[H^+]{KMnO_4} p\text{-}CH_3OC_6H_4COOH$$

羧酸、羧酸衍生物和取代酸

Chapter 08

知识点提要

一、羧酸

羧酸是含有羧基（—COOH）官能团的化合物，饱和一元脂肪羧酸的通式为 $C_nH_{2n}O_2$。

1. 羧酸分类和命名

羧酸可分为脂肪酸、脂环羧酸、芳香酸；羧酸又可分为一元羧酸、二元羧酸和多元羧酸。

羧酸的命名方法有俗名和系统命名两种。羧酸的系统命名方法与醛的命名方法类似。

2. 羧酸的化学性质

（1）酸性　羧酸能与碱反应成盐。羧酸的酸性比碳酸强，能与碳酸钠或碳酸氢钠反应生成羧酸盐，放出 CO_2，用来鉴别羧酸。羧酸盐遇到强酸可析出原来的羧酸，常用于羧酸的分离和提纯。

（2）羧酸衍生物的生成　羧基中的羟基被卤素（—X）、酰氧基（—OCOR）、烷氧基（—OR）、氨基（$—NH_2$）取代，分别生成酰卤、酸酐、酯、酰胺。

（3）α-H 的卤代反应　羧酸的 α-H 在碘、红磷、硫等的催化下，α-H 可被卤素取代。

（4）脱羧反应　羧酸中的羧基比较稳定，不易脱羧，但乙二酸及 α-碳上连有吸电子基的羧酸易发生脱羧反应。

（5）还原反应　羧基很难用催化氢化或一般的还原剂还原，只有 $LiAlH_4$ 能将其直接还原成伯醇。$LiAlH_4$ 是选择性的还原剂，只还原羧基，不还原碳碳双键。

（6）氧化反应　羧酸一般不易被氧化，但甲酸和乙二酸由于结构特殊可被氧化。

羧酸的化学性质

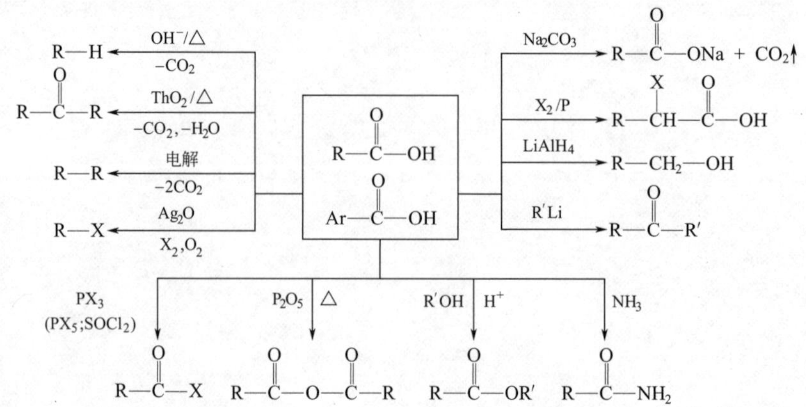

二、羧酸衍生物

1. 羧酸衍生物命名

酰卤根据酰基和卤原子来命名；酸酐根据相应的羧酸命名；酯根据羧酸和醇来命名。

2. 羧酸衍生物化学性质

（1）水解、醇解和氨解　酰氯、酸酐、酯都能发生水解、醇解和氨解反应，分别生成羧酸、酯和酰胺。酯的水解要在酸或碱的催化下才能顺利进行。酯的醇解反应也叫酯交换反应。酰氯和酸酐与氨的反应很剧烈，需要在冷却或稀释的条件下缓慢进行反应。反应的活性次序为：酰氯＞酸酐＞酯≥酰胺。

（2）酯的还原反应　金属钠和乙醇、$LiAlH_4$ 等容易使酯还原成醇。

（3）酯缩合反应　有 α-H 原子的酯用醇钠等强碱处理，两分子的酯脱去一分子醇生成 β-酮酸酯。

羧酸衍生物的化学性质

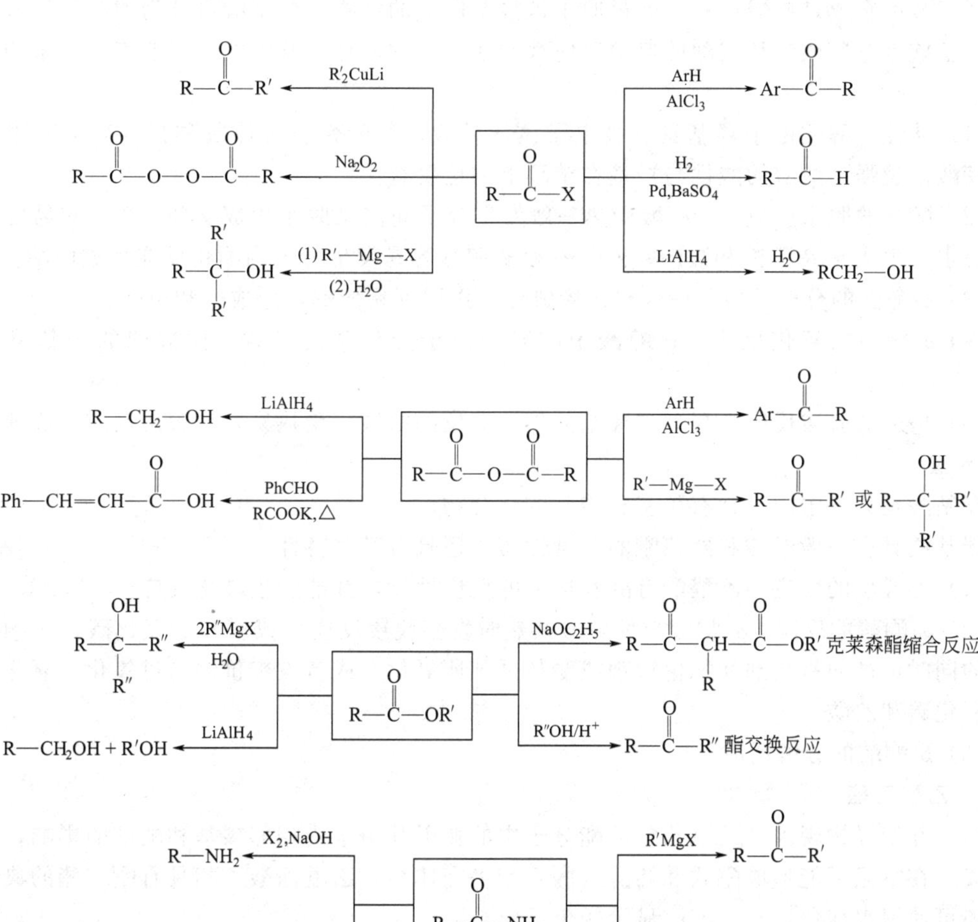

羧酸及羧酸的衍生物在一定的条件下可相互转化：

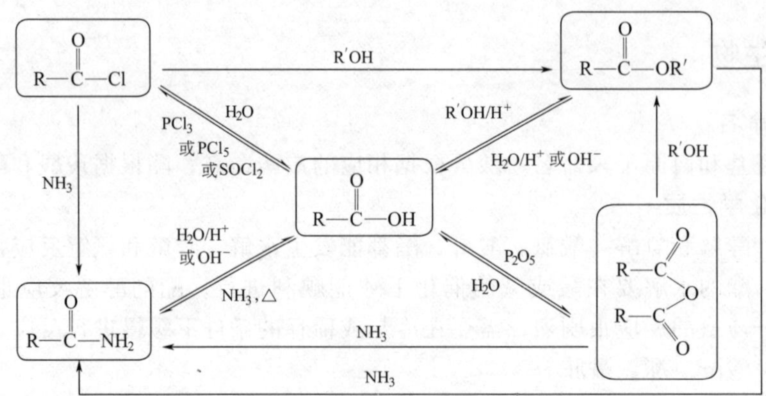

三、取代酸

羧酸烃基上的氢原子被其他原子或基团取代的产物称为取代酸。

1. 羟基酸

羟基酸可看成是羧酸烃基上的氢原子被羟基取代的产物。羟基酸可分为醇酸和酚酸。

羟基酸具有醇或酚和羧酸的典型反应性，还具有羧基和羟基的相互影响表现出来的某些特性。

（1）酸性　醇酸由于羟基具有吸电子诱导效应，其酸性较母体羧酸强。羟基离羧基越近，其酸性越强；酚酸的酸性与羟基在苯环上的位置有关。

（2）醇酸的脱水反应　α-醇酸受热一般发生分子间交叉脱水生成交酯；β-醇酸易发生分子内脱水，生成α,β-不饱和羧酸；γ-醇酸和δ-醇酸容易发生分子内酯化反应生成内酯。

（3）α-醇酸的分解反应　α-醇酸在稀硫酸的作用下易分解，生成醛和甲酸。

（4）α-醇酸的氧化反应　α-醇酸中的羟基由于受羧基的影响，比醇中的羟基更容易氧化。

（5）酚酸的脱羧反应　羟基在羧基的邻、对位的酚酸，受热易发生脱羧反应生成酚。

2. 羰基酸

羰基酸是分子中同时含有羰基和羧基的化合物。

羰基酸具有一般羧酸和醛、酮的典型性质，还具有某些特性。

（1）乙醛酸的反应　乙醛酸有醛和羧酸的反应性能，并能发生歧化反应。

（2）α-酮酸的反应　α-酮酸与稀硫酸共热时发生脱羧反应生成醛和二氧化碳。丙酮酸在脱羧的同时可被弱氧化剂如托伦试剂或斐林试剂所氧化，或者被二价铁与过氧化氢氧化，生成二氧化碳和乙酸。

（3）β-酮酸的分解反应

3. 乙酰乙酸乙酯

（1）互变异构现象　乙酰乙酸乙酯分子中的亚甲基由于受相邻羰基和酯基的影响，变得很活泼，在室温下能形成酮式和烯醇式的互变平衡体系，乙酰乙酸乙酯具有酮和酯的典型反应，还可使溴水褪色，与 $FeCl_3$ 显示颜色反应。

（2）成酮分解和成酸分解　在乙酰乙酸乙酯分子中，由于受两个官能团的影响，使亚甲基碳原子与相邻两个碳原子间的碳碳键容易断裂，发生成酮分解和成酸分解。

乙酰乙酸乙酯分子中的α-亚甲基上的氢原子较活泼，在醇钠作用下可以失去α-H形成碳负离子。该碳负离子与卤代烃、α-卤代酮和卤代酸酯等反应，再进行稀碱催化下的成酮或浓碱催化下的成酸分解，可制备不同类型化合物，在有机合成上得到很好的应用。

例题及解析

【例题 1】 命名下列化合物。

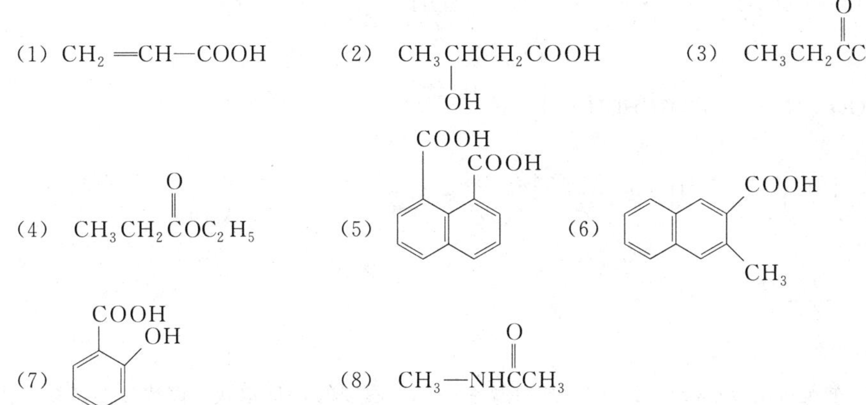

【解】 (1) 丙烯酸 (2) 3-羟基丁酸（β-羟基丁酸） (3) 丙酰氯 (4) 丙酸乙酯 (5) 1,8-萘二甲酸 (6) 3-甲基-2-萘甲酸 (7) 邻羟基苯甲酸 (8) *N*-甲基乙酰胺

【例题 2】 写出下列化合物的结构式。

(1) 3-苯基丙酸 (2) α-氯代丁酸 (3) 丙酸酐 (4) 异丁酸异丙酯 (5) α-甲基-β-丁酮酸 (6) β-萘乙酸 (7) 2-甲基-2-丁烯酸 (8) 顺丁烯二酸 (9) 对甲氧基苯甲酸（茴香酸）

【解】 (1) 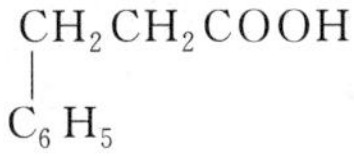 $CH_2(C_6H_5)CH_2COOH$（C_6H_5 连于第一个 CH_2） (2) $CH_3CH_2CH(Cl)COOH$ (3) $CH_3CH_2C(=O)OC(=O)CH_2CH_3$

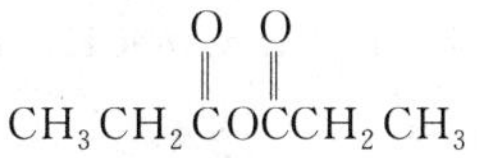

(4) 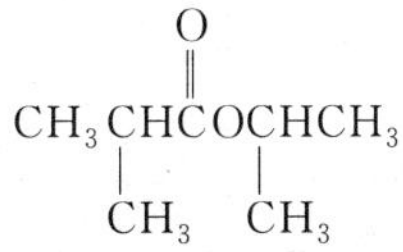 $CH_3CH(CH_3)C(=O)OCH(CH_3)CH_3$ (5) 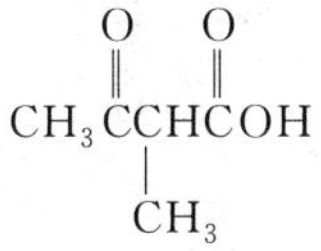 $CH_3C(=O)CH(CH_3)C(=O)OH$ (6) 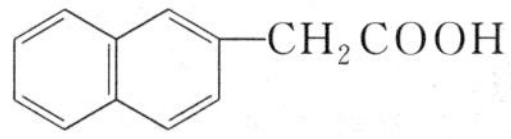 2-萘基—CH_2COOH

(7) 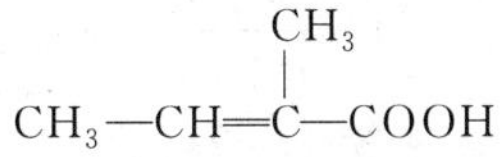 $CH_3—CH=C(CH_3)—COOH$ (8) 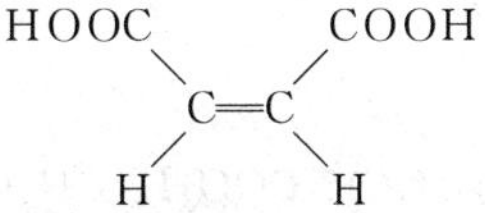 HOOC(H)C=C(H)COOH（顺式，两个 COOH 在同侧，两个 H 在同侧） (9)  CH_3O—⟨苯环⟩—COOH（对位）

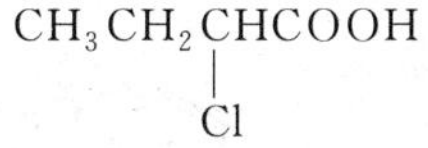

【例题 3】 为何乙酸的沸点比分子量相近的醇的沸点要高？

【解】 羧基是强极性基团，乙酸分子间的氢键比分子量相近醇的分子间氢键更强，所以乙酸的沸点比分子量相近的醇的沸点要高。

【例题 4】 将下列化合物按沸点由高到低的顺序排列。

(1) 正丁烷 (2) 丙醛 (3) 乙酸 (4) 正丙醇 (5) 丙酸

【解】 丙酸＞乙酸＞正丙醇＞丙醛＞正丁烷

【例题 5】 将下列化合物按照酸性强弱顺序排列。

(1) (A) $CH_3CH(NO_2)CH_2COOH$ (B) 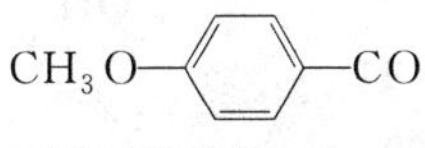 $CH_3CH_2CH(NO_2)COOH$ (C) 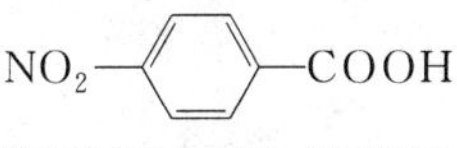 $CH_2(NO_2)CH_2CH_2COOH$

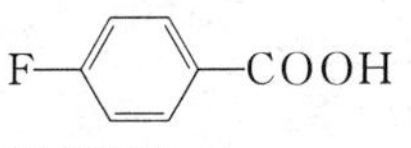

(2) (A) F—⟨苯环⟩—COOH (B) CH_3O—⟨苯环⟩—COOH (C) NO_2—⟨苯环⟩—COOH

(3) (A) HCOOH (B) HOOCCOOH (C) $HOOCCH_2CH_2COOH$

【解】 (1) (B) > (A) > (C)　(2) (C) > (A) > (B)　(3) (B) > (A) > (C)

【例题 6】 完成下列反应。

(1) 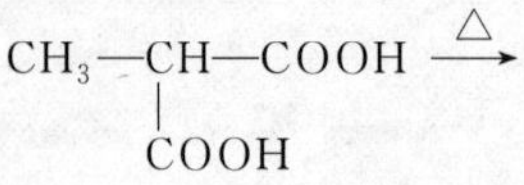 $CH_3-\underset{\displaystyle COOH}{\underset{|}{CH}}-COOH \xrightarrow{\triangle}$　(2) $CH_3-\underset{\displaystyle CH_2CH_2COOH}{\underset{|}{CH}}-CH_2COOH \xrightarrow[\triangle]{Ba(OH)_2}$

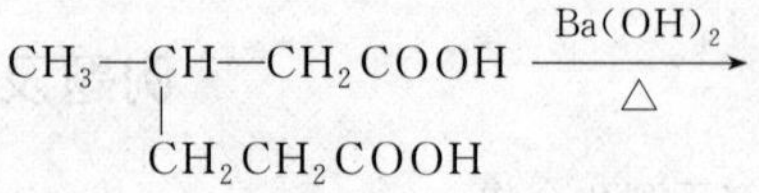

(3) 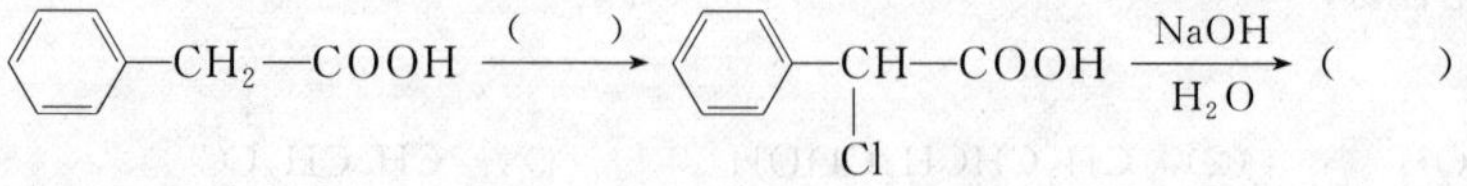 $C_6H_5-CH_2-COOH \xrightarrow{(\quad)} C_6H_5-\underset{\displaystyle Cl}{\underset{|}{CH}}-COOH \xrightarrow[H_2O]{NaOH} (\quad)$

(4) $CH_3CH_2COOC_2H_5 + (CH_3)_2CHCH_2CH_2OH \xrightarrow{H^+}$

(5) 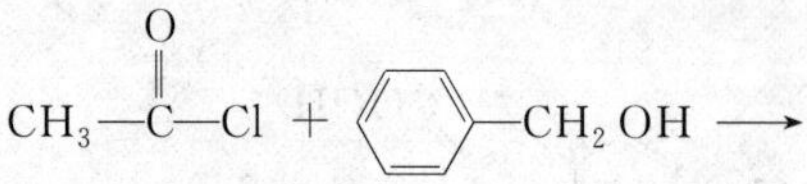 $CH_3-\overset{\displaystyle O}{\overset{\|}{C}}-Cl + C_6H_5-CH_2OH \longrightarrow$

(6) 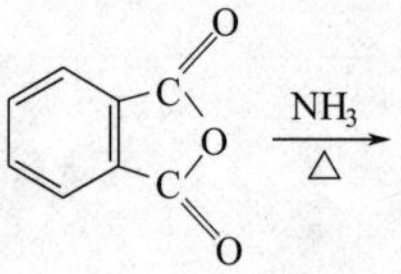 邻苯二甲酸酐 $\xrightarrow[\triangle]{NH_3}$

【解】 (1) 丙二酸脱羧反应；(2) 己二酸脱羧、脱水；(3) 脱羧的 α-H 取代，卤代烃的亲核取代反应；(4) 羧酸衍生物酯的醇解（酯交换反应）；(5) 羧酸衍生物酰卤的醇解；(6) 羧酸衍生物酸酐的氨解。

(1) $CH_3CH_2COOH+CO_2\uparrow$　(2) 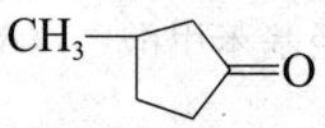 3-甲基环戊酮（CH_3—环戊烷—=O）

(3) Cl_2，P；$C_6H_5-\underset{\displaystyle OH}{\underset{|}{CH}}-COOH$

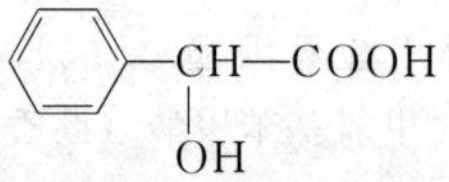

(4) $CH_3CH_2COOCH_2CH_2CH(CH_3)_2+CH_3CH_2OH$

(5) 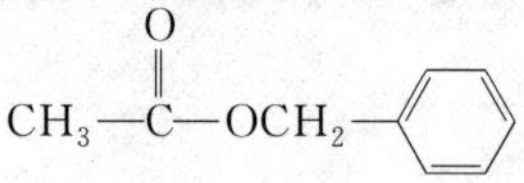 $CH_3-\overset{\displaystyle O}{\overset{\|}{C}}-OCH_2-C_6H_5$　(6) 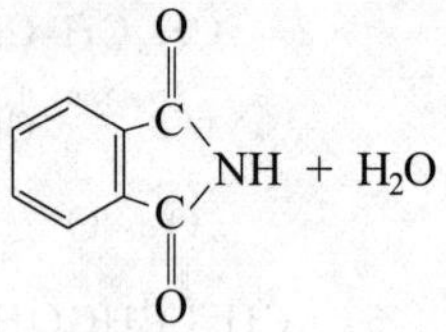 邻苯二甲酰亚胺 + H_2O

【例题 7】 完成下列反应。

$CH_2=CH_2 \xrightarrow{HBr} (\quad) \xrightarrow{NaCN} (\quad) \xrightarrow{H_2O/H^+} (\quad) \xrightarrow{PCl_5} (\quad) \xrightarrow{CH_3CH_2OH} (\quad)$

【解】 CH_3CH_2Br；CH_3CH_2CN；CH_3CH_2COOH；$CH_3CH_2\overset{\displaystyle O}{\overset{\|}{C}}Cl$；$CH_3CH_2\overset{\displaystyle O}{\overset{\|}{C}}OCH_2CH_3$

【例题 8】 乙酸中含有乙酰基，为何不能发生碘仿反应？

【解】 乙酸在 NaOH 存在下，形成 CH_3COO^-，氧负离子与羰基形成共轭体系，电子离域的结果降低了羰基的正电性，所以 α-H 活泼性降低，不能发生碘仿反应。

【例题 9】 比较下列化合物的酸性强弱：草酸、苯酚、乙酸、甲酸、丙二酸。

【解】 草酸>丙二酸>甲酸>乙酸>苯酚

【例题 10】 用指定原料和必要的无机试剂合成下列化合物。

(1) 由 $CH_3CH=CH_2$ 合成 $CH_3CH=CHCOOH$

(2) 由 $CH_3-C_6H_4-CHO$ 合成 $CH_3-C_6H_4-\underset{\displaystyle OH}{\underset{|}{CH}}COOH$

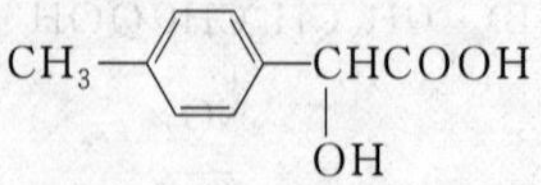

(3) 由 $CH_3CH_2CH_2OH$ 合成 $CH_3\overset{\displaystyle CH_3}{\overset{|}{C}H}COOH$

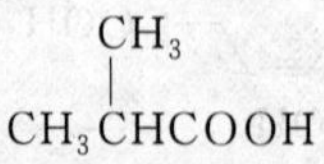

(4) 由 $CH_2=CH_2$ 合成 $CH_3CH_2COOC_2H_5$

(5) 由 苯 合成 苯—CH_2COOH

【解】 (1) $CH_3CH=CH_2 \xrightarrow{HOBr} CH_3CH(OH)CH_2Br \xrightarrow{NaCN} CH_3CH(OH)CH_2CN \xrightarrow[\triangle]{H_3O^+}$

$CH_3CH=CHCOOH$

(2) CH_3—C₆H₄—$CHO \xrightarrow{HCN} CH_3$—C₆H₄—$CH(OH)CN \xrightarrow{H_3O^+} CH_3$—C₆H₄—$CH(OH)COOH$

(3) $CH_3CH_2CH_2OH \xrightarrow[170℃]{浓硫酸} CH_3CH=CH_2 \xrightarrow{HBr} CH_3CH(Br)CH_3 \xrightarrow{Mg，乙醚} CH_3CH(MgBr)CH_3$

$CH_3CH(MgBr)CH_3 + CO_2 \xrightarrow{乙醚} \xrightarrow{H_3O^+} CH_3CH(CH_3)COOH$

(4) $CH_2=CH_2 \xrightarrow{HBr} CH_3CH_2Br \xrightarrow{NaCN} CH_3CH_2CN \xrightarrow{H_3O^+} CH_3CH_2COOH$

$CH_2=CH_2 \xrightarrow{H_3O^+} CH_3CH_2OH$

$CH_3CH_2COOH + CH_3CH_2OH \xrightarrow{H^+} CH_3CH_2COOC_2H_5$

(5) 苯 $+ CH_3Cl \xrightarrow[0\sim25℃]{无水\ AlCl_3}$ 苯—CH_3 $+ HCl$

苯—$CH_3 \xrightarrow[光照或加热]{Cl_2}$ 苯—$CH_2Cl \xrightarrow[\triangle]{KCN/ROH}$ 苯—$CH_2CN \xrightarrow{H_3O^+}$ 苯—CH_2COOH

【例题 11】 用简单化学方法鉴别下列化合物。

甲酸、乙酸、乙醛、苯酚、乙醇

【解】

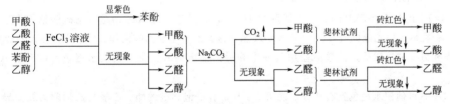

甲酸、乙酸、乙醛、苯酚、乙醇 —$FeCl_3$溶液→ 显紫色 → 苯酚；无现象 → 甲酸、乙酸、乙醛、乙醇

甲酸、乙酸、乙醛、乙醇 —Na_2CO_3→ CO_2↑ → 甲酸、乙酸；无现象 → 乙醛、乙醇

甲酸、乙酸 —斐林试剂→ 砖红色↓ → 甲酸；无现象↓ → 乙酸

乙醛、乙醇 —斐林试剂→ 砖红色↓ → 乙醛；无现象↓ → 乙醇

【例题 12】 用简单化学方法鉴别下列各组化合物。

(1) $COOH$—$COOH$、CH_2COOH—CH_2COOH (2) 邻甲氧基苯甲酸（$COOH$，OCH_3）、邻羟基苯甲酸甲酯（$COOCH_3$，OH）

(3) 对甲基苯甲酸（$COOH$，CH_3）、对羟基苯乙酮（OH，$COCH_3$）、2-乙烯基对苯二酚（OH，$CH=CH_2$，OH）

【解】 (1) 加入 $KMnO_4/H^+$ 使其褪色的是草酸。

(2) 能与 $FeCl_3$ 显色的是后者（或与 $NaHCO_3$ 反应放出 CO_2 气体的是前者）。

(3) 能与 $NaHCO_3$ 反应放出 CO_2 气体的是对甲基苯甲酸。能发生碘仿反应的是对羟基苯乙酮。

【例题 13】 某化合物 A 的分子式为 $C_9H_{10}O_3$，能与 NaOH 溶液反应，并与 $FeCl_3$ 呈紫色，但不与 $NaHCO_3$ 反应。A 水解后得到 B 和 C，B 能与 $NaHCO_3$ 反应，C 能发生碘仿反应。A 进行硝化反应主要得到一种硝基化合物。试推断 A、B、C 的结构式，并写出相关反应式。

【解】 由分子式可知，化合物的不饱和度为 5，应含有苯环。A 能与 NaOH 反应，与 $FeCl_3$ 呈紫色，说明含有酚羟基。A 水解后得到 B 和 C，B 能与 $NaHCO_3$ 反应，C 能发生碘仿反应，说明 A 为酯类化合物，所以 C 为乙醇，B 为酚酸。由 A 进行硝化反应，主要得到一种硝基化合物，则可推出上述三种化合物的结构为：

A. 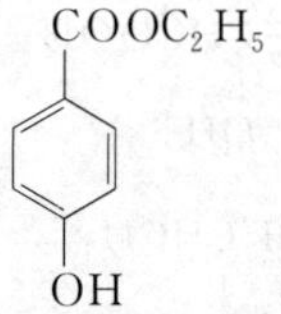 $COOC_2H_5$ / OH　　B. 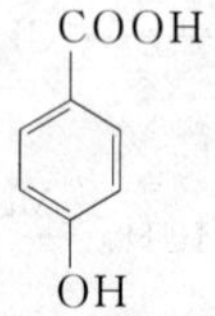 COOH / OH　　C. C_2H_5OH

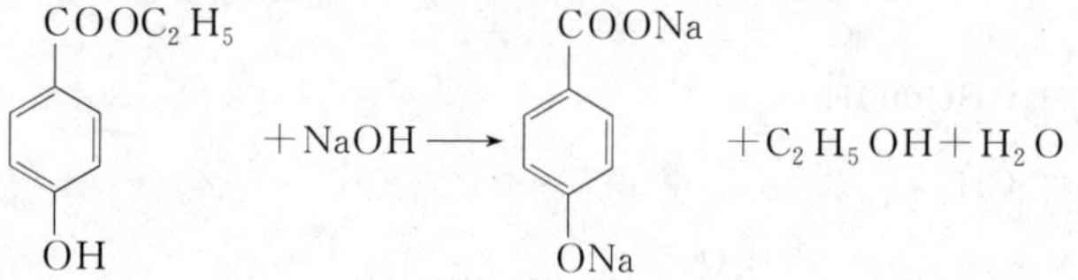

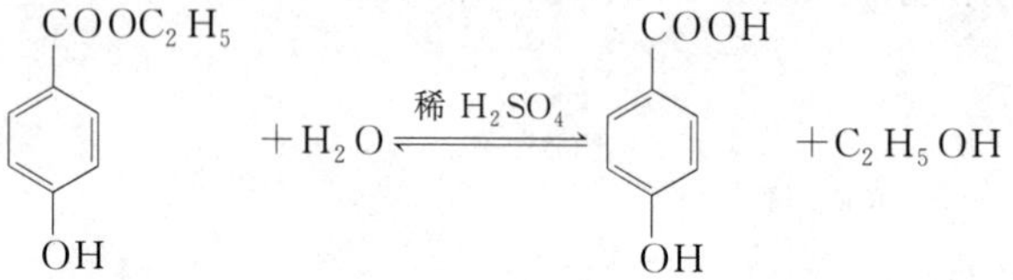

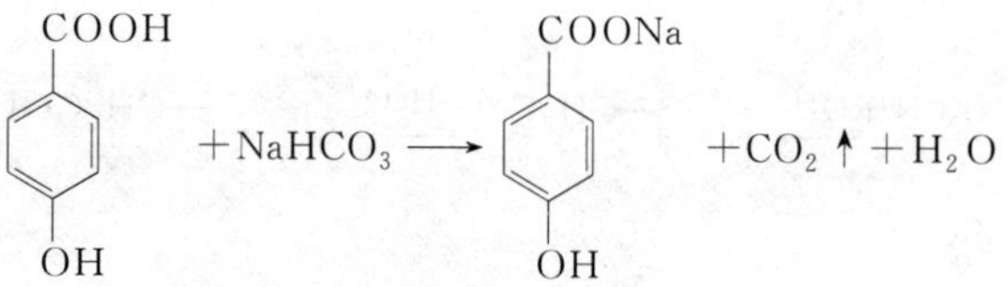

$COOC_2H_5$ / OH $+ NaOH \longrightarrow$ COONa / ONa $+ C_2H_5OH + H_2O$

$COOC_2H_5$ / OH $+ H_2O \xrightleftharpoons{稀\ H_2SO_4}$ COOH / OH $+ C_2H_5OH$

COOH / OH $+ NaHCO_3 \longrightarrow$ COONa / OH $+ CO_2\uparrow + H_2O$

$$C_2H_5OH \xrightarrow[NaOH]{I_2} HCOONa + CHI_3\downarrow$$

【例题 14】 化合物 A 和 B 的分子式都是 $C_4H_6O_2$，不溶于 NaOH 水溶液，与碳酸钠无作用，但可使溴水褪色，有类似乙酸乙酯的香味。A 与 NaOH 水溶液共热后生成乙酸钠和乙醛。B 与 NaOH 水溶液共热后生成甲醇和另一种羧酸盐，此羧酸盐用盐酸中和后蒸馏出的有机物可使溴水褪色。试推断 A、B 的结构式。

【解】 A、B 可使溴水褪色且有酯香，说明 A、B 是有不饱和键的酯。乙醛与乙烯醇为互变异构体，可推出 A 为乙酸乙烯酯，B 为丙烯酸甲酯。

A. $CH_3COOCH{=}CH_2$　　B. $CH_2{=}CH{-}COOCH_3$

【例题 15】 化合物 A 的分子式为 $C_4H_6O_4$，加热后得到分子式为 $C_4H_4O_3$ 的 B。将 A 与过量甲醇及少量硫酸一起加热得到分子式为 $C_6H_{10}O_4$ 的 C。B 与过量甲醇作用也得到 C。A 与 $LiAlH_4$ 作用后得到分子式为 $C_4H_{10}O_2$ 的 D。写出 A、B、C、D 的结构式。

【解】 由分子式可知化合物 A 的不饱和度为 2，加热后 B 的不饱和度为 3，C 的不饱和度为 2，D 的不饱和度为 0。由此可推论上述化合物为：

A. CH_2COOH | CH_2COOH　　B. 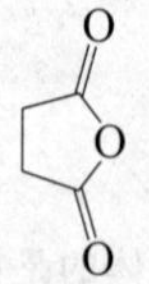 （丁二酸酐）　　C. 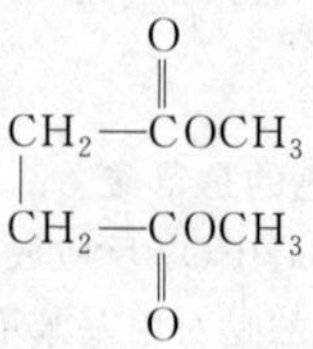 $CH_2{-}\overset{O}{\overset{\|}{C}}OCH_3$ | $CH_2{-}\underset{O}{\underset{\|}{C}}OCH_3$　　D. CH_2CH_2OH | CH_2CH_2OH

习　题

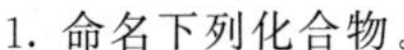

1. 命名下列化合物。

(1) HCOOH　　(2) CH_3COOH　　(3) $HOOCCH_2COOH$

(4) $CH_3\underset{\substack{|\\ OH}}{C}HCOOH$　　(5) $\underset{H}{\overset{HOOC}{}}\!\!>C{=}C<\!\!\underset{H}{\overset{COOH}{}}$　　(6) $\underset{HOOC}{\overset{H}{}}\!\!>C{=}C<\!\!\underset{H}{\overset{COOH}{}}$

(7) $O_2N-C_6H_4-COOH$（对位）　　(8) $Br-C_6H_4-\overset{\overset{O}{\|}}{C}-Cl$（对位）　　(9) $CH_2{=}\overset{\overset{\overset{CH_3}{|}}{CH_2}}{\overset{|}{C}}-CH_2-COOH$

(10) $CH_3CH_2\overset{\overset{OH}{|}}{C}HCOOH$　　(11) $CH_3CH_2-\overset{\overset{O}{\|}}{C}-Cl$

(12) $CH_3-CH_2-\overset{\overset{O}{\|}}{C}-CH{=}CH-COOH$　　(13) $C_5H_9-\overset{\overset{O}{\|}}{C}-OC_2H_5$（环戊基）

(14) $CH_3-C_6H_4-\overset{\overset{O}{\|}}{C}-Br$（对位）　　(15) $C_6H_5-NH\overset{\overset{O}{\|}}{C}CH_3$　　(16) $C_6H_5-CH_2CH_2COOH$

(17) $CH_3CH_2\overset{\overset{Cl}{|}}{C}HCOOH$　　(18) $CH_3CH_2\overset{\overset{O}{\|}}{C}O\overset{\overset{O}{\|}}{C}CH_2CH_3$

(19) $CH_3O-C_6H_4-COOH$（对位）　　(20) $CH_3\overset{\overset{O}{\|}}{C}\underset{\substack{|\\ CH_3}}{C}H\overset{\overset{O}{\|}}{C}-OH$

2. 写出下列化合物结构式。

(1) (E)-2-甲基-2-丁烯酸　(2) 乙酰乙酸乙酯　(3) 甲基丁二酸酐　(4) 甲酸甲酯

(5) β-萘乙酸　(6) 丙酸酐　(7) α-甲基-β-丁酮酸　(8) 对甲氧基苯甲酸

(9) 2,4-二氯苯氧乙酸　(10) 2-羟基丁二酸　(11) 乙酰乙酸丙酯

(12) 苯甲乙酐　(13) 丙烯酰氯　(14) 水杨酸　(15) 草酰乙酸

(16) 邻苯二甲酸酐　(17) α-萘甲酸

3. 将下列化合物按酸性增强的顺序排列。

(1) A. $O_2N-C_6H_4-COOH$（对位）　　B. $HO-C_6H_4-COOH$（对位）

C. $CH_3-C_6H_4-COOH$（对位）　　D. C_6H_5-COOH

(2) A. CH_3CH_2OH　　B. $ClCH_2COOH$

C. C_6H_5-OH　　D. CH_3COOH

(3) A. $CH_3CH_2CH_2COOH$　　B. $CH_3\underset{\substack{|\\ Cl}}{C}HCH_2COOH$

C. $\underset{\substack{|\\ Cl}}{CH_2}CH_2CH_2COOH$　　D. $CH_3CH_2\underset{\substack{|\\ Cl}}{C}HCOOH$

(4) A. 正丁烷　B. 丙醛　C. 乙酸　D. 正丙醇　E. 丙酸

(5) A. 苯酚　B. 乙酸　C. 丙二酸　D. 乙二酸

4. 完成下列反应。

（1） $CCl_3COOH \xrightarrow{\triangle}$　　（2） $CH_3\underset{\displaystyle OH}{\underset{|}{C}}HCH_2CH_2CH_2COOH \xrightarrow{\triangle}$

（3） $(CH_3)_2CHOH + CH_3-C_6H_4-\overset{\displaystyle O}{\overset{\|}{C}}-Cl \longrightarrow$　　（4） 顺丁烯二酸酐（$\underset{CH-C(=O)}{\overset{CH-C(=O)}{\|}}>O$） $+ CH_3CH_2OH(1\ mol) \longrightarrow$

（5） $2CH_3CH_2\overset{\displaystyle O}{\overset{\|}{C}}OC_2H_5 \xrightarrow{NaOC_2H_5}$　　（6） $CH_3CH_2COOH + Cl_2 \xrightarrow{P}$

（7） $CH_3CH_2\underset{\displaystyle OH}{\underset{|}{C}}HCOOH \xrightarrow{K_2Cr_2O_7/H^+} ? \xrightarrow{稀H_2SO_4} ? \xrightarrow{斐林试剂} ?$

（8） $CH_2=CH_2 \xrightarrow{HBr} ? \xrightarrow{NaCN} ? \xrightarrow[\triangle]{H_3O^+} ? \xrightarrow{PCl_3} ? \xrightarrow{C_2H_5OH} ?$

（9） 苯甲醇 $\xrightarrow{?}$ 氯化苄 $\xrightarrow{?}$ 苯乙腈 $\xrightarrow{?}$ 苯乙酸

（10） $CH_3(CH_2)_3OH \xrightarrow{?} CH_3(CH_2)_3Br \xrightarrow{?} CH_3(CH_2)_3MgBr$

$\xrightarrow{?} CH_3(CH_2)_3COOH \xrightarrow{?} CH_3(CH_2)_2\underset{\displaystyle Br}{\underset{|}{C}}HCOOH \xrightarrow[H_2O]{NaOH} ?$

（11） $CH_3-\overset{\displaystyle O}{\overset{\|}{C}}-Cl + C_6H_5-CH_2OH \longrightarrow$

5. 合成下列化合物。

（1） 由乙烯合成丙酸乙酯　　（2） 由乙炔合成 2-丁烯酸　　（3） 由乙烯合成 2，4-戊二酮

（4） 由乙炔合成丙烯酸乙酯　　（5） 由乙烯合成丙酮酸和丁二酸二乙酯

（6） 由正丙醇通过格氏试剂路线合成 2-甲基丙酸　　（7） 由丙烯合成 2-丁烯酸

（8） 由苯合成对硝基苯甲酰氯

6. 分离下列各组化合物。

（1） 苯甲酸、对甲苯酚和正己醇

（2） 水杨酸、苯甲醛、苯甲醚和甲苯

7. 用简便的化学方法区分下列各组化合物。

（1） 甲酸、乙酸、乙醛、苯酚、乙醇

（2） 乙酰乙酸乙酯、2-丁酮、乙酸乙酯

（3） 3-丁酮酸、丙二酸、乙二酸

（4） 邻羟基苯甲酸、邻羟基苯甲酸甲酯、邻甲氧基苯甲酸

8. 写出下列化合物的酮式-烯醇式互变异构体结构式。

（1） 2，4-戊二酮　　（2） 乙酰乙酸乙酯　　（3） 1，3-环己二酮

9. 推导结构式，并写出有关反应式。

（1） 酯 A（$C_5H_{10}O_2$）用乙醇钠的乙醇溶液处理，转变为可使溴水褪色，同时可与 $FeCl_3$ 溶液显色的酯 B（$C_8H_{14}O_3$），B 用乙醇钠的乙醇溶液处理后，与碘乙烷反应转变为对溴水和 $FeCl_3$ 溶液都无反应的酯 C（$C_{10}H_{18}O_3$）。C 用稀碱水解，然后酸化加热，生成不能发生碘仿反应的酮 D（$C_7H_{14}O$），D 用 Zn-Hg/HCl 还原生成 3-甲基己烷。试写出 A、B、C、D 的结构式。

（2） 某化合物 A，分子式为 $C_5H_6O_3$，可与乙醇作用得到互为异构体的化合物 B 和 C，B 和 C 分别与亚硫酰氯（$SOCl_2$）作用后，再与乙醇反应，得到相同的化合物，推测 A、B、C 的结构式。

（3） 分子式为 $C_4H_6O_3$ 的化合物，有两个异构体 A 和 B，无旋光性，与 $NaHCO_3$ 反应放出 CO_2。A

与羰基试剂作用，并能发生银镜反应。B既能使 $FeCl_3$ 显色，又能与 Br_2 反应。B经催化加氢生成一对对映体。试写出 A 和 B 的结构式及有关反应式。

（4）某化合物 A，分子式为 $C_7H_6O_3$，能溶于 NaOH 和 $NaHCO_3$，A 与 $FeCl_3$ 作用有颜色反应，与 $(CH_3CO)_2O$ 作用后生成分子式为 $C_9H_8O_4$ 的化合物 B。A 与甲醇作用生成香料化合物 C，C 的分子式为 $C_8H_8O_3$，C 经硝化主要得到一种一元硝基化合物，推测 A、B、C 的结构式。

（5）分子式为 $C_3H_6O_2$ 的化合物，有三个异构体 A、B、C，其中 A 可和 $NaHCO_3$ 反应放出 CO_2，而B和C不可，B和C可在 NaOH 的水溶液中水解，B的水解产物的馏出液可发生碘仿反应。推测 A、B、C 的结构式。

习题参考答案

1.（1）甲酸　（2）乙酸　（3）丙二酸

（4）2-羟基丙酸　（5）顺丁烯二酸　（6）反丁烯二酸

（7）对硝基苯甲酸　（8）对溴苯甲酰氯　（9）3-乙基-3-丁烯酸

（10）2-羟基丁酸　（11）丙酰氯　（12）4-羰基-2-己烯酸

（13）环戊基甲酸乙酯　（14）对甲基苯甲酰溴　（15）乙酰苯胺

（16）3-苯基丙酸　（17）2-氯丁酸　（18）丙酸酐

（19）对甲氧基苯甲酸　（20）2-甲基-3-羰基丁酸

2.（1）$CH_3(H)C=C(CH_3)COOH$

（2）$CH_3-\overset{O}{\overset{\|}{C}}-CH_2-\overset{O}{\overset{\|}{C}}-OC_2H_5$

（3）CH₃—CH—C(=O)—O—C(=O)—CH₂（环状酸酐，CH 与 CH_2 相连）

（4）$H-\overset{O}{\overset{\|}{C}}-OCH_3$

（5）CH_2COOH（萘环 2-位）

（6）$CH_3CH_2-\overset{O}{\overset{\|}{C}}-O-\overset{O}{\overset{\|}{C}}-CH_2CH_3$

（7）$CH_3\overset{O}{\overset{\|}{C}}-\overset{CH_3}{\overset{|}{CH}}-\overset{O}{\overset{\|}{C}}-OH$

（8）CH_3O—（苯环）—COOH（对位）

（9）OCH_2COOH，Cl，Cl（苯环 1-位 OCH_2COOH，2-位 Cl，4-位 Cl）

（10）$HO-CH(COOH)-CH_2-COOH$

（11）$CH_3\overset{O}{\overset{\|}{C}}CH_2\overset{O}{\overset{\|}{C}}OCH_2CH_2CH_3$

（12）（苯环）$-\overset{O}{\overset{\|}{C}}-O-\overset{O}{\overset{\|}{C}}-CH_3$

（13）$CH_2=CH-\overset{O}{\overset{\|}{C}}-Cl$

（14）COOH，OH（苯环邻位）

（15）$HOOC-\overset{O}{\overset{\|}{C}}-CH_2COOH$

（16）（苯环）C(=O)—O—C(=O)（邻苯二甲酸酐）

（17）COOH（萘环 1-位）

3.（1）B＜C＜D＜A

(2) A<C<D<B

(3) A<C<B<D

(4) A<B<D<E<C

(5) A<B<C<D

4. (1) $HCCl_3 + CO_2$ (2) 6-甲基四氢吡喃-2-酮（CH_3 取代的六元环内酯）

(3) $CH_3-C_6H_4-\overset{O}{\overset{\|}{C}}-OCH(CH_3)_2$（对位取代）

(4) $\begin{array}{l} CH-\overset{O}{\overset{\|}{C}}-OCH_2CH_3 \\ \| \\ CH-\underset{O}{\underset{\|}{C}}-OH \end{array}$

(5) $\begin{array}{l} \quad\quad\quad O \\ \quad\quad\quad \| \\ CH_3CHCOC_2H_5 \\ \quad\;\; | \\ O{=}CCH_2CH_3 \end{array}$

(6) $\begin{array}{l} CH_3CHCOOH \\ \quad\;\; | \\ \quad\;\; Cl \end{array}$

(7) $CH_3CH_2-\overset{O}{\overset{\|}{C}}-COOH$; $CH_3CH_2-\overset{O}{\overset{\|}{C}}-H$; $CH_3CH_2-\overset{O}{\overset{\|}{C}}-ONH_4 + Cu_2O\downarrow$

(8) CH_3CH_2Br；CH_3CH_2CN；CH_3CH_2COOH； $CH_3CH_2\overset{O}{\overset{\|}{C}}Cl$ ； $CH_3CH_2\overset{O}{\overset{\|}{C}}OCH_2CH_3$

(9) HCl；NaCN；H_2O

(10) HBr/H^+ ; Mg/Et_2O；CO_2；Br_2/P； $CH_3(CH_2)_2\overset{OH}{\overset{|}{C}}HCOOH$

(11) $C_6H_5-CH_2-O-\overset{O}{\overset{\|}{C}}-CH_3$

5. (1) $CH_2{=}CH_2 \xrightarrow{HBr} CH_3CH_2Br \xrightarrow{NaCN} CH_3CH_2CN \xrightarrow{H_3O^+} CH_3CH_2COOH$

$CH_2{=}CH_2 \xrightarrow{H_3O^+} CH_3CH_2OH$

$CH_3CH_2COOH + CH_3CH_2OH \xrightarrow{H^+} CH_3CH_2COOC_2H_5$

(2) $CH{\equiv}CH \xrightarrow[H_2O]{HgSO_4/H_2SO_4} CH_3CHO \xrightarrow{\text{稀 NaOH}} CH_3\underset{OH}{\underset{|}{C}}HCH_2CHO \xrightarrow{\triangle} CH_3CH{=}CHCHO$

$\xrightarrow{\text{托伦试剂}} CH_3CH{=}CHCOOH$

(3) $CH_2{=}CH_2 \xrightarrow{H_3O^+} CH_3CH_2OH \xrightarrow{KMnO_4,H^+} CH_3COOH$ — $\xrightarrow[H^+]{CH_3CH_2OH} CH_3COOC_2H_5$；$\xrightarrow{SOCl_2} CH_3COCl$

$\xrightarrow{C_2H_5ONa} CH_3COCH_2COOC_2H_5 \xrightarrow[(2)\ CH_3COCl]{(1)\ C_2H_5ONa} CH_3CO\underset{COCH_3}{\underset{|}{C}}HCOOC_2H_5$

$\xrightarrow[(2)\ H^+/\triangle]{(1)\ OH^-} CH_3COCH_2COCH_3$

(4) $CH{\equiv}CH \xrightarrow[H_2O]{HgSO_4/H_2SO_4} CH_3CHO \xrightarrow{HCN} CH_3\overset{OH}{\overset{|}{C}}HCN \xrightarrow{H_3O^+} CH_3\overset{OH}{\overset{|}{C}}HCOOH$

$\xrightarrow[\triangle]{-H_2O} CH_2{=}CHCOOH$

$$CH\equiv CH \xrightarrow{\text{Lindlar 催化剂}} CH_2=CH_2 \xrightarrow[300℃,\ 7MPa]{H_3PO_4/\text{硅藻土}} CH_3CH_2OH$$

$$CH_2=CHCOOH + CH_3CH_2OH \underset{}{\overset{\text{浓 } H_2SO_4}{\rightleftharpoons}} CH_2=CHCOOCH_2CH_3 + H_2O$$

（5）$$CH_2=CH_2 \xrightarrow[300℃,\ 7MPa]{H_3PO_4/\text{硅藻土}} CH_3CH_2OH \xrightarrow[\triangle]{CuO} CH_3CHO \xrightarrow{HCN}$$

$$CH_3CH(OH)CN \xrightarrow{H_3O^+} CH_3CH(OH)COOH \xrightarrow{[Ag(NH_3)_2]^+} CH_3-\overset{\overset{\displaystyle O}{\|}}{C}-COOH$$

$$CH_2=CH_2 + Br_2 \longrightarrow \underset{Br}{CH_2}-\underset{Br}{CH_2} \xrightarrow[\triangle]{KCN/ROH} \underset{CN}{CH_2}-\underset{CN}{CH_2} \xrightarrow{H_3O^+} HOOCCH_2CH_2COOH$$

$$HOOCCH_2CH_2COOH + CH_3CH_2OH \overset{\text{浓 } H_2SO_4}{\rightleftharpoons} CH_3CH_2OOCCH_2CH_2COOCH_2CH_3 + H_2O$$

（6）$$CH_3CH_2CH_2OH \xrightarrow[170℃]{\text{浓硫酸}} CH_3CH=CH_2 \xrightarrow{HBr} CH_3\underset{Br}{CH}CH_3 \xrightarrow{Mg,\ \text{乙醚}} CH_3\underset{MgBr}{CH}CH_3$$

$$CH_3\underset{MgBr}{CH}CH_3 + CO_2 \xrightarrow{\text{乙醚}} \xrightarrow{H_3O^+} CH_3\underset{CH_3}{CH}COOH$$

（7）$$CH_2=CHCH_3 \xrightarrow[(2)\ Zn/H_2O]{(1)\ O_3} CH_3-\overset{\overset{\displaystyle O}{\|}}{C}-H + H-\overset{\overset{\displaystyle O}{\|}}{C}-H$$

$$CH_3CHO \xrightarrow{\text{稀 NaOH}} CH_3\underset{OH}{CH}CH_2CHO \xrightarrow[\triangle]{} CH_3CH=CHCHO \xrightarrow{\text{托伦试剂}} CH_3CH=CHCOOH$$

（8）$$C_6H_6 + CH_3Cl \xrightarrow[0\sim 25℃]{\text{无水 } AlCl_3} C_6H_5CH_3 + HCl$$

$$C_6H_5CH_3 + HNO_3 \xrightarrow[30℃]{H_2SO_4} o\text{-}CH_3C_6H_4NO_2 + p\text{-}CH_3C_6H_4NO_2$$

$$p\text{-}CH_3C_6H_4NO_2 \xrightarrow{KMnO_4/H^+} p\text{-}HOOCC_6H_4NO_2 \xrightarrow{SO_2Cl} p\text{-}ClOCC_6H_4NO_2$$

6.（1）苯甲酸、对甲苯酚、正己醇 —稀NaOH溶液→
- 水相
  - 苯甲酸钠
  - 对甲苯酚钠
  - —CO_2→
    - 水相(苯甲酸钠) —HCl→ 苯甲酸
    - 固体(对甲苯酚)
- 有机相(正己醇)

（2）水杨酸、苯甲醛、苯甲醚、甲苯 —Na_2CO_3 溶液→
- 水相(水杨酸钠) —H_3O^+→ 水杨酸
- 有机相
  - 苯甲醛
  - 苯甲醚
  - 甲苯
  - —饱和$NaHSO_3$溶液→
    - 沉淀 —H_3O^+→ 苯甲醛
    - 有机相
      - 苯甲醚
      - 甲苯

有机相
- 苯甲醚
- 甲苯
- —盐酸→
  - 水相 —稀释→ 苯甲醚
  - 有机相(甲苯)

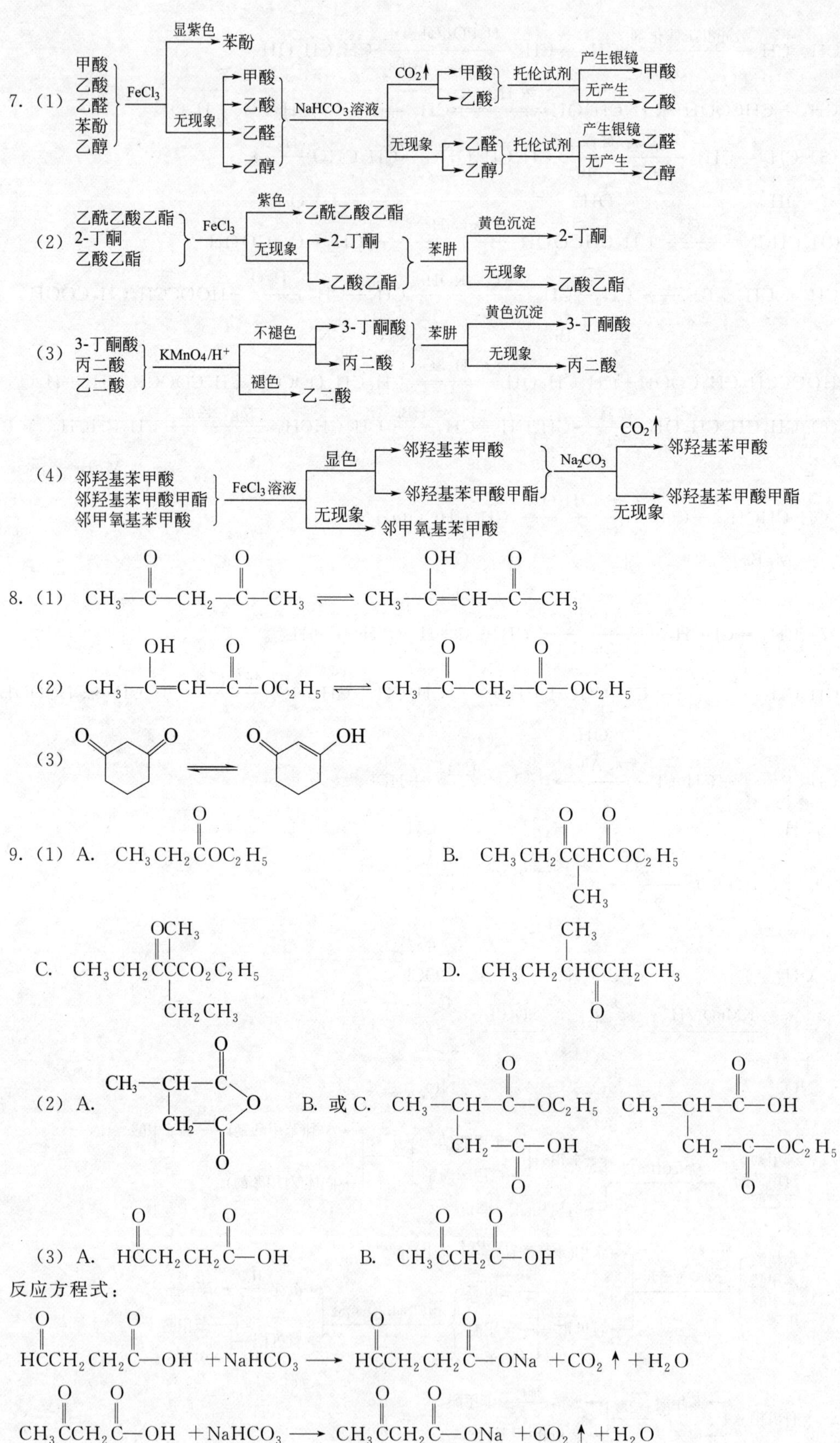

7. (1)

甲酸、乙酸、乙醛、苯酚、乙醇 $\xrightarrow{FeCl_3}$

- 显紫色 → 苯酚
- 无现象 → 甲酸、乙酸、乙醛、乙醇 $\xrightarrow{NaHCO_3溶液}$
  - $CO_2\uparrow$ → 甲酸、乙酸 $\xrightarrow{托伦试剂}$ 产生银镜 → 甲酸；无产生 → 乙酸
  - 无现象 → 乙醛、乙醇 $\xrightarrow{托伦试剂}$ 产生银镜 → 乙醛；无产生 → 乙醇

(2)

乙酰乙酸乙酯、2-丁酮、乙酸乙酯 $\xrightarrow{FeCl_3}$

- 紫色 → 乙酰乙酸乙酯
- 无现象 → 2-丁酮、乙酸乙酯 $\xrightarrow{苯肼}$ 黄色沉淀 → 2-丁酮；无现象 → 乙酸乙酯

(3)

3-丁酮酸、丙二酸、乙二酸 $\xrightarrow{KMnO_4/H^+}$

- 不褪色 → 3-丁酮酸、丙二酸 $\xrightarrow{苯肼}$ 黄色沉淀 → 3-丁酮酸；无现象 → 丙二酸
- 褪色 → 乙二酸

(4)

邻羟基苯甲酸、邻羟基苯甲酸甲酯、邻甲氧基苯甲酸 $\xrightarrow{FeCl_3溶液}$

- 显色 → 邻羟基苯甲酸、邻羟基苯甲酸甲酯 $\xrightarrow{Na_2CO_3}$ $CO_2\uparrow$ → 邻羟基苯甲酸；无现象 → 邻羟基苯甲酸甲酯
- 无现象 → 邻甲氧基苯甲酸

8. (1) $CH_3-\overset{O}{\overset{\|}{C}}-CH_2-\overset{O}{\overset{\|}{C}}-CH_3 \rightleftharpoons CH_3-\overset{OH}{\overset{|}{C}}=CH-\overset{O}{\overset{\|}{C}}-CH_3$

(2) $CH_3-\overset{OH}{\overset{|}{C}}=CH-\overset{O}{\overset{\|}{C}}-OC_2H_5 \rightleftharpoons CH_3-\overset{O}{\overset{\|}{C}}-CH_2-\overset{O}{\overset{\|}{C}}-OC_2H_5$

(3) 环己-1,3-二酮 $\rightleftharpoons$ 3-羟基环己-2-烯酮（结构式）

9. (1) A. $CH_3CH_2\overset{O}{\overset{\|}{C}}OC_2H_5$　　B. $CH_3CH_2\overset{O}{\overset{\|}{C}}\underset{CH_3}{\underset{|}{C}H}\overset{O}{\overset{\|}{C}}OC_2H_5$

C. $CH_3CH_2\overset{O}{\overset{\|}{C}}\underset{CH_2CH_3}{\underset{|}{\overset{CH_3}{C}}}CO_2C_2H_5$　　D. $CH_3CH_2\overset{CH_3}{\overset{|}{C}H}\underset{O}{\underset{\|}{C}}CH_2CH_3$

(2) A. $CH_3-CH-C(=O)-O-C(=O)-CH_2$（环状酸酐，CH 与 CH_2 相连）

B. 或 C. $CH_3-\underset{CH_2-\underset{O}{\underset{\|}{C}}-OH}{\underset{|}{CH}}-\overset{O}{\overset{\|}{C}}-OC_2H_5$　　$CH_3-\underset{CH_2-\underset{O}{\underset{\|}{C}}-OC_2H_5}{\underset{|}{CH}}-\overset{O}{\overset{\|}{C}}-OH$

(3) A. $H\overset{O}{\overset{\|}{C}}CH_2CH_2\overset{O}{\overset{\|}{C}}-OH$　　B. $CH_3\overset{O}{\overset{\|}{C}}CH_2\overset{O}{\overset{\|}{C}}-OH$

反应方程式：

$$H\overset{O}{\overset{\|}{C}}CH_2CH_2\overset{O}{\overset{\|}{C}}-OH + NaHCO_3 \longrightarrow H\overset{O}{\overset{\|}{C}}CH_2CH_2\overset{O}{\overset{\|}{C}}-ONa + CO_2\uparrow + H_2O$$

$$CH_3\overset{O}{\overset{\|}{C}}CH_2\overset{O}{\overset{\|}{C}}-OH + NaHCO_3 \longrightarrow CH_3\overset{O}{\overset{\|}{C}}CH_2\overset{O}{\overset{\|}{C}}-ONa + CO_2\uparrow + H_2O$$

$$HC(=O)CH_2CH_2C(=O)-OH + NH_2OH \longrightarrow HC(=NOH)CH_2CH_2C(=O)-OH + H_2O$$

$$HC(=O)CH_2CH_2C(=O)-OH + [Ag(NH_3)_2]^+ \longrightarrow {}^-OC(=O)CH_2CH_2C(=O)-O^- + Ag\downarrow + NH_3 + H_2O$$

$$CH_3C(=O)CH_2C(=O)-OH \rightleftharpoons CH_3-C(OH)=CH-C(=O)-OH$$

$$CH_3C(=O)CH_2C(=O)-OH + H_2 \xrightarrow{Ni} HO-C(H)(CH_2COOH)(CH_3) + H-C(OH)(CH_2COOH)(CH_3)$$

(4) A. $HOOC-C_6H_4-OH$ B. $HOOC-C_6H_4-OOCCH_3$ C. $CH_3OOC-C_6H_4-OH$

$$HOOC-C_6H_4-OH + NaOH \longrightarrow NaOOC-C_6H_4-ONa + H_2O$$

$$HOOC-C_6H_4-OH + NaHCO_3 \longrightarrow NaOOC-C_6H_4-OH + CO_2\uparrow + H_2O$$

$$HOOC-C_6H_4-OH + (CH_3CO)_2O \longrightarrow HOOC-C_6H_4-OOCCH_3 + CH_3COOH$$

$$HOOC-C_6H_4-OH + CH_3OH \longrightarrow CH_3OOC-C_6H_4-OH + H_2O$$

(5) A. CH_3CH_2COOH B. $HCOOC_2H_5$ C. CH_3COOCH_3

$CH_3CH_2COOH + NaHCO_3 \longrightarrow CH_3CH_2COONa + CO_2\uparrow + H_2O$

$HCOOC_2H_5 + NaOH \longrightarrow HCOONa + C_2H_5OH$

$C_2H_5OH \xrightarrow[NaOH]{I_2} HCOONa + CHI_3\downarrow$

含氮有机化合物

Chapter 09

知识点提要

一、胺

1. 胺的分类和命名

① 胺可看作是氨分子中的氢原子被烃基取代的衍生物。胺可分为伯、仲、叔胺。氮原子与四个烃基相连的化合物称为季铵盐或季铵碱。

② 结构简单的胺根据烃基的名称命名，即在烃基的名称后加上“胺”字；芳香胺的命名，一般把芳香胺定为母体，其他烃基为取代基；复杂的胺则以烃为母体，氨基作为取代基来命名；季铵盐或季铵碱可以看作铵的衍生物来命名。

2. 胺的化学性质

（1）胺的碱性　胺的氮原子上的一对未共用电子对可接受质子，具有碱性，可与酸成盐。因胺的碱性较弱，强碱又可以把胺从其盐中释放出来。可用作胺的分离、鉴定和提纯。

不同类型胺的碱性，从电子效应、空间效应以及溶剂化效应综合考虑，其碱性大小顺序为：

脂肪仲胺＞脂肪伯胺＞脂肪叔胺＞氨＞芳香伯胺＞芳香仲胺＞芳香叔胺

（2）烷基化反应　氨和胺均可作为亲核试剂与卤代烃反应分别生成伯胺、仲胺、叔胺及季铵盐。

季铵碱是强碱，与 NaOH 的碱性相当，可通过季铵盐与 AgOH 反应制备。

（3）酰基化反应　伯胺和仲胺可以与酰卤或酸酐发生酰基化反应，生成酰胺。叔胺氮原子上无氢原子不能发生酰基化反应。

酰胺在酸性或碱性条件下水解可得原来的胺。有机合成中常利用酰基化反应保护氨基。

（4）磺酰化反应　伯胺和仲胺在碱存在下，可以发生磺酰化反应，生成磺酰胺。叔胺氮原子上没有氢原子，不能发生磺酰化反应。磺酰化反应又称兴斯堡反应。该反应可用来分离、提纯和鉴定不同类型的胺。

（5）与亚硝酸反应　伯胺、仲胺、叔胺与亚硝酸反应的产物不同，可用来鉴别三种胺。

（6）霍夫曼消除反应　季铵碱受热很容易分解，产物与烃基的结构有关。

$$CH_3CH_2CH_2CH_2\underset{\underset{CH_3}{|}}{CH}N^+(CH_3)_3OH^- \xrightarrow{\triangle} \underset{96\%}{CH_3CH_2CH_2CH_2CH=CH_2} + \underset{4\%}{CH_3CH_2CH_2CH=CHCH_3} + (CH_3)_3N + H_2O$$

胺的化学性质

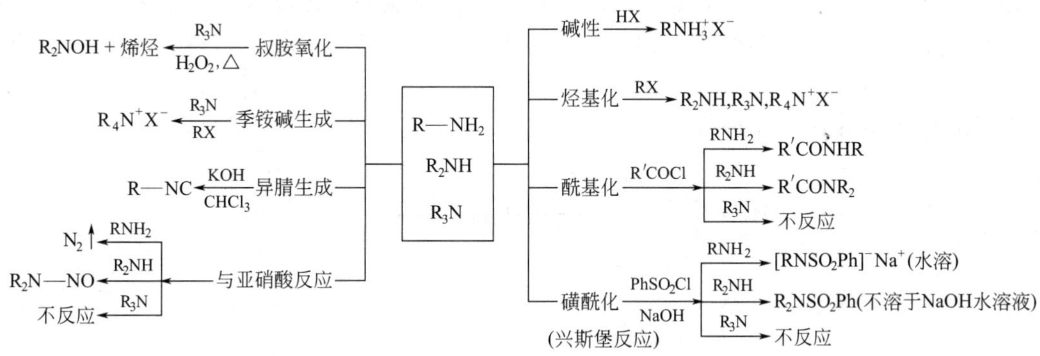

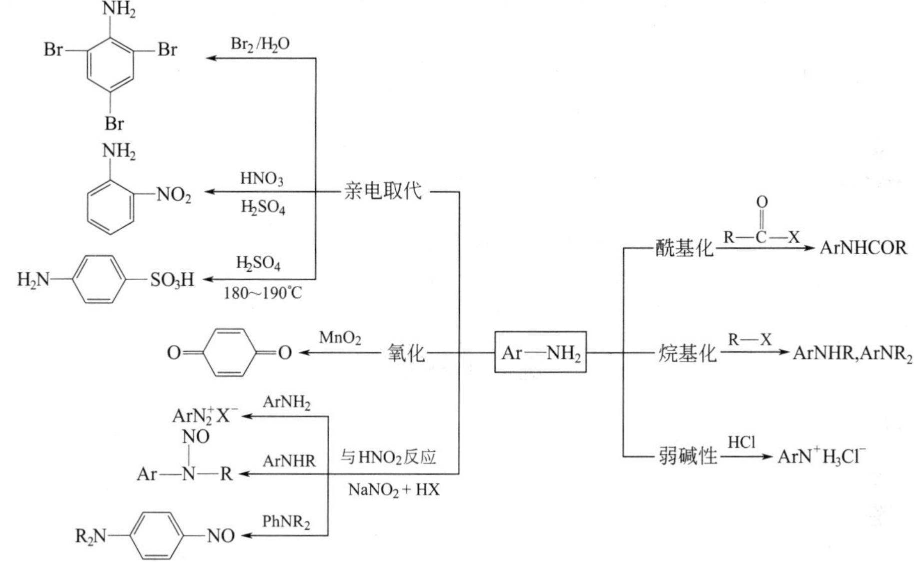

二、重氮化合物和偶氮化合物

1. 放氮反应

重氮盐的放氮反应结果是重氮基被其他原子（或基团）所取代，同时放出氮气。例如：重氮基可以被—X、—CN、—OH、—H 等取代。

2. 偶联反应

重氮盐与芳香叔胺或酚类化合物在弱酸性或弱碱性溶液中进行偶合反应，生成偶氮化合物。

$$C_6H_5-\overset{+}{N}\equiv NCl^- + C_6H_5-N(CH_3)_2 \xrightarrow{\text{弱 } H^+} C_6H_5-N=N-C_6H_4-N(CH_3)_2$$

$$C_6H_5-\overset{+}{N}\equiv NCl^- + CH_3-C_6H_4-OH \xrightarrow{\text{弱 } OH^-} C_6H_5-N=N-C_6H_3(OH)(CH_3)$$

偶联反应通常在氨基或羟基的对位取代，若对位被其他基团占据，则在邻位取代。

三、酰胺

酰胺分子中氨基氮原子上的未共用电子对与羰基形成 p-π 共轭体系，酰胺一般呈中性。尿素是碳酸的二酰胺，其碱性大于酰胺。酰亚胺由于两个酰基的吸电子诱导效应，具有弱酸性。

酰胺在酸或碱作用下能进行水解：

$$R-\overset{\overset{\Large O}{\|}}{C}-NH_2+H_2O\xrightarrow[\text{或 }H^+]{OH^-}R-\overset{\overset{\Large O}{\|}}{C}-OH\left(\text{或 }R-\overset{\overset{\Large O}{\|}}{C}-O^-\right)+NH_4^+\ (\text{或 }NH_3)$$

酰胺与亚硝酸反应放出 N_2：

$$RCONH_2+HNO_2\longrightarrow RCOOH+N_2\uparrow$$

酰胺与次卤酸盐作用，生成比原来酰胺少一个碳原子的伯胺，该反应称为霍夫曼降解反应。

$$RCONH_2\xrightarrow[NaOH]{Br_2}R-NH_2+NaBr+Na_2CO_3$$

四、硝基化合物

硝基苯在酸性条件下，可被铁还原为苯胺。

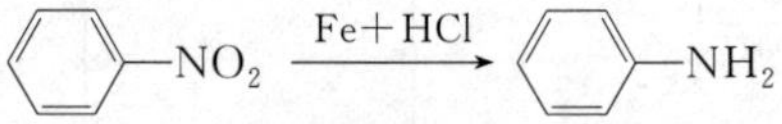

$$C_6H_5-NO_2\xrightarrow{Fe+HCl}C_6H_5-NH_2$$

例题及解析

【例题 1】 命名下列化合物。

(1) $(CH_3)_2NCH_2CH_3$　(2) 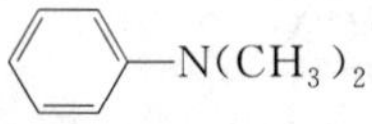 $C_6H_5-N(CH_3)_2$　(3) $CH_3\underset{\underset{CH_3}{|}}{C}HCH_2\overset{\overset{CH_3}{|}}{\underset{\underset{NH_2}{|}}{C}}CH_3$

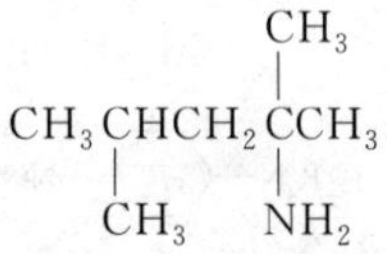

(4) $(CH_3)_3N^+CH_2CH_3Cl^-$　(5) $H-\overset{\overset{O}{\|}}{C}-N(CH_3)_2$　(6) $H_2NCH_2CH_2CH_2NH_2$

(7) 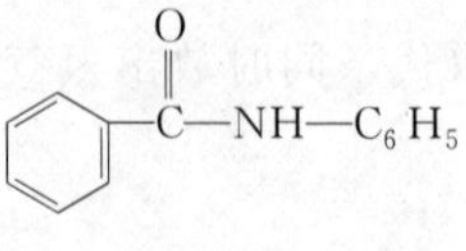 $C_6H_5-\overset{\overset{O}{\|}}{C}-NH-C_6H_5$　(8) 丁二酰亚胺（环：$CH_2C(=O)$—NH—$C(=O)CH_2$）　(9) $CH_3CH_2-\overset{\overset{O}{\|}}{C}-N(CH_3)_2$

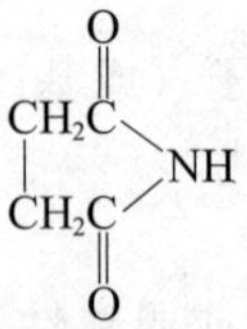

【解】 结构简单的胺可根据烃基名称命名，即在烃基的名称后加上“胺”字；芳香胺的命名把芳香胺定为母体，其他烃基为取代基；复杂的胺则以烃为母体，氨基作为取代基来命名；季铵盐或季铵碱可以看作铵的衍生物来命名；酰胺通常根据酰基来命名，称为“某酰胺”，连接在氮原子上的烃基用“*N*-某基”表示；氨基上连接有两个酰基时，称为“某酰亚胺”。

(1) 二甲基乙基胺　(2) *N*,*N*-二甲基苯胺　(3) 2,4-二甲基-2-氨基戊烷

(4) 氯化三甲基乙基铵　(5) *N*,*N*-二甲基甲酰胺　(6) 1,3-丙二胺

(7) *N*-苯基苯甲酰胺　(8) 丁二酰亚胺　(9) *N*,*N*-二甲基丙酰胺

【例题 2】 写出下列化合物的结构式。

(1) 二乙胺 (2) 乙二胺 (3) 胆胺 (4) 胆碱 (5) 尿素 (6) 氯化重氮苯

【解】 (1) $(CH_3CH_2)_2NH$ (2) $H_2NCH_2CH_2NH_2$

(3) $HOCH_2CH_2NH_2$ (4) $HOCH_2CH_2N^+(CH_3)_3OH^-$

(5) $H_2N-\overset{\overset{\large O}{\|}}{C}-NH_2$ (6) 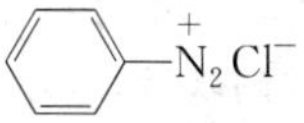 $C_6H_5-\overset{+}{N_2}Cl^-$

【例题 3】 将苯胺、乙酰苯胺、环己胺按碱性强弱次序排列。

【解】 苯胺的苯环与氮原子上孤对电子发生 p-π 共轭，使氮原子上的电子云密度降低，氮原子接受质子的能力降低，碱性减弱；乙酰苯胺除了苯环与氮原子的电子发生 p-π 共轭使氮原子上的电子云密度降低外，还有酰基的吸电子作用，使氮原子上的电子云密度进一步降低，碱性更弱；环己胺中的环己基是给电子基，使氮原子上的电子云密度升高，接受质子能力增大，碱性增强。

碱性由强到弱排列顺序为：环己胺＞苯胺＞乙酰苯胺

【例题 4】 用简便化学方法鉴别对甲苯胺、对甲苯酚、*N*-甲基苯胺。

【解】

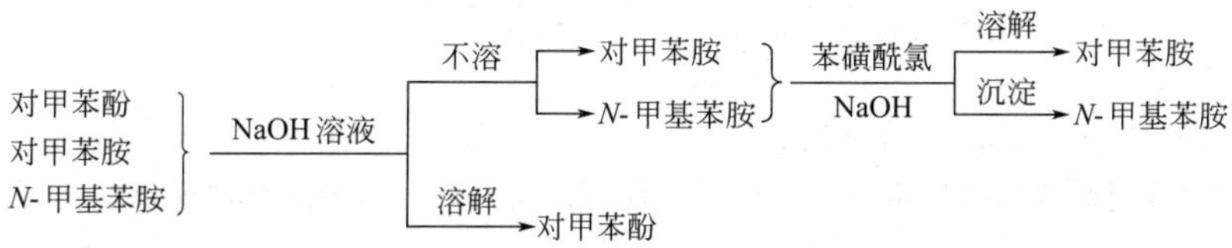

对甲苯酚、对甲苯胺、*N*-甲基苯胺 —NaOH溶液→
- 不溶 → 对甲苯胺、*N*-甲基苯胺 —苯磺酰氯 / NaOH→
  - 溶解 → 对甲苯胺
  - 沉淀 → *N*-甲基苯胺
- 溶解 → 对甲苯酚

【例题 5】 完成下列反应式。

(1) 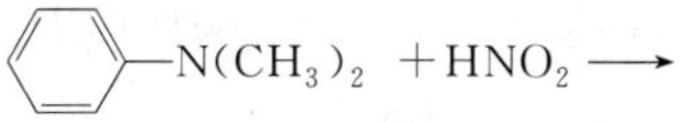 $C_6H_5-N(CH_3)_2 + HNO_2 \longrightarrow$

(2) $C_6H_{11}-N^+(CH_3)_3OH^- \xrightarrow{\triangle}$

(3) $C_6H_5-CH_2CH_2\overset{\overset{\large CH_3}{|}}{\underset{\underset{\large CH_3}{|}}{N^+}}-CH_2CH_3\ OH^- \xrightarrow{150℃}$

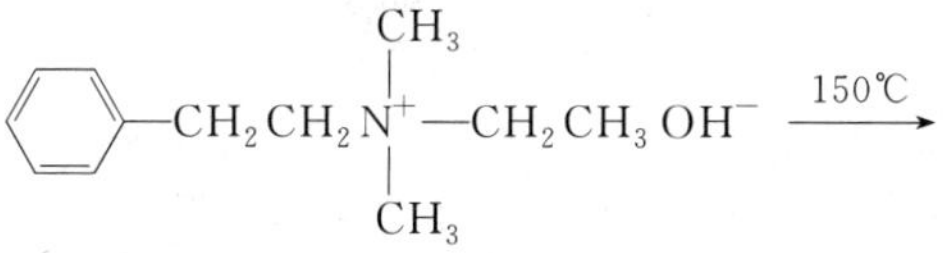

(4) $NH_2-\overset{\overset{\large O}{\|}}{C}-NH_2 + HNO_2 \longrightarrow$

(5) 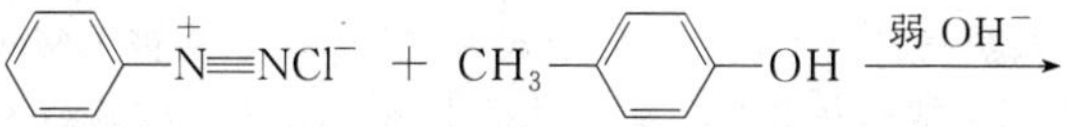 $C_6H_5-\overset{+}{N}\equiv NCl^- + CH_3-C_6H_4-OH \xrightarrow{弱\ OH^-}$

(6) 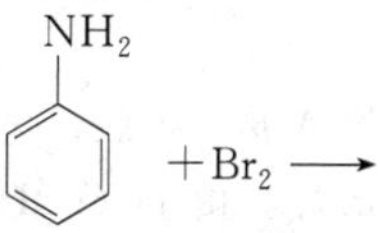 $C_6H_5NH_2 + Br_2 \longrightarrow$

【解】 (1) 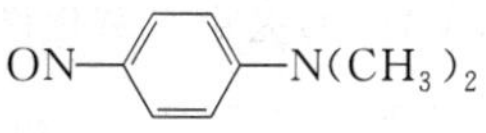 $ON-C_6H_4-N(CH_3)_2$ (2) 环己烯 $+ (CH_3)_3N$

(3) $C_6H_5-CH=CH_2 + CH_3CH_2N(CH_3)_2$ (4) $CO_2\uparrow + N_2\uparrow + H_2O$

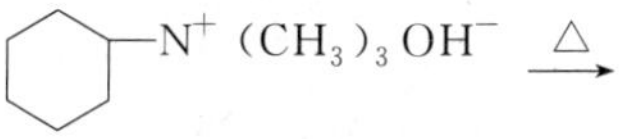

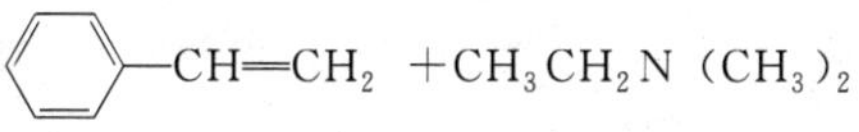

(5) 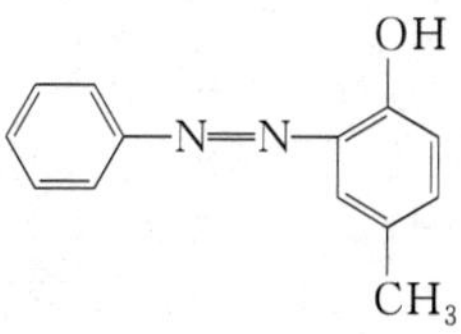 $C_6H_5-N=N-$(2-羟基-5-甲基苯基)（OH 位于偶氮基邻位，CH_3 位于 OH 对位） (6) 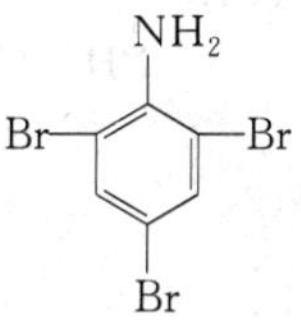 2,4,6-三溴苯胺（NH_2 两侧邻位各一个 Br，对位一个 Br）

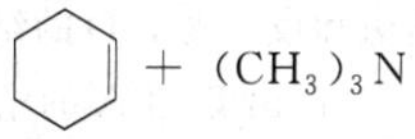

【例题 6】 如何除去二乙胺中含有的少量三乙胺？

【解】 二乙胺能与对甲苯磺酰氯的氢氧化钠溶液反应生成不溶于水的沉淀，而三乙胺不反应，仍为油状物，因此，经蒸馏，三乙胺被蒸出。剩余固体为二乙胺的磺酰胺，加酸水解后可得二乙胺，经分离、干燥、蒸馏，得纯粹的二乙胺。

【例题 7】 由苯合成邻硝基苯胺。

【解】 硝基处于氨基的邻位，引入氨基后，再经硝化可在邻位上导入硝基。但苯胺直接硝化，氨基易被氧化。在硝化之前，要对氨基进行保护，待引进硝基后，再水解除去保护基，可得到邻硝基苯胺。合成路线如下：

$$C_6H_6 \xrightarrow[\text{浓 } H_2SO_4]{\text{浓 } HNO_3} C_6H_5NO_2 \xrightarrow[HCl]{Fe} C_6H_5NH_2 \xrightarrow{CH_3COCl} C_6H_5NHOCCH_3$$

$$\xrightarrow[(CH_3CO)_2O]{HNO_3} o\text{-}O_2N{-}C_6H_4{-}NHOCCH_3 \xrightarrow[OH^-]{H_2O} o\text{-}O_2N{-}C_6H_4{-}NH_2$$

【例题 8】 由苯合成 4-硝基-4′-羟基偶氮苯。

【解】 由苯合成对硝基苯胺经重氮化反应，制得重氮盐，再与苯酚进行偶联反应，可得 4-硝基-4′-羟基偶氮苯。

$$C_6H_6 \xrightarrow[\text{浓 } HNO_3]{\text{浓 } H_2SO_4} C_6H_5NO_2 \xrightarrow[HCl]{Fe} C_6H_5NH_2 \xrightarrow{CH_3COCl} C_6H_5NHOCCH_3 \xrightarrow{HNO_3} p\text{-}O_2N{-}C_6H_4{-}NHOCCH_3$$

$$\xrightarrow[OH^-]{H_2O} p\text{-}O_2N{-}C_6H_4{-}NH_2 \xrightarrow[0\sim5℃]{NaNO_2+HCl} p\text{-}O_2N{-}C_6H_4{-}N_2^+Cl^- \xrightarrow[\text{弱 } OH^-]{C_6H_5OH} O_2N{-}C_6H_4{-}N{=}N{-}C_6H_4{-}OH$$

【例题 9】 分子式为 $C_6H_{13}N$ 的化合物 A，能溶于稀盐酸溶液，可与 HNO_2 反应放出 N_2 并生成化合物 B，B 的分子式为 $C_6H_{12}O$。B 与浓 H_2SO_4 共热得产物 C，C 的分子式为 C_6H_{10}。C 能被 $KMnO_4$ 溶液氧化，生成化合物 D（$C_6H_{10}O_3$）。D 和 NaOI 作用生成碘仿和戊二酸。试推出 A、B、C、D 的结构式，并用反应式表示推断过程。

【解】 化合物 A 能溶于盐酸溶液，并可与 HNO_2 反应放出 N_2，说明化合物 A 是一伯胺，化合物 B 是醇。由 B 与浓 H_2SO_4 共热得产物 C，C 能被 $KMnO_4$ 溶液氧化，说明 C 是烯烃。由 D（$C_6H_{10}O_3$）和 NaOI 作用生成碘仿和戊二酸，D 的结构是 $CH_3COCH_2CH_2CH_2COOH$。D 是由 C 氧化得到的，反推 C 的结构应为环烯烃，再推出 B 和 A 的结构。

A. 2-甲基环戊胺（环戊烷上相邻碳分别连 CH_3 和 NH_2） 或 1-甲基环戊胺（CH_3 和 NH_2 连在同一碳上）

B. 2-甲基环戊醇（环戊烷上相邻碳分别连 CH_3 和 OH） 或 1-甲基环戊醇（CH_3 和 OH 连在同一碳上）

C. 1-甲基环戊烯（双键碳上连 CH_3）

D. $CH_3COCH_2CH_2CH_2COOH$

反应方程式如下：

$$\text{(2-甲基环戊胺)} + \text{(1-甲基环戊胺)} + HCl \longrightarrow \text{2-甲基环戊基}-N^+H_3 + \text{1-甲基环戊基}-N^+H_3$$

$$\text{(2-甲基环戊胺)} + \text{(1-甲基环戊胺)} + HNO_2 \longrightarrow \text{2-甲基环戊醇} + \text{1-甲基环戊醇} + N_2\uparrow$$

$$\text{(2-甲基环戊醇)},\ \text{(1-甲基环戊醇)} \xrightarrow[\triangle]{H_2SO_4} \text{1-甲基环戊烯} \xrightarrow[H^+]{KMnO_4} CH_3COCH_2CH_2CH_2COOH$$

$$CH_3COCH_2CH_2CH_2COOH \xrightarrow[NaOH]{I_2} CHI_3 + HOOCCH_2CH_2CH_2COOH$$

习　题

1. 命名下列化合物。

(1) $CH_3CH_2NHCH_3$　(2) $CH_3CH_2CH(NH_2)CH_3$　(3) $(CH_3CH_2)_2NCH_3$

(4) $C_6H_5-N(CH_3)CH_2CH_3$　(5) $[(CH_3)_2N(C_6H_5)_2]^+OH^-$　(6) $(CH_3CH_2)_2N-NO$

(7) $CH_3CH_2CON(CH_3)_2$　(8) $H_2NCH_2COOC_2H_5$

(9) 邻-$CH_3C_6H_4\overset{+}{N}_2Cl^-$　(10) $CH_3-C_6H_4-N{=}N-C_6H_4-N(CH_3)_2$

2. 写出下列化合物的结构式。

(1) 甲基乙基丙基胺　(2) *N*-乙基苯胺　(3) 邻苯二甲酰亚胺

(4) 乙酰胆碱　(5) 2-甲基-3-氨基丁烷　(6) 氯化三甲铵

3. 将下列各组化合物按碱性大小由强到弱顺序排列。

(1) 对甲基苯胺、苯胺、对硝基苯胺、对氯苯胺

(2) 丙胺、乙丙胺、苯甲酰胺、三甲胺

(3) 氢氧化四甲铵、邻苯二甲酰亚胺、乙酰胺、环己胺

4. 鉴别下列各组化合物。

(1) 异丙胺、二乙胺、三甲胺　(2) 苯胺、硝基苯、苯酚

(3) 苯胺、*N*-甲基苯胺、*N*,*N*-二甲基苯胺　(4) 苯甲酸、苯胺、苯甲酰胺

(5) 苯胺、环己胺、*N*-甲基苯胺

5. 完成下列反应式。

(1) $C_6H_5-NH_2 \xrightarrow[1\sim5℃]{NaNO_2+HCl} (\quad) \xrightarrow{CuCN,\ KCN} (\quad) \xrightarrow{H_3O^+} (\quad)$

(2) $C_6H_6 \xrightarrow[H_2SO_4]{HNO_3}$ (　　) $\xrightarrow{(\quad)}$ $C_6H_5-NH_2 \xrightarrow{CH_3COCl}$ (　　)

(3) $CH_3-C_6H_4-NH_2 \xrightarrow{Br_2/H_2O}$ (　　) $\xrightarrow[1\sim5℃]{NaNO_2+HCl}$ (　　) $\xrightarrow{H_3PO_2}$ (　　)

(4) $C_6H_5-NH_2 + CH_3-C_6H_4-SO_2Cl \xrightarrow{NaOH}$ (　　)

(5) $C_6H_5-COCl + NH_3 \longrightarrow$ (　　) $\xrightarrow[NaOH]{Br_2}$ (　　)

(6) $CH_3CH_2CH_2NHCH_2CH_3 + CH_3I$（过量）$\longrightarrow$ (　　) $\xrightarrow{AgOH}$ (　　) $\xrightarrow{\triangle}$ (　　) + (　　)

(7) $C_6H_5-\overset{+}{N_2}Cl^- + CH_3-C_6H_4-OH \xrightarrow{弱\ OH^-}$ (　　)

(8) $C_6H_5-NHCH_3 + NaNO_2 \xrightarrow{HCl}$ (　　)

(9) $CH_2=CHCH_2Br + NaCN \longrightarrow$ (　　) $\xrightarrow[H_2O]{H^+}$ (　　)

(10) $(CH_3)_3N + CH_3CH_2I \longrightarrow$ (　　) $\xrightarrow[\triangle]{AgOH}$ (　　)

(11) $CH_3CH_2NH_2 + CH_3COCl \longrightarrow$ (　　)

(12) $[(CH_3)_3N^+CH_2CH_3]OH^- \xrightarrow{\triangle}$ (　　)

(13) $CH_3CH(NH_2)CONH_2 + HNO_2 \xrightarrow{\triangle}$ (　　)

(14) $CH_3CH_2NHCH_2CH_3 + (CH_3CO)_2O \longrightarrow$ (　　)

6. 写出环己胺分别与下列试剂反应的主要产物（若不反应则用“×”表示）。

(1) 稀 HCl　(2) 过量 CH_3I　(3) (2) 的产物＋AgOH，再加热　(4) $NaNO_2/HCl$

(5) 苯甲酰氯　(6) NaOH　(7) 对甲苯磺酰氯　(8) H_2O

7. 由指定原料合成下列化合物（无机试剂任选）。

(1) 由甲苯合成 4-甲基-2,6-二溴苯胺

(2) 由苯合成对氨基苯甲酸

(3) 由甲苯合成对硝基苯甲酰胺

(4) 由苯胺和 α-萘酚合成 $HO_3S-C_6H_4-N=N-C_{10}H_6-OH$（4-羟基-1-萘基）

(5) 由苯合成对硝基苯胺

8. 化合物 A 和 B 分子组成都是 $C_9H_{13}N$。A 有旋光性，与 HNO_2 反应放出 N_2 并得到一种醇，这个醇不能发生碘仿反应。B 在低温下与 HNO_2 反应能生成重氮盐 C，C 与 CuCN/KCN 反应后酸性水解，再与酸性 $KMnO_4$ 反应得到对苯二甲酸。试推断 A、B、C 结构式，并写出有关反应式。

9. 某化合物 A 分子式为 $C_7H_{17}N$，能溶于稀盐酸溶液，与 HNO_2 反应放出 N_2 并生成化合物 B，B 的分子式为 $C_7H_{16}O$。B 能发生碘仿反应，但不与苯肼反应；B 与浓 H_2SO_4 共热得产物 C。C 与酸性 $KMnO_4$ 反应生成乙酸和另一具有旋光活性的羧酸 D。

(1) 试推出 A、B、C、D 的结构式，并写出有关反应式。

(2) 用“*”标出化合物 D 的手性碳原子，写出投影式并标出其投影。

10. 某化合物 A 分子式为 $C_7H_7NO_2$，无碱性，还原后得到 B，化学名称为对甲苯胺。低温下 B 与亚硝酸钠的盐酸溶液作用得到 C，分子式为 $C_7H_7N_2Cl$。C 在弱碱性条件下与苯酚作用得到分子式为 $C_{13}H_{12}ON_2$ 的化合物 D。试推测 A、B、C 和 D 的结构。

11. 分子式为 $C_7H_7NO_2$ 的化合物 A、B、C、D，它们都含有苯环，为 1,4-衍生物。A 能溶于酸和碱；

B 能溶于酸而不溶于碱；C 能溶于碱而不溶于酸；D 不溶于酸也不溶于碱。推测 A、B、C 和 D 的可能结构式。

习题参考答案

1. （1）甲乙胺　（2）仲丁胺　（3）甲基二乙基胺
（4）*N*-甲基-*N*-乙基苯胺　（5）氢氧化二甲基二苯基铵　（6）*N*-亚硝基二乙胺
（7）*N*,*N*-二甲基丙酰胺　（8）氨基乙酸乙酯　（9）氯化邻甲基重氮苯
（10）4-甲基-4′-二甲氨基偶氮苯

2. （1）$CH_3CH_2NCH_2CH_2CH_3$（N 上连 CH_3）　（2）C_6H_5—$NHCH_2CH_3$　（3）邻苯二甲酰亚胺（苯环并 C(=O)—NH—C(=O)）
（4）$CH_3COOCH_2CH_2\overset{+}{N}(CH_3)_3OH^-$　（5）$CH_3CH(CH_3)$—$CH(NH_2)CH_3$　（6）$(CH_3)_3\overset{+}{N}HCl^-$

3. （1）对甲基苯胺＞苯胺＞对氯苯胺＞对硝基苯胺
（2）乙丙胺＞丙胺＞三甲胺＞苯甲酰胺
（3）氢氧化四甲铵＞环己胺＞乙酰胺＞邻苯二甲酰亚胺

4. （1）往三种化合物中分别加入亚硝酸溶液，有氮气放出的为异丙胺；出现黄色油状物的为二乙胺；与亚硝酸反应生成不稳定盐的是三甲胺。

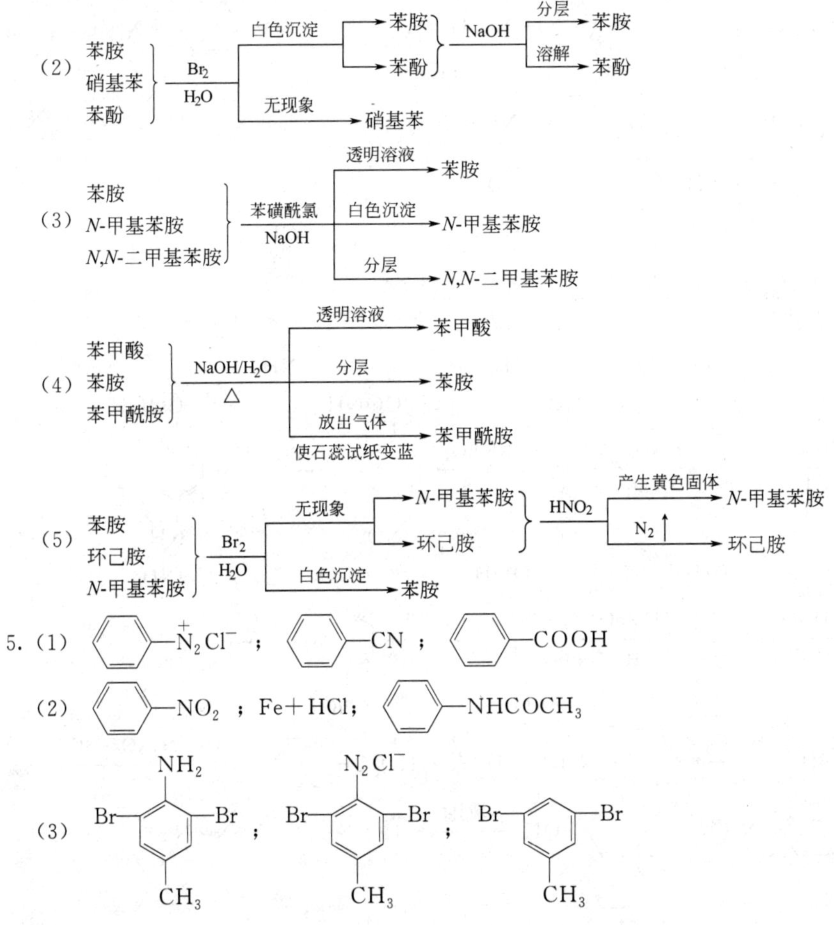

(4) $CH_3-C_6H_4-SO_2\bar{N}(Na^+)-C_6H_5$　(5) $C_6H_5-CONH_2$；$C_6H_5-NH_2$

(6) $CH_3CH_2CH_2N^+(CH_3)_2CH_2CH_3\ I^-$；$CH_3CH_2CH_2N^+(CH_3)_2CH_2CH_3\ OH^-$；

$CH_2{=}CH_2$；$CH_3CH_2CH_2N(CH_3)CH_3$

(7) $C_6H_5-N{=}N-$（2-羟基-5-甲基苯基）　(8) $C_6H_5-N(CH_3)-NO$

(9) $CH_2{=}CHCH_2CN$；$CH_2{=}CHCH_2COOH$

(10) $[(CH_3)_3\overset{+}{N}CH_2CH_3]I^-$；$[(CH_3)_3\overset{+}{N}CH_2CH_3]OH^-$

(11) $CH_3CONHCH_2CH_3+HCl$　(12) $CH_2{=}CH_2+(CH_3)_3N+H_2O$

(13) $CH_3CH(OH)COOH+N_2\uparrow+H_2O$

(14) $CH_3\overset{O}{\overset{\|}{C}}N(CH_2CH_3)_2+CH_3COOH$

6.(1) $C_6H_{11}-\overset{+}{N}H_3Cl^-$　(2) $C_6H_{11}-\overset{+}{N}(CH_3)_3I^-$　(3) 环己烯 $+N(CH_3)_3$

(4) $C_6H_{11}-OH+N_2$　(5) $C_6H_{11}-NH-\overset{O}{\overset{\|}{C}}-C_6H_5$　(6) ×

(7) $CH_3-C_6H_4-SO_2NH-C_6H_{11}$　(8) ×

7.(1) $C_6H_5CH_3\xrightarrow[H_2SO_4]{HNO_3}p\text{-}CH_3C_6H_4NO_2\xrightarrow{Fe+HCl}p\text{-}CH_3C_6H_4NH_2\xrightarrow{Br_2/H_2O}$ 2,6-二溴-4-甲基苯胺（CH_3, Br, Br, NH_2）

(2) $C_6H_6\xrightarrow[AlCl_3]{CH_3I}C_6H_5CH_3\xrightarrow[H_2SO_4]{HNO_3}p\text{-}CH_3C_6H_4NO_2\xrightarrow[H^+]{KMnO_4}p\text{-}HOOCC_6H_4NO_2\xrightarrow{Fe+HCl}p\text{-}HOOCC_6H_4NH_2$

(3) $C_6H_5CH_3\xrightarrow[H_2SO_4]{HNO_3}p\text{-}CH_3C_6H_4NO_2\xrightarrow[H^+]{KMnO_4}p\text{-}HOOCC_6H_4NO_2\xrightarrow{SOCl_2}p\text{-}ClOCC_6H_4NO_2\xrightarrow{NH_3}p\text{-}H_2NOCC_6H_4NO_2$

(4) $C_6H_5NH_2\xrightarrow{H_2SO_4}C_6H_5\overset{+}{N}H_3\overset{-}{S}O_4H\xrightarrow{\triangle}HO_3S-C_6H_4-NH_2\xrightarrow[1\sim5℃]{NaNO_2/HCl}$

$HO_3S-C_6H_4-\overset{+}{N}_2Cl^-+$ 1-萘酚 $\xrightarrow{弱\ OH^-}HO_3S-C_6H_4-N{=}N-C_{10}H_6-OH$（4-羟基-1-萘基）

(5) 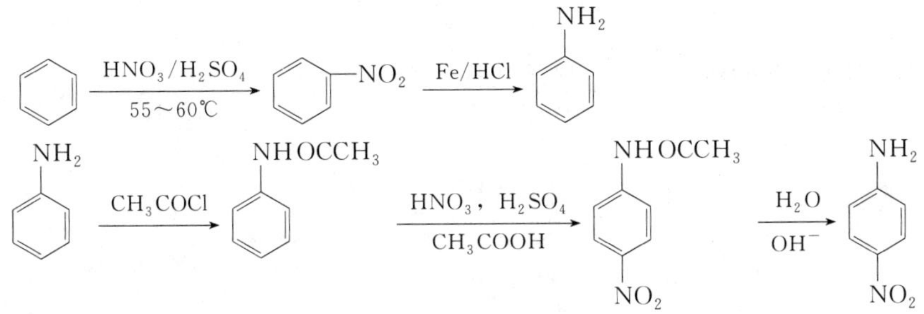 $C_6H_6 \xrightarrow[55\sim60℃]{HNO_3/H_2SO_4} C_6H_5NO_2 \xrightarrow{Fe/HCl} C_6H_5NH_2$

$C_6H_5NH_2 \xrightarrow{CH_3COCl} C_6H_5NHOCCH_3 \xrightarrow[CH_3COOH]{HNO_3,\ H_2SO_4} p\text{-}O_2N\text{—}C_6H_4\text{—}NHOCCH_3 \xrightarrow[OH^-]{H_2O} p\text{-}O_2N\text{—}C_6H_4\text{—}NH_2$

8. A. 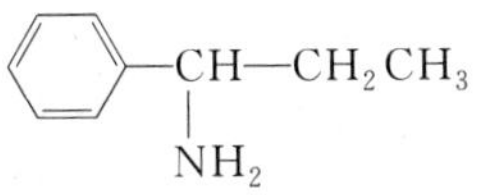 $C_6H_5\text{—}CH(NH_2)\text{—}CH_2CH_3$　B. $CH_3CH_2CH_2\text{—}C_6H_4\text{—}NH_2$ 或 $CH_3CH(CH_3)\text{—}C_6H_4\text{—}NH_2$

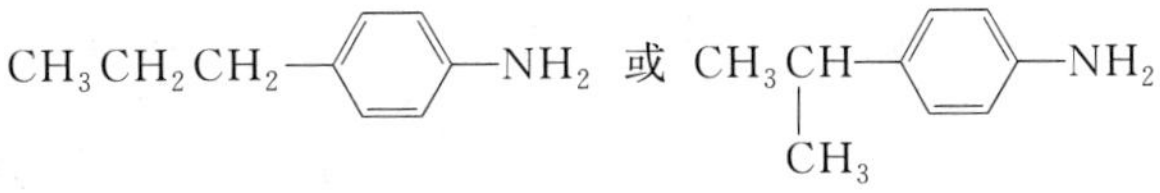

C. $CH_3CH_2CH_2\text{—}C_6H_4\text{—}\overset{+}{N}_2Cl^-$ 或 $CH_3CH(CH_3)\text{—}C_6H_4\text{—}\overset{+}{N}_2Cl^-$

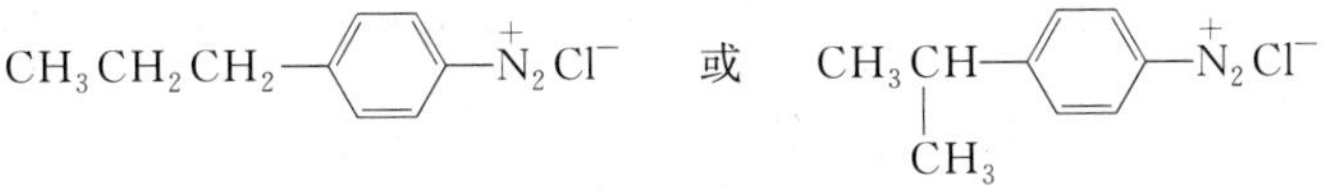

反应方程式：

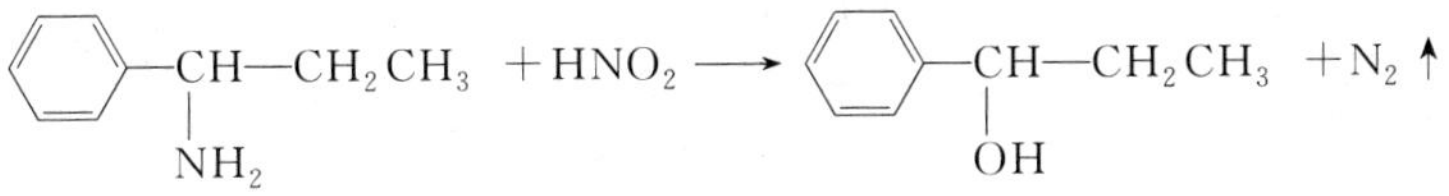

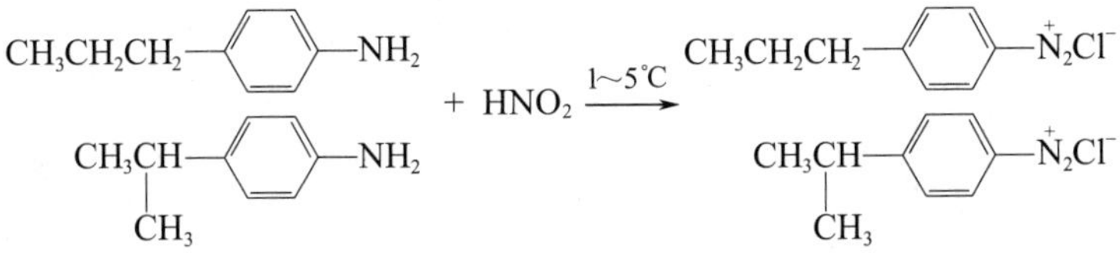

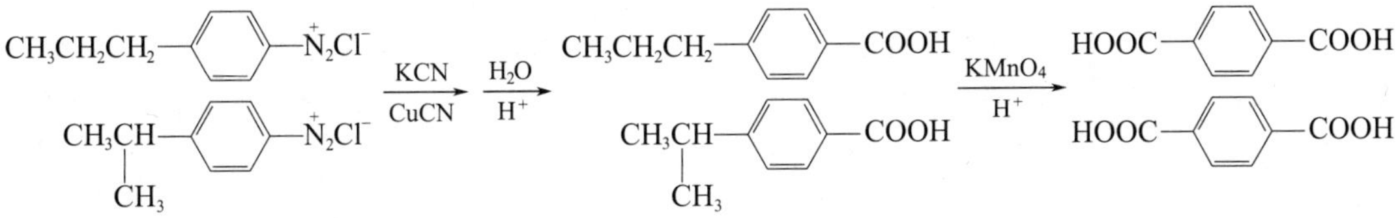

$C_6H_5\text{—}CH(NH_2)\text{—}CH_2CH_3 + HNO_2 \longrightarrow C_6H_5\text{—}CH(OH)\text{—}CH_2CH_3 + N_2\uparrow$

$\left.\begin{matrix} CH_3CH_2CH_2\text{—}C_6H_4\text{—}NH_2 \\ CH_3CH(CH_3)\text{—}C_6H_4\text{—}NH_2 \end{matrix}\right\} + HNO_2 \xrightarrow{1\sim5℃} \begin{matrix} CH_3CH_2CH_2\text{—}C_6H_4\text{—}\overset{+}{N}_2Cl^- \\ CH_3CH(CH_3)\text{—}C_6H_4\text{—}\overset{+}{N}_2Cl^- \end{matrix}$

$\begin{matrix} CH_3CH_2CH_2\text{—}C_6H_4\text{—}\overset{+}{N}_2Cl^- \\ CH_3CH(CH_3)\text{—}C_6H_4\text{—}\overset{+}{N}_2Cl^- \end{matrix} \xrightarrow[CuCN]{KCN} \xrightarrow[H^+]{H_2O} \begin{matrix} CH_3CH_2CH_2\text{—}C_6H_4\text{—}COOH \\ CH_3CH(CH_3)\text{—}C_6H_4\text{—}COOH \end{matrix} \xrightarrow[H^+]{KMnO_4} \begin{matrix} HOOC\text{—}C_6H_4\text{—}COOH \\ HOOC\text{—}C_6H_4\text{—}COOH \end{matrix}$

9. (1) A. $CH_3CH(NH_2)CH_2CH(CH_3)CH_2CH_3$　B. 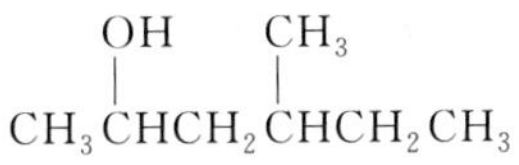 $CH_3CH(OH)CH_2CH(CH_3)CH_2CH_3$

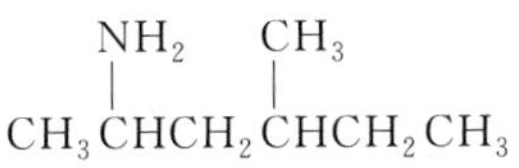

C. 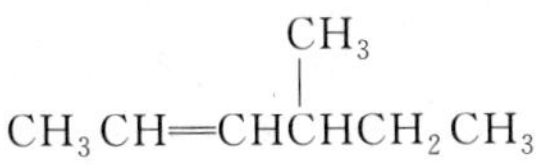 $CH_3CH{=}CHCH(CH_3)CH_2CH_3$　D. 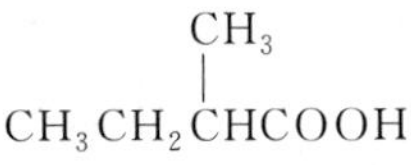 $CH_3CH_2CH(CH_3)COOH$

反应方程式：

$CH_3CH(NH_2)CH_2CH(CH_3)CH_2CH_3 + HCl \longrightarrow CH_3CH(\overset{+}{N}H_3Cl^-)CH_2\text{—}CH(CH_3)CH_2CH_3$

$CH_3CH(NH_2)CH_2CH(CH_3)CH_2CH_3 + HNO_2 \longrightarrow CH_3CH(OH)CH_2CH(CH_3)CH_2CH_3 + N_2\uparrow$

$CH_3CH(OH)CH_2CH(CH_3)CH_2CH_3 \xrightarrow[OH^-]{I_2} CH_3CH_2CH(CH_3)CH_2COOH + CH_3I$

$CH_3CH(OH)CH_2CH(CH_3)CH_2CH_3 \xrightarrow{浓H_2SO_4} CH_3CH{=}CHCH(CH_3)CH_2CH_3 \xrightarrow[H^+]{KMnO_4} CH_3CH_2CH(CH_3)COOH + CH_3COOH$

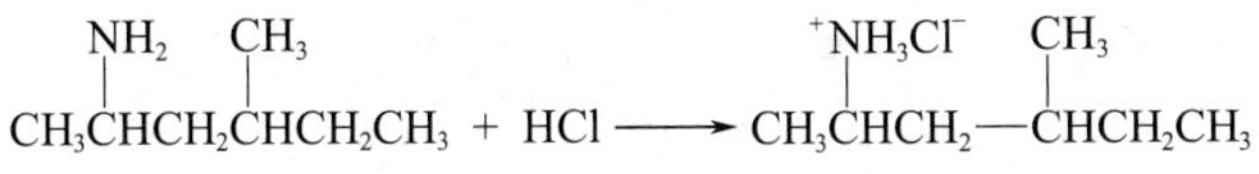

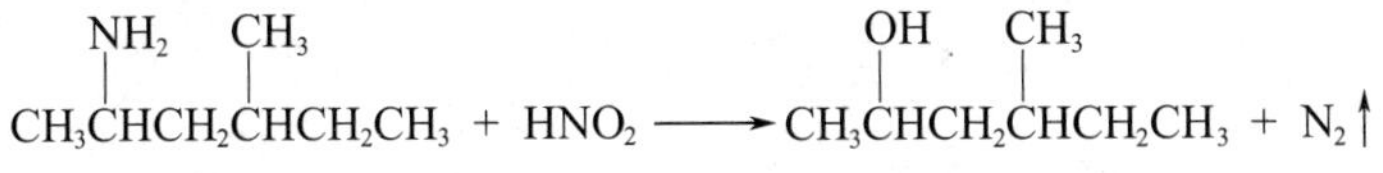

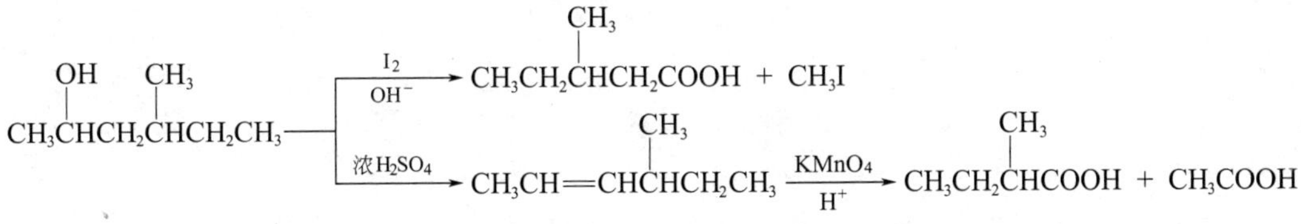

(2) 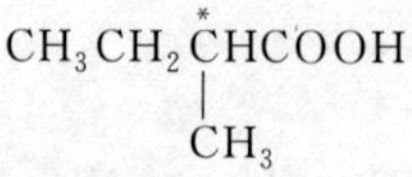 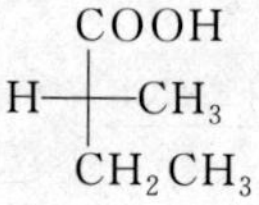 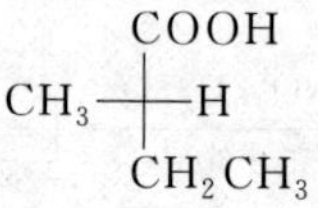

R S

10. A. 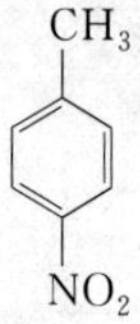 B. 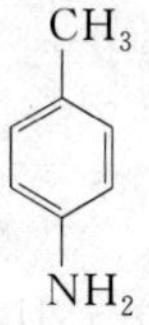 C. 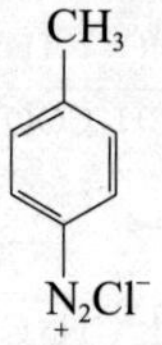 D. 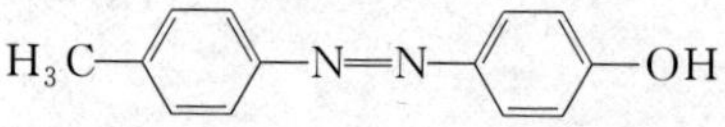

11. A. 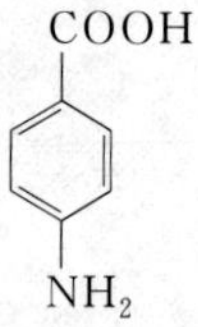 B. 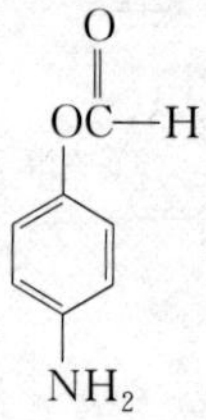 C. 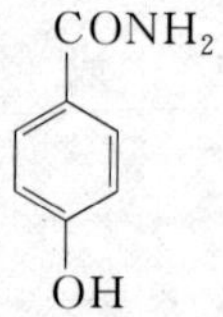 D. 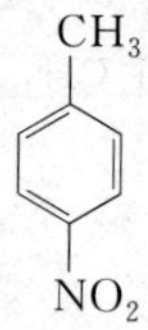

杂环化合物

Chapter 10

知识点提要

一、杂环化合物

杂环化合物是成环原子中含碳原子以外的 O、S、N 等杂原子的芳香杂环有机物。可分为单杂环和稠杂环。单杂环可分为五元杂环和六元杂环；稠杂环分为芳环并杂环和杂环并杂环。

二、杂环化合物命名

译音命名法和系统命名法。杂环上有取代基时，以杂环为母体编号，以杂原子的编号为1；当单环上含有两个以上相同杂原子时，使连有氢原子的取代基的杂原子的编号为 1；环上有多个不同杂原子时，按 O、S、N 的顺序编号；结构复杂的将杂环当作取代基来命名。

三、杂环化合物结构

1. 五元杂环呋喃、噻吩、吡咯的结构

呋喃、噻吩、吡咯环上的 5 个原子共处在一个平面上且都是 sp^2 杂化态。5 个原子间以 sp^2 杂化轨道形成 σ 键；未参加杂化的 p 轨道“肩并肩”侧面重叠，形成 5 个原子所属的 6 个 π 电子组成的闭合共轭体系，杂原子的孤对电子参与共轭，使杂环上碳原子的电子云密度增加，称为富电子芳杂环或多 π 芳杂环。π 电子数符合 Hückel 规则，具有芳香性。由于杂原子氧、硫、氮的吸电子诱导效应，使环上电子云密度分布不如苯环均匀，呋喃、噻吩、吡咯的分子中各原子间的键长并不完全相等，芳香性比苯差。由于杂原子的电负性强弱顺序是：硫＜氮＜氧，所以，芳香性强弱的顺序如下：苯＞噻吩＞吡咯＞呋喃。

2. 六元杂环吡啶的结构

吡啶分子中环上的 6 个原子共处在同一平面上且都是 sp^2 杂化成键的。氮原子的三个未成对电子中两个处于 sp^2 轨道中，与相邻碳原子形成 σ 键，另一个处在 p 轨道中，与 5 个碳原子的 p 轨道平行，侧面重叠形成 6 个原子所属的 6 个 π 电子组成的闭合的共轭体系，符合 Hückel 规则，具有芳香性。由于氮原子的吸电子诱导效应，使吡啶环上碳原子的电子云密度相对降低，此类杂环称为缺电子芳杂环或缺 π 芳杂环。

四、杂环化合物的化学性质

富电子芳杂环与缺电子芳杂环在化学性质上有显著的差异性，与苯相比也表现出一定的

差异性。

① 富电子芳杂环呋喃、噻吩、吡咯较苯易发生亲电取代反应，且取代位置主要发生在α-位；缺电子芳杂环吡啶环发生亲电取代反应比苯难，在强烈条件下发生β-位取代。吡啶不易发生亲电取代，而易发生亲核取代，主要进入α-位，其反应与硝基苯类似。

② 杂原子的电负性比碳大，杂原子的吸电子诱导效应使杂环化合物的芳香性比苯差，杂环化合物的加成反应一般比苯容易进行。

③ 吡咯环是富电子芳杂环，易被氧化剂氧化，对酸不稳定。吡啶环是缺电子芳杂环，对氧化剂稳定，比苯环更难被氧化。

④ 吡咯环中氮原子的孤对电子参与环的共轭，使吡咯环不显碱性而显弱酸性；吡啶环中氮原子的孤对电子未参与环的共轭，易接受质子而显弱碱性。

⑤ 杂环化合物的化学性质主要有亲电取代反应（卤代、硝化、磺化、傅-克反应）、加成反应和氧化反应等。

五元杂环呋喃、噻吩、吡咯的性质

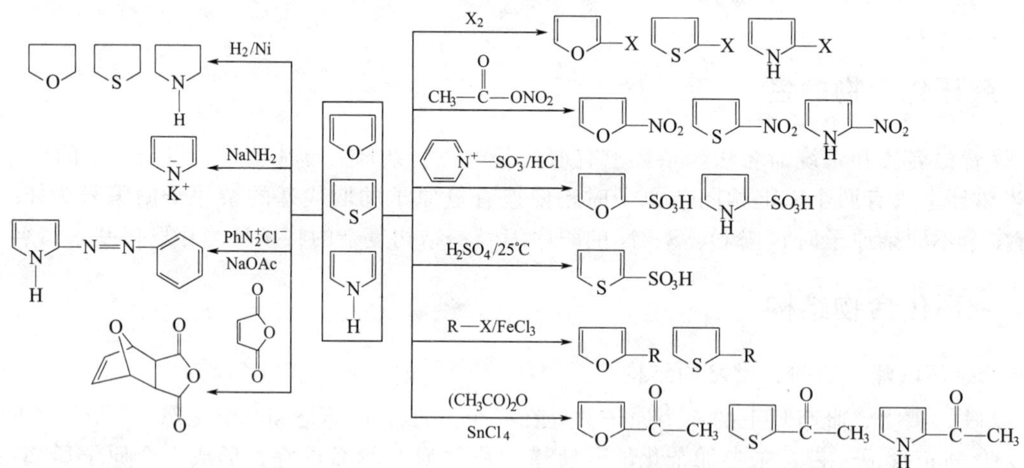

六元杂环吡啶的化学性质

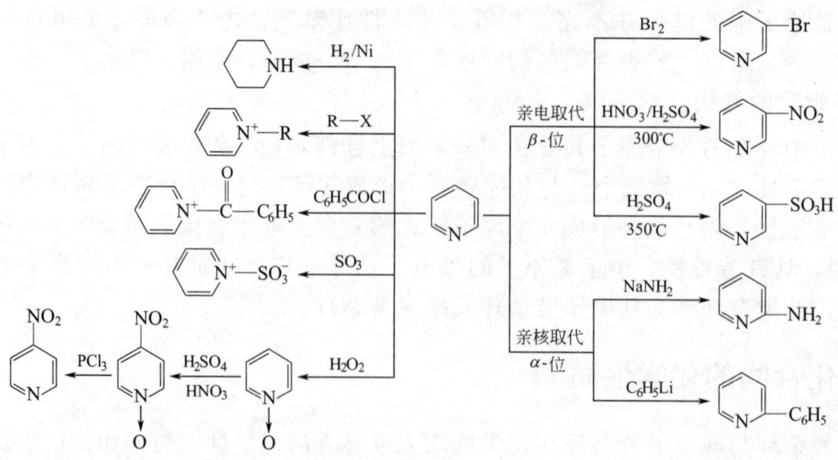

例题及解析

【例题 1】 命名下列化合物。

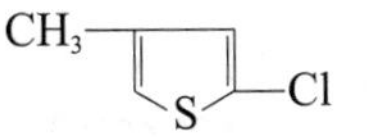

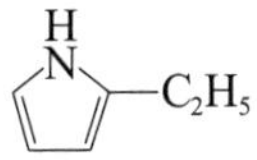

【解】 解答命名题时，请认准结构式中含有的基本杂环结构，依据命名原则进行编号命名。

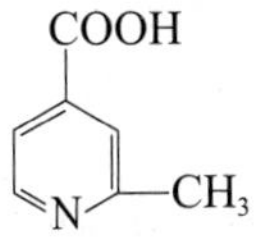

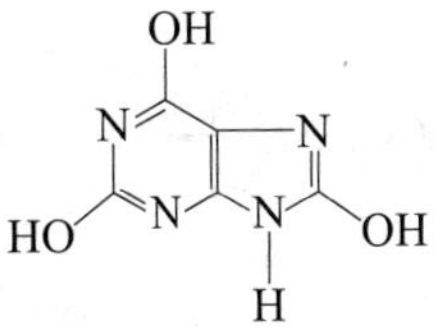

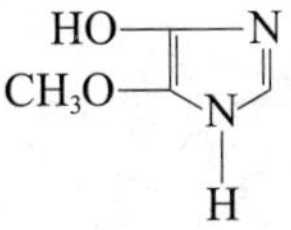

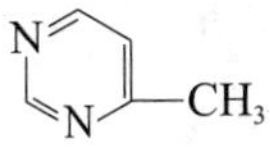

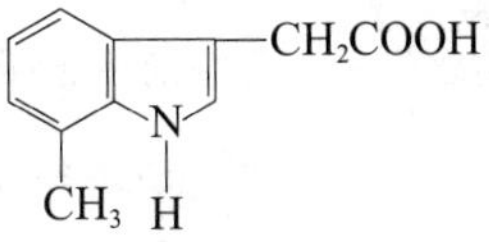

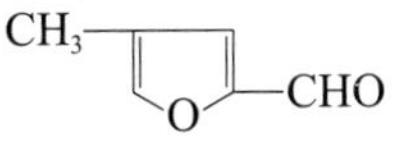

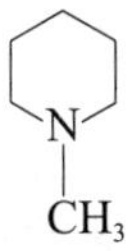

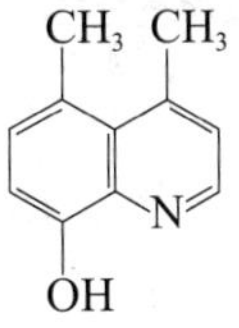

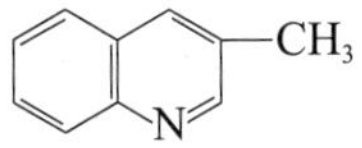

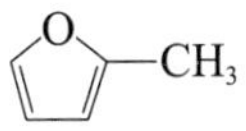

(1) 4-甲基-2-氯噻吩	(2) 2-甲基-4-吡啶甲酸	(3) 2,6,8-三羟基嘌呤
(4) 4-羟基-5-甲氧基咪唑	(5) 4-甲基嘧啶	(6) 7-甲基-3-吲哚乙酸
(7) 4-甲基-2-呋喃甲醛	(8) *N*-甲基六氢吡啶	(9) 4,5-二甲基-8-羟基喹啉
(10) 3-甲基喹啉	(11) 2-甲基呋喃	(12) 2-乙基吡咯

【例题 2】 写出下列化合物的结构式。

(1) 3-甲基-2-硝基呋喃	(2) 2-吡咯甲醇	(3) 糠醛
(4) 5-甲基噻唑	(5) 4-甲基-2-羟基咪唑	(6) 2-甲基四氢呋喃
(7) 3-羟基喹啉	(8) 3-乙酰基吡啶	(9) 6-氨基嘌呤
(10) 4-氨基-2-羟基嘧啶	(11) 呋喃	(12) 噻吩

【解】 解答此类题目时，要记住杂环母体名称和常用化合物的俗名。

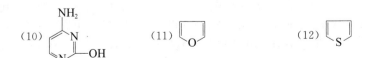

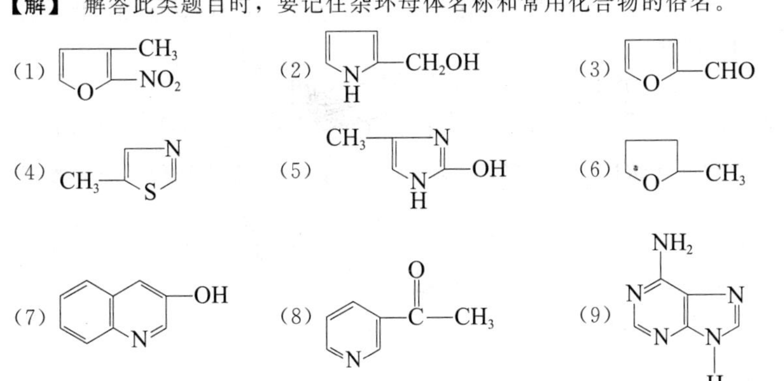

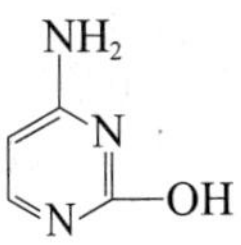

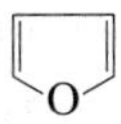

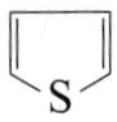

【例题 3】 完成下列反应。

（1）2-甲基呋喃 + 顺丁烯二酸酐 ⟶　　（2）4-吡啶甲醛 $\xrightarrow{H_2NNH_2}$

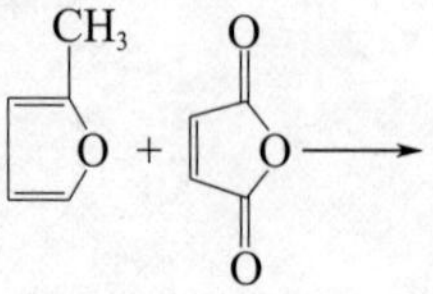

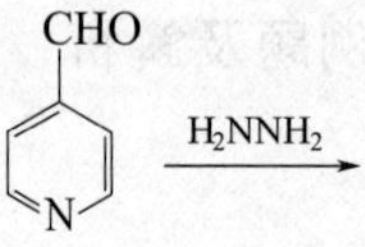

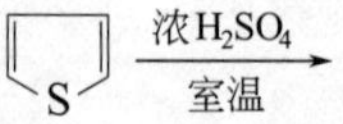

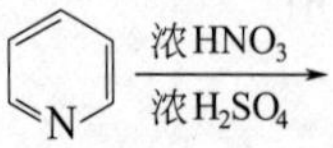

（3）呋喃 + $(CH_3CO)_2O$ $\xrightarrow{BF_3}$　　（4）噻吩 $\xrightarrow[室温]{浓H_2SO_4}$

（5）吡啶 $\xrightarrow[浓H_2SO_4]{浓HNO_3}$　　（6）2-甲基-3-乙基吡啶 $\xrightarrow[H^+]{KMnO_4}$

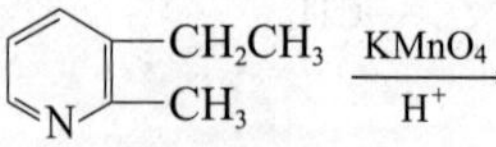

【解】 解答此类题目时，要特别注意环的反应活性差异、反应的活性部位及反应条件等。

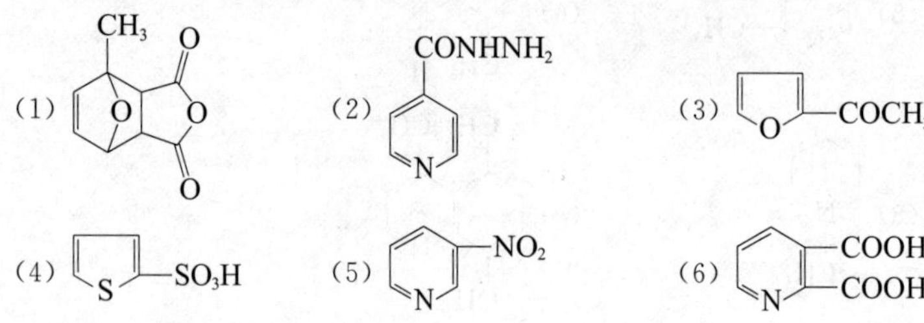

【例题 4】 完成下列转化。

（1）3-甲基吡啶 ⟶ 3-苯甲酰基吡啶

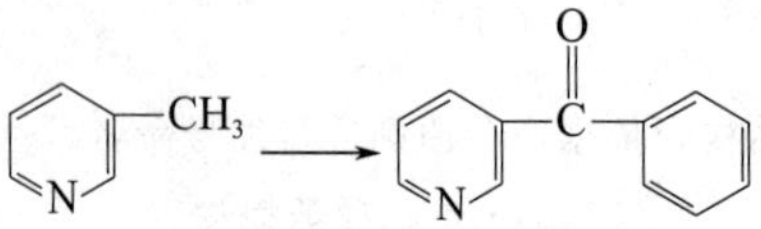

（2）呋喃 ⟶ 5-硝基-2-呋喃甲酸（O_2N，COOH）

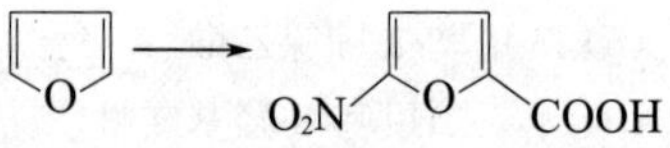

【解】 （1）目标产物是芳香酮，用傅-克反应来获得产物，已知吡啶很难发生傅-克反应，只能将吡啶部分作为酰化剂，又因酰氯可由相应的羧酸与氯化亚砜、三氯化磷或五氯化磷反应来制备，必须把吡啶环上的甲基氧化为羧基。

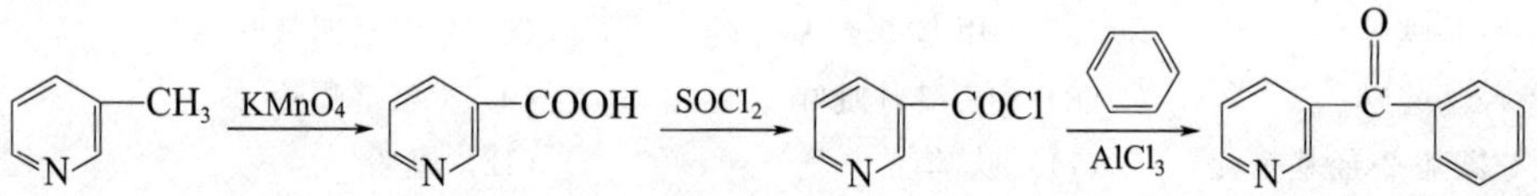

3-甲基吡啶（$—CH_3$）$\xrightarrow{KMnO_4}$ 3-吡啶甲酸（$—COOH$）$\xrightarrow{SOCl_2}$ 3-吡啶甲酰氯（$—COCl$）$\xrightarrow[AlCl_3]{苯}$ 3-苯甲酰基吡啶

（2）因呋喃易被强酸树脂化，所以不能用混酸进行硝化，可先引一个—$COCH_3$ 使呋喃钝化，然后进行硝化，再通过卤仿反应转变为目标产物。

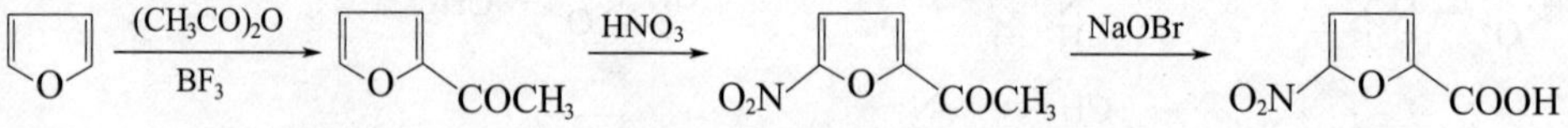

呋喃 $\xrightarrow[BF_3]{(CH_3CO)_2O}$ 2-乙酰基呋喃（$COCH_3$）$\xrightarrow{HNO_3}$ 5-硝基-2-乙酰基呋喃（O_2N，$COCH_3$）$\xrightarrow{NaOBr}$ 5-硝基-2-呋喃甲酸（O_2N，COOH）

【例题 5】 比较吡咯与吡啶两种杂环结构，从酸碱性、环对氧化剂的稳定性、取代反应等方面加以解释。

吡咯（N—H）　　吡啶（N:）

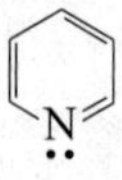

【解】 从结构和电子效应方面解释如下：

（1）酸碱性　由于吡咯中的 N 原子上孤对电子参与环的共轭体系，使 N 原子上的电子云密度降低，使得 N—H 键电子向 N 方向偏移，使吡咯具有一定的酸性，能与 KOH 作用成盐；吡啶分子中的 N 原子上孤对电子处在 sp^2 杂化轨道上，未参与环的共轭，它能作为电子给予体接受质子。因此，吡啶显碱性，能与酸反应成盐。

（2）环对氧化剂的稳定性　由于吡咯是一个 5 原子 6 电子的共轭体系，是一富电子芳香体系，所以容易给出电子而被氧化剂氧化，使环被破坏。而吡啶是 6 原子 6 电子的共轭体系，由于环中 N 原子吸电子诱导作用，使吡啶环的电子云密度比苯小，是一缺电子的芳香体系，从而使其给出电子的能力减弱，对氧化剂的稳定性很强，比苯环稳定。

（3）取代反应　由于吡咯是一富电子芳香体系，所以比苯容易发生亲电取代反应，取代反应主要发生在 α-位；吡啶是一缺电子芳香体系，亲电取代反应比苯困难，而且主要在 β-位上取代。

【例题 6】 比较吡啶、吡咯、苯胺及四氢吡咯的碱性强弱，并合理解释。

【解】 碱性由强到弱的次序为：四氢吡咯＞吡啶＞苯胺＞吡咯

四氢吡咯是一个饱和杂环（仲胺），氮原子上的孤对电子占据 sp^3 杂化轨道，比孤对电子占据 sp^2 杂化轨道的吡啶受氮原子核引力小，因此碱性比吡啶强；吡咯氮原子上的孤对电子参与形成环上共轭体系，一般不能接受质子（会破坏芳香环），因而基本无碱性；苯胺氮原子上的孤对电子也因其所在轨道与苯环形成共轭体系而向苯环离域，降低了接受质子的能力，碱性比吡咯强，但比孤对电子未参与共轭体系的吡啶要弱些。

【例题 7】 某化合物 A（$C_8H_{11}ON$）不溶于氢氧化钠水溶液，但溶于盐酸，能与苯肼作用生成相应的苯腙，但不能与苯磺酰氯反应，它能发生碘仿反应，生成一分子羧酸 B（$C_7H_9O_2N$）和一分子 CHI_3。B 用三氧化铬氧化生成 *N*-甲基-2-吡咯甲酸。写出 A 和 B 的结构式。

【解】 由于 A 能溶于盐酸，但不溶于氢氧化钠水溶液，不能与苯磺酰氯反应，说明 A 具有碱性，但不具有—NH_2 或—NH—结构，又由于 A 能与苯肼作用生成相应的苯腙，并能发生碘仿反应，生成一分子羧酸 B（$C_7H_9O_2N$）和一分子 CHI_3，推测 A 中含有甲基酮结构；而 B 用三氧化铬氧化生成 *N*-甲基-2-吡咯甲酸，B 与其氧化产物之间相差一个 CH_2 基团，由此可推出 B 的结构式，再根据 B 的结构式可推出 A 的结构式。

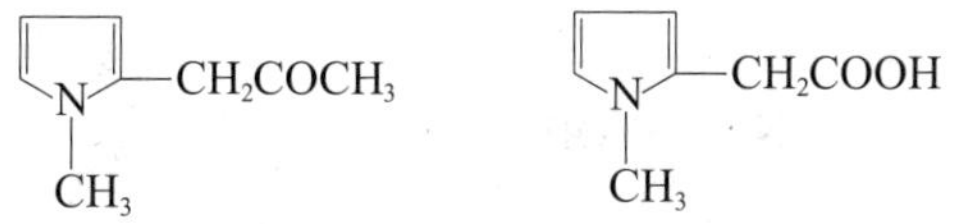

（结构式：A 为 N-甲基吡咯 2-位连 $-CH_2COCH_3$；B 为 N-甲基吡咯 2-位连 $-CH_2COOH$）

A　　B

【例题 8】 化合物 A 的分子式为 $C_{12}H_{13}NO_2$，经稀酸水解得产物 B 和 C。B 可发生碘仿反应而 C 不能。C 能与 $NaHCO_3$ 作用放出气体而 B 不能。C 为一种吲哚类植物生长激素，可与盐酸松木片反应呈红色。推导 A、B、C 的结构式。

【解】 从 C 开始向前推论，C 为一种吲哚类植物生长激素，可与盐酸松木片反应呈红色，说明含有吲哚基本结构，根据 A 的分子式，得其余部分含有 4 个 C、2 个 O 和 7 个 H；因 A 经稀酸水解得产物 B 和 C，说明 A 含有机酯类官能团；B 可发生碘仿反应而 C 不能。C 能与 $NaHCO_3$ 作用放出气体而 B 不能，说明 C 含有羧基，B 是能发生碘仿反应的醇。推导 A、B、C 的结构式如下：

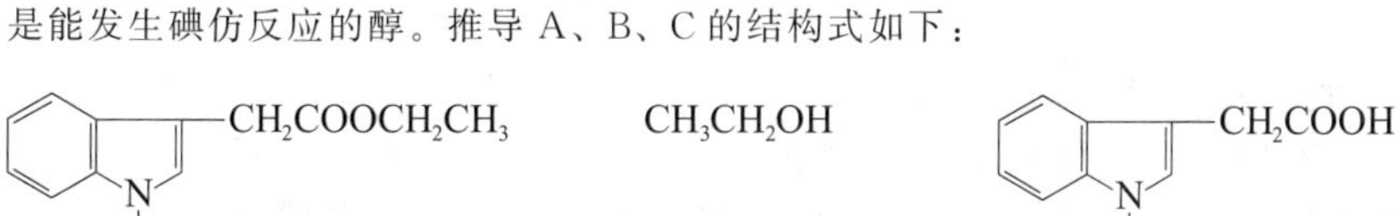

（A：吲哚 3-位连 $-CH_2COOCH_2CH_3$，N—H；B：CH_3CH_2OH；C：吲哚 3-位连 $-CH_2COOH$，N—H）

A　　B　　C

【例题 9】 用化学方法将下列混合物中的杂质除去。

（1）苯中混有少量噻吩　　（2）甲苯中混有少量吡啶

【解】（1）在室温下将混合物反复用硫酸提取，由于噻吩比苯易磺化，磺化后的噻吩溶于浓硫酸中，可以与苯分离而除去苯中的少量噻吩。

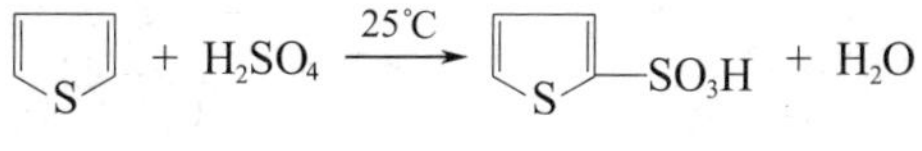

$$\text{噻吩} + H_2SO_4 \xrightarrow{25^\circ C} \text{2-噻吩磺酸}(-SO_3H) + H_2O$$

（2）用盐酸除去甲苯中混有的少量吡啶。因吡啶分子中氮原子上的未共用电子对不参与环的共轭体系，能与 H^+ 结合成盐，而溶于盐酸中，可以与甲苯分离，以除去甲苯中混有的少量吡啶。

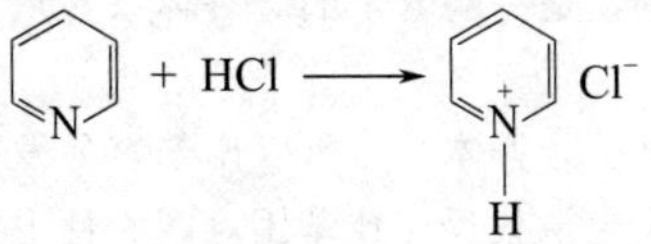

+ HCl ⟶ Cl⁻

【例题 10】 写出吡啶与下列试剂反应（如能反应的话）的主要产物。

（1）Br_2，300℃　（2）H_2SO_4，350℃　（3）乙酰氯，$AlCl_3$　（4）HNO_3，H_2SO_4，300℃

（5）$NaNH_2$，加热　（6）稀 HCl　（7）稀 NaOH　（8）苯磺酰氯

【解】（1） 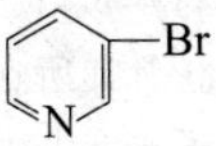　（2） 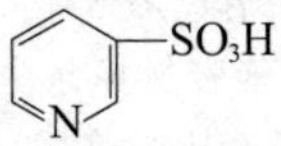　（3）无反应　（4）

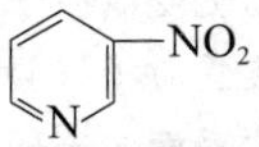

（5） 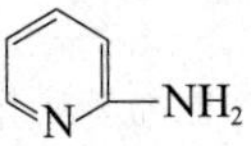　（6） 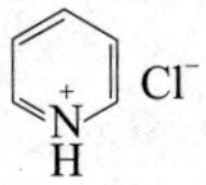　（7）无反应　（8）无反应

习　题

1. 命名下列化合物。

（1） 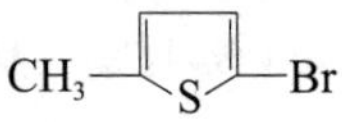　（2） 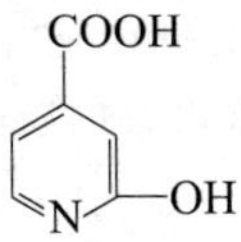　（3）

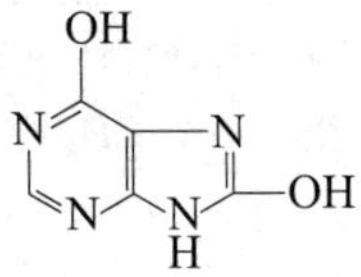

（4） 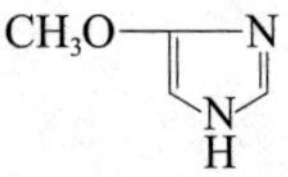　（5） 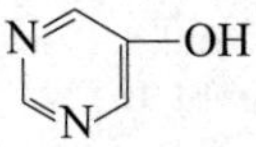　（6）

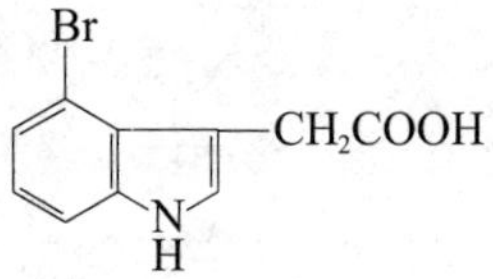

（7） 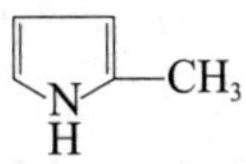　（8） 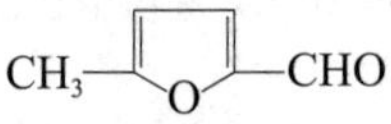　（9）

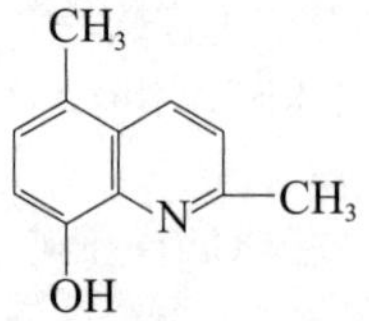

（10） 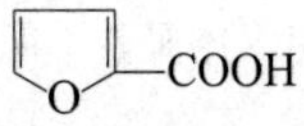　（11） 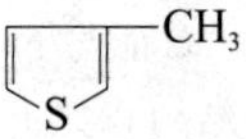　（12）

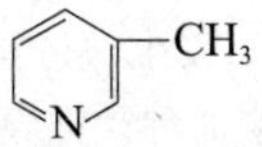

2. 写出下列化合物的结构式。

（1）2,3-二甲基呋喃　（2）2,5-二溴吡咯　（3）3-甲基糠醛　（4）5-甲基噻唑

（5）4-甲基咪唑　（6）2-甲基-4-吡啶甲酸　（7）4-甲基-2-氯噻吩　（8）苯并吡喃

（9）2,6,8-三羟基嘌呤　（10）喹啉　（11）4-甲基嘧啶　（12）烟碱

3. 下列化合物中哪些具有芳香性？

（1） 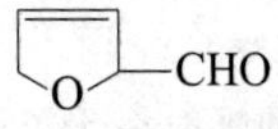　（2） 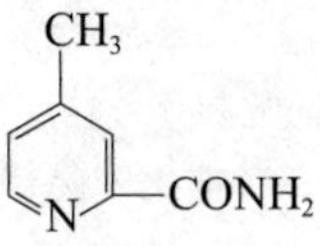　（3）

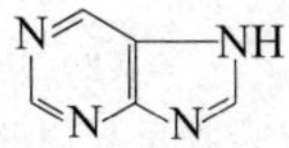

（4） 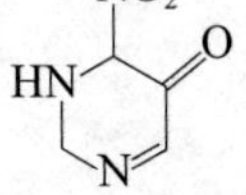　（5） 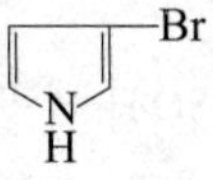　（6）

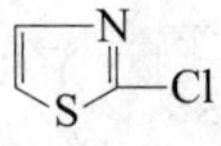

4. 完成下列反应。

(1) 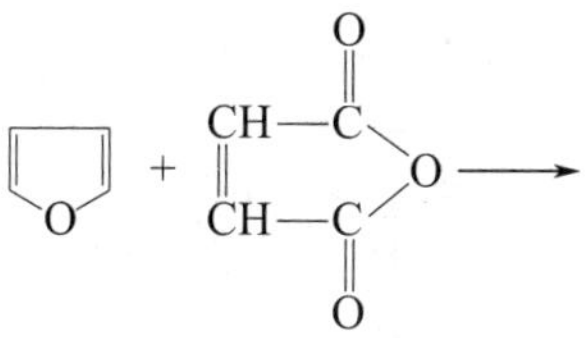 呋喃 + 马来酸酐 $\longrightarrow$　　　　(2) 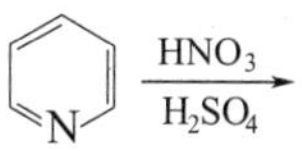 吡啶 $\xrightarrow[H_2SO_4]{HNO_3}$

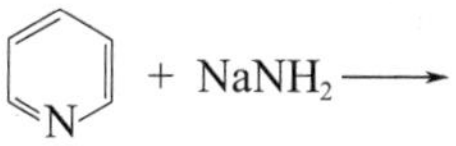

(3) 吡啶 + $NaNH_2 \longrightarrow$　　　　(4) 呋喃-2-CHO $\xrightarrow{NaOH}$

(5)  吡咯（N-H） $\xrightarrow{KOH}$　　　　(6) 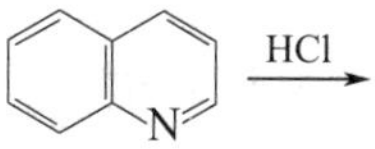 喹啉 $\xrightarrow{HCl}$

(7) 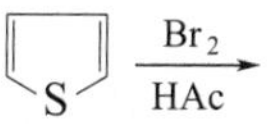 噻吩 $\xrightarrow[HAc]{Br_2}$　　　　(8) 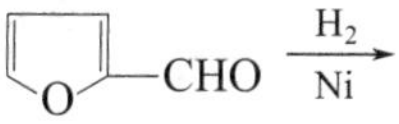 呋喃-2-CHO $\xrightarrow[Ni]{H_2}$

(9) 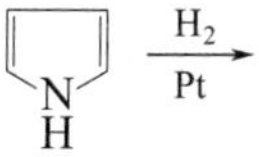 吡咯（N-H） $\xrightarrow[Pt]{H_2}$　　　　(10) 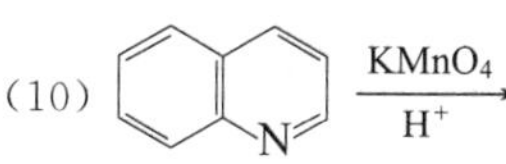 $\xrightarrow[H^+]{KMnO_4}$

5. 用化学方法区别下列化合物。

(1) 呋喃、吲哚、四氢呋喃　　　　(2) 呋喃、噻吩、吡咯

6. 将下列化合物按碱性强弱排序。

(1) 吡啶、吡咯、六氢吡啶、苯胺　　　　(2) 甲胺、苯胺、四氢吡咯、氨

7. 完成下列转化。

(1) γ-甲基吡啶$\longrightarrow$$\gamma$-苯甲酰基吡啶

(2) 糠醛 $\longrightarrow$ 呋喃-2-CH(OH)—C(=O)—O—C_2H_5

(3) 呋喃$\longrightarrow$己二胺

(4) β-甲基吡啶$\longrightarrow$$\beta$-吡啶甲酸苄酯

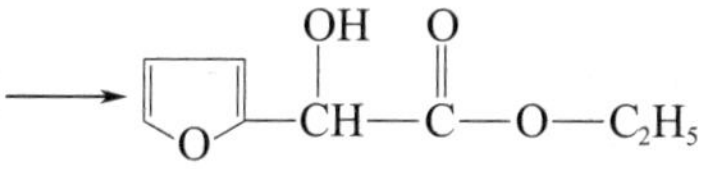

8. 回答下列问题。

(1) 如何从茶叶中提取咖啡因?

(2) 组成核酸的嘧啶碱和嘌呤碱有哪些?

9. 推断结构式。

(1) 某化合物 $C_5H_4O_2$ 经氧化后生成羧酸 $C_5H_4O_3$，把此羧酸的钠盐与碱石灰作用，转变为 C_4H_4O，后者不与钠反应，也不具有醛和酮的性质，原 $C_5H_4O_2$ 是什么化合物?

(2) 某甲基喹啉经高锰酸钾氧化后可得三元酸，这种羧酸在脱水剂作用下发生分子内脱水能生成两种酸酐，试推测甲基喹啉的结构式。

10. 查阅文献，写一份烟草的化学成分及吸烟的危害的综述性报告。

习题参考答案

1. (1) 4-甲基-2-溴噻吩　　(2) 2-羟基-4-吡啶甲酸　　(3) 6,8-二羟基嘌呤

(4) 4-甲氧基咪唑　　(5) 5-羟基嘧啶　　(6) 4-溴-3-吲哚乙酸

(7) 2-甲基吡咯　　(8) 5-甲基-2-呋喃甲醛　　(9) 2,5-二甲基-8-羟基喹啉

(10) 2-呋喃甲酸　　(11) 3-甲基噻吩　　(12) 3-甲基吡啶

2. (1) 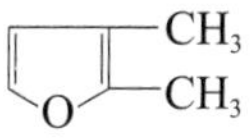 2,3-二甲基呋喃（CH_3，CH_3）　　(2) 2,5-二溴吡咯（Br，Br，N-H）　　(3) 3-甲基-2-呋喃甲醛（CH_3，CHO）

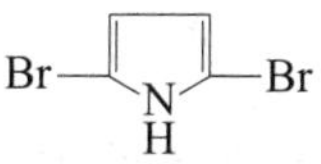

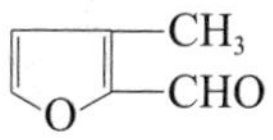

(4) 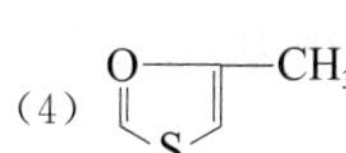　　(5) 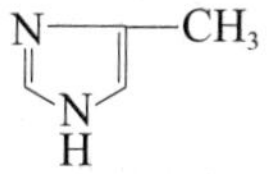 4-甲基咪唑（N，N-H，CH_3）　　(6) 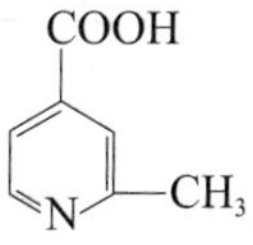 2-甲基-4-吡啶甲酸（COOH，CH_3）

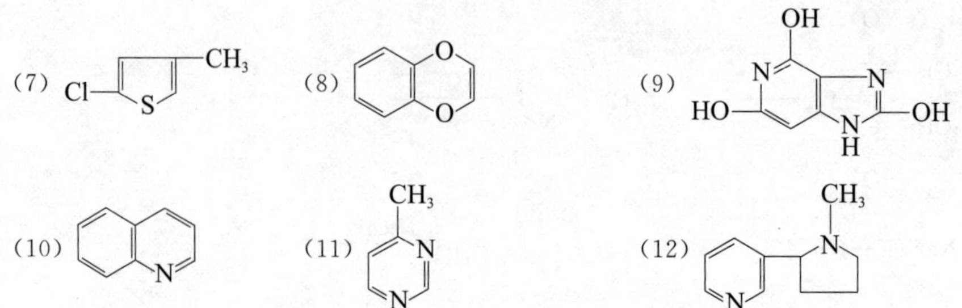

3. (1) 无芳香性　(2) 有芳香性　(3) 有芳香性　(4) 无芳香性　(5) 有芳香性　(6) 有芳香性

4. 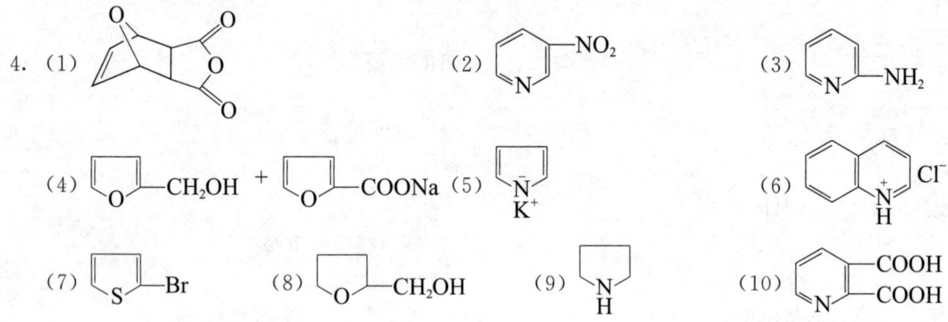

5. (1) 加入盐酸浸湿的松木片，显绿色的是呋喃，显红色的是吲哚，四氢呋喃没有变化。

(2) 加入盐酸浸湿的松木片，显绿色的是呋喃，显红色的是吡咯；浓硫酸存在下，与靛红共热显蓝色的是噻吩。

6. (1) 六氢吡啶＞吡啶＞苯胺＞吡咯

(2) 四氢吡咯＞甲胺＞氨＞苯胺

7. (1) 4-甲基吡啶 $\xrightarrow[H^+]{KMnO_4}$ 4-吡啶甲酸(COOH) $\xrightarrow{SOCl_2}$ 4-吡啶甲酰氯(COCl) $\xrightarrow[AlCl_3]{苯}$ 4-吡啶基苯基酮(C=O)

(2) 糠醛(CHO) $\xrightarrow{HCN}$ 2-呋喃基-CH(OH)—CN $\xrightarrow[H^+]{H_2O}$ 2-呋喃基-CH(OH)—COOH $\xrightarrow[H^+]{C_2H_5OH}$ 2-呋喃基-CH(OH)—C(=O)—OC_2H_5

(3) 呋喃 $\xrightarrow[Ni]{H_2}$ 四氢呋喃 $\xrightarrow{HI}$ I(CH₂)₄OH $\xrightarrow{HI}$ I(CH₂)₄I $\xrightarrow{NaCN}$ NC(CH₂)₄CN $\xrightarrow[Ni]{H_2}$ $H_2N(CH_2)_6NH_2$

(4) 3-甲基吡啶(CH_3) $\xrightarrow[H^+]{KMnO_4}$ 3-吡啶甲酸(COOH) $\xrightarrow{SOCl_2}$ 3-吡啶甲酰氯(COCl) $\xrightarrow{C_6H_5CH_2OH}$ 3-吡啶-$COOCH_2C_6H_5$

8. (1) 实验室中，利用酒精进行回流萃取、浓缩、焙炒和升华精制的方法从茶叶中提取咖啡因。将茶叶盛于脂肪提取器的滤纸筒中，圆底烧瓶中加入乙醇。水浴加热，连续回流提取，至萃取液颜色较浅时为止。将萃取液蒸馏浓缩，得到粗咖啡因。再将浓缩液趁热倒入蒸发皿中，加入石灰粉，搅成浆状，在蒸汽浴上蒸干。然后，将蒸发皿用一张刺有小孔的滤纸盖上，再罩上一个玻璃漏斗（漏斗颈部塞一团疏松的棉花），用酒精灯小火加热，逐渐升华，咖啡因在漏斗内壁上冷凝为固体。

（2）组成核酸的嘧啶碱和嘌呤碱在生物体内都存在烯醇式和酮式的互变异构体：

4-氨基-2-羟基嘧啶 ⇌ 4-氨基-2-氧嘧啶

胞嘧啶 (C)

2,4-二羟基嘧啶 ⇌ 2,4-二氧嘧啶

尿嘧啶 (U)

5-甲基-2,4-二羟基嘧啶 ⇌ 5-甲基-2,4-二氧嘧啶

胸腺嘧啶 (T)

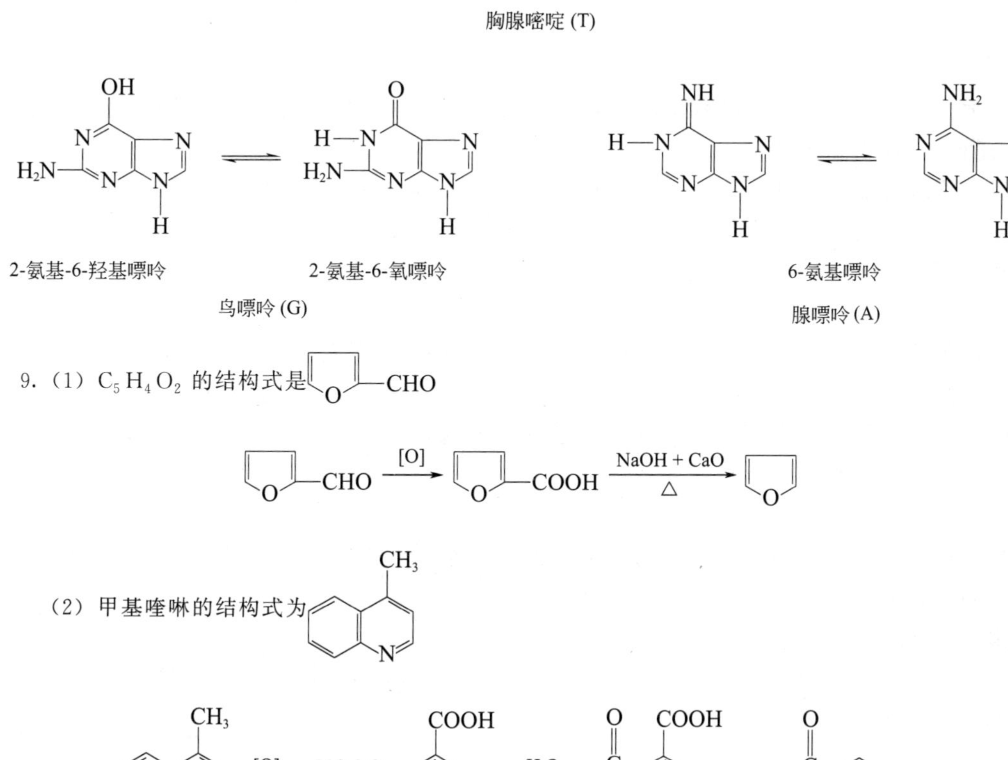

9.（1）$C_5H_4O_2$ 的结构式是

（2）甲基喹啉的结构式为

10．略。

油脂和类脂化合物

Chapter 11

知识点提要

一、基本概念

1. 油脂

油脂是油和脂肪的总称，是高级脂肪酸与甘油形成的高级脂肪酸甘油酯。室温下呈液态者称为油；呈固态或半固态的称为脂肪。类脂是指一类脂溶性的物质，它们在水中难溶，但可被低极性的有机溶剂（如乙醚、氯仿）从细胞中萃取出来，如油脂、磷脂、蜡、甾和萜类等。

2. 磷脂

磷脂是指含有磷酸酯类结构的脂类，磷脂分为磷酸甘油酯和神经磷脂两类，重要的磷脂有卵磷脂、脑磷脂和鞘磷脂。

（1）磷酸甘油酯　油脂中一个酰基被磷酰基替代后生成的二酰化甘油磷酸二酯称为甘油磷脂。母体结构是相应的磷酸单酯，称为磷脂酸。重要的磷酸甘油酯有 L-α-卵磷脂和 L-α-脑磷脂，它们的母体都是 L-α-磷酸酯。磷脂酰胆碱的俗名为卵磷脂。磷脂酰乙醇胺的俗名是脑磷脂。

（2）鞘磷脂（神经磷脂）　鞘磷脂是由神经鞘胺醇的 1°羟基与磷酰胆碱（或磷酰乙醇胺）酯化而成的化合物，大量存在于脑和神经组织中。鞘磷脂是非甘油酯。

磷脂分子内部都存有疏水基团（脂肪烃基）和亲水基团（偶极离子），是天然的表面活性剂，在细胞膜中起重要生理功能。

3. 蜡

蜡是指由长链脂肪酸和长链脂肪醇形成的酯。蜡难溶于水，不易被氧化，不酸败，也无干化作用，化学性质稳定。

4. 甾体化合物

甾族化合物广泛存在于动、植物体内。其基本结构为环戊烷并多氢菲母核和三个侧链。其基本骨架如下所示：

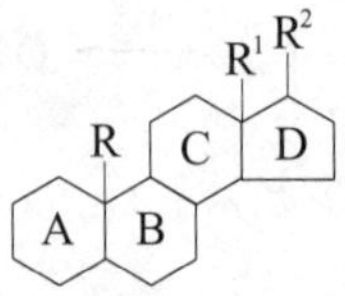

R　R^1　R^2　A　B　C　D

两个侧链（R，R^1）是甲基（专称角甲基），另一个（R^2）为含不同碳原子数的碳链或含氧基团（如羟基）等。

二、油脂的命名

1. 油脂

油脂是高级脂肪酸与甘油形成的高级脂肪酸甘油酯，命名时通常把甘油名称写在前面，脂肪酸的名称写在后面，称为甘油某酸酯。

高级脂肪酸分为饱和脂肪酸和不饱和脂肪酸两大类，多为含偶数碳原子的直链化合物，常见的有软脂酸、硬脂酸、油酸、亚油酸等。例如：

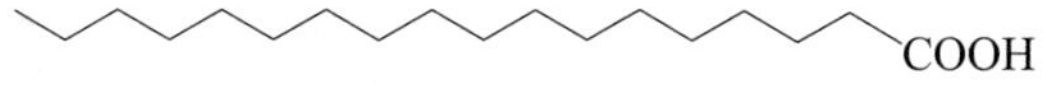

COOH

十八碳酸(硬脂酸)

天然不饱和脂肪酸的双键大多数是顺式构型，其分子也可以用锯齿型的结构表示。不饱和脂肪酸的命名，可以用希腊字母“Δ”来代表双键，一般将双键的位次标在“Δ”的右上角，把构型写在最前面，例如：

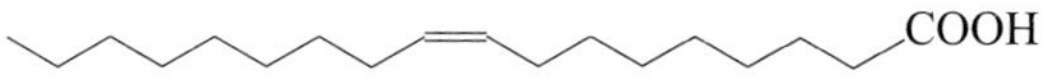

COOH

顺-Δ^9-十八碳烯酸(油酸)

2. 磷脂

在磷脂酸的费歇尔投影式中，从上到下，碳原子的编号为 1、2、3，该编号顺序不能颠倒，磷酰基一定连在 C3 的位置，C2 上的羟基一定写在碳链的左侧（天然的磷脂酸属于 *R*-构型）。上述编号称为立体专一编号，用 Sn（Stereospecific numbering）表示，写在化合物名称的前面，例如下列化合物的命名：

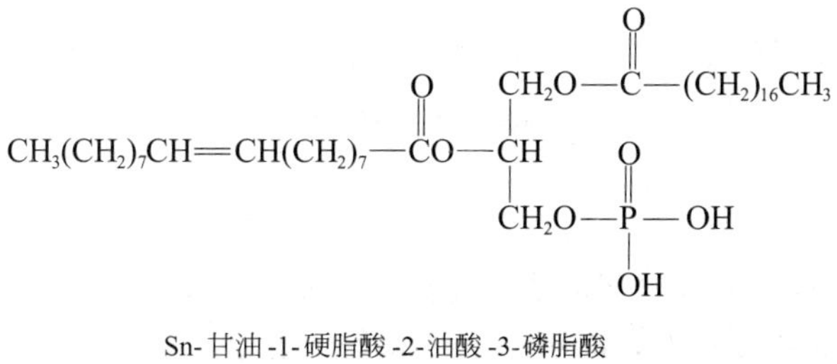

$$
\begin{array}{l}
\qquad\qquad\qquad\qquad\qquad\qquad\qquad\qquad\quad CH_2O-\overset{\displaystyle O}{\overset{\|}{C}}-(CH_2)_{16}CH_3 \\
CH_3(CH_2)_7CH=CH(CH_2)_7-\overset{\displaystyle O}{\overset{\|}{C}}O-\overset{|}{C}H \\
\qquad\qquad\qquad\qquad\qquad\qquad\qquad\qquad\quad \overset{|}{C}H_2O-\overset{\displaystyle O}{\overset{\|}{P}}-OH \\
\qquad\qquad\qquad\qquad\qquad\qquad\qquad\qquad\qquad\qquad\quad \overset{|}{OH}
\end{array}
$$

Sn-甘油-1-硬脂酸-2-油酸-3-磷脂酸

3. 甾体化合物

自然界的甾体化合物都有习惯名称。若按系统命名法定名，则需先确定所选用的甾体母核，然后在其前后表明各取代基或功能基的名称、数量、位置与构型。

根据 C10、C13 与 C17 处所连的侧链不同，甾体母核的名称如下：

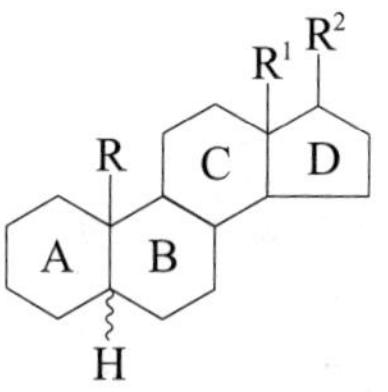

R²
R¹
R
C
D
A
B
H

甾体化合物的基本骨架的编号次序如下所示：

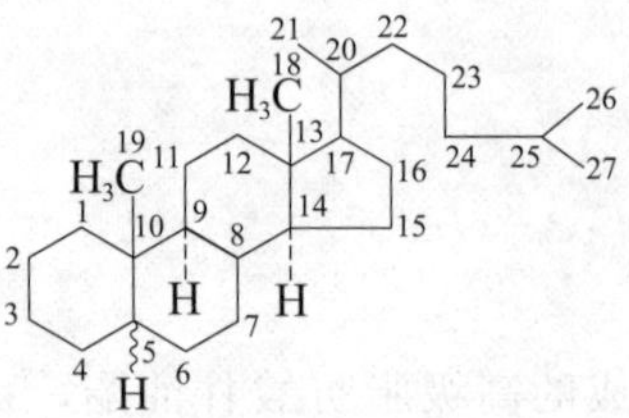

以 A、B 环之间的角甲基为标准，把它安在环系平面的前面，并用实线与环相连，其他的原子或原子团，凡与这个角甲基的环平面同一边的，都用实线表示（又称 β-型），不在同一边的，则用虚线表示（又称 α-型）。

三、油脂的结构

油脂是高级脂肪酸的三酰化甘油酯，用通式表示：

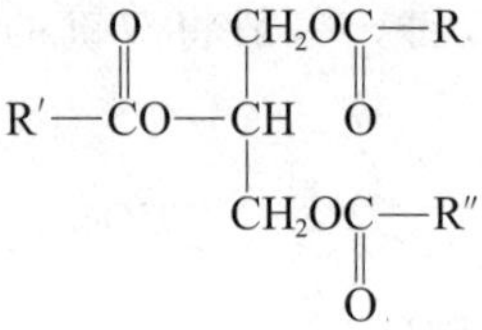

$$
\begin{array}{l}
\qquad\qquad\quad CH_2OC(=O)—R \\
R'—C(=O)O—CH \\
\qquad\qquad\quad CH_2OC(=O)—R''
\end{array}
$$

（R、R′、R″可相同，也可不同）

若三酰甘油中的三个脂肪酸相同，则称为单三酰甘油，否则称为混三酰甘油。含偶数碳原子的是直链脂肪酸；含 18 个碳原子的不饱和脂肪酸的第一个双键位于 C9—C10，多为顺式构型；含有多个不饱和脂肪酸分子中双键不构成共轭体系。

四、油脂化学性质

1. 水解反应（皂化值）

将油脂在碱性条件下的水解又称为皂化反应。

皂化值是指 1g 油脂完全皂化时所需的氢氧化钾的质量（mg）。皂化值越大，油脂中三酰甘油的平均分子量越小。

2. 加碘（碘值）

碘值是指 100g 油脂所能吸收碘的质量（g）。碘值与油脂不饱和程度成正比。碘值越大，三酰甘油中所含的双键数目越多，油脂的不饱和程度也越大。

3. 酸败（酸值）

油脂在空气中久置后，会在空气中氧、水分和微生物作用下，发生变质，产生难闻的气味，这种现象称为酸败。酸败的原因是油脂中不饱和脂肪酸的双键被氧化，形成过氧化物，后者再经分解等作用，生成具有臭味的小分子醛、酮和羧酸等物质。油脂酸败的程度可用“酸值”表示。酸值是指中和 1g 油脂中的游离脂肪酸所需氢氧化钾的质量（mg）。

4. 干化

油在空气中放置，能逐渐形成一层干燥而有韧性的膜，这种现象叫作油脂的干化现象。具有这种性质的油叫干性油。

干化作用一般认为是氧引起的聚合形成了韧性的薄膜。油脂中如果含有共轭多烯烃结构的不饱和脂肪酸，干化作用更显著。油脂的干化作用与油脂分子中所含的双键有关，碘值的大小直接反映出分子中所含双键数目的多少，通常按碘值大小不同，将油脂分成三种：干性油（碘值在130以上，如桐油）；半干性油（碘值在100～130之间，如棉籽油）；非干性油（碘值在100以下，如花生油、猪油）。

例题及解析

【例题1】 命名下列化合物。

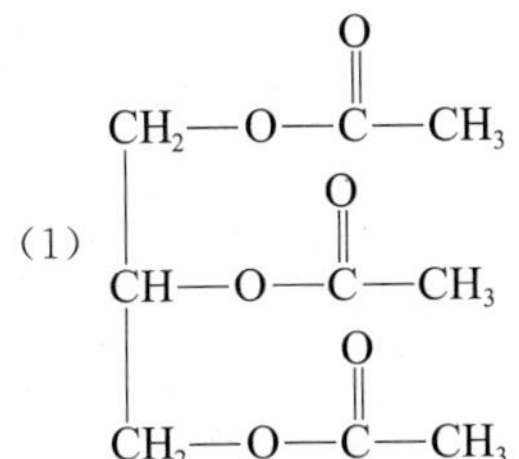

(2) $CH_3(CH_2)_4CH=CHCH_2CH=CH(CH_2)_7COOH$

(3) $CH_3(CH_2)_{16}COOH$

(4)

【解】 先确定本题目中所给的化合物的类型，然后按照相应的有机化合物的系统命名原则，再结合本章的俗名命名。注意构型式的命名。(1) 是单纯的羧酸甘油酯，称为三某酸甘油酯。(3) 是饱和脂肪酸，还可以用俗名命名。(2) 和 (4) 是不饱和脂肪酸，注意双键的空间位置。命名时，可以用系统命名法命名，也可以用希腊字母“Δ”表示双键，在其右上方标注出双键的位次。

所以命名为：

(1) 三乙酸甘油酯　　(2) 亚油酸

(3) 硬脂酸　　(4) 顺，顺，顺，顺-$\Delta^{5,8,11,14}$-二十碳四烯酸

【例题2】 写出不饱和脂肪酸 $CH_3(CH_2)_7CH=CH(CH_2)_7COOH$ 与下列试剂反应的结果。

(1) H_2/Ni　　(2) I_2　　(3) HBr

(4) H_2SO_4　　(5) $KMnO_4/H^+$　　(6) CH_3OH/H^+

【解】 $CH_3(CH_2)_7CH=CH(CH_2)_7COOH$ 为不饱和脂肪酸，分子中有碳碳双键和羧基两个官能团，二者之间相距较远，可以不考虑其相互影响，只需要判断题目所给的试剂能与哪个官能团反应。该化合物中的碳碳双键可以与 Br_2/CCl_4、I_2、HX(HCl、HBr)发生亲电加成反应；也能被 $KMnO_4/H^+$ 氧化；该化合物结构不对称，其诱导效应的影响非常小，所以与 HBr 加成的产物有两种。

(1) $CH_3(CH_2)_{16}COOH$

(2) $CH_3(CH_2)_7CH(I)—CH(I)(CH_2)_7COOH$

(3) $CH_3(CH_2)_7CH(H)—CH(Br)(CH_2)_7COOH$ 或 $CH_3(CH_2)_7CH(Br)—CH(H)(CH_2)_7COOH$

(4) $CH_3(CH_2)_7CH(H)—CH(O—SO_3H)(CH_2)_7COOH$ 或 $CH_3(CH_2)_7CH(OSO_3H)—CH(H)(CH_2)_7COOH$

(5) $CH_3(CH_2)_7COOH+HOOC(CH_2)_7COOH$

(6) $CH_3(CH_2)_7CH=CH(CH_2)_7COOCH_3$

【例题3】 用化学方法鉴别下列各组化合物。

(1) 硬脂酸和蜡

(2) 软脂酸钠和十六烷基硫酸钠

(3) 十八碳酸和亚麻酸

【解】 思路：

(1) 硬脂酸和蜡，可以用 KOH 标准溶液测定酸值来鉴别，硬脂酸酸值高。

（2）软脂酸钠和十六烷基硫酸钠中，软脂酸钠与氢氧化钙反应生成浑浊，而十六烷基硫酸钠无现象。

（3）十八碳酸和亚麻酸中，十八碳酸是饱和脂肪酸，亚麻酸是不饱和脂肪酸，用溴的四氯化碳溶液来鉴别，十八碳酸无现象，亚麻酸使其褪色。

鉴别：

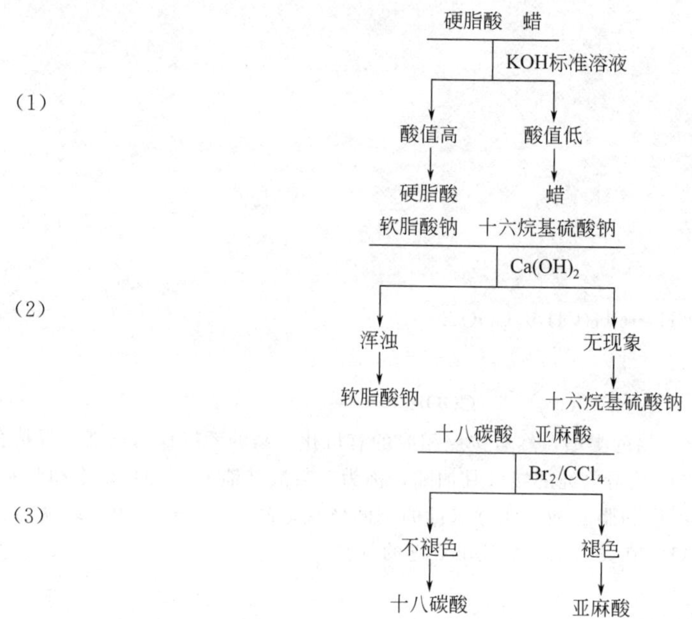

【例题 4】 植物油和动物脂肪在储存时，哪种易酸败，为什么？如何防止？

【解】 油脂在空气中久置，便会产生难闻的气味，其酸度也明显增大，这种现象称为油脂的酸败作用。植物油在储存时，易酸败，因为植物油中含有不饱和键，易被空气中的氧所氧化。

为防止油脂酸败，应将油脂保存在密闭容器中，并置于干燥、阴凉、避光处，也可加入适量抗氧化剂，如维生素 E、芝麻酚等。

【例题 5】 如何分离雌二醇和睾酮的混合物？

【解】 雌二醇和睾酮分离方法：利用二者的酸碱性进行分离。

β-雌二醇的结构式如下：

睾酮的结构式如下：

利用雌二醇的酚羟基酸性，用 NaOH 水溶液即可将二者分离。

习　题

1. 写出下列化合物的结构。

（1）软脂酸　　（2）硬脂酸

（3）油酸　　（4）顺,顺,顺,顺-$\Delta^{5,8,11,14}$-二十碳四烯酸

2. 完成下列反应方程式。

(1)
$$\begin{array}{l} \quad\quad\quad\quad\quad O \\ \quad\quad\quad\quad\quad \| \\ CH_2-O-C-(CH_2)_{16}CH_3 \\ | \quad\quad\quad\quad O \\ | \quad\quad\quad\quad \| \\ CH-O-C-(CH_2)_{14}CH_3 \\ | \quad\quad\quad\quad O \\ | \quad\quad\quad\quad \| \\ CH_2-O-C-(CH_2)_7CH=CH(CH_2)_7CH_3 \end{array} \xrightarrow{3NaOH}$$

(2)
$$\begin{array}{l} \quad\quad\quad\quad\quad O \\ \quad\quad\quad\quad\quad \| \\ CH_2-O-C-(CH_2)_{16}CH_3 \\ | \quad\quad\quad\quad O \\ | \quad\quad\quad\quad \| \\ CH-O-C-(CH_2)_{14}CH_3 \\ | \quad\quad\quad\quad O \\ | \quad\quad\quad\quad \| \\ CH_2-O-C-(CH_2)_7CH=CH(CH_2)_7CH_3 \end{array} \xrightarrow[Ni]{H_2}$$

(3)
$$\begin{array}{l} \quad\quad\quad\quad\quad O \\ \quad\quad\quad\quad\quad \| \\ CH_2-O-C-R^1 \\ | \quad\quad\quad\quad O \\ | \quad\quad\quad\quad \| \\ CH-O-C-R^2 \\ | \quad\quad\quad\quad O^- \\ | \quad\quad\quad\quad | \\ CH_2-O-P-OCH_2CH_2\overset{+}{N}(CH_3)_3 \\ \quad\quad\quad\quad\quad \| \\ \quad\quad\quad\quad\quad O \end{array} \xrightarrow{\text{彻底水解}}$$

3. 如何将硬脂酸转变为下列各化合物?

(1) $CH_3(CH_2)_{16}COOC_2H_5$　　(2) $CH_3(CH_2)_{16}COOC(CH_3)_3$

(3) $CH_3(CH_2)_{16}CONH_2$　　(4) $CH_3(CH_2)_{16}CON(CH_3)_2$

(5) $CH_3(CH_2)_{16}CH_2NH_2$　　(6) $CH_3(CH_2)_{15}CH_2NH_2$

(7) $CH_3(CH_2)_{16}CH_2OH$　　(8) $CH_3(CH_2)_{16}CHO$

(9) $CH_3(CH_2)_{16}CH_2Br$　　(10) $CH_3(CH_2)_{16}CH_2COOH$

4. 用化学方法鉴别下列化合物。

(1) 三硬脂酸甘油酯和三油酸甘油酯　　(2) 蜡和石蜡

5. 下列每组两个词的含义有何不同?

(1) 油脂和类脂　　(2) 磷脂酸和磷酸酯

6. 将 2g 油脂完全皂化，需消耗 15mL，0.5mol mL^{-1} KOH，试计算该油脂的皂化值。

7. 某合成磷脂无旋光性，彻底水解得硬脂酸、磷酸、甘油、胆胺，写出此磷脂的结构式。

8. 某化合物 A 的分子式为 $C_{53}H_{100}O_6$，有旋光性，能被水解生成甘油和一分子脂肪酸 B 及两分子脂肪酸 C。B 能使溴的四氯化碳溶液褪色，经氧化剂氧化可得壬酸和 1,9-壬二酸。C 不发生上述反应。试推测 A、B、C 的结构式。

习题参考答案

1. (1) $CH_3(CH_2)_{14}COOH$

(2) $CH_3(CH_2)_{16}COOH$

(3) $CH_3(CH_2)_7CH=CH(CH_2)_7COOH$

(4) $CH_3(CH_2)_4(CH=CHCH_2)_4(CH_2)_2COOH$

2.

(1)

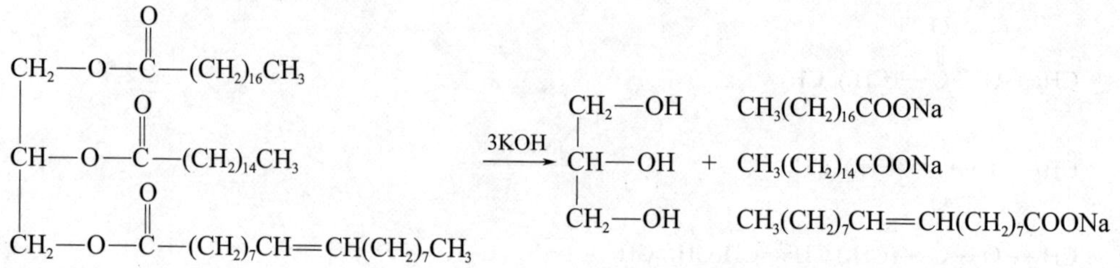

$$\begin{array}{l} CH_2-O-\overset{\overset{\large O}{\|}}{C}-(CH_2)_{16}CH_3 \\ | \\ CH-O-\overset{\overset{\large O}{\|}}{C}-(CH_2)_{14}CH_3 \\ | \\ CH_2-O-\overset{\overset{\large O}{\|}}{C}-(CH_2)_7CH=CH(CH_2)_7CH_3 \end{array} \xrightarrow{3KOH} \begin{array}{l} CH_2-OH \\ | \\ CH-OH \\ | \\ CH_2-OH \end{array} + \begin{array}{l} CH_3(CH_2)_{16}COONa \\ CH_3(CH_2)_{14}COONa \\ CH_3(CH_2)_7CH=CH(CH_2)_7COONa \end{array}$$

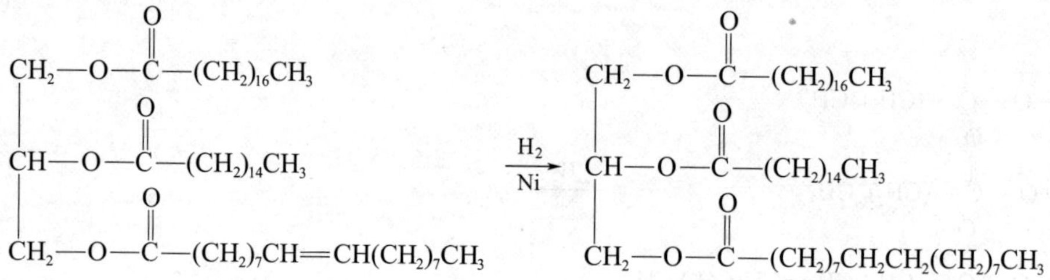

(2)

$$\begin{array}{l} CH_2-O-\overset{\overset{\large O}{\|}}{C}-(CH_2)_{16}CH_3 \\ | \\ CH-O-\overset{\overset{\large O}{\|}}{C}-(CH_2)_{14}CH_3 \\ | \\ CH_2-O-\overset{\overset{\large O}{\|}}{C}-(CH_2)_7CH=CH(CH_2)_7CH_3 \end{array} \xrightarrow[Ni]{H_2} \begin{array}{l} CH_2-O-\overset{\overset{\large O}{\|}}{C}-(CH_2)_{16}CH_3 \\ | \\ CH-O-\overset{\overset{\large O}{\|}}{C}-(CH_2)_{14}CH_3 \\ | \\ CH_2-O-\overset{\overset{\large O}{\|}}{C}-(CH_2)_7CH_2CH_2(CH_2)_7CH_3 \end{array}$$

(3)

$$\begin{array}{l} CH_2-O-\overset{\overset{\large O}{\|}}{C}-R^1 \\ | \\ CH-O-\overset{\overset{\large O}{\|}}{C}-R^2 \\ | \qquad\qquad O^- \\ | \qquad\qquad | \\ CH_2-O-\underset{\underset{\large O}{\|}}{P}-OCH_2CH_2\overset{+}{N}(CH_3)_3 \end{array} \xrightarrow{\text{彻底水解}} \begin{array}{l} CH_2-OH \\ | \\ CH-OH \\ | \\ CH_2-OH \end{array} + R^1COOH + R^2COOH + H_3PO_4 + [(CH_3)_3NCH_2CH_2OH]OH$$

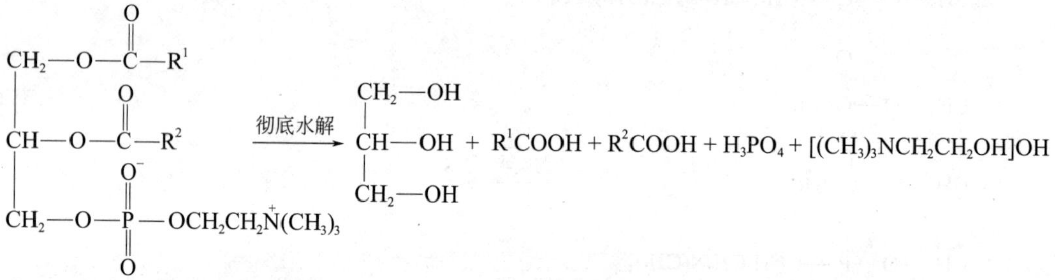

3. (1) 与 C_2H_5OH 酯化　(2) 与 PCl_3 生成酰氯后用 $(CH_3)_3COH$ 醇解
(3) 与 NH_3 作用脱水　(4) 与 $NH(CH_3)_2$ 作用脱水
(5) (3)的产物用 $LiAlH_4$ 还原　(6) (3)的产物进行 Hofmann 降级反应
(7) 生成酯后还原　(8) (7)的产物催化脱氢
(9) (7)的产物与 PBr_3 作用　(10) (9)的产物与 NaCN 作用，然后水解

4.

(1)

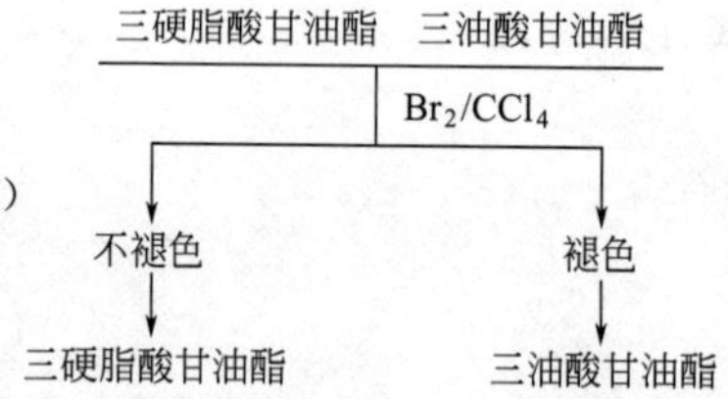

三硬脂酸甘油酯　三油酸甘油酯
Br_2/CCl_4
不褪色 → 三硬脂酸甘油酯
褪色 → 三油酸甘油酯

(2)

蜡　石蜡
NaOH
水解 → 蜡
无现象 → 石蜡

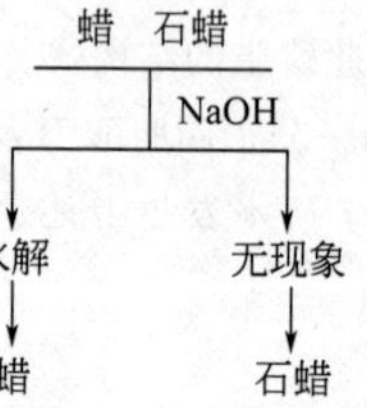

5. (1) 油脂：是三个高级脂肪酸与甘油所形成的高级脂肪酸甘油酯。

类脂：通常包括一些看起来毫不相干的物质，如磷脂、蜡和甾体化合物等。虽然它们在化学组成和结构上有较大的差别。但由于某些物理性质与油脂相似，因此把它们称为类脂化合物。

(2) 磷脂酸：是一种常见的磷脂，也是细胞膜的组成成分，是最简单的二酰基甘油磷脂。

磷酸酯：又称正磷酸酯，是磷酸的酯衍生物，属于磷酸衍生物的一类。磷酸为三元酸，因此，根据取代烃基数的不同，可将磷酸酯分为伯磷酸酯、仲磷酸酯、叔磷酸酯。

6. $n_{KOH}=0.5mol\cdot mL^{-1}\times 15mL=7.5mol$

$m_{KOH}=7.5mol\times 56g\cdot mol^{-1}=420g=420000mg$

皂化值$=210000mg\ KOH\cdot g^{-1}$

7. 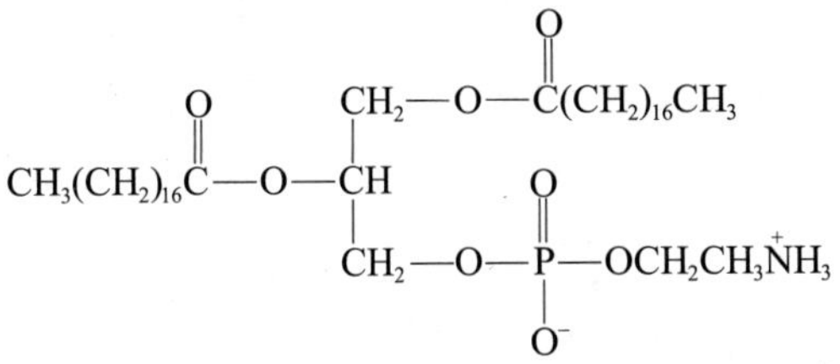
$$\begin{array}{l} \qquad\qquad\qquad\qquad\quad CH_2-O-\overset{O}{\overset{\|}{C}}(CH_2)_{16}CH_3 \\ CH_3(CH_2)_{16}\overset{O}{\overset{\|}{C}}-O-CH \\ \qquad\qquad\qquad\qquad\quad CH_2-O-\overset{O}{\overset{\|}{P}}-OCH_2CH_3\overset{+}{N}H_3 \\ \qquad\qquad\qquad\qquad\qquad\qquad\quad\ \ O^- \end{array}$$

8. A. 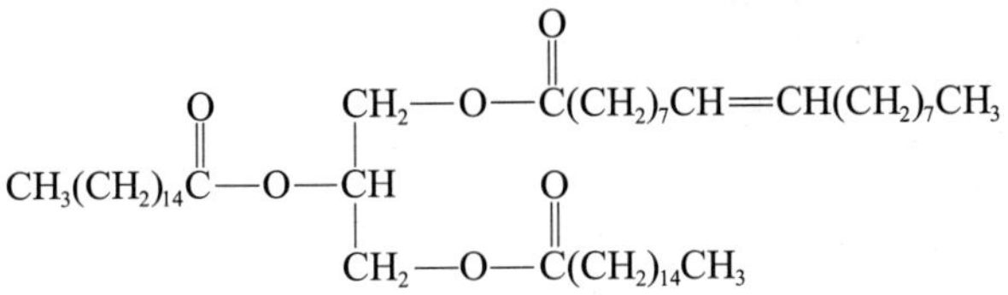
$$\begin{array}{l} \qquad\qquad\qquad\qquad\quad CH_2-O-\overset{O}{\overset{\|}{C}}(CH_2)_7CH=CH(CH_2)_7CH_3 \\ CH_3(CH_2)_{14}\overset{O}{\overset{\|}{C}}-O-CH \\ \qquad\qquad\qquad\qquad\quad CH_2-O-\overset{O}{\overset{\|}{C}}(CH_2)_{14}CH_3 \end{array}$$

B. $CH_3(CH_2)_7CH=CH(CH_2)_7COOH$

C. $CH_3(CH_2)_{14}COOH$

糖类

Chapter 12

知识点提要

一、基本概念

1. 糖类化合物

糖类化合物又称碳水化合物，是由碳、氢、氧三种元素组成的多羟基醛或酮以及它们失水结合而成的缩聚物。

2. 糖类化合物的分类

（1）单糖　是不能水解的多羟基醛或者多羟基酮，分子中含有醛基的叫醛糖（如葡萄糖）；含有酮基的叫酮糖（如果糖）。单糖又可按分子所含碳原子数目分为丙糖、丁糖、戊糖和己糖。单糖按分子中所含的羰基是醛基还是酮基可分为醛糖和酮糖两类。

（2）低聚糖　水解后产生两个、三个或几个单糖的糖类，也称为寡糖。最常见的二糖是由两个单糖通过苷键联结而成的，准确来说是由其中的一个单糖的一个羟基（A 部分，配基）和另一个单糖（B 部分，糖基）的半缩醛羟基之间脱去一分子水而成。常见的二糖有麦芽糖、蔗糖、纤维二糖、乳糖等，见表 12-1。

表 12-1　常见二糖结构单元及相关性质

二糖	结构单元	苷键类型	苷羟基 半缩醛羟基	还原性、 变旋光现象
麦芽糖	2 分子 D-葡萄糖	α-1,4-苷键	有	有
纤维二糖	2 分子 D-葡萄糖	β-1,4-苷键	有	有
乳糖	D-半乳糖、D-葡萄糖	β-1,4-苷键	有	有
蔗糖	D-葡萄糖、D-果糖	α-1,β-2-苷键	无	无

（3）多糖　单糖的多聚体，是水解后产生数十、数百乃至成千上万个单糖的糖类。例如淀粉、纤维素等。

① 淀粉　淀粉分子式为（$C_6H_{10}O_5$）$_n$。淀粉用水处理后，得到的可溶解部分为直链淀粉，不溶而膨胀的部分为支链淀粉。一般淀粉中含直链淀粉 30%，支链淀粉 70%。

直链淀粉的基本结构单位是 D-葡萄糖，200～980 个 D-葡萄糖通过 α-1,4-苷键结合成链状化合物，但其结构并非直线型的。

支链淀粉的主链也是由1000个以上α-D-葡萄糖经过α-1,4-苷键连接而成，但其结构特点与直链淀粉不同，它还有通过α-1,6-苷键或其他方式连接的支链。淀粉无还原性，无变旋现象。淀粉溶液与碘作用生成蓝色复合物，常作为淀粉的鉴别。

② 纤维素及其衍生物　纤维素是自然界中最丰富的多糖，它是植物细胞的主要成分。棉花是含纤维素最多的物质，含量达90%以上。纤维素分子是由成千上万个β-D-葡萄糖以β-1,4-苷键连接而成的线型分子，分子量比淀粉大得多，一般无分支链。纤维素无还原性，无变旋现象。

③ 糖原　糖原主要存在于动物的肝脏和肌肉中，也称为动物淀粉。它是由D-葡萄糖通过α-1,4-苷键和α-1,6-苷键连接而成的多糖，其结构类似于支链淀粉，但比支链淀粉的分支更多、更短，平均每隔3～4个葡萄糖单位就有一个分支。

糖原为白色粉末，能溶于水而糊化，不溶于乙醇及其他有机溶剂，遇碘显红色。糖原也可以被酸或酶水解，产物是葡萄糖。

常见多糖结构组成见表12-2。

表12-2　常见多糖结构组成

种类		名称	结构单元	苷键类型	分子形状
均多糖	淀粉	直链淀粉	D-葡萄糖	α-1,4 苷键	螺旋链状
		支链淀粉	D-葡萄糖	α-1,4,α-1,6（短链连接处）	分支链状
	糖原		D-葡萄糖	α-1,4,α-1,6（短链连接处）	分支链状
	纤维素		D-葡萄糖	β-1,4	绳索链状
杂多糖	透明质酸		*N*-乙酰氨基-D-葡萄糖	β-1,3	直链状
			D-葡萄糖醛酸	β-1,4	

二、糖的结构

1. 葡萄糖的组成及结构

（1）链状结构式　由元素分析和分子量测定确定了葡萄糖的分子式为$C_6H_{12}O_6$。葡萄糖的开链式结构常用费歇尔投影式或更简单的式子表示。

其费歇尔投影式为：

```
      CHO              CHO            CHO
 H ───┼─── OH        ──┼── OH          ├─
HO ───┼─── H    ≡  HO──┼         ≡    ─┤
 H ───┼─── OH        ──┼── OH          ├─
 H ───┼─── OH        ──┼── OH          ├─
     CH2OH            CH2OH          CH2OH
```

在葡萄糖的投影式中，编号最大的手性碳原子上的羟基位于右边，按照单糖构型的D、L表示法规定，葡萄糖属于D-型糖，又因葡萄糖的水溶液具有右旋性，通常写为D-(＋)-葡萄糖。

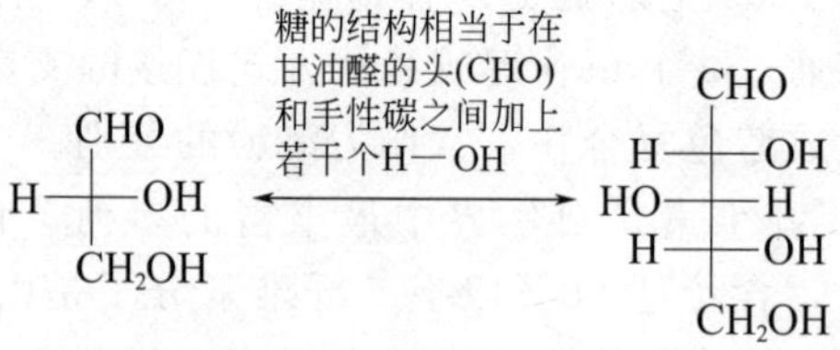

糖的结构相当于在甘油醛的头(CHO)和手性碳之间加上若干个H—OH

用R、S绝对构型标记法命名单糖时，将糖分子中的每个手性碳原子的构型都用R或S标示出来，例如，天然的D-(+)-葡萄糖的名称是(2R,3S,4R,5R)-(+)-2,3,4,5,6-五羟基己醛。

(2) 变旋现象及环状结构式

① 单糖在固态时是以稳定的环状结构存在，但在溶液中，两种结构可以通过开链式结构互变，所以在溶液中，单糖会发生变旋现象。

变旋现象：某些旋光性化合物的旋光度在放置过程中会逐渐上升或下降，最终达到恒定值而不再改变的现象。

结晶葡萄糖有两种：一种是从酒精溶液中析出的晶体，配成水溶液测得其比旋光度为+112°，称为α-D-(+)-葡萄糖，该水溶液在放置过程中，其比旋光度逐渐下降到+52.7°的恒定值；另一种是从吡啶溶液中析出的晶体，配成水溶液测得其比旋光度为+18.7°，称为β-D-(+)-葡萄糖，该水溶液在放置过程中，比旋光度逐渐上升到+52.7°的恒定值。人们提出葡萄糖具有分子内的醛基与醇羟基形成半缩醛的环状结构。由C5上的羟基与醛基进行加成，形成半缩醛，并构成六元环状结构，糖的这种环状结构又叫作氧环式结构。

② 哈武斯（Haworth）透视式。为了更真实、形象、合理地表达单糖的环状结构，采用哈武斯透视式来表示单糖的半缩醛环状结构。

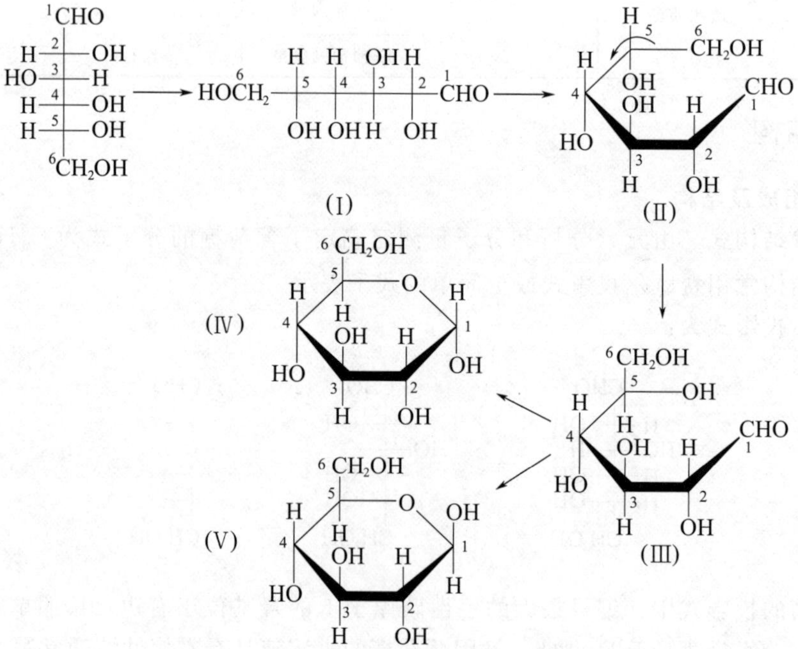

(Ⅰ)

(Ⅱ)

(Ⅳ)

(Ⅲ)

(Ⅴ)

糖的环状结构与性质：

① 具有醛基，但是不与 $NaHSO_3$ 反应；

② 具有醛基，但仅与 1mol 醇发生缩醛反应；

③ 在红外光谱（IR）中，无羰基的特征吸收，在核磁共振（NMR）中，无羰基中氢的特征吸收。

（3）构象式　以六元环形式存在的单糖，如葡萄糖、半乳糖等，分子中成环的碳原子和氧原子不在同一个平面。吡喃糖中的六元环与环己烷相似，椅式构象占绝对优势。在椅式构象中，又以环上碳原子所连较大基团连接在平伏键上比连接在直立键上更稳定。

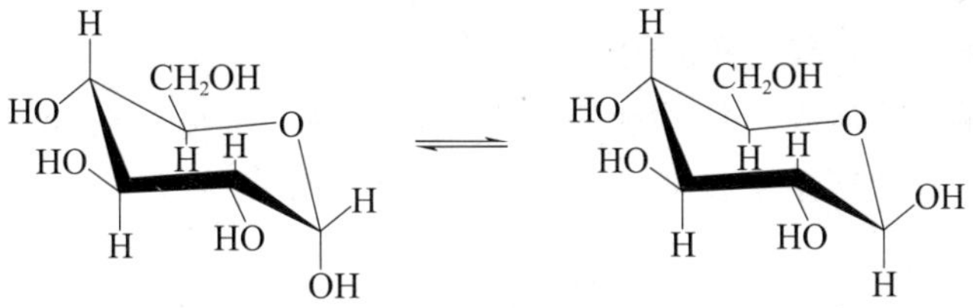

α-D-葡萄糖　　　　β-D-葡萄糖

在 β-D-葡萄糖中，环上所有与碳原子连接的羟基和羟甲基都处于平伏键上，而在 α-D-葡萄糖中，半缩醛羟基处于直立键上，其余羟基和羟甲基处于平伏键上。因此 β-D-葡萄糖比 α-D-葡萄糖稳定。所以在 D-葡萄糖的变旋平衡混合物中，β-型异构体（63%）所占的比例大于 α-型异构体（37%）。

2. 果糖的组成及结构

果糖的分子式 $C_6H_{12}O_6$，是葡萄糖的同分异构体。果糖是己酮糖，其结构式中 C3、C4、C5 的构型与葡萄糖相同。在果糖的投影式中，编号最大的手性碳原子上的羟基位于右边，故属于 D-型糖，果糖具有左旋性，故称为 D-(－)-果糖。

D-果糖开链结构中的 C5 或 C6 上的羟基可以和酮基结合生成半缩酮，可以形成呋喃环或吡喃环两种环状结构的果糖。这些环状结构都有各自的 α-型和 β-型异构体。在水溶液中，D-果糖也可以由一种环状结构通过开链结构转变成另一种环状结构，形成互变平衡体系。因此，果糖也具有变旋光现象，达到平衡时，其比旋光度为－92°。

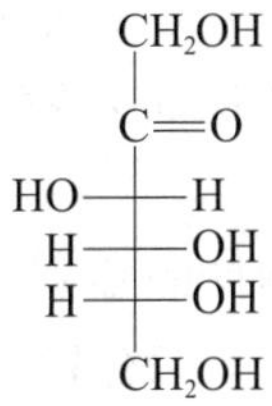

D-果糖

三、单糖的化学性质

1. 差向异构化

将 D-葡萄糖用稀碱处理时，可得到 D-葡萄糖、D-甘露糖和 D-果糖这三种糖的混合物，这种现象称为差向异构化。

2. 氧化反应

醛糖的分子中含有醛基，容易被弱氧化剂氧化，能将斐林试剂还原生成氧化亚铜砖红色沉淀，能将托伦试剂还原生成银镜。弱氧化剂班氏试剂也能被醛糖还原生成氧化亚铜砖红色沉淀，常在临床检验中使用。

酮糖具有α-羟基酮的结构，在碱性溶液中可生成差向异构体，故也能被上述弱氧化剂氧化，利用上述碱性试剂不能区分醛糖和酮糖。

在不同条件下，醛糖可被氧化成不同产物，比如葡萄糖，用硝酸氧化时，得到葡萄糖二酸，而用溴水氧化则得到葡萄糖酸。

在葡萄糖的溶液中加入溴水，稍加热后，溴水的棕红色即可褪去，而果糖与溴水无作用，所以，用溴水可以区别醛糖和酮糖。

凡是能够还原托伦试剂或斐林试剂的糖都称还原糖。从结构上看，还原糖都含有α-羟基醛或α-羟基酮或含有能产生这些基团的半缩醛或半缩酮结构。

3. 还原反应

在活性镍催化下，葡萄糖或果糖都可以在碱性及一定条件下被氢化，羰基被还原成相应的羟基，结果生成山梨醇和甘露醇。

4. 成脎反应

单糖具有醛或酮羰基，可与苯肼反应，首先生成腙，在过量苯肼存在下，α-羟基继续与苯肼作用生成不溶于水的黄色晶体，称为糖脎。

不同的糖脎晶形不同，熔点也不同，因此利用该反应可作糖的定性鉴别。另外，单糖的成脎反应一般都发生在C1和C2上，因此，除C1及C2外，其余手性碳原子构型均相同的糖都能生成相同的糖脎。例如，D-葡萄糖、D-果糖和D-甘露糖的糖脎是同一个化合物。

5. 成苷反应

单糖的半缩醛羟基较其他羟基活泼，在适当条件下可与醇或酚等含羟基的化合物失水，生成具有缩醛结构的化合物，称为糖苷。如在干燥的氯化氢气体催化下，D-葡萄糖与甲醇作用，失水生成甲基-D-吡喃葡萄糖苷。

6. 显色反应

（1）莫利许反应（α-萘酚反应）　用于糖类和其他有机物的鉴别，在糖的水溶液中加入α-萘酚的乙醇溶液，然后沿着试管壁再缓慢加入浓硫酸，不得振荡试管，此时在浓硫酸和糖的水溶液交界处能产生紫色环。

（2）西利瓦诺夫反应　用于醛糖和酮糖的鉴别，酮糖在浓盐酸存在下，加入间苯二酚，很快生成红色物质；而醛糖在同样条件下，两分钟内不显色。

（3）皮阿耳反应　用于戊糖和己糖的鉴别，戊糖在浓盐酸存在下与5-甲基间苯二酚反应，生成绿色的物质。

（4）迪斯克反应　用于脱氧戊糖的鉴别，脱氧核糖在乙酸和浓硫酸混合液中与二苯胺共热，可生成蓝色的物质。

葡萄糖的化学性质

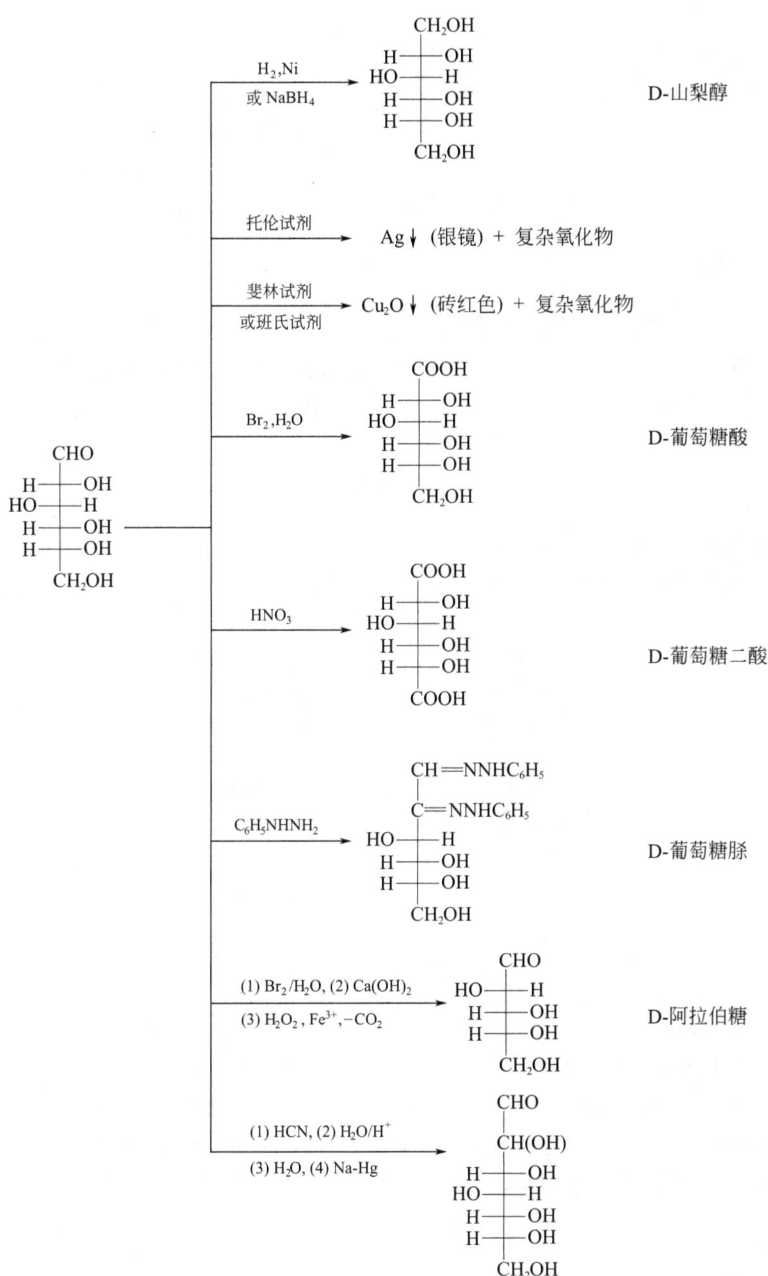

CHO
H—OH
HO—H
H—OH
H—OH
CH2OH
H2,Ni
或 NaBH4
CH2OH
H—OH
HO—H
H—OH
H—OH
CH2OH
D-山梨醇
托伦试剂
Ag↓ (银镜) + 复杂氧化物
斐林试剂
或班氏试剂
Cu2O↓ (砖红色) + 复杂氧化物
Br2,H2O
COOH
H—OH
HO—H
H—OH
H—OH
CH2OH
D-葡萄糖酸
HNO3
COOH
H—OH
HO—H
H—OH
H—OH
COOH
D-葡萄糖二酸
C6H5NHNH2
CH=NNHC6H5
C=NNHC6H5
HO—H
H—OH
H—OH
CH2OH
D-葡萄糖脎
(1) Br2/H2O, (2) Ca(OH)2
(3) H2O2, Fe3+, −CO2
CHO
HO—H
H—OH
H—OH
CH2OH
D-阿拉伯糖
(1) HCN, (2) H2O/H+
(3) H2O, (4) Na-Hg
CHO
CH(OH)
H—OH
HO—H
H—OH
H—OH
CH2OH

$$\beta\text{-D-吡喃葡萄糖}\xrightarrow[\text{吡啶, 0℃}]{Ac_2O}\text{五乙酰基葡萄糖（}CH_2OAc\text{, 1,2,3,4-OAc）}$$

$$\beta\text{-D-吡喃葡萄糖}\xrightarrow[\text{或}CH_3I,\ Ag_2O]{(CH_3)_2SO_4,\ OH^-}\text{2,3,4,6-四-O-甲基葡萄糖（}CH_2OCH_3\text{, 1-OH）}$$

$$\beta\text{-D-吡喃葡萄糖}\xrightarrow{HIO_4}5HCOOH + HCHO$$

$$\text{D-吡喃葡萄糖}\xrightarrow[-H_2O]{CH_3OH,\ \text{干燥}HCl}\text{甲基-}\alpha\text{-D-吡喃葡萄糖苷（}OCH_3\text{）} + \text{甲基-}\beta\text{-D-吡喃葡萄糖苷（}OCH_3\text{）}$$

例题及解析

【例题 1】 用 R、S-标记法命名 D-核糖和 D-葡萄糖。

【解】 根据 D-核糖和 D-葡萄糖的结构式及 R、S-标记法命名。

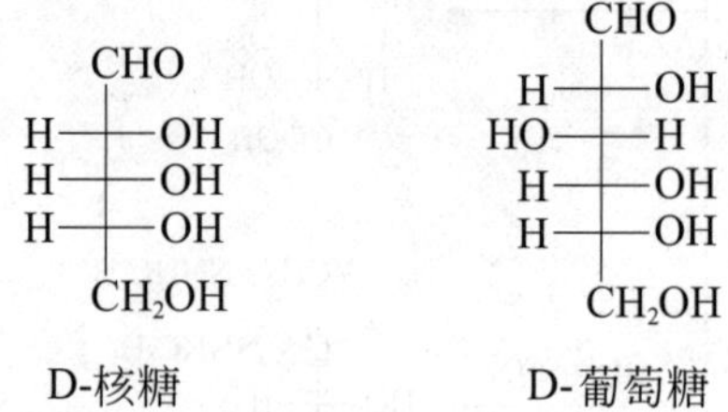

D-核糖：(2R,3R,4R)-2,3,4,5-四羟基戊醛

D-葡萄糖：(2R,3S,4R,5R)-2,3,4,5,6-五羟基己醛

【例题 2】 写出下列化合物的构型。

（1）D-葡萄糖（费歇尔式） （2）L-果糖（费歇尔式）

（3）乙基-β-D-甘露糖苷（哈武斯式） （4）α-D-半乳糖醛酸甲酯（哈武斯式）

（5）α-D-葡萄糖-1-磷酸（哈武斯式） （6）β-D-呋喃核糖（哈武斯式）

（7）β-D-吡喃葡萄糖（构象式） （8）D-麦芽糖（构象式）

【解】 糖的结构特殊，有链状的费歇尔式，有环状的哈武斯式和构象式。在学习时，关键要抓住典型，以点带面。这个典型就是葡萄糖。认真熟悉葡萄糖的链状式、环状式和构象式，其他问题就很容易解决了。

（1）
$$\begin{array}{c} CHO \\ H-\!\!\!-\!\!\!-OH \\ HO-\!\!\!-\!\!\!-H \\ H-\!\!\!-\!\!\!-OH \\ H-\!\!\!-\!\!\!-OH \\ CH_2OH \end{array}$$
D-葡萄糖

（2）
$$\begin{array}{c} CH_2OH \\ C{=}O \\ H-\!\!\!-\!\!\!-OH \\ HO-\!\!\!-\!\!\!-H \\ HO-\!\!\!-\!\!\!-H \\ CH_2OH \end{array}$$
L-果糖

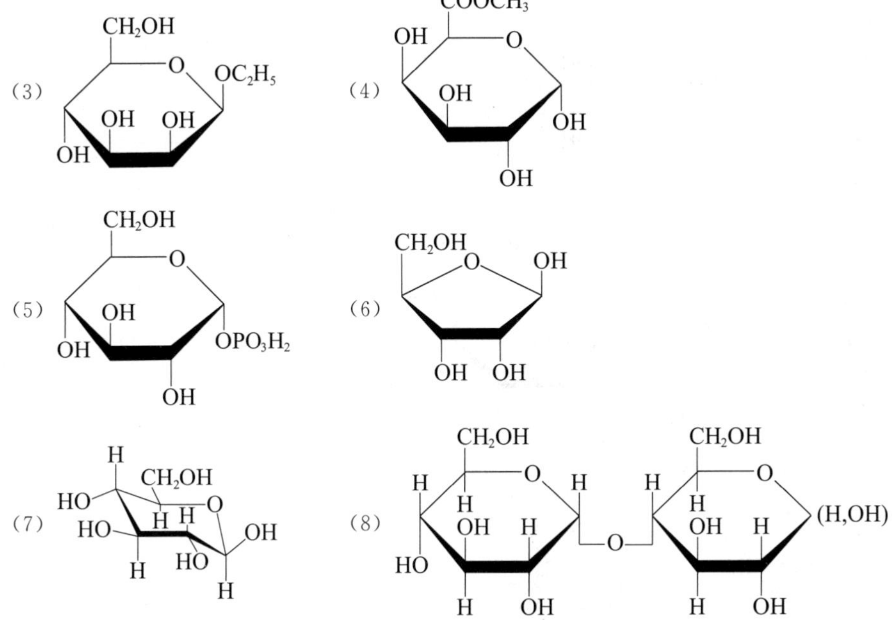

【例题 3】 下列说法是否正确？请说明原因。

（1）凡是含有羟基的化合物都能够与斐林试剂反应。

（2）凡是含有苷键的糖类都不能与斐林试剂反应。

（3）凡是单糖都能与斐林试剂反应。

（4）凡是单糖都有旋光性，且有变旋现象。

（5）能够生成相同糖脎的两种单糖，它们的构型一定相同。

（6）构成淀粉分子的基本单位是 α-D-葡萄糖，构成纤维素的基本单位是 β-D-葡萄糖，所以，淀粉水解的最终产物只有 α-D-葡萄糖，纤维素水解的最终产物只能得到 β-D-葡萄糖。

【解】 （1）不正确。多糖含有苷羟基不能与斐林试剂反应。

（2）不正确。含有苷键的低聚糖如果能保持 1 个或者更多个苷羟基就能与斐林试剂反应。

（3）正确。单糖都是还原性糖。

（4）不正确。丙酮糖例外。

（5）不正确。能够生成相同糖脎的两种单糖，它们之间在 C1 和 C2 上一定存在着结构或构型的差别，其他碳原子的结构或构型则一定相同。

（6）不正确。因为变旋现象，水解的最终产物均为 D-葡萄糖。

【例题 4】 写出 D-葡萄糖与下列试剂反应的主要产物。

（1）H_2NOH　（2）Br_2/H_2O　（3）CH_3OH/HCl　（4）$LiAlH_4$　（5）苯肼

【解】 糖是多羟基的醛或酮，既有醛、酮羰基的反应，又有羟基的反应，还有两者共存相互影响的反应。在氧化还原反应中，要特别注意碱性条件下反应（托伦试剂、斐林试剂等），酸条件下的氧化反应（Br_2/H_2O 氧化、HNO_3 氧化、HIO_4 氧化）得到不同产物。此外，糖还有两种基团互相影响形成糖的特征反应——差向异构化，糖脎的生成等。在书写反应式时，可以用链状和环状不同形式书写，氧化反应、成脎反应、还原反应一般用链状书写，成苷反应等适合用环状书写。

（1）
CHO
H—C—OH
HO—C—H
H—C—OH
H—C—OH
CH_2OH
＋ H_2N—OH ——→
CH═N—OH
H—C—OH
HO—C—H
H—C—OH
H—C—OH
CH_2OH

(2)
$$\begin{array}{c}\text{CHO}\\ \text{H}-\!\!\!-\text{OH}\\ \text{HO}-\!\!\!-\text{H}\\ \text{H}-\!\!\!-\text{OH}\\ \text{H}-\!\!\!-\text{OH}\\ \text{CH}_2\text{OH}\end{array} + Br_2 \xrightarrow{H_2O} \begin{array}{c}\text{COOH}\\ \text{H}-\!\!\!-\text{OH}\\ \text{HO}-\!\!\!-\text{H}\\ \text{H}-\!\!\!-\text{OH}\\ \text{H}-\!\!\!-\text{OH}\\ \text{CH}_2\text{OH}\end{array}$$

(3)
$$\begin{array}{c}\text{CHO}\\ \text{H}-\!\!\!-\text{OH}\\ \text{HO}-\!\!\!-\text{H}\\ \text{H}-\!\!\!-\text{OH}\\ \text{H}-\!\!\!-\text{OH}\\ \text{CH}_2\text{OH}\end{array} + CH_3-OH \xrightarrow{HCl}$$ (吡喃环结构：CH_2OH、O、OCH_3、OH、OH、OH)

(4)
$$\begin{array}{c}\text{CHO}\\ \text{H}-\!\!\!-\text{OH}\\ \text{HO}-\!\!\!-\text{H}\\ \text{H}-\!\!\!-\text{OH}\\ \text{H}-\!\!\!-\text{OH}\\ \text{CH}_2\text{OH}\end{array} + LiAlH_4 \longrightarrow \begin{array}{c}\text{CH}_2\text{OH}\\ \text{H}-\!\!\!-\text{OH}\\ \text{HO}-\!\!\!-\text{H}\\ \text{H}-\!\!\!-\text{OH}\\ \text{H}-\!\!\!-\text{OH}\\ \text{CH}_2\text{OH}\end{array}$$

(5)
$$\begin{array}{c}\text{CHO}\\ \text{H}-\!\!\!-\text{OH}\\ \text{HO}-\!\!\!-\text{H}\\ \text{H}-\!\!\!-\text{OH}\\ \text{H}-\!\!\!-\text{OH}\\ \text{CH}_2\text{OH}\end{array} + C_6H_5NHNH_2 \longrightarrow \begin{array}{c}\text{HC}=\text{NNHC}_6\text{H}_5\\ \text{C}=\text{NNHC}_6\text{H}_5\\ \text{HO}-\!\!\!-\text{H}\\ \text{H}-\!\!\!-\text{OH}\\ \text{H}-\!\!\!-\text{OH}\\ \text{CH}_2\text{OH}\end{array}$$

【例题 5】 用化学方法鉴别下列各组化合物。

（1）甲基葡萄糖苷、葡萄糖、果糖、淀粉　　（2）核糖、果糖、葡萄糖

【解】 糖类化合物的鉴别，可以用托伦试剂、斐林试剂、班氏试剂区别还原糖和非还原糖，利用 Br_2/H_2O 分开醛糖和酮糖。淀粉鉴别用 KI/I_2 的特征反应。还可以用莫立许反应区别糖和非糖。可以用皮阿耳反应区别戊糖和己糖。

（1）

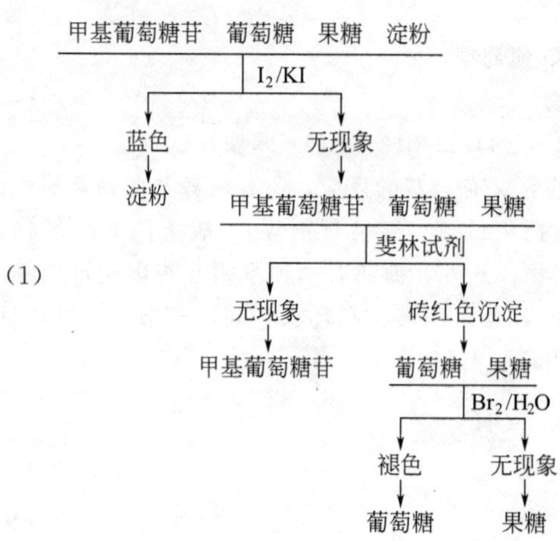

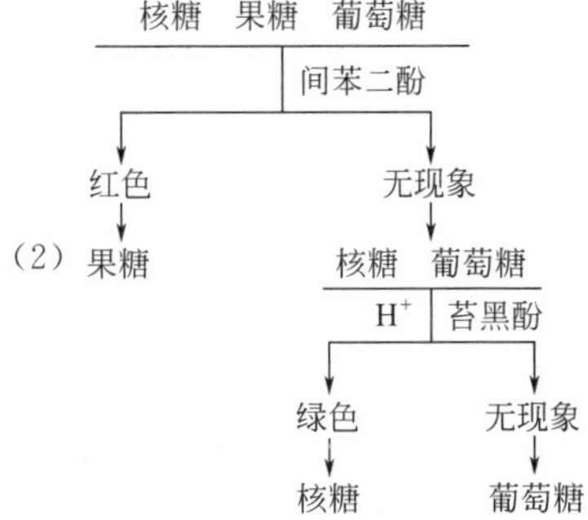

【例题 6】 D-(＋)-甘油醛经过递升后，得到 A、B 两个化合物，其中一个为 D-(－)-赤藓糖，另一个为 D-(－)-苏阿糖：

$$\mathrm{H}\!-\!\underset{\mathrm{CH_2OH}}{\overset{\mathrm{CHO}}{+}}\!-\!\mathrm{OH} \xrightarrow{\mathrm{HCN}} \longrightarrow \longrightarrow \underset{\mathrm{A}}{\text{CHO / CH}_2\text{OH}} + \underset{\mathrm{B}}{\text{CHO / CH}_2\text{OH}}$$

D-(－)-赤藓糖氧化得到没有旋光性的二酸，D-(－)-苏阿糖氧化得到有光学结构的二酸。请确定，D-(－)-赤藓糖是（　　），D-(－)-苏阿糖是（　　）。

【解】 该题是关于递升氧化产物的问题，由 D-(－)-赤藓糖氧化得到没有旋光性的二酸，D-(－)-苏阿糖氧化得到有光学结构的二酸分析，另外根据 A、B 的结构式判断旋光性。所以，D-(－)-赤藓糖是（B），D-(－)-苏阿糖是（A）。

【例题 7】 下列化合物中，哪些无变旋现象？

（1）麦芽糖　　（2）蔗糖

（3）β-D-葡萄糖乙苷　　（4）1,6-二磷酸呋喃果糖

（5）α-D-核糖甲苷　　（6）糖原

（7）α-L-吡喃阿拉伯糖

【解】 以葡萄糖为例，产生变旋现象是由于 D-葡萄糖的 α-构型或 β-构型溶于水后，通过开链式相互转变，最后 α-构型、β-构型和开链式三种形式达到动态平衡。平衡时的比旋光度为＋52.7°。由于平衡混合物中开链式含量仅占 0.01%，因此不能与饱和 $NaHSO_3$ 发生加成反应。葡萄糖主要以环状半缩醛形式存在，所以只能与一分子甲醇反应生成缩醛。其他单糖，如核糖、脱氧核糖、果糖、甘露糖和半乳糖等也都是以环状结构存在，都具有变旋现象。

（1）、（4）、（7）有变旋现象。（2）、（3）、（5）、（6）无变旋现象。

【例题 8】 化合物 A 的分子式为 $C_7H_{14}O_6$。A 能与乙酸酐反应生成甲基-2,3,4,6-四-O-乙酰基-β-D-葡萄糖苷，但不与斐林试剂反应。A 经酸催化水解生成化合物 B 和 C，B 能与斐林试剂反应，也能与苯肼作用；C 与乙酸作用的生成物有香味，C 氧化后的产物能发生银镜反应。试推测化合物 A 的结构式。

【解】 A 不与斐林试剂反应，但经酸催化水解后能与斐林试剂反应，也能与苯肼作用，可知 A 是糖苷。

（1）A：$C_7H_{14}O_6$，能与乙酸酐反应生成甲基-2,3,4,6-四-O-乙酰基-β-D-葡萄糖苷，但不与斐林试剂反应，可知 A 可能是甲基-β-D-葡萄糖苷；

（2）A 经酸催化水解生成化合物 B 和 C，分析水解产物为 β-D-葡萄糖和甲醇；

（3）B 能与斐林试剂反应，也能与苯肼作用，则 B 可能为 β-D-葡萄糖；

（4）C 与乙酸作用的生成物有香味，C 氧化后的产物能发生银镜反应，分析出 C 为甲醇。

由此推得，化合物 A 的结构式为

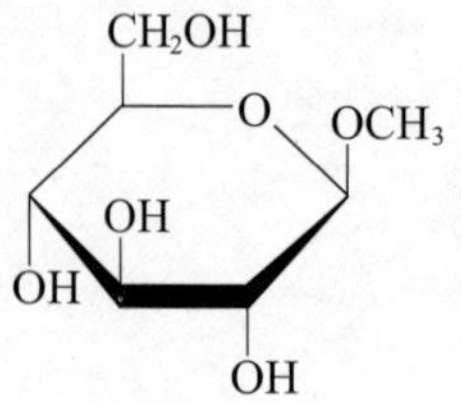

CH_2OH, O, OCH_3, OH, OH, OH

习　题

1. 回答下列问题。

（1）D-己酮糖有几个旋光异构体？分别写出它们的费歇尔投影式。

（2）单糖分子中决定 D、L 构型的手性原子是哪一个？

（3）单糖产生变旋现象的原因是什么？

（4）纤维素水解会得到哪种双糖？最终水解产物是什么？

（5）在直链淀粉和支链淀粉中，单糖之间的连接方式有何异同？二者水解时各得到哪些二糖？

（6）为什么 D 构型的糖不一定是右旋的，L 构型的糖不一定是左旋的？

（7）怎样证明淀粉和纤维素都是由 D-葡萄糖组成的？

2. 画出下列化合物的哈武斯式。

（1）α-D-核糖　（2）β-D-2-脱氧核糖　（3）β-D-呋喃果糖　（4）甲基-β-D-葡萄糖苷

（5）α-D-半乳糖醛酸甲酯　（6）β-D-呋喃核糖　（7）β-D-吡喃葡萄糖　（8）α-D-吡喃甘露糖

3. 完成下列反应式。

（1）CHO, H—OH, H—OH, H—OH, CH_2OH $+ Br_2 \xrightarrow{H_2O}$

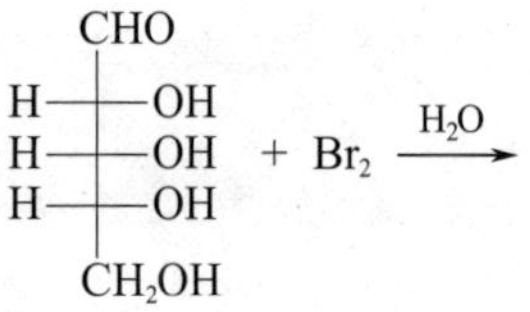

（2）CHO, H—OH, HO—H, H—OH, H—OH, CH_2OH $+ HNO_3 \longrightarrow$

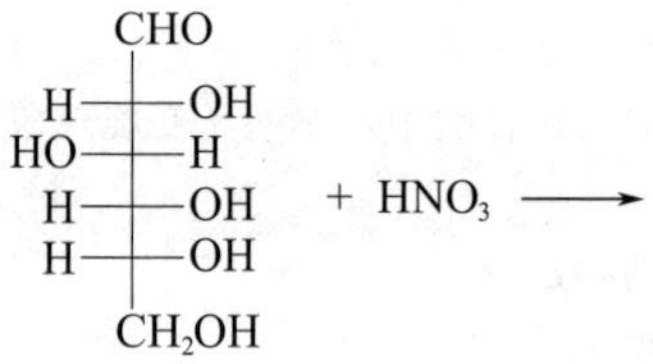

（3）CH_2OH, C=O, H—OH, CH_2OH $+ NH_2OH \longrightarrow$

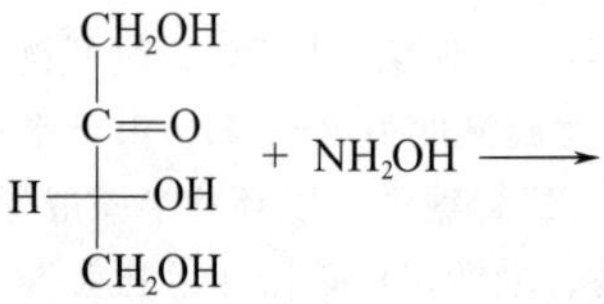

（4）CH_2OH, O, OH, OH, OH, OH $\xrightarrow{\text{托伦试剂}}$

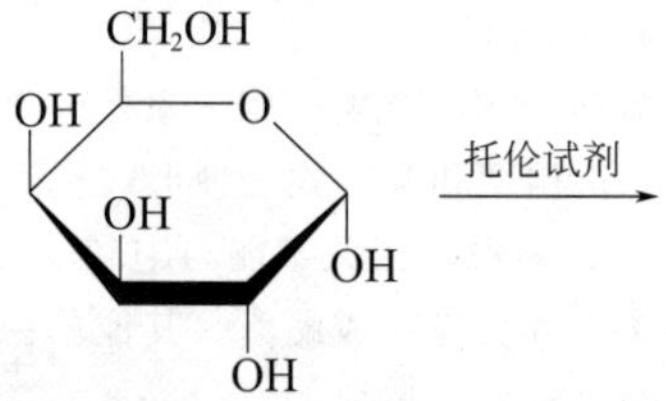

（5）CH_2OH, O, OCH_3, OH, OH, OH $\xrightarrow{(CH_3O)_2SO_2}$

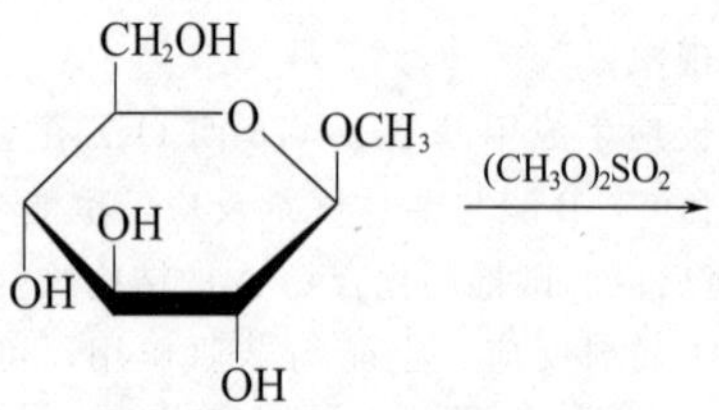

（6）CH_2OH, O, OH, OH, OH, OH $\xrightarrow{\text{稀}HNO_3}$

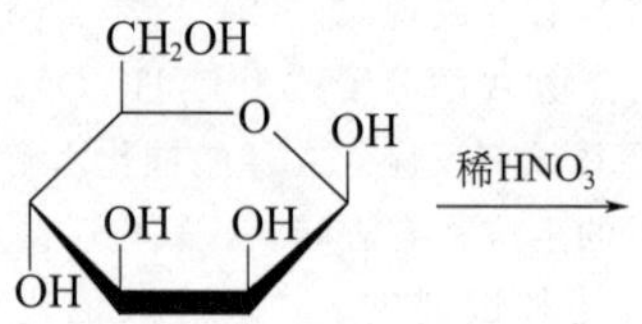

4. 下列哪组物质能形成相同的糖脎？

（1）葡萄糖、甘露糖、半乳糖　　（2）果糖、核糖、甘露糖

（3）葡萄糖、果糖、甘露糖

5. 用化学方法区别下列各组化合物。

（1）葡萄糖、甲基葡萄糖苷、麦芽糖　　（2）葡萄糖、果糖、蔗糖、淀粉

（3）麦芽糖、淀粉、纤维素　　（4）丙酮、丙醛、甘露糖、果糖

（5）葡萄糖、果糖、蔗糖

6. 有两个具有旋光性的 D-丁醛糖 A 和 B，与苯肼作用生成相同的糖脎。用稀硝酸氧化，A 的氧化产物

有旋光活性，B 生成内消旋酒石酸。试推测 A 和 B 的结构。

7. 某 D-型己糖 A 能使溴水褪色，经稀硝酸氧化得一旋光二酸 B，与 A 具有相同糖脎的另一己糖 C 也能使溴水褪色，经稀硝酸氧化则得到不旋光的二酸 D。将 A 降解为戊醛糖 E 后再经硝酸氧化，得到不旋光的二酸 F。试推测 A、B、C、D、E 和 F 的结构。

8. D-戊糖 A 和 B，分子式为 $C_5H_{10}O_5$。它们与西列凡诺夫试剂反应，B 很快显色，A 则不能；A 与 B 与苯肼作用生成相同的脎；A 用硝酸氧化得到内消旋体。判断 A 和 B 的费歇尔投影式。

习题参考答案

1.（1）己酮糖 8 个立体异构体，4 对对映体。

D-己酮糖有四个异构体，其费歇尔投影式为：

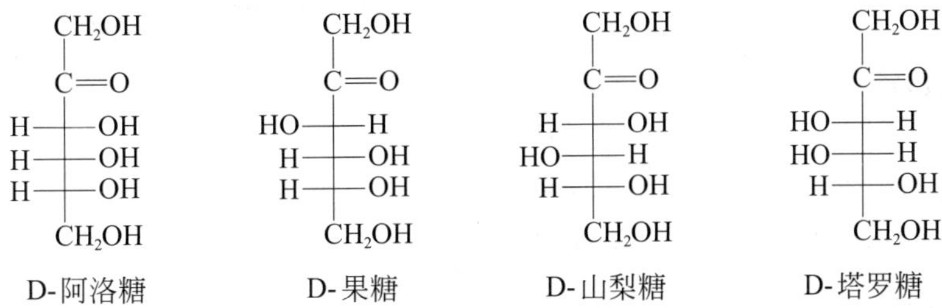

（2）单糖的构型是通过与甘油醛对比来确定。单糖分子中有多个手性碳原子，可决定其构型的仅是距羰基最远的手性碳原子。即单糖分子中距羰基最远的手性碳原子与 D-(＋)-甘油醛的手性碳原子构型相同时，称为 D-构型；与 L-(－)-甘油醛构型相同时，称为 L-构型。

（3）产生变旋现象是由于单糖的 α-构型或 β-构型溶于水后，通过开链式相互转变，最后 α-构型、β-构型和开链式三种形式达到动态平衡。

（4）纤维素也能被酸水解，但比淀粉困难，一般要求在浓酸或稀酸加压下进行。水解过程中可得纤维二糖，最终水解产物是 D-葡萄糖。

（5）直链淀粉，能溶于热水，在淀粉酶的作用下可以水解得到麦芽糖。

支链淀粉不溶于水，在热水中溶胀成糊状。它在淀粉酶催化下水解，只有外部的支链可以水解为麦芽糖；由于直链与支链间以 α-1,6-糖苷键相连，所以它还有部分水解产物为异麦芽糖。

（6）D/L 构型和右旋/左旋，是两个完全不同的概念。D/L 构型标记法，是以甘油醛为相对标准对旋光异构体的一种相对构型标记法。而右旋/左旋是旋光性物质的一种物理性质，右旋/左旋是用旋光仪测定出来的，因此二者之间没有必然的联系。所以，D 构型的糖不一定是右旋的，L 构型的糖不一定是左旋的。

（7）利用多糖在酸性条件下可水解为单糖的性质，鉴定生成的单糖。

2.（1）

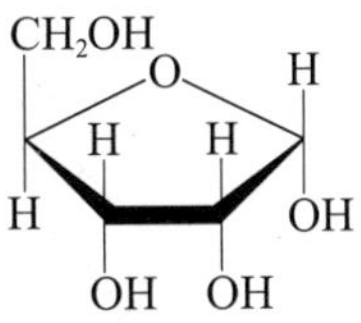

（2）

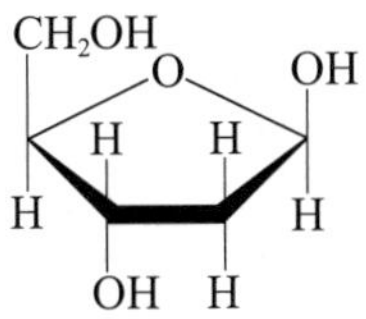

（3）

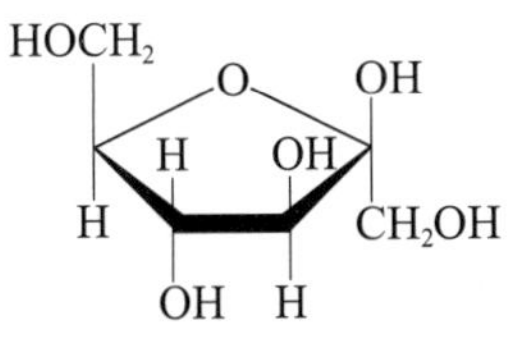

（4）

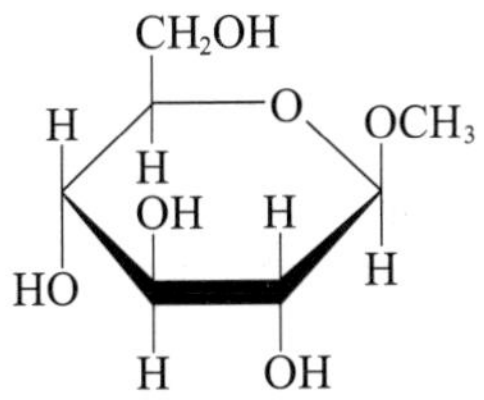

(5) 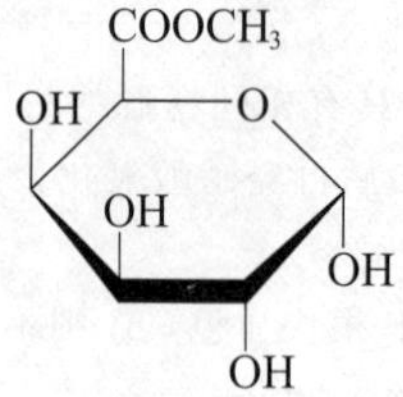

(6) 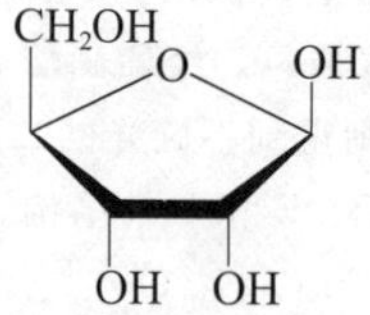

(7) 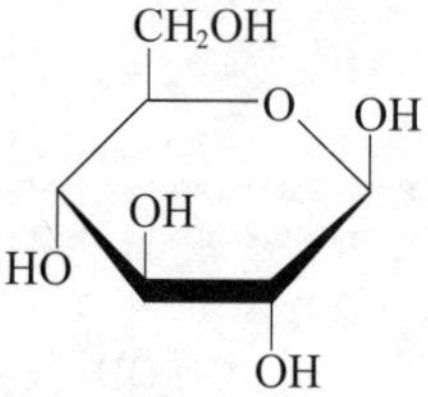

(8) 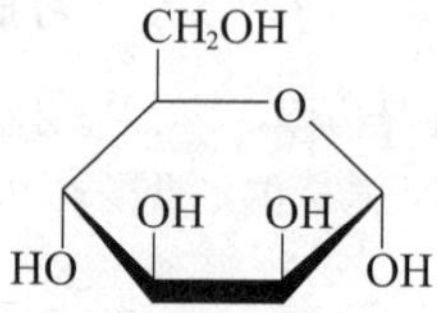

3. (1) 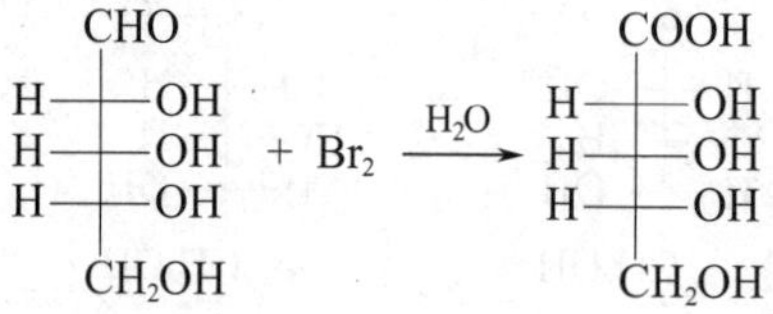

(2) 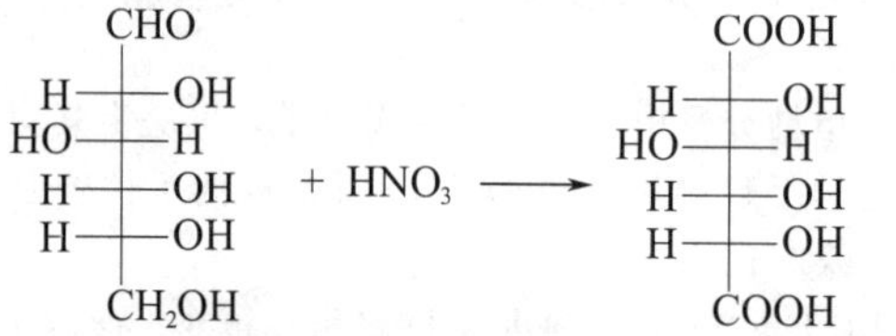

(3) 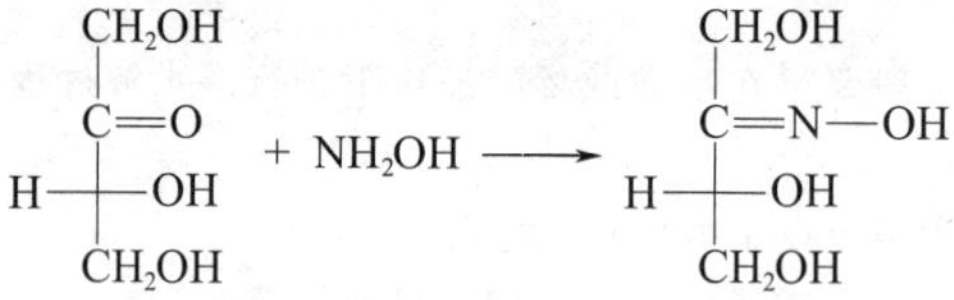

(4) 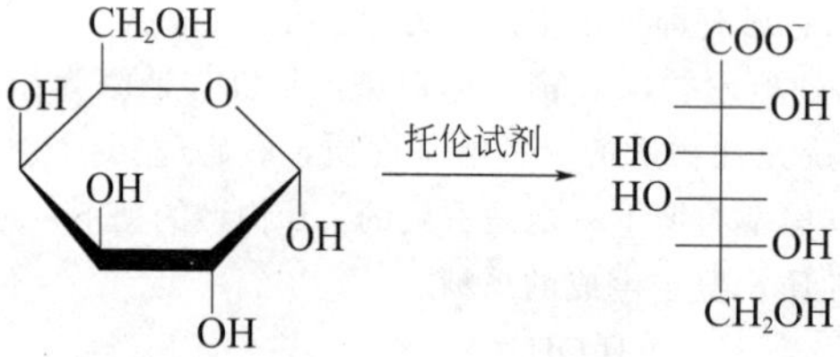

(5) 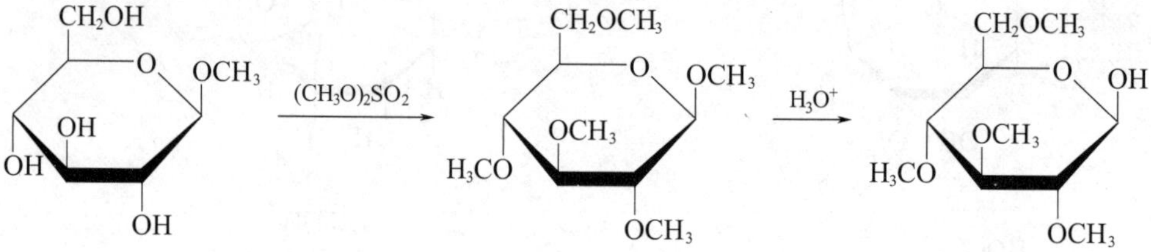

(6) 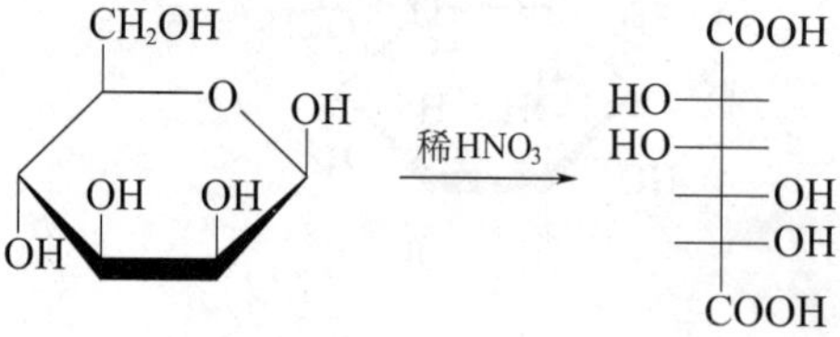

4. 糖脎的生成只发生在C1和C2上，因此，除C1、C2外，其他手性碳原子构型相同的己糖或戊糖，都能形成相同的糖脎。例如D-葡萄糖、D-甘露糖和D-果糖与过量的苯肼反应生成相同的糖脎。(3) 可以形成相同的糖脎。

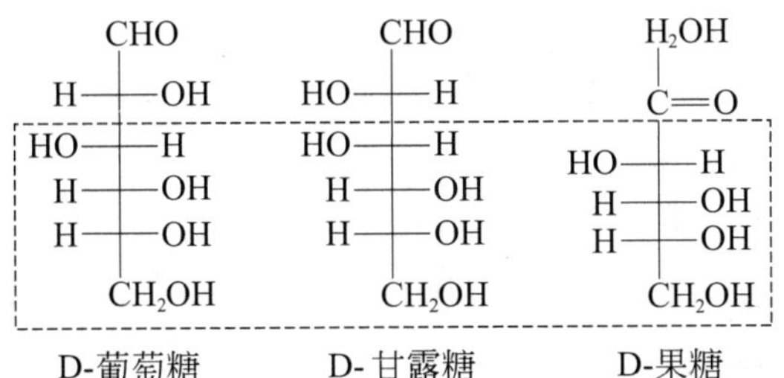

5.

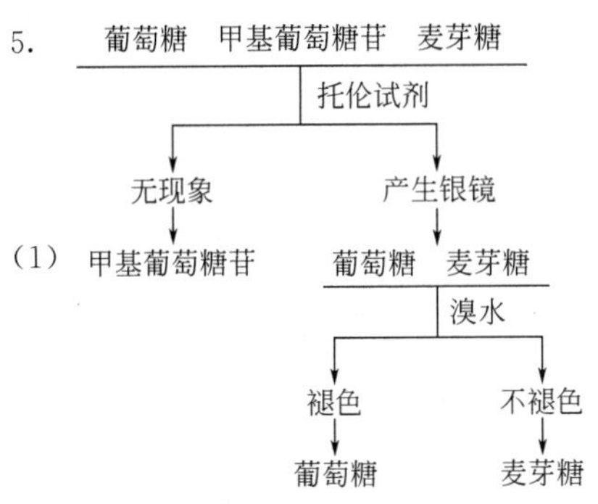

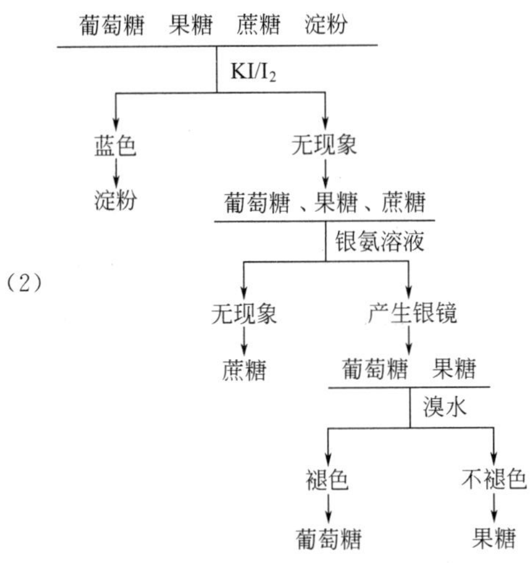

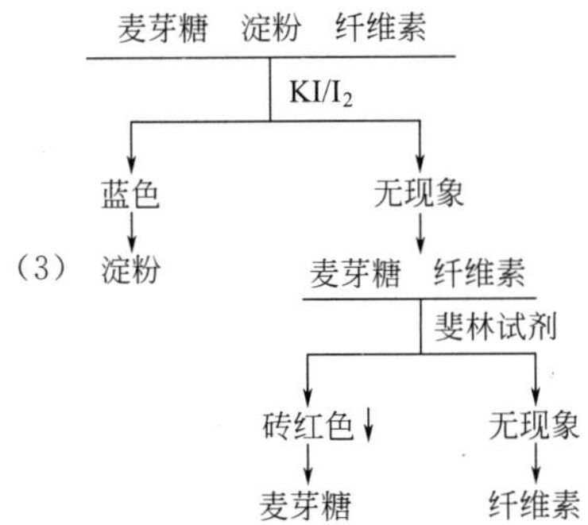

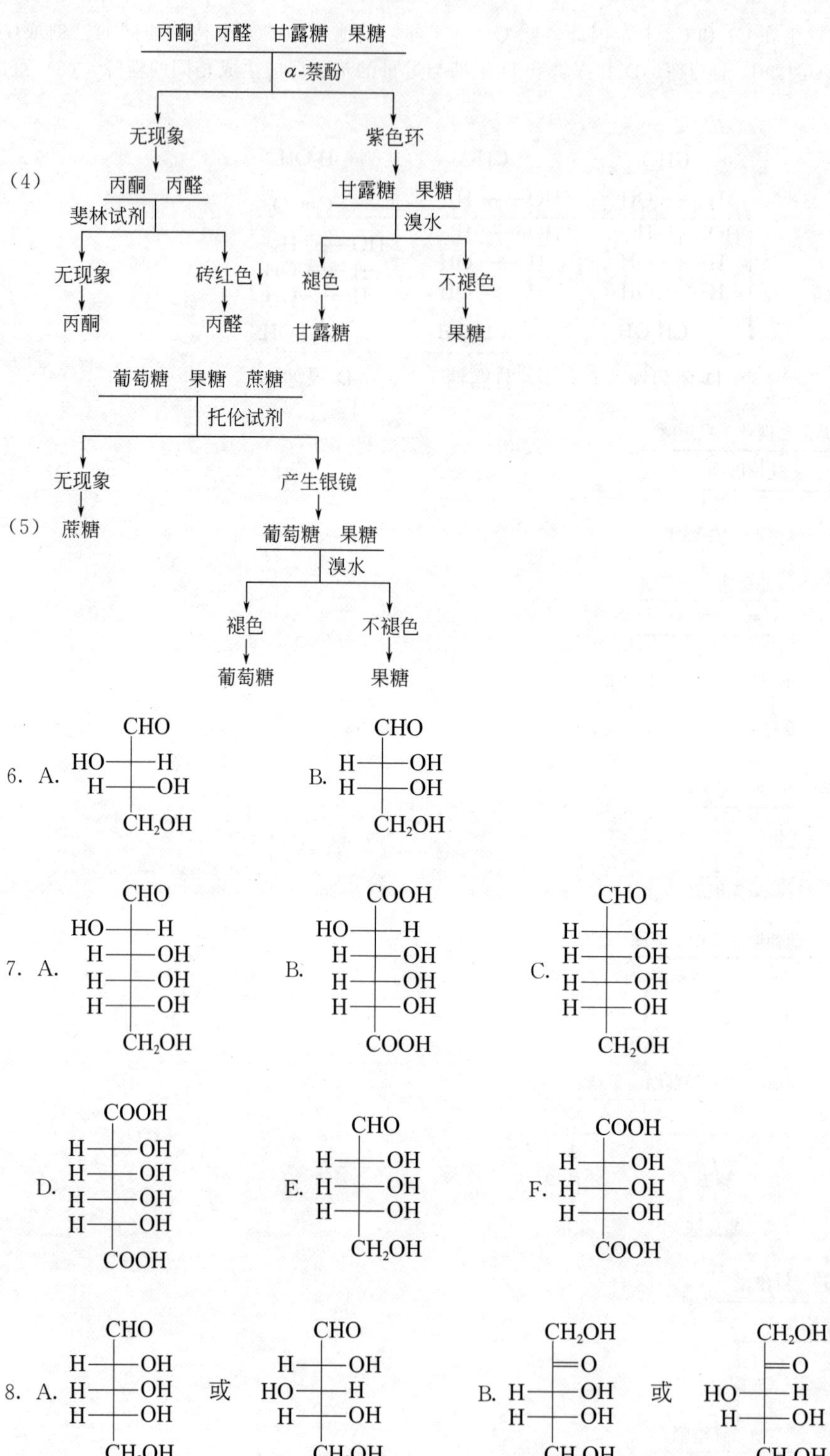

(4)
丙酮 丙醛 甘露糖 果糖
α-萘酚
无现象
紫色环
丙酮 丙醛
甘露糖 果糖
斐林试剂
溴水
无现象
砖红色↓
褪色
不褪色
丙酮
丙醛
甘露糖
果糖
(5)
葡萄糖 果糖 蔗糖
托伦试剂
无现象
产生银镜
蔗糖
葡萄糖 果糖
溴水
褪色
不褪色
葡萄糖
果糖
6. A.
B.
7. A.
B.
C.
D.
E.
F.
8. A.
或
B.
或

氨基酸、蛋白质、核酸

Chapter 13

知识点提要

一、基本概念

1. 氨基酸

分子中既含有氨基又含有羧基的双官能团化合物称为氨基酸。

氨基酸分为中性氨基酸、碱性氨基酸、酸性氨基酸。碱性氨基酸一般显碱性，酸性氨基酸显酸性，但中性氨基酸不呈中性而呈弱酸性，这是由于羧基比氨基的电离常数大些所致。

氨基酸的物理性质：α-氨基酸的熔点都很高，并且多数在熔化时分解。大多数 α-氨基酸易溶于水，难溶于非极性有机溶剂。此外，除了甘氨酸外，其他 α-氨基酸都有旋光性。

2. 肽

由 2 个以上 α-氨基酸分子间的氨基与羧基失水，以酰胺（肽键）相连而成的化合物称为肽。由两个氨基酸形成的肽称为二肽，由三个氨基酸形成的肽称为三肽，由多个氨基酸形成的肽称为多肽。其通式为：

$$RCHNH_2—(CONHCHR)_n—COOH$$

在多肽链中，保留有游离氨基的一端称为 N 端；保留有游离羧基的一端称为 C 端。一般地，习惯上把 N 端写在左边，C 端写右边。

3. 蛋白质

蛋白质是由氨基酸通过肽键连接而成的高分子化合物。把分子量低于 10000 的视为多肽，分子量高于 10000 的多肽称为蛋白质。

4. 核酸

核酸是一类含磷的酸性高分子化合物，它存在于生物细胞的细胞核，称核酸。核酸是由核苷酸-磷酸二酯键连接起来的生物大分子物质。核酸可分为两大类：核糖核酸（RNA）和脱氧核糖核酸（DNA）。其中 DNA 98%以上存在于细胞核中，RNA 90%存在于细胞质，10%存在于细胞核中。

核酸是由许多单核苷酸组成的，并且核酸是由磷酸、戊糖与碱基三类化学成分组成的。组成核酸的戊糖有 D-核糖和 D-2-脱氧核糖。戊糖与碱基缩合成核苷，核苷再与磷酸结合成为核苷酸。

核酸中存在的碱基主要有嘧啶碱和嘌呤碱两类杂环碱。其中最常见的有胞嘧啶（C）、尿嘧啶（U）、胸腺嘧啶（T）、腺嘌呤（A）、鸟嘌呤（G）5 种。

核苷：由戊糖与碱基缩合而得的产物称为核苷。RNA 主要存在于细胞质中。RNA 中的核苷有腺嘌呤核苷、鸟嘌呤核苷、胞嘧啶核苷和尿嘧啶核苷。DNA 主要存在于细胞核中，它们是遗传信息的携带者，其结构决定生物合成蛋白质的特定结构，并且保证把这种特性遗传给下一代。DNA 中的核苷有腺嘌呤脱氧核苷、鸟嘌呤脱氧核苷、胞嘧啶脱氧核苷和胸腺嘧啶脱氧核苷等。

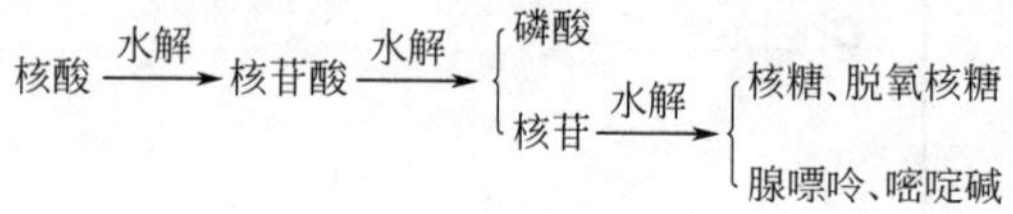

核酸 $\xrightarrow{\text{水解}}$ 核苷酸 $\xrightarrow{\text{水解}}$ $\begin{cases}\text{磷酸}\\ \text{核苷} \xrightarrow{\text{水解}} \begin{cases}\text{核糖、脱氧核糖}\\ \text{腺嘌呤、嘧啶碱}\end{cases}\end{cases}$

二、命名

1. 氨基酸的命名

（1）系统命名法　氨基酸一般是以羧酸为母体，氨基作为取代基。氨基所连的位次以阿拉伯数字表示，也可用希腊字母表示。

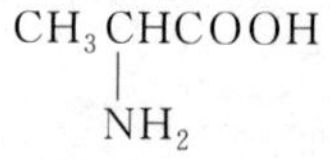

$CH_3CH(NH_2)COOH$　　2-氨基丙酸（丙氨酸）

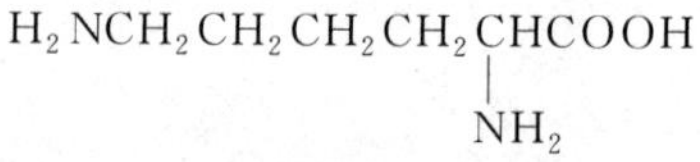

$H_2NCH_2CH_2CH_2CH_2CH(NH_2)COOH$　　2,6-二氨基己酸（赖氨酸）

（2）俗名　通常根据氨基酸的性质和来源命名。氨基酸常用中、英文名称和符号来表示。如谷氨酸（glutamic acid），缩写为 Glu，单字符号为 E。

2. 标记方法

除甘氨酸外，组成蛋白质的氨基酸均有手性。氨基酸的标记通常采用 D/L 命名法，组成蛋白质的 α-氨基酸一般是 L-型的。

如用 R/S 标记法，除半胱氨酸为 R-构型外，其余的 α-氨基酸均为 S-构型。

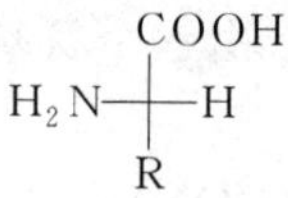

Fischer 投影式：上 COOH，左 H_2N，右 H，下 R

L-α-氨基酸

3. 多肽的命名

多肽的命名是以含有完整羧基的氨基酸为母体（即 C-端），从另一端（即 N-端）开始，将形成肽键的氨基酸的“酸”字改为“酰”字，依次列在母体名称之前。例如：

肽键：$-\overset{O}{\overset{\|}{C}}-NH-$

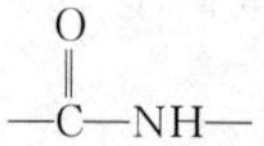

二肽：$H_2N-\overset{R^1}{\overset{|}{C}H}-\overset{O}{\overset{\|}{C}}-NH-\overset{R^2}{\overset{|}{C}H}-COOH$

三肽：$H_2N-\overset{R^1}{\overset{|}{C}H}-\overset{O}{\overset{\|}{C}}-NH-\overset{R^2}{\overset{|}{C}H}-\overset{O}{\overset{\|}{C}}-NH-\overset{R^3}{\overset{|}{C}H}-COOH$

$H_2N-\overset{COOH}{\overset{|}{C}H}-CH_2CH_2-\overset{O}{\overset{\|}{C}}-NH-\overset{HSCH_2}{\overset{|}{C}H}-\overset{O}{\overset{\|}{C}}-NH-CH_2-COOH$

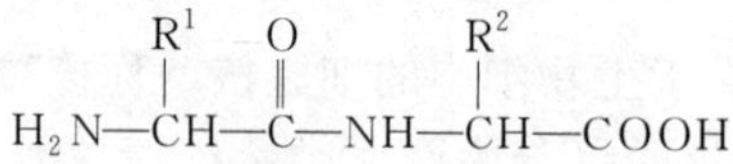

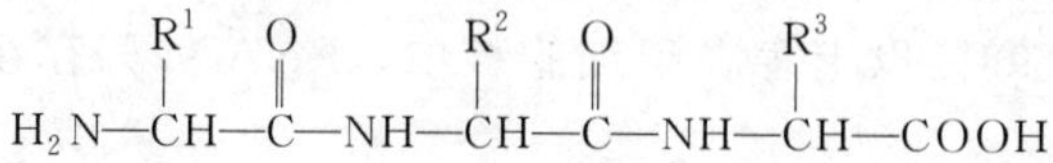

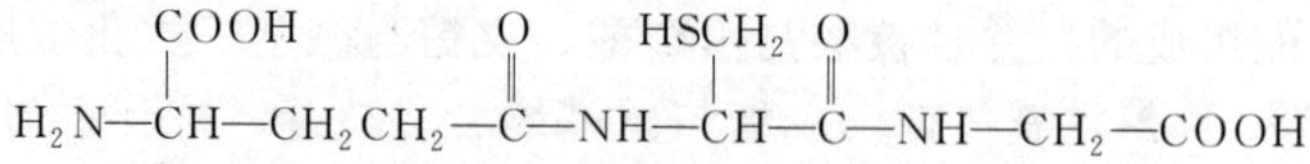

γ-谷氨酰-半胱氨酰-甘氨酸（俗名：谷-胱-甘肽）

三、结构

1. 氨基酸

α-氨基酸是一个含有羧基和氨基的双官能团的化合物，它的主要性质由这两个官能团来决定。像羧酸一样，α-氨基酸呈酸性，能与碱反应生成盐；能与醇反应生成酯；在一定条件下能发生脱羧反应，生成胺等。此外，由于它的氨基氮原子上具有未共用电子对，所以它像胺一样也呈碱性，并能与酸反应生成盐；与甲醛反应失去水，生成 N,N-二羟甲基氨基酸；与 2,4-二硝基氟苯反应，生成 N-取代的氨基酸（N—H 键断裂）；与亚硝酸反应生成羟基酸。同时，氨基是氮的高级还原态，在氧化剂作用下，α-氨基酸能发生氧化脱氨反应，最终生成 α-酮酸（N—H 键和 C—N 键同时断裂）等。

由于羧基和氨基的相互影响，α-氨基酸具有不同于羧酸和胺的独特性质。例如，在分子内部可以发生反应，生成内盐；分子间能发生酰胺化反应失去水，生成肽；能同茚三酮试剂发生显色反应；与金属离子形成配合物。另外，α-氨基酸的酸性或碱性都比相应的羧酸或伯胺弱得多。

2. 蛋白质

蛋白质的一级结构是指许多 α-氨基酸按照一定的组成、一定的排列顺序通过肽键连接而成的多肽链。蛋白质的多肽链，是借助分子内氢键折叠、盘曲成一定的空间构象。这种空间构象称为蛋白质的二级结构。蛋白质二级结构有两种主要形式，一种是 α-螺旋构象，另一种是 β-折叠片状构象；蛋白质的三级结构是由具有二级结构的多肽链通过相隔较远的氨基酸残基以氢键、范德华力、疏水相互作用、盐键和二硫键等各种副键（或称次级键）等分子内的相互作用形成盘旋折叠的最稳定的空间构象。肽链氨基酸的顺序（一级结构）决定蛋白质的三级结构。不同蛋白质的三级结构不同。蛋白质的四级结构是指在亚基和亚基之间通过疏水作用等副键结合成为有序排列的特定的空间结构。

四、化学性质

1. 氨基酸的化学性质

（1）两性与等电点　氨基酸既含有碱性基团（$—NH_2$），又含有酸性基团（—COOH）。它们具有两性，与强酸或强碱作用都能生成盐。当调节溶液的 pH，使氨基酸以两性离子形式存在时，此时溶液的 pH 称为该氨基酸的等电点，用符号 pI 表示。各种氨基酸的等电点不同。当某氨基酸溶液的 $pH=pI$ 时，则氨基酸主要为偶极离子；当溶液 $pH<pI$，则氨基酸主要为正离子，在电场中移向阴极；当溶液 $pH>pI$，则氨基酸主要为负离子，在电场中移向阳极。

（2）氨基酸中氨基的反应

① 与亚硝酸反应　大多数氨基酸中含有伯氨基，可以与亚硝酸反应，生成 α-羟基酸，并放出氮气。

② 与甲醛反应　氨基酸分子中的氨基能作为亲核试剂进攻甲醛的羰基，生成 N,N-二羟甲基氨基酸。

③ 与 2,4-二硝基氟苯（DNFB）反应　氨基酸能与 2,4-二硝基氟苯反应生成 N-(2,4-二硝基苯基)氨基酸，简称 N-DNP-氨基酸，产物黄色，可以用于氨基酸的比色测定。

④ 氧化脱氨反应　氨基酸分子的氨基可以被双氧水或高锰酸钾等氧化剂氧化，生成 α-亚氨基酸，然后进一步水解，脱去氨基生成 α-酮酸。

（3）氨基酸中羧基的反应

① 与醇反应　氨基酸在无水乙醇中通入干燥氯化氢，加热回流时生成氨基酸酯。

② 脱羧反应　将 α-氨基酸缓缓加热或在高沸点溶剂中回流，可以发生脱羧反应生成胺。

例如赖氨酸加热脱羧生成 1,5-戊二胺（尸胺）。

（4）氨基酸中氨基和羧基共同参与的反应

① 与水合茚三酮的反应　α-氨基酸与水合茚三酮的弱酸性溶液共热，生成蓝紫色物质。这个反应非常灵敏，可用于氨基酸的定性、定量检测。

② 脱羧失氨作用　氨基酸在酶的作用下，同时脱去羧酸和氨基得到醇。

③ 与金属离子形成配合物　氨基酸分子中的羧基可以与金属成盐，同时氨基氮上的未共用电子对可与某些金属形成配位键，生成稳定的结晶型化合物，有时可以用来沉淀和鉴别某些氨基酸。

（5）成肽反应　α-氨基酸受热时发生分子间脱水可以发生成肽反应。

α - 氨基酸的化学性质

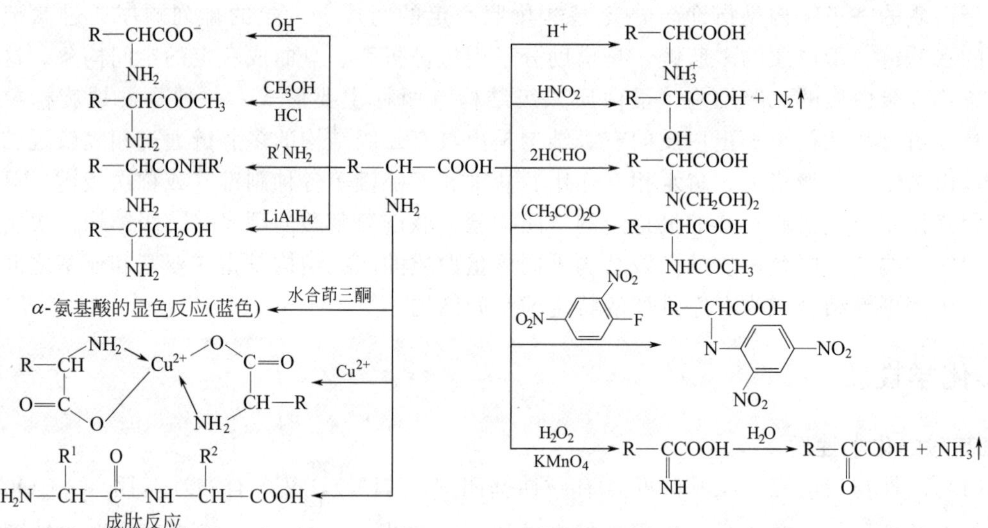

2. 蛋白质的性质

（1）两性性质和等电点　构成蛋白质分子的链，均存在一定数量的游离氨基和羧基，它具有类似氨基酸的两性性质和等电点。蛋白质溶液在某一 pH 时，其分子所带的正、负电荷相等，即成为净电荷为零的两性离子，此时溶液的 pH 称为该蛋白质的等电点（pI）。

阳离子	两性离子	阴离子
$pH<pI$	$pH=pI$	$pH>pI$

（2）胶体性质　蛋白质是高分子化合物，分子颗粒的大小在胶体颗粒直径范围（1～100nm），蛋白质具有胶体性质。

（3）沉淀作用

① 可逆沉淀　可逆沉淀是指蛋白质分子的内部结构仅发生了微小改变或基本保持不变，仍然保持原有的生物活性。只要消除了沉淀的因素，已沉淀的蛋白质又会重新溶解。

② 不可逆沉淀　蛋白质在沉淀时，空间结构发生了较大的变化或被破坏，失去了原有的生物活性，即使消除了沉淀因素也不能重新溶解，称为不可逆沉淀。不可逆沉淀的主要方法有：

a. 与水溶性有机溶剂作用　向蛋白质中加入适量的水溶性有机溶剂如乙醇、丙酮等，由于它们对水的亲和力大于蛋白质，使蛋白质粒子脱去水化膜而沉淀。

b. 与重金属盐作用　蛋白质在 pH 大于其等电点的溶液中，蛋白质阴离子能与 Cu^{2+}、Hg^{2+}、Pb^{2+}、Ag^{+} 等重金属阳离子结合产生不可逆沉淀。

c. 与生物碱试剂作用　蛋白质溶液的 pH 小于其等电点时，蛋白质阳离子能与苦味酸、三氯乙酸、鞣酸、磷钨酸、磷钼酸等生物碱沉淀剂结合生成难溶物，使蛋白质产生不可逆沉淀。医学上常用此类试剂检验尿中的蛋白质。

d. 与苯酚或甲醛作用　苯酚或甲醛也能使蛋白质生成难溶于水的物质而沉淀，这种沉淀作用也是不可逆的。因此，可以用苯酚作灭菌剂，用甲醛溶液浸制生物标本，就是由于它们能使蛋白质凝固。

e. 与酸性或碱性染料作用　酸性染料的阴离子或碱性染料的阳离子都能和蛋白质结合生成不溶性盐沉淀，所以可以用适当的染料对生物体细胞或组织进行染色。

（4）变性作用　由于物理或化学因素的影响，蛋白质分子的内部结构发生了变化，导致理化性质改变，生理活性丧失，称做蛋白质的变性。变性后的蛋白质称为变性蛋白质。

引起蛋白质变性的因素很多，物理因素有干燥、加热、高压、剧烈振荡、超声波、紫外线或 X 射线照射等。化学因素有强酸、强碱、重金属盐、生物碱试剂和有机溶剂等。

（5）水解反应　蛋白质在酸、碱或酶的作用下可以发生水解，生成 α-氨基酸的混合物。水解的实质是肽键的断裂。

$$\text{蛋白质}\rightarrow\text{蛋白际}\rightarrow\text{蛋白胨}\rightarrow\text{多肽}\rightarrow\text{二肽}\rightarrow\alpha\text{-氨基酸}$$

（6）颜色反应　蛋白质分子中含有不同的氨基酸，可以与不同试剂反应生成特有的颜色物质，这些反应常用来鉴别蛋白质。

① 茚三酮反应　凡含有 α-氨基酰基的化合物都能与水合茚三酮作用，生成蓝紫色物质。这是检验 α-氨基酸、多肽、蛋白质最通用的反应之一。

② 缩二脲反应　在蛋白质溶液中加入氢氧化钠溶液，再逐滴加入 0.5% 硫酸铜溶液，溶液显紫色或紫红色。

③ 黄蛋白反应　蛋白质与浓硝酸共热后呈黄色，再加强碱，则颜色转深呈现橙色，称为黄蛋白反应。

④ 米隆（Millon）反应　米隆试剂是硝酸、亚硝酸、硝酸汞、亚硝酸汞的混合液。蛋白质遇米隆试剂，能生成白色的蛋白质汞盐沉淀，加热后转变成砖红色，称为米隆反应。

⑤ 胱氨酸反应　若组成蛋白质的氨基酸中，有半胱氨酸或蛋氨酸等含硫氨基酸，与碱和醋酸铅共煮，便会生成黑色硫化铅沉淀。这个反应可用于检验含硫氨基酸、多肽或蛋白质的存在。

例题及解析

【例题 1】 写出下列化合物的化学式，并用系统命名法命名。

（1）丙氨酸　（2）亮氨酸　（3）蛋氨酸　（4）脯氨酸

【解】 氨基酸的俗名通常是根据其来源或者性质所得，可以参见教材写出其结构式。用系统命名法进行命名时，一般以羧酸为母体，氨基作为取代基，并且需要标注清楚氨基在分子中的位次。

（1）$CH_3—CH(NH_2)—COOH$

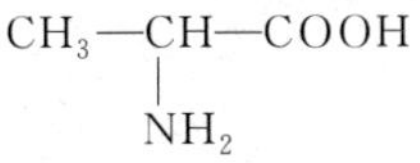

2-氨基丙酸

（2）$(CH_3)_2CHCH_2CH(NH_2)COOH$

4-甲基-2-氨基戊酸

（3）$CH_3—S—CH_2—CH_2—CH(NH_2)—COOH$

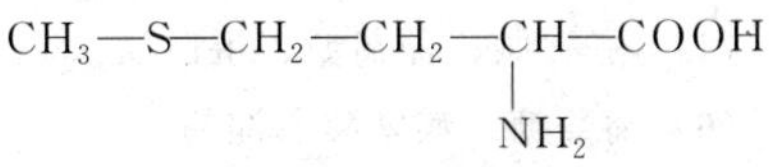

2-氨基-4-甲硫基丁酸

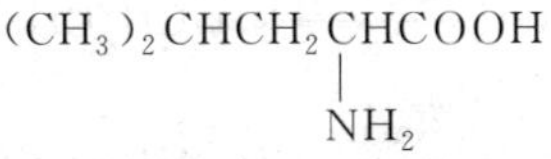

（4）四氢吡咯环（N—H）2-位连 —COOH

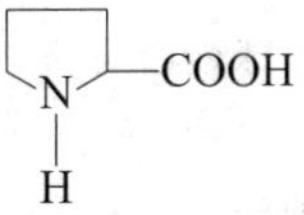

氢化吡咯-2-甲酸

【例题 2】 写出下列物质的结构式。

(1) 苯丙氨酸　　(2) 甘氨酸

(3) 丝氨酸　　(4) 天冬氨酸

(5) 谷-胱-甘肽　　(6) 胞嘧啶

【解】(1) $C_6H_5—CH_2\underset{\displaystyle NH_2}{\underset{|}{C}H}COOH$　　(2) $H—\underset{\displaystyle NH_2}{\underset{|}{CH}}—COOH$

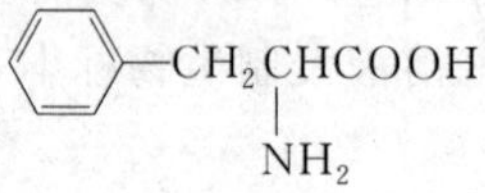

(3) $HO—CH_2—\underset{\displaystyle NH_2}{\underset{|}{CH}}—COOH$　　(4) $HOOC—CH_2—\underset{\displaystyle NH_2}{\underset{|}{CH}}—COOH$

(5) $HOOCCH_2CH_2\underset{\displaystyle NH_2}{\underset{|}{C}H}\overset{\displaystyle O}{\overset{\|}{C}}—NH—CH_2COOH$　　(6) 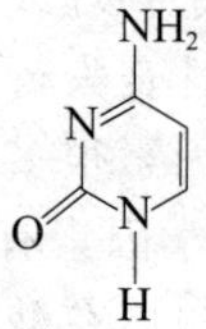 $\begin{array}{c} NH_2 \\ N \quad \\ O= \quad N \\ H \end{array}$

【例题 3】 写出甘氨酸与下列试剂反应的主要产物。

(1) KOH 水溶液　　(2) HCl 水溶液　　(3) $C_2H_5OH+HCl$

(4) CH_3COCl　　(5) $C_6H_5COCl+NaOH$　　(6) $NaNO_2+HCl$（低温）

(7) 与 $Ba(OH)_2$ 反应后加热　　(8) $LiAlH_4$　　(9) NaOH，CH_3I

【解】 根据氨基酸的各个化学性质，反应方程式如下：

(1) $NH_2CH_2COOH \xrightarrow[H_2O]{KOH} NH_2CH_2COO^-K^+$

(2) $NH_2CH_2COOH \xrightarrow[H_2O]{HCl} \underset{\displaystyle Cl^-}{\underset{|}{\overset{+}{N}}}H_3CH_2COOH$

(3) $NH_2CH_2COOH \xrightarrow[HCl]{C_2H_5OH} NH_2CH_2COOC_2H_5+H_2O$

(4) $NH_2CH_2COOH+CH_3COCl \longrightarrow CH_3\overset{\displaystyle O}{\overset{\|}{C}}NHCH_2COOH+HCl$

(5) $NH_2CH_2COOH+C_6H_5\overset{\displaystyle O}{\overset{\|}{C}}Cl \xrightarrow{NaOH} C_6H_5CONHCH_2COO^-Na^+$

(6) $NH_2CH_2COOH+NaNO_2 \xrightarrow{HCl} Cl^-N_2^+CH_2COOH \xrightarrow{H^+} HOCH_2COOH+N_2\uparrow$

(7) $NH_2CH_2COOH \xrightarrow[\triangle]{Ba(OH)_2} NH_2CH_3$

(8) $NH_2CH_2COOH \xrightarrow{LiAlH_4} NH_2CH_2CH_2OH$

(9) $NH_2CH_2COOH \xrightarrow[CH_3I]{NaOH} CH_3NHCH_2COO^-Na^+$

【例题 4】 用化学方法鉴别下列化合物。

(1) 2-氨基丁酸、3-氨基丁酸、球蛋白　　(2) 苯丙氨酸、色氨酸、甘氨酸

(3) 苏氨酸、葡萄糖、蛋白质　　(4) 丙-甘肽、葡萄糖、蛋白质

(5) 谷-胱-甘肽、半胱氨酸、淀粉　　(6) 葡萄糖、赖氨酸、淀粉

【解】(1) 2-氨基丁酸、3-氨基丁酸、球蛋白三种化合物中，2-氨基丁酸是 α-氨基酸，能与水合茚三酮

发生显色反应，3-氨基丁酸是β-氨基酸，不能发生此反应。球蛋白能发生缩二脲反应。

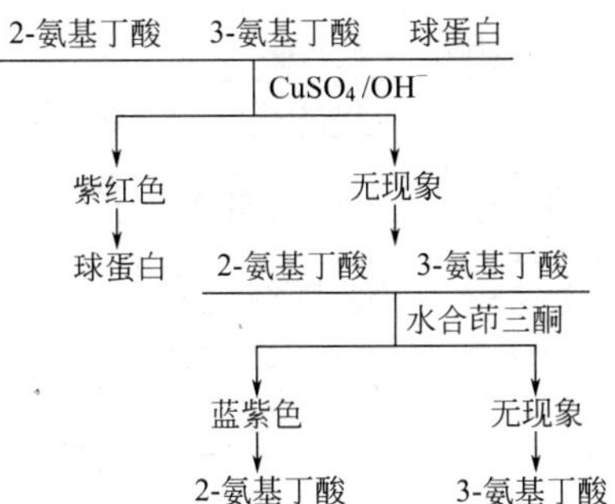

(2) 苯丙氨酸、色氨酸、甘氨酸三种化合物中，苯丙氨酸和色氨酸遇硝酸呈黄色，甘氨酸不变色，另外，色氨酸和乙醛酸、浓硫酸的混合液反应呈紫色，可以鉴别出苯丙氨酸和色氨酸。

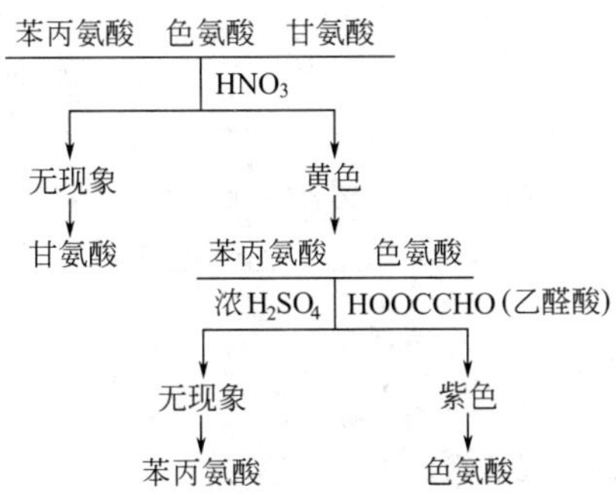

(3) 苏氨酸、葡萄糖、蛋白质可以先用银氨溶液鉴别，葡萄糖是还原性糖，出现银镜反应，苏氨酸和蛋白质可以用乙醛酸和浓硫酸的混合液鉴别，蛋白质可以呈现紫色环，而苏氨酸没有现象。

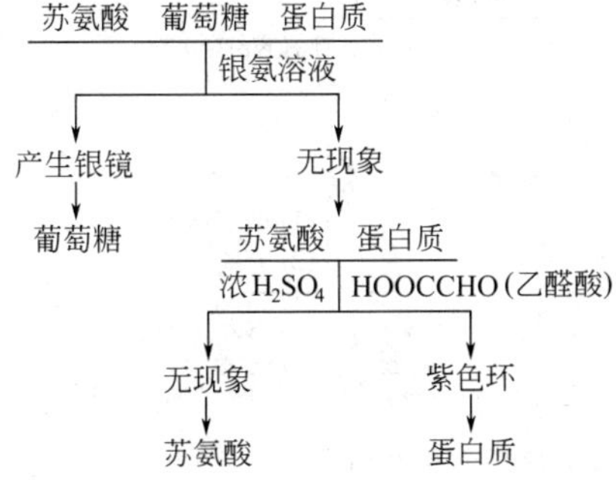

(4) 丙-甘肽、葡萄糖、蛋白质

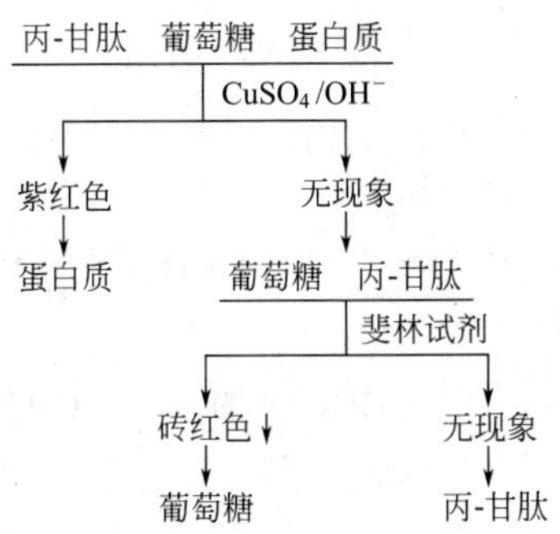

（5）谷-胱-甘肽、半胱氨酸、淀粉

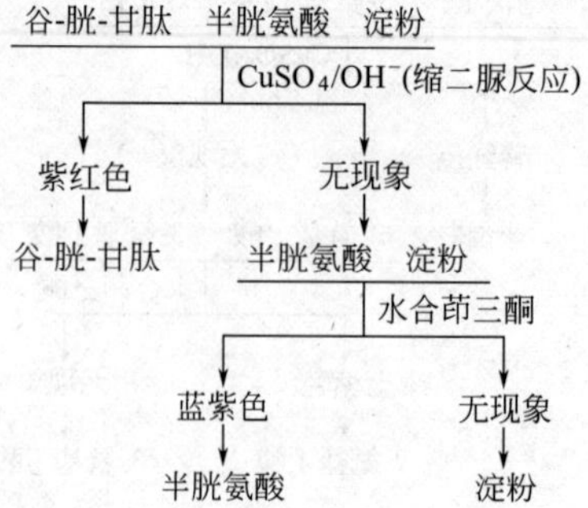

（6）葡萄糖、赖氨酸、淀粉

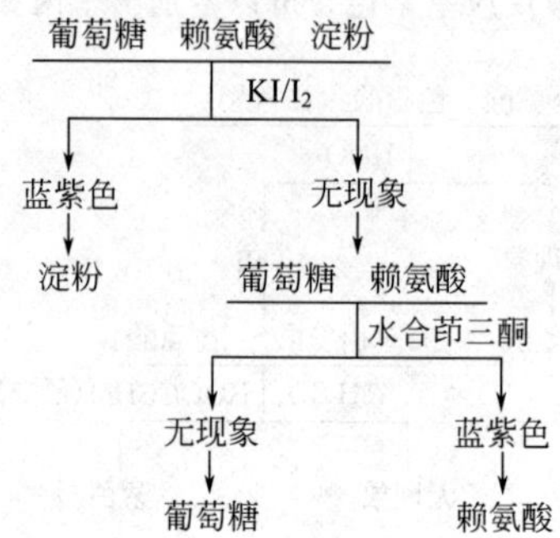

【例题 5】 分离赖氨酸和谷氨酸的混合物。

【解】 氨基酸分离利用氨基酸的等电点。由于氨基酸在等电点时，溶解度最小，可以结晶析出。因此，可以通过调节混合物溶液的 pH 值至不同氨基酸的等电点后，然后加以分离。

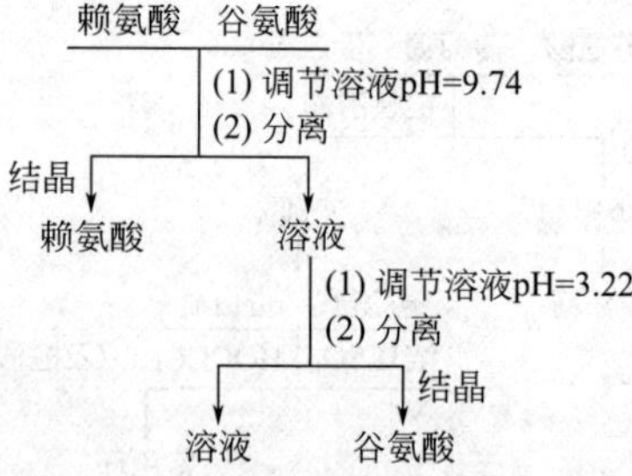

【例题 6】 由指定原料合成下列化合物（试剂任选）。

（1）由乙烯合成丙氨酸

（2）由丙烯酸甲酯合成谷氨酸

（3）$(CH_3)_2CHCH_2CH_2COOH \longrightarrow (CH_3)_2CHCH_2\underset{}{CH}(NH_2)COOH$

【解】 （1）$CH_2=CH_2 \xrightarrow{HBr} CH_3CH_2Br \xrightarrow[醇]{NaCN} CH_3CH_2CN \xrightarrow[H^+]{H_2O} CH_3CH_2COOH \xrightarrow[P]{Br_2}$

$$CH_3\underset{Br}{\underset{|}{C}}HCOOH \xrightarrow{NH_3} CH_3\underset{NH_2}{\underset{|}{C}}HCOONH_4 \xrightarrow[H^+]{H_2O} CH_3\underset{NH_2}{\underset{|}{C}}HCOOH$$

(2) 邻苯二甲酰亚胺-N-Br + $NaCH(COOC_2H_5)_2 \xrightarrow{-NaBr}$ 邻苯二甲酰亚胺-N—$CH(COOC_2H_5)_2 \xrightarrow{NaOC_2H_5}$

邻苯二甲酰亚胺-N—$\bar{C}(COOC_2H_5)_2 \xrightarrow{CH_2{=}CHCOOCH_3}$ 邻苯二甲酰亚胺-N—$C(COOC_2H_5)_2(CH_2CH_2COOCH_3) \xrightarrow[-CO_2]{H^+,\triangle}$ $HOOCCH(NH_2)CH_2CH_2COOH$

(3) $(CH_3)_2CHCH_2CH_2COOH \xrightarrow[P]{Br_2} (CH_3)_2CHCH_2CH(Br)COOH \xrightarrow[过量]{NH_3} (CH_3)_2CHCH_2CH(NH_2)COOH$

【例题 7】 丙氨酸、谷氨酸、精氨酸、甘氨酸、赖氨酸、组氨酸混合液的 pH 为 6.00，将此混合液置于电场中，试判断它们各自向电极移动的情况。

【解】 用 pI-pH 判断各种氨基酸在混合溶液 pH＝6.0 时所带的净电荷，可以看出：(1) 甘氨酸 (pI＝5.97) 和丙氨酸 (pI＝6.02) 净电荷接近于零，因此基本不移动；(2) 谷氨酸 (pI＝3.22) 带净负电荷，因而向正极移动；(3) 赖氨酸 (pI＝9.74)、精氨酸 (pI＝10.76) 和组氨酸 (pI＝7.59) 带净正电荷，向负极移动，且精氨酸和赖氨酸的移动速度大于组氨酸。

【例题 8】 写出赖氨酸在强酸性水溶液中和强碱性水溶液中存在的主要形式，并估计其等电点的 pH 值。

【解】 强酸性水溶液中主要以阳离子形式存在：$H_3\overset{+}{N}CH_2(CH_2)_3CH(\overset{+}{N}H_3)COOH$

强碱性水溶液中主要以阴离子形式存在：$H_2NCH_2(CH_2)_3CH(NH_2)COO^-$

赖氨酸的等电点在 9～10 范围内。

【例题 9】 一个三肽水解后，得到的产物有丙氨酸、亮氨酸、甘氨酰丙氨酸、丙酰胺亮氨酸，写出该三肽的结构式。

【解】 根据产物分析，该甘-丙-亮三肽为甘酰胺丙酰胺亮氨酸，结构式为：

$$H_2NCH_2\overset{O}{\overset{\|}{C}}NHCH(CH_3)\overset{O}{\overset{\|}{C}}NHCH(CH_2CH(CH_3)_2)COOH$$

【例题 10】 以甘氨酸、丙氨酸、苯丙氨酸组成的三肽中，氨基酸有几种可能的排列形式？写出它们的结构。

【解】 氨基酸可能有 6 种排列形式：

(1) $H_2N—CH_2—\overset{O}{\overset{\|}{C}}—NH—CH(CH_3)—\overset{O}{\overset{\|}{C}}—NH—CH(CH_2C_6H_5)—COOH$

(2) $H_2N-CH_2-\overset{\overset{O}{\|}}{C}-NH-\underset{\underset{C_6H_5}{|}}{\underset{CH_2}{|}}{CH}-\overset{\overset{O}{\|}}{C}-NH-\underset{CH_3}{\underset{|}{CH}}-COOH$

(3) $H_2N-\underset{CH_3}{\underset{|}{CH}}-\overset{\overset{O}{\|}}{C}-NH-\underset{\underset{C_6H_5}{|}}{\underset{CH_2}{|}}{CH}-\overset{\overset{O}{\|}}{C}-NH-CH_2-COOH$

(4) $H_2N-\underset{CH_3}{\underset{|}{CH}}-\overset{\overset{O}{\|}}{C}-NH-CH_2-\overset{\overset{O}{\|}}{C}-NH-\underset{\underset{C_6H_5}{|}}{\underset{CH_2}{|}}{CH}-COOH$

(5) $H_2N-\underset{\underset{C_6H_5}{|}}{\underset{CH_2}{|}}{CH}-\overset{\overset{O}{\|}}{C}-NH-CH_2-\overset{\overset{O}{\|}}{C}-NH-\underset{CH_3}{\underset{|}{CH}}-COOH$

(6) $H_2N-\underset{\underset{C_6H_5}{|}}{\underset{CH_2}{|}}{CH}-\overset{\overset{O}{\|}}{C}-NH-CH_2-\overset{\overset{O}{\|}}{C}-NH-\underset{CH_3}{\underset{|}{CH}}-COOH$

习　题

1. 写出下列物质的结构式，并用 R、S 法标记氨基酸的构型。

(1) (S)-谷氨酸　(2) (S)-赖氨酸　(3) (R)-半胱氨酸

(4) 丙-甘肽　(5) 丙-甘-半胱-苯丙肽　(6) γ-谷氨酰-半胱氨酰-甘氨酸

(7) 腺嘌呤　(8) 鸟嘌呤脱氧核苷　(9) 3′-胞苷酸

2. 完成下列反应式。

(1) $R\underset{NH_2}{\underset{|}{CH}}-COOH + HNO_2 \longrightarrow$

(2) $R\underset{NH_2}{\underset{|}{CH}}-COOH + C_2H_5OH \xrightarrow{\text{无水 HCl}}$

(3) $H_2N-CH_2(CH_2)_3\underset{NH_2}{\underset{|}{CH}}-COOH \xrightarrow{\triangle}$

(4)  $CH_3CHCH_2COOH \xrightarrow{\triangle}$
$\quad\ \ |$
$\quad NH_2$

(5) 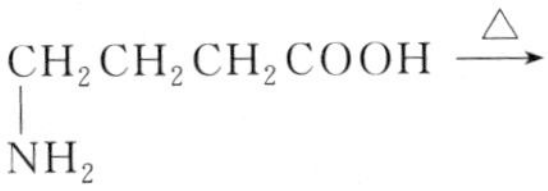 $CH_2CH_2CH_2COOH \xrightarrow{\triangle}$
$|$
NH_2

(6) 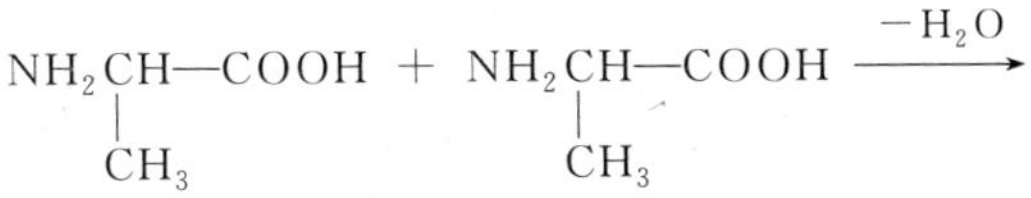 $NH_2CH—COOH + NH_2CH—COOH \xrightarrow{-H_2O}$
$\quad\ \ |\qquad\qquad\qquad\quad |$
$\quad CH_3\qquad\qquad\quad\ CH_3$

3. 写出丙氨酸与下列试剂作用的反应式。

(1) NaOH　(2) HCHO　(3) $(CH_3CH_2CO)_2O$

(4) HCl　(5) HNO_2　(6) CH_3OH

4. 用化学方法区别下列各组化合物。

(1) 丙氨酸、酪氨酸、甘-丙-半胱三肽　(2) 蛋白质、亮氨酸、淀粉

(3) 亮氨酸、酪氨酸、谷胱甘肽、蛋白质　(4) 蛋白质、丝氨酸、苏氨酸

5. 完成下列转化。

(1) 丙醛→α-氨基丁酸　(2) 丙二酸、甲苯→苯丙氨酸

(3) 2-溴丙烷→缬氨酸　(4) 乙烯→天冬氨酸

(5) 正戊醇→α-氨基戊酸　(6) 丙酸→α-氨基丙酰乙胺

6. 化合物 A 的分子式为 $C_5H_{11}O_2N$，具有旋光性，用稀碱处理发生水解后生成 B 和 C。B 也有旋光性，既溶于酸又溶于碱，并能与亚硝酸作用放出氮气。C 无旋光性，但能发生碘仿反应。试推断 A、B、C 的结构。

7. 某化合物 A 的分子式为 $C_7H_{13}O_4N_3$，1molA 与甲醛作用后的产物能消耗 1mol 氢氧化钠，A 与亚硝酸反应放出 1mol 氮气，并生成 B（$C_7H_{12}O_5N_2$）；B 与氢氧化钠溶液煮沸后得到乳酸和甘氨酸。试推测 A、B 的结构式，并写出各步的反应式。

8. 某化合物分子式为 $C_3H_7O_2N$，有旋光性，能分别与 NaOH 或 HCl 成盐，并能与醇成酯，与 HNO_2 作用时放出氮气，写出此化合物的结构式。

9. 有一个八肽，经末端分析知 N 端和 C 端均为亮氨酸，缓慢水解此八肽得到如下一系列二肽、三肽：精-苯丙-甘、苯丙-甘-丝、脯-亮、丝-脯-亮、苯丙-甘、亮-丙-精、甘-丝、精-苯丙。试推断此八肽中氨基酸残基的排列顺序。

10. 分离天冬氨酸和精氨酸的混合物。

11. 某化合物 A 的分子式为 $C_5H_{10}O_3N_2$，具有旋光性，用亚硝酸处理再经酸性水解后得到 α-羟基乙酸和丙氨酸，写出 A 的结构式。

12. 某 α-氨基酸的衍生物 A 的分子式为 $C_5H_{10}O_3N_2$，与 NaOH 水溶液共热时放出氨，与次溴酸钠发生降解反应，生成 α,γ-二氨基丁酸，请推测 A 的结构式并写出相关的化学反应方程式。

13. DNA 彻底水解后，下列哪些化合物可能存在？

D-核糖、D-2-脱氧核糖、腺嘌呤、尿嘧啶、脱氧胸腺苷、脱氧尿苷、胞嘧啶、磷酸

习题参考答案

1. (1) 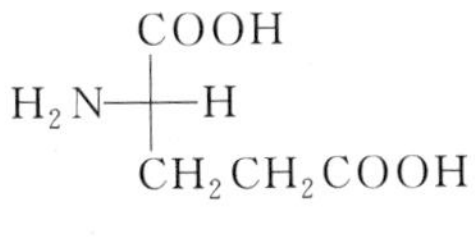 Fischer 投影式：上 COOH，左 H_2N，右 H，下 CH_2CH_2COOH

(2) 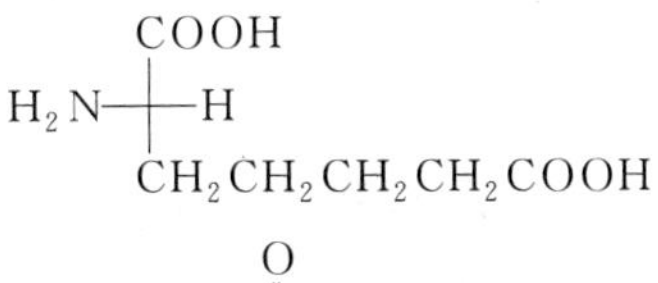 Fischer 投影式：上 COOH，左 H_2N，右 H，下 $CH_2CH_2CH_2CH_2COOH$

(3) 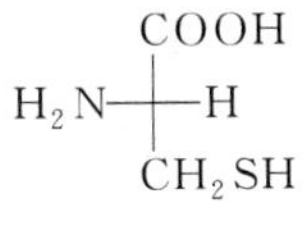 Fischer 投影式：上 COOH，左 H_2N，右 H，下 CH_2SH

(4) 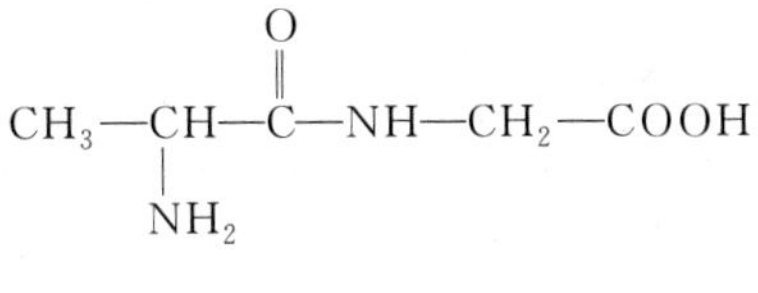 $CH_3—\underset{\displaystyle NH_2}{\underset{|}{CH}}—\overset{\displaystyle O}{\overset{\|}{C}}—NH—CH_2—COOH$

(5) 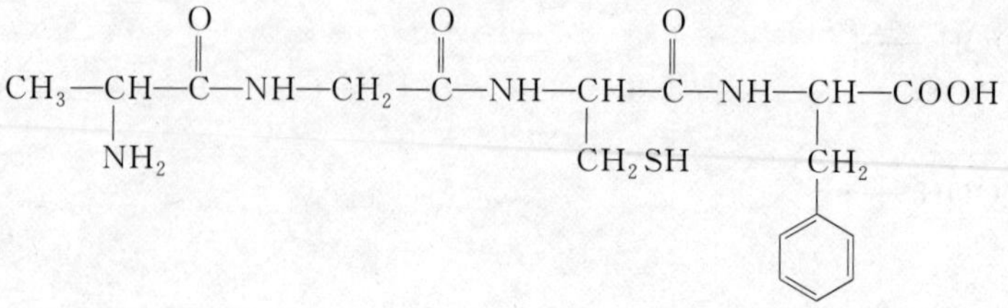 $CH_3-\underset{NH_2}{\underset{|}{CH}}-\overset{O}{\overset{\|}{C}}-NH-CH_2-\overset{O}{\overset{\|}{C}}-NH-\underset{CH_2SH}{\underset{|}{CH}}-\overset{O}{\overset{\|}{C}}-NH-\underset{CH_2C_6H_5}{\underset{|}{CH}}-COOH$

(6) 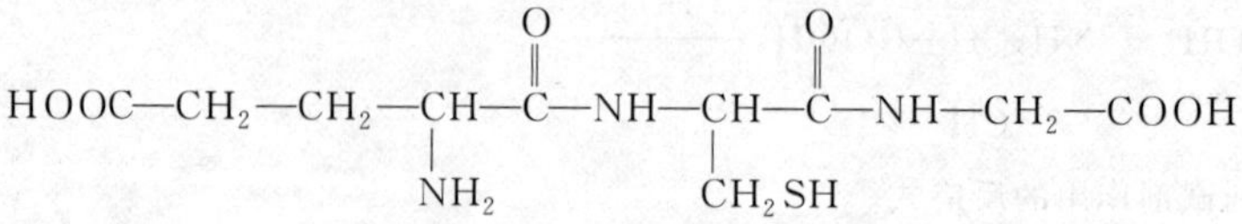 $HOOC-CH_2-CH_2-\underset{NH_2}{\underset{|}{CH}}-\overset{O}{\overset{\|}{C}}-NH-\underset{CH_2SH}{\underset{|}{CH}}-\overset{O}{\overset{\|}{C}}-NH-CH_2-COOH$

(7) 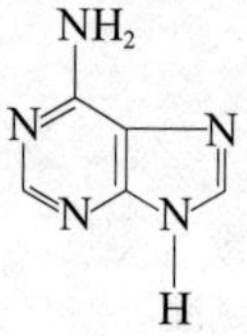 NH_2, N, N, N, N, H

(8) 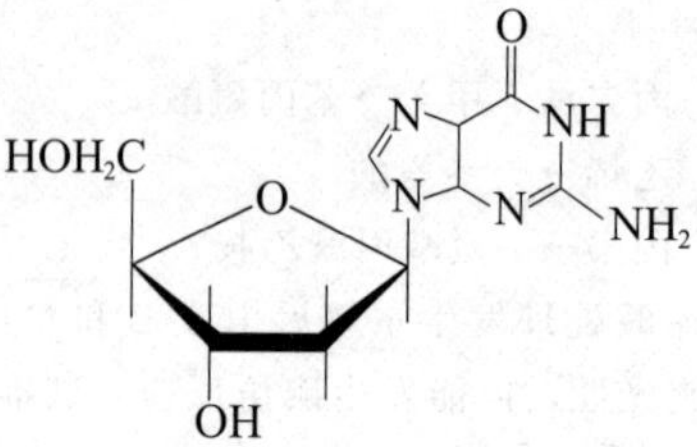 HOH_2C, O, O, NH, N, N, N, NH_2, OH

(9) 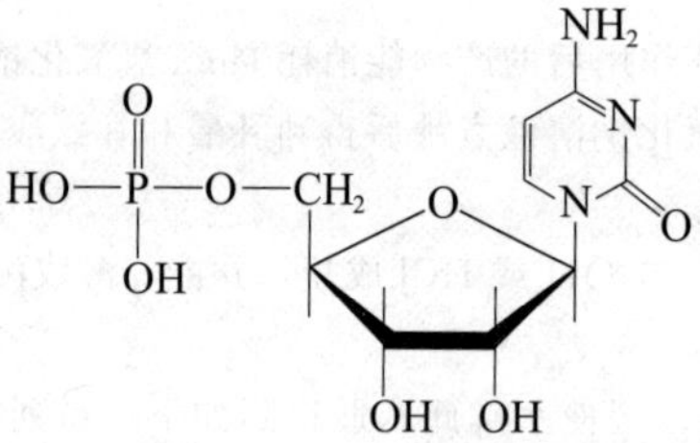 O, HO—P—O—CH_2, OH, O, NH_2, N, N, O, OH OH

2. (1) 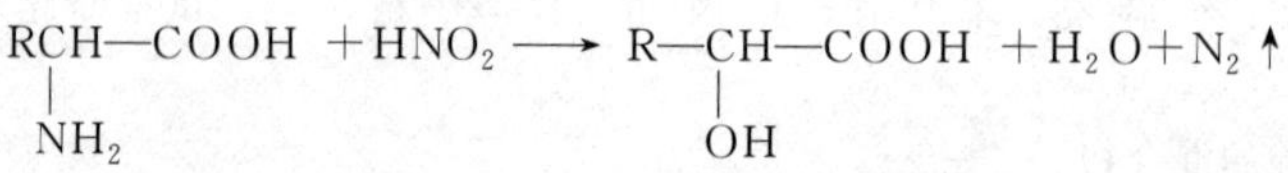 $R\underset{NH_2}{\underset{|}{CH}}-COOH+HNO_2 \longrightarrow R-\underset{OH}{\underset{|}{CH}}-COOH+H_2O+N_2\uparrow$

(2) $R\underset{NH_2}{\underset{|}{CH}}-COOH+C_2H_5OH \xrightarrow{\text{无水 HCl}} R-\underset{NH_2}{\underset{|}{CH}}-COOC_2H_5$

(3) $H_2N-CH_2(CH_2)_3\underset{NH_2}{\underset{|}{CH}}-COOH \xrightarrow{\triangle} NH_2-(CH_2)_5-NH_2$

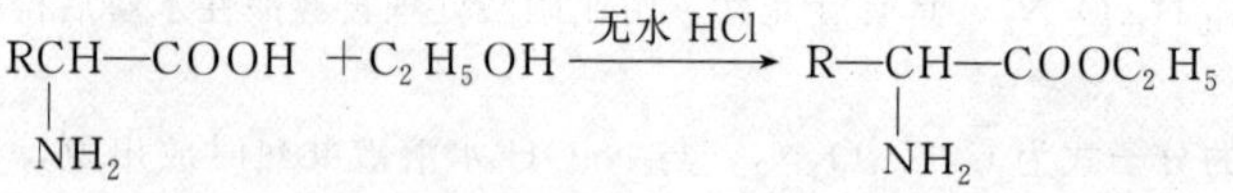

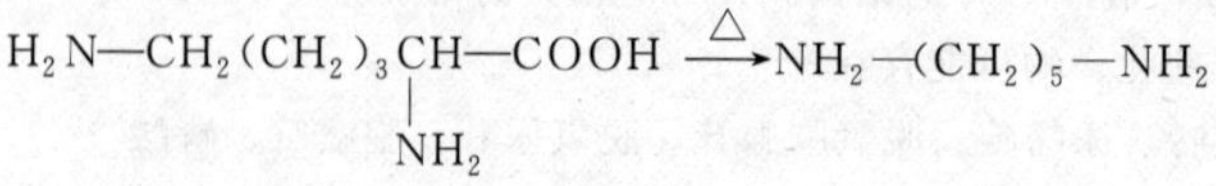

(4) $CH_3\underset{NH_2}{\underset{|}{CH}}CH_2COOH \xrightarrow{\triangle} CH_3CH=CHCOOH$

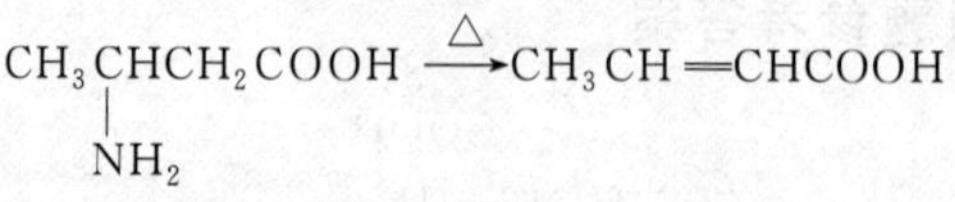

(5) $\underset{NH_2}{\underset{|}{CH_2}}-CH_2-CH_2-COOH \xrightarrow{\triangle}$ (N—H, =O)

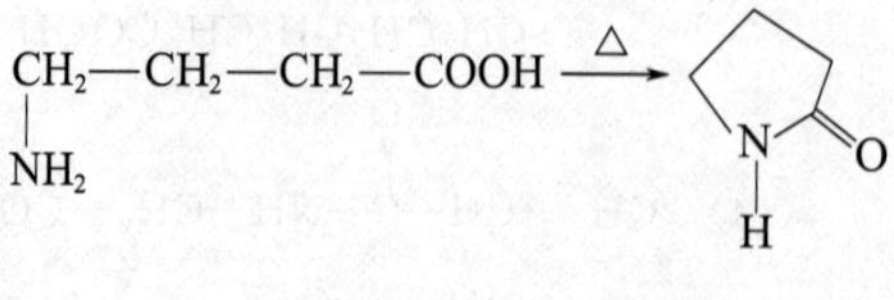

(6) $$NH_2\underset{\underset{\displaystyle CH_3}{|}}{CH}-COOH + NH_2\underset{\underset{\displaystyle CH_3}{|}}{CH}-COOH \xrightarrow{-H_2O} NH_2-\underset{\underset{\displaystyle CH_3}{|}}{CH}-\overset{\overset{\displaystyle O}{\|}}{C}-NH-\underset{\underset{\displaystyle CH_3}{|}}{CH}-COOH$$

3. (1) $$CH_3\underset{\underset{\displaystyle NH_2}{|}}{C}HCOOH + NaOH \longrightarrow CH_3\underset{\underset{\displaystyle NH_2}{|}}{C}HCOO^- Na^+ + H_2O$$

(2) $$CH_3\underset{\underset{\displaystyle NH_2}{|}}{C}HCOOH + 2HCHO \longrightarrow HOH_2C-\underset{\underset{\displaystyle R-CH-COOH}{|}}{N}-CH_2OH$$

(3) $$CH_3\underset{\underset{\displaystyle NH_2}{|}}{C}HCOOH + (CH_3CH_2CO)_2O \longrightarrow CH_3\underset{\underset{\displaystyle NH\underset{\underset{\displaystyle O}{\|}}{C}CH_2CH_3}{|}}{C}HCOOH$$

(4) $$CH_3\underset{\underset{\displaystyle NH_2}{|}}{C}HCOOH + HCl \longrightarrow CH_3\underset{\underset{\displaystyle N^+H_3Cl^-}{|}}{C}HCOOH + H_2O$$

(5) $$CH_3-\overset{\overset{\displaystyle NH_2}{|}}{CH}-COOH + HNO_2 \longrightarrow CH_3-\overset{\overset{\displaystyle OH}{|}}{CH}-COOH + H_2O + N_2\uparrow$$

(6) $$CH_3-\underset{\underset{\displaystyle NH_2}{|}}{CH}-\overset{\overset{\displaystyle O}{\|}}{C}-OH + CH_3OH \xrightarrow{\text{干 HCl}} CH_3-\underset{\underset{\displaystyle NH_2}{|}}{CH}-\overset{\overset{\displaystyle O}{\|}}{C}-OCH_3 + H_2O$$

4. (1)

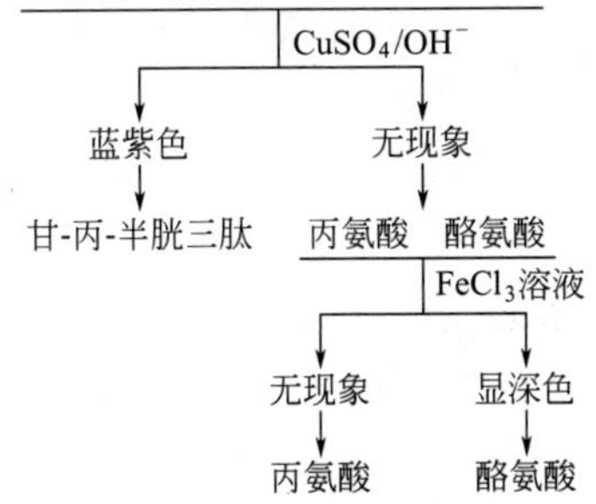

(2)

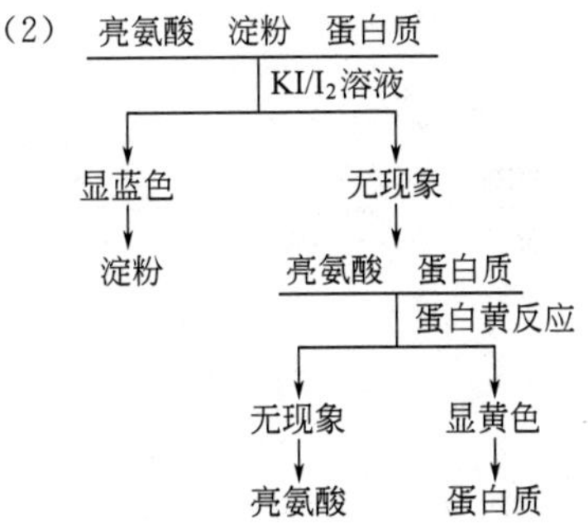

(3)

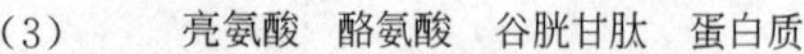

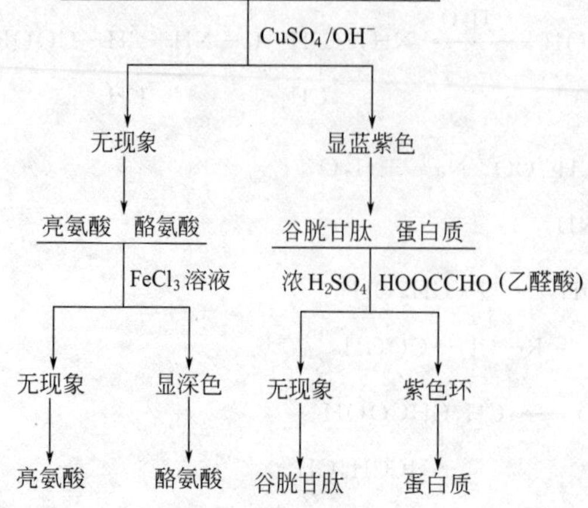

(4)

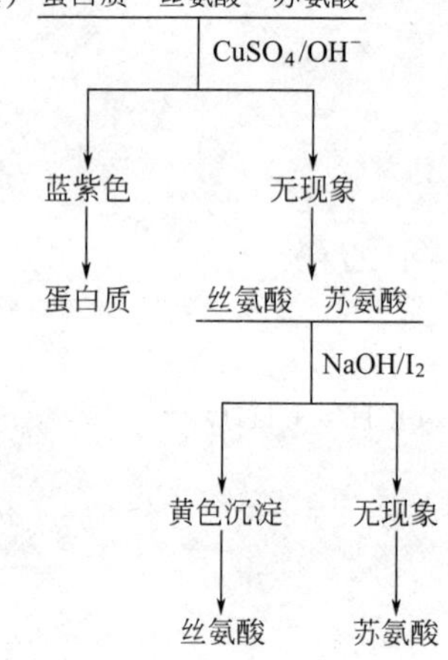

5.（1）方法一：

$$CH_3CH_2CHO \xrightarrow{[H]} CH_3CH_2CH_2OH \xrightarrow{HBr} CH_3CH_2CH_2Br \xrightarrow{NaCN}$$

$$CH_3CH_2CH_2CN \xrightarrow[H^+]{H_2O} CH_3CH_2CH_2COOH \xrightarrow[P]{Br_2} CH_3CH_2\underset{\displaystyle Br}{\underset{|}{C}}HCOOH$$

$$\xrightarrow{NH_3} CH_3CH_2\underset{\displaystyle NH_2}{\underset{|}{C}}HCOONH_4 \xrightarrow[H^+]{H_2O} CH_3CH_2\underset{\displaystyle NH_2}{\underset{|}{C}}HCOOH$$

方法二：

$$CH_3CH_2CHO \xrightarrow{HCN} CH_3CH_2\underset{\displaystyle OH}{\underset{|}{C}}HCN \xrightarrow[H^+]{H_2O} CH_3CH_2\underset{\displaystyle OH}{\underset{|}{C}}HCOOH \xrightarrow[H^+]{HBr}$$

$$CH_3CH_2\underset{\displaystyle Br}{\underset{|}{C}}HCOOH \xrightarrow{NH_3} \xrightarrow[H^+]{H_2O} CH_3CH_2\underset{\displaystyle NH_2}{\underset{|}{C}}HCOOH$$

（2）$CH_2(COOH)_2 \xrightarrow{C_2H_5OH} CH_2(COOC_2H_5)_2$

$$C_6H_5\text{—}CH_3 \xrightarrow{Cl_2/h\nu} C_6H_5\text{—}CH_2Cl$$

$$CH_2(COOC_2H_5)_2 \xrightarrow{C_2H_5ONa} \xrightarrow{C_6H_5CH_2Cl} C_6H_5CH_2CH(COOC_2H_5)_2 \xrightarrow[H_2O]{OH^-} \xrightarrow{H^+} \xrightarrow{\triangle}$$

$$C_6H_5CH_2CH_2COOH \xrightarrow[P]{Br_2} C_6H_5CH_2\underset{\substack{|\\Br}}{C}HCOOH \xrightarrow[\triangle]{NH_3} C_6H_5CH_2\underset{\substack{|\\NH_2}}{C}HCOOH$$

(3) $(CH_3)_2CHBr \xrightarrow{NaCH(COOEt)_2} (CH_3)_2CHCH(COOEt)_2 \xrightarrow{OH^-/H_2O} \xrightarrow[-CO_2]{H^+}$

$$\xrightarrow[P]{Br_2} \xrightarrow{NH_3} (CH_3)_2CH\underset{\substack{|\\NH_2}}{C}HCOOH$$

(4) $CH_2{=\!=}CH_2 \xrightarrow{Br_2} BrCH_2CH_2Br \xrightarrow[醇]{NaCN} \xrightarrow{H_3O^+} HOOCCH_2CH_2COOH$

$$\xrightarrow[P]{Br_2} \xrightarrow{NH_3} HOOCCH_2\underset{\substack{|\\NH_2}}{C}HCOOH$$

(5) $CH_3(CH_2)_4OH \xrightarrow[H^+]{KMnO_4} CH_3CH_2CH_2CH_2COOH \xrightarrow{Br_2}$

$$CH_3CH_2CH_2\underset{\substack{|\\Br}}{C}HCOOH \xrightarrow{NH_3} CH_3CH_2CH_2\underset{\substack{|\\NH_2}}{C}HCOOH$$

(6) $CH_3CH_2COOH \xrightarrow[P]{Cl_2} CH_3\underset{\substack{|\\Cl}}{C}HCOOH \xrightarrow{NH_3} CH_3\underset{\substack{|\\NH_2}}{C}H\overset{\substack{O\\\|}}{C}NH_2$

$$\xrightarrow{H_2O} CH_3\underset{\substack{|\\NH_2}}{C}HCOOH \xrightarrow{C_2H_5OH} CH_3\underset{\substack{|\\NH_2}}{C}HCOOC_2H_5$$

6. A. $CH_3\underset{\substack{|\\NH_2}}{C}HCOOC_2H_5$　　B. $CH_3\underset{\substack{|\\NH_2}}{C}HCOOH$　　C. CH_3CH_2OH

7. 经分析 A、B 的结构式为：

A. $CH_3\underset{\substack{|\\NH_2}}{C}H-\overset{\substack{O\\\|}}{C}-NH-CH_2-\overset{\substack{O\\\|}}{C}-NH-CH_2COOH$

B. $CH_3\underset{\substack{|\\OH}}{C}H-\overset{\substack{O\\\|}}{C}-NH-CH_2-\overset{\substack{O\\\|}}{C}-NH-CH_2COOH$

各步反应式为：

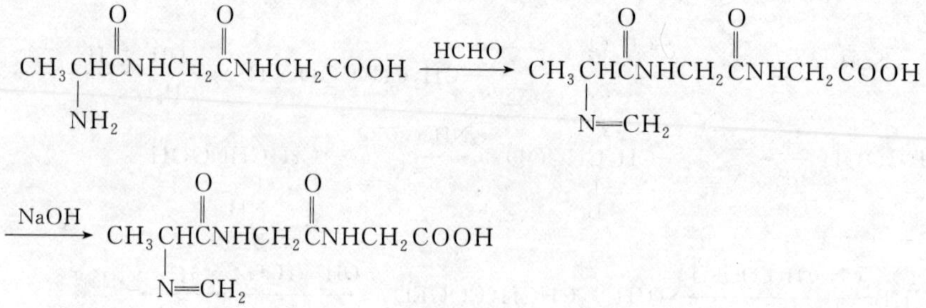

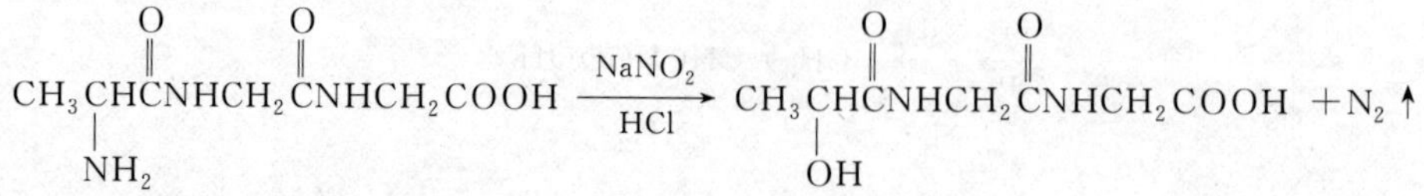

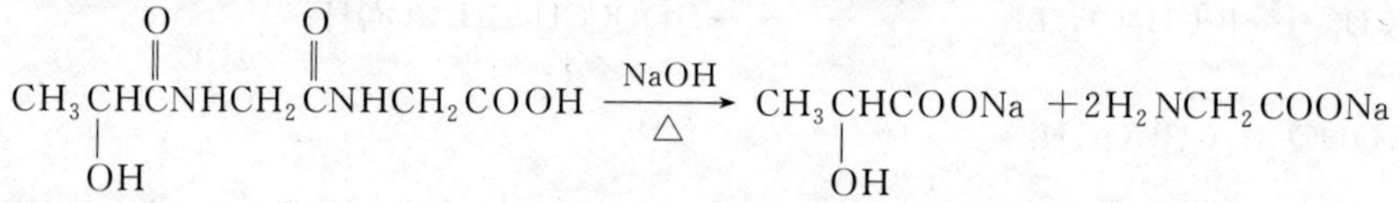

$$\underset{\underset{\displaystyle NH_2}{|}}{CH_3CH}\overset{\overset{\displaystyle O}{\|}}{C}NHCH_2\overset{\overset{\displaystyle O}{\|}}{C}NHCH_2COOH \xrightarrow{HCHO} \underset{\underset{\displaystyle N{=}CH_2}{|}}{CH_3CH}\overset{\overset{\displaystyle O}{\|}}{C}NHCH_2\overset{\overset{\displaystyle O}{\|}}{C}NHCH_2COOH$$

$$\xrightarrow{NaOH} \underset{\underset{\displaystyle N{=}CH_2}{|}}{CH_3CH}\overset{\overset{\displaystyle O}{\|}}{C}NHCH_2\overset{\overset{\displaystyle O}{\|}}{C}NHCH_2COOH$$

$$\underset{\underset{\displaystyle NH_2}{|}}{CH_3CH}\overset{\overset{\displaystyle O}{\|}}{C}NHCH_2\overset{\overset{\displaystyle O}{\|}}{C}NHCH_2COOH \xrightarrow[HCl]{NaNO_2} \underset{\underset{\displaystyle OH}{|}}{CH_3CH}\overset{\overset{\displaystyle O}{\|}}{C}NHCH_2\overset{\overset{\displaystyle O}{\|}}{C}NHCH_2COOH + N_2\uparrow$$

$$\underset{\underset{\displaystyle OH}{|}}{CH_3CH}\overset{\overset{\displaystyle O}{\|}}{C}NHCH_2\overset{\overset{\displaystyle O}{\|}}{C}NHCH_2COOH \xrightarrow[\triangle]{NaOH} \underset{\underset{\displaystyle OH}{|}}{CH_3CH}COONa + 2H_2NCH_2COONa$$

8. $\Omega=\dfrac{(2n+2+N)\text{数}-\text{实际氢数}}{2}=\dfrac{3\times2+2+1-7}{2}=1$

属于氨基酸，三个碳原子，有旋光活性，应为丙氨酸：

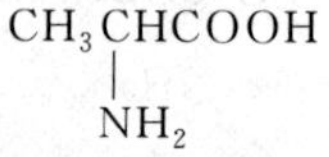

$$\underset{\underset{\displaystyle NH_2}{|}}{CH_3CH}COOH$$

9. N端和C端均为亮氨酸，故此八肽中氨基酸残基的排列顺序应为：
亮氨酸—丙氨酸—精氨酸—苯丙氨酸—甘氨酸—丝氨酸—脯氨酸—亮氨酸

10.

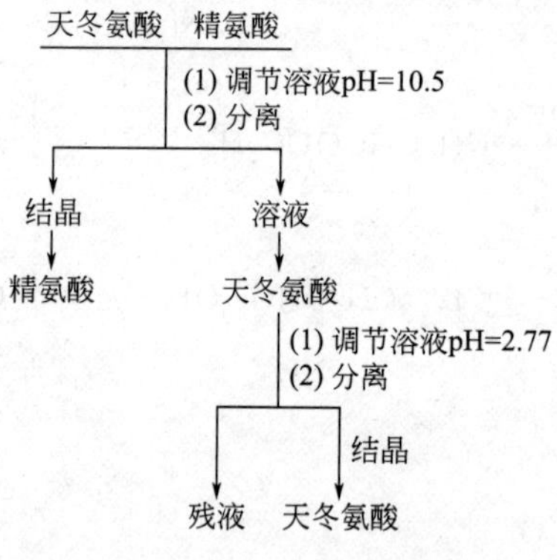

天冬氨酸　精氨酸
→ (1) 调节溶液pH=10.5 (2) 分离
- 结晶 → 精氨酸
- 溶液 → 天冬氨酸
  → (1) 调节溶液pH=2.77 (2) 分离
  - 残液
  - 结晶 → 天冬氨酸

11. A的结构式为：$NH_2{-}CH_2{-}\overset{\overset{\displaystyle O}{\|}}{C}{-}NH{-}\underset{\underset{\displaystyle CH_3}{|}}{CH}{-}COOH$

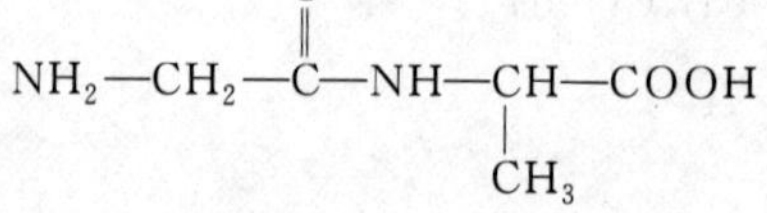

12. 根据题意，能与NaOH水溶液共热放出NH_3，并且能发生霍夫曼降级反应的应为酰胺，降级后生成α,γ-二氨基丁酸，说明氨基酸A的碳链结构应为直链，因此可以推测A的结构式为：

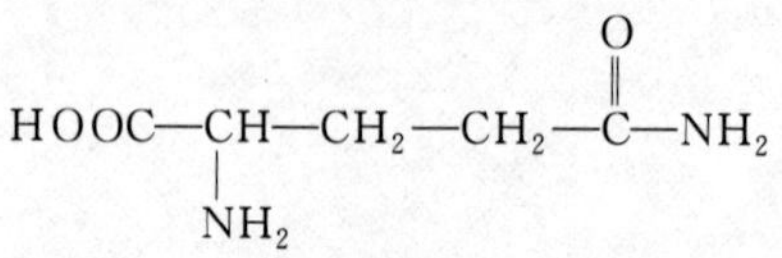

$$HOOC{-}\underset{\underset{\displaystyle NH_2}{|}}{CH}{-}CH_2{-}CH_2{-}\overset{\overset{\displaystyle O}{\|}}{C}{-}NH_2$$

相关反应方程式为：

$$\underset{\underset{\textstyle NH_2}{|}}{HOOCCH}CH_2CH_2\overset{\overset{\textstyle O}{\|}}{C}NH_2 \xrightarrow[\triangle]{NaOH\text{溶液}} \underset{\underset{\textstyle NH_2}{|}}{HOOCCH}CH_2CH_2COONa + NH_3\uparrow$$

$$\underset{\underset{\textstyle NH_2}{|}}{HOOCCH}CH_2CH_2\overset{\overset{\textstyle O}{\|}}{C}NH_2 \xrightarrow[OH^-]{NaOBr} \underset{\underset{\textstyle NH_2}{|}}{NaOOCCH}CH_2CH_2NH_2 \xrightarrow{H^+} \underset{\underset{\textstyle NH_2}{|}}{HOOCCH}CH_2CH_2NH_2$$

13. DNA 彻底水解后，D-核糖、尿嘧啶、脱氧尿苷不能存在，其他可能存在。

Part 03

第三部分　硕士学位研究生入学考试试题选编及期末综合测试题

2022年全国硕士研究生招生考试农学门类联考化学试题——有机化学（一）

一、单项选择题

1. 下列对赖氨酸描述错误的是（　　）。

A. 易溶于水　　B. pI>7　　C. 有旋光性　　D. 只有一个氨基

答案：D

【解析】赖氨酸为碱性氨基酸，含有2个氨基。

2. 下列化合物碱性由大到小的顺序是（　　）。

①（$NHCH_3$）　②（CH_2NHCH_3）　③（H N）

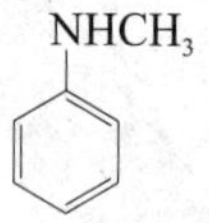

A. ②>③>①　　B. ①>②>③　　C. ②>①>③　　D. ①>③>②

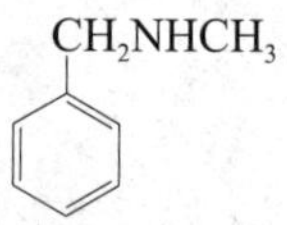

答案：C

【解析】含氮化合物的酸碱性比较时，一般脂肪胺碱性大于芳香胺，吡咯为弱酸性，所以碱性由大到小的顺序是②>①>③。

3. 化合物 $CH_3CH{=}CHCH{=}CH_2$ 与 Br_2 在室温下加成的主产物是（　　）。

A. $CH_3CHCH{=}CHCH_2Br$（Br 连于第二个 C）

B. $CH_3CH{-}CHCH{=}CH_2$（两个 Br 分别连于第二、第三个 C）

C. $CH_3CH{=}CHCHCH_2Br$（Br 连于第四个 C）

D. $BrCH_2C{=}CHCH{=}CH_2$（Br 连于第二个 C）

答案：A

【解析】共轭二烯与溴在室温下进行亲电加成首要的产物是1,4-加成产物A。

4. 下列结构中，无 p-π 共轭的是（　　）。

A.（CHO，N）　　B.（OCH_3，N）　　C.（Br，N）　　D.（NH_2，N）

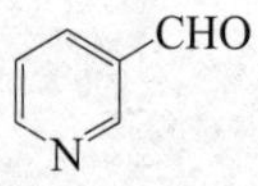

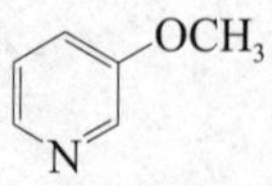

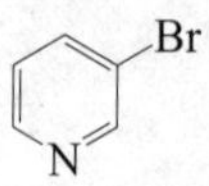

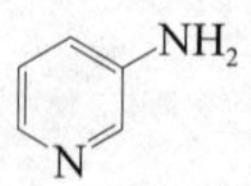

答案：A

【解析】与吡啶等芳香环有 p-π 共轭的主要是单键连接的N、O、X等杂原子。

5. 可区别 $CH_3CH_2CH_2NH_2$、$(CH_3CH_2CH_2)_2NH$、$(CH_3CH_2CH_2)_3N$ 的试剂是（　　）。

A. HCl　　　　B. H_2SO_4　　　　C. HNO_3　　　　D. HNO_2

答案：D

【解析】伯、仲、叔胺与盐酸、硫酸、硝酸的反应相近，都是酸碱反应。亚硝酸与伯胺反应放出氮气，与仲胺反应形成 N-亚硝基化合物，与叔胺是酸碱反应，因而答案是 D。

6. 下列化合物与苯胺反应的活性顺序是（　　）。

①丙酸乙酯　②丙酸酐　③丙酰氯

A. ③>①>②　　　　B. ③>②>①　　　　C. ①>③>②　　　　D. ①>②>③

答案：B

【解析】酰化试剂与苯胺反应的活性顺序一般为酰氯>酸酐>酯。

7. 下列化合物无旋光性的是（　　）。

A. 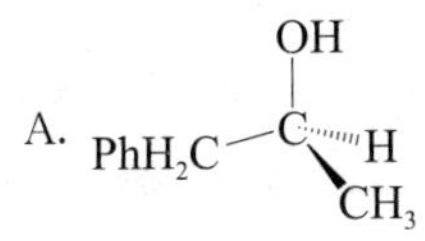

B. Br(H)C=C=C(H)(Br)

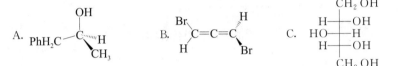

C. 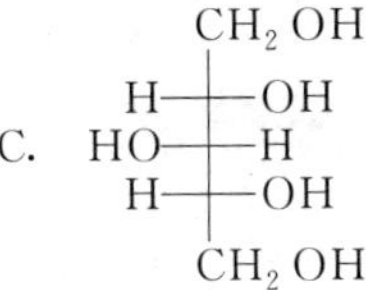

D. Cl　H　H　Br

答案：C

【解析】化合物 A、B、D 无对称面，有手性。化合物 C 存在对称面，无旋光性。

8. 下列化合物与 KOH 的乙醇溶液共热，消除反应速率最快的是（　　）。

A. Br

B. 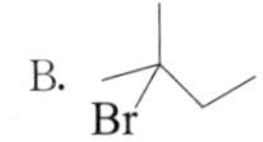

C. 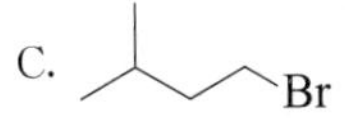

D. 

答案：B

【解析】卤代烷与 KOH 的乙醇溶液共热，消除反应速率顺序一般为叔卤代烷>仲卤代烷>伯卤代烷。化合物 B 是叔卤代烷，反应速率最快。

9. 下列化合物不含羧基官能团的是（　　）。

A. 苦味酸　　　　B. 酒石酸　　　　C. 草酸　　　　D. 水杨酸

答案：A

【解析】苦味酸是 2,4,6-三硝基苯酚，没有羧基。

10. 下列化合物沸点最低的是（　　）。

A. 丁酮　　　　B. 丁胺　　　　C. 1-丁烯　　　　D. 丁酸

答案：C

【解析】同样是含有 4 个碳的有机物，丁酸和丁胺都有分子间氢键，沸点较高。丁酮有一定极性，分子间作用力也较大；1-丁烯极性较小，分子间作用力最小，沸点最低。

11. 果糖在稀碱溶液中发生差向异构化，平衡混合物中有（　　）。

A. 核糖　　　　B. 脱氧核糖　　　　C. 半乳糖　　　　D. 葡萄糖

答案：D

【解析】果糖在稀碱溶液中发生差向异构化，平衡混合物中有葡萄糖和甘露糖。

12. 下列结构中，环上电子云密度最低的是（　　）。

A. 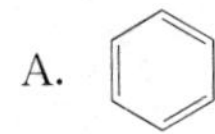

B. 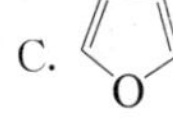

C. O

D. S

答案：B

【解析】与苯环相比，呋喃和噻吩是富电子芳环，吡啶是缺电子芳环，电子云密度最低。

13. 下列溶剂可用于苄基溴与金属镁反应生成苄基溴化镁的是（　　）。

A. 无水乙醇　　　　B. 无水二乙胺　　　　C. 无水乙醚　　　　D. 无水乙酸乙酯

答案：C

【解析】格氏试剂比较活泼，制备时需要使用不与之发生反应的惰性溶剂乙醚。

14. 下列结构为油酸的是（　　）。

A. $CH_3(CH_2)_7CH{=}CH(CH_2)_7COOH$

B. $CH_3(CH_2)_4CH{=}CHCH_2CH{=}CH(CH_2)_7COOH$

C. $CH_3(CH_2)_{16}COOH$

D. $CH_3(CH_2)_{14}COOH$

答案：A

【解析】油酸是单不饱和十八碳脂肪酸。

15. 下列化合物能发生碘仿反应的是（　　）。

A. $CH_3CH_2CH_2CH_2CH_2OH$　　B. 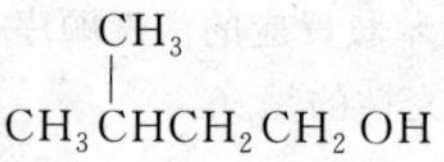 $CH_3CH(CH_3)CH_2CH_2OH$

C. 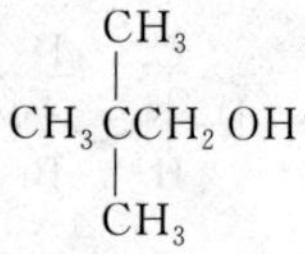 $CH_3C(CH_3)_2CH_2OH$　　D. 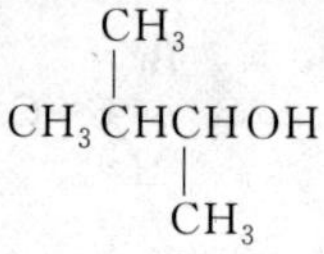 $CH_3CH(CH_3)CH(OH)CH_3$

答案：D

【解析】一般甲基酮或甲基醇可以发生碘仿反应，故只有D结构能发生反应。

二、填空题

1. 2-甲基四氢吡咯的结构式是________。

答案：(H)N—CH_3（2-甲基四氢吡咯环结构）

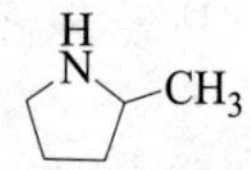

2. 反-1-乙基-3-叔丁基环己烷优势构象中，乙基在________键上。（填“a”或“e”）

答案：a

【解析】反-1-乙基-3-叔丁基环己烷优势构象中，较大基团叔丁基在e键上，乙基在a键上。

3. 化合物 H_3C—C(H)(C_2H_5)—COOH 的系统命名是________。（标明“*R*”或“*S*”）

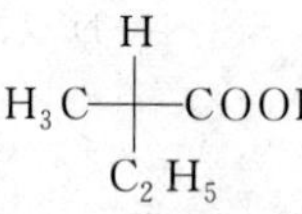

答案：(*R*)-2-甲基丁酸

4. 乙酸乙酯-水的二元体系中，水在________层。（填“上”或“下”）

答案：下

【解析】乙酸乙酯-水的二元体系中，水比乙酸乙酯重，在下层。

5. 完成反应式（写出主产物）：

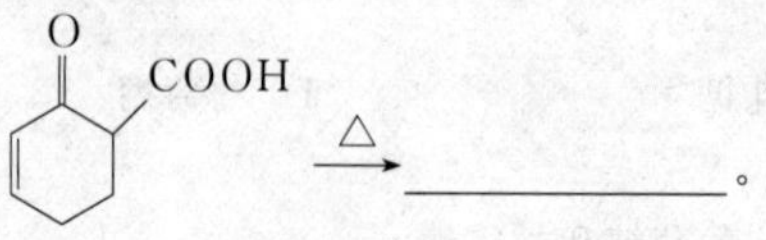

（2-羰基环己烯-1-甲酸，O，COOH）$\xrightarrow{\triangle}$ ________。

答案：（环己烯酮，=O）

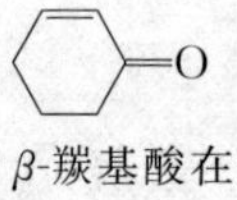

【解析】*β*-羰基酸在加热条件下，脱羧成酮。

6. 完成反应式（写出主产物）：

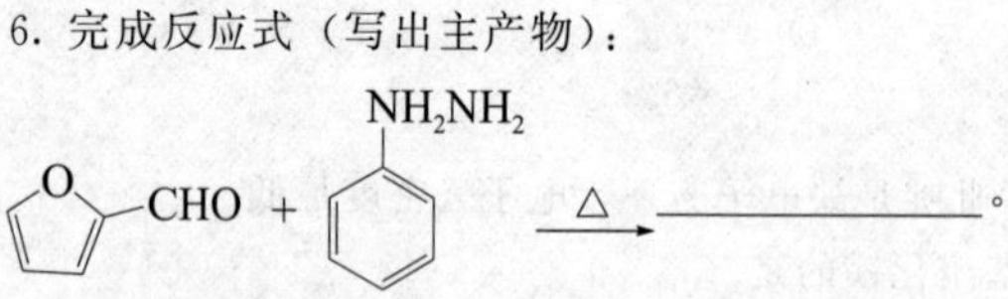

（呋喃-2-甲醛）—CHO + （苯肼）NH_2NH_2—Ph $\xrightarrow{\triangle}$ ________。

答案：（呋喃基）—CH=NNH—（苯基）

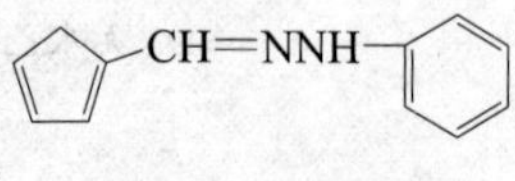

【解析】醛与苯肼发生反应得到苯腙。

7. 完成反应式：

$$\text{CH}_2\text{=CH-CH=CH}_2 + \underline{\qquad} \xrightarrow{\triangle} \text{3-环己烯基-C(=O)CH}_3$$

答案：$CH_2=CH-\overset{O}{\overset{\|}{C}}CH_3$

【解析】双烯体1,3-丁二烯与亲双烯体发生 Diels-Alder 反应形成环己烯衍生物。

8. 完成反应式（写出主产物）：

$$C_6H_5-\overset{O}{\overset{\|}{C}}CH_2CH_3 \xrightarrow[(2)\ H_3O^+]{(1)\ CH_3CH_2MgCl/\text{无水四氢呋喃}} \underline{\qquad\qquad}$$。

答案：$C_6H_5-C(OH)(CH_2CH_3)CH_2CH_3$

【解析】格氏试剂与酮发生反应，水解后生成叔醇。

9. 化合物 $m\text{-}Cl-C_6H_4-CH_2\overset{O}{\overset{\|}{C}}NH_2$ 的系统命名是__________。

答案：间氯苯乙酰胺（或3-氯苯乙酰胺）

10. 两组分混合物在硅胶薄层板上展开后，比移值 R_f 较大组分的极性较（　　）。（填“大”或“小”）

答案：小

【解析】两组分混合物在硅胶薄层板上展开后，极性小的组分移动速率较快，相对于溶剂的速率即比移值 R_f 较大。故答案是极性较小。

三、计算、分析与合成题

1. 化合物 A($C_6H_{14}O$) 分子中无手性碳原子，能与金属钠反应放出氢气，与硫酸共热生成化合物 B(C_6H_{12})。B可使溴的四氯化碳溶液褪色，B经酸性高锰酸钾氧化后只生成一种化合物 C(C_3H_6O)。写出化合物A、B、C的结构式。

答案：

A. $CH_3CH(CH_3)-C(OH)(CH_3)CH_3$　　B. $(H_3C)_2C=C(CH_3)_2$　　C. $CH_3\overset{O}{\overset{\|}{C}}CH_3$

【解析】化合物A分子式为 $C_6H_{14}O$，不饱和度为0，可能是醇或者是醚。能与金属钠反应放出氢气，说明是醇。与硫酸共热生成化合物 B(C_6H_{12})，B可使溴的四氯化碳溶液褪色，推断B是烯烃。烯烃经酸性高锰酸钾氧化后一般生成羧酸或（和）酮，B只生成一种化合物 C(C_3H_6O)，分子式含有1个O，故C为酮。3个碳的酮只有丙酮。倒推氧化前的烯烃B为对称烯2,3-二甲基-2-丁烯。醇类化合物A在与硫酸共热时生成B，且A分子中无手性碳原子，故A为2,3-二甲基-2-丁醇。

2. 用简便并能产生明显现象的化学方法，分别鉴别下列两组化合物（用流程图表示鉴别过程）。

(1) 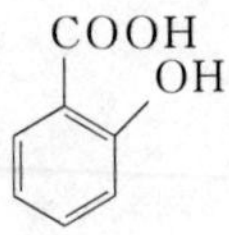 COOH OH 、 COOH CH_3 、 OH CH_3

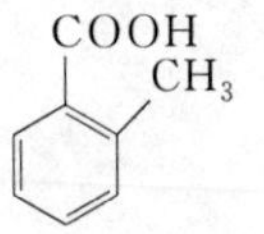

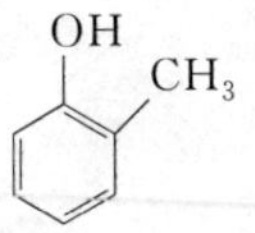

答案：

COOH OH

COOH CH_3 $\xrightarrow{NaHCO_3\ 溶液}$ $\left[\begin{array}{l}有气体生成\\有气体生成\\无现象\end{array}\right.$ $\left.\begin{array}{l}\\ \\ \end{array}\right\}$ $\xrightarrow{FeCl_3\ 溶液}$ $\left[\begin{array}{l}显色\\无现象\end{array}\right.$

OH CH_3

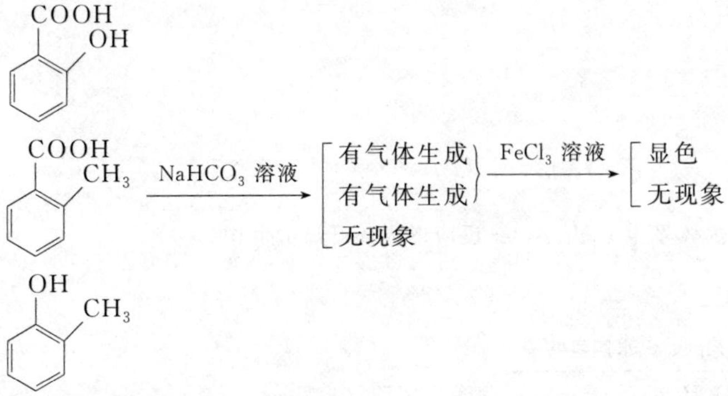

【解析】此组 3 个化合物中前两种苯甲酸衍生物酸性较强，可以与弱碱 $NaHCO_3$ 发生反应，放出 CO_2 气体，邻甲基苯酚不反应。前两者中水杨酸含有酚羟基，可以与 $FeCl_3$ 溶液显色，邻甲基苯甲酸与 $FeCl_3$ 不反应。

(2) 甲基果糖苷、半乳糖、1,3-环己二酮

答案：甲基果糖苷 / 半乳糖 / 1,3-环己二酮 $\xrightarrow{Br_2/H_2O}$ $\left[\begin{array}{l}无现象\\溴水褪色\\溴水褪色\end{array}\right.$ $\xrightarrow{斐林试剂}$ $\left[\begin{array}{l}砖红色沉淀\\无现象\end{array}\right.$

【解析】此组 3 个化合物分别为醛糖、酮糖的甲苷和 1,3-二酮。1,3-二酮有较多的烯醇式互变异构体存在，可以使溴水褪色；半乳糖为醛糖，也可以使溴水褪色。但糖苷与溴水不反应。半乳糖也可以与斐林试剂反应生成砖红色沉淀，而环己二酮没有还原性，不反应。

3. 按照要求制备下列物质（写出每一步的反应方程式和主要反应条件，无机试剂任选）。

(1) 由 CH_2Cl 制备 NH_2

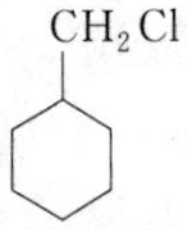

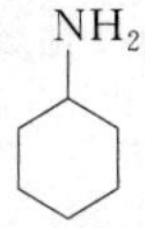

答案：

CH_2Cl $\xrightarrow[H_2O]{NaOH}$ CH_2OH $\xrightarrow[H^+]{KMnO_4}$ COOH $\xrightarrow[\triangle]{NH_3}$ $CONH_2$ $\xrightarrow[NaOH]{Br_2}$ NH_2

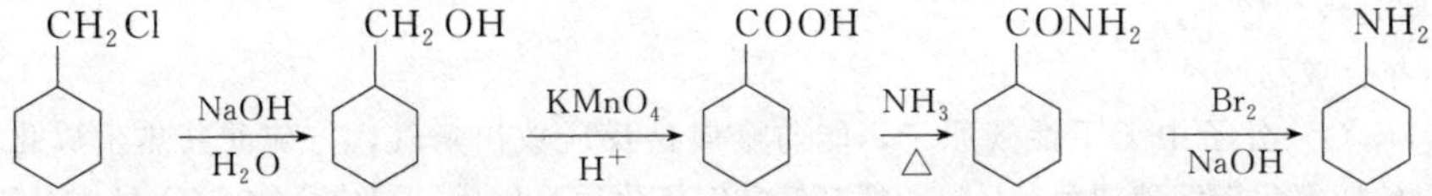

【解析】目标产物为胺，比原料卤代物少一个碳，可以考虑从酰胺的 Hofmann 降解反应生成伯胺来合成。卤代物经过水解再氧化可以生成羧酸，再与 NH_3 反应得到酰胺；酰胺与溴的碱性溶液作用得到产物。

(2) 由 NH_2 制备 COOH Cl

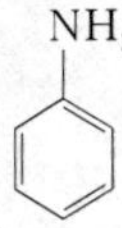

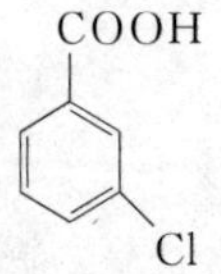

答案：

NH_2 $\xrightarrow[0\sim5℃]{HNO_2}$ N_2^+ $\xrightarrow{CuCN}$ CN $\xrightarrow[H^+]{H_2O}$ COOH $\xrightarrow[FeCl_3]{Cl_2}$ COOH Cl

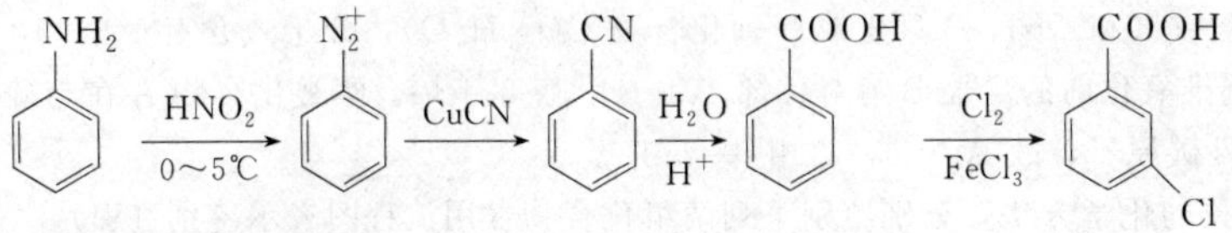

【解析】目标产物为间氯苯甲酸，可以通过原料苯胺的重氮化氰化，再水解得到苯甲酸。进行苯环亲电取代反应时羧基为间位定位基团，苯甲酸氯代得到间位定位的产物（注意：先重氮化氯代，再引入羧基行不通）。

2021年全国硕士研究生招生考试农学门类联考化学试题——有机化学（二）

一、单项选择题

1. 下列化合物进行亲电取代反应，活性从大到小的顺序是（　　）。

① 3-硝基吡啶（NO_2）　② 3-甲基吡啶（CH_3）　③ 噻吩（S）

A. ②>③>①　　B. ②>①>③　　C. ③>②>①　　D. ③>①>②

答案：C

【解析】亲电取代反应的活性与芳环碳原子的电子云密度直接相关，电子云密度高则反应速度快，反之则慢。硝基钝化吡啶环，甲基活化吡啶环，故②>①；噻吩为富电子芳环，速度最快。所以③>②>①。

2. 下列化合物中，碱性强度与氢氧化钠相当的是（　　）。

A. $(CH_3CH_2)_4\overset{+}{N}OH^-$　　B. $(CH_3CH_2)_3\overset{+}{N}HOH^-$

C. $(CH_3CH_2)_2\overset{+}{N}H_2OH^-$　　D. $CH_3CH_3\overset{+}{N}H_3OH^-$

答案：A

【解析】季铵碱的碱性最强，与氢氧化钠相当。

3. 苯环与侧链之间存在 π-π 共轭的是（　　）。

A. $C_6H_5OCH_2CH{=}CH_2$　　B. $C_6H_5CH{=}CHCH_3$

C. $C_6H_5CH_2OCH_2CH_3$　　D. $C_6H_5CH_2CH{=}CH_2$

答案：B

【解析】苯环与不饱和键隔一个单键相连为 π-π 共轭。

4. 可用 $AgNO_3/CH_3CH_2OH$ 区别的一组化合物是（　　）。

A. 溴代环己烷（Br），溴代环戊烷（—Br）　　B. 1-溴环己烯（Br），1-溴环戊烯（—Br）

C. $CH_3CH{=}CHBr$，$H_2C{=}C(Br)CH_3$　　D. $CH_3CH{=}CHBr$，$CH_3CH{=}CHCH_2Br$

答案：D

【解析】A、B、C各组都是相同类型的卤代烃，而D组前者为乙烯型卤代物，不反应，后者为烯丙型卤代物，反应速度快。

5. 手性碳原子为“S”构型的是（　　）。

A. Fischer投影式：上 C≡CH，左 H，右 Br，下 $CH{=}CH_2$

B. Fischer投影式：上 C≡CH，左 Br，右 Br，下 $CH{=}CH_2$

C. Fischer投影式：上 Br，左 HC≡C—，右 H，下 $CH{=}CH_2$

D. Fischer投影式：上 H，左 $H_2C{=}HC$—，右 Br，下 C≡CH

答案：B

【解析】Fischer 投影式判断构型时，手性碳原子所连四个基团按照次序规则比较大小，最小基团在上或下，其余基团从大到中、小依次为顺时针则标记为 R；最小基团在左或右，其余基团从大到中、小依次为顺时针则标记为 S。

6. 硬脂酸为（　　）。

A. 十八烯酸　　B. 十六烯酸　　C. 十八酸　　D. 十六酸

答案：C

【解析】硬脂酸为十八碳饱和羧酸。

7. 不含手性碳原子的氨基酸是（　　）。

A. 丝氨酸　　B. 赖氨酸　　C. 谷氨酸　　D. 甘氨酸

答案：D

【解析】常见的天然氨基酸只有甘氨酸没有手性。

8. 不能作为傅-克烷基化试剂的是（　　）。

A. 丙烷　　B. 乙烯　　C. 溴乙烷　　D. 乙醇

答案：A

【解析】酰基化试剂一般是在路易斯酸催化条件下可以产生碳正离子中间体的化合物，A 不行。

9. 甲基-α-D-葡萄糖苷的结构是（　　）。

A. 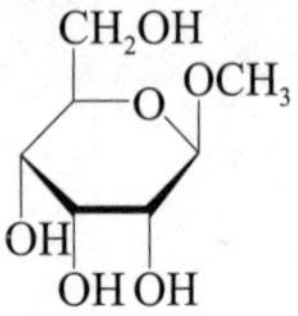
CH2OH
OCH3
O
OH
OH OH

B. 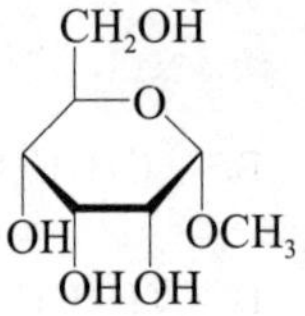
CH2OH
O
OH
OCH3
OH OH

C. 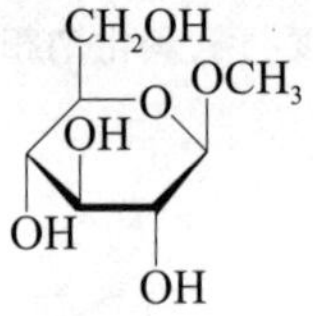
CH2OH
OCH3
O
OH
OH
OH

D. 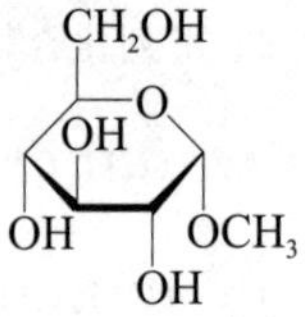
CH2OH
O
OH
OH
OCH3
OH

答案：D

【解析】母体 α-D-葡萄糖的结构只有半缩醛羟基与 2-羟基呈顺式，其余相邻基团均为反式。

10. 不能发生消除反应的化合物是（　　）。

A. 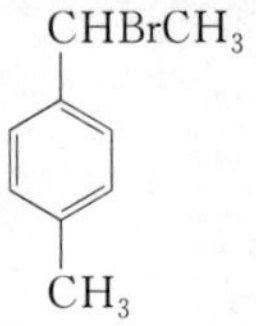
CHBrCH3
CH3

B. 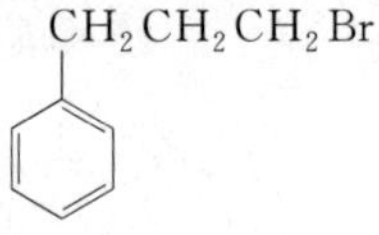
CH2CH2CH2Br

C. 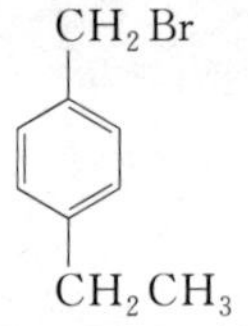
CH2Br
CH2CH3

D. 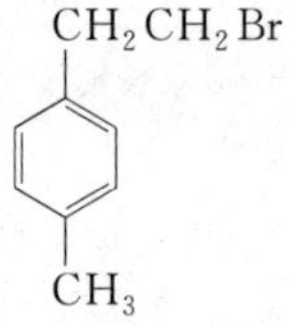
CH2CH2Br
CH3

答案：C

【解析】卤代烷发生消除反应需要有 β-H，只有 C 没有 β-H。

11. 维生素 H 的结构为 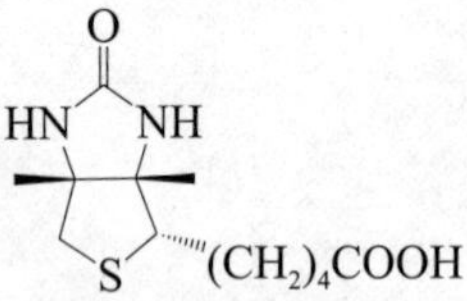
O
HN
NH
S
(CH2)4COOH
，下列描述符合该结构的是（　　）。

A. 含有四氢噻吩结构，有 1 个手性碳

B. 含有四氢噻吩结构，有 3 个手性碳

C. 含有四氢吡咯结构，有 1 个手性碳

D. 含有四氢吡咯结构，有 3 个手性碳

答案：B

【解析】所连四个基团都不相同的 C 为手性碳，只有 B 选项符合描述。

12. 下列各组化合物中，都能形成分子内氢键的一组是（　　）。

A. 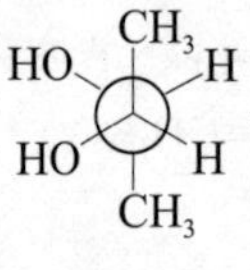
CH3
HO
H
HO
H
CH3
，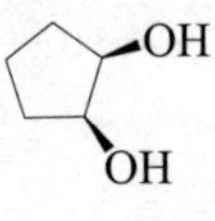
OH
OH

B. 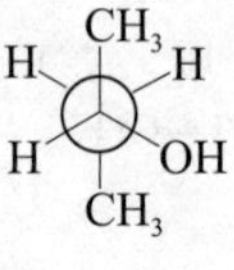
CH3
H
H
H
OH
CH3
，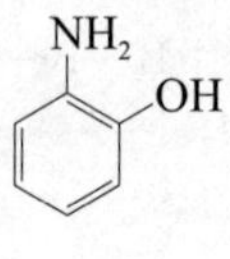
NH2
OH

C. 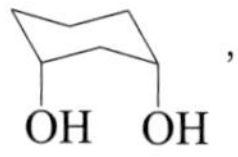 (环己烷-1,2-二醇结构，OH OH)，$F—C≡C—CH_2OH$ D. 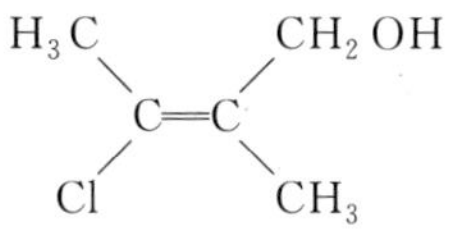 (H_3C、Cl 与 CH_2OH、CH_3 连接于 C=C 的结构)，(对苯二酚结构，OH，OH)

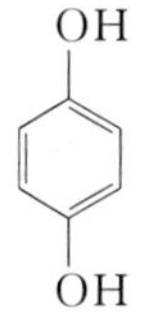

答案：A

【解析】形成分子内氢键需要有氨基、羟基等基团，同时两个基团距离适当，只有 A 组两个化合物均符合。

13. 下列化合物中，不能与三氯化铁溶液显色的是（　　）。

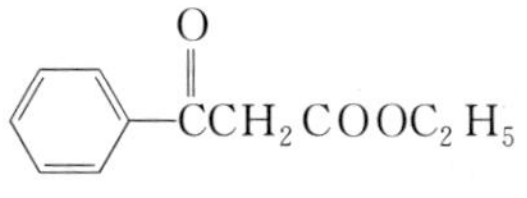

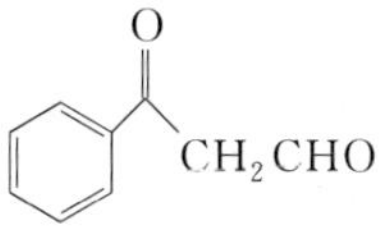

A. 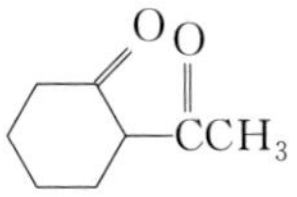 (2-乙酰基环己酮：环己酮环上连 $\overset{O}{\parallel}{C}CH_3$)　B. $C_6H_5\overset{O}{\overset{\parallel}{C}}CH_2COOC_2H_5$

C. $C_6H_5\overset{O}{\overset{\parallel}{C}}CH_2CHO$　D. 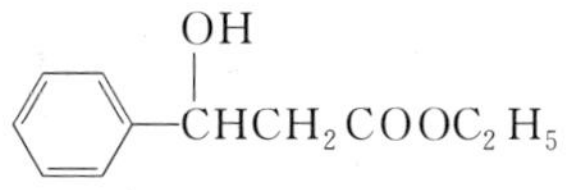 $C_6H_5\overset{OH}{\overset{|}{C}}HCH_2COOC_2H_5$

答案：D

【解析】与三氯化铁溶液显色需要有足够浓度的烯醇式结构。A、B、C 选项均为 β-二羰基化合物，烯醇式含量高，可以显色；D 的烯醇式含量很低。

14. 反应 $C_6H_5\overset{O}{\overset{\parallel}{C}}OC_2H_5 + CH_3\overset{O}{\overset{\parallel}{C}}OC_2H_5 \xrightarrow{NaOC_2H_5}$ 可能的产物有（　　）。

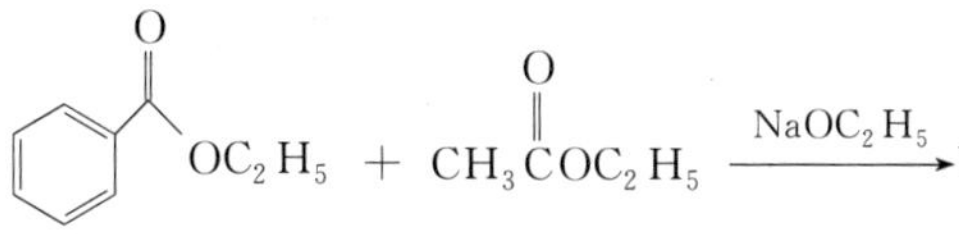

A. 4 种　B. 3 种　C. 2 种　D. 1 种

答案：C

【解析】乙酸乙酯在醇钠条件下可以自身酯缩合，也可以与苯甲酸乙酯发生交叉酯缩合反应。

15. 常压蒸馏实验中，不适用的玻璃仪器是（　　）。

A. 蒸馏头　B. 球形冷凝管　C. 温度计　D. 圆底烧瓶

答案：B

【解析】球形冷凝器一般用于回流，不用于蒸馏。

二、填空题

1. 反应 $C_6H_5\overset{O}{\overset{\parallel}{C}}—CH_2COOC_2H_5 \xrightarrow[(2)\ H^+/H_2O]{(1)\ 浓\ NaOH,\ \triangle}$ 的产物有乙酸、乙醇和________。(填名称)

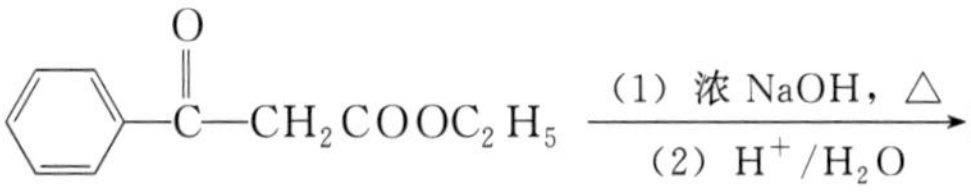

答案：苯甲酸

【解析】β-羰基酸酯在浓碱作用下水解时，羰基转变为羧基，故产物有苯甲酸。

2. $CH_3\overset{O}{\overset{\parallel}{C}}O\overset{O}{\overset{\parallel}{C}}CH_2CH_3$ 的系统命名是__________。

答案：乙酸丙酸酐（或乙丙酐）

【解析】酸酐是根据其来源的羧酸进行系统命名的，先简单羧酸，后复杂酸，再加“酐”字，乙酸丙酸酐（或乙丙酐）。

3. 调节谷氨酸水溶液至其等电点，应向该溶液中加__________。(填“碱”或“酸”)

答案：酸

【解析】谷氨酸为酸性氨基酸，$pI=3.22$，调节其水溶液至等电点，应向该溶液中加酸。

4. 5-硝基-2-萘酚的结构式为__________________。

答案：（结构式：萘环上带 OH 与 NO_2）

OH

NO_2

【解析】萘的衍生物命名时，编号从距离官能团最近的 α 位开始。

5. 结构（透视式：H、CH_3、Cl、Cl、H_3C、H）对应的 Newman 投影式为____________。

答案：（Newman 投影式：Cl、H、CH_3、H_3C、H、Cl）

【解析】相当于从透视式的前 C 看向后 C，Newman 投影式中前 C 简化为化学键的交叉点，后 C 则用圆圈表示。

6. 制备乙酰苯胺的原料分别是乙酸酐和__________。（填名称）

答案：苯胺

【解析】制备乙酰苯胺的反应为胺的酰化，原料是乙酸酐和苯胺。

7. 化合物 ① ② ③ ④ ⑤ $H_2C{=}CHCH_2CH{=}CH_2$ 在光照下进行溴代反应，最容易被取代的是______号碳上的氢原子。（填序号）

答案：③

【解析】该二烯烃在光照下进行溴代反应，烯丙位即③号碳原子上的氢原子最活泼，容易被取代。

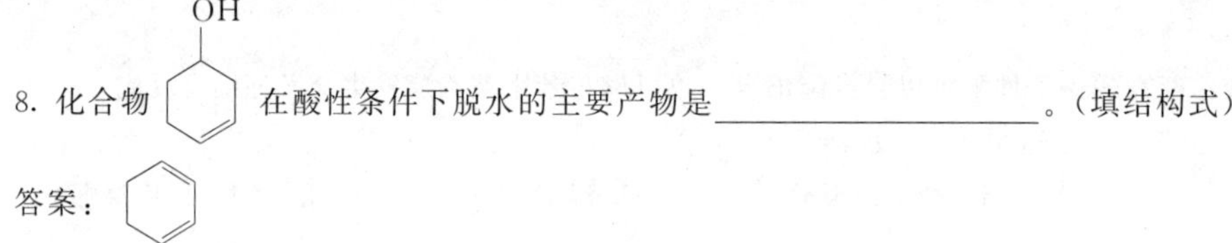

8. 化合物（OH）在酸性条件下脱水的主要产物是____________________。（填结构式）

答案：

【解析】该环烯醇在酸性条件下进行消除反应，主要产物为比较稳定的共轭二烯。

9. 反-1,2-二苯乙烯的结构式为____________________。

答案：Ph(H)C=C(H)Ph（Ph 与 H 分别位于双键两侧，反式）

【解析】双键两端碳原子各自所连接的两个基团都不相同，有异构。相同基团（如 H）分布在双键两边为反式。

10. 完成反应式（写出主产物）：$C_6H_5-CH_2\overset{O}{\overset{\|}{C}}CH_3 \xrightarrow[\text{浓 HCl，△}]{\text{Zn-Hg}}$__________________。

答案：$C_6H_5-CH_2CH_2CH_3$

【解析】此反应为酮羰基在强酸性条件下用锌汞齐还原为烷基。

三、计算、分析与合成题

1. 化合物 A(C_9H_{10}) 能使溴的四氯化碳溶液褪色，催化加氢生成 B(C_9H_{12})；B 用酸性高锰酸钾氧化生成 C($C_8H_6O_4$)；C 加热失水生成邻苯二甲酸酐。写出 A、B、C 的结构式。

答案：

A. 邻甲基苯乙烯（苯环上邻位取代：$CH{=}CH_2$，CH_3）　B. 邻甲基乙苯（苯环上邻位取代：CH_2CH_3，CH_3）　C. 邻苯二甲酸（苯环上邻位取代：COOH，COOH）

【解析】C 加热失水生成邻苯二甲酸酐，故 C 为邻苯二甲酸（符合 $C_8H_6O_4$）。同时可以推导出 B 为苯环邻位二取代结构，A 催化加氢生成 B，故 A 也是苯环邻位二取代结构。A 化合物，C_9H_{10} 不饱和度为 5，除苯环外，还剩余 3 个碳，1 个不饱和度（溴的四氯化碳溶液褪色为双键）；因为是邻位二取代，只有邻甲基苯乙烯符合。

2. 用简便并能产生明显现象的化学方法，分别鉴别下列两组化合物（用流程图表示鉴别过程）。

（1）$C_6H_5COCH_2CH_3$（C_6H_5—$\overset{O}{\overset{\|}{C}}CH_2CH_3$）、$C_6H_5$—$CH_2OH$、$C_6H_5$—$CH_2CHO$

答案：

$C_6H_5COCH_2CH_3$、$C_6H_5CH_2OH$、$C_6H_5CH_2CHO$ $\xrightarrow{\text{斐林试剂}}$ 无现象、无现象、沉淀；前两者（无现象） $\xrightarrow{\text{2,4-二硝基苯肼}}$ 沉淀、无现象

【解析】此组 3 个化合物中苯乙醛可以与斐林试剂反应生成砖红色沉淀，其余二者不反应。2,4-二硝基苯肼可以与剩余的苯基丙酮生成沉淀，醇不反应。

（2）$CH_3CH(NH_2)COOH$、$CH_3CH(OH)COOH$、$CH_3CH(Cl)COOH$

答案：

$CH_3CH(NH_2)COOH$、$CH_3CH(OH)COOH$、$CH_3CH(Cl)COOH$ $\xrightarrow{\text{水合茚三酮}}$ 蓝紫色、无现象、无现象；后两者（无现象） $\xrightarrow[\text{乙醇}]{AgNO_3}$ 无现象、沉淀

【解析】此组 3 个化合物分别是氨基酸、羟基酸和卤代酸，水合茚三酮与氨基酸反应呈蓝紫色，其余二者不反应。卤代酸相当于卤代物，与 $AgNO_3$ 的醇溶液发生反应产生卤化银沉淀，羟基酸不反应。

3. 按照要求制备下列物质（写出每一步的反应方程式和主要反应条件，无机试剂任选）。

（1）由环己烯和 2 个碳原子的有机试剂制备环己烷甲酸乙酯（$C_6H_{11}COOC_2H_5$）

答案：

环己烯 $\xrightarrow{HBr}$ 溴代环己烷（$C_6H_{11}Br$） $\xrightarrow{NaCN}$ $C_6H_{11}CN$ $\xrightarrow[H^+]{H_2O}$ $C_6H_{11}COOH$ $\xrightarrow[H^+,\ \triangle]{CH_3CH_2OH}$ $C_6H_{11}COOC_2H_5$

【解析】目标产物为羧酸酯，酸部分比原料环己烯多一个碳，可以从环己烯与溴化氢加成生成溴代环己烷，再与 NaCN 反应，进而水解得到；醇部分可以使用乙醇；然后环己烷甲酸与乙醇在酸催化下酯化得到产物。

（2）由苯和3个碳原子的有机试剂制备

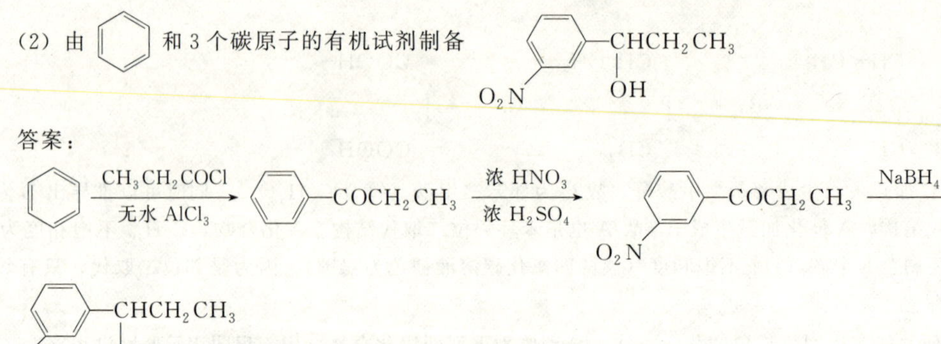

答案：

【解析】目标产物为仲醇，可以通过酮的选择性还原得到（只还原羰基，不还原硝基）。合成的策略是原料苯先进行傅克酰基化反应得到苯基丙酮，而后再硝化生成间位定位的硝基（注意：先硝化后酰基化行不通）。

2020年全国硕士研究生招生考试农学门类联考化学试题——有机化学（三）

一、单项选择题

1. 下列化合物与金属钠反应，活性最小的是（　　）。

A. 正丁醇　　B. 仲丁醇　　C. 叔丁醇　　D. 水

答案：C

【解析】醇的酸性一般比 H_2O 弱。醇与金属钠的反应活性顺序为：伯醇＞仲醇＞叔醇。烃基的给电子效应使氧原子电子云密度升高，不利于质子离去，与钠反应活性降低。

2. 甲酸异戊酯的结构式是（　　）。

A. $HC(=O)OCH_2CH_2CH(CH_3)CH_3$　　B. $HC(=O)OCH_2CH(CH_3)CH_2CH_3$

C. $HC(=O)OCH(CH_3)CH_2CH_2CH_3$　　D. $HC(=O)OCH(CH_2CH_3)CH_2CH_3$

答案：A

【解析】只有A为异戊醇形成的酯。

3. 已知 $H_2N—C(=NH)—NHCH_2CH_2CH_2CH(NH_2)COOH$ 的等电点为10.8，该物质水溶液的pH从2调节到12，其主要存在形式的变化是（　　）。

A. 从偶极离子到负离子　　B. 从偶极离子到正离子

C. 从正离子到负离子　　D. 从负离子到正离子

答案：C

【解析】精氨酸为碱性氨基酸，pH＝2时主要以质子化的正离子形式存在，pH＝10.8时以偶极离子形式存在，pH＝12时以酸根负离子形式存在。

4. 以 $CH_3COOC_2H_5$ 为原料合成 $CH_3COCH_2COOC_2H_5$ 所需的催化剂是（　　）。

A. 浓 H_2SO_4　　B. C_2H_5ONa　　C. C_2H_5OH　　D. CH_3COOH

答案：B

【解析】酯缩合反应的催化剂为醇钠中的负离子。

5. 化合物 （3-甲基环戊亚基）$=CHCH(CH_3)CH_3$ 用酸性高锰酸钾氧化，生成的主要产物是（　　）。

A. HOOC—（环戊烷）—COOH + $CH_3\overset{O}{\overset{\|}{C}}CH_3$

B. H_3C—（环戊酮）$=O$ + $CH_3\overset{O}{\overset{\|}{C}}CH_3$

C. H_3C—（环戊酮）$=O$ + $CH_3CH(COOH)CH_3$

D. HOOC—（环戊烷）—COOH + $CH_3CH(COOH)CH_3$

答案：C

【解析】双键被酸性高锰酸钾氧化时，二烷基取代的一端被氧化为酮，单烷基取代的一端被氧化生成羧酸。

6. （2-氧代环己烷甲酸乙酯，$-\overset{O}{\overset{\|}{C}}-OC_2H_5$）$\xrightarrow[(2)\ H^+，\triangle]{(1)\ 稀\ NaOH}$ 生成的主要产物是（　　）。

A. $HO—(CH_2)_4—\overset{O}{\overset{\|}{C}}—CH_2—\overset{O}{\overset{\|}{C}}—OC_2H_5$

B. （环己酮）

C. $HO\overset{O}{\overset{\|}{C}}—(CH_2)_5—\overset{O}{\overset{\|}{C}}OH$

D. （2-氧代环己烷甲酸，$-\overset{O}{\overset{\|}{C}}-OH$）

答案：B

【解析】酯基在稀碱水解、酸化加热条件下脱羧，产物为环己酮。

7. 化合物 （Fischer 投影式：CHO；H—C—OH；HO—C—H；CH_2OH）的结构中，手性碳原子的构型是（　　）。

A. 2*R*，3*S*　　B. 2*S*，3*R*　　C. 2*S*，3*S*　　D. 2*R*，3*R*

答案：A

【解析】Fischer 投影式横键偏向观察者，2-C 及 3-C 所连最小基团均为处于横键的 H，2-C 其余基团从大到小的顺序为逆时针，故而标记为 *R*；3-C 其余基团从大到小的顺序为顺时针，被标记为 *S*。

8. 完成反应 （苯乙烯）$\longrightarrow$ （$PhCH_2CH_2Br$）所需要的试剂和条件是（　　）。

A. HBr/H_2O　　B. HBr/过氧化物　　C. Br_2/H_2O　　D. Br_2/光照

答案：B

【解析】从原料烯烃到产物卤代物的反马氏加成，反应条件应为过氧化物。

9. 除去甲基环己烷中少量环己基甲醛的方法是（　　）。

A. 用乙酸乙酯洗涤，弃有机层　　B. 用水洗涤，弃水层

C. 加入无水硫酸镁，过滤弃固体　　D. 加入饱和亚硫酸氢钠，过滤弃固体

答案：D

【解析】利用后者醛基能与饱和亚硫酸氢钠水溶液发生加成反应，生成 α-羟基磺酸钠的方法提纯。

10. 下列化合物名称正确的是（　　）。

A. *R*-氯代环己烷　　B. 邻氯甲萘　　C. 甲苯醚　　D. *S*-3-己醇

答案：D

【解析】A 化合物没有手性；B 化合物的名称对应多个结构式；C 应为苯甲醚。

11. 对化合物 [结构式] 描述正确的是（　　）。

A. 是对称分子　　B. 含有 1 个手性碳原子

C. 含有 2 个手性碳原子　　D. 是内消旋分子

答案：A

【解析】此桥环化合物分子有对称面，没有手性，不含手性碳。

12. 下列化合物中，烯醇式含量最低的是（　　）。

A. $CH_3COCH_2COOCH_2CH_3$　　B. 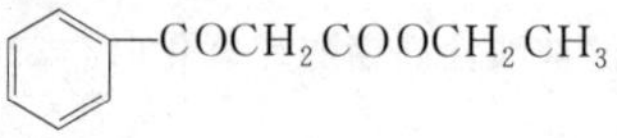 C_6H_5—$COCH_2COOCH_2CH_3$

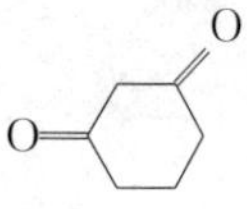

C. 1,3-环己二酮　　D. 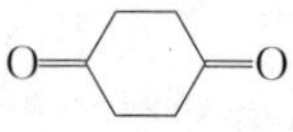 1,4-环己二酮

答案：D

【解析】A、B、C 为 β-羰基酯或酮，有较大比例的互变异构，而 D 比例较少。

13. 下列化合物碱性最弱的是（　　）。

A. 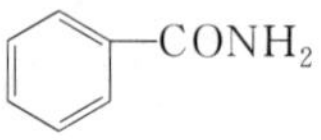 C_6H_5—$CONH_2$　　B. 邻苯二甲酰亚胺（NH）　　C. C_6H_5—CH_2NH_2　　D. 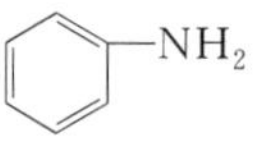 C_6H_5—NH_2

答案：B

【解析】A 酰胺为中性，B 酰亚胺为弱酸性，伯胺 C、D 均为碱性。

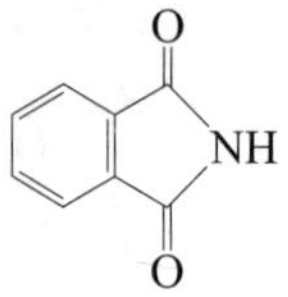

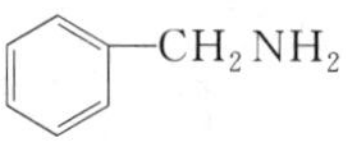

14. 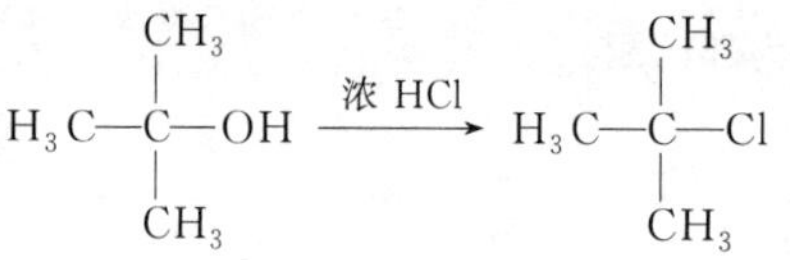 $(CH_3)_3C$—OH $\xrightarrow{\text{浓 HCl}}$ $(CH_3)_3C$—Cl 的主要反应历程是（　　）。

A. E1　　B. E2　　C. S_N1　　D. S_N2

答案：C

【解析】三级醇在浓盐酸作用下生成卤代烷，是经过碳正离子的 S_N1 取代反应。

15. 下列各组化合物在酸催化下分子内脱水，主要产物不相同的一组是（　　）。

A. 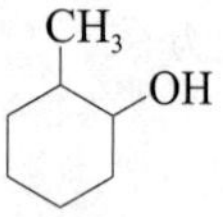 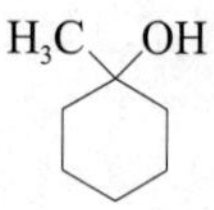 2-甲基环己醇（CH_3、OH）；1-甲基环己醇（H_3C、OH）　　B. 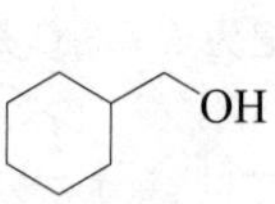 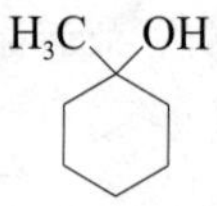 环己基甲醇（OH）；1-甲基环己醇（H_3C、OH）

C. 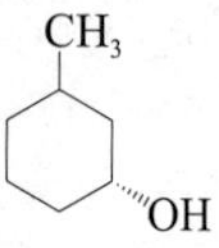 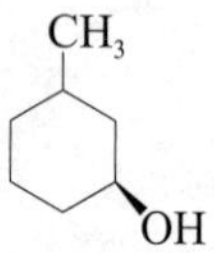 3-甲基环己醇（CH_3、OH）；3-甲基环己醇（CH_3、OH）　　D. 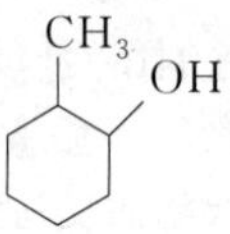 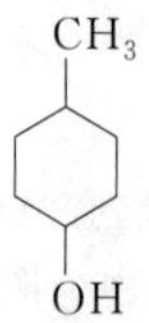 2-甲基环己醇（CH_3、OH）；4-甲基环己醇（CH_3、OH）

答案：D

【解析】醇质子化后分子内脱 H_2O，先形成碳正离子。C 组两者相同，A、B 组经过 H 迁移后相同，D 组不相同，因而后续产物烯烃不同。

二、填空题

1. 环戊二烯与等物质的量的溴在室温下反应，生成的主要产物是__________。（填结构式）

答案：3,5-二溴环戊烯（Br、Br）

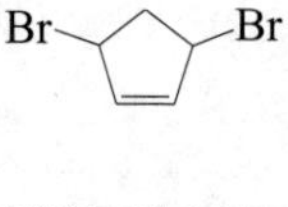

【解析】二烯烃进行亲电加成，1,4-加成产物为主。

2. 反-1-甲基-3-叔丁基环己烷的优势构象是__________。

答案：CH_3 $C(CH_3)_3$

【解析】环己烷构象中先考虑将大基团叔丁基放于 e 键上，与另外一个基团甲基为 1,3-反式，即甲基须放在 a 键上。

3. 完成反应式（只写主要产物）：

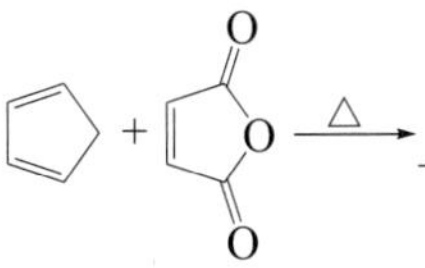

O O O △ __________。

答案：O O O

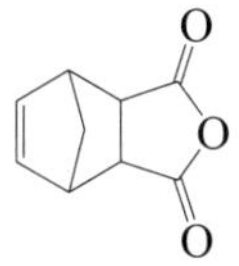

【解析】烯烃与双烯烃在加热条件下进行 D-A 反应，生成环己烯衍生物。

4. β-吡啶乙酸乙酯的结构式是__________。

答案：$CH_2COOC_2H_5$ N

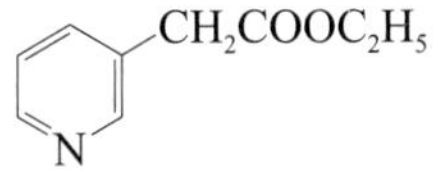

【解析】即 3-吡啶乙酸乙酯。

5. 化合物 C_6H_{12} 分子中只含有 1 级和 3 级氢原子，该化合物的结构式是__________。

答案：

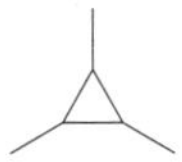

【解析】烯烃不符合 1 级和 3 级 H 的要求；环烷烃中只有环丙烷有可能，即每个环碳上连一个甲基。

6. 反应 OH CH_2CH_3 $\xrightarrow[H_2O]{Br_2\text{（过量）}}$ 的主要产物是__________。（填结构式）

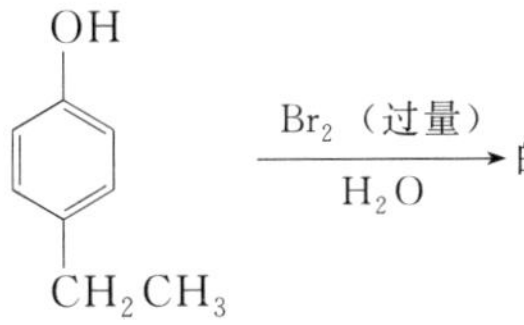

答案：OH Br Br CH_2CH_3

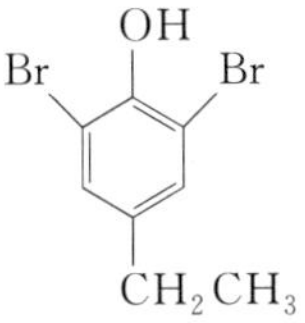

【解析】羟基对苯环具有强烈的活化作用，化合物与过量溴反应生成邻位二溴亲电取代产物。

7. 化合物

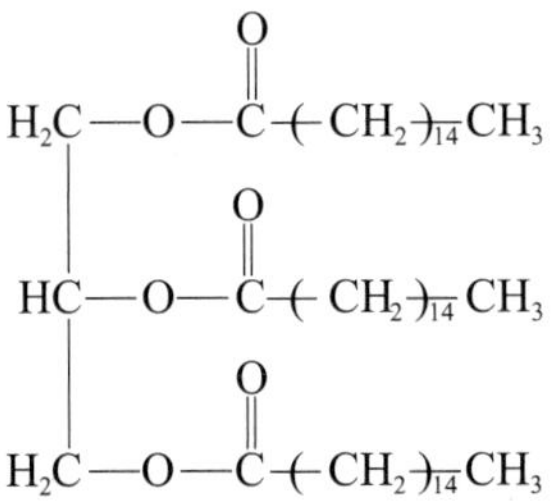

$H_2C—O—\overset{O}{\overset{\|}{C}}—(CH_2)_{14}CH_3$

$HC—O—\overset{O}{\overset{\|}{C}}—(CH_2)_{14}CH_3$

$H_2C—O—\overset{O}{\overset{\|}{C}}—(CH_2)_{14}CH_3$

的系统命名是__________。

答案：三软脂酸甘油酯。

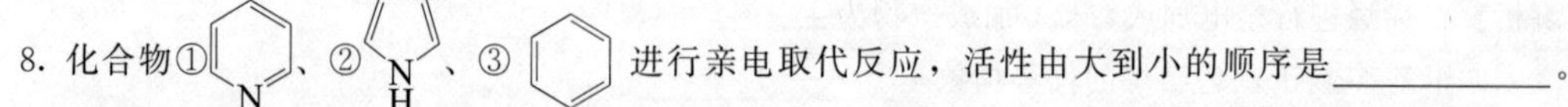

8. 化合物①、②、③进行亲电取代反应，活性由大到小的顺序是__________。

答案：②>③>①

【解析】吡咯为 π_5^6 大 π 键，环 C 上电子云密度高，亲电取代反应活性强；吡啶为 π_6^6 大 π 键，且 N 原子电负性比 C 强，环 C 上电子云密度低，亲电取代反应活性弱。

9. 化合物 C_6H_5—①CH_2 ②CH_2 ③CH_3，以 C_1-C_2 为轴的优势构象的 Newman 投影式为________。

答案：（Newman 投影式：前碳 CH_3、H、H；后碳 C_6H_5、H_3C、H）

CH_3 H H H_3C H C_6H_5

【解析】大基团对位交叉式最稳定，为优势构象。

10. 化合物（O、Br、O）的系统命名是__________。

答案：2-溴-1,4-萘醌

11. 完成反应式（只写主要产物）：

(1) （环己酮）$+H_2NNH_2$ ⟶ ____________。

(2) （间甲基苯胺，NH_2，CH_3）$\xrightarrow[(2)\ CuCN]{(1)\ NaNO_2/HCl,\ 0\sim5℃}$ ____________。

答案：（环己基）$=NNH_2$，（间甲基苯甲腈，CN，CH_3）

【解析】(1) 酮与肼发生反应，脱水生成腙；(2) 桑迈尔德反应生成芳香腈。

12. 组成蔗糖的两个单糖是________和________（填名称）。

答案：D-葡萄糖，D-果糖（两空可颠倒）

【解析】蔗糖没有还原性，葡萄糖与果糖半缩醛羟基之间缩合形成糖苷。

13. 1,2-环己二醇有________个立体异构体，其中有光学活性的异构体有________个。

答案：3，2

【解析】顺式 1,2-环己二醇有对称面，为内消旋，所以对映与非对映异构体数目为 $2^2-1=3$ 个；反式为一对对映体。

14. 完成反应式（只写主要产物）：

（苯乙炔，C≡CH）$+H_2O \xrightarrow[H^+]{Hg^{2+}}$ ____________。

（呋喃糖：CH_2OH，H，O，H，H，H，OH，OH，OH）$\xrightarrow{稀HNO_3}$ ____________。

答案：$C_6H_5-\overset{O}{\overset{\|}{C}}-CH_3$ ；

$$\begin{array}{c} COOH \\ \vdash \\ \vdash \\ \vdash \\ \vdash \\ COOH \end{array}$$

【解析】炔烃在催化剂作用下水合，继而重排形成酮；单糖被稀硝酸氧化为糖二酸，手性碳构型不变，均为D型。

15. 完成反应式（只写主要产物）：

$$\text{(丁二酰亚胺环)}N-CH(CH_3)_2 \xrightarrow[\triangle]{NaOH/H_2O} \underline{\qquad\qquad} + \underline{\qquad\qquad}。$$

答案：$CH_3\overset{NH_2}{\overset{|}{C}}HCH_3$ ，$NaOOCCH_2CH_2COONa$

【解析】盖布瑞尔伯胺合成法，碱性条件下水解生成伯胺和丁二酸盐。

三、计算、分析与合成题

1. 用简便并能产生明显现象的化学方法，分别鉴别下列两组化合物（用流程图表示鉴别过程）。

（1）1-苯基-1-氯乙烷、1-苯基-2-氯乙烷、对氯乙苯

答案：

$$\left.\begin{array}{l}\text{1-苯基-1-氯乙烷}\\ \text{1-苯基-2-氯乙烷}\\ \text{对氯乙苯}\end{array}\right\} \xrightarrow[\text{乙醇}]{AgNO_3} \left\{\begin{array}{l}\text{室温立即产生沉淀}\\ \text{加热产生沉淀}\\ \text{不产生沉淀}\end{array}\right.$$

【解析】1-苯基-1-氯乙烷为烯丙型卤代物，与 $AgNO_3$ 的醇溶液发生反应立即产生沉淀；1-苯基-2-氯乙烷为一级卤代物，加热才产生沉淀；对氯乙苯为乙烯型卤代物，不反应。

（2）苯、乙苯、苯乙烯

答案：

$$\left.\begin{array}{l}\text{苯}\\ \text{乙苯}\\ \text{苯乙烯}\end{array}\right\} \xrightarrow[CCl_4]{Br_2} \left\{\begin{array}{l}\left.\begin{array}{l}\text{无现象}\\ \text{无现象}\end{array}\right\} \xrightarrow[H^+]{KMnO_4} \left\{\begin{array}{l}\text{无现象}\\ \text{褪色}\end{array}\right.\\ \text{褪色}\end{array}\right.$$

【解析】苯乙烯很容易与溴的四氯化碳溶液反应，溴水褪色现象明显，与其余两者不反应；酸性高锰酸钾可以与乙苯反应，使其紫色褪去，故可用来区别乙苯与苯。

2. 化合物A、B和C的分子式均为 $C_4H_{11}N$。A和B与亚硝酸反应的产物中有4个碳原子的醇（反应1），C与亚硝酸反应生成不稳定的盐。反应1中，A所得的醇用酸性高锰酸钾氧化生成异丁酸（反应2），B所得的醇可以发生碘仿反应。写出A、B和C的结构式，以及反应1和反应2的化学反应式。

答案：

A. $CH_3\overset{CH_3}{\overset{|}{C}}HCH_2NH_2$　B. $CH_3CH_2\overset{NH_2}{\overset{|}{C}}HCH_3$　C. $CH_3CHN(CH_3)_2$

反应1：$CH_3\overset{CH_3}{\overset{|}{C}}HCH_2NH_2 \xrightarrow{HNO_2} CH_3\overset{CH_3}{\overset{|}{C}}HCH_2OH$

$CH_3CH_2\overset{NH_2}{\overset{|}{C}}HCH_3 \xrightarrow{HNO_2} CH_3CH_2\overset{OH}{\overset{|}{C}}HCH_3$

反应2：$CH_3\overset{CH_3}{\overset{|}{C}}HCH_2OH \xrightarrow[H^+]{KMnO_4} CH_3\overset{CH_3}{\overset{|}{C}}HCOOH$

【解析】A、B、C 三个同分异构体分子式为 $C_4H_{11}N$，不饱和度为 0，可能为胺。A 和 B 与亚硝酸作用其产物中只有 4 个碳原子的醇，说明二者都为伯胺。A 所得的醇用酸性高锰酸钾氧化生成异丁酸，则 A 为异丁胺。B 所得的醇可以发生碘仿反应，则 B 为仲丁胺。C 与亚硝酸反应生成不稳定的盐，说明 C 为三级胺；由于 C 分子中有 4 个碳原子，所以应为二甲基乙基胺。

3. 按照要求制备下列物质（写出每一步的反应方程式和主要反应条件，无机试剂任选）。

（1）由甲苯制备苯乙酸苄酯

答案：

$$C_6H_5CH_3 \xrightarrow[hv]{Cl_2} C_6H_5CH_2Cl \xrightarrow[(2)\ H_2O/H^+]{(1)\ NaCN/OH^-} C_6H_5CH_2COOH$$

$$C_6H_5CH_2Cl \xrightarrow{NaOH/H_2O} C_6H_5CH_2OH \xrightarrow[H^+/\triangle]{C_6H_5CH_2COOH} C_6H_5CH_2COOCH_2C_6H_5$$

【解析】目标产物为羧酸酯，酸部分比原料甲苯多一个碳，可以从甲苯 α-卤代后与 NaCN 反应，进而水解得到。醇部分与甲苯碳原子数相同，可以从甲苯 α-卤代后与 NaOH 水溶液反应得到。然后苯乙酸与苯甲醇在酸催化下酯化得到产物。

（2）由乙酰乙酸乙酯和两个碳原子的有机试剂制备 2-甲基-2-羟基戊酸

答案：

$$CH_3COCH_2COOC_2H_5 \xrightarrow[(2)\ CH_3CH_2Br]{(1)\ NaOC_2H_5} CH_3COCH(CH_2CH_3)COOC_2H_5 \xrightarrow[\triangle]{H_2O,\ H^+} CH_3COCH_2CH_2C_2H_5$$

$$\xrightarrow[(2)\ H_2O,\ H^+]{(1)\ HCN} HOOCC(CH_3)(OH)CH_2CH_2CH_3$$

【解析】目标产物为 α-羟基羧酸，可以通过酮与 HCN 亲核加成，形成 α-羟基腈后再水解得到。利用乙酰乙酸乙酯制备 2-戊酮：乙酰乙酸乙酯与醇钠作用后，再与溴乙烷发生反应，之后稀碱水解并酸化加热脱羧。

2019 年全国硕士研究生招生考试农学门类联考化学试题——有机化学（四）

一、单项选择题

1. 下列化合物进行亲电取代反应，活性由大到小的顺序是（　　）。

① 硝基苯（$C_6H_5NO_2$）　② 甲苯（$C_6H_5CH_3$）　③ 苯

A. ③>②>①　　B. ②>①>③　　C. ①>③>②　　D. ②>③>①

答案：D

【解析】①硝基对苯环为钝化基团，②甲基为活化基团。

2. 下列化合物进行 S_N1 反应，速率最快的是（　　）。

A. $(CH_3)_3CBr$　　B. $CH_3CHBrCH_2CH_3$

Br

C. $H_2C=CHC(CH_3)_2$ D. $H_2C=CHCH_2CH_2Br$

答案：C

【解析】S_N1 反应经过碳正离子中间体，C 选项结构中卤代物反应后生成的碳正离子同为烯丙型、三级碳正离子，反应活性最强。

3. $C_6H_5NHCH_3 \xrightarrow{NaNO_2/HCl}$ 生成的主要产物是（　　）。

A. 重氮盐 B. *N*-亚硝基胺

C. 对亚硝基苯胺 D. 不稳定的亚硝酸盐

答案：B

【解析】二级胺与亚硝酸反应生成 *N*-亚硝基化合物。

4. 对麦芽糖描述正确的是（　　）。

A. 可以发生差向异构化 B. 不能发生变旋现象

C. 不能被斐林试剂氧化 D. 在酸性溶液中稳定

答案：A

【解析】在麦芽糖的结构中存在游离的半缩醛羟基，可以差向异构化、能发生变旋现象、可以被斐林试剂氧化、在酸中不稳定。

5. 下列化合物水溶性最好的是（　　）。

A. 丁醚 B. 丁醛 C. 丁酮 D. 丁酸

答案：D

【解析】丁酸与水形成较强的氢键，水溶性最好。

6. 吡啶进行亲电取代反应，生成的主产物是（　　）。

A. 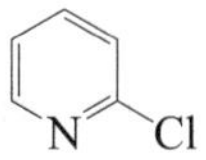 N Cl B. 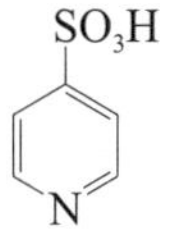 SO_3H N C. 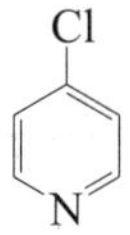 Cl N D. 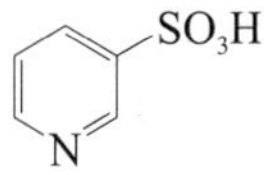 SO_3H N

答案：D

【解析】吡啶环钝化，亲电取代间位定位。

7. 下列化合物进行亲核加成反应，活性由大到小的顺序是（　　）。

① CHO CH_3 ② CHO SO_3H ③ CHO

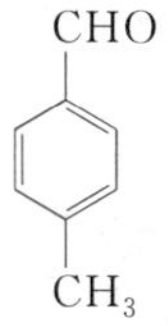

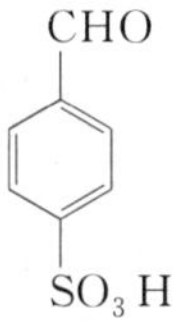

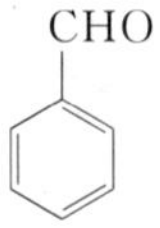

A. ①>②>③ B. ③>②>① C. ②>③>① D. ①>③>②

答案：C

【解析】醛进行亲核加成反应，活性与其羰基碳的电正性直接相关。②磺酸基对苯环对位强烈吸电子，羰基碳电正性最强，最容易反应；①甲基对苯环对位给电子，羰基碳电正性减弱，最难反应。

8. 能将环己酮还原成为环己烷的试剂是（　　）。

A. H_2/Pt B. $NaBH_4$

C. $H_2NNH_2/NaOH$ D. $LiAlH_4$

答案：C

【解析】酮羰基还原为亚甲基方法之一，即碱性条件下的黄鸣龙还原。

9. 下列化合物能与

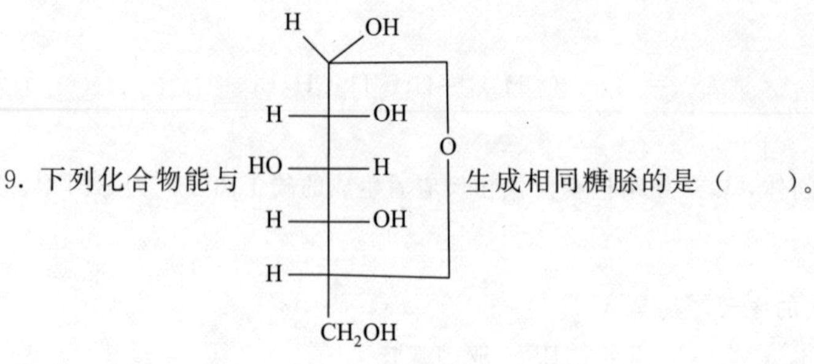

生成相同糖脎的是（　　）。

A.

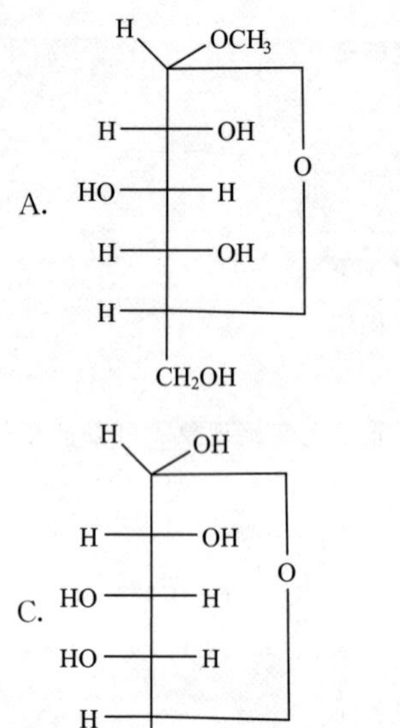

B.

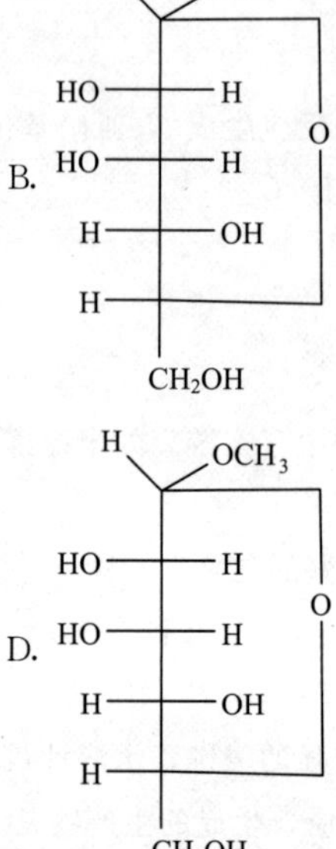

C.　　　　D.

答案：B

【解析】题中化合物的结构为葡萄糖的环状结构，B选项甘露糖与其只有 C_2 羟基取向不同，能生成相同的糖脎。

10. 下列同组中两种化合物之间可以发生羟醛缩合反应的是（　　）。

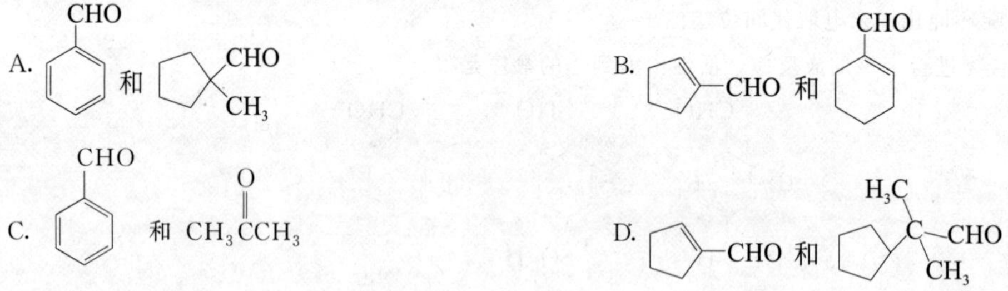

答案：C

【解析】C组丙酮具有 α-氢，可以进行羟醛缩合，其余组化合物没有 α-氢。

11. 化合物 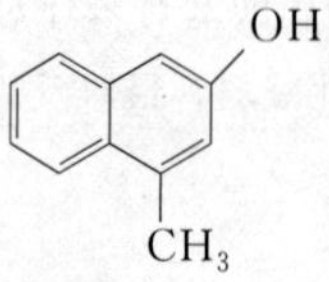　　的系统命名是（　　）。

A. 4-甲基-2-萘酚　　B. 1-甲基-3-萘酚

C. 1-甲基-3-羟基萘　　D. 2-羟基-4-甲基萘

答案：A

【解析】萘环的命名从 α 位开始编号，母体为 2-萘酚，甲基编号为 4。

12. 化合物 H_3C—（环己烯环，另一取代基 CH_3） 的系统命名是（　　）。

A. 1,3-二甲基环己烯　　B. 1,5-二甲基环己烯

C. 4,6-二甲基环己烯　　D. 3,5-二甲基环己烯

答案：D

【解析】母体为环己烯，从烯烃端基碳开始编号，3,5-编号符合最低系列。

13. 下列各组化合物中，都具有芳香性的是（　　）。

A. 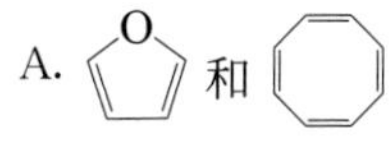

B. 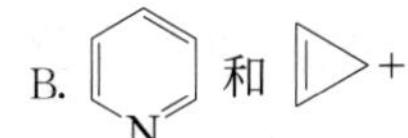

C. 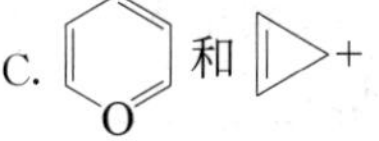

D. 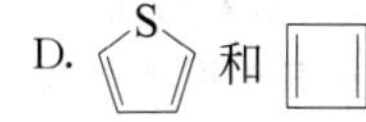

答案：B

【解析】B 组 2 个结构均符合休克尔规则，其余 3 组都不能同时符合。

14. 除去溴乙烷中少量乙醚的方法是（　　）。

A. 水洗涤，弃水层　　B. 浓硫酸洗涤，弃酸层

C. 碳酸氢钠溶液洗涤，弃碱层　　D. 氢氧化钠溶液洗涤，弃碱层

答案：B

【解析】除去卤代物中的醚，用浓硫酸与醚生成盐进而溶于酸除去。

15. 下列各组结构为同一化合物的是（　　）。

A. COOH / HO—┼—H / C_2H_5 和 C_2H_5 / HO—┼—COOH / H

B. COOH / H—┼—OH / C_2H_5 和 C_2H_5 / HO—┼—COOH / H

C. COOH / HO—┼—H / C_2H_5 和 H / HO—┼—COOH / C_2H_5

D. C_2H_5 / HO—┼—H / COOH 和 H / HO—┼—C_2H / COOH

答案：A

【解析】围绕中心手性碳，4 个基团任意交换偶数次得到的结构是自己。

二、填空题

1. 化合物 $CH_3COOCH=CH_2$ 的系统命名是______________。

答案：乙酸乙烯酯

【解析】羧酸酯的命名格式是某酸某酯。

2. 完成反应式（只写主产物）：

C_6H_5—CH=CH—CH_3 $\xrightarrow{HBr}$ ________________________。

答案：C_6H_5—CH(Br)CH_2CH_3

【解析】烯烃的亲电加成，形成苄基碳正离子中间体比较稳定。

3. L-苯丙氨酸的 Fischer 投影式为________________________。

答案：

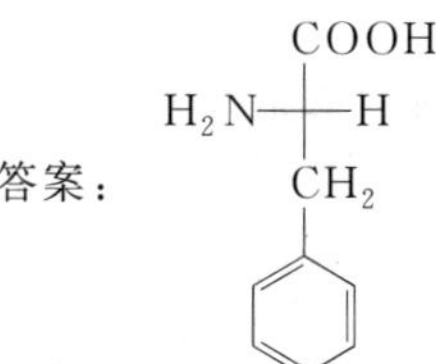

【解析】注意构型与 L-甘油醛相同。

4. 已知（+）-2-丁醇的比旋光度为+13.52°，其对映体的比旋光度为______。

答案：13.52°

【解析】对映体比旋光度相同，旋光方向相反。

5. 化合物（O、O、O） 在稀酸催化并加热条件下发生分解，生成 CO_2 和______。（填结构式）

答案：$HO-CH_2CH_2\overset{\overset{O}{\|}}{C}CH_3$

【解析】内酯水解后为 β 羰基酸衍生物，加热条件下脱羧形成少一个碳的酮。

6. E-4-甲基-2-戊烯的结构式为______。

答案：

$$\begin{array}{ccc} H_3C & & H \\ & C{=}C & \\ H & & CH(CH_3)_2 \end{array}$$

7. 完成反应式（只写主产物）：$BrCH_2CH_2CH{=}CHBr \xrightarrow[\text{醇}]{KCN}$______。

答案：$NCCH_2CH_2CH{=}CHBr$

【解析】右边乙烯型卤活性差，不反应。

8. 化合物①（NH_2） ②（N H） ③（N H）碱性由强到弱的顺序是______。（填序号）

答案：②>①>③

【解析】含氮化合物碱性比较，六氢吡啶为二级脂肪胺，碱性最强；苯胺为芳香胺次之；吡咯为弱酸性。

9. 质量相同的①三软脂酸甘油酯和②三硬脂酸甘油酯分别完全皂化，氢氧化钠用量多的是______。（填序号）

答案：①

【解析】软脂酸比硬脂酸相对分子质量小，氢氧化钠用量多。

10. 偶极矩为零的 2,3-二氯-2-丁烯的结构式为______。

答案：

$$\begin{array}{ccc} H_3C & & Cl \\ & C{=}C & \\ Cl & & CH_3 \end{array}$$

【解析】偶极矩为零，中心对称。

11. 化合物（$-CH_3$，$-C_2H_5$） 的系统命名是______；R-2-氯丁烷的 Newman 投影式是______。

答案：1-甲基-2-乙基环己烷；（CH_3，H，H，Cl，H，CH_3）

【解析】没有高级官能团时环烷烃的编号从次序规则比较小的基团开始；纽曼投影是常用的构象表示方式之一，注意手性碳的构型为 R。

12. 丙氨酸和亚硝酸反应生成气体______以及______。（填结构式）

答案：N_2；$CH_3\underset{\underset{OH}{|}}{C}HCOOH$

【解析】氨基酸结构中的氨基发生重氮化反应，放出氮气；之后碳正离子在溶液中与水反应转变为羟基。

13. （间二甲苯结构：苯环上1,3-位连有 H_3C 和 CH_3）经臭氧化、锌存在下水解得到两个产物，其中能被 Tollens 试剂氧化的是__________，另一个产物为__________。（填结构式）

答案：$OHCCH_2CHO$；$CH_3\overset{O}{\overset{\|}{C}}CH_2\overset{O}{\overset{\|}{C}}CH_3$

【解析】烯烃臭氧化后用锌水还原，产物为醛或酮。

14. 完成反应式（只写主产物）：

$$C_6H_5COOH \xrightarrow{SOCl_2} \_\_\_\_\_\_ \xrightarrow{(CH_3CH_2)_2NH} \_\_\_\_\_\_$$

答案：C_6H_5COCl；$C_6H_5\overset{O}{\overset{\|}{C}}—N(CH_2CH_3)_2$

【解析】反应首先生成酰氯，然后酰氯与二级胺反应生成取代的酰胺。

15. 完成反应式（只写主产物）：

$$\text{(四氢吡咯环)}N—CH_3 \xrightarrow[\triangle]{CH_3I} \_\_\_\_\_\_ \xrightarrow[H_2O]{Ag_2O} \_\_\_\_\_\_ + AgI\downarrow$$

答案：（四氢吡咯环）$\overset{+}{N}(CH_3)_2$ I^-；（四氢吡咯环）$\overset{+}{N}(CH_3)_2$ OH^-

【解析】三级胺与卤代烷反应生成季铵盐，利用沉淀反应生成季铵碱。

三、计算、分析与合成题

1. 用简便并能产生明显现象的化学方法，分别鉴别下列两组化合物（用流程图表示鉴别过程）。

（1） $CH_3CH(OH)CH_2CH_2CH_3$、$CH_3CH_2CH(OH)CH_2CH_3$、$CH_3C(OH)(CH_3)CH_2CH_3$

答案：

化合物	无水 $ZnCl_2$ / 浓盐酸	I_2 / NaOH
$CH_3CH(OH)CH_2CH_2CH_3$	数分钟浑浊	黄色沉淀
$CH_3CH_2CH(OH)CH_2CH_3$	数分钟浑浊	无现象
$CH_3C(OH)(CH_3)CH_2CH_3$	立即浑浊	

【解析】用卢卡斯试剂鉴别伯、仲、叔醇，前两者为仲醇，数分钟后反应；第三种为叔醇，立刻反应。第一种 2-戊醇为甲基醇，可以发生碘仿反应，而 3-戊醇不发生碘仿反应。

（2）淀粉、葡萄糖、果糖

答案：

化合物	I_2/KI	溴水
淀粉	蓝色	
葡萄糖	无现象	褪色
果糖	无现象	无现象

【解析】遇碘变蓝色可以鉴别淀粉。葡萄糖和果糖的鉴别反应使用溴水，葡萄糖可以使溴水褪色，果糖

则不能。

2. 化合物 A、B 和 C 的分子式均为 C_4H_8。酸催化下与水加成，A 和 B 得到含一个手性碳原子的相同产物，C 得到不含手性碳原子的产物。在加热条件下与酸性高锰酸钾溶液反应，A 和 C 的产物中都有 CO_2 生成，B 的产物中只有羧酸生成。写出 A、B 和 C 的结构式以及 C 在加热条件下与酸性高锰酸钾溶液的反应式。

答案：

A. $H_2C=CHCH_2CH_3$；B. $CH_3CH=CHCH_3$；C. $H_2C=C(CH_3)_2$

$$H_2C=C(CH_3)_2 \xrightarrow[H^+\ \triangle]{KMnO_4} CH_3\overset{\overset{O}{\|}}{C}CH_3 + CO_2\uparrow + H_2O$$

【解析】A、B、C 3 个同分异构体分子式为 C_4H_8，不饱和度为 1，可能是烯烃或环烷烃。能够在加热条件下与酸性高锰酸钾溶液反应，说明化合物 A、B、C 为烯烃。分子式为 C_4H_8 的烯烃只有 3 种可能性。高锰酸钾氧化反应产物只有酸的为对称烯，所以 B 为 2-丁烯；产物有 CO_2 生成的 A、C 为端基烯。酸催化下与水亲电加成，C 得到不含手性碳的化合物，所以 C 为 2-甲基丙烯；A 得到含手性碳的化合物，所以 A 为 1-丁烯。

3. 按照要求制备下列物质（写出每一步的反应方程式和主要反应条件，无机试剂任选）。

（1）由甲苯制备间硝基苯胺

答案：

$$C_6H_5CH_3 \xrightarrow[H^+]{KMnO_4} C_6H_5COOH \xrightarrow[H_2SO_4]{HNO_3} m\text{-}O_2NC_6H_4COOH \xrightarrow[\triangle]{NH_3} m\text{-}O_2NC_6H_4CONH_2 \xrightarrow[NaOH]{Br_2} m\text{-}O_2NC_6H_4NH_2$$

【解析】目标产物为间硝基苯胺，是比原料甲苯少一个碳的伯胺，应使用霍夫曼降解反应。原料中甲基为邻对位定位，氧化为羧基后转变为间位定位，符合目标产物基团的相对位置，所以先氧化再硝化。

（2）由 CH_3CH_2OH 制备 $CH_3CH_2\underset{\underset{OH}{|}}{C}HCH_3$

答案：

$$CH_3CH_2OH \xrightarrow[Py]{CrO_3} CH_3CHO$$

$$CH_3CH_2OH \xrightarrow{HBr} CH_3CH_2Br \xrightarrow[\text{无水醚}]{Mg} CH_3CH_2MgBr \xrightarrow{CH_3CHO} \xrightarrow{H_3O^+} CH_3CH_2\underset{\underset{OH}{|}}{C}HCH_3$$

【解析】目标产物 2-丁醇，为二级醇，可以通过格氏试剂与醛发生反应制备，即溴乙烷制备的格氏试剂与乙醛反应。而溴乙烷可以由乙醇与氢溴酸直接制备，乙醛可以由乙醇温和氧化制备。

2018 年全国硕士研究生招生考试农学门类联考化学试题——有机化学（五）

一、单项选择题

1. 下列基团按次序规则排列正确的是（　　）。

A. $-C\equiv CH > -\overset{\overset{CH_3}{|}}{C}=CH_2 > -\overset{\overset{CH_3}{|}}{\underset{\underset{CH_3}{|}}{C}}-CH_3$　　B. $-C\equiv CH > -\overset{\overset{CH_3}{|}}{\underset{\underset{CH_3}{|}}{C}}-CH_3 > -\overset{\overset{CH_3}{|}}{C}=CH_2$

C. 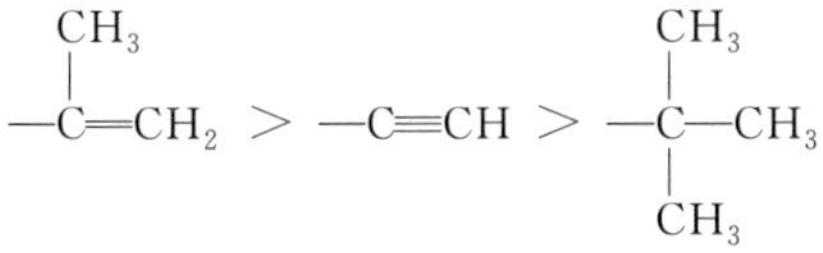 $-\overset{\overset{CH_3}{|}}{C}=CH_2 > -C\equiv CH > -\overset{\overset{CH_3}{|}}{\underset{\underset{CH_3}{|}}{C}}-CH_3$　　D. 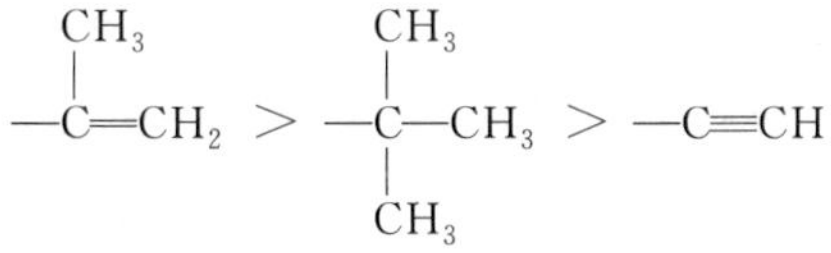 $-\overset{\overset{CH_3}{|}}{C}=CH_2 > -\overset{\overset{CH_3}{|}}{\underset{\underset{CH_3}{|}}{C}}-CH_3 > -C\equiv CH$

答案：A

【解析】本题考查基团次序规则。按照基团次序规则比较原则，三键优于双键加单键，优于 3 个单键。

2. 下列离子或分子中，不是亲电试剂的是（　　）。

A. Br^+　　B. H^+　　C. SO_3　　D. H_2O

答案：D

【解析】本题考查亲电试剂与亲核试剂。H_2O 是亲核试剂，其余都是亲电试剂。

3. $H_2C=CH-C\equiv CH$ 分子中 π 键的总数是（　　）。

A. 5　　B. 4　　C. 3　　D. 2

答案：C

【解析】本题考查不饱和键的数目。双键与三键的 π 键相加。

4. 下列化合物的椅式构象中，两个甲基都能位于 e 键的是（　　）。

A. 顺-1,2-二甲基环己烷　　B. 反-1,3-二甲基环己烷

C. 顺-1,4-二甲基环己烷　　D. 反-1,4-二甲基环己烷

答案：D

【解析】本题考查环己烷构象稳定性。1,4-二取代环己烷反式构型的优势构象为两个取代基都是 e 键取代的椅式构象。

5. 能区别化合物 (环己烷) 和 (环丙烷) 的试剂是（　　）。

A. $KMnO_4$　　B. Br_2/CCl_4　　C. NaOH　　D. $NaHCO_3$

答案：B

【解析】本题考查小环烷烃的性质。环丙烷角张力较大，易与溴发生加成反应。

6. 下列用于制备化合物 $C_6H_5-COOCH_2CH_3$ 的反应中，速率最快的是（　　）。

A. 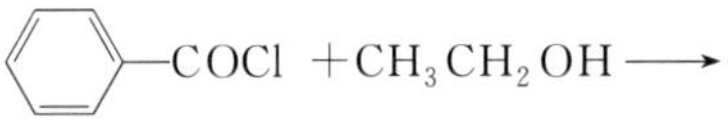 $C_6H_5-COCl + CH_3CH_2OH \longrightarrow$

B. $C_6H_5-COOH + CH_3CH_2OH \longrightarrow$

C. $C_6H_5-\underset{\underset{O}{\|}}{C}-O-\underset{\underset{O}{\|}}{C}-C_6H_5 + CH_3CH_2OH \longrightarrow$

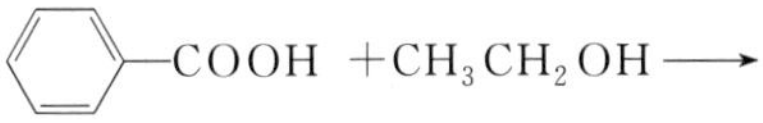

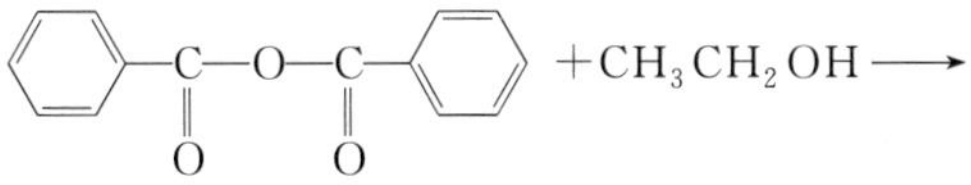

D. 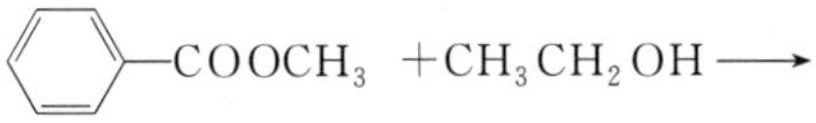 $C_6H_5-COOCH_3 + CH_3CH_2OH \longrightarrow$

答案：A

【解析】本题考查酯化反应中酰化试剂的反应活性，为：酰氯＞酸酐＞羧酸＞酯。

7. 化合物 (键线式结构) 的系统命名为（　　）。

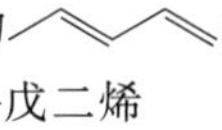

A. Z-1,3-戊二烯　　B. E-1,3-戊二烯　　C. Z-2,4-戊二烯　　D. E-2,4-戊二烯

答案：B

【解析】本题考查系统命名中的母体选定与编号，以及双键的 Z、E 标记。从右端向左编号；双键大基团在两侧，标记为 E。

8. 1-丁炔与过量 HCl 发生加成反应的主要产物是（　　）。

A. 1,1-二氯丁烷　　B. 1,3-二氯丁烷　　C. 2,2-二氯丁烷　　D. 1,2-二氯丁烷

答案：C

【解析】本题考查炔烃的亲电加成，两次亲电加成均符合马氏规则。

9. 化合物 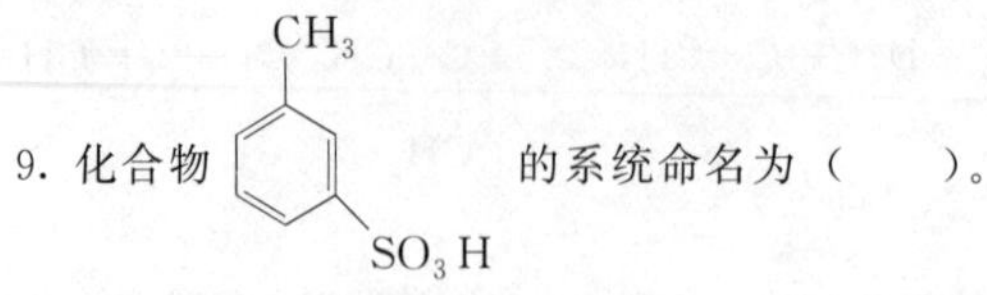 的系统命名为（　　）。

A. 1-甲基-3-磺酸基苯　　B. 1-磺酸基-3-甲基苯　　C. 3-磺酸基甲苯　　D. 3-甲基苯磺酸

答案：D

【解析】本题考查系统命名，母体为苯磺酸，磺酸基编 1 号，甲基编 3 号。

10. 下列结构中，具有芳香性的是（　　）。

A. 　　B.　　C. 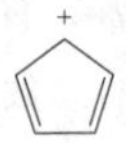　　D.

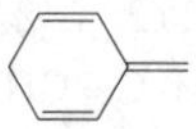

答案：A

【解析】本题考查系统命名芳香性判定。符合休克尔规则，即环闭、共轭、共平面，π 电子数符合 $4n+2$。

11. 下列化合物中，能发生歧化反应（Cannizzaro 反应）的是（　　）。

A. 乙醛　　B. 2-甲基丙醛　　C. 苯甲醛　　D. 丙酮

答案：C

【解析】本题考查歧化反应的结构前提。苯甲醛没有 α-氢，能发生歧化反应。

12. 能区别丙三醇和丙醇的试剂是（　　）。

A. Na_2CO_3　　B. $NaHCO_3$　　C. $FeCl_3$　　D. $CuSO_4/NaOH$

答案：D

【解析】本题考查多元醇的鉴别。丙三醇与 $CuSO_4$ 形成蓝色配合物。

13. 下列碳正离子中，最稳定的是（　　）。

A. 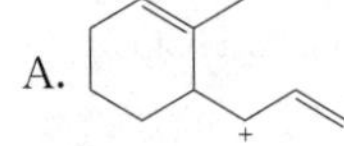　　B. 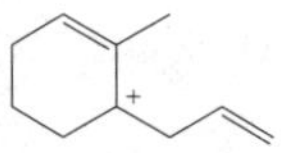　　C. 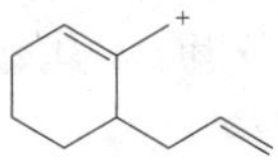　　D.

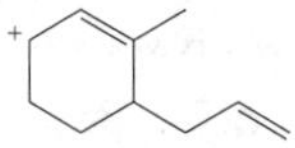

答案：B

【解析】本题考查碳正离子的稳定性。三级碳正离子同时也是烯丙基碳正离子，较稳定。

14. 下列化合物中，非手性分子的是（　　）。

A. 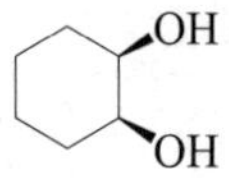　　B.

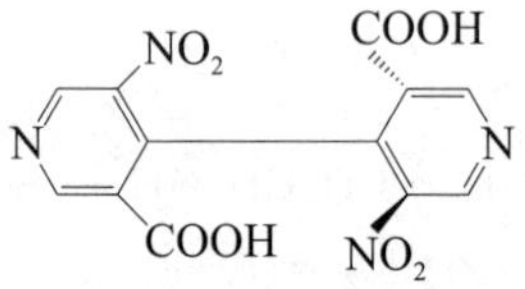

C. 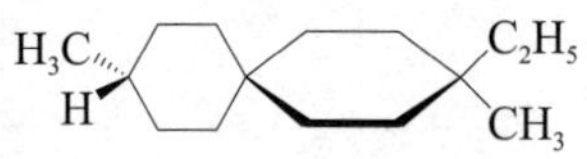　　D.

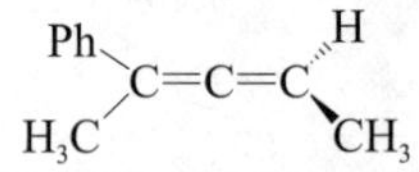

答案：A

【解析】本题考查手性判定。顺式-1,2-环己二醇用平面结构分析，分子有对称面，没有手性。

15. 下列化合物不能发生变旋现象的是（　　）。

A. 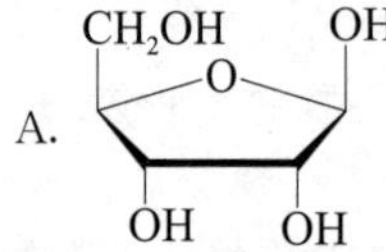　　B.

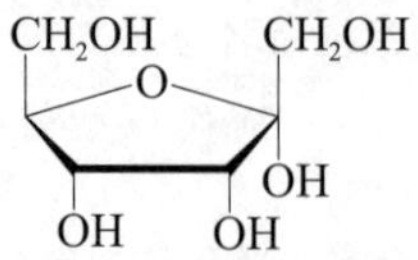

C. 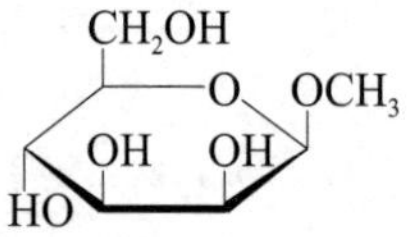　　D.

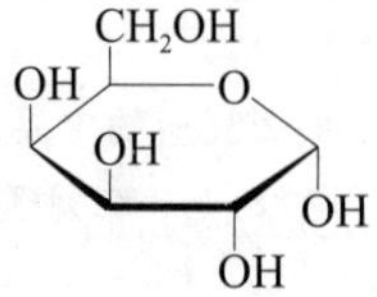

答案：C

【解析】本题考查糖苷的结构稳定性。属于缩醛稳定，不能与开链结构互变异构。

二、填空题

1. 完成反应式（只写主产物）：$BrCH_2CH{=}CBrCH_3 \xrightarrow{NaOH\ 水溶液}$ ________。

答案：$HOCH_2CH{=}CBrCH_3$

【解析】烯丙型卤代物活泼，乙烯型卤代物稳定，不反应。

2. 油脂的不饱和度越高，其碘值越________。（填“高”或“低”）

答案：高

【解析】碘值与油脂的不饱和度成正比，即碘值越大油脂不饱和度越高。

3. 化合物①$CH_3CH_2CH(Br)CH_3$、②$CH_3C(CH_3)_2Br$、③$CH_3CH_2CH_2CH_2Br$ 在醇钠溶液中，最容易发生消除反应的是________。（填序号）

答案：②

【解析】在醇钠作用下的消除反应活性：三级卤代烷＞二级卤代烷＞一级卤代烷。

4. 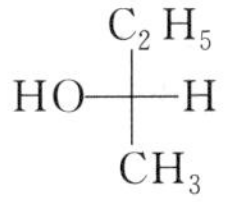 Fischer 投影式（上 C_2H_5，左 HO，右 H，下 CH_3）的系统命名为________。（标明构型）

答案：*S*-2-丁醇

5. 下列烷烃沸点由高到低的顺序是________。（填序号）

①2-甲基戊烷　②正己烷　③正庚烷　④十二烷

答案：④＞③＞②＞①

【解析】分子量大小顺序为④＞③＞②＝①，②与①为同分异构，①分子接触面积小，分子间作用力小，沸点低。

6. 2-丁烯-1-醇的结构式为____________。

答案：$CH_3CH{=}CHCH_2OH$

7. 能够将醛酮中 $>C{=}O$ 还原成 $>CH_2$ 的还原剂可以是________。

答案：Zn-Hg/HCl 或 H_2NNH_2/NaOH

8. 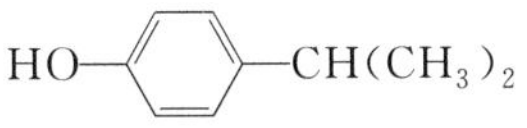 HO—C_6H_4—$CH(CH_3)_2$（对位）的系统命名为____________。

答案：4-异丙基苯酚

【解析】苯酚官能团顺序优于烷基苯。

9. 化合物 C_6H_5—CF_3 进行卤代反应时，卤素进入—CF_3 的________位。

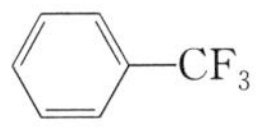

答案：间

【解析】三氟甲基为强吸电子基团，卤代反应间位定位。

10. 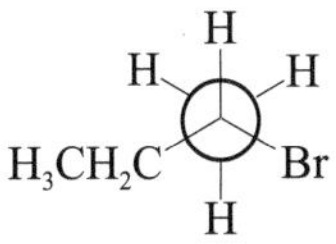 Newman 投影式（前碳：H、H、H_3CH_2C；后碳：H、H、Br）的 Fischer 投影式为____________。

答案：Fischer 投影式（上 CH_3，左 H，右 Br，下 CH_2CH_3）

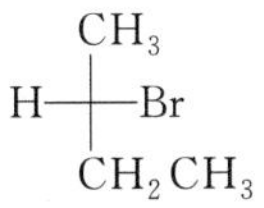

【解析】化合物为 2-溴丁烷，判断手性碳标记为 *S*。

11. 完成反应式（只写主产物）：

$$C_6H_5-CH_2-C_6H_5 \xrightarrow[\text{光照}]{Br_2} \underline{\qquad\qquad} \xrightarrow{FeBr_3} \underline{\qquad\qquad}$$。

答案：$C_6H_5-CHBr-C_6H_5$ ；$C_6H_5-CHBr-C_6H_4Br$（对位 Br） 或 $C_6H_5-CHBr-C_6H_4Br$（邻位 Br）

【解析】根据反应条件（光照），判断为侧链溴取代反应；根据反应条件（$FeBr_3$），判断为苯环上的亲电取代反应。连在苯环上的定位基为溴代苄基，一般为邻对位定位。

12. $(CH_3)_4N^+Br^-$的系统命名为_______；尿嘧啶（2,4-二羟基嘧啶，OH、HO、N、N）互变异构体的结构式为_______。

答案：四甲基溴化铵（溴化四甲基铵）；（O、HN、O、N、H 结构式）

【解析】季铵盐的命名格式为：××溴化铵（或×化××铵）；烯醇式与酮式的互变异构。

13. 以甲苯为原料制备 间硝基苯甲酸（O_2N-、-COOH） 应先进行_______反应，再进行_______反应。

答案：氧化；硝化

【解析】两个基团处于间位，应先将邻对位定位的甲基氧化为间位定位的羧基，再硝化。

14. $CH_3C(OH)(CH_3)CH_2CH_3$ 可由 CH_3CH_2MgX 和________反应后水解制备，或由 CH_3MgX 和_______反应后水解制备。

答案：丙酮；丁酮

【解析】格氏试剂与酮反应生成叔醇。

15. 完成反应式（只写主产物）：

$$HCHO + CH_3CH(CH_3)CHO \xrightarrow{\text{稀 NaOH 溶液}} \underline{\qquad\qquad}$$；

答案：$H_3C-C(CH_2OH)(CH_3)-CHO$

【解析】在稀碱作用下 2-甲基丙醛的 α-氢被取掉变为负碳离子，进攻甲醛的羰基碳，产物为 β-羟基醛。

$$H_2N-C_6H_4-CH_2CH_2N(C_2H_5)_2 \xrightarrow{H^+\text{（过量）}} \underline{\qquad\qquad}$$。

答案：$H_3\overset{+}{N}-C_6H_4-CH_2CH_2\overset{+}{N}H(C_2H_5)_2$

【解析】结构中氨基与三级胺均有碱性，与 H^+ 反应形成铵盐。

三、计算、分析与合成题

1. 用简便并能产生明显现象的化学方法，分别鉴别下列两组化合物（用流程图表示鉴别过程）。

(1) 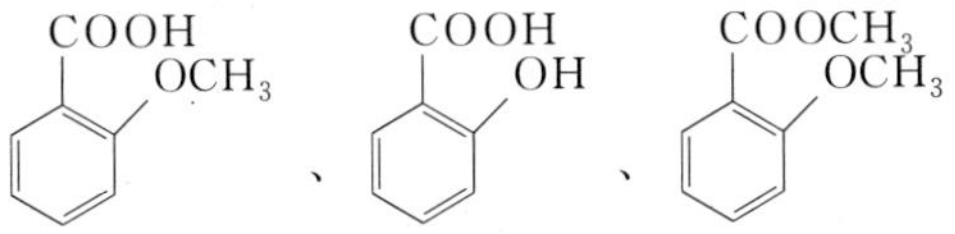 邻甲氧基苯甲酸（$COOH$、OCH_3）、邻羟基苯甲酸（$COOH$、OH）、邻甲氧基苯甲酸甲酯（$COOCH_3$、OCH_3）

答案：

邻甲氧基苯甲酸、邻羟基苯甲酸、邻羟基苯甲酸甲酯 $\xrightarrow{NaHCO_3\ 溶液}$ 有气体生成、有气体生成、无现象；有气体生成的两种 $\xrightarrow{FeCl_3\ 溶液}$ 无现象、显色

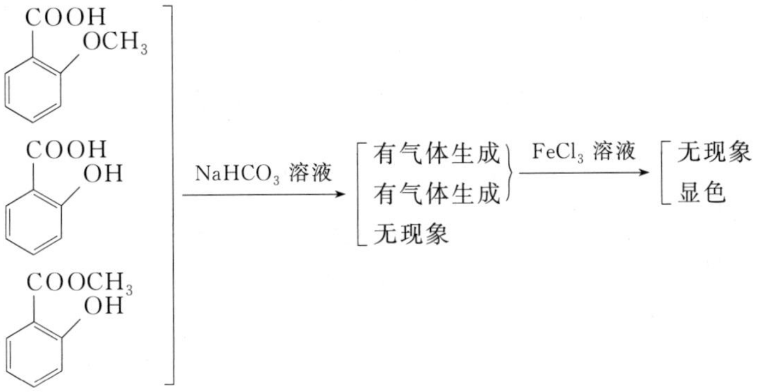

【解析】①两种化合物存在羧基，可以用 $NaHCO_3$ 溶液反应冒出气泡鉴别。②有气体生成的两种化合物中有一个还有酚羟基，可以与 $FeCl_3$ 显色。③试剂的先后使用顺序可以互换。

(2) 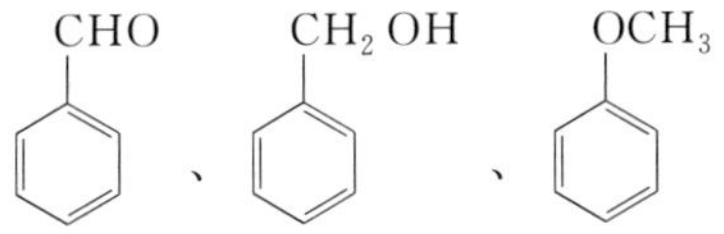 苯甲醛（CHO）、苯甲醇（CH_2OH）、苯甲醚（OCH_3）

答案：

苯甲醛、苯甲醇、苯甲醚 $\xrightarrow{KMnO_4/H^+}$ 褪色、褪色、无现象；褪色的两种 $\xrightarrow{Tollens\ 试剂}$ 银镜、无现象

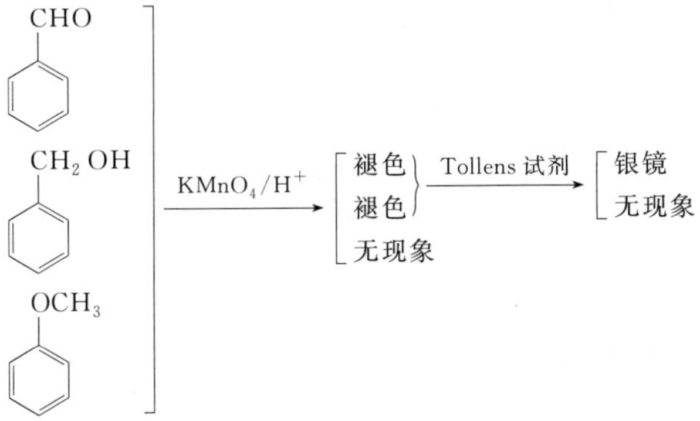

【解析】①前两种化合物有还原性，都可以使高锰酸钾紫色褪去。②苯甲醛可以与 Tollens 试剂发生反应，生成沉淀进而鉴别。③试剂的先后使用顺序可以互换。

2. 化合物 A、B、C 分子式均为 $C_4H_9NO_2$，都与盐酸和氢氧化钠分别作用生成盐，且氮原子都与手性碳相连。A 和 B 都能与亚硝酸作用放出氮气，但 C 不能。A 能与水合茚三酮显色，但 B 不能。写出 A、B、C 的结构式以及 A 与盐酸、B 与亚硝酸、C 与氢氧化钠作用的反应方程式。

答案：

A：$CH_3CH_2CH(NH_2)COOH$；　B：$CH_3CH(NH_2)CH_2COOH$；　C：$CH_3CH(NHCH_3)COOH$

$$CH_3CH_2CH(NH_2)COOH \xrightarrow{HCl} CH_3CH_2CH(NH_3Cl)COOH$$

$$CH_3CH(NH_2)CH_2COOH \xrightarrow{HNO_2} CH_3CH(OH)CH_2COOH + N_2\uparrow$$

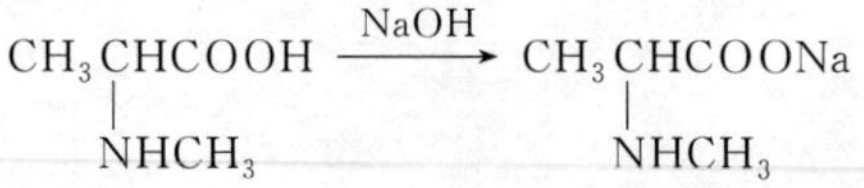

$$CH_3\underset{\displaystyle NHCH_3}{\underset{|}{C}}HCOOH \xrightarrow{NaOH} CH_3\underset{\displaystyle NHCH_3}{\underset{|}{C}}HCOONa$$

【解析】3 个同分异构体分子式为 $C_4H_9NO_2$。化合物 A、B 与亚硝酸发生反应放出氮气，提示含有自由氨基，而 C 为有取代基的氨基。A、B、C 均有酸性和碱性，其中碱性印证了氨基的存在，酸性提示可能有羧基存在，即三者均为氨基酸。“A 能与茚三酮显色，但 B 不能”，提示 A 应为 α-氨基酸，B 为同分异构 β-氨基酸，则 C 为 N-甲基氨基酸。如上结构也符合 N 都与手性碳相连。

3. 按照要求制备下列物质（写出每一步的反应方程式和主要反应条件，无机试剂任选）。

（1）由 C_6H_6 制备 $C_6H_5-N{=}N-C_6H_4-NH_2$

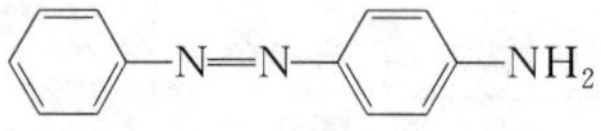

答案：

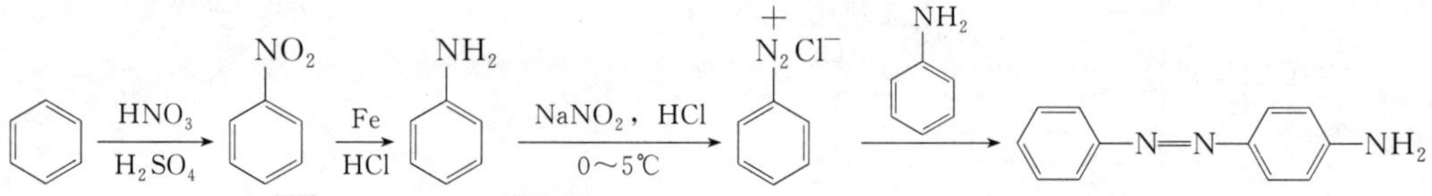

$$C_6H_6 \xrightarrow[H_2SO_4]{HNO_3} C_6H_5NO_2 \xrightarrow[HCl]{Fe} C_6H_5NH_2 \xrightarrow[0\sim5℃]{NaNO_2,\ HCl} C_6H_5\overset{+}{N_2}Cl^- \xrightarrow{C_6H_5NH_2} C_6H_5-N{=}N-C_6H_4-NH_2$$

【解析】目标产物 $C_6H_5-N{=}N-C_6H_4-NH_2$ 为偶氮化合物，原料为苯，可以考虑用苯胺重氮化反应制备。

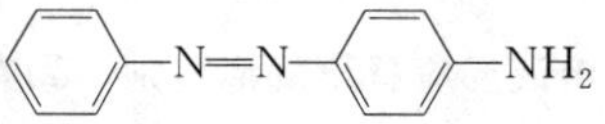

（2）由 C_6H_6 和 $H_2C{=}CH_2$ 制备 $C_6H_5-CH_2CH_2OH$

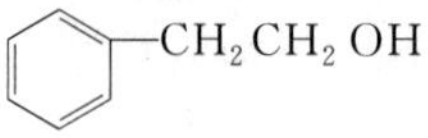

答案：

$$H_2C{=}CH_2 \xrightarrow{O_2/Ag} H_2C\overset{O}{—}CH_2 \text{（环氧乙烷）}$$

$$C_6H_6 \xrightarrow[FeBr_3]{Br_2} C_6H_5Br \xrightarrow[THF]{Mg} C_6H_5MgBr \xrightarrow{H_2C\overset{O}{—}CH_2} \xrightarrow{H^+/H_2O} C_6H_5-CH_2CH_2OH$$

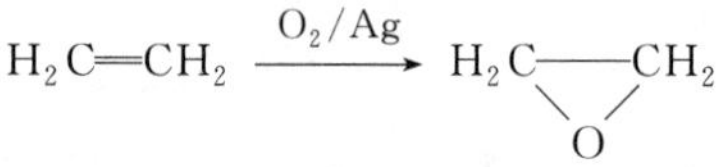

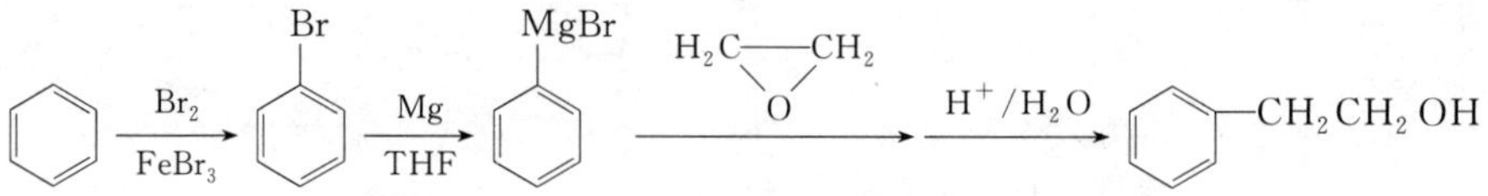

【解析】以苯和乙烯为原料制备目标产物 $C_6H_5-CH_2CH_2OH$，需要向苯环上引入增加 2 个碳的羟基，可通过苯基格氏试剂与环氧乙烷制备。

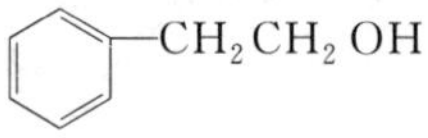

期末综合测试题（一）

一、命名下列化合物（每小题 1 分，共 10 分）

1. 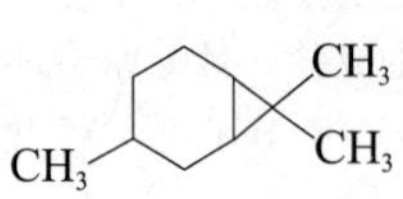 （双环结构：六元环并三元环，三元环碳上连两个 CH_3，六元环上连 CH_3）

2. $\overset{CH_3}{}\ \ \overset{H}{}$ $C{=}C$（CH_3 与 H 在一侧碳上，另一碳上连 H 和 $\underset{CH_3}{CH}CH_2C{\equiv}CH$）

3. （萘环，1-位 NO_2，7-位 NH_2）

4. $HO-\underset{CH_3}{\overset{C_6H_5}{+}}-H$

5. $CH_3\underset{CH_3}{\overset{CH_3}{C}}CH_2Br$

6. （环己烯，3-位 CH_3，1-位 OH）

7. $CH_3\underset{CH_2CH_3}{CH}CH_2CHO$

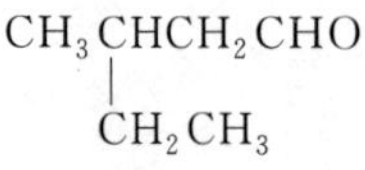

8. 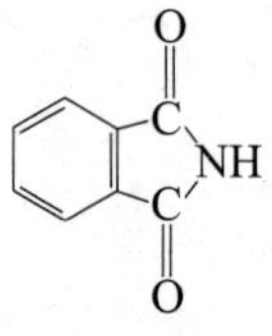 （邻苯二甲酰亚胺：苯环并五元环，含两个 C=O 和 NH）

9. 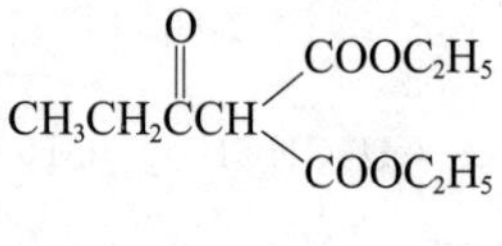 $CH_3CH_2\overset{O}{\overset{\|}{C}}CH(COOC_2H_5)_2$

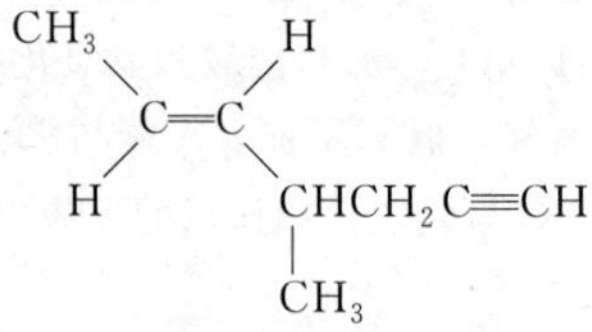

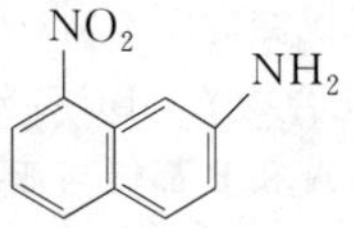

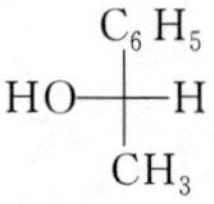

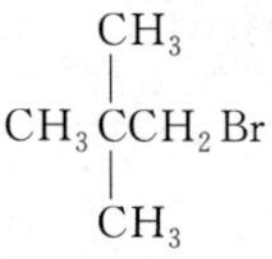

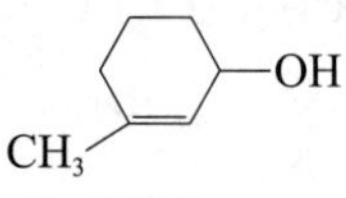

10. (structure: purine ring bearing OH at C-2, C-6 and C-8, with N9–H)

二、写出下列化合物的结构式（每小题 1 分，共 10 分）

1. (3*R*,2*S*)-3-甲基-2-溴戊烷
2. 5-羟基-2-萘磺酸
3. 丙烯酸乙烯酯
4. 草酸
5. 顺-1,4-二溴代环己烷的优势构象
6. *N*,*N*-二甲基甲酰胺
7. 3-溴环己烯
8. α-D-呋喃果糖（哈武斯式）
9. 谷-胱-甘三肽
10. 苄基氯化镁

三、完成下列反应式（每空 1 分，共 25 分）

1. 环己醇（C₆H₁₁—OH） $\xrightarrow{(\quad)}$ 环己酮（C₆H₁₀=O） $\xrightarrow{H_2NOH}$ (　　)

2. $CH_3CH_2COOH \xrightarrow{(\quad)} CH_3CH_2\overset{O}{\overset{\|}{C}}NH_2 \xrightarrow{Br_2/NaOH}$ (　　)

3. C_6H_5—NH_2 $\xrightarrow[0\sim5℃]{NaNO_2/HCl}$ (　　) $\xrightarrow[\text{弱 } OH^-]{C_6H_5\text{—}OH}$ (　　)

4. C_6H_5—NO_2 $+Br_2 \xrightarrow[\triangle]{FeBr_3}$ (　　) $\xrightarrow{Fe+HCl}$ (　　)

5. $CH_3\text{—}\underset{Br}{\underset{|}{CH}}\text{—}\underset{CH_3}{\underset{|}{CH}}\text{—}CH_2CH_3 + KOH \xrightarrow[\triangle]{\text{醇}}$ (　　) $\xrightarrow{HCl}$ (　　)

6. C_6H_5—CHO ＋（饱和）$NaHSO_3 \longrightarrow$ (　　)

7. 苯环邻位分别连有 $C(CH_3)_3$ 与 CH_2CH_3 $+KMnO_4 \xrightarrow[\triangle]{\text{稀 } H_2SO_4}$ (　　)

8. $CH_3\overset{O}{\overset{\|}{C}}\text{—}Cl + (CH_3)_2CH\text{—}OH \longrightarrow$ (　　)

9. 苯环邻位分别连有 OH 与 COOH $+ (CH_3CO)_2O \xrightarrow{\triangle}$ (　　)

10. C_6H_5—CHO ＋（浓）NaOH $\xrightarrow{\triangle}$ (　　) ＋ (　　)

11. HO—C_6H_4—CH_2OH（对位） $\xrightarrow{NaOH}$ (　　) $\xrightarrow{CH_3I}$ (　　)

12. $CH_3CH_2COOH \xrightarrow[\text{红 P}]{Cl_2}$ (　　) $\xrightarrow[H_2O]{NaOH}$ (　　)

13. 环戊烯—CH_3（甲基连在双键碳上） $\xrightarrow{HBr}$ (　　) $\xrightarrow{Br_2}$ (　　)

14. C_6H_5—CH_3 $\xrightarrow[h\nu]{Cl_2}$ (　　) $\xrightarrow{NaCN}$ (　　) $\xrightarrow{H_3O^+}$ (　　)

15. C_6H_5—CHO $+CH_3CH_2CHO \xrightarrow[\triangle]{\text{稀 } OH^-}$ (　　)

四、选择填空（每小题 1 分，共 12 分）

1. 丙二烯分子中第二个碳原子的杂化方式是（　　）。

A. sp^3　　B. sp^2　　C. sp　　D. 未杂化

2. 苯与浓 H_2SO_4 反应生成苯磺酸，其反应历程属于（　　）。

A. 亲电加成　　B. 亲核加成　　C. 亲电取代　　D. 亲核取代

3. 下列物质沸点最高的是（　　）。

A. 乙醇　　B. 丁酰氯　　C. 乙酸　　D. 水

4. 下列酚类化合物中酸性最强的是（　　）。

A. 

B. O_2N　OH　　C. O_2N　OH

D. O_2N　NO_2　OH　NO_2

5. 乙酰乙酸乙酯可与三氯化铁显色，说明其溶液中有（　　）异构体存在。

A. 顺反　　B. 对映　　C. 几何　　D. 互变

6. 分子中含有三个不相同的手性碳原子，则最多可能有的旋光异构体数目为（　　）。

A. 6　　B. 8　　C. 10　　D. 16

7. 根据 Hückel 规则判断，下列具有芳香性的化合物是（　　）。

A. 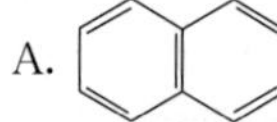　　B.　　C. $=CH_2$　　D.

8. 下列化合物中，不被稀酸水解的是（　　）。

A. 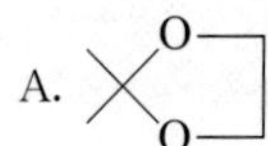

B. O　OCH_3　　C. O　O　　D. O　O

9. 无变旋现象的糖是（　　）。

A. 麦芽糖　　B. 蔗糖　　C. 果糖　　D. 葡萄糖

10. 下列烷氧基负离子碱性最强的是（　　）。

A. C_6H_5O—　　B. $(CH_3)_2CHCH_2O$—

C. $CH_3CH_2CH_2CH_2O$—　　D. $(CH_3)_3CO$—

11. 下列物质与 $AgNO_3/C_2H_5OH$ 反应，活性最高的是（　　）。

A. CH_2Cl　　B. $CH—CH_3$ Cl　　C. 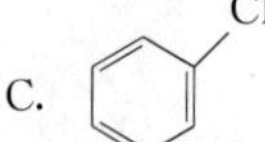

D. CH_2CH_2Cl

12. 烯烃的顺反异构属于（　　）。

A. 构型异构　　B. 构象异构　　C. 碳链异构　　D. 位置异构

五、判断题（下列说法正确的请在括号内画“√”，错误的画“×”。每小题 1 分，共 8 分）

1. 叔丁基溴在极性溶剂中进行亲核取代反应以 S_N2 历程为主。（　　）

2. 脯氨酸、羟基脯氨酸与茚三酮在碱性溶液中加热，产物的颜色是黄色。（　　）

3. 甲苯在 $FeBr_3$、加热条件下进行溴代反应只生成两种产物。（　　）

4. 淀粉与纤维素都是由 D-葡萄糖单元通过 α-1,4-苷键连接而成的高分子化合物。（　　）

5. 所有的环烷烃均能在常温下发生亲电加成反应。（　　）

6. 调节赖氨酸和谷氨酸混合物溶液的 pH=7 时，将其置于电泳仪中，现象是赖氨酸向阳极移动，谷

氨酸向阴极移动。（　　）

7. 某化合物的比旋光度为+25°，熔点为44℃，其对映异构体的比旋光度为-25°，熔点为44℃。（　　）

8. 能发生碘仿反应的醇一定具有 $CH_3CH(OH)—$ 的结构。（　　）

六、用化学方法鉴别下列各组化合物（每小题4分，共16分）

1. 环己二烯、苯、1-己炔

2. 丙醛、丙酮、异丙醇

3. 〔苯环〕—CH_2OH 、 CH_3—〔苯环〕—OH 、 〔苯环〕—CH_3

4. 苯胺、苄胺、溴苄

七、合成题（每小题5分，共10分）

1. 由 $CH_2=CH_2$ 合成1-丁醇（无机试剂任选）

2. 由 〔苯环〕—NO_2 合成 间溴氯苯（〔苯环〕，Br、Cl 处于间位）（无机试剂任选）

八、推导下列化合物的结构式（共9分）

1. 有一化合物 $C_5H_{11}Br$（A），与 NaOH 水溶液共热后生成 $C_5H_{12}O$（B）。B具有旋光性，能与金属钠反应放出氢气，与浓 H_2SO_4 共热生成 C_5H_{10}（C）。C经臭氧氧化和Zn粉还原水解，生成丙酮和乙醛。试推测A、B、C的结构式。

2. 分子式为 $C_6H_{12}O$ 的A，能与苯肼作用但不发生银镜反应。A经催化氢化得到分子式为 $C_6H_{14}O$ 的B，B与浓硫酸共热得到C（C_6H_{12}），C经臭氧氧化并还原水解得到D与E。D能发生银镜反应但不起碘仿反应，E可发生碘仿反应而无银镜反应。写出A～E的结构式。

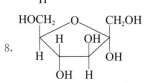

期末综合测试题（一）参考答案

一、命名下列化合物

1. 2,2,5-三甲基二环［4.1.0］庚烷

2. (*E*)(或反)-4-甲基-5-庚烯-1-炔

3. 8-硝基-2-萘胺

4. (S)-1-苯基乙醇

5. 2,2-二甲基-1-溴丙烷

6. 3-甲基-2-环己烯醇

7. 3-甲基戊醛

8. 邻苯二甲酰亚胺

9. 丙酰丙二酸二乙酯

10. 2,6,8-三羟基嘌呤

二、写出下列化合物的结构式

1. Fischer 投影式：CH_3（上）；H—C—Br；H—C—CH_3；C_2H_5（下）

2. 〔萘环〕，一侧环上有 SO_3H，另一侧环上有 OH

3. $CH_2=CHCOOCH=CH_2$

4. HOOC—COOH

5. 环己烷椅式构象，Br、H 及 Br、H 分别连在两个环碳上

6. $HCON(CH_3)_2$

7. 环己烯环，环上连有 Br

8. 呋喃糖环：$HOCH_2$、O、CH_2OH；H、OH；H、OH；OH、H

9. $HOOCCH_2CH_2CH(NH_2)CONHCH(CH_2SH)CONHCH_2COOH$

10. 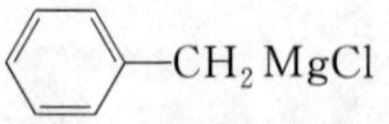 $C_6H_5-CH_2MgCl$

三、完成下列反应式

1. $KMnO_4/H^+$；环己酮肟（$C_6H_{10}=NOH$）

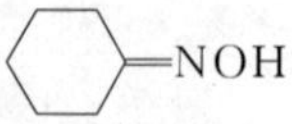

2. NH_3，△；$CH_3CH_2NH_2$

3. 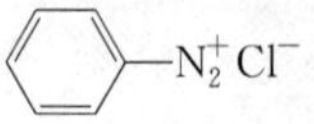 $C_6H_5-N_2^+Cl^-$；$C_6H_5-N=N-C_6H_4-OH$（对位）

4. 间溴硝基苯（$Br-C_6H_4-NO_2$）；间溴苯胺（$Br-C_6H_4-NH_2$）

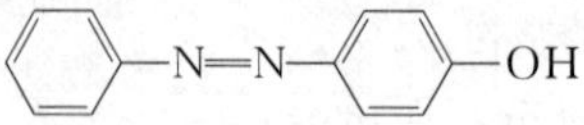

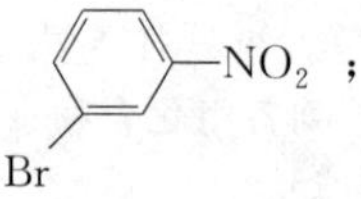

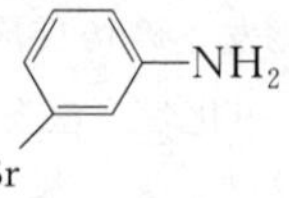

5. $CH_3CH=C(CH_3)C_2H_5$；$CH_3CH_2CCl(CH_3)C_2H_5$

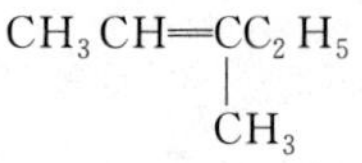

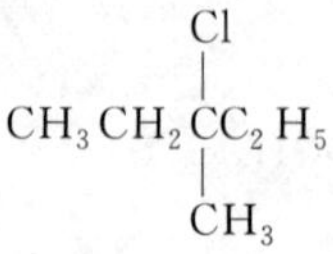

6. 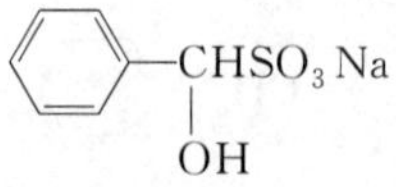 $C_6H_5-CH(OH)SO_3Na$

7. 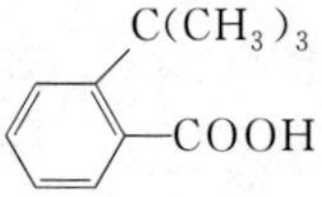 邻叔丁基苯甲酸（$C(CH_3)_3-C_6H_4-COOH$）

8. $CH_3COOCH(CH_3)_2$

9. 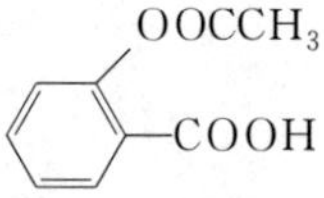 邻乙酰氧基苯甲酸（$CH_3COO-C_6H_4-COOH$）$+CH_3COOH$

10. 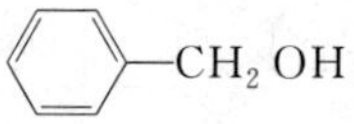 $C_6H_5-CH_2OH$；$C_6H_5-COONa$

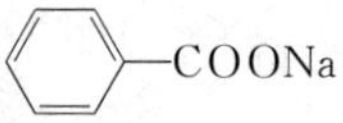

11. 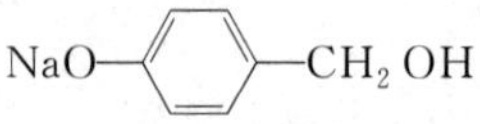 $NaO-C_6H_4-CH_2OH$；$CH_3O-C_6H_4-CH_2OH$

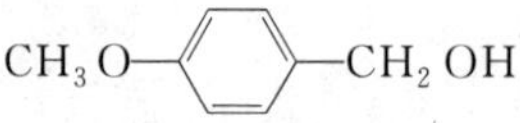

12. 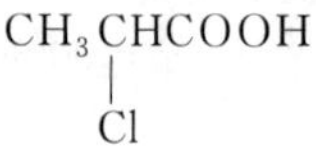 $CH_3CHClCOOH$；$CH_3CH(OH)COOH$

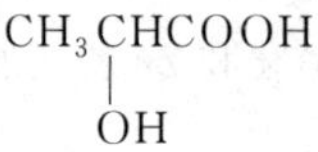

13. 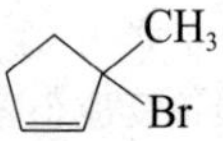 1-甲基-1-溴环戊-2-烯（CH_3，Br）；1-甲基-1-溴-2,3-二溴环戊烷（CH_3，Br；Br Br）

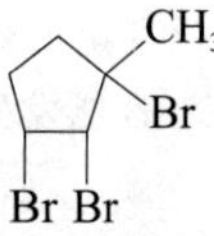

14. 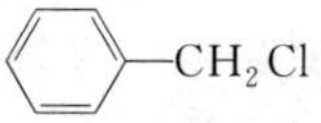 $C_6H_5-CH_2Cl$；$C_6H_5-CH_2COOH$

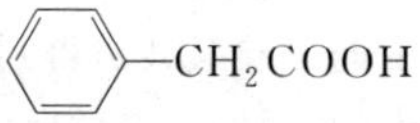

15. 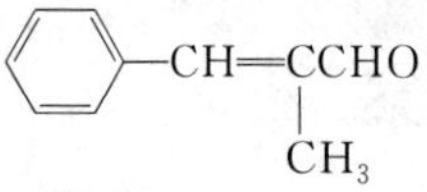 $C_6H_5-CH=C(CH_3)CHO$

四、选择填空

1. C　2. C　3. C　4. D　5. D　6. B　7. A　8. D　9. B　10. D　11. B　12. A

五、判断题

1. ×　2. √　3. ×　4. ×　5. ×　6. ×　7. √　8. √

六、用化学方法鉴别下列各组化合物

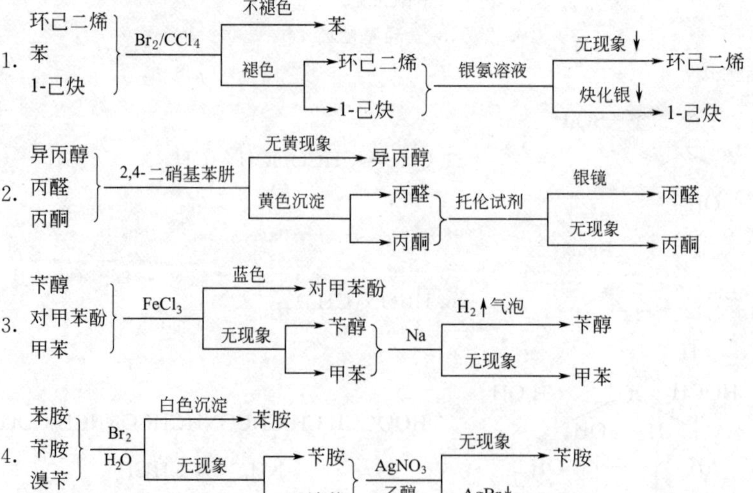

七、合成题

1. $CH_2{=}CH_2 + HBr \longrightarrow CH_3CH_2Br \xrightarrow[C_2H_5OC_2H_5]{Mg} CH_3CH_2MgBr$

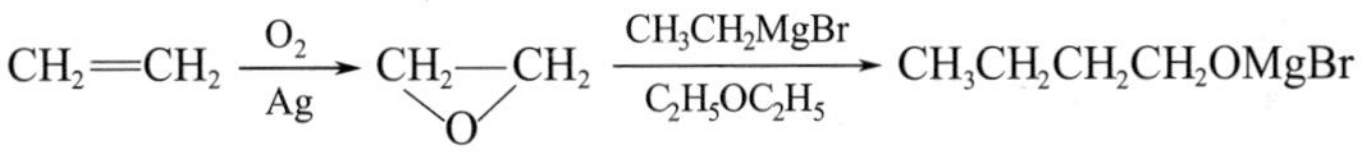

$CH_2{=}CH_2 \xrightarrow[Ag]{O_2}$ $\underset{\diagdown O \diagup}{CH_2—CH_2}$ $\xrightarrow[C_2H_5OC_2H_5]{CH_3CH_2MgBr} CH_3CH_2CH_2CH_2OMgBr$

$\xrightarrow[H^+]{H_2O} CH_3CHCH_2CH_2OH$

2. 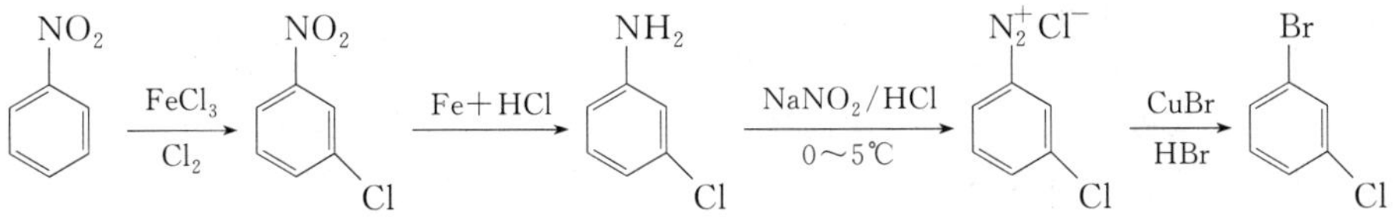 硝基苯 $\xrightarrow[Cl_2]{FeCl_3}$ 间氯硝基苯 $\xrightarrow{Fe+HCl}$ 间氯苯胺 $\xrightarrow[0\sim5℃]{NaNO_2/HCl}$ 间氯苯重氮盐（$N_2^+Cl^-$） $\xrightarrow[HBr]{CuBr}$ 间氯溴苯

八、推导下列化合物的结构式

1. A. $(CH_3)_2CHCH(Br)CH_3$　　B. $(CH_3)_2CHCH(OH)CH_3$　　C. $(CH_3)_2C{=}CHCH_3$

2. A. $CH_3CH_2COCH(CH_3)_2$　　B. $CH_3CH_2CH(OH)CH(CH_3)_2$　　C. $CH_3CH_2CH{=}C(CH_3)_2$

D. CH_3CH_2CHO　　E. CH_3COCH_3

期末综合测试题（二）

一、命名或写出下列化合物的结构式（每小题 1 分，共 15 分）

1. 2,2,4-三甲基-4-氯己烷　　2. 乙胺　　3. 吡啶　　4. 甘油　　5. L-半胱氨酸

6. β-D-呋喃果糖　　7. $(2R,3E)$-2-甲基-3-戊烯酸

8. 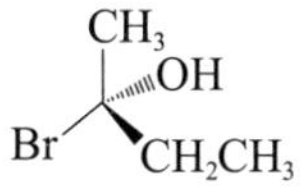 （中心碳上连有 CH_3、OH（虚楔）、Br、CH_2CH_3（实楔））　　9. $CH_3CH_2OCH_2CH{=}CH_2$　　10. 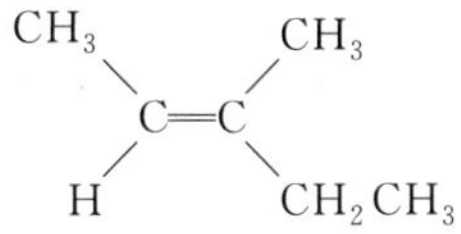 $(CH_3)(H)C{=}C(CH_3)(CH_2CH_3)$

11. 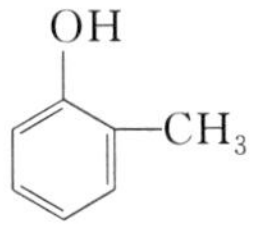 （邻甲基苯酚：苯环上 OH 与 CH_3 相邻）　　12. 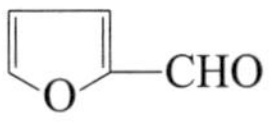 （呋喃环 2 位连 —CHO）　　13. 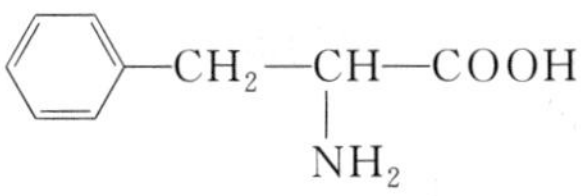 $C_6H_5—CH_2—CH(NH_2)—COOH$

14. $CH_3\overset{O}{\overset{\|}{C}}CH_2\overset{O}{\overset{\|}{C}}C_2H_5$　　15. 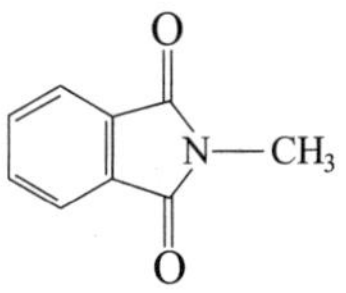 （N-甲基邻苯二甲酰亚胺：N—CH_3）

二、选择题（每空 1 分，共 25 分）

1. 下列四种氨基酸，在 pH＝7 的缓冲溶液中作电泳时，向正极移动最快的是（　　），向负极移动最快的是（　　）。

A. pI＝5.65　　B. pI＝6.53　　C. pI＝8.08　　D. pI＝10.76

2. 油脂的碘值是指每（　　）油脂所吸收碘的（　　）。

A. 1g　　B. 100g　　C. 1000g　　D. 毫克数　　E. 克数

3. 下列化合物与 HBr 加成，最快的是（　　），最慢的是（　　）。

A. $HOOCCH=CHCOOH$　B. $(CH_3)_2C=C(CH_3)_2$　C. $CH_3CH=CH_2$　D. $CH_2=CH_2$

E. $CH_3CH=CHCH_3$

4. 下列化合物中酸性最强的是（　　），最弱的是（　　）。

A. CH_3CH_2COOH　B. $CH_3CH(I)COOH$　C. 苯酚　D. $CH_3CH(Cl)COOH$　E. 对甲基苯酚

5. 下列化合物中碱性最强的是（　　），最弱的是（　　）。

A. 乙胺　B. 二乙胺　C. 氢氧化四甲基铵　D. 氨　E. 乙酰胺

6. 下列化合物中，羰基亲核加成活性最大的是（　　），酰化能力最强的是（　　）。

A. CH_3CH_2CHO　B. CH_3COCH_3　C. $CH_3CH(Cl)CHO$

D. $CH_3C(=O)—O—C(=O)CH_3$　E. CH_3COCl　F. $CH_3COOCH_2CH_3$

7. 下列化合物中有变旋现象的是（　　），能发生互变异构的是（　　）。

A. α-甲基葡萄糖苷　B. β-D-呋喃果糖　C. 乙酸乙酯　D. 乳酸　E. 乙酰乙酸乙酯

8. 下列化合物中具有芳香性的是（　　）和（　　）。

A. 呋喃　B. 环氧乙烷（$H_2C—CH_2$，O 桥连）　C. 环丁二烯　D. 环戊二烯正离子（⊕）　E. 苯基$—CH_2CH_3$

9. 按 S_N1 反应，下列化合物中活性最大的是（　　），最小的是（　　）。

A. $CH_2=CHCH_2Br$　B. $CH_3CH(Br)CH_2CH_2CH_3$　C. $CH_3CH(CH_3)CH_2CH_2Br$

D. $(CH_3)_2C(Br)CH_2CH_2CH_3$　E. $CH_3CH_2C(Br)=C(CH_3)CH_3$

10. 下列化合物在水中溶解度最大的是（　　），最小的是（　　）。

A. $CH_2—OH$ / $CH—OH$ / $CH_2—OH$　B. $CH_2—OH$ / $CH—OCH_3$ / $CH_2—OH$　C. $CH_2—OCH_3$ / $CH—OH$ / $CH_2—OH$　D. $CH_2—OCH_3$ / $CH—OH$ / $CH_2—OCH_3$

11. C_5H_{10} 的环状烷烃同分异构最多个数为（　　）。

A. 4　B. 5　C. 6　D. 7

12. 下列物质能和三氯化铁溶液发生显色反应的是（　　）。

A. $CH_3OCH_2CH_3$　B. 邻甲基苯酚（苯环上 $—OH$、$—CH_3$）　C. $CH_3C(=O)CH_2CH_3$　D. 苯环$—COOH$

13. 两个费歇尔投影式（COOH；H—C—Br；H—C—OH；CH_3）与（COOH；Br—C—H；HO—C—H；CH_3）的关系是（　　）。

A. 内消旋　B. 对映体　C. 同一物质　D. 非对映体

14. 下列化合物可以发生康尼扎罗反应的是（　　）。

A. 苯环$—C(=O)CH_3$　B. 呋喃$—CHO$　C. CH_3CHO　D. 苯环$—OCH_3$

15. 下列物质水解速率最快的是（　　）。

A. 酰胺　　B. 酸酐　　C. 酰氯　　D. 酯

三、完成反应方程式（每空 1 分，总计 20 分）

1. 苯 $\xrightarrow[AlCl_3]{CH_3CH_2Cl}$（　　）$\xrightarrow[光]{Cl_2}$（　　）$\xrightarrow[C_2H_5OH]{KOH}$（　　）

2. $CH_3CH{=}CH_2 + HBr \xrightarrow{ROOR}$（　　）$\xrightarrow{CN^-}$（　　）$\xrightarrow[H_2O]{H^+}$（　　）

3. $CH_3C{\equiv}CH + H_2O \xrightarrow{Hg^{2+}}$（　　）$\xrightarrow{Br_2/OH^-}$（　　）$\xrightarrow[H^+]{CH_3CH_2OH}$（　　）

4. 苯 $\xrightarrow{混酸}$（　　）$\xrightarrow[Fe]{Cl_2}$（　　）$\xrightarrow[HCl]{Fe}$（　　）

5. $C_6H_5-OCH_2CH_3 \xrightarrow{HI}$（　　）+（　　）

6. $CH_3COOH + NH_3 \longrightarrow$（　　）$\xrightarrow{\triangle}$（　　）$\xrightarrow[HCl]{NaNO_2}$（　　）

7. $CH_3CHO + HCN \longrightarrow$（　　）$\xrightarrow[H_2O]{H^+}$（　　）$\xrightarrow{\triangle}$（　　）

四、鉴别题（每小题 4 分，总计 12 分）

1. 乙醛、乙酸、乙醇

2. 环己烷、环己烯、环己酮

3. 果糖、淀粉、蔗糖

五、合成题（无机试剂任选，共 16 分）

1. $C_6H_5-CH_3 \longrightarrow C_6H_5-CH_2COOH$

2. $HC{\equiv}CH \longrightarrow CH_3CH_2CH_2CH_2OH$

3. 由 硝基苯（$C_6H_5NO_2$）合成 间溴氯苯（1-Br，3-Cl 苯）

4. 由乙烯合成丁酮

六、推断题（12 分）

1. 某物质 A（C_5H_{10}），经臭氧氧化锌还原水解得产物 B 和 C；B 和碘的氢氧化钠溶液反应得产物 D；C 的还原产物为 E；D 和 E 反应可制得产物 F；已知 F 是合成乙酰乙酸乙酯的原材料。试写出 A～F 的结构式。

2. 某物质 A（$C_4H_8O_2$），经酸性水解得产物 B 和 C，已知 B、C 的水溶液是烹调鱼类常用的佐料；B 可以氧化成 C，且 B 的一种同分异构体是甲醚。B 经过适当的氧化剂氧化可以得到化合物 D（C_2H_4O），D 很容易被氧化成 C。试写出 A、B、C、D 的结构式及 B 生成 D 的反应方程式。

期末综合测试题（二）参考答案

一、命名或写出下列化合物的结构式

1. $CH_3C(C_2H_5)(Cl)-CH_2-C(CH_3)_2-CH_3$　　2. $CH_3CH_2NH_2$　　3. 吡啶　　4. $CH_2OH-CHOH-CH_2OH$

5. 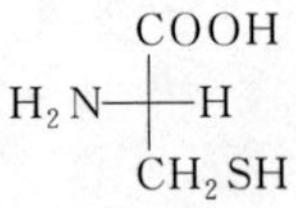 $\begin{array}{c} COOH \\ H_2N-\!\!\!+\!\!\!-H \\ CH_2SH \end{array}$　　6. 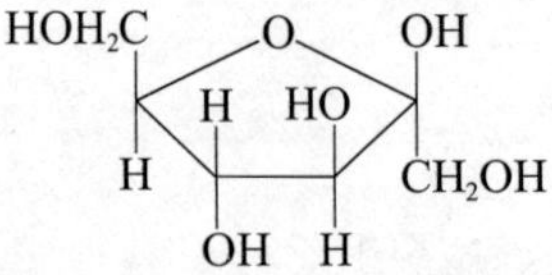 HOH_2C、O、OH；H、HO；H、CH_2OH；OH、H（呋喃糖环结构）　　7. 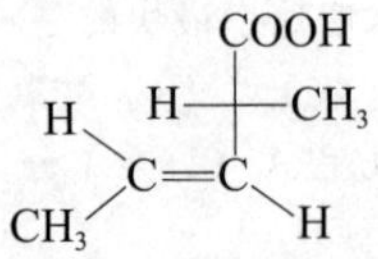 $\begin{array}{c} COOH \\ H-\!\!\!+\!\!\!-CH_3 \end{array}$；$\begin{array}{l} H \quad\quad\quad \\ \quad C\!=\!C \\ CH_3 \quad\quad H \end{array}$

8. *S*-2-溴-2-丁醇　　9. 乙基烯丙基醚　　10. 顺（或 *E*）-3-甲基-2-戊烯

11. 邻甲基苯酚　　12. 糠醛　　13. 苯丙氨酸

14. 2,4-己二酮　　15. *N*-甲基邻苯二甲酰亚胺

二、选择题

1. A；D　2. B；E　3. B；A　4. D；E　5. C；E　6. C；E　7. B；E　8. A；E

9. A；E　10. A；D　11. D　12. B　13. B　14. B　15. C

三、完成反应方程式

1. 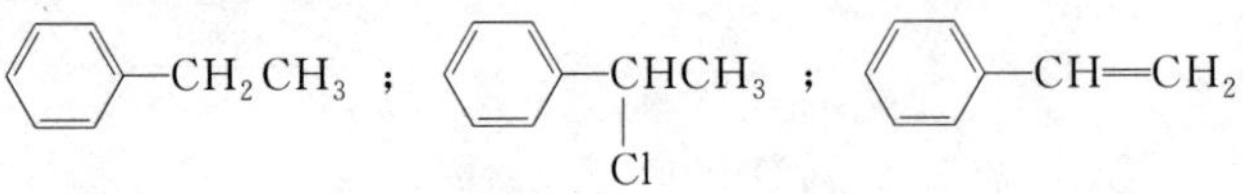 $C_6H_5-CH_2CH_3$ ；$C_6H_5-\underset{Cl}{\underset{|}{C}}HCH_3$ ；$C_6H_5-CH{=}CH_2$

2. $CH_3CH_2CH_2Br$；$CH_3CH_2CH_2CN$；$CH_3CH_2CH_2COOH$

3. CH_3COCH_3；CH_3COONa；$CH_3COOC_2H_5$

4. 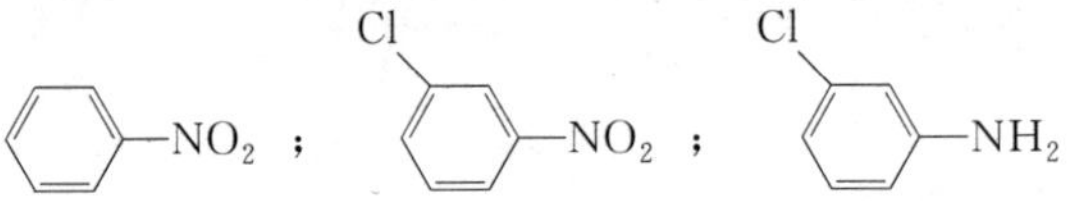 $C_6H_5-NO_2$ ；$m\text{-}Cl-C_6H_4-NO_2$ ；$m\text{-}Cl-C_6H_4-NH_2$

5. C_6H_5-OH ；CH_3CH_2I

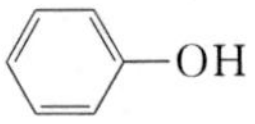

6. CH_3COONH_4；CH_3CONH_2；$CH_3COOH+N_2\uparrow$

7. 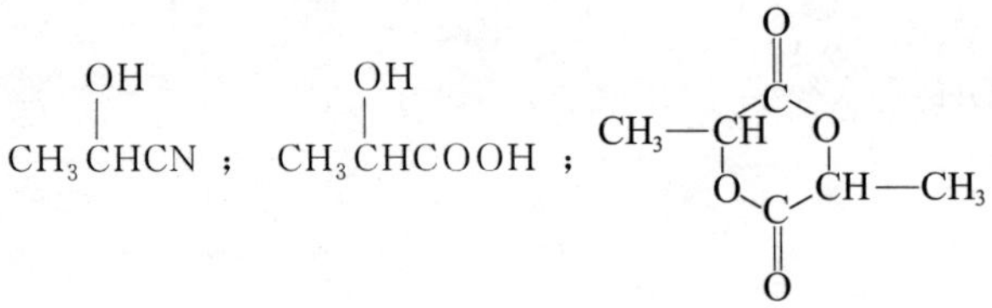 $CH_3\overset{OH}{\overset{|}{C}}HCN$ ；$CH_3\overset{OH}{\overset{|}{C}}HCOOH$ ；（丙交酯：CH_3-CH、C=O、O、O、C=O、$CH-CH_3$ 组成的六元环）

四、鉴别题

1. 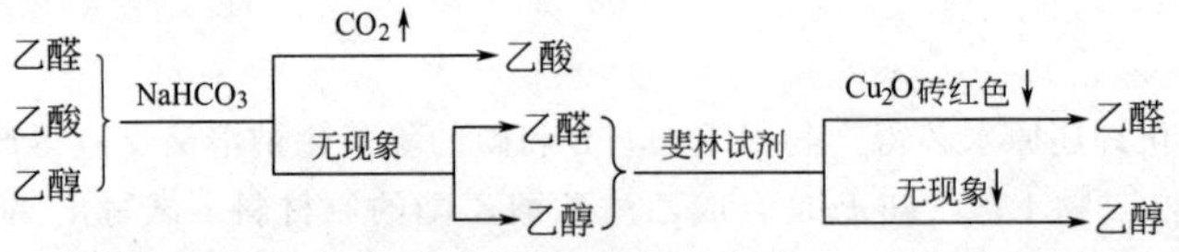 乙醛、乙酸、乙醇 $\xrightarrow{NaHCO_3}$ $CO_2\uparrow$ → 乙酸；无现象 → 乙醛、乙醇 $\xrightarrow{\text{斐林试剂}}$ Cu_2O砖红色↓ → 乙醛；无现象↓ → 乙醇

2. 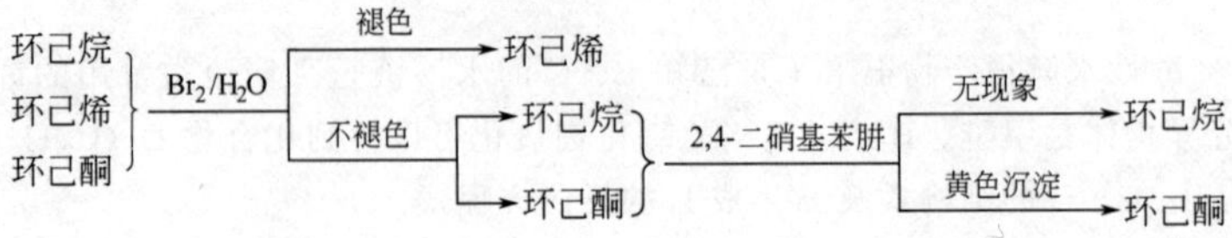 环己烷、环己烯、环己酮 $\xrightarrow{Br_2/H_2O}$ 褪色 → 环己烯；不褪色 → 环己烷、环己酮 $\xrightarrow{\text{2,4-二硝基苯肼}}$ 无现象 → 环己烷；黄色沉淀 → 环己酮

3. 果糖、蔗糖、淀粉 $\xrightarrow{I_2}$ 呈蓝色 → 淀粉；无现象 → 果糖、蔗糖 $\xrightarrow{\text{斐林试剂}}$ Cu_2O砖红色↓ → 果糖；无现象 → 蔗糖

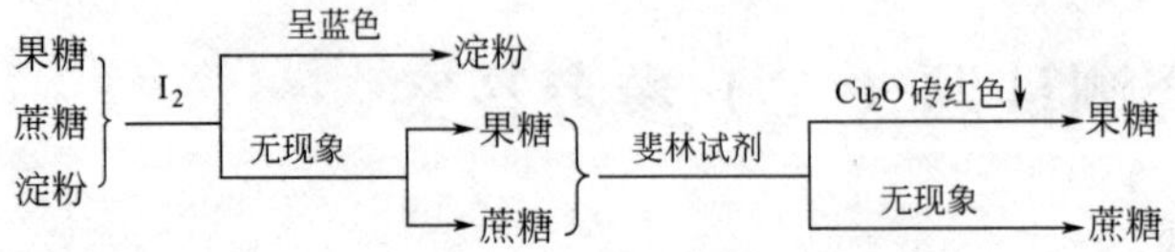

五、合成题

1. 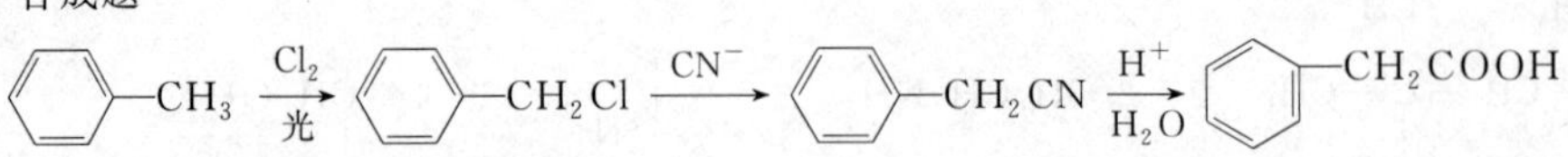 $C_6H_5-CH_3 \xrightarrow[\text{光}]{Cl_2} C_6H_5-CH_2Cl \xrightarrow{CN^-} C_6H_5-CH_2CN \xrightarrow[H_2O]{H^+} C_6H_5-CH_2COOH$

2. $HC{\equiv}CH \xrightarrow[HgSO_4]{H_2O/H^+} CH_3CHO \xrightarrow[(2)\ \triangle]{(1)\ OH^-} CH_3CH{=}CHCHO \xrightarrow{H_2/Ni} CH_3CH_2CH_2CH_2OH$

3. (间硝基苯) $\xrightarrow{FeBr_3, Br_2}$ 间溴硝基苯 $\xrightarrow{Sn, HCl}$ 间溴苯胺 $\xrightarrow[(2)\ CuCl]{(1)\ NaNO_2, HCl}$ 1-氯-3-溴苯

(结构式：NO_2 取代苯 → NO_2、Br 取代苯 → NH_2、Br 取代苯 → Cl、Br 取代苯)

4. $CH_2{=}CH_2 \xrightarrow{H_2O/H^+} CH_3CH_2OH \xrightarrow[H^+]{K_2Cr_2O_7} CH_3CHO$

$CH_2{=}CH_2 + HBr \longrightarrow CH_3CH_2Br \xrightarrow[\text{无水乙醚}]{Mg} CH_3CH_2MgBr \xrightarrow{CH_3CHO} \xrightarrow{H_2O/H^+} CH_3CH(OH)CH_2CH_3$

$\xrightarrow[H^+]{K_2Cr_2O_7} CH_3C(=O)CH_2CH_3$

六、推断题

1. A. $CH_3CH{=}C(CH_3)_2$　　B. $CH_3C(=O)CH_3$　　C. CH_3CHO

D. CH_3COONa　　E. CH_3CH_2OH　　F. $CH_3COOCH_2CH_3$

2. A. $CH_3COOCH_2CH_3$　　B. CH_3CH_2OH　　C. CH_3COOH　　D. CH_3CHO

B$\longrightarrow$D　　$CH_3CH_2OH \xrightarrow[H^+]{K_2Cr_2O_7} CH_3CHO$

期末综合测试题（三）

一、命名下列化合物（每小题 1 分，共 10 分）

1. $CH_3—C(=O)—CH(OCH_3)—CH(CH_3)_2$

2. (Fischer 投影式) COOH；H—C—Cl；HO—C—H；CH_2OH

3. (吡喃糖 Haworth 式) HO、O、H、$HOCH_2$、H、OH、H、OH、H、H、OH

4. (吡啶-3-基-N-甲基吡咯烷) N、N、CH_3

5. (环己烷椅式) Cl、H、H、$CH(CH_3)_2$

6. $CH_3C(=O)CH_2COOC_2H_5$

7. $C_6H_5—C(=O)—C_6H_5$

8. $CH_2(NH_2)—C(=O)—NH—CH(COOH)—CH_2—C_6H_5$

9. $(CH_3)_2C{=}N—OH$

10. $[(CH_3)_3N^+CH_2CH_2OH]Cl^-$

二、写出下列化合物的结构式（每小题 1 分，共 10 分）

1. 胆胺　2. 3-甲基-1-环戊基-2-氯-2-戊烯　3. *R*-2-氯丁酸

4. 2*R*,3*E*-3-甲基-2-氯-3-己烯酸　5. 苯乙醛苯腙　6. 尿嘧啶

7. 邻苯二甲酸二乙酯　8. 氨基脲　9. 顺-Δ^9-十八碳烯酸　10. L-苯丙氨酸

三、选择题（每小题 1 分，共 10 分）

1. 下列物质熔点最高的是（　　）。

A. 乙酸　　B. 丁酸　　C. 戊酸　　D. 丙酸

2. 下列物质中能发生亲核取代反应的是（　　）。

A. 氯苯　　B. 2-氯甲苯　　C. 4-硝基甲苯　　D. 氯化苄

3. 糖苷化合物在下列（　　）中稳定性好。

A. 盐酸水溶液　B. 三硝基苯酚水溶液　C. 苯酚钠水溶液　D. 乙酸水溶液

4. 能与 $FeCl_3$ 显色的化合物是（　　）。

A. 环己醇　　B. 吡啶　　C. 水杨酸　　D. α-呋喃甲醛

5. 下列化合物中具有弱酸性的是（　　）。

A. 苯胺　　B. 二苯胺　　C. 苯甲酰胺　　D. 邻苯二甲酰亚胺

6. 蔗糖不具有还原性是因为两个单糖以（　　）结合的。

A. α-1,4-糖苷键　B. β-1,4-糖苷键　C. α-1,1-糖苷键　D. α-1，β-2-糖苷键

7. 下列各组化合物具有相同的物理性质的是（　　）。

A. 2*R*,3*R*-酒石酸和 2*S*,3*S*-酒石酸　B. 2*S*,3*R*-酒石酸与 2*R*,3*R*-酒石酸

C. 2*S*,3*R*-酒石酸和 2*S*,3*S*-酒石酸　D. 内消旋体和外消旋体酒石酸

8. 下列物质能发生碘仿反应的是（　　）。

A. 1-苯基-1-乙醇　B. 2-苯基-1-丙醇　C. 苯乙醛　D. 苯乙酸

9. 在 pH=6.0 的溶液中下列物质在电场中向正极移动的是（　　）。

A. 丙氨酸（p*I*=6.02）　B. 组氨酸（p*I*=7.59）　C. 谷氨酸（p*I*=3.22）　D. 苏氨酸（p*I*=6.18）

10. 下列化合物中不与 $AgNO_3$-乙醇溶液反应生成 AgCl 的是（　　）。

A. 1-氯环己烯　B. 3-氯环己烯　C. 3-氯丙烯　D. 氯化苄

四、填空题（每空 1 分，共 10 分）

1. D-甘露糖的碱性水溶液中，除它之外还可能存在__________和__________两种单糖。

2. 手性碳原子是引起分子手性的__________因素，但不是__________因素。

3. 有机酸碱电子理论认为凡是能__________的化合物是酸；凡是能__________的物质是碱。

4. 含有羰基的化合物与苯肼发生，__________含有 $CH_3\overset{\overset{O}{\|}}{C}R$ (H) 结构的化合物在碱性条件下与碘能够发生__________反应。

5. 我们所讲的构象是化合物的__________；实际一个化合物的构象有__________种。

五、完成下列反应式（20 分）

1. 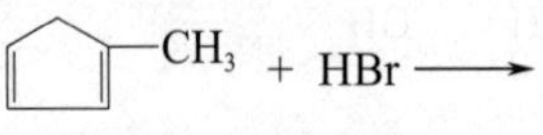 （环戊二烯）$-CH_3$ + HBr ⟶

2. 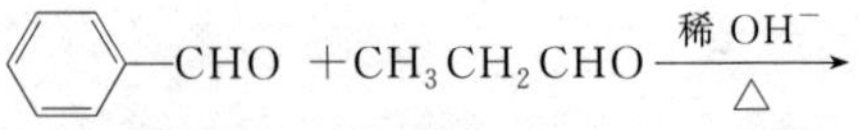 $C_6H_5-CHO + CH_3CH_2CHO \xrightarrow[\triangle]{\text{稀 } OH^-}$

3. $CH_3CH{=}C(Cl)-CH_2Cl + AgNO_3 \xrightarrow{\text{醇}}$

4. $CH_3-C(OH)(CH_3)-CH{=}CH-CH_2OH \xrightarrow[H_2O]{KMnO_4+H^+}$

5. 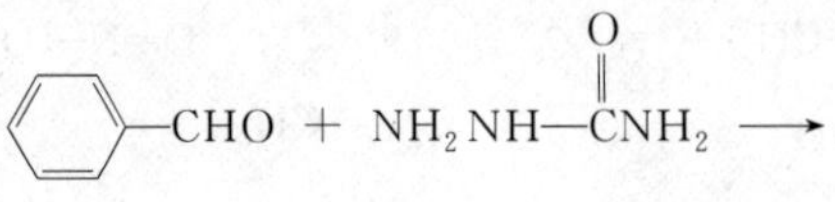 $C_6H_5-CHO + NH_2NH-\overset{O}{\overset{\|}{C}}NH_2 \longrightarrow$

6. 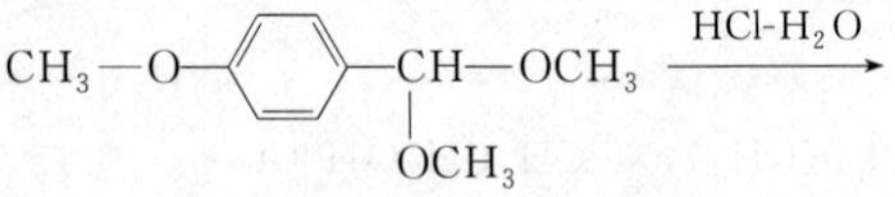 $CH_3-O-C_6H_4-CH(OCH_3)-OCH_3 \xrightarrow{HCl\text{-}H_2O}$

7. 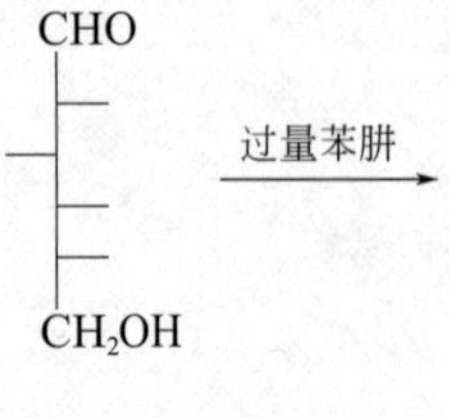 （费歇尔投影式：CHO 在上，CH_2OH 在下，中间四个碳）$\xrightarrow{\text{过量苯肼}}$

8. 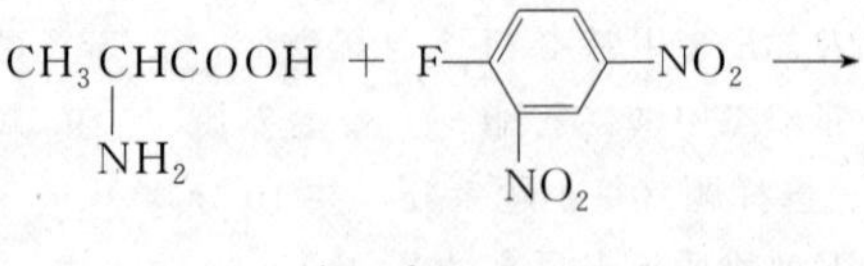 $CH_3CH(NH_2)COOH$ + F—（苯环，4-NO_2，2-NO_2）⟶

9. 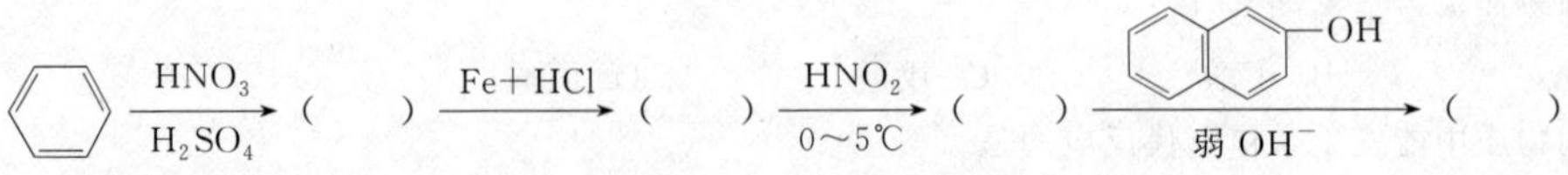 （苯）$\xrightarrow[H_2SO_4]{HNO_3}$（　　）$\xrightarrow{Fe+HCl}$（　　）$\xrightarrow[0\sim5℃]{HNO_2}$（　　）$\xrightarrow[\text{弱 } OH^-]{\text{2-萘酚}}$（　　）

10. 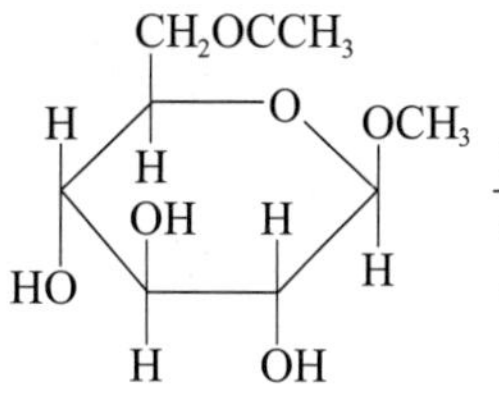 (glucoside structure: CH_2OCCH_3 ring with OCH_3, OH groups) $\xrightarrow[OH^-]{H_2O}$ (　　) $\xrightarrow[H^+]{H_2O}$ (　　)

11. $CH_2{=}CHCH_2CH_3 \xrightarrow[500℃]{Cl_2}$ (　　) $\xrightarrow[醇]{NaOH}$ (　　)

12. $CH_3\underset{\displaystyle Cl}{\underset{|}{C}}HCH_2CHO \xrightarrow[醇]{NaOH}$ (　　) $\xrightarrow{LiAlH_4}$ (　　)

六、鉴别下列各组化合物（每小题 4 分，共 12 分）

1. 蛋白质、淀粉、蔗糖、果糖

2. 苯酚、水杨酸、苹果酸、草酸

3. 苯甲醛、苯乙酮、苄醇、苯甲醚

七、完成下列转化（指定起始物，无机试剂任选）（每小题 4 分，共 16 分）

1. $CH_3CH_2OH \longrightarrow$ 丁酮

2. 对硝基甲苯$\longrightarrow$3,5-二溴甲苯

3. $CH_2{=}CH_2 \longrightarrow CH_3CH{=}CHCH_2OH$

4. 丙烯$\longrightarrow$甲基丁二酸

八、推导结构式（12 分）

1. 某化合物分子式为 $C_7H_{12}O_2$，有旋光性，与 $NaHCO_3$ 作用放出 CO_2，催化加氢后旋光性消失，得一产物分子式为 $C_7H_{14}O_2$，试推测化合物的结构式并写出有关方程式。

2. 某天然产物 A 为一叔醇，分子式为 $C_6H_{12}O$，具有旋光性；A 加氢后得一无旋光性的物质 B，试写出 A、B 的结构。

3. 有一化合物 $C_7H_{12}O_3$（A），具有互变异构现象；在酸催化下，水解生成 $C_4H_6O_3$（B）和 C_3H_8O（C），B 易脱羧；产物有碘仿反应。C 能被 $KMnO_4/H^+$ 氧化，其产物与 2,4-二硝基苯肼生成黄色结晶，但不发生银镜反应，试推测 A、B、C 的结构式。

期末综合测试题（三）参考答案

一、命名下列化合物

1. 4-甲基-3-甲氧基-2-戊酮

2. (2*R*,3*S*)-3,4-二羟基-2-氯丁酸

3. *α*-D-吡喃半乳糖

4. *N*-甲基-2-(3-吡啶)四氢吡咯（烟碱）

5. 顺-1-异丙基-3-氯环己烷

6. 乙酰乙酸乙酯

7. 二苯甲酮

8. 甘氨酰苯丙氨酸

9. 丙酮肟

10. 氯化三甲基羟乙基铵

二、写出下列化合物的结构式

1. $HOCH_2CH_2NH_2$

2. 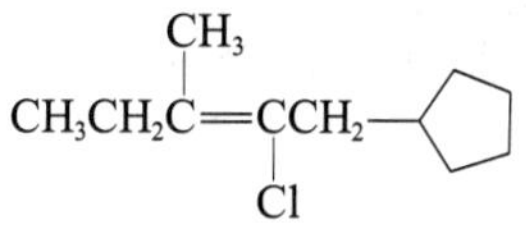 $CH_3CH_2C(CH_3){=}C(Cl)CH_2$—环戊基

3. Fischer 投影式：上 COOH，左 H，右 Cl，下 CH_2CH_3

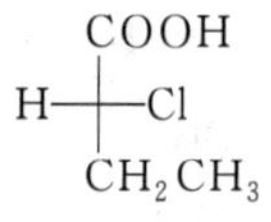

4. 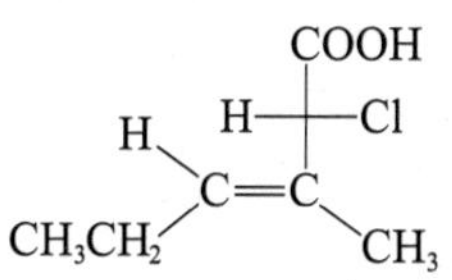 $CH_3CH_2(H)C{=}C(CH_3)$—CH(Cl)COOH（H—C—Cl，COOH）

5. C_6H_5—$CH_2CH{=}NNH$—C_6H_5

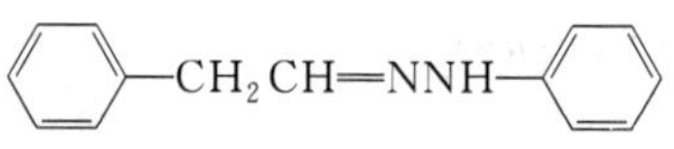

6. 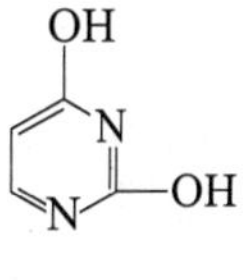 2,4-二羟基嘧啶（OH、N、N、OH） 或 尿嘧啶（O、NH、O、N—H）

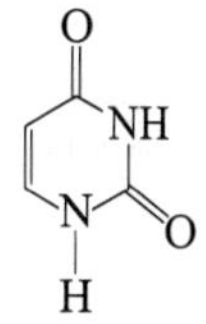

7. 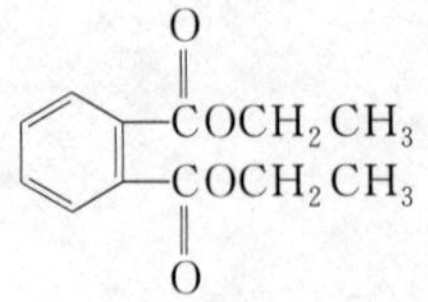 $C_6H_4(COOCH_2CH_3)_2$（邻苯二甲酸二乙酯） 8. $NH_2NHCONH_2$

9. 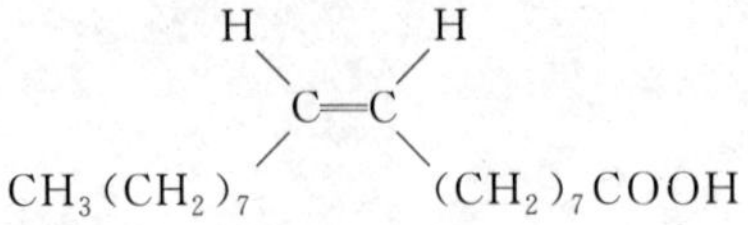 $CH_3(CH_2)_7CH{=}CH(CH_2)_7COOH$（顺式，两个 H 同侧） 10. 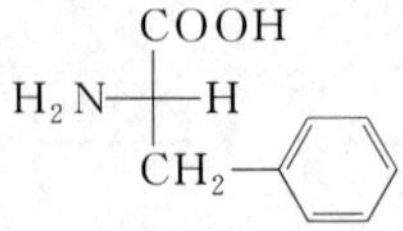 $H_2N-CH(COOH)-CH_2C_6H_5$（Fischer 投影式：COOH 在上，H_2N 在左，H 在右，$CH_2C_6H_5$ 在下）

三、选择题

1.C 2.D 3.C 4.C 5.D 6.D 7.A 8.A 9.C 10.A

四、填空题

1.D-葡萄糖；D-果糖 2.重要；决定 3.接受电子对；给出电子对

4.亲核加成；碘仿反应 5.极端构象；无数

五、完成下列反应式

1. 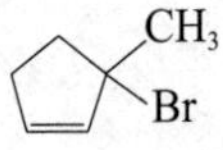 1-甲基-1-溴环戊-3-烯（环上 C 同时连 CH_3 与 Br） 2. 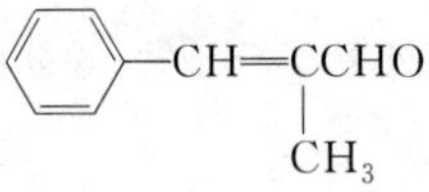 $C_6H_5CH{=}C(CH_3)CHO$ 3. $CH_3CH{=}C(Cl)CH_2ONO_2$ $+AgCl\downarrow$

4. $CH_3C(OH)(CH_3)COOH$ $+CO_2\uparrow+H_2O$ 5. 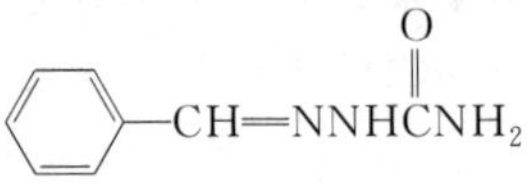 $C_6H_5CH{=}NNHCONH_2$

6. 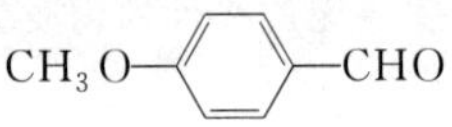 $CH_3O-C_6H_4-CHO$（对位） $+CH_3OH$ 7. 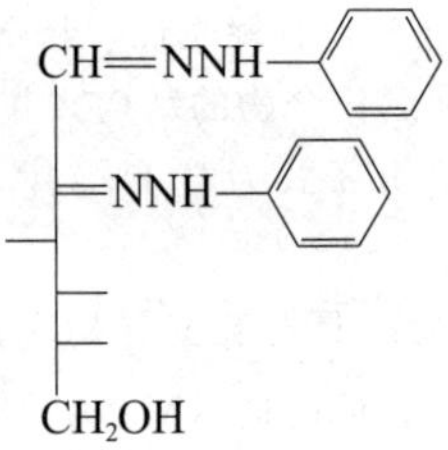
$CH{=}NNH-C_6H_5$
$C{=}NNH-C_6H_5$
（两个未标注的 $-$ 取代基）
CH_2OH

8. 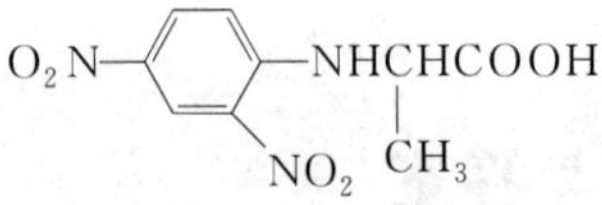 $O_2N-C_6H_3(NO_2)-NHCH(CH_3)COOH$（2,4-二硝基苯基）

9. 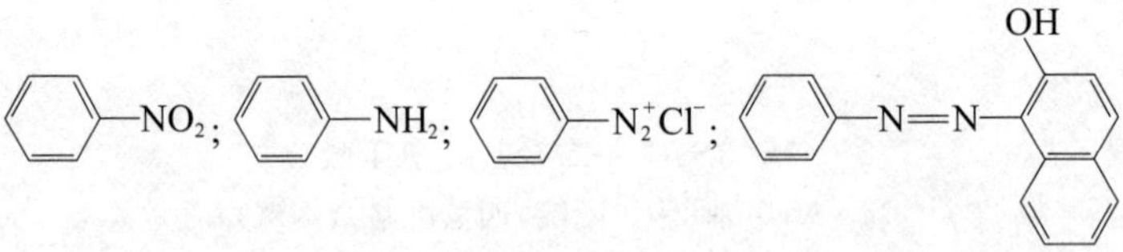 $C_6H_5-NO_2$；$C_6H_5-NH_2$；$C_6H_5-N_2^+Cl^-$；$C_6H_5-N{=}N-$（2-羟基-1-萘基）

10. 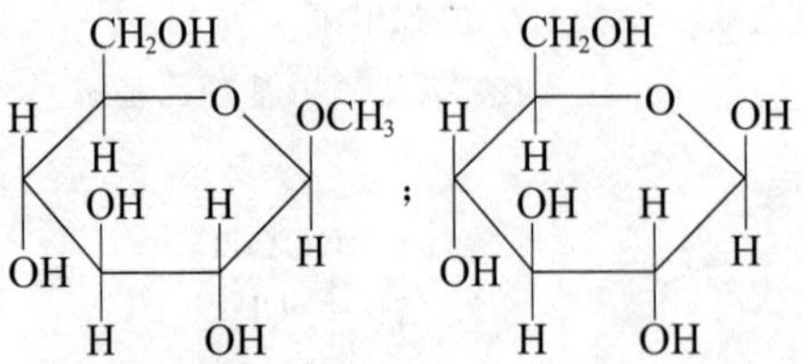 甲基葡萄糖苷（哈沃斯式：CH_2OH，OCH_3，OH，H）；葡萄糖（哈沃斯式：CH_2OH，OH，H） + CH_3OH

11. $CH_2{=}CHCH(Cl)CH_3$；$CH_2{=}CHCH{=}CH_2$

12. $CH_3CH{=}CHCHO$；$CH_3CH{=}CHCH_2OH$

六、鉴别下列各组化合物

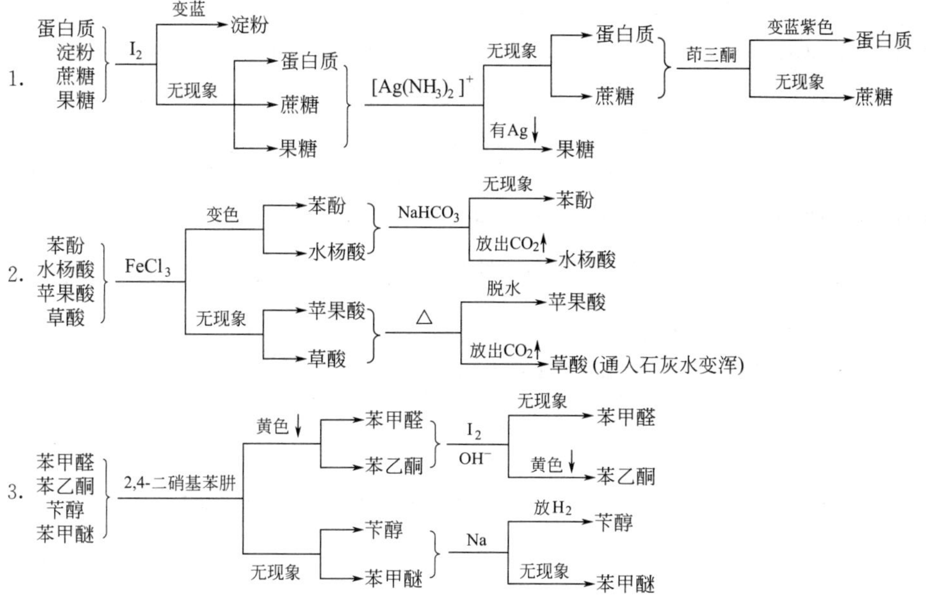

七、完成下列转化

1. $CH_3CH_2OH \xrightarrow[H^+]{K_2Cr_2O_7} CH_3CHO$

$CH_3CH_2OH \xrightarrow[H^+]{HBr} CH_3CH_2Br \xrightarrow[\text{无水乙醚}]{Mg} CH_3CH_2MgBr$

$CH_3CHO + CH_3CH_2MgBr \longrightarrow \underset{\displaystyle OMgBr}{CH_3\overset{}{C}HCH_2CH_3} \xrightarrow[H^+]{H_2O}$

$\underset{\displaystyle OH}{CH_3CHCH_2CH_3} \xrightarrow[H^+]{K_2Cr_2O_7} CH_3\overset{\displaystyle O}{\overset{\|}{C}}CH_2CH_3$

2. 对硝基甲苯（CH_3，NO_2）$\xrightarrow{Fe+HCl}$ 对甲基苯胺（CH_3，NH_2）$\xrightarrow[H_2O]{Br_2}$ 2,6-二溴-4-甲基苯胺（CH_3，Br，Br，NH_2）$\xrightarrow[0\sim5℃]{NaNO_2+HCl}$（$CH_3$，Br，Br，$N_2^+Cl^-$）$\xrightarrow{H_3PO_2}$（$CH_3$，Br，Br）

3. $CH_2{=}CH_2 \xrightarrow[H^+]{H_2O} CH_3CH_2OH \xrightarrow[H^+]{K_2Cr_2O_7} CH_3CHO \xrightarrow[\triangle]{\text{稀 }OH^-} CH_3CH{=}CHCHO$

$\xrightarrow{LiAlH_4} CH_3CH{=}CHCH_2OH$

4. $CH_3CH{=}CH_2 \xrightarrow{Br_2} \underset{\displaystyle Br\ \ Br}{CH_3CHCH_2} \xrightarrow{NaCN} \underset{\displaystyle CN\,CN}{CH_3CHCH_2} \xrightarrow[H^+]{H_2O} \underset{\displaystyle CH_2COOH}{CH_3CHCOOH}$

八、推导结构式

1. 化合物结构 $CH_2{=}CH\overset{\displaystyle CH_3}{\underset{\displaystyle CH_2CH_3}{C}}COOH$

方程式 $CH_2=CHC(CH_3)(CH_2CH_3)COOH + NaHCO_3 \longrightarrow CH_2=CHC(CH_3)(CH_2CH_3)COONa + CO_2\uparrow$

$CH_2=CHC(CH_3)(CH_2CH_3)COOH + H_2 \xrightarrow{Ni} CH_3CH_2C(CH_3)(CH_2CH_3)COOH$

2\. A. $CH_2=CHC(CH_3)(OH)CH_2CH_3$　　B. $CH_3CH_2C(CH_3)(OH)CH_2CH_3$

3\. A. $CH_3COCH_2COOCH(CH_3)CH_3$（$CH_3\overset{O}{\overset{\|}{C}}CH_2COOCHCH_3$，$CH_3$）　　B. $CH_3\overset{O}{\overset{\|}{C}}CH_2COOH$　　C. $CH_3\overset{OH}{\overset{|}{C}}HCH_3$

期末综合测试题（四）

一、命名下列化合物（有立体异构的注明构型，每小题 1 分，共 10 分）

1\. $CH_3(H)C=C(H)CH_2CH_3$（CH_3、CH_2CH_3 同侧，H、H 同侧）

2\. 萘环 1-位 CH_2COOH，8-位 Cl

3\. $CH_3CH_2(CH_3)C=CH-\overset{O}{\overset{\|}{C}}-CH_3$（$CH_3CH_2$ 与 $COCH_3$ 同侧）

4\. $[(CH_3)_3NC_2H_5]^+OH^-$

5\. $CH_3-\overset{O}{\overset{\|}{C}}-O-CH_2-C_6H_5$

6\. Fischer 投影式：COOH（上），H_2N（左），H（右），CH_2SH（下）

7\. $H_2N-CH_2-\overset{O}{\overset{\|}{C}}-NH-CH(CH_3)-\overset{O}{\overset{\|}{C}}-NH-CH(CH_2C_6H_5)-COOH$

8\.
$$\begin{array}{l} CH_2-O-\overset{O}{\overset{\|}{C}}-(CH_2)_{16}CH_3 \\ CH-O-\overset{O}{\overset{\|}{C}}-(CH_2)_{16}CH_3 \\ CH_2-O-\overset{O}{\overset{\|}{C}}-(CH_2)_{14}CH_3 \end{array}$$

9\. 嘌呤环：6-位 OH，2-位 H_2N，9-位 N—H

10\. 哈沃斯式吡喃糖：CH_2OH，H，O，H，OH，H，OH，H，OH，$-O-C_2H_5$

二、写出下列化合物的结构式（每小题 1 分，共 10 分）

1\. *R*-2-氯丁酸　2. 丙酮酸　3. D-乳酸　4. 酒石酸

5\. 胆碱　6. 对甲基苯甲醚　7. *N*-甲基-*N*-乙基对甲基苯胺

8\. 2,4-二羟基嘧啶　9. 乙酰乙酸乙酯　10. 间硝基苯甲酸乙酯

三、用简便化学方法鉴别下列化合物（将所用的试剂填入括号内，每小题1分，共10分）

1. 甲醛、乙醛（　　）　　2. 甲醇、乙醇（　　）

3. 甲酸、乙酸（　　）　　4. 丙醛、丙酮（　　）

5. 丙酮、乙酰乙酸乙酯（　　）　　6. 苯胺、*N*-甲基苯胺（　　）

7. 葡萄糖、果糖（　　）　　8. 草酸、琥珀酸（　　）

9. 苄氯、氯苯（　　）　　10. 甘氨酸、蛋白质（　　）

四、填空（每空1分，共15分）

1. 在pH=8的缓冲溶液中，谷氨酸（pI=3.22）主要以__________离子形式存在，若要调节到等电点，应往上述溶液中加入适量的__________。

2. （Fischer投影式：CH_2OH、=O、HO—、HO—、—OH、CH_2OH）属于__________类化合物，其构型为__________型，有__________个手性碳原子，__________（填“能”或“不能”）被斐林试剂氧化。

3. 某三个单糖能生成相同的糖脎，已知其中一个单糖的构型式为（Fischer投影式：CHO、CH_2OH），另两个单糖的构型式为__________和__________。

4. 硝基苯在铁粉催化下通入氯气生成__________，这属于__________反应历程。

5. 苯甲醛在浓碱作用下发生__________反应，生成物是__________和__________，能发生此类反应的醛的分子结构特点为__________。

6. 直链淀粉是由__________通过__________连接而成的高分子化合物。

五、选择正确答案（每题1分，共8分）

1. 下列化合物碱性最强的是（　　）。

A. $CH_3—NH—CH_3$　　B. $CH_3CH_2NH_2$　　C. 苯胺（NH_2）　　D. 吡啶（N）

2. 下列化合物酸性最强的是（　　）。

A. $CH_3CHClCOOH$　　B. CH_2FCH_2COOH　　C. $CH_3CHFCOOH$

D. CH_3CH_2COOH

3. 下列化合物沸点最高的是（　　）。

A. 乙醛　　B. 乙醇　　C. 乙醚　　D. 乙烷

4. 下列化合物具有芳香性的是（　　）。

A. 环戊二烯负离子（⊖）　　B. 环戊二烯正离子（⊕）　　C. 环丙烯负离子（⊖）　　D. 环庚三烯负离子（⊖）

5. 下列化合物与NaOH水溶液按S_N2反应时，速率最快的是（　　）。

A. CH_3CH_2Br　　B. $(CH_3)_2CHBr$　　C. $(CH_3)_3C—Br$

6. 下列化合物能发生碘仿反应的是（　　）。

A. $H-\overset{O}{\overset{\|}{C}}-CH_2CH_3$　　B. $CH_3\overset{O}{\overset{\|}{C}}-OH$　　C. $CH_3\overset{O}{\overset{\|}{C}}-OCH_3$

D. 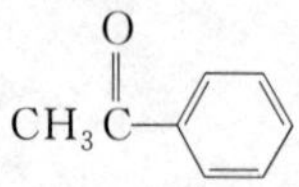 $CH_3\overset{O}{\overset{\|}{C}}-C_6H_5$

7. 下列化合物在室温下与 $AgNO_3$-乙醇溶液作用，可产生沉淀的是（　　）。

A. $CH_3-CH=CH-Cl$　　B. $CH_3-C(Cl)=CH-CH_3$　　C. $CH_2=CH-CH_2-Cl$

D. $CH_2=CH-CH_2CH_2Cl$

8. 下列化合物进行硝化时，硝基进入的主要位置正确的是（　　）。

A. 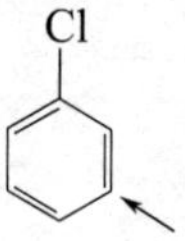 Cl　　B. 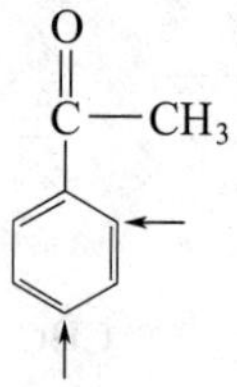 $\overset{O}{\overset{\|}{C}}-CH_3$　　C. SO_3H　　D. 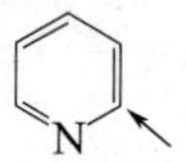 N

六、完成下列反应式（每小题 1.5 分，共 18 分）

1. 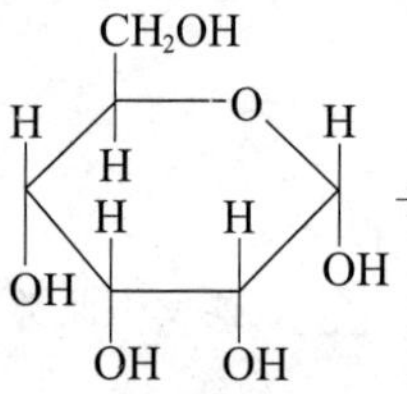 CH_2OH … O … H … OH（吡喃葡萄糖） $+HO-C_2H_5 \xrightarrow{干\ HCl}$

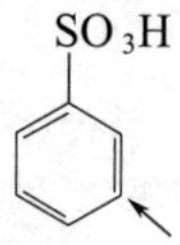

2. 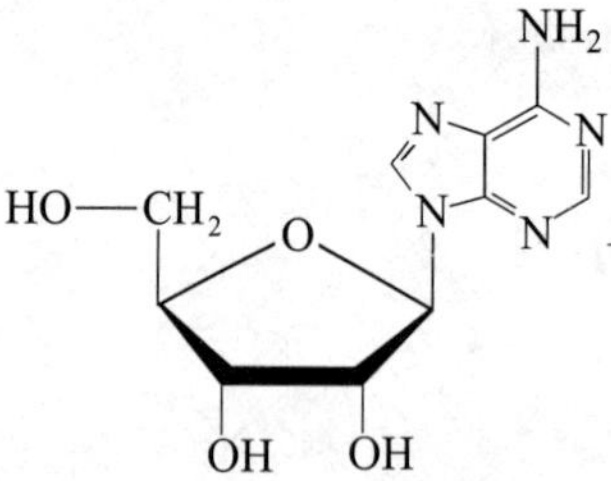 $HO-CH_2$ … O … N … NH_2 … OH　OH（腺苷） $\xrightarrow{彻底水解}$

3. $CH_3-\overset{O}{\overset{\|}{C}}-CH_2COOH \xrightarrow{\triangle}$　　4. 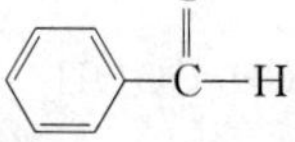 $C_6H_5-\overset{O}{\overset{\|}{C}}-H + H-\overset{O}{\overset{\|}{C}}-H \xrightarrow{浓\ NaOH}$

5. 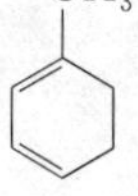 CH_3（1-甲基环己烯） $+1mol\ HCl \longrightarrow$　　6. 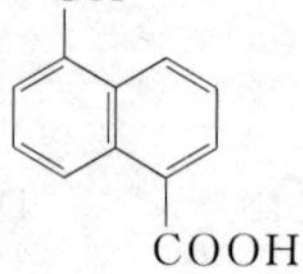 OH … COOH（萘） $+NaHCO_3 \longrightarrow$

7. $H_2NCH_2-\overset{O}{\overset{\|}{C}}-NH-CH_2COOH$ + F … NO_2 … NO_2 $\longrightarrow$

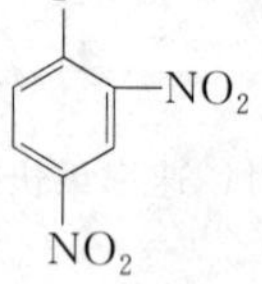

8. 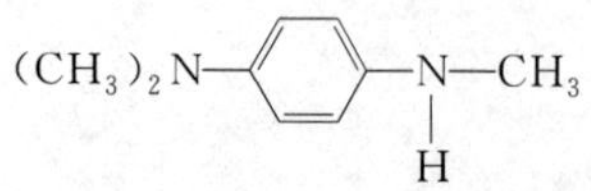 $(CH_3)_2N-C_6H_4-\underset{H}{\underset{|}{N}}-CH_3 + Cl-\overset{O}{\overset{\|}{C}}-CH_3 \longrightarrow$

9. 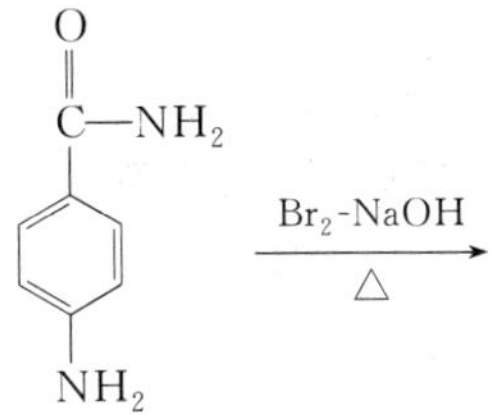 4-氨基苯甲酰胺（$H_2N-C_6H_4-CONH_2$） $\xrightarrow[\triangle]{Br_2\text{-}NaOH}$

10. 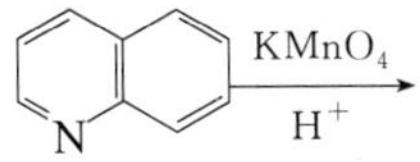 喹啉 $\xrightarrow[H^+]{KMnO_4}$

11. 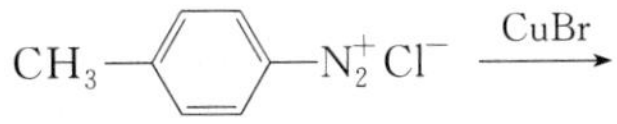 $CH_3-C_6H_4-N_2^+Cl^- \xrightarrow{CuBr}$

12. $CH_2=CH-\overset{O}{\overset{\|}{C}}-CH_3 \xrightarrow{HCN}$

七、由指定的原料进行合成下列化合物（无机试剂任选）（共 17 分）

1. 由乙醇合成 $CH_3\overset{OH}{\overset{|}{C}}HCH_2CH_3$ （4 分）

2. 由苯合成间溴苯胺 （3 分）

3. 由乙烯合成丁二酸二乙酯 （5 分）

4. 由苯合成 1,3,5-三溴苯 （5 分）

八、推断结构（12 分）

1. 某化合物 A 的分子式为 $C_5H_{13}N$，能溶于稀盐酸，与亚硝酸在室温下作用放出氮气，并生成 B，B 能进行碘仿反应，与浓硫酸共热生成 C（C_5H_{10}）。C 经臭氧化后还原水解得到化合物 D 和 E，D 不能还原斐林试剂，但可与苯肼反应，E 既可还原斐林试剂，又可与苯肼反应。试推断 A、B、C、D、E 的结构式，并写出有关化学方程式。（本小题 8 分）

2. 某 D-戊醛糖被稀 HNO_3 氧化后生成的产物无旋光性。试推断出该戊醛糖的所有可能结构。（本小题 4 分）

期末综合测试题（四）参考答案

一、命名下列化合物

1.（*Z*）（或顺）2-戊烯　2. 8-氯-1-萘乙酸　3.（*Z*）-4-甲基-3-己烯-2-酮

4. 氢氧化三甲基乙基铵　5. 乙酸苄酯　6. L-半胱氨酸（或 L-2-氨基-3-巯基丙酸）

7. 甘氨酰丙氨酰苯丙氨酸　8. α'-软脂酸-α,β-二硬脂酸甘油酯

9. 2-氨基-6-羟基嘌呤（鸟嘌呤）　10. 乙基-α-D-葡萄糖苷

二、写出下列化合物的结构式

1. 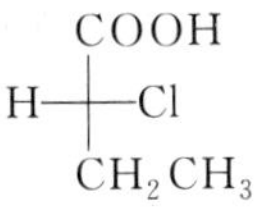 Fischer 投影式：上 COOH，左 H，右 Cl，下 CH_2CH_3

2. $CH_3\underset{\overset{\|}{O}}{C}-COOH$

3. Fischer 投影式：上 COOH，左 H，右 OH，下 CH_3

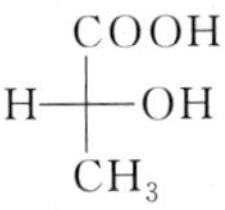

4. COOH—CHOH—CHOH—COOH

5. $[(CH_3)_3\overset{+}{N}CH_2CH_2OH]OH^-$

6. 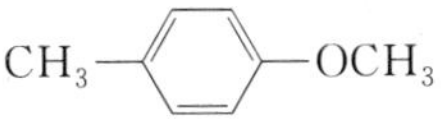 $CH_3-C_6H_4-OCH_3$

7. 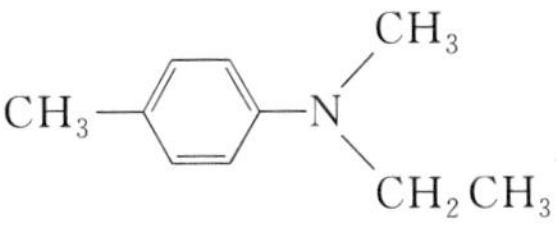 $CH_3-C_6H_4-N(CH_3)(CH_2CH_3)$

8. 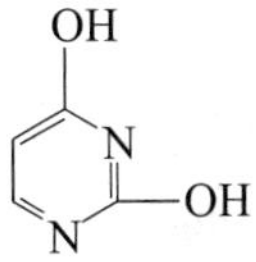 2,4-二羟基嘧啶（嘧啶环上 2-OH，4-OH）

9. $CH_3-\overset{O}{\overset{\|}{C}}-CH_2COOCH_2CH_3$

10. 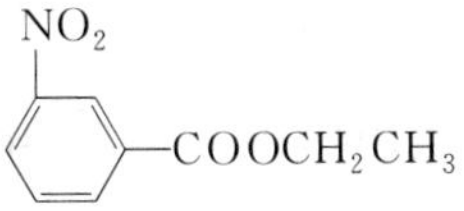 间硝基苯甲酸乙酯（NO_2，$-COOCH_2CH_3$ 处于间位）

三、用简便化学方法鉴别下列化合物

1. I_2/OH^-（或班氏试剂） 2. I_2/OH^- 3. $[Ag(NH_3)_2]^+$（或斐林试剂）

4. $[Ag(NH_3)_2]^+$（或斐林试剂或 I_2/OH^-） 5. $FeCl_3$(或溴水) 6. HNO_2(或苯磺酰氯+NaOH)

7. 溴水(或间苯二酚+浓盐酸) 8. $KMnO_4/H^+$ 9. $AgNO_3$-C_2H_5OH

10. Na_2CO_3（或 $NaHCO_3$）(或稀 $CuSO_4/NaOH$)

四、填空

1. 负；酸 2. 单糖；D；3；能 3. 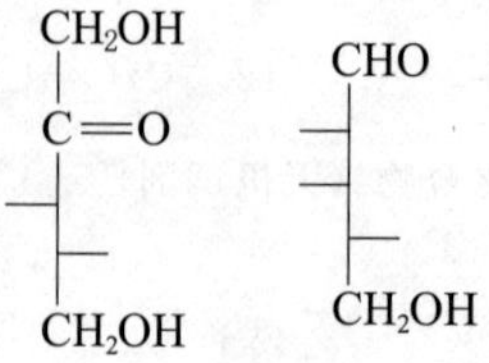 CH_2OH—C=O—(Fischer投影式)—CH_2OH；CHO—(Fischer投影式)—CH_2OH

4. 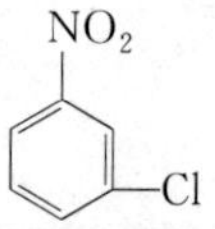 (间硝基氯苯，NO_2、Cl)；亲电取代 5. 歧化；C_6H_5—COO^- 和 C_6H_5—CH_2OH；无 α-H 醛

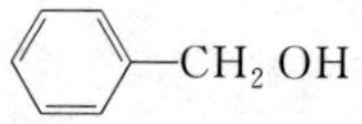

6. α-D-葡萄糖；α-1,4-糖苷键

五、选择正确答案

1. A 2. C 3. B 4. A 5. A 6. D 7. C 8. C

六、完成下列反应式

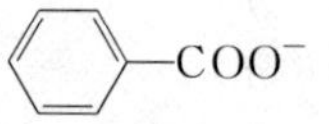

1. 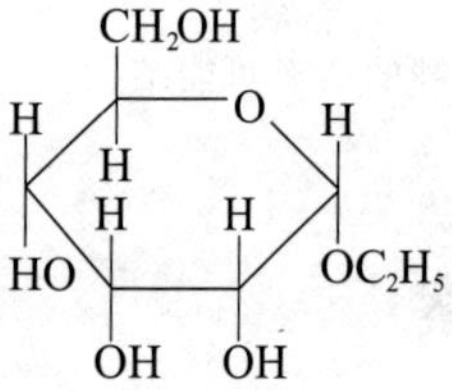 (吡喃糖乙苷结构：CH_2OH、O、H、OC_2H_5、HO、OH、OH) 2. 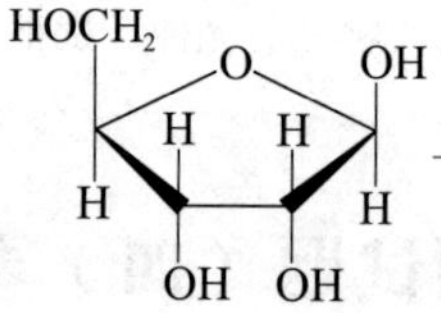 (呋喃核糖结构：$HOCH_2$、O、OH、H、OH、OH) + (腺嘌呤：NH_2、N、N、N、N—H) 3. $CH_3COCH_3+CO_2$

4. 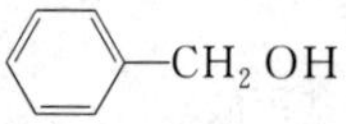 C_6H_5—CH_2OH $+HCOO^-$ 5. 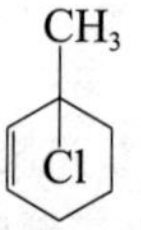 (1-甲基-1-氯环己烷：CH_3、Cl) 6. 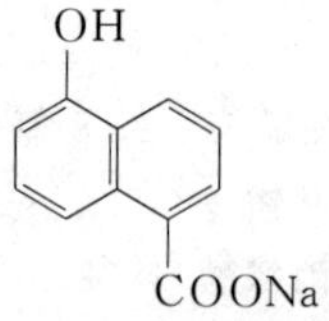 (OH、COONa 取代萘)

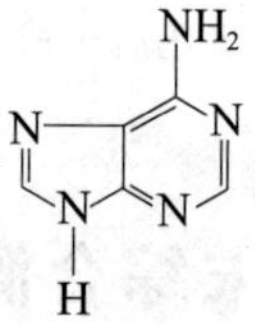

7. 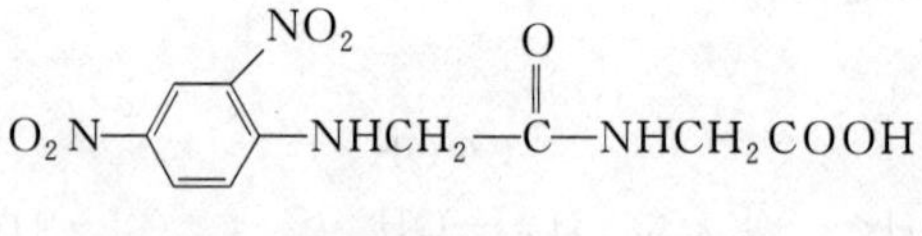 O_2N—$C_6H_3(NO_2)$—$NHCH_2$—C(=O)—$NHCH_2COOH$ 8. 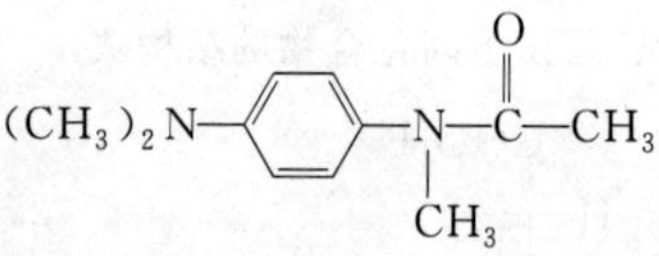 $(CH_3)_2N$—C_6H_4—N(CH_3)—C(=O)—CH_3

9. 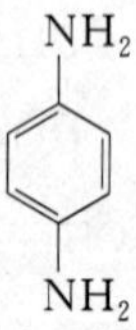 NH_2—C_6H_4—NH_2 10. 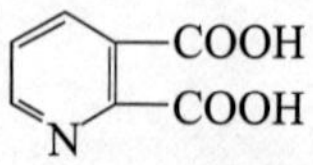 (吡啶-2,3-二甲酸：COOH、COOH、N) 11. 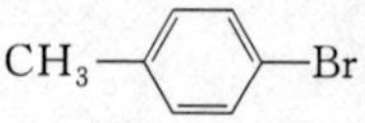 CH_3—C_6H_4—Br 12. $NCCH_2CH_2$—C(=O)—CH_3

七、由指定的原料进行合成下列化合物

1. $CH_3CH_2OH \xrightarrow{K_2Cr_2O_7/H^+} CH_3CHO$

$CH_3CH_2OH \xrightarrow{HBr/H^+} CH_3CH_2Br \xrightarrow[\text{无水乙醚}]{Mg} CH_3CH_2MgBr \xrightarrow[\text{无水乙醚}]{CH_3CHO} CH_3CH(OMgBr)CH_2CH_3$

$\xrightarrow{H_2O/H^+}$ $CH_3\underset{\substack{|\\OH}}{C}HCH_2CH_3$

2. 苯 $\xrightarrow[浓\ HNO_3]{浓\ H_2SO_4}$ 硝基苯（NO_2） $\xrightarrow[Fe]{Br_2}$ 间溴硝基苯（NO_2，Br） $\xrightarrow[HCl]{Fe}$ 间溴苯胺（NH_2，Br）

3. $CH_2=CH_2 + Br_2 \longrightarrow BrCH_2CH_2Br \xrightarrow{NaCN} NCCH_2CH_2CN \xrightarrow{H_2O/H^+}$

$$\begin{array}{l}CH_2COOH\\|\\CH_2COOH\end{array} \xrightarrow[H_2SO_4]{C_2H_5OH} \begin{array}{l}CH_2COOC_2H_5\\|\\CH_2COOC_2H_5\end{array}$$

$CH_2=CH_2 + H_2O \xrightarrow{H^+} C_2H_5OH$

4. 苯 $\xrightarrow[浓\ HNO_3]{浓\ H_2SO_4}$ 硝基苯（NO_2） $\xrightarrow[HCl]{Fe}$ 苯胺（NH_2） $\xrightarrow[H_2O]{Br_2}$ 2,4,6-三溴苯胺（NH_2，Br，Br，Br）

$\xrightarrow[0\sim5℃]{NaNO_2/HCl}$ 2,4,6-三溴苯重氮盐（$N_2^+Cl^-$，Br，Br，Br） $\xrightarrow{H_3PO_2}$ 1,3,5-三溴苯（Br，Br，Br）

八、推断结构

1. A. $CH_3-\underset{\substack{|\\CH_3}}{CH}-\underset{\substack{|\\NH_2}}{CH}-CH_3$　　B. $CH_3-\underset{\substack{|\\CH_3}}{CH}-\underset{\substack{|\\OH}}{CH}-CH_3$　　C. $CH_3\underset{\substack{|\\CH_3}}{C}=CHCH_3$

D. $CH_3-\overset{\substack{O\\\|}}{C}-CH_3$　　E. CH_3CHO

$CH_3-\underset{\substack{|\\CH_3}}{CH}-\underset{\substack{|\\NH_2}}{CH}-CH_3 + HCl \longrightarrow CH_3-\underset{\substack{|\\CH_3}}{CH}-\underset{\substack{|\\NH_3^+Cl^-}}{CH}-CH_3$

$CH_3-\underset{\substack{|\\CH_3}}{CH}-\underset{\substack{|\\NH_2}}{CH}-CH_3 + HNO_2 \longrightarrow CH_3-\underset{\substack{|\\CH_3}}{CH}-\underset{\substack{|\\OH}}{CH}-CH_3 + N_2\uparrow$

$CH_3-\underset{\substack{|\\CH_3}}{CH}-\underset{\substack{|\\OH}}{CH}-CH_3 + H_2SO_4 \longrightarrow CH_3-\underset{\substack{|\\CH_3}}{C}=CH-CH_3$

$\xrightarrow[(2)\ H_2O/Zn]{(1)\ O_3}$ $CH_3-\overset{\substack{O\\\|}}{C}-CH_3 + CH_3CHO$

$CH_3-\underset{\substack{|\\CH_3}}{CH}-\underset{\substack{|\\OH}}{CH}-CH_3 + I_2 \xrightarrow{OH^-} CH_3-\underset{\substack{|\\CH_3}}{CH}-COO^- + CHI_3$

$CH_3-\overset{\substack{O\\\|}}{C}-CH_3$ + $C_6H_5-NHNH_2$ $\longrightarrow$ $C_6H_5-NHN=\overset{\substack{CH_3\\|}}{C}-CH_3$

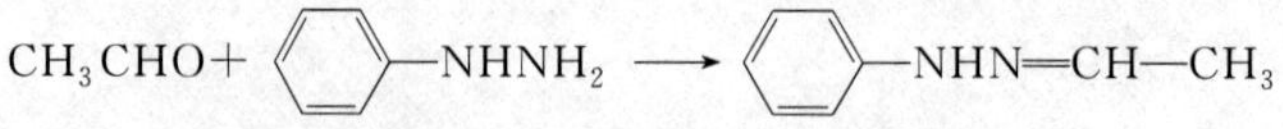

$$CH_3CHO + Cu^{2+} \xrightarrow{OH^-} CH_3COO^- + Cu_2O \downarrow$$

2. 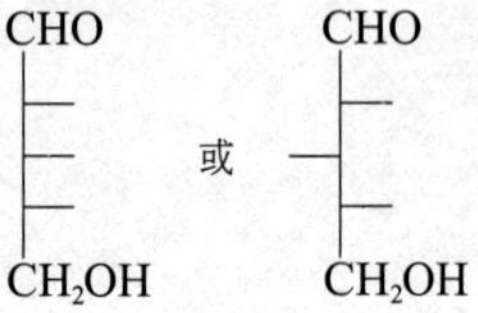

参考文献

[1] 邢其毅，裴伟伟，徐瑞秋，等. 基础有机化学（上、下册）. 4 版. 北京：北京大学出版社，2016.
[2] 裴伟伟. 基础有机化学习题解析. 3 版. 北京：高等教育出版社，2006.
[3] 董宪武，马朝红. 有机化学. 2 版. 北京：化学工业出版社，2015.
[4] 陈洪明. 有机化学同步辅导及习题全解. 4 版. 北京：中国水利水电出版社，2014.
[5] 伍越寰，李伟昶，沈晓明. 有机化学. 2 版. 合肥：中国科学技术大学出版社，2007.
[6] 伍越寰. 有机化学习题与解答. 合肥：中国科学技术大学出版社，2003.
[7] 高占先. 有机化学. 2 版. 北京：高等教育出版社，2007.
[8] 姜文凤，高占先. 有机化学学习指导. 北京：高等教育出版社，2007.
[9] 赵士铎，周乐，董元彦，等. 化学复习指南暨习题解析. 9 版. 北京：中国农业大学出版社，2016.
[10] 王永梅，王桂林. 有机化学提要、例题和习题. 天津：天津大学出版社，1999.
[11] 张宝申. 有机化学习题解. 2 版. 天津：南开大学出版社，2011.
[12] 裴伟伟，冯骏材. 有机化学例题与习题——题解及水平测试. 北京：高等教育出版社，2002.
[13] 孙昌俊，王秀菊，刘艳. 有机化学考研辅导. 北京：化学工业出版社，2012.
[14] 张昭，张鑫，李奋强，等. 有机化学总结、复习与提高. 北京：化学工业出版社，2009.